北京高等教育精品教材
BEIJING GAODENG JIAOYU JINGPIN JIAOCAI

飞行控制系统

(第2版)

吴森堂 主编

北京航空航天大学出版社

内 容 简 介

本书以飞行控制系统分析与设计的基本方法为主要内容，以飞行器（包括固定翼飞机和飞航式导弹）的典型飞行控制系统的基本结构为主干编写而成。除绪论外共分 7 章。绪论主要介绍飞行控制系统完成的任务、基本构成及发展简况。第 1 章介绍飞行器在大气中运动的物理基础知识——飞行力学基础。第 2 章推导、建立适合于飞行控制系统分析与设计的飞行器数学模型——飞行器运动方程。第 3 章和第 4 章介绍飞行控制系统分析与设计的边界条件——测量与传感器、舵机与舵回路。第 5 章介绍典型飞行控制系统的构成、工作原理及基本分析方法——典型飞行控制系统分析。第 6 章介绍飞行控制系统的基本设计方法——飞行控制系统设计。第 7 章介绍现代飞行控制技术。

在第 2 版中，除了对第 1 版勘误外，重点增加了近年来在飞行控制系统研究领域取得的新成果；作为研究的热点及重要发展方向，吸气式高超声速飞行器和超声速飞航导弹的飞行控制系统分析与设计内容，是此次修订和补充的重点；以吸气式高超声速飞行器和超声速飞航导弹的飞行控制系统随机鲁棒分析与设计为实例，较为全面地介绍了一类面向工程应用的飞行控制系统分析与设计方法。

本书可作为飞行器导航、制导与控制专业本科生的教材，也可供飞行器自动控制相关专业的科技人员参考。

图书在版编目(CIP)数据

飞行控制系统 / 吴森堂主编. -- 2 版. -- 北京 ：
北京航空航天大学出版社，2013.10

ISBN 978 - 7 - 5124 - 1258 - 3

Ⅰ. ①飞… Ⅱ. ①吴… Ⅲ. ①飞行控制系统—高等学校—教材 Ⅳ. ①V249

中国版本图书馆 CIP 数据核字(2013)第 217387 号

飞行控制系统(第 2 版)
吴森堂　主编
责任编辑　宋淑娟
*
北京航空航天大学出版社出版发行
北京市海淀区学院路 37 号(邮编 100191)　http://www.buaapress.com.cn
发行部电话：(010)82317024　传真：(010)82328026
读者信箱：bhpress@263.net　邮购电话：(010)82316936
北京九州迅驰传媒文化有限公司印装　各地书店经销
*
开本：787×960　1/16　印张：28　字数：627 千字
2013 年 10 月第 2 版　2022 年 8 月第 7 次印刷　印数：17 001～18 000 册
ISBN 978 - 7 - 5124 - 1258 - 3　定价：95.00 元

前　言

本书作为主要面向于飞行器导航、制导与控制专业本科学生的教材，以及飞行器自动控制相关专业科技人员的参考书，其目的是使读者系统、全面地理解飞行器（包括固定翼飞机和飞航式导弹）飞行控制系统的基本结构和工作原理，掌握飞行控制系统分析与设计的基本方法。本书在编写时注意保持了下列特点：

1. 自始至终围绕典型飞行控制系统的分析与设计这一核心，以飞行控制系统的基本结构为主线展开，使全书相对完整、系统、全面。

2. 从飞行器在大气中运动的物理基础（飞行力学基础）和建立适合于飞行控制系统分析与设计的数学模型（飞行器运动方程），以及飞行控制系统分析与设计的边界条件（测量与传感器和舵机与舵回路），到典型飞行控制系统的构成、工作原理及基本分析与设计方法，突出体现了飞行控制系统分析与设计所要满足和遵循的基本要求与原则，并进一步介绍了作为现代飞行控制技术基础的电传操纵系统、主动控制技术以及迅速发展的综合控制系统和飞行管理系统。

3. 除了对第1版勘误外，重点增加了近年来在飞行控制系统研究领域取得的新成果。作为研究的热点及重要发展方向，吸气式高超声速飞行器和超声速飞航导弹的飞行控制系统分析与设计内容，是此次修订和补充的重点；以吸气式高超声速飞行器和超声速飞航导弹的飞行控制系统随机鲁棒分析与设计为实例，较为全面地介绍了一类面向工程应用的飞行控制系统分析与设计方法。

本书由吴森堂主编，费玉华参加了第3章、第4章和第7章的编写工作，其余各章由吴森堂编写，张森参加了插图和参考文献等内容的整理工作。在本书编写过程中，得到了北京航空航天大学和其他单位同行们的热情帮助，在此表示诚挚的谢意。

由于编写时间和编者的水平所限，书中难免存在差错，敬请读者指正。

编　者

2013年8月

主要符号表

符号	含义
$S_g—O_g x_g y_g z_g$	地面坐标系
$S_b—Oxyz$	机(弹)体坐标系
$S_a—Ox_a y_a z_a$	气流坐标系
$S_s—Ox_s y_s z_s$	稳定性坐标系
$S_p—Ox_p y_p z_p$	航迹坐标系(弹道坐标系)
$S_T—Ox_T y_T z_T$	质心定位坐标系
$\mathbf{V}, V$	空速矢量(飞行速度矢量),空速大小(飞行速度大小)
c	当地声速
Ma	马赫数
Ma_{cr}	临界马赫数
ρ	空气密度
$Q=\frac{1}{2}\rho V^2$	动压
S_w	翼参考面积
b	翼展长
c	翼弦长
$c(y)$	沿翼展向坐标 y 处的翼弦长
$c_A=\frac{2}{S_w}\int_0^{\frac{b}{2}} c^2(y)\mathrm{d}y$	翼平均几何弦长
t	翼最大厚度
$\bar{t}=\frac{t}{c}\times 100\%$	翼相对厚度
f	翼最大弯度
$\bar{f}=\frac{f}{c}\times 100\%$	翼相对弯度
$A=\frac{b^2}{S_w}$	展弦比
c_t, c_r	翼尖弦长和翼根弦长
$\lambda=\frac{c_t}{c_r}$	梯形比

Λ_0	前缘后掠角
m	飞行器的质量
G	飞行器的重力(重量)
g	重力加速度
cg	飞行器的重心(质心)
x_{cg}	飞行器重心到平均几何弦前缘点的距离
x_{acw}	翼气动焦点到平均几何弦前缘点的距离
$S_m = (x_{ac} - x_{cg})/c_A = \bar{x}_{ac} - \bar{x}_{cg}$	纵向静稳定度
θ	俯仰角
ψ	偏航角
ϕ	滚转角
μ	航迹(弹道)倾斜角
φ	航迹(弹道)方位角
γ	航迹(弹道)滚转角
α	迎角(攻角)
β	侧滑角
ε	下洗角
p	滚转角速度
q	俯仰角速度
r	偏航角速度
u,v,w	$\boldsymbol{V}$ 在机(弹)体坐标系上的分量
$\boldsymbol{R}_\Sigma$	总空气动力
$\boldsymbol{M}_\Sigma$	总空气动力矩
X_A, Y_A, Z_A	$\boldsymbol{R}_\Sigma$ 在气流坐标系上的分量
D, Y, L	阻力、侧力和升力
C_D	阻力系数
C_Y	侧力系数
C_L	升力系数
C_{D_0}, C_{D_t}	零升阻力系数和升致阻力系数
C_{L_α}	升力线斜率
C_{Y_β}	侧力导数
$C_{Y_{\delta_r}}$	方向舵侧力导数
C_{Y_p}	滚转角速度侧力导数
C_{Y_r}	偏航角速度侧力导数

$\bar{L}_{\mathrm{A}}, M_{\mathrm{A}}, N_{\mathrm{A}}$	$\boldsymbol{M}_{\Sigma}$ 在机(弹)体坐标系上的分量(气动滚转力矩、气动俯仰力矩、气动偏航力矩)
$\bar{L}, M, N$	总力矩在机(弹)体坐标系上的分量(滚转力矩、俯仰力矩、偏航力矩)
C_l	滚转力矩系数
C_m	俯仰力矩系数
C_n	偏航力矩系数
δ_{e}	升降舵偏转角
δ_{a}	副翼偏转角
δ_{r}	方向舵偏转角
W_{e}	驾驶杆的推拉操纵量(升降舵控制指令)
W_{a}	驾驶杆左右压杆的操纵量(副翼控制指令)
W_{r}	脚蹬操纵量(方向舵控制指令)
δ_T	油门杆操纵量(油门开度量)
$C_{m_{\mathrm{w0}}}$	翼零升力矩系数
$C_{m_{\alpha}}$	纵向静稳定性导数
$C_{l_{\beta}}$	横滚静稳定性导数
$C_{n_{\beta}}$	航向静稳定性导数
$C_{l_{\delta_{\mathrm{a}}}}$	滚转操纵导数
$C_{l_{\delta_{\mathrm{r}}}}$	方向舵操纵交叉导数
C_{l_p}	滚转阻尼导数
C_{l_r}	滚转交叉动导数
$C_{n_{\delta_{\mathrm{a}}}}$	副翼操纵交叉导数
$C_{n_{\delta_{\mathrm{r}}}}$	航向操纵导数
C_{n_p}	航向交叉动导数
C_{n_r}	航向阻尼导数
$\boldsymbol{T}, T$	发动机的推力矢量,发动机的推力大小
T_x, T_y, T_z	推力 $\boldsymbol{T}$ 在机(弹)体坐标系上的分量
$\bar{L}_{\boldsymbol{T}}, M_{\boldsymbol{T}}, N_{\boldsymbol{T}}$	推力 $\boldsymbol{T}$ 所产生的滚转力矩、俯仰力矩和偏航力矩
l_x, l_y, l_z	推力 $\boldsymbol{T}$ 作用点在机(弹)体坐标系上的位置
$\alpha_{\boldsymbol{T}}, \beta_{\boldsymbol{T}}$	发动机推力的偏置角
$I_x, I_y, I_z, I_{xy}, I_{zy}, I_{xz}$	转动惯量和惯性积
$\boldsymbol{\nabla}$	关于一次项微分算子的行向量

ξ_{sp}	短周期运动的阻尼比
ω_{sp}	短周期运动的固有频率
T_{sp}	短周期运动的时间常数
ξ_{np}	长周期运动的阻尼比
ω_{np}	长周期运动的固有频率
T_{np}	长周期运动的时间常数
ξ_{t}	第三振荡模态的阻尼比
T_{t}	第三振荡模态的时间常数
T_{nd}	荷兰滚模态的时间常数
ω_{nd}	荷兰滚模态的固有频率
ξ_{nd}	荷兰滚模态的阻尼比
τ_{R}	滚转衰减模态的时间常数
τ_{s}	螺旋模态的时间常数
n_z	法向过载
n_y	横侧向过载

目录

绪　论

0.1　飞行控制系统的发展回顾

自1912年美国人爱莫尔·斯派雷(Eimer Sperry)研制成功第一台可以保持飞机稳定平飞的电动陀螺稳定装置以来,能够稳定飞机姿态运动的自动控制装置——自动驾驶仪(autopilot)得以迅速发展。尤其在第二次世界大战期间,美国和前苏联相继研制出功能较完善的电气式自动驾驶仪C—1及其仿制品AΠ—5,德国也在第二次世界大战后期研制成功飞航式导弹V—1和弹道式导弹V—2,因而更加促进了飞行自动控制装置的研制和发展。在第二次世界大战以后,将自动驾驶仪与其他机载装置组合,构成飞机的航迹自动控制系统,例如定高和自动下滑导引系统等。

自成功突破声障以后,飞机的飞行包线(飞行速度和高度的变化范围)逐渐扩大,越来越复杂的飞行任务对飞机性能的要求也越来越高,仅靠气动布局和发动机设计所获得的飞机性能已经很难满足复杂飞行任务的要求,因此,借助于自动控制技术来改善飞机稳定性的飞行自动控制装置(如增稳系统)相继问世,在此基础上自动驾驶仪的功能得到进一步扩展,发展成为飞行自动控制系统(Automatic Flight Control System,AFCS)。同时于20世纪60年代产生了随控布局飞行器(Control Configured Vehicle,CCV)的设计思想。随控布局飞行器设计思想是一种在飞行器设计之初,就将飞行自动控制系统与气动布局、飞行器结构设计和动力系统设计四方面协调配合进行综合设计的技术。例如,通过气动布局和结构设计的飞机自身可以是静不稳定的,而飞机的稳定性则由飞行自动控制系统来保证,这样可以使配平的迎角减小,从而减小阻力,提高升阻比,并可以减小平尾尺寸和飞机质量。由此可见,由随控布局飞行器设计技术开始,可将飞行控制系统以与气动布局、飞行器结构和动力系统同等重要的地位进行综合设计。

随着计算机技术的飞速发展,计算机已经成为飞行控制系统的核心装置。从20世纪60年代前的以模拟电路或模拟计算机为主要计算装置的飞行控制系统,逐渐发展到现在已普遍应用的数字式飞行控制系统,使新技术应用和更复杂、更完善系统的综合的实现成为可能,例如,主动控制技术(Active Control Technology,ACT)、余度技术和容错控制等新技术,以及在20世纪80年代得到迅速发展的将火力控制系统、推进装置控制系统和飞行控制系统集成为飞机的火/推/飞综合控制系统等。这些新技术的应用和系统的高度集成,使得飞行控制系统的功能和内涵也在不断扩展,同时促使飞行器设计领域的新技术交叉融合并快速发展。例如,首先在飞机设计领域出现的随控布局飞行器设计思想和主动控制技术等已在导弹设计领域得到成功应用,而广泛应用于导弹设计的推力矢量控制等技术也已成为现代战斗机提高整体作战性能不可或缺的技术手段。

0.2 飞行控制系统的基本任务

自从有人驾驶的动力飞机问世以来,飞行安全要求一直是飞机设计的最高目标,其他所有的设计目标都要服从于这一最高目标。在民用航空领域,把乘客安全地送达目的地始终是民用客机设计的最为重要的目标。其经济性、飞行舒适性和正点运行虽然同样也是重要的目标,但相对于飞行安全性而言,这些目标都处于次要地位。在军用航空领域,除了飞行安全性目标要求之外,还有完成飞行任务的目标要求。

由于第二次世界大战前的运输机和轰炸机甚至歼击机的飞行包线并不大,仅靠气动布局设计所得到的自身稳定性已能满足当时的飞行任务要求,因此对于飞行自动控制的需求并不迫切。但是,在成功突破声障以后,飞机的飞行包线逐渐扩大,致使飞机自身的稳定性逐渐恶化。随着飞行高度的增加,飞机自身的阻尼力矩因高空的大气密度变小而减小,从而因阻尼不足而导致飞机姿态产生强烈摆动,使得驾驶员操纵飞机更加困难。为了改善飞机姿态运动的阻尼特性,增强飞行稳定性,利用角速率陀螺来测量飞机的角速度信号,并与放大器和串联舵机形成负反馈回路而构成阻尼器系统。由于阻尼器只能增大阻尼比,即仅仅能改善飞机姿态运动的动稳定性,因此又在阻尼器的基础上发展了增稳系统和控制增稳系统。增稳系统和控制增稳系统不仅可以改善动稳定性,还可以增加静稳定性和改善操纵性。安装了阻尼器或增稳系统后的飞机,就好像变成了一架具有良好稳定性能的新飞机。

为了满足飞行安全性和完成飞行任务的目标要求,飞行控制系统所要完成的基本任务包括下列4类:

① 改善飞行品质。包括:

ⓐ 固有运动特性,如改善俯仰、滚转和偏航通道的固有阻尼特性及固有频率特性等性能。

ⓑ 操纵(控制)特性,改善飞行器对操纵(控制)输入信号的响应特性。

ⓒ 扰动特性,主要改善飞行器对大气紊流的响应特性。

ⓓ 大扰动的控制问题,如当飞机一侧的发动机停车或飞航式导弹抛掉助推器等引起大扰动时,对飞行安全和飞行品质的影响进行有效控制。也就是说,有人驾驶飞机的飞行控制系统应能减轻驾驶员长时间连续的、使人疲乏的工作负担;而无人机或飞航式导弹的飞行控制系统应能承担稳定飞行状态、减轻风切变和大气紊流的影响等工作。

② 协助航迹控制。

③ 全自动航迹控制。例如,无人机或飞航式导弹的全程自主飞行控制等。

④ 监控和任务规划。当驾驶员的反应速度和能力不能胜任多种参数的观测和协调控制

时，飞行控制系统也能支持驾驶员完成艰巨的飞行任务，成为驾驶员的得力助手。例如，在恶劣气象条件下的着陆和地形跟踪，或者在失速范围的机动飞行。飞行控制系统也能完成经常性和重复性的机动飞行程序，例如，高精度地完成标准化的进近着陆程序。这样，就使驾驶员能够保持“清醒的头脑”，用以监控飞机的安全飞行，当发生意外情况时能够做出正确的决断。

综上所述，高品质的飞行控制系统是现代高性能飞机或导弹实现安全飞行和完成复杂飞行任务的重要保证，是现代飞行器设计技术中不可或缺的重要环节。

0.3 飞行控制系统的基本组成和功能

进一步扩大的飞行包线促使现代飞行器的构造发生着很大变化，同时也使得飞行器的操控性能变得越来越差，因此，设计出能够减轻驾驶员负担和提高飞行品质的飞行自动控制系统是现代飞行器设计技术中的关键环节之一。驾驶飞行的方式可以分为三种：自动驾驶、半自动驾驶和人工驾驶。

自动驾驶方式的特点是，驾驶员位于控制回路之外，只监视仪器、仪表的信息，并不操纵驾驶杆。控制机构(例如，气动舵面和发动机油门等)的动作完全由随动系统按照自动装置的信号来驱动完成。

半自动驾驶方式的特点是，随动系统的任务由驾驶员来完成。驾驶员通过监视仪表并操纵驾驶杆，来修正由半自动装置形成的失配信号。

人工驾驶方式的特点是，驾驶员不但要亲自对周围的飞行环境进行观察，并从领航员、调度员和指示仪表中获得飞行信息，而且还要独立地决策并操纵驾驶杆来完成控制动作。在飞行过程中，驾驶员要全神贯注地观察各种飞行指示仪表，然后经过大脑思维做出决断，并通过手和脚来适时、准确地操纵飞机。人工驾驶飞机的过程如图 0-1 所示。

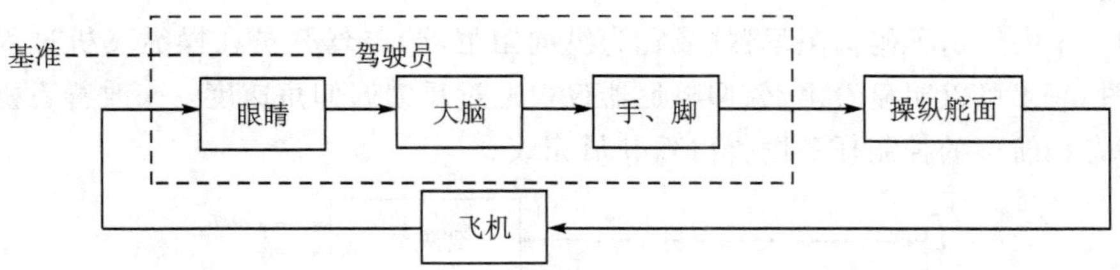

图 0-1 人工驾驶飞机的过程

飞行控制系统自动驾驶飞机的过程与驾驶员人工驾驶飞机的过程相似。首先，需要敏感部件测量飞机的飞行状态，然后由综合计算装置根据预置指令进行比较计算，输出控制信号给执行机构来驱动操纵舵面，从而产生空气动力和力矩来控制飞机的飞行状态，其过程如图 0-2 所示。

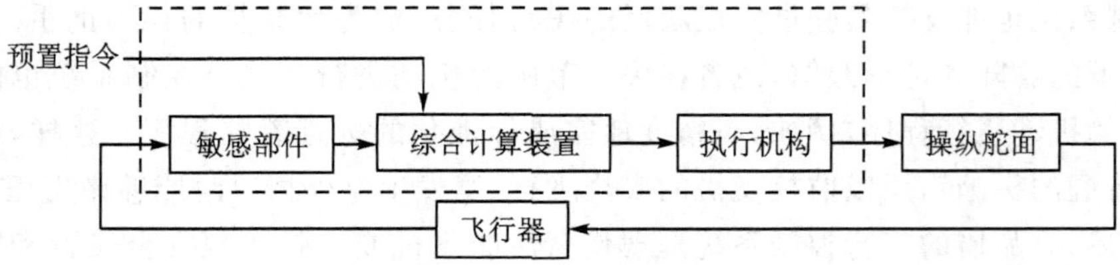

图 0-2 飞行控制系统自动控制过程

典型的飞行控制系统一般由 3 个反馈回路构成,即舵回路、稳定回路和控制(制导)回路,如图 0-3 所示。

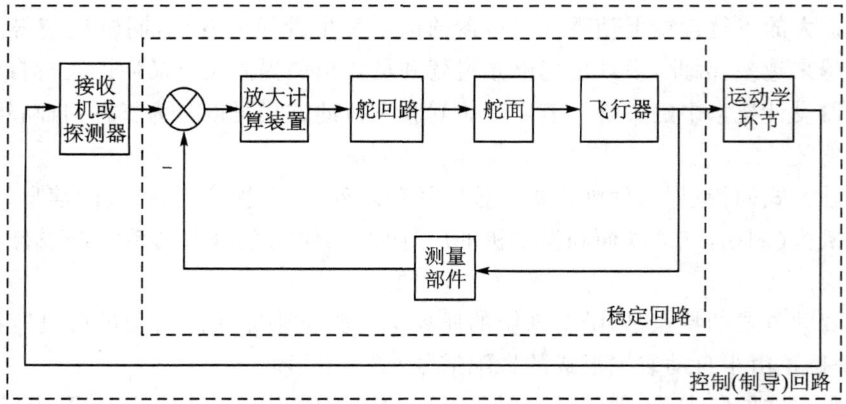

图 0-3 典型飞行控制系统的回路构成关系

根据飞行自动控制系统的功能和作用,其基本组成包括阻尼器(damper)、增稳系统(Stability Augmentation Systems,SAS)、控制增稳系统(Control Augmentation Systems,CAS)和自动驾驶仪等。

在图 0-4 中给出了俯仰阻尼器(或称为纵向阻尼器)与驾驶员在操纵飞机过程中的控制分工。由图 0-4 可以明显看出,俯仰阻尼器仅仅通过反馈俯仰角速度 q 来改善飞机的阻尼特性,而对姿态和航迹的控制任务则仍由驾驶员完成。

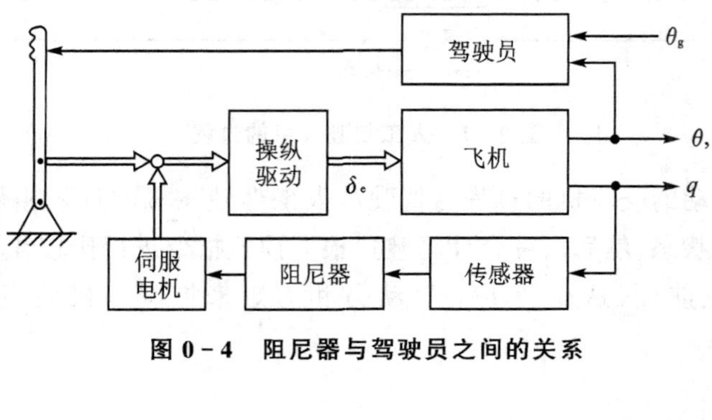

图 0-4 阻尼器与驾驶员之间的关系

图 0-5 示出了俯仰阻尼器和自动驾驶仪与驾驶员之间在飞机姿态控制过程中的协作关系。在此情况下，驾驶员把姿态控制的任务交给了自动驾驶仪，但驾驶员要像监督飞行学员一样监控自动驾驶仪的工作，并能在必要时刻直接干预自动驾驶仪的工作；而阻尼器的功能保持不变，仍是通过反馈俯仰角速度来改善飞机的阻尼特性。

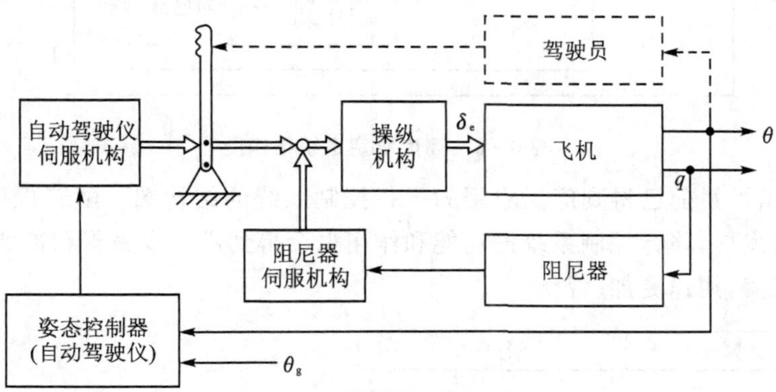

图 0-5　阻尼器和自动驾驶仪与驾驶员之间的关系

图 0-5 所示的自动驾驶仪还是一个最基本的自动驾驶仪方案，它只有一个给定值 θ_g，驾驶员还需要按飞行航迹的要求不断调整这个给定值 θ_g，因此，利用这类自动驾驶仪进行航迹控制仍是间接的，并且是很麻烦的，只是短时间内解除了驾驶员的工作负担。此外，这类自动驾驶仪虽然能够稳定飞行姿态，但仍不能稳定飞行航迹，这可通过下面的简单公式得到答案。假定在无风、恒定飞行速度且小航迹倾角情况下，有

$$\dot{h} = V_0 \sin \mu \approx V_0 \cdot \mu = V_0(\theta - \alpha) \tag{0-1}$$

由式(0-1)可见，即使在准确地保持姿态的情况下，飞行航迹也不是恒定的。因为阵风很容易引起迎角 α 的扰动，并波及到航迹倾斜角 μ，从而导致高度(即飞行航迹)发生变化。

功能更加完善的自动驾驶仪需要通过控制航迹倾斜角 μ 或高度 h 来实现，这类自动驾驶仪可以更进一步减轻驾驶员的工作负荷。

在图 0-6 中给出了高度稳定系统的结构图。

由图 0-6 可见，如果姿态稳定回路具有足够的稳定性储备，则高度稳定回路可直接作为外回路而建立在姿态稳定回路的基础上。图 0-6 表明，高度稳定系统通过一个可变的控制变量代替了先前是固定不变的姿态控制器的给定值 θ_g。

由于上述高度稳定系统仅是对基准高度发生小偏离情况而设计的，因此每当飞行高度变化较大时，驾驶员都要首先切断高度稳定系统，然后操纵飞机进行过渡机动，当稳定在新的规定高度后再接通高度稳定系统。由此可见，这类高度稳定系统仍然不能实现弯曲航迹的自动飞行。要想实现弯曲航迹的自动飞行，需要用具有非线性功能的轨迹自动生成装置来扩展高度稳定系统。

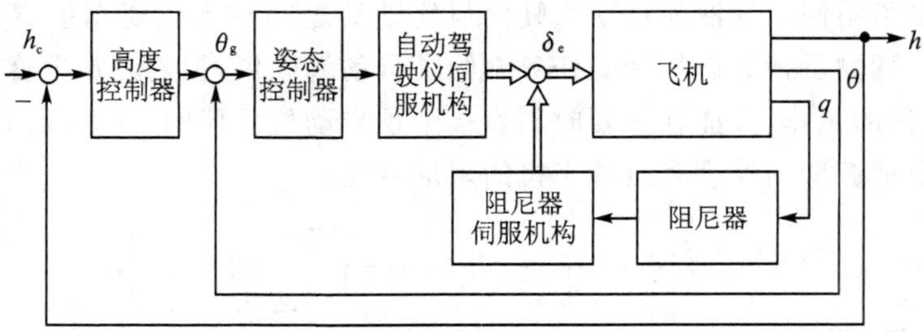

图 0-6　高度稳定系统结构图

图 0-7 给出了目前已得到广泛应用的飞行控制系统的结构图。随着现代控制理论和计算机技术的迅速发展,飞行控制系统的功能和作用也会得到进一步完善和扩展,使得现代飞行器的性能更加完美,用途更加广泛。

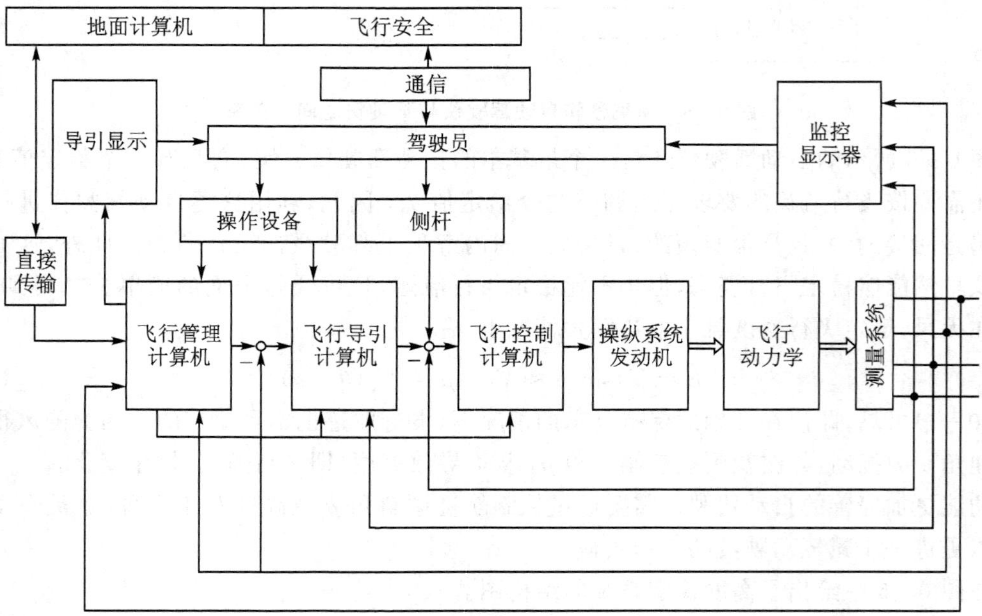

图 0-7　典型飞行控制系统的结构图

0.4　本书的编写特点与内容安排

随着现代飞行器需要完成的任务越来越复杂,作为飞行器的重要组成部分,飞行控制系统也面临着巨大的挑战。为了适应现代飞行控制技术的新发展,编写一部系统地论述飞行器(包括固定翼飞机和飞航式导弹)飞行控制系统的基本原理和设计方法的教科书,对于飞行器导航、制导与控制专业的学生，以及飞行器自动控制相关专业的科技人员都是极为必要的。

本书作为飞行器导航、制导与控制专业的教科书，其目的是使学生系统、全面地理解包括固定翼飞机和飞航式导弹等飞行器在内的飞行控制系统的基本原理，掌握飞行控制系统分析和设计的基本方法。本书以典型飞行控制系统分析和设计为主要目的，以飞行控制系统的基本结构为主干编写而成，除绪论外共分 7 章。

绪论主要介绍飞行控制系统完成的任务和基本构成及发展简况。

第 1 章飞行力学基础，介绍飞行器在大气中运动的物理基础知识。为了准确描述飞行器在大气中的运动（数学建模），首先建立坐标系，然后了解常用坐标系间的变换关系，定义必要的运动变量，掌握空气动力、力矩、推力和重力的作用。

第 2 章飞行器运动方程，推导、建立适合于飞行控制系统分析和设计的飞行器数学模型。本章推导、建立飞行器空间运动方程，并结合飞机和导弹的各自特点，将空间运动分解为纵向运动和横侧向运动。为了在第 6 章中介绍飞行控制系统的基本设计方法，本章建立了用相应传递函数描述的数学模型和状态方程。

第 3 章和第 4 章分别是测量与传感器、舵机与舵回路，介绍飞行控制系统分析和设计的边界条件。这两章主要介绍飞机与控制器之间的接口，即测量方法和传感器以及执行机构。

第 5 章典型飞行控制系统分析，介绍典型飞行控制系统的构成、工作原理及基本分析方法。熟悉典型飞行控制系统的构成、工作原理，掌握飞行控制系统的基本分析方法是成功设计现代飞行控制系统的必要基础。作为典型飞行控制系统的基本控制器，本章首先介绍改善飞行器稳定性的阻尼器和增稳系统，然后介绍能够兼顾稳定性与操纵性的控制增稳系统，并在此基础上介绍飞行器的姿态控制系统以及纵向轨迹控制系统和侧向轨迹控制系统，最后介绍空速与马赫数的保持与控制。

第 6 章飞行控制系统设计，介绍飞行控制系统的基本设计方法。本章首先讨论飞行控制系统的任务与设计目标，然后介绍设计飞行控制系统应遵循的准则，以及飞行品质规范及其评价方法。在此基础上分别介绍基于经典控制理论和现代控制理论的一些行之有效的设计方法和典型数字式飞行控制系统的基本设计方法。最后作为设计实例介绍吸气式高超声速飞行器和反舰导弹飞行控制系统的随机鲁棒设计方法。

第 7 章现代飞行控制技术，首先重点介绍作为现代飞行控制技术基础的电传飞行控制系统和主动控制技术，然后对迅速发展的综合控制系统和飞行管理系统进行必要的介绍。

在本书编写中，始终围绕典型飞行控制系统的分析和设计这一核心，以飞行控制系统的基本结构为主线展开，使本书具有相对完整和系统全面的特点。

第 1 章　飞行力学基础

1.1　坐标系

1.1.1　常用坐标系

刚体飞行器的空间运动可以分为两部分:质心运动和绕质心的运动。因此,描述任意时刻的空间运动需要 6 个自由度:3 个质心运动和 3 个角运动。当飞行器在大气中高速飞行时,其上作用着除重力和发动机的推力之外,还有极大的空气动力和气动力矩,这些力和力矩导致飞行器发生弹性变形和空气动力学特性变化,而弹性变形的影响会叠加到刚体飞行器的空间运动中;此外,分布在飞行器内部的部件和质量也会发生运动和变化(例如动力装置等)。因此,所谓的刚体飞行器实际上是作为一个刚体系统来描述的。

鉴于作用在飞行器上的重力、发动机推力和空气动力及其相应力矩的产生原因各不相同,因此如何选择合适的坐标系来方便、确切地描述飞行器的空间运动状态就显得非常重要了。例如,选择地面坐标系来描述飞行器的重力比较方便,发动机推力在机体坐标系中描述是很合适的,而空气动力在气流坐标系中描述就非常方便。

由此可见,合理选择不同坐标系来定义和描述飞行器的各类运动参数,是建立飞行器运动模型并进行飞行控制系统分析和设计的重要环节之一。在通常情况下,因为飞行器运动模型的参数是定义在不同坐标系上的,所以,在建模过程中通过坐标系变换进行向量的投影分解是不可避免的。因此,本节首先定义和讨论必要的坐标系及坐标系之间的转换方法。

1. 假设条件

由于本书的研究对象主要包括固定翼飞机和飞航式导弹等航空器,而它们一般均在大气层内飞行,其飞行高度有限,为了简化所研究的问题,有必要进行下列合理的假设:

① 忽略地球曲率,即采用所谓的“平板地球假设”;

② 认为地面坐标系为惯性坐标系。

2. 常用坐标系的定义

(1) 地面坐标系(Earth-surface inertial reference frame)$S_g—O_g x_g y_g z_g$

定义内容是:

① 在地面上选一点 O_g;

② 使 x_g 轴位于地平面内并指向某一方向；

③ 使 z_g 轴垂直于地面并指向地心；

④ 使 y_g 轴也位于地平面内并垂直于 x_g 轴，其方向按照右手定则确定。

(2) 机(弹)体坐标系(aircraft-body coordinate frame)S_b—$Oxyz$

定义内容是：

① 原点 O 取在飞行器质心处，坐标系与飞行器固连；

② x 轴在飞行器对称平面内，并平行于飞行器的理论纵轴且指向头部；

③ y 轴垂直于飞行器对称平面，指向机(弹)身右方；

④ z 轴在飞行器对称平面内，与 x 轴垂直并指向机(弹)身下方。

(3) 气流坐标系(wind coordinate frame)S_a—$Ox_a y_a z_a$

定义内容是：

① 原点 O 取在飞行器质心处，坐标系与飞行器固连；

② x_a 轴与空速 $\boldsymbol{V}$ 重合；

③ z_a 轴在飞行器对称平面内与 x_a 轴垂直并指向机(弹)身下方；

④ y_a 轴垂直于 $Ox_a z_a$ 平面，其方向按照右手定则确定。

(4) 稳定性坐标系(stability coordinate frame)S_s—$Ox_s y_s z_s$

定义内容是：

① 原点 O 取在飞行器质心处，坐标系与飞行器固连；

② x_s 轴与空速 $\boldsymbol{V}$ 在飞行器对称平面内的投影重合；

③ z_s 轴在飞行器对称平面内与 x_s 轴垂直并指向机(弹)身下方；

④ y_s 轴与机(弹)体坐标轴 y 重合。

(5) 航迹坐标系(弹道坐标系)(path coordinate frame)S_p—$Ox_p y_p z_p$

定义内容是：

① 原点 O 取在飞行器质心处，坐标系与飞行器固连；

② x_p 轴与空速 $\boldsymbol{V}$ 重合；

③ z_p 轴位于包含空速 $\boldsymbol{V}$ 在内的铅垂面内，与 x_p 轴垂直并指向下方；

④ y_p 轴垂直于 $Ox_p z_p$ 平面，其方向按照右手定则确定。

(6) 质心定位坐标系(mass centre coordinate frame)S_T—$Ox_T y_T z_T$

定义内容是：

① 原点 O 取在飞行器理论顶点处，坐标系与飞行器固连；

② x_T 轴与飞行器理论纵轴重合且指向尾部；

③ z_T 轴与 x_T 轴垂直并指向机(弹)身下方；

④ y_T 轴垂直于 $Ox_T z_T$ 平面，其方向按照右手定则确定。

3. 飞行器的运动参数

(1) 姿态角

飞行器的姿态角由机(弹)体坐标系与地面坐标系之间的关系确定,即通常所指的欧拉角(Euler angles)。包括:

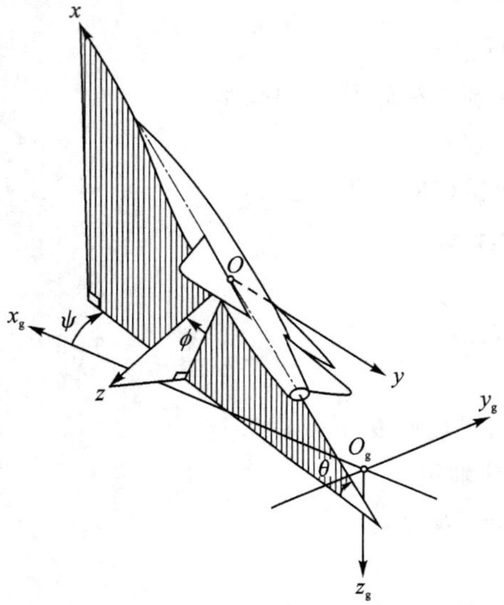

图 1-1 机(弹)体坐标系与地面坐标系之间的关系

① 俯仰角 θ (pitch angle)。机(弹)体坐标轴 x 与地平面间的夹角,抬头为正。

② 偏航角 ψ (yaw angle)。机(弹)体坐标轴 x 在地平面上的投影与地面坐标轴 x_g 间的夹角。机(弹)头右偏航为正。

③ 滚转角 ϕ (roll or bank angle)。机(弹)体坐标轴 z 与通过机(弹)体坐标轴 x 的铅垂面间的夹角。飞行器向右滚转时为正,如图 1-1 所示。

(2) 航迹(弹道)角

飞行器的航迹(弹道)角(flight-path angles)由气流坐标系与地面坐标系之间的关系确定。包括:

① 航迹(弹道)倾斜角 μ。空速向量 $\boldsymbol{V}$ 与地平面间的夹角。飞行器向上飞时为正。

② 航迹(弹道)方位角 φ。空速向量 $\boldsymbol{V}$ 在地平面上的投影与地面坐标轴 x_g 间的夹角。投影在 x_g 轴右侧为正。

③ 航迹(弹道)滚转角 γ。气流坐标轴 z_a 与通过气流坐标轴 x_a 的铅垂面间的夹角。飞行器向右滚转时为正。

(3) 气流角

气流角又称为气动角(aerodynamic angles),它由空速向量 $\boldsymbol{V}$ 与机(弹)体坐标系之间的关系确定。包括:

① 迎角 α (angle of attack)。空速向量 $\boldsymbol{V}$ 在飞行器对称平面上的投影与机(弹)体坐标轴 x 间的夹角。$\boldsymbol{V}$ 的投影位于机(弹)体坐标轴 x 下面为正。

② 侧滑角 β (sideslip angle)。空速向量 $\boldsymbol{V}$ 与飞行器对称平面间的夹角。$\boldsymbol{V}$ 的投影在飞行器对称平面右侧为正,如图 1-2 所示。

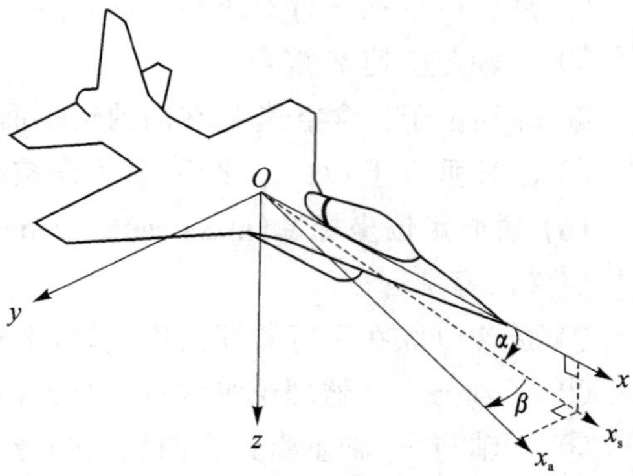

图 1-2 气流坐标系与机(弹)体坐标系之间的关系

由气流角的定义可见，当侧滑角 β 为零时，气流坐标系 S_a 与稳定性坐标系 S_s 完全重合。

(4) 机(弹)体坐标系的角速度分量

机(弹)体坐标系的 3 个角速度分量(angular-rate-dependent) (p,q,r) 是机(弹)体坐标系相对于地面坐标系的转动角速度 ω 在机(弹)体坐标系各轴上的分量，如图 1－3 所示。其方向是：

① 滚转角速度 p 与机(弹)体坐标轴 x 重合；

② 俯仰角速度 q 与机(弹)体坐标轴 y 重合；

③ 偏航角速度 r 与机(弹)体坐标轴 z 重合。

(5) 机(弹)体坐标系的速度分量

机(弹)体坐标系的 3 个速度分量 (u,v,w) 是空速 $\mathbf{V}$ 在机(弹)体坐标系各轴上的分量。其方向是：

① u 与机(弹)体坐标轴 x 重合；

② v 与机(弹)体坐标轴 y 重合；

③ w 与机(弹)体坐标轴 z 重合。

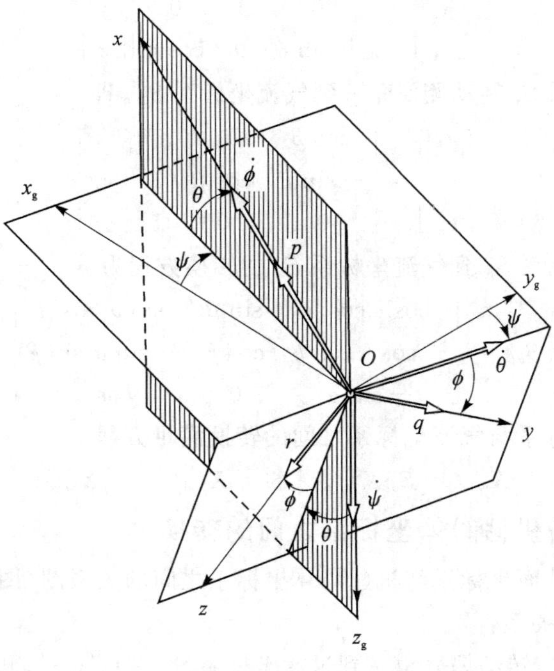

图 1－3　角速度分量 (p,q,r) 与姿态角速率 $(\dot{\theta},\dot{\phi},\dot{\psi})$ 之间的关系

1.1.2　常用坐标系间的转换

为了便于描述飞行器的空间运动状态，必须选择合适的坐标系。尽管如此，不同坐标系之间的转换还是需要的。例如,通常将作用在飞行器上的气动力和力矩投影分解到机(弹)体坐标系 S_b 上来分析飞行器的角运动,而气流坐标系 S_a 主要用于通过两个气动角 α 和 β 所描述的飞行器相对于气流的位置,来确定作用在飞行器上空气动力的大小。如果选定机(弹)体坐标系来描述飞行器的空间转动状态,那么对于推力而言很方便,直接可以在机(弹)体坐标系中描述,而空气动力则需要从气流坐标系转换到机(弹)体坐标系,重力则需要从地面坐标系转换到机(弹)体坐标系来描述(当然,重力并不产生相对于飞行器质心的力矩),只有这样才能使作用在不同坐标系中的力统一到选定的坐标系中,并由此建立沿各轴向的力的方程及绕各轴的力矩的方程。综上所述,各坐标系之间的转换是建立飞行器运动方程不可或缺的重要环节。

1. 机(弹)体坐标系与气流坐标系之间的转换

由气流坐标系与机(弹)体坐标系之间的关系图(图1-2)可以分步写出两个坐标系间如下的转换关系:

① 由机(弹)体坐标系 S_b 转动迎角 α 到稳定性坐标系 S_s,即

$$\begin{bmatrix} x_s \\ y_s \\ z_s \end{bmatrix} = \begin{bmatrix} \cos\alpha & 0 & \sin\alpha \\ 0 & 1 & 0 \\ -\sin\alpha & 0 & \cos\alpha \end{bmatrix} \begin{bmatrix} x \\ y \\ z \end{bmatrix} \tag{1-1}$$

② 由稳定性坐标系 S_s 转动侧滑角 β 到气流坐标系 S_a,即

$$\begin{bmatrix} x_a \\ y_a \\ z_a \end{bmatrix} = \begin{bmatrix} \cos\beta & \sin\beta & 0 \\ -\sin\beta & \cos\beta & 0 \\ 0 & 0 & 1 \end{bmatrix} \begin{bmatrix} x_s \\ y_s \\ z_s \end{bmatrix} \tag{1-2}$$

③ 由机(弹)体坐标系 S_b 到气流坐标系 S_a 的转换方程为

$$\boldsymbol{S}_{\alpha\beta} = \begin{bmatrix} \cos\alpha\cos\beta & \sin\beta & \sin\alpha\cos\beta \\ -\cos\alpha\sin\beta & \cos\beta & -\sin\alpha\sin\beta \\ -\sin\alpha & 0 & \cos\alpha \end{bmatrix} \tag{1-3}$$

因此,机(弹)体坐标系与气流坐标系之间的转换满足方程

$$\boldsymbol{X}_{\text{wind}} = \boldsymbol{S}_{\alpha\beta}\boldsymbol{X}_{\text{body}} \quad 和 \quad \boldsymbol{X}_{\text{body}} = \boldsymbol{S}_{\alpha\beta}^{\mathrm{T}}\boldsymbol{X}_{\text{wind}} \tag{1-4}$$

2. 地面坐标系与机(弹)体坐标系之间的转换

采用同样方法,由地面坐标系与机(弹)体坐标系之间的关系图(图1-3)不难分步写出两个坐标系间如下的转换关系:

① 由地面坐标系 S_g 转动偏航角 ψ 到过渡坐标系 $S'—Ox'y'z'$,即

$$\begin{bmatrix} x' \\ y' \\ z' \end{bmatrix} = \begin{bmatrix} \cos\psi & \sin\psi & 0 \\ -\sin\psi & \cos\psi & 0 \\ 0 & 0 & 1 \end{bmatrix} \begin{bmatrix} x_g \\ y_g \\ z_g \end{bmatrix} \tag{1-5}$$

② 由过渡坐标系 S' 转动俯仰角 θ 到过渡坐标系 $S''—Ox''y''z''$,即

$$\begin{bmatrix} x'' \\ y'' \\ z'' \end{bmatrix} = \begin{bmatrix} \cos\theta & 0 & -\sin\theta \\ 0 & 1 & 0 \\ \sin\theta & 0 & \cos\theta \end{bmatrix} \begin{bmatrix} x' \\ y' \\ z' \end{bmatrix} \tag{1-6}$$

③ 由过渡坐标系 S''转动滚转角 ϕ 到机(弹)体坐标系 S_b，即

$$\begin{bmatrix} x \\ y \\ z \end{bmatrix} = \begin{bmatrix} 1 & 0 & 0 \\ 0 & \cos\phi & \sin\phi \\ 0 & -\sin\phi & \cos\phi \end{bmatrix} \begin{bmatrix} x'' \\ y'' \\ z'' \end{bmatrix} \tag{1-7}$$

④ 由地面坐标系 S_g 到机(弹)体坐标系 S_b 的转换方程为

$$\boldsymbol{S}_{\theta\psi\phi} = \begin{bmatrix} \cos\theta\cos\psi & \cos\theta\sin\psi & -\sin\theta \\ \sin\theta\cos\psi\sin\phi - \sin\psi\cos\phi & \sin\theta\sin\psi\sin\phi + \cos\psi\cos\phi & \cos\theta\sin\phi \\ \sin\theta\cos\psi\cos\phi + \sin\psi\sin\phi & \sin\theta\sin\psi\cos\phi - \cos\psi\sin\phi & \cos\theta\cos\phi \end{bmatrix} \tag{1-8}$$

因此，地面坐标系与机(弹)体坐标系之间的转换满足方程

$$\boldsymbol{X}_{\text{body}} = \boldsymbol{S}_{\theta\psi\phi}\boldsymbol{X}_{\text{Earth}} \quad 和 \quad \boldsymbol{X}_{\text{Earth}} = \boldsymbol{S}^{\mathrm{T}}_{\theta\psi\phi}\boldsymbol{X}_{\text{body}} \tag{1-9}$$

采用上述同样的方法，可以得到其他坐标系之间的转换关系。

3. 地面坐标系与气流坐标系之间的转换

转换满足方程

$$\boldsymbol{X}_{\text{wind}} = \boldsymbol{S}_{\mu\varphi\gamma}\boldsymbol{X}_{\text{Earth}} \quad 和 \quad \boldsymbol{X}_{\text{Earth}} = \boldsymbol{S}^{\mathrm{T}}_{\mu\varphi\gamma}\boldsymbol{X}_{\text{wind}} \tag{1-10}$$

式中

$$\boldsymbol{S}_{\mu\varphi\gamma} = \begin{bmatrix} \cos\mu\cos\varphi & \cos\mu\sin\varphi & -\sin\mu \\ \sin\mu\cos\varphi\sin\gamma - \sin\varphi\cos\gamma & \sin\mu\sin\varphi\sin\gamma + \cos\varphi\cos\gamma & \cos\mu\sin\gamma \\ \sin\mu\cos\varphi\cos\gamma + \sin\varphi\sin\gamma & \sin\mu\sin\varphi\cos\gamma - \cos\varphi\sin\gamma & \cos\mu\cos\gamma \end{bmatrix} \tag{1-11}$$

4. 地面坐标系与航迹(弹道)坐标系之间的转换

转换满足方程

$$\boldsymbol{X}_{\text{path}} = \boldsymbol{S}_{\mu\varphi}\boldsymbol{X}_{\text{Earth}} \quad 和 \quad \boldsymbol{X}_{\text{Earth}} = \boldsymbol{S}^{\mathrm{T}}_{\mu\varphi}\boldsymbol{X}_{\text{path}} \tag{1-12}$$

式中

$$\boldsymbol{S}_{\mu\varphi} = \begin{bmatrix} \cos\mu\cos\varphi & \cos\mu\sin\varphi & -\sin\mu \\ -\sin\varphi & \cos\varphi & 0 \\ \sin\mu\cos\varphi & \sin\mu\sin\varphi & \cos\mu \end{bmatrix} \tag{1-13}$$

5. 航迹(弹道)坐标系与气流坐标系之间的转换

转换满足方程

$$\boldsymbol{X}_{\text{wind}} = \boldsymbol{S}_{\gamma}\boldsymbol{X}_{\text{path}} \quad 和 \quad \boldsymbol{X}_{\text{path}} = \boldsymbol{S}^{\mathrm{T}}_{\gamma}\boldsymbol{X}_{\text{wind}} \tag{1-14}$$

式中

$$S_{\gamma}=\begin{bmatrix}1 & 0 & 0\\ 0 & \cos\gamma & \sin\gamma\\ 0 & -\sin\gamma & \cos\gamma\end{bmatrix} \tag{1-15}$$

6. 几何关系方程

由式(1-10)$\boldsymbol{X}_{\text{wind}}=\boldsymbol{S}_{\mu\varphi\gamma}\boldsymbol{X}_{\text{Earth}}$、式(1-4)$\boldsymbol{X}_{\text{wind}}=\boldsymbol{S}_{\alpha\beta}\boldsymbol{X}_{\text{body}}$和式(1-9)$\boldsymbol{X}_{\text{body}}=\boldsymbol{S}_{\theta\psi\phi}\boldsymbol{X}_{\text{Earth}}$可得关系式$\boldsymbol{S}_{\mu\varphi\gamma}=\boldsymbol{S}_{\alpha\beta}\boldsymbol{S}_{\theta\psi\phi}$,展开后有

$$\begin{cases}\sin\mu=\cos\alpha\cos\beta\sin\theta-\cos\theta(\sin\beta\sin\phi+\sin\alpha\cos\beta\cos\phi)\\ \sin\varphi\cos\mu=\cos\alpha\cos\beta\cos\theta\sin\psi+\sin\beta(\sin\theta\sin\psi\sin\phi+\cos\psi\cos\phi)+\\ \qquad\qquad\sin\alpha\cos\beta(\sin\theta\sin\psi\cos\phi-\cos\psi\sin\phi)\\ \sin\gamma\cos\mu=\cos\alpha\sin\beta\sin\theta+\cos\theta(\cos\beta\sin\phi-\sin\alpha\sin\beta\cos\phi)\end{cases} \tag{1-16}$$

需要指出的是,英美坐标系 $\boldsymbol{S}_{\text{EU}}$与前苏联坐标系 $\boldsymbol{S}_{\text{US}}$之间存在着关系

$$\boldsymbol{S}_{\text{EU}}=\boldsymbol{T}_{\text{UU}}\boldsymbol{S}_{\text{US}},\quad \boldsymbol{S}_{\text{US}}=\boldsymbol{T}_{\text{UU}}^{\text{T}}\boldsymbol{S}_{\text{EU}}$$

式中,$\boldsymbol{T}_{\text{UU}}=\begin{bmatrix}1 & 0 & 0\\ 0 & 0 & -1\\ 0 & 1 & 0\end{bmatrix}$。

这样,就可方便地利用前述变换关系式进行英美坐标系 $\boldsymbol{S}_{\text{EU}}$与前苏联坐标系 $\boldsymbol{S}_{\text{US}}$之间的转换,例如,式(1-9)就可写成 $\boldsymbol{X}_{\text{body/US}}=\boldsymbol{T}_{\text{UU}}^{\text{T}}\boldsymbol{S}_{\theta\psi\phi}\boldsymbol{T}_{\text{UU}}\boldsymbol{X}_{\text{Earth/US}}=\boldsymbol{S}_{\theta\psi\phi/\text{UU}}\boldsymbol{X}_{\text{Earth/US}}$,其中

$$\boldsymbol{S}_{\theta\psi\phi/\text{UU}}=\begin{bmatrix}\cos\theta\cos\psi & -\sin\theta & -\cos\theta\sin\psi\\ \sin\theta\cos\psi\cos\phi+\sin\psi\sin\phi & \cos\theta\cos\phi & -\sin\theta\sin\psi\cos\phi+\cos\psi\sin\phi\\ -\sin\theta\cos\psi\sin\phi+\sin\psi\cos\phi & -\cos\theta\sin\phi & \sin\theta\sin\psi\sin\phi+\cos\psi\cos\phi\end{bmatrix}$$

1.2 作用在飞行器上的力和力矩

飞行器在空气中飞行时,其表面分布着空气动力。这些力可以归结为一个作用于飞行器质心处的合力 $\boldsymbol{R}_{\Sigma}$(总空气动力)和一个绕其质心的合力矩 $\boldsymbol{M}_{\Sigma}$(总空气动力矩)。在空气动力学中,常常将总空气动力 $\boldsymbol{R}_{\Sigma}$ 在气流坐标系中分解为 X_{A},Y_{A} 和 Z_{A},将总空气动力矩 $\boldsymbol{M}_{\Sigma}$ 在机(弹)体坐标系中分解为 $\bar{L}_{\text{A}}$,M_{A} 和 N_{A},并通常采用量纲均为一的气动力系数和力矩系数来表示。

1.2.1 飞行器的操纵机构

由于作用在飞行器上的力和力矩决定着飞行器的运动,因此,为了控制飞行器的运动就必

须控制这些作用在飞行器上的力和力矩，使它们按照所要求的规律进行改变。图 1-4 给出飞机典型操纵机构示意图。具有常规布局的飞机的运动一般通过升降舵（elevator）、方向舵（rudder）、副翼（ailerons）和油门（throttle）来改变作用在机体上的力和力矩，从而控制飞机的运动，如图 1-4(a)所示。

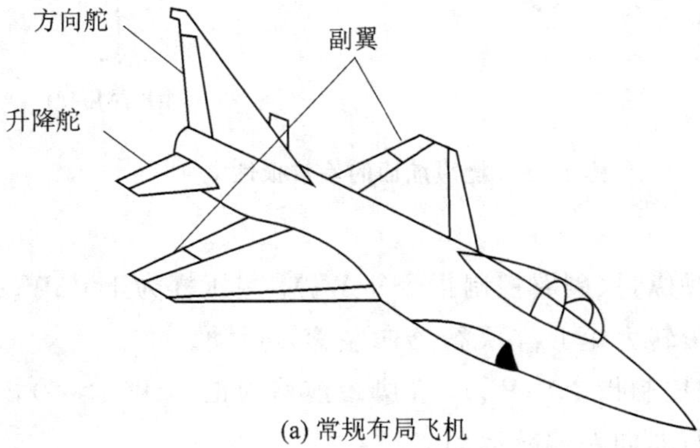

(a) 常规布局飞机

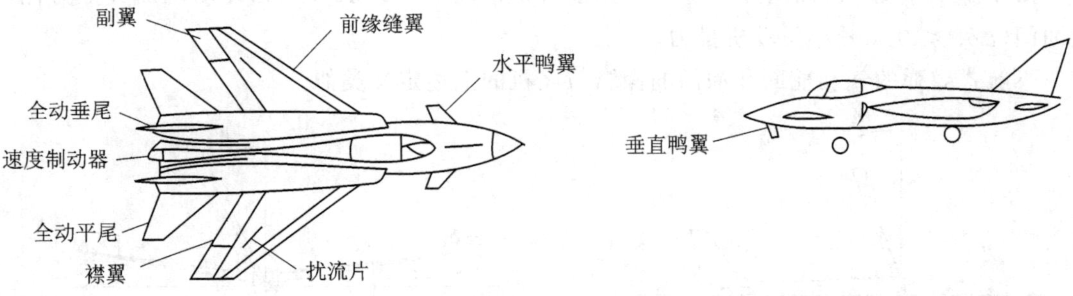

(b) 非常规布局飞机

图 1-4　飞机典型操纵机构示意图

通常采用由机尾后视，按照操纵舵面的后缘偏转方向来定义操纵舵面的偏转极性，内容包括：

① 升降舵偏转角 δ_e。向下偏转为正，产生的俯仰力矩 M_A 为负，即产生低头力矩。

② 方向舵偏转角 δ_r。向左偏转为正，产生的偏航力矩 N_A 为负。

③ 副翼偏转角 δ_a。副翼差动偏转，“左上右下”偏转为正，产生的滚转力矩 $\bar{L}_A$ 为负。

由上述定义可以看出，操纵舵面的正向偏转总是产生负的操纵力矩，如图 1-5 所示。

与操纵舵面的偏转极性相对应的驾驶杆的推拉操纵量（升降舵控制指令）、驾驶杆左右压杆的操纵量（副翼控制指令）、脚蹬操纵量（方向舵控制指令）和油门杆操纵量（油门开度量）的定义如下（图 1-6）：

① 驾驶杆的推拉操纵量（升降舵控制指令）(W_e)。推杆为正$(\Delta W_e > 0)$，升降舵正向偏

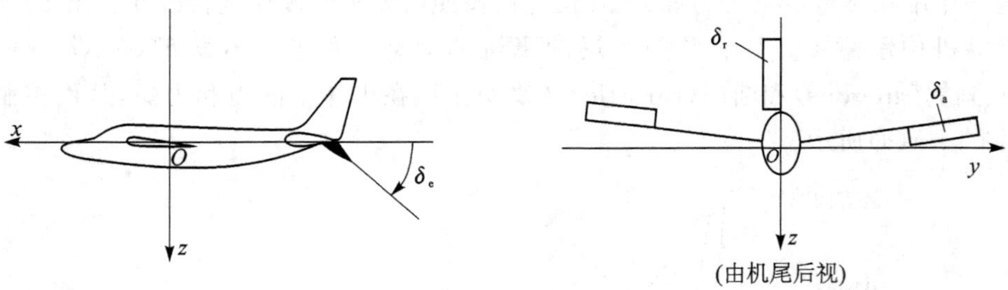

图 1-5　操纵舵面的偏转极性

转,产生低头力矩。

② 驾驶杆左右压杆的操纵量(副翼控制指令) (W_a)。左压杆为正 ($\Delta W_a > 0$),副翼"左上右下" 正向偏转,产生负的滚转力矩 $\bar{L}_A$,飞行器向左滚转运动。

③ 脚蹬操纵量(方向舵控制指令) (W_r)。左脚蹬前移为正 ($\Delta W_r > 0$),方向舵正向偏转,产生负的偏航力矩 N_A,飞行器向左偏航运动。

④ 油门杆操纵量(油门开度量) (δ_T)。前推加油门为正($\Delta\delta_T > 0$),发动机加大推力;后拉收油门($\Delta\delta_T < 0$),减小发动机推力。

飞航式导弹的气动舵面和油门的操纵与飞机的上述定义类似。

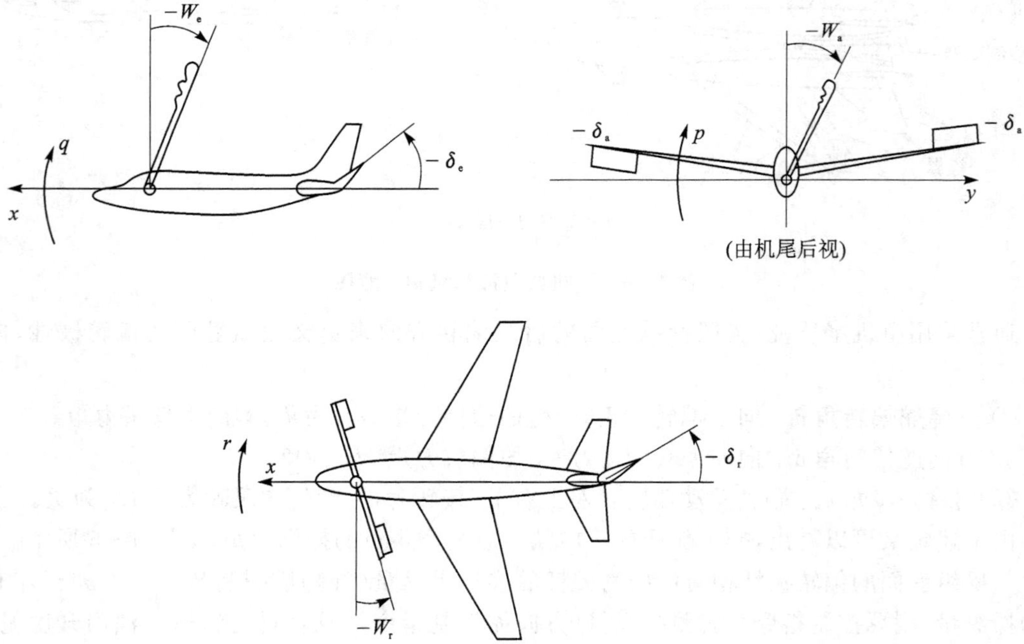

图 1-6　驾驶杆和脚蹬与操纵舵面间的协调关系

1.2.2　空气动力与力矩

1. 总空气动力 $\boldsymbol{R}_{\Sigma}$ 沿气流坐标系的分解

总空气动力 $\boldsymbol{R}_{\Sigma}$ 沿气流坐标系各轴的分量分别为 X_{A}，Y_{A} 和 Z_{A}，通常又用 D 和 L 分别表示阻力和升力，于是有 $D=-X=-X_{A}$，$L=-Z=-Z_{A}$。阻力 D (drag)、侧力 $Y=Y_{A}$ (sideforce) 和升力 L (lift) 的量纲一的气动力系数(dimensionless aerodynamic coefficients)分别为：

① 阻力系数(沿 x_a 轴的分量) $C_D=\dfrac{D}{QS_w}$，向后为正；

② 侧力系数(沿 y_a 轴的分量) $C_Y=\dfrac{Y}{QS_w}$，向右为正；

③ 升力系数(沿 z_a 轴的分量) $C_L=\dfrac{L}{QS_w}$，向上为正。

2. 总空气动力矩 $\boldsymbol{M}_{\Sigma}$ 沿机(弹)体坐标系的分解

由于机(弹)体的转动惯量是以机(弹)体坐标系来定义的，所以将作用在飞行器上的总力矩(包括发动机的推力力矩)沿机(弹)体坐标系各轴分解较为方便，分别为 $\bar{L}$，M 和 N。而总的空气动力矩 $\boldsymbol{M}_{\Sigma}$ 沿机(弹)体坐标系各轴分解为 $\bar{L}_{A}$，M_{A} 和 N_{A}，各个分力矩的极性按右手定则确定。

由于 $\bar{L}$ 能产生使飞行器绕机(弹)体坐标系 x 轴的滚转运动，因此称为滚转力矩(rolling moment)；M 能产生使飞行器绕机(弹)体坐标系 y 轴的俯仰运动，故称为俯仰力矩(pitching moment)；N 能产生使飞行器绕机(弹)体坐标系 z 轴的偏航运动，故称为偏航力矩(yawing moment)，如图 1-7 所示。

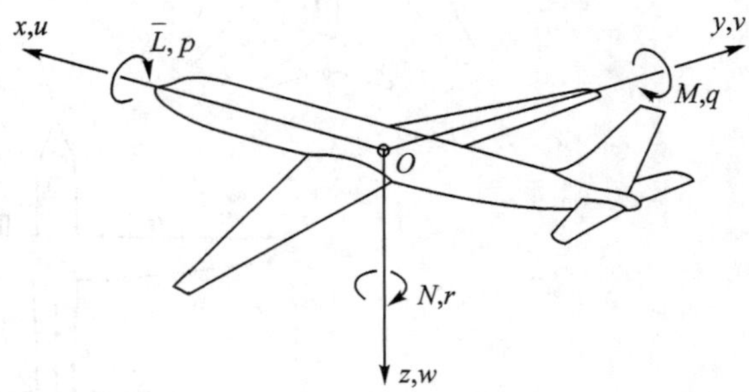

图 1-7　力矩 $\bar{L}$，M，N 的定义

$\bar{L}_{A}$，M_{A} 和 N_{A} 的量纲一的气动力矩系数分别为：

① 滚转力矩系数(绕 x 轴) $C_l=\dfrac{\bar{L}_{A}}{QS_w b}$；

② 俯仰力矩系数(绕 y 轴) $C_m=\dfrac{M_{A}}{QS_w c_{A}}$；

③ 偏航力矩系数(绕 z 轴) $C_n=\dfrac{N_{A}}{QS_w b}$。

在以上各式中，$Q=\dfrac{1}{2}\rho V^2$ 为动压(dynamic pressure)，ρ 为空气密度(air density)，V 为

空速(airspeed),S_w 为机(弹)翼参考面积(wing reference area),b 为机(弹)翼展长(wing span),c_A 为机(弹)翼的平均几何弦长(wing mean geometric chord)。对于飞航式导弹而言,上述气动力矩系数公式中的弹翼参考面积 S_w,通常选择弹身的最大截面积或假想的弹翼参考面积;弹翼展长 b 和平均几何弦长 c_A 有时也采用弹身的长度。上述参数的意义将在后面陆续讨论。

1.2.3 纵向气动力和力矩

1. 升 力

升力 L 是飞行器总的空气动力 $\boldsymbol{R}_\Sigma$ 沿气流坐标系 z_a 轴的分量,向上为正。产生升力的主要部件是飞行器的主升力翼面。图 1-8 给出了典型飞机的机翼俯视图。

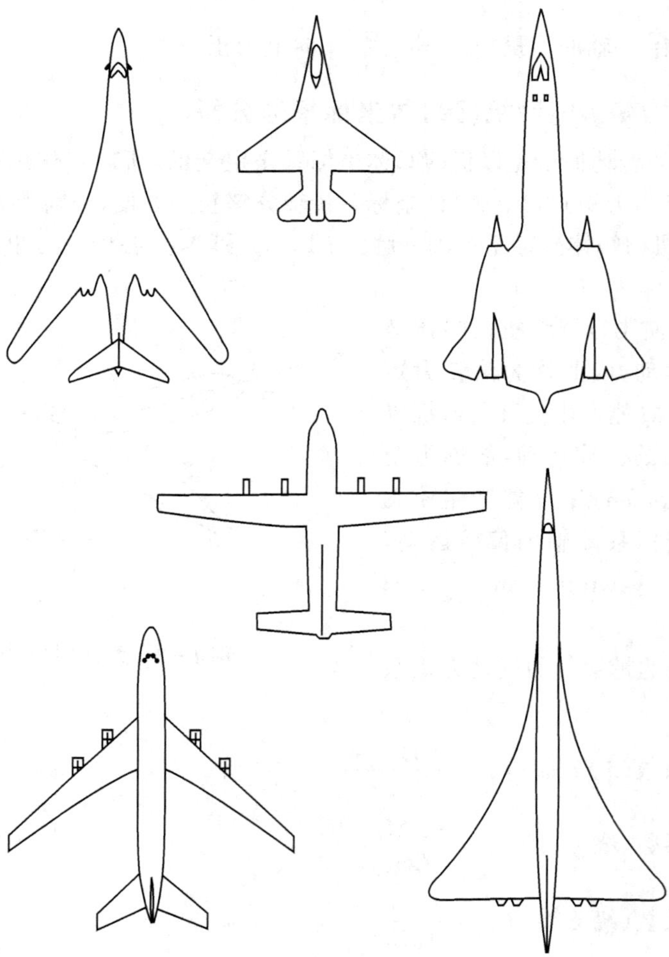

图 1-8 典型飞机的机翼俯视图

(1) 翼的几何形状和几何参数

首先，讨论翼型(翼剖面)和翼型的几个主要几何特征参数的定义：

① 二维翼型指等弦长且展长为无限长的直翼型，翼型流场用二维坐标描述；

② 三维翼型指有限长展长的翼型，翼型流场用三维坐标描述。

下面给出三维翼型的几个主要几何特征参数的定义：

① 翼弦长 c (wing chord)指翼型前缘点 A 到后缘点 B 的距离；

② 相对厚度 $\bar{t} = \dfrac{t}{c} \times 100\%$，$t$ 为最大厚度；

③ 相对弯度 $\bar{f} = \dfrac{f}{c} \times 100\%$，$f$ 为最大弯度。

弯度指中弧线到翼弦线的距离，中弧线指各个厚度中点的连线，如图 1－9 所示。

其次，讨论翼的平面形状，图 1－10 示出了典型翼的平面形状。描述翼平面形状特征的主要参数有：

① 展弦比(aspect ratio) $A = \dfrac{b^2}{S_w}$；

② 梯形比(taper ratio) $\lambda = \dfrac{c_t}{c_r}$，$c_t$ 和 c_r 分别是翼尖弦长(tip chord)和翼根弦长(root chord)；

③ 翼平均几何弦长(wing mean geometric chord) $c_A = \dfrac{2}{S_w}\int_0^{\frac{b}{2}} c^2(y)\mathrm{d}y$，其中 $c(y)$ 表示沿机(弹)翼展向坐标 y 处的翼弦长；

④ 前缘后掠角 Λ_0 (leading-edge sweep angle)，如图 1－10 所示。

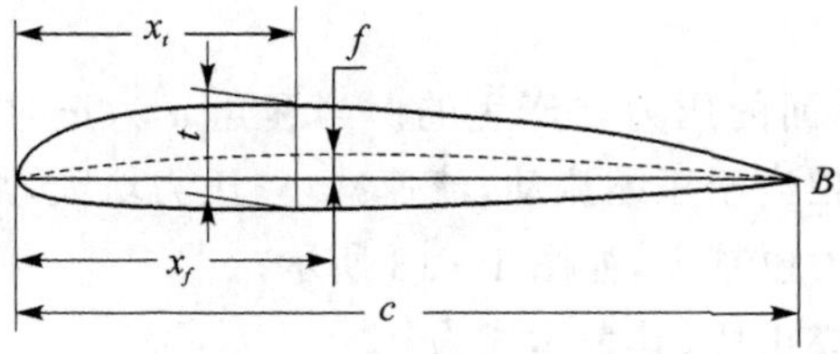

图 1－9　翼的几何形状和几何参数

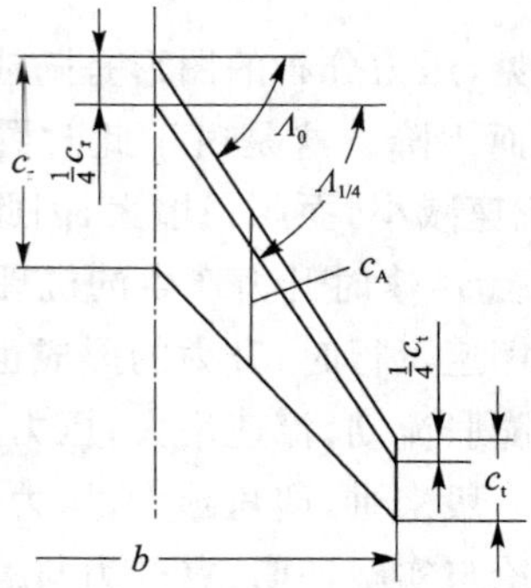

图 1－10　翼平面形状及其特征参数

(2) 翼的升力

1) 亚声速时升力产生的机理

当气流以某一迎角 α 流过翼型时，由于翼型上表面凸起的影响，使得流管变细，即截面积

A 减小,根据连续方程 $VA=m$(常数)可知,翼型上表面的流速必然增加,而下表面的流速则降低,如图 1-11 所示。根据伯努利方程 $p+\frac{1}{2}\rho V^2=C$(常数),流速大的地方,压强将减小,反之增大,所以,翼型的上、下表面将产生压力差。因此,垂直于空速矢量的压力差的总合就是升力。

(a) 压力系数 $\tilde{p}$

压力系数 $\tilde{p}$ 指翼面上某点的压强 p 与远前方自由气流的压强 p_∞ 之差,与远前方自由气流的动压之比,即

$$\tilde{p}=\frac{p-p_\infty}{\frac{1}{2}\rho_\infty V_\infty^2} \tag{1-17}$$

(b) 压力分布图

压力分布图是将翼面上各点的压力系数的数值光滑连接,若 $\tilde{p}$ 为负值(即吸力)则箭头向外,若为正值(即压力)则箭头指向翼面,如图 1-12 所示。

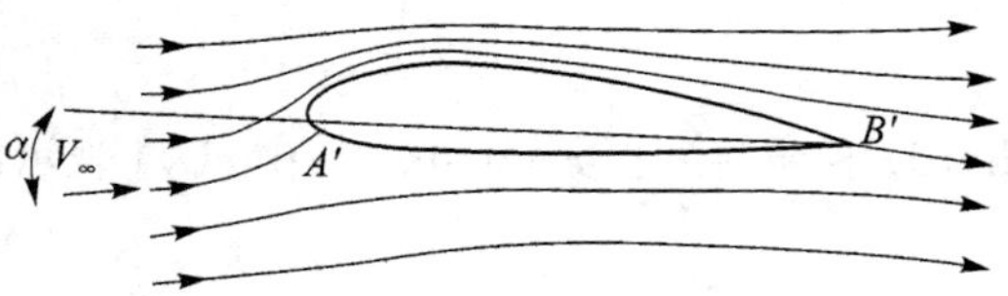

图 1-11　翼型与气流的关系

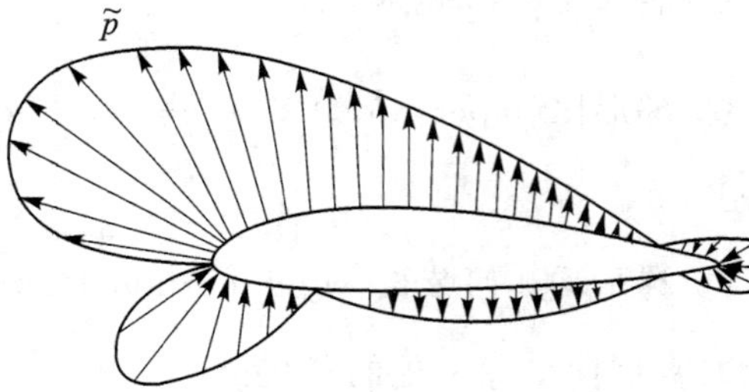

图 1-12　压力分布图

可见,压力分布的图形是随迎角 α 而变化的。当迎角达到某一值时升力最大,超过该值后升力反而下降。这是由于此时翼面的涡流区扩大,导致上表面前部的流管扩张,即截面积 A 增大,流速减小,而压强增大,因此压力差减小,吸力下降。

2) 超声速时升力产生的机理

超声速飞行时,升力的形成也是由上、下翼面的压力差产生的。当迎角 α 为正时,上翼面相当于膨胀流动,流速增大,压力降低;下翼面相当于压缩流动,流速减小,压力增大,故形成压力差。一般来讲,迎角越大,压力差就越大,升力也越大,如图 1-13 所示。

理论与实践证明,翼升力与翼面积和动压成正比,其表达式为

$$L_w=C_{L_w}QS_w \quad 或 \quad C_{L_w}=\frac{L_w}{QS_w} \tag{1-18}$$

以某非对称机翼为例,机翼升力系数 C_{L_w} 为量纲一的系数,在线性范围内,C_{L_w} 与 α 的关系为 $C_{L_w}=a_w(\alpha-\alpha_0)$,其中,机翼的升力线迎角导数(或升力线斜率)$a_w=\frac{\partial C_{L_w}}{\partial \alpha}$,如

图 1-14 所示。

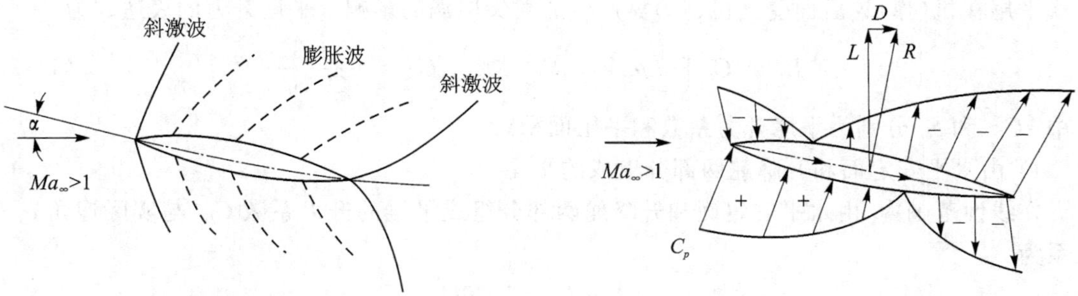

(a) 斜激波和膨胀波　　　　(b) 压力系数的分布

图 1-13　超声速飞行时升力的产生

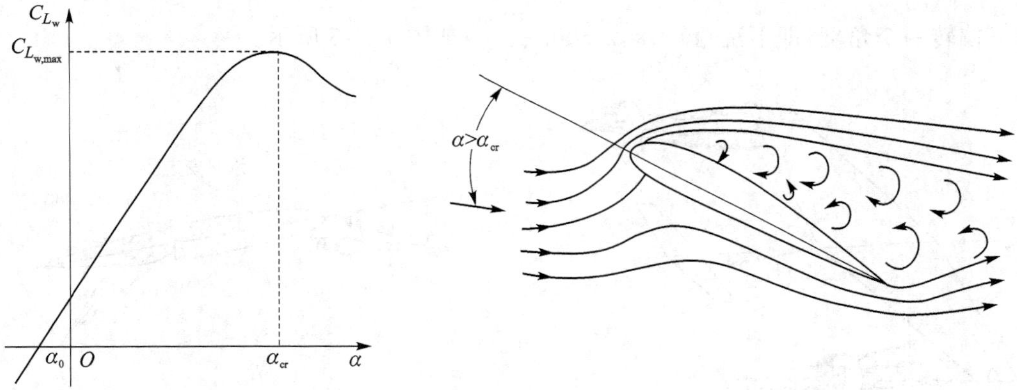

图 1-14　典型机翼升力系数 C_{L_w} 与 α 的关系

(3) 机(弹)身的升力

机(弹)身一般接近于圆柱体。理论与实践证明，亚声速飞行的机(弹)身(圆头圆尾，中段圆柱体)在迎角不大时不产生升力，只有大迎角时才有升力产生；超声速飞行的机(弹)身(圆锥形头部)在有迎角时，在其头部会产生升力，而机(弹)身圆柱段不产生升力。机(弹)身升力的表达式为

$$L_b = C_{L_b}\left(\frac{1}{2}\rho_\infty V_\infty^2\right)S_b \quad \text{或} \quad C_{L_b} = \frac{L_b}{Q_\infty S_b} \tag{1-19}$$

式中，C_{L_b} 和 S_b 分别为机(弹)身升力系数和机(弹)身横截面积。

在线性范围内，机(弹)身升力系数 C_{L_b} 与 α 的关系为 $C_{L_b} = a_b\alpha$，其中，机(弹)身的升力线斜率为 $a_b = \dfrac{\partial C_{L_b}}{\partial \alpha}$。

(4) 平尾的升力

平尾在机(弹)翼后面受到机(弹)翼产生的翼尖尾涡的影响。平尾升力的表达式为

$$L_t = C_{L_t}\left(\frac{1}{2}\rho_\infty V_\infty^2\right)S_t \quad 或 \quad C_{L_t} = \frac{L_t}{Q_\infty S_t} \tag{1-20}$$

式中,C_{L_t} 和 S_t 分别为平尾升力系数和平尾面积。

1) 由水平安定面和升降舵两部分组成的平尾

在线性范围内,由水平安定面和升降舵两部分组成平尾的升力系数 C_{L_t} 与实际迎角 α_t 的关系为

$$C_{L_t} = \frac{\partial C_{L_t}}{\partial \alpha_t}\alpha_t + \frac{\partial C_{L_t}}{\partial \delta_e}\delta_e \tag{1-21}$$

式中,α_t 为平尾的实际迎角,即考虑了翼尖尾涡产生的洗流影响后的迎角 $\alpha_t = \alpha - \varepsilon$。其中,$\varepsilon$ 为下洗角。假定远前方气流 V_∞ 与平尾弦线的迎角为 α,由于洗流产生下洗速度 W_t,导致气流向下偏转一个角度(即下洗角)$\varepsilon = \arctan\dfrac{W_t}{V_\infty}$,如图 1-15 所示。

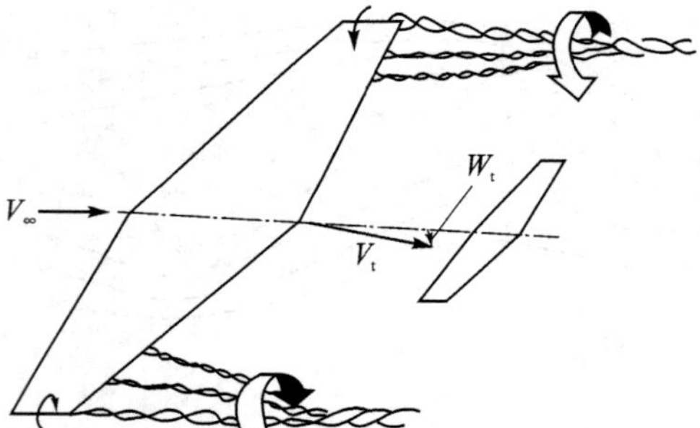

(a) 翼对平尾的下洗影响

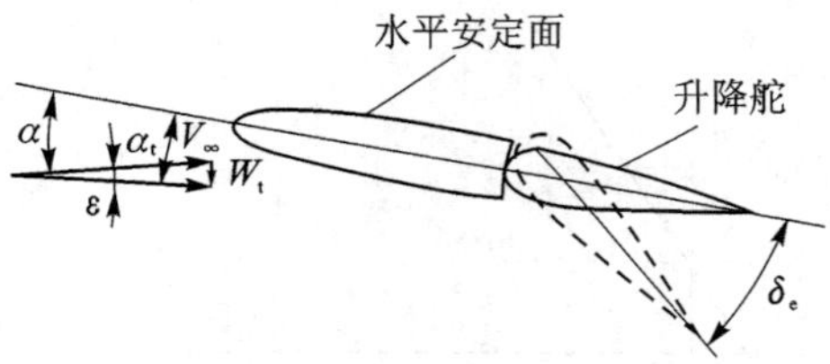

(b) 具有安定面和升降舵的平尾下洗角

图 1-15 下洗角的影响

2) 全动平尾

全动平尾的升力系数为

$$C_{L_t} = \frac{\partial C_{L_t}}{\partial \alpha_t}(\alpha_t - \delta_e) \tag{1-22}$$

式中,δ_e 为全动平尾的偏转角度,其后缘下偏为正。

(5) 整个飞行器的升力

飞行器的升力为飞行器各个部分升力的总和。其表达式为

$$L = L_w + L_b + L_t \tag{1-23}$$

若采用升力系数表示,则可以写成

$$L = C_L Q S_w = (C_{L_w} S_w + C_{L_b} S_b + C_{L_t} S_t) Q = \left(C_{L_w} + C_{L_b} \frac{S_b}{S_w} + C_{L_t} \frac{S_t}{S_w} \right) Q S_w \tag{1-24}$$

利用线性范围内机(弹)翼、机(弹)身和平尾升力系数的关系式进行代换,整个飞行器的升力系数可表示为

$$\begin{aligned} C_L &= a_w(\alpha - \alpha_0) + a_b \alpha \frac{S_b}{S_w} + \left(\frac{\partial C_{L_t}}{\partial \alpha_t} \alpha_t + \frac{\partial C_{L_t}}{\partial \delta_e} \delta_e \right) \frac{S_t}{S_w} = \\ & (-a_w \alpha_0) + \left[a_w + a_b \frac{S_b}{S_w} + a_t (1 - \varepsilon_\alpha) \frac{S_t}{S_w} \right] \alpha + \left(\frac{\partial C_{L_t}}{\partial \delta_e} \frac{S_t}{S_w} \right) \delta_e = \\ & C_{L_0} + C_{L_\alpha} \alpha + C_{L_{\delta_e}} \delta_e \end{aligned} \tag{1-25}$$

式中,$a_t = \dfrac{\partial C_{L_t}}{\partial \alpha_t}$,$\varepsilon_\alpha = \dfrac{\varepsilon}{\alpha}$。

由此可以看出升力系数与迎角和升降舵偏转角之间的关系。

此外,还应注意到马赫数(Mach number) Ma 对升力系数的影响。马赫数是空速与飞行器所在高度处的声速之比。升力系数与马赫数 Ma 的关系可以写为

$$C_L(\alpha, \delta_e, Ma) = C_{L_0}(Ma) + C_{L_\alpha}(Ma)\alpha + C_{L_{\delta_e}}(Ma)\delta_e \tag{1-26}$$

图 1-16 是一架超声速飞机的 C_{L_α} 随 Ma 变化的典型曲线,其中,Ma_{cr} 为临界马赫数。可见,在低速 ($Ma < 0.5$) 时,C_{L_α} 基本不变;当 $0.5 < Ma < Ma_{cr}$ 时,C_{L_α} 略有升高;当 $Ma > Ma_{cr}$ 时,C_{L_α} 明显增大;当 $Ma > 1.5$ 时,C_{L_α} 逐渐减小。

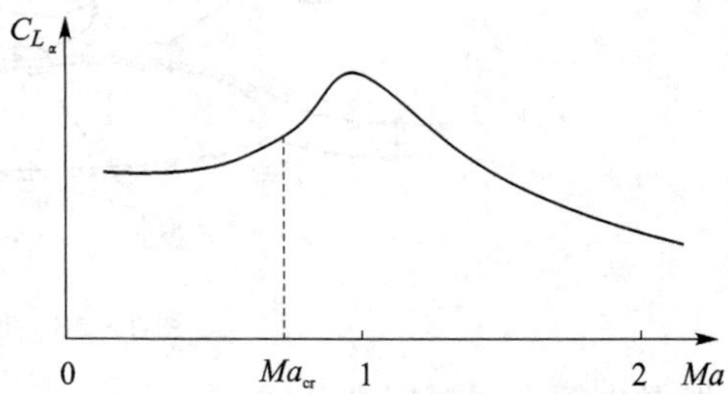

图 1-16　超声速飞机的典型 C_{L_α}-Ma 曲线

因为不同的 Ma 区间所对应的空气动力的影响极不相同。所以通常将 Ma 区间划分为:

① 亚声速(subsonic speeds),$Ma < 1.0$;

② 跨声速(transonic speeds),$0.8 \leqslant Ma \leqslant 1.2$;

③ 超声速(supersonic speeds),$1.0 < Ma < 5.0$;

④ 高超声速(hypersonic speeds),$5.0 \leqslant Ma$。

2. 阻　力

阻力 D 指飞行器总空气动力 $\boldsymbol{R}_\Sigma$ 沿气流坐标系 x_a 轴的分量,向后为正。

从本质上讲,气流阻力由空气作用在运动物体表面上的法向力和切向力沿着气流方向的分量组成。与升力类似,阻力主要与飞行器的外形、飞行高度、马赫数 Ma、迎角和操纵面的偏角有关。根据与升力的关系,可将总阻力分为零升阻力和升致阻力。

零升阻力包括摩擦阻力、压差阻力和零升波阻。

升致阻力包括诱导阻力和升致波阻。

(1) 附面层与摩擦阻力和压差阻力的关系

1) 附面层

附面层指当气流流过飞行器表面时,贴紧表面的地方有一层速度逐渐减慢(越贴紧表面速度越低)的空气流动层,如图 1-17 所示。

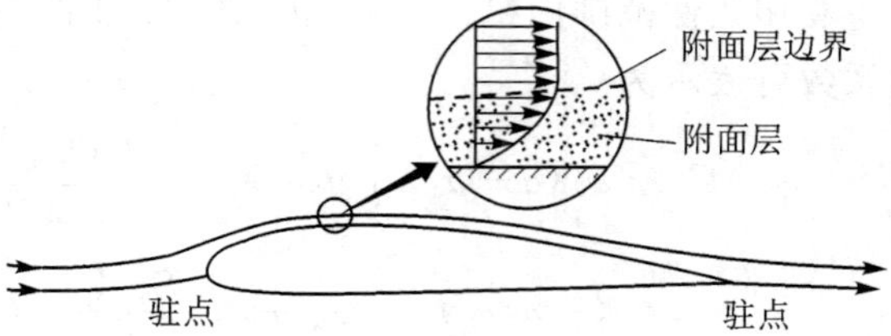

图 1-17 附面层

如图 1-18 所示,附面层又可分为下列两种:

① 层流附面层,指气流各层间互不混杂,好像一层在另一层上滑动;

② 紊流附面层,指空气质点不规则地乱动,其运动轨迹弯弯曲曲。

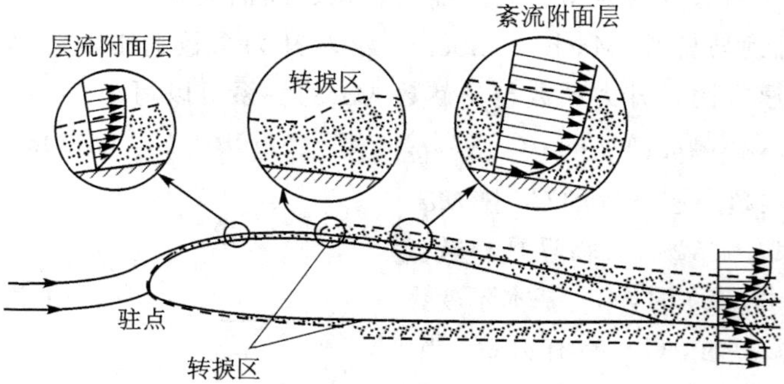

图 1-18 层流和紊流附面层

根据牛顿内摩擦应力公式有

$$\tau=\mu\frac{\partial V}{\partial n} \tag{1-27}$$

式中,τ,μ 和 $\dfrac{\partial V}{\partial n}$ 分别为切向应力、空气动力粘度和沿物体表面法向的速度梯度。

一般,紊流层的速度梯度 $\dfrac{\partial V}{\partial n}$ 比层流层的大一些,故引起的摩擦阻力也较大。

2) 压差阻力

压差阻力是翼型前缘附近的高压区与后缘附近的旋涡区所形成的一个向后作用的压力差。压差阻力和附面层与翼面分离点的位置有关。分离点越靠前,旋涡区越大,压差阻力则越大,如图 1-19 所示。

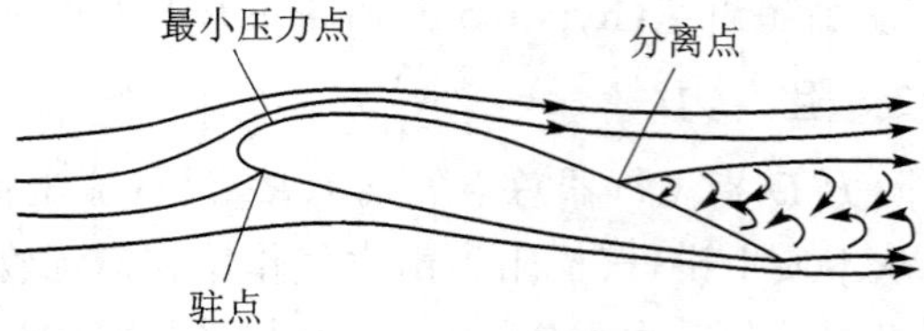

图 1-19 翼面的压差阻力

(2) 零升波阻

波阻：在飞行器做超声速飞行时，机(弹)身头部、机(弹)翼和尾翼的前缘均会产生激波，气流流经激波后会产生压力跃升，升高的压力对飞行器产生阻力，称为波阻，如图 1-20 所示。

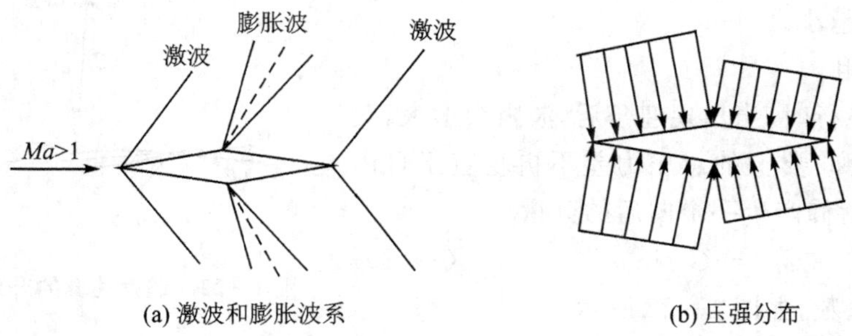

图 1-20　波阻形成示意图

零升波阻：在升力为零时也存在的波阻，称为零升波阻。

为了减小波阻，超声速飞行器一般采用尖锐头部、细长机(弹)身、大后略角、小展弦比、尖前缘、薄翼型等气动外形设计。

(3) 升致阻力

升致阻力：伴随升力的产生而出现的阻力，统称为升致阻力。

在亚声速飞行时，升致阻力主要为诱导阻力；在超声速飞行时，升致阻力主要为升致波阻。

1) 诱导阻力

在亚声速飞行时，不仅机(弹)翼对平尾有下洗的影响，而且翼尖拖出的两条自由涡对机(弹)翼自身也产生下洗的影响(但小于其对平尾下洗的影响)，如图 1-21 所示。

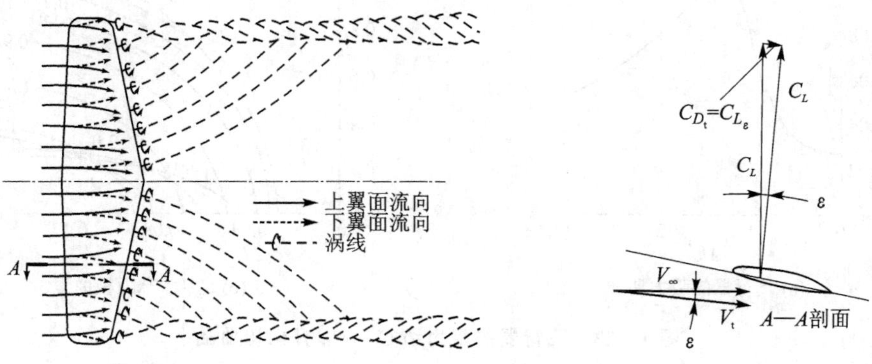

图 1-21　亚声速三维翼的诱导阻力形成示意图

诱导阻力系数的表达式为

$$C_{D_t} = C_L \cdot \sin\alpha \approx \varepsilon \cdot C_L \tag{1-28}$$

式中,ε 和 C_L 分别为下洗角和升力系数。

由式(1-28)可见,展弦比越大,即下洗影响越小,诱导阻力就越小。

2) 升致波阻

在超声速飞行时,当出现迎角后,波阻会增大,其结果相当于机(弹)翼上的总压力差不再垂直于自由气流 V_∞,而是后仰产生一个向后的分量

$$C_{D_t} = C_L \sin\alpha \tag{1-29}$$

即为升致波阻系数,如图 1-22 所示。

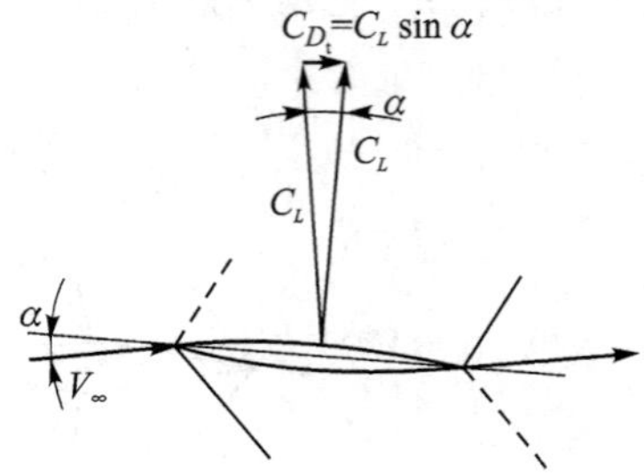

图 1-22　超声速翼的升致波阻示意图

(4) 整个飞行器的阻力和升阻极曲线

飞行器的阻力系数由两部分组成,其表达式为

$$C_D = C_{D_0} + C_{D_t} \tag{1-30}$$

式中,C_{D_0} 和 C_{D_t} 分别为零升阻力系数和升致阻力系数。

当在小迎角情况下,阻力系数可以写为

$$C_D = C_{D_0}(Ma) + A(Ma)C_L^2 \tag{1-31}$$

式中,A 是关于 Ma 的函数。

可见,阻力系数不仅与升力系数有关,而且与马赫数 Ma 有关。

依据关系式(1-31),可以画出 C_L-C_D 升阻极曲线(图 1-23),据此可以方便地分析飞行器的气动效率,即升阻比(lift-to-drag ratio)的关系。

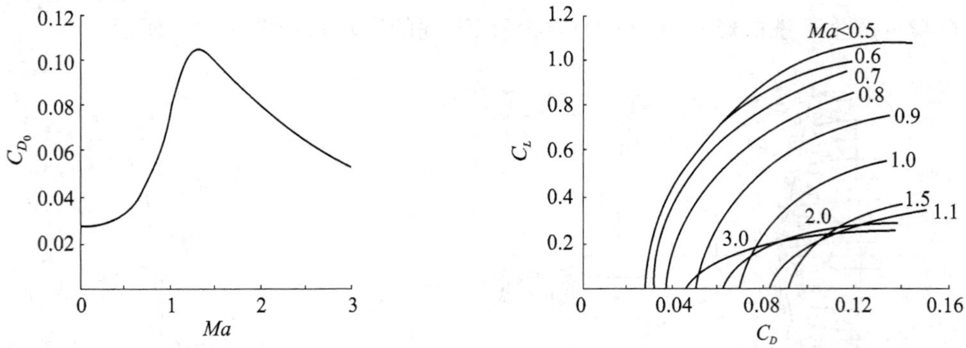

(a) 飞行器的阻力曲线　　(b) C_L-C_D升阻极曲线

图 1-23　飞行器的阻力和 C_L-C_D 升阻极曲线

3. 纵向力矩(俯仰力矩)

作用于飞行器的外力所产生的绕机(弹)体 y 轴的力矩,统称为纵向力矩。其中包括气动

俯仰力矩和因发动机推力向量不通过飞行器质心而产生的力矩。

气动俯仰力矩取决于飞行的速度、高度、迎角和升降舵的偏转角，此外，当俯仰角速度 q、迎角速率 $\dot{\alpha}$ 和升降舵偏转角速率 $\dot{\delta}_e$ 不为零时，还会产生附加俯仰力矩，称为动态气动力矩。

气动俯仰力矩可写为

$$M_A = f(V, h, \alpha, \delta_e, q, \dot{\alpha}, \dot{\delta}_e) \tag{1-32}$$

用力矩系数可表示为

$$M_A = C_m \left(\frac{1}{2}\rho V^2\right) S_w c_A \tag{1-33}$$

式中，C_m 为俯仰力矩系数，S_w 为机(弹)翼的参考面积，c_A 为机(弹)翼的平均几何弦长。

(1) 定常直线飞行时的俯仰力矩

1) 纵向定常直线飞行

纵向定常直线飞行指空速向量所在的铅垂平面与飞行器的纵向对称平面 Oxz 重合，飞行航线是一条直线，航线上各点速度始终不变的一种飞行状态。

在此飞行状态下，可近似认为 $q = \dot{\alpha} = \dot{\delta}_e = 0$，这样，纵向力矩就只与空速、高度和迎角有关。

2) 阻力对俯仰力矩的影响

严格地讲，阻力也会对俯仰力矩产生影响，但一般阻力的作用线接近于飞行器的重心，故可以忽略。这样，飞行器的俯仰力矩主要由升力引起。因此，如果已知飞行器各部件(机(弹)翼、机(弹)身和平尾)升力的大小及作用点，就不难求出整个飞行器绕 y 轴的纵向力矩。

3) 飞行器各部件的升力

上面已经讨论过飞行器各部件的升力之和为

$$L = L_w + L_b + L_t \tag{1-34}$$

其相应的升力系数为

$$C_L = C_{L_0} + C_{L_\alpha}\alpha + C_{L_{\delta_e}}\delta_e \tag{1-35}$$

4) 机(弹)翼产生的俯仰力矩

为了计算气动俯仰力矩，下面首先讨论空气动力作用点的定义。

气动焦点(气动中心，aerodynamic center)：为了方便地对飞行器的重心求力矩，如果能将机(弹)翼、机(弹)身和平尾产生的升力理解为集中作用于一点，即气动焦点，则此点应不随迎角 α 变化，这样对于空气动力学的计算无疑是很方便的。

下面讨论三维机(弹)翼俯仰力矩的计算方法。首先，定义飞行器的重心和机(弹)翼的气动焦点在平均几何弦上的量纲一的位置为

$$\bar{x}_{cg} = \frac{x_{cg}}{c_A}, \quad \bar{x}_{acw} = \frac{x_{acw}}{c_A} \tag{1-36}$$

式中，x_{cg} 为飞行器重心到平均几何弦前缘点的距离，x_{acw} 为机(弹)翼的气动焦点到平均几何

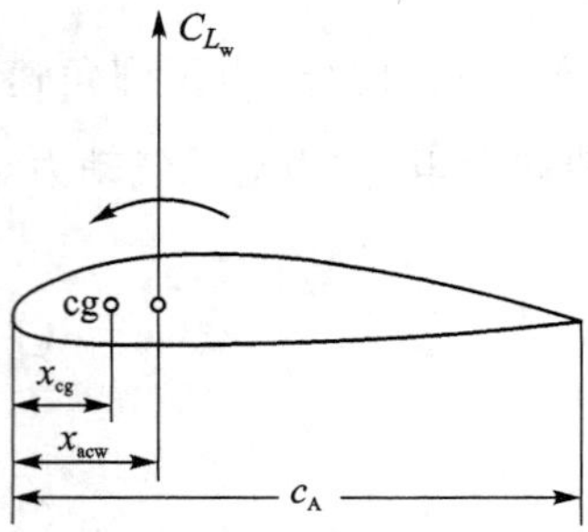

图1-24　机(弹)翼气动焦点与飞行器重心位置

弦前缘点的距离,如图1-24所示。

因此,机(弹)翼的气动焦点对重心的量纲一的力臂为 $(\bar{x}_{cg}-\bar{x}_{acw})$,对重心的力矩系数为

$$C_{m_w}=C_{m_{w0}}+C_{L_w}(\bar{x}_{cg}-\bar{x}_{acw}) \tag{1-37}$$

式中,$C_{m_{w0}}$ 为机(弹)翼的零升力矩系数。

将式(1-37)两边对迎角求偏导数得

$$\frac{\partial C_{m_w}}{\partial \alpha}=\frac{\partial C_{L_w}}{\partial \alpha}(\bar{x}_{cg}-\bar{x}_{acw}) \tag{1-38}$$

式中,$\dfrac{\partial C_{L_w}}{\partial \alpha}$ 为升力线斜率,为正值。

由式(1-38)可见,只有当 $\bar{x}_{cg}<\bar{x}_{acw}$,即重心在气动焦点之前时,$\dfrac{\partial C_{m_w}}{\partial \alpha}<0$。这样,当 α 增大时,升力增量 ΔL 作用在气动焦点上产生的低头力矩增量 $\Delta M<0$,并力图使 α 减小,所以起到稳定的作用。若 $\bar{x}_{cg}>\bar{x}_{acw}$,即重心在气动焦点之后,则飞行器纵向将是静不稳定的。

5) 机(弹)身产生的俯仰力矩

对于亚声速飞行器而言,一般机(弹)翼在机体上存在安装角,因此机(弹)翼翼弦线与机(弹)体轴线不平行,故应计算机(弹)翼-机(弹)体组合体产生的俯仰力矩,其表达式为

$$\begin{aligned}C_{m_{wb}}&=C_{m_{w0}}+\Delta C_{m_{b0}}+C_{L_w}[\bar{x}_{cg}-(\bar{x}_{acw}-\Delta\bar{x}_{acb})]=\\&C_{m_{wb0}}+C_{L_w}(\bar{x}_{cg}-\bar{x}_{acwb})\end{aligned} \tag{1-39}$$

式中,$\bar{x}_{acwb}$ 为机(弹)翼-机(弹)体组合体的气动焦点到平均几何弦前缘点的距离。

由于亚声速飞行器的机(弹)体在迎角 $\alpha>0$ 时会产生使迎角 α 增大的力偶,因此机(弹)体本身的俯仰力矩特性是不稳定的;而对于超声速飞行器而言,由于机(弹)体头部一般为锥形体,所以当迎角 $\alpha\neq 0$ 时会产生升力,但是由于其气动焦点总在飞行器重心之前,因此总是产生不稳定的俯仰力矩。由此可见,无论是亚声速飞行器还是超声速飞行器,机(弹)体总是产生不稳定的俯仰力矩,故有 $\bar{x}_{acwb}<\bar{x}_{acw}$。

6) 平尾产生的俯仰力矩

平尾对飞行器重心的俯仰力矩为

$$M_t=-L_t\cdot l_t \tag{1-40}$$

式中,l_t 为平尾气动焦点到飞行器重心的距离,即平尾力臂,如图1-25所示。

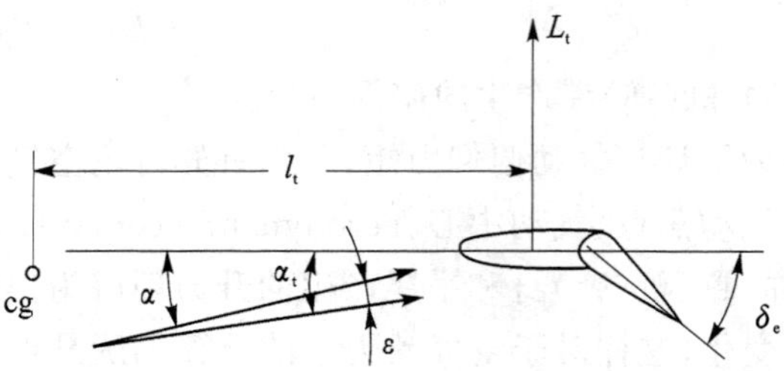

图1-25　平尾对飞行器重心的俯仰力矩

由式(1-20)和式(1-21)可得平尾的升力为

$$L_t = QS_t\left[(1-\varepsilon_\alpha)\frac{\partial C_{L_t}}{\partial \alpha}\alpha + \frac{\partial C_{L_t}}{\partial \delta_e}\delta_e\right] \tag{1-41}$$

式中，ε_α 与下洗角 ε 的关系为

$$\varepsilon = \varepsilon_\alpha \cdot \alpha$$

按照俯仰力矩系数公式，并由式(1-40)和式(1-41)可得平尾对飞行器重心的俯仰力矩系数为

$$\begin{aligned} C_{m_t} &= \frac{M_t}{QS_w c_A} = -\frac{L_t l_t}{QS_w c_A} = \\ &-\frac{S_t l_t}{S_w c_A}\left[(1-\varepsilon_\alpha)\frac{\partial C_{L_t}}{\partial \alpha}\alpha + \frac{\partial C_{L_t}}{\partial \delta_e}\delta_e\right] = \\ &-\bar{S}_t \bar{l}_t (1-\varepsilon_\alpha)\frac{\partial C_{L_t}}{\partial \alpha}\alpha - \bar{S}_t \bar{l}_t \frac{\partial C_{L_t}}{\partial \delta_e}\delta_e \end{aligned} \tag{1-42}$$

式中，$\bar{S}_t = \dfrac{S_t}{S_w}$ 为平尾的相对面积，$\bar{l}_t = \dfrac{l_t}{c_A}$ 为量纲一的力臂。

分析式(1-42)可知，当迎角 α 增大时，第一项将产生负力矩增量，起俯仰稳定作用。因此平尾使飞行器的气动焦点后移，其后移量的表达式为

$$\Delta\bar{x}_{act} = \bar{S}_t \bar{l}_t (1-\varepsilon_\alpha)\frac{\partial C_{L_t}}{\partial \alpha}\Big/\frac{\partial C_{L_w}}{\partial \alpha} \tag{1-43}$$

式(1-42)中的第二项为由升降舵偏转角 δ_e 产生的俯仰操纵力矩，令

$$\frac{\partial C_{m_t}}{\partial \delta_e} = -\bar{S}_t \bar{l}_t \frac{\partial C_{L_t}}{\partial \delta_e} \tag{1-44}$$

利用式(1-43)和式(1-44)，平尾对飞行器重心的俯仰力矩系数公式(1-42)可写成

$$C_{m_t} = -\frac{\partial C_{L_w}}{\partial \alpha}\Delta\bar{x}_{act}\alpha + \frac{\partial C_{m_t}}{\partial \delta_e}\delta_e \tag{1-45}$$

这样，定常直线飞行时飞行器的俯仰力矩可写成

$$M_A = \sum_i L_i(\bar{x}_{cg} - \bar{x}_{aci})$$

式中，i 表示飞行器产生升力的各个部件。

若写成俯仰力矩系数形式，则其表达式为

$$C_m = C_{m_{wbt0}} + C_{L_w}\left[\bar{x}_{cg} - (\bar{x}_{acw} - \Delta\bar{x}_{acb} + \Delta\bar{x}_{act})\right] + \frac{\partial C_{m_t}}{\partial \delta_e}\delta_e \tag{1-46}$$

式中，$C_{m_{wbt0}}$ 为 $\delta_e = 0$ 时的零升俯仰力矩系数，下标“w”表示机(弹)翼，下标“b”表示机(弹)体，下标“t”表示平尾。

令全机(弹)气动焦点为 $\bar{x}_{ac} = \bar{x}_{acw} - \Delta\bar{x}_{acb} + \Delta\bar{x}_{act}$，并将式(1-46)中的下标简写，则有

$$C_m = C_{m_0} + C_L(\bar{x}_{cg} - \bar{x}_{ac}) + \frac{\partial C_m}{\partial \delta_e}\delta_e =$$

$$C_{m_0} + (\bar{x}_{cg} - \bar{x}_{ac}) \frac{\partial C_L}{\partial \alpha}(\alpha - \alpha_0) + \frac{\partial C_m}{\partial \delta_e}\delta_e =$$

$$C_{m_0} + C_{m_\alpha}(\alpha - \alpha_0) + C_{m_{\delta_e}}\delta_e \tag{1-47}$$

式中，$C_{m_\alpha} = (\bar{x}_{cg} - \bar{x}_{ac}) \frac{\partial C_L}{\partial \alpha}$，$C_{m_{\delta_e}} = \frac{\partial C_m}{\partial \delta_e}$。

由式(1-47)确定的俯仰力矩系数是在 $\dot{\alpha} = \dot{\theta} = \dot{\delta}_e = 0$ 的情况下推出的，因此又称为静俯仰力矩系数。

值得注意的是，气动焦点概念仅适用于线性范围内，因为在大迎角情况下，俯仰力矩特性的线性关系已经被破坏了，所以此概念也就失去了意义。

(2) 纵向静稳定性与飞行器气动焦点和重心的关系

俯仰力矩系数又可以写成

$$C_m = C_L \cdot \frac{\partial C_m}{\partial C_L} = C_L \cdot \left(\frac{\partial C_m}{\partial \alpha} \cdot \frac{\partial \alpha}{\partial C_L}\right) = C_L \cdot \frac{\frac{\partial C_m}{\partial \alpha}}{\frac{\partial C_L}{\partial \alpha}} \tag{1-48}$$

在增量意义下，式(1-48)可以写成

$$C_m = C_L \frac{C_{m_\alpha}}{\frac{\partial C_L}{\partial \alpha}} = C_L(\bar{x}_{cg} - \bar{x}_{ac}) \tag{1-49}$$

由式(1-49)可以得到 $C_{m_\alpha} = (\bar{x}_{cg} - \bar{x}_{ac}) \frac{\partial C_L}{\partial \alpha}$，这与式(1-47)中的定义完全一致。

下面分析 C_{m_α} 与纵向静稳定性的关系：

① $C_{m_\alpha} < 0$，即 $\bar{x}_{cg} < \bar{x}_{ac}$，也就是重心在气动焦点之前。在此情况下，当迎角 α 增大时，负的 C_{m_α} 将产生低头力矩，即 $M_A < 0$，使 α 减小。因此飞行器是纵向静稳定的。

② $C_{m_\alpha} > 0$，即 $\bar{x}_{cg} > \bar{x}_{ac}$，也就是重心在气动焦点之后。在此情况下，当迎角 α 增大时，正的 C_{m_α} 将产生抬头力矩，即 $M_A > 0$，这样将使 α 更加增大。因此飞行器是纵向静不稳定的。

③ $C_{m_\alpha} = 0$，即 $\bar{x}_{cg} = \bar{x}_{ac}$，也就是气动焦点与重心重合。在此情况下，为纵向中立静稳定。

鉴于 C_{m_α} 的上述特性，则定义 C_{m_α} 为纵向静稳定性导数。

上面讨论了静态气动导数的概念，下面分析和推导动态气动导数的概念和公式。

(3) 飞行器绕 y 轴转动而产生的附加俯仰力矩

假设飞行器具有抬头的俯仰角速度 $q > 0$，则机(弹)翼、机(弹)身和平尾均会产生俯仰力矩，其中以平尾的最为明显。下面就分析飞行器绕 y 轴转动时平尾产生的附加俯仰力矩的机理。

设空速为 V，飞行器以俯仰角速度 $q > 0$ 绕 y 轴抬头转动，则平尾向下运动，此时也相当于平尾不动，而气流向上吹，其上吹速度为 $\Delta V_z = l_t \cdot q$，平尾的迎角增量为 $\Delta \alpha_t$，由此产生的

升力增量为 ΔL_t，则有

$$\Delta\alpha_t = \arctan\frac{\Delta V_z}{V} \approx \frac{\Delta V_z}{V} = \frac{l_t \cdot q}{V} \tag{1-50}$$

利用式(1-50)，升力增量 ΔL_t 可写成

$$\Delta L_t = \left(\frac{1}{2}\rho V^2\right)S_t C_{L_t} = \left(\frac{1}{2}\rho V^2\right)S_t\left(\frac{\partial C_{L_t}}{\partial\alpha_t}\Delta\alpha_t\right) = \left(\frac{1}{2}\rho V^2\right)S_t\left(\frac{\partial C_{L_t}}{\partial\alpha_t}\cdot\frac{l_t q}{V}\right) \tag{1-51}$$

则力矩增量为

$$\Delta M_t = -\Delta L_t \cdot l_t \tag{1-52}$$

写成力矩系数形式为

$$\Delta C_{m_t} = \frac{\Delta M_t}{\frac{1}{2}\rho V^2 S_w c_A} \tag{1-53}$$

式中，S_w 为机(弹)翼的参考面积，c_A 为机(弹)翼的平均几何弦长。

将式(1-51)和式(1-52)代入式(1-53)，有

$$\Delta C_{m_t} = -2\bar{S}_t\bar{l}_t^2\left(\frac{\partial C_{L_t}}{\partial\alpha_t}\right)\left(\frac{q c_A}{2V}\right) \tag{1-54}$$

式中，$\bar{S}_t = \frac{S_t}{S_w}$，$\bar{l}_t = \frac{l_t}{c_A}$。令 $\bar{q} = \frac{q c_A}{2V}$ 为量纲一的俯仰角速度，则式(1-54)可写成

$$\Delta C_{m_t} = -2\bar{S}_t\bar{l}_t^2\left(\frac{\partial C_{L_t}}{\partial\alpha_t}\right)\bar{q} \tag{1-55}$$

这样，平尾的附加俯仰力矩系数为

$$(C_{m_{\bar{q}}})_t = \frac{\partial\Delta C_{m_t}}{\partial\bar{q}} = -2\bar{S}_t\bar{l}_t^2\left(\frac{\partial C_{L_t}}{\partial\alpha_t}\right) \tag{1-56}$$

由此可见，平尾产生的力矩 ΔM_t 为阻尼力矩，其作用是阻止飞行器的转动。

(4) 下洗时差阻尼力矩

当 $\dot{\alpha} = \frac{d\alpha}{dt} \neq 0$ 时，设 $\dot{\alpha} > 0$，即迎角随时间增加，那么 $\alpha(t) - \alpha(t+\Delta t) = -\Delta\alpha(t) < 0$，也就是说，气流流经机(弹)翼到达平尾时所产生的下洗作用的实际迎角比静态时的迎角小 $\Delta\alpha(t)$。这样，实际的下洗角比静态时 $(\dot{\alpha} = 0)$ 小 $\Delta\varepsilon = \varepsilon_\alpha \cdot \Delta\alpha$，称这种影响为下洗时差。

时差 $\Delta t = \frac{l_t}{V}$，其值取决于气流速度 V 和平尾至机(弹)翼的距离 l_t，则有

$$\Delta\varepsilon = \varepsilon_\alpha \cdot \Delta\alpha = \varepsilon_\alpha \cdot \dot{\alpha}\Delta t = \varepsilon_\alpha \frac{\dot{\alpha} \cdot l_t}{V} \tag{1-57}$$

由下洗时差产生的力矩增量为

$$\Delta M_t = -l_t \cdot \Delta L_t = -l_t\left(\frac{1}{2}\rho V^2\right)S_t C_{L_t} = -l_t\left(\frac{1}{2}\rho V^2 S_t \cdot \frac{\partial C_{L_t}}{\partial\alpha_t} \cdot \Delta\varepsilon\right) \tag{1-58}$$

或利用式(1-57)和式(1-58)写成力矩系数形式

$$\Delta C_{m_t}=\frac{\Delta M_t}{\frac{1}{2}\rho V^2 S_w c_A}=-2\varepsilon_\alpha \bar{S}_t \bar{l}_t^2 C_{L_{\alpha t}}\cdot \bar{\dot{\alpha}} \tag{1-59}$$

式中，$C_{L_{\alpha t}}=\dfrac{\partial C_{L_t}}{\partial \alpha}$，$\bar{\dot{\alpha}}=\dfrac{\dot{\alpha}c_A}{2V}$ 为量纲一的迎角速度。

平尾下洗时差阻尼力矩导数为

$$(C_{m_{\bar{\dot{\alpha}}}})_t=\frac{\partial \Delta C_{m_t}}{\partial \bar{\dot{\alpha}}}=-2\varepsilon_\alpha \bar{S}_t \bar{l}_t^2 C_{L_{\alpha t}} \tag{1-60}$$

(5) 升降舵偏转角速率 $\dot{\delta}_e$ 所产生的俯仰力矩

采用同样的推导过程，升降舵偏转角速率 $\dot{\delta}_e$ 所产生的俯仰力矩导数为

$$C_{m_{\bar{\dot{\delta}}_e}}=\frac{\partial C_m}{\partial \bar{\dot{\delta}}_e} \tag{1-61}$$

式中，$\bar{\dot{\delta}}_e=\dfrac{\dot{\delta}_e c_A}{2V}$ 为量纲一的升降舵偏转角速率。

(6) 俯仰力矩总和

对上述静态和动态气动导数求和，得到总的俯仰力矩为

$$C_m=C_{m_{\alpha=0}}+C_{m_\alpha}\cdot\alpha+C_{m_{\delta_e}}\cdot\delta_e+C_{m_{\bar{q}}}\left(\frac{qc_A}{2V}\right)+C_{m_{\bar{\dot{\alpha}}}}\left(\frac{\dot{\alpha}c_A}{2V}\right)+C_{m_{\bar{\dot{\delta}}_e}}\left(\frac{\dot{\delta}_e c_A}{2V}\right)=$$

$$C_{m_{\alpha=0}}+C_{m_\alpha}\cdot\alpha+C_{m_{\delta_e}}\cdot\delta_e+C_{m_{\bar{q}}}\bar{q}+C_{m_{\bar{\dot{\alpha}}}}\bar{\dot{\alpha}}+C_{m_{\bar{\dot{\delta}}_e}}\bar{\dot{\delta}}_e \tag{1-62}$$

4. 操纵舵面的铰链力矩

在飞行器飞行时，由于空气动力的作用，当操纵舵面偏转时，需要克服舵面上的铰链力矩。

(1) 铰链力矩

铰链力矩就是作用在舵面上的空气动力的合力对舵面铰链转轴所形成的力矩，如图 1-26 所示。

由于空气动力的合力 R_e 一般不通过舵面的铰链转轴，其垂距为 h_e，则其铰链力矩为

$$H_e=-R_e h_e \tag{1-63}$$

定义迫使舵面正向偏转的铰链力矩 H_e 为正。根据此定义，对于升降舵，其正向的铰链力矩迫使其向下偏转；对于方向舵，则是向左偏转；而对于副翼，则为“左上右下”偏转。

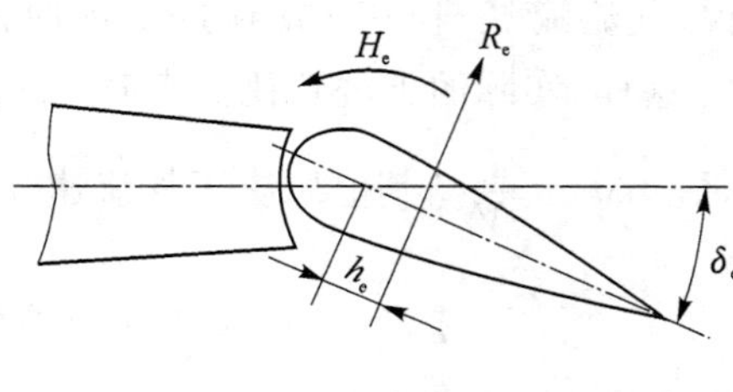

图 1-26 操纵舵面的铰链力矩

下面以升降舵为例，讨论操纵舵面的铰链力矩的特性。

(2) 升降舵的铰链力矩

在平尾迎角 α_t 和升降舵偏转角 δ_e 不大的情况下，升降舵的铰链力矩系数可表示为

$$C_{h_e} = \frac{\partial C_{h_e}}{\partial \alpha_t} \cdot \alpha_t + \frac{\partial C_h}{\partial \delta_e} \cdot \delta_e \tag{1-64}$$

式中，$\left(\frac{\partial C_{h_e}}{\partial \alpha_t}\right)$ 和 $\left(\frac{\partial C_h}{\partial \delta_e}\right)$ 为铰链力矩导数，它们与马赫数 Ma 有关。

因此，升降舵的铰链力矩为

$$H_e = C_{h_e}\left(\frac{1}{2}\rho V^2\right) S_e \bar{c}_e \tag{1-65}$$

式中，S_e 为升降舵的面积，$\bar{c}_e$ 为升降舵的平均几何弦长。

5. 全机(弹)俯仰力矩的计算与纵向稳定性分析

首先给出全机(弹)的纵向稳定性分析示意图 1-27。图中的 $R(x_R, O, z_R)$ 用来测量飞行器的气动数据的参考位置(aerodynamic data reference position)，纵向的气动力和力矩 L，D 和 M 都从这些测量数据库中获得。

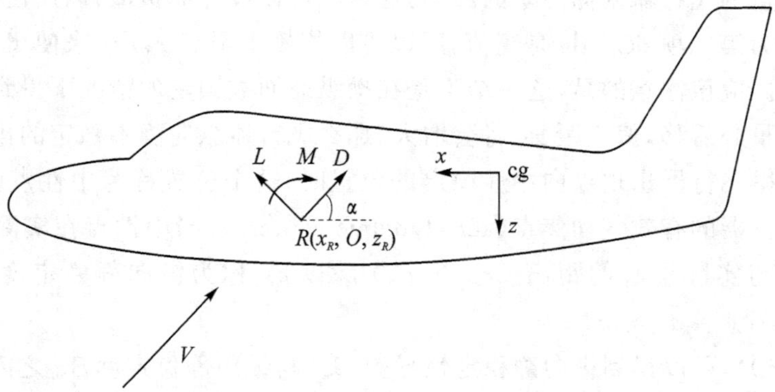

图 1-27　全机(弹)纵向稳定性分析示意图

如果气动数据的参考位置 $R(x_R, O, z_R)$ 在机(弹)体纵向对称面内偏离重心，出现偏心距 x_R 和 z_R 且不为零，则将产生俯仰力矩。这个俯仰力矩对飞行器纵向运动的性能和稳定性都有很大影响。

由于机(弹)体坐标系 S_b 的原点位于飞行器的重心处，因此关于飞行器重心的力矩可由下列方程确定，即

$$M_{cg} = M + (L\cos\alpha + D\sin\alpha)x_R + (L\sin\alpha - D\cos\alpha)z_R \tag{1-66}$$

在方程(1-66)两边同除以 $QS_w c_A$ 后，便得到方程(1-66)的量纲一的表达形式

$$C_{m_{cg}} = C_m + (C_L\cos\alpha + C_D\sin\alpha)\frac{x_R}{c_A} + (C_L\sin\alpha + C_D\cos\alpha)\frac{z_R}{c_A} \tag{1-67}$$

在稳定的水平飞行条件下,方程(1-67)右边的 $C_L\cos\alpha$ 项是最大的,并且在通常情况下偏心距 x_R 比 z_R 大得多,因此由该项产生的力矩会更大。换句话说,仅用此项就可分析飞行器的纵向稳定性问题,甚至可以进一步假设,当迎角很小时 ($\cos\alpha\approx 1$),方程(1-67)可以近似写成

$$C_{m_{cg}}=C_m+\frac{C_L x_R}{c_A} \tag{1-68}$$

注意:在计算全机(弹)的俯仰力矩时不应忽略近似修正项 $\frac{C_L x_R}{c_A}$,但是该项对于滚转和偏航而言,因其影响较小而常常被忽略。

为了分析飞行器的纵向稳定性,必须通过下列方程来考察全机(弹)的俯仰力矩 $C_{m_{cg}}$ 随迎角 α 的变化趋势,即

$$\frac{dC_{m_{cg}}}{d\alpha}=\frac{dC_m}{d\alpha}+x_R\frac{dC_L/d\alpha}{c_A} \tag{1-69}$$

在式(1-69)中,如果 $dC_{m_{cg}}/d\alpha$ 是负值,则飞行器是纵向静稳定的。等式右边第一项是关于气动数据参考点测量的飞行器俯仰力矩的斜率,这一项可以设计成负值,以便使飞行器具有纵向静稳定性。又因为第二项 $dC_L/d\alpha$ 是正值,所以可以依赖于调节 x_R/c_A 来使飞行器变为纵向静稳定或静不稳定。应该注意的是,这一结论是在操纵舵面被锁定的情况下得到的。

如果飞行器重心后移,偏心距 x_R 将会增大,那么飞行器纵向静不稳定的可能性也会增大。当重心后移到使得飞行器出现纵向中性稳定的位置时,这个位置称为中性点(neutral point),该点也是整个飞行器的有效气动焦点(aerodynamic center)。当中性点在实际重心之后时,中性点(气动焦点)与实际重心的距离 $(x_{ac}-x_{cg})$ 除以 c_A 称为纵向静稳定度(static margin) $S_m=(x_{ac}-x_{cg})/c_A=\bar{x}_{ac}-\bar{x}_{cg}$。

根据式(1-49),可以得到纵向静稳定性导数 C_{m_α} 与纵向静稳定度 S_m 之间的关系式

$$C_{m_\alpha}=-C_{L_\alpha}S_m \tag{1-70}$$

在关系式(1-70)中,由于升力线斜率 C_{L_α} 为正值,因此对于纵向静稳定飞行器而言,必须具有正的纵向静稳定度。

传统的纵向静稳定飞行器的静稳定度 S_m 一般在3%~5%(0.03~0.05)之间,这通常是为了安全起见和考虑到重心变化而留出的余量。为了获得在低速飞行情况下的纵向静稳定性,在跨声速和超声速区间飞行时就要付出代价,因为从高亚声速到超声速飞行时,气动焦点会从 $0.25c_A$ 后移到 $0.5c_A$ 附近,相应的静稳定度也随之增大。然而这个结果并不是所希望的,因为增大了的纵向静稳定度会导致配平阻力增大,会降低航程和燃油经济性及降低飞行器的机动性。因此,现代军用飞机(例如F—16等)都在亚声速阶段采用尽量减小甚至使用负静稳定度的措施,来减小跨声速飞行时因静稳定度增大所付出的代价。纵向静不稳定通常会导致飞行器俯仰方向的动态不稳定,因此这些飞行器就必须采用飞行控制系统来恢复和改善其

纵向的稳定性。

1.2.4　横侧向气动力与力矩

1. 侧力 Y

侧力 Y 是飞行器总的空气动力 $\boldsymbol{R}_{\Sigma}$ 沿气流坐标系 y_a 轴的分量，向右为正。侧力 Y 可表示为

$$Y = C_Y\left(\frac{1}{2}\rho V^2\right)S_w \tag{1-71}$$

式中，C_Y 为侧力系数，S_w 为机翼参考面积。实际上侧力 Y 与机翼参考面积 S_w 并没有关系，之所以引入 S_w，只是为了得到与升力和阻力相同的表达式而已。

已经知道，通常飞行器的外形是关于 Oxz 面对称的，所以只有在不对称的侧向气流作用下才会产生侧力。

下面分别讨论由侧滑角 β 和方向舵偏转角 δ_r 以及滚转角速度 p 和偏航角速度 r 所引起的侧力。

(1) 侧滑角 $\boldsymbol{\beta}$ 引起的侧力

由 $\beta \neq 0$ 产生侧力 Y 的原理与由迎角 α 产生升力 L 的原理类似。对于具有普通气动布局的飞行器，产生侧力的主要部件为垂直尾翼(简称垂尾)和机(弹)身，两者产生侧力的原因基本相同。

下面以垂尾为例进行分析。设存在 $\beta > 0$，即飞行器向右侧滑。当 $\beta > 0$ 时，垂尾左表面的流速增大，因而压力下降；相反，其右表面的流速减小，压力增大，这样就出现了压力差，因而产生了负侧力 $Y(\beta)$，其表达式为

$$Y(\beta) = C_{Y_\beta}\left(\frac{1}{2}\rho V^2\right)S_w\beta \tag{1-72}$$

式中，$C_{Y_\beta} = \dfrac{\partial C_Y}{\partial \beta}$ 为侧力导数。因为正向侧滑角 $\beta > 0$ 产生负侧力 $Y(\beta) < 0$，所以 C_{Y_β} 为负值。由 β 引起的侧力如图 1-28 所示。

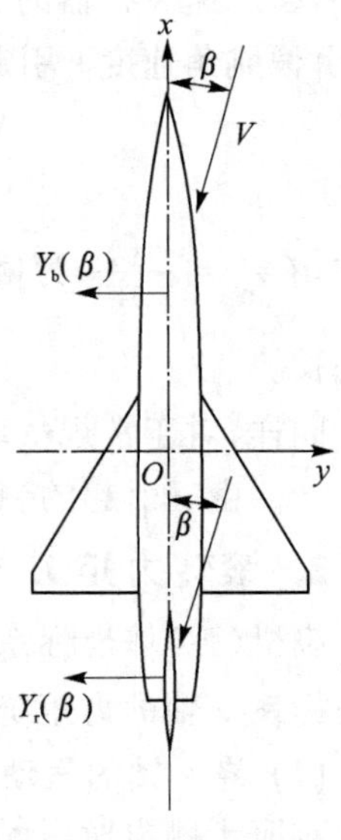

图 1-28　$\boldsymbol{\beta}$ 引起的侧力

(2) 方向舵偏转角 $\boldsymbol{\delta_r}$ 引起的侧力

由方向舵偏转角 δ_r 引起侧力的原理与由升降舵偏转角 δ_e 产生升力 L 的原理类似。在方向舵偏转 δ_r 角度后，垂尾的气动外形发生变化，从而产生侧力 $Y(\delta_r)$，其表达式为

$$Y(\delta_r) = C_{Y_{\delta_r}}\left(\frac{1}{2}\rho V^2\right)S_w\delta_r \tag{1-73}$$

式中，$C_{Y_{\delta_r}} = \dfrac{\partial C_Y}{\partial \delta_r}$ 为方向舵侧力导数，S_w 为机(弹)翼参考面积。

因为方向舵正向偏转 ($\delta_r > 0$) 所产生的侧力为正，即 $Y(\delta_r) > 0$，所以 $C_{Y_{\delta_r}}$ 为正值。

上面讨论了静态侧力导数的情况，下面分析由滚转角速度 p 和偏航角速度 r 所引起的动态侧力导数的情况。

(3) 滚转角速度 p 引起的侧力

当飞行器的滚转角速度 $p \neq 0$ 时，垂尾上有附加侧向速度，这相当于垂尾存在局部的侧滑角，因而将产生侧力，其表达式为

$$Y(p) = C_{Y_{\bar{p}}}\left(\frac{1}{2}\rho V^2\right)S_w \bar{p} \tag{1-74}$$

式中，$C_{Y_{\bar{p}}} = \dfrac{\partial C_Y}{\partial \bar{p}}$ 为滚转角速度侧力导数，$\bar{p} = \dfrac{pb}{2V}$ 为量纲一的滚转角速度，其中 b 为机(弹)翼展长。

因为正向的滚转角速度 $p > 0$，将产生负的侧力，即 $Y(p) < 0$，所以 $C_{Y_{\bar{p}}}$ 为负值。对于一般气动布局的飞行器，其滚转角速度侧力导数 $C_{Y_{\bar{p}}}$ 的数值都很小，通常可忽略。由 p 引起的侧力如图 1-29 所示。

(4) 偏航角速度 r 引起的侧力

同理，当飞行器的偏航角速度 $r \neq 0$ 时，在垂尾上也存在局部的侧滑角，因而将产生侧力。此外，超声速飞行器的头部在偏航角速度 $r \neq 0$ 时，会引起与垂尾产生的侧力相反的侧力。因此，由偏航角速度 r 引起的侧力应是垂尾与机(弹)体头部产生的侧力之差，其表达式为

$$Y(r) = C_{Y_{\bar{r}}}\left(\frac{1}{2}\rho V^2\right)S_w \bar{r} \tag{1-75}$$

式中，$C_{Y_{\bar{r}}} = \dfrac{\partial C_Y}{\partial \bar{r}}$ 为偏航角速度侧力导数，$\bar{r} = \dfrac{rb}{2V}$ 为量纲一的偏航角速度，其中 b 为机(弹)翼展长。

同样，对于常规气动布局的飞行器，其偏航角速度侧力导数 $C_{Y_{\bar{r}}}$ 的数值都很小，通常可忽略不计。由 r 引起的侧力如图 1-30 所示。

2. 滚转力矩 $\bar{L}$ 与偏航力矩 N

绕机(弹)体坐标系 x 轴的力矩统称为滚转力矩 $\bar{L}$，其中包括气动滚转力矩 $\bar{L}_A$；绕机(弹)体坐标系 z 轴的力矩统称为偏航力矩 N，而将滚转力矩 $\bar{L}$ 与偏航力矩 N 统称为横侧向力矩。

(1) 绕 x 轴的气动滚转力矩 $\bar{L}_A$

对应于侧力所引起的力矩关系，绕 x 轴的气动滚转力矩 $\bar{L}_A$ 包括由侧滑角 β 引起的气动滚转力矩 $\bar{L}_A(\beta)$、由副翼偏转角 δ_a 引起的气动滚转力矩 $\bar{L}_A(\delta_a)$、由方向舵偏转角 δ_r 引起的气动滚转力矩 $\bar{L}_A(\delta_r)$、由滚转角速度 p 引起的气动滚转力矩 $\bar{L}_A(p)$ 和由偏航角速度 r 引起的气动

滚转力矩 $\overline{L}_{\mathrm{A}}(r)$。

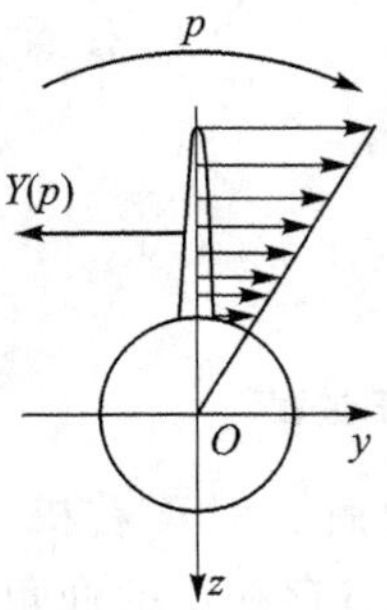

图 1-29　p 引起的侧力

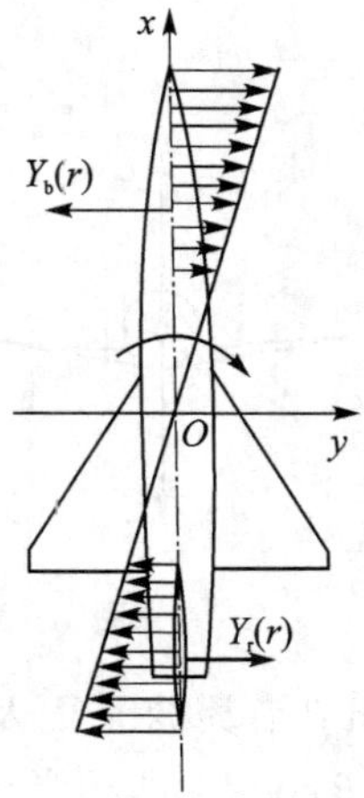

图 1-30　r 引起的侧力

1）侧滑角 β 引起的气动滚转力矩 $\overline{L}_{\mathrm{A}}(\beta)$

气动滚转力矩 $\overline{L}_{\mathrm{A}}(\beta)$ 主要由机(弹)翼和垂尾在侧滑角 $\beta \neq 0$ 时产生，其表示式为

$$\overline{L}_{\mathrm{A}}(\beta) = C_{l_\beta}\left(\frac{1}{2}\rho V^2\right)S_{\mathrm{w}} b\beta \tag{1-76}$$

式中，$C_{l_\beta} = \dfrac{\partial C_l}{\partial \beta}$ 为横滚静稳定性导数，其中 C_l 为滚转力矩系数；S_{w} 和 b 分别为机(弹)翼参考面积和机(弹)翼展长。

下面讨论横滚静稳定性导数 C_{l_β} 的意义。

如图 1-31 所示(面向飞行器头部)，由于某种干扰使得飞行器产生滚转角 $\phi > 0$。此时虽然姿态角变化并不会产生气动力(因为只有气流角 α 和 β 才会产生气动力)，但是，由于滚转角 $\phi > 0$，升力 L 与重力 G 将产生合力，使得飞行器向中心侧滑，产生正侧滑角 $\beta > 0$。为了使正的滚转角 ϕ 恢复到零，只有产生负的滚转力矩 $\overline{L}_{\mathrm{A}}(\beta) < 0$。

由 $\overline{L}_{\mathrm{A}}(\beta) = C_{l_\beta}\left(\frac{1}{2}\rho V^2\right)S_{\mathrm{w}} b\beta$ 可见，只有 $C_{l_\beta} < 0$ 才能产生负的滚转力矩 $\overline{L}_{\mathrm{A}}(\beta) < 0$。因此，当 $C_{l_\beta} < 0$ 时，飞行器具有横滚静稳定性；当 $C_{l_\beta} > 0$ 时，飞行器为横滚静不稳定的。

下面讨论几种翼形与横滚静稳定性导数 C_{l_β} 的关系。

(a) 机(弹)翼上(下)反角 Γ 的作用

机(弹)翼上(下)反角 Γ 指经翼根弦作一垂直于飞行器对称面的平面，此平面与翼弦平面之间的夹角。翼弦平面在此平面之上的称为上反角；反之，称为下反角。

设有上反角 Γ 的机(弹)翼，其空速为 V，并存在侧滑角 $\beta > 0$。先将空速 V 分解为 $V\sin\beta$

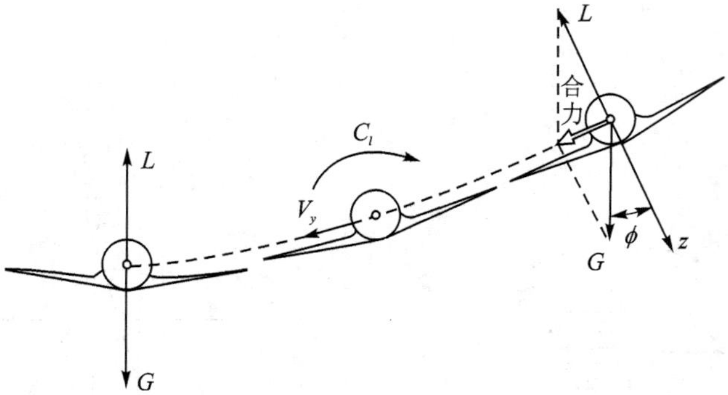

图 1-31　滚转角 ϕ 的自动纠正过程

和 $V\cos\beta$，再将 $V\sin\beta$ 沿翼弦平面及其垂直方向进行分解。对于右机(弹)翼而言，分解为 $V\sin\beta\sin\Gamma$ 和 $V\sin\beta\cos\Gamma$，即相当于右机(弹)翼与 $V\sin\beta$ 存在正的迎角，从而产生由下向上的升力；而对于左机(弹)翼而言，则相反。这样，右机(弹)翼产生由下向上的升力，左机(弹)翼产生由上向下的升力，因而形成了负的气动滚转力矩 $\overline{L}_A<0$，如图 1-32 所示。因此，对于上反角机(弹)翼，横滚静稳定性导数 C_{l_β} 为负值；反之，对于下反角机(弹)翼，C_{l_β} 为正值。

(b) 机(弹)翼后掠角 $\Lambda_{1/4}$ 的作用

翼尖向后的机(弹)翼称为后掠翼；反之，翼尖向前的机(弹)翼称为前掠翼。

1/4 弦线：在翼弦平面上将各翼剖面的翼弦线上 1/4 处的点连成的直线称为 1/4 弦线。

后掠角 $\Lambda_{1/4}$：1/4 弦线与机(弹)体坐标系 y 轴之间的夹角称为后掠角 $\Lambda_{1/4}$。

设有后掠角 $\Lambda_{1/4}$ 的机(弹)翼，其空速为 V，并存在侧滑角 $\beta>0$，如图 1-33 所示。对于右机(弹)翼，分解空速 V 为平行于 1/4 弦线的分速 $V\sin(\Lambda_{1/4}-\beta)$ 和垂直于 1/4 弦线的分速 $V\cos(\Lambda_{1/4}-\beta)$；对于左机(弹)翼，则分解空速 V 为平行于 1/4 弦线的分速 $V\sin(\Lambda_{1/4}+\beta)$ 和垂

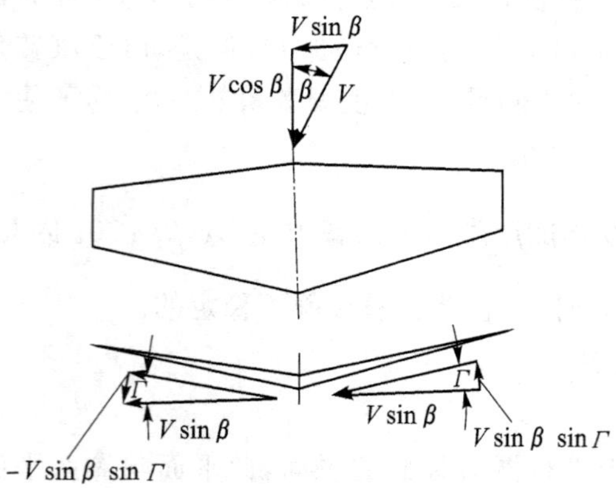

图 1-32　机(弹)翼上反角 Γ

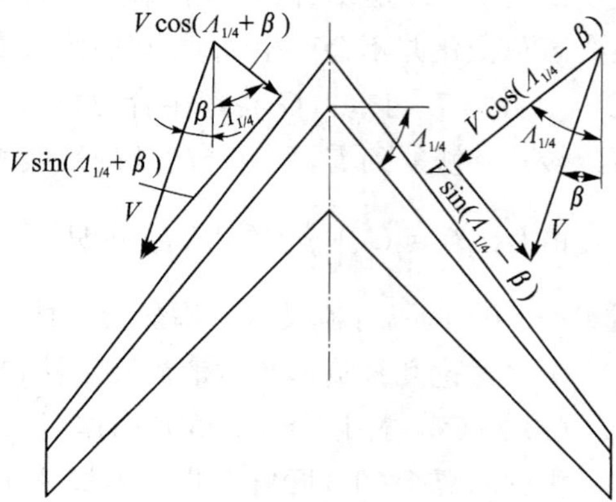

图 1-33　机(弹)翼后掠角 $\Lambda_{1/4}$ 的作用

直于 1/4 弦线的分速 $V\cos(\Lambda_{1/4}+\beta)$。由于只有垂直于 1/4 弦线的分速才能产生升力，因此也将垂直于 1/4 弦线的分速称为有效分速。

当正侧滑时 $(\beta>0)$，右机(弹)翼的有效分速大于左机(弹)翼的，即 $V\cos(\Lambda_{1/4}-\beta)>V\cos(\Lambda_{1/4}+\beta)$。这样，右机(弹)翼的升力大于左机(弹)翼的，因此形成负的气动滚转力矩 $\overline{L}_{\mathrm{A}}<0$。所以，对于后掠翼的飞行器，其横滚静稳定性导数 $C_{l_\beta}<0$。

对于前掠翼的情况也可以进行同样的分析。当正侧滑时$(\beta>0)$，左机(弹)翼的有效分速 $V\sin(\Lambda_{1/4}+\beta)$ 大于右机(弹)翼的有效分速 $V\sin(\Lambda_{1/4}-\beta)$。这样，左机(弹)翼的升力大于右机(弹)翼的，因此形成正的气动滚转力矩 $\overline{L}_{\mathrm{A}}>0$。所以，对于前掠翼的飞行器，其横滚静稳定性导数 $C_{l_\beta}>0$。

对于机(弹)翼的上(下)反角 Γ 和后掠角 $\Lambda_{1/4}$ 的综合影响，要进行综合的分析。

(c) 垂尾的作用

与垂尾存在侧滑角 β 时将引起侧力的原理一样，如果垂尾在 x 轴之上，当存在正侧滑时$(\beta>0)$将产生负的侧力，对 x 轴取矩，则形成负的气动滚转力矩 $\overline{L}_{\mathrm{A}}<0$，因此 C_{l_β} 为负向增加；如果垂尾在 x 轴之下，则 C_{l_β} 是正向增加的。

2) 副翼偏转角 δ_{a} 引起的气动滚转力矩 $\overline{L}_{\mathrm{A}}(\delta_{\mathrm{a}})$

副翼偏转角 δ_{a} 引起的气动滚转力矩 $\overline{L}_{\mathrm{A}}(\delta_{\mathrm{a}})$ 又称为滚转操纵力矩，是操纵飞行器产生滚转运动的主要措施。其表达式为

$$\overline{L}_{\mathrm{A}}(\delta_{\mathrm{a}})=C_{l_{\delta_{\mathrm{a}}}}\left(\frac{1}{2}\rho V^2\right)S_{\mathrm{w}}b\delta_{\mathrm{a}} \tag{1-77}$$

式中，$C_{l_{\delta_{\mathrm{a}}}}=\dfrac{\partial C_l}{\partial\delta_{\mathrm{a}}}$ 为滚转操纵导数，δ_{a} 为副翼的偏转角度。

当副翼正向偏转 $\delta_{\mathrm{a}}>0$，即“左上右下”偏转时，相当于右机(弹)翼的翼型弯度增大，左机(弹)翼的翼型弯度减小，所以右机(弹)翼的升力增大，而左机(弹)翼的升力减小，故将产生负的气动滚转力矩 $\overline{L}_{\mathrm{A}}(\delta_{\mathrm{a}})<0$，因此，滚转操纵导数 $C_{l_{\delta_{\mathrm{a}}}}$ 为负值。

3) 方向舵偏转角 δ_{r} 引起的气动滚转力矩 $\overline{L}_{\mathrm{A}}(\delta_{\mathrm{r}})$

方向舵偏转角 δ_{r} 引起的气动滚转力矩 $\overline{L}_{\mathrm{A}}(\delta_{\mathrm{r}})$ 又称为操纵交叉力矩，其表达式为

$$\overline{L}_{\mathrm{A}}(\delta_{\mathrm{r}})=C_{l_{\delta_{\mathrm{r}}}}\left(\frac{1}{2}\rho V^2\right)S_{\mathrm{w}}b\delta_{\mathrm{r}} \tag{1-78}$$

式中，$C_{l_{\delta_{\mathrm{r}}}}=\dfrac{\partial C_l}{\partial\delta_{\mathrm{r}}}$ 为方向舵操纵交叉导数，δ_{r} 为方向舵偏转角。

当方向舵正向偏转 $\delta_{\mathrm{r}}>0$ 时，方向舵的后缘将向左偏转产生正的侧力。如果方向舵位于 x 轴之上(一般气动布局的方向舵都在 x 轴之上)，则产生正向气动滚转力矩 $\overline{L}_{\mathrm{A}}(\delta_{\mathrm{r}})>0$，因此 $C_{l_{\delta_{\mathrm{r}}}}$ 为正值。

4) 滚转角速度 p 引起的气动滚转力矩 $\bar{L}_A(p)$

滚转角速度 p 引起的气动滚转力矩 $\bar{L}_A(p)$ 又称为滚转阻尼力矩，其表达式为

$$\bar{L}_A(p) = C_{l_{\bar{p}}}\left(\frac{1}{2}\rho V^2\right)S_w b\bar{p} \tag{1-79}$$

式中，$C_{l_{\bar{p}}} = \dfrac{\partial C_l}{2\bar{p}}$ 为滚转阻尼导数，$\bar{p} = \dfrac{pb}{2V}$ 为量纲一的滚转角速度。

由滚转角速度 p 引起的气动滚转力矩 $\bar{L}_A(p)$ 主要由机(弹)翼产生，此外，平尾和垂尾也有一些影响。

下面主要讨论机(弹)翼产生气动滚转力矩 $\bar{L}_A(p)$ 的机理。

设飞行器正向滚转，即 $p>0$，向右滚转，右机(弹)翼下行，左机(弹)翼上行。因为下行速度分量与空速 V 叠加，形成一个迎角增大了的速度合量，所以下行翼面的迎角增加，升力也增加；反之，上升翼面的迎角减小，升力也减小。这样，右机(弹)翼升力增加，左机(弹)翼升力减小，形成了一个负的气动滚转力矩 $\bar{L}_A(p)<0$，因为该负的气动滚转力矩 $\bar{L}_A(p)$ 将起到阻止飞行器正向滚转的作用，故称为滚转阻尼力矩，所以其滚转阻尼导数 $C_{l_{\bar{p}}}$ 为负值。

5) 偏航角速度 r 引起的气动滚转力矩 $\bar{L}_A(r)$

偏航角速度 r 引起的气动滚转力矩 $\bar{L}_A(r)$ 又称为交叉动态力矩，其表达式为

$$\bar{L}_A(r) = C_{l_{\bar{r}}}\left(\frac{1}{2}\rho V^2\right)S_w b\bar{r} \tag{1-80}$$

式中，$C_{l_{\bar{r}}} = \dfrac{\partial C_l}{\partial \bar{r}}$ 为交叉动导数，$\bar{r} = \dfrac{rb}{2V}$ 为量纲一的偏航角速度。

设偏航角速度 $r>0$，即左机(弹)翼向前，右机(弹)翼向后。首先，分析当存在正的偏航角速度 $r>0$ 时机(弹)翼所产生的气动滚转力矩 $\bar{L}_A(r)$。由于左机(弹)翼向前运动，所以其相对空速增加，升力也增加；反之，右机(弹)翼的升力降低。因此就形成了正的气动滚转力矩 $\bar{L}_A(r)>0$。

其次，分析当存在正的偏航角速度 $r>0$ 时垂尾所产生的气动滚转力矩 $\bar{L}_A(r)$。当偏航角速度 $r>0$ 时，垂尾将产生局部的负向侧滑角 ($\beta<0$)，因此，将产生正的侧力，如果垂尾位于 x 轴之上，则产生正的气动滚转力矩 $\bar{L}_A(r)>0$。所以，对于正的偏航角速度 $r>0$，将产生正的气动滚转力矩 $\bar{L}_A(r)>0$，所以，交叉动导数 C_{l_r} 为正值。

(2) 绕 z 轴的气动偏航力矩 N_A

与绕 x 轴的气动滚转力矩 $\bar{L}_A$ 一样，对应于侧力所引起的力矩关系，绕 z 轴的气动偏航力矩 N_A 包括由侧滑角 β 引起的气动偏航力矩 $N_A(\beta)$、由副翼偏转角 δ_a 引起的气动偏航力矩 $N_A(\delta_a)$、由方向舵偏转角 δ_r 引起的气动偏航力矩 $N_A(\delta_r)$、由滚转角速度 p 引起的气动偏航力矩 $N_A(p)$ 和由偏航角速度 r 引起的气动偏航力矩 $N_A(r)$。

1）侧滑角 β 引起的气动偏航力矩 $N_A(\beta)$

由侧滑角 β 引起的气动偏航力矩 $N_A(\beta)$ 又称为航向静稳定力矩，其表达式为

$$N_A(\beta) = C_{n_\beta}\left(\frac{1}{2}\rho V^2\right)S_w b\beta \tag{1-81}$$

式中，$C_{n_\beta} = \dfrac{\partial C_n}{\partial \beta}$ 为航向静稳定性导数。

由侧滑角 β 引起的气动偏航力矩 $N_A(\beta)$ 主要由机（弹）身和垂尾产生。一般情况下，机（弹）身产生不稳定的气动偏航力矩 $N_A(\beta)$，但与垂尾产生的相比则较小。因此，下面以垂尾为例分析说明由侧滑角 β 引起的气动偏航力矩 $N_A(\beta)$ 的机理。

假设飞行器存在右侧滑运动，即 $\beta > 0$。由上面关于侧滑角 β 引起的侧力分析知道，右侧滑运动时 $\beta > 0$，垂尾将产生一个负值的侧力 $Y(\beta) < 0$。由于垂尾在飞行器重心的后方，所以产生一个正的气动偏航力矩 $N_A(\beta) > 0$，并使侧滑角 β 减小，因此，$N_A(\beta)$ 是一个稳定的气动偏航力矩。

由以上分析可见，稳定的气动偏航力矩 $N_A(\beta)$ 在使侧滑角 β 减小（恢复）的同时，却使机（弹）头转到了新的方向。因此，实质上，这种稳定的气动偏航力矩 $N_A(\beta)$ 只对速度轴方向起稳定作用。所以，有时也将气动偏航力矩 $N_A(\beta)$ 称为风标稳定性力矩。

综上所述，当航向静稳定性导数为正值，即 $C_{n_\beta} > 0$ 时，将产生正的气动偏航力矩，飞行器具有稳定的气动偏航力矩；反之，当 $C_{n_\beta} < 0$ 时，将产生不稳定的气动偏航力矩。

2）副翼偏转角 δ_a 引起的气动偏航力矩 $N_A(\delta_a)$

由副翼偏转角 δ_a 引起的气动偏航力矩 $N_A(\delta_a)$ 又称为操纵交叉力矩。

操纵副翼是为了使飞行器产生滚转运动，但是由于飞行器的面对称气动布局，使得滚转运动会使垂尾产生偏航力矩，因此，在飞行器的偏航运动与滚转运动之间存在着耦合作用。操纵交叉力矩的表达式为

$$N_A(\delta_a) = C_{n_{\delta_a}}\left(\frac{1}{2}\rho V^2\right)S_w b\delta_a \tag{1-82}$$

式中，$C_{n_{\delta_a}} = \dfrac{\partial C_n}{\partial \delta_a}$ 为副翼操纵交叉导数，其符号需根据产生正、负力矩的定义而定。

3）方向舵偏转角 δ_r 引起的气动偏航力矩 $N_A(\delta_r)$

由方向舵偏转角 δ_r 引起的气动偏航力矩 $N_A(\delta_r)$ 又称为航向操纵力矩，此力矩是操纵飞行器产生偏转运动的主要措施。航向操纵力矩的表达式为

$$N_A(\delta_r) = C_{n_{\delta_r}}\left(\frac{1}{2}\rho V^2\right)S_w b\delta_r \tag{1-83}$$

式中，$C_{n_{\delta_r}} = \dfrac{\partial C_n}{\partial \delta_r}$ 为航向操纵导数，其值为负。

设方向舵正向偏转，即 $\delta_r > 0$，方向舵后缘向左偏转，则垂尾将产生一个正的侧力。由于

垂尾在飞行器重心之后，所以产生负的气动偏航力矩 $N_A(\delta_r)<0$，因此航向操纵导数 $C_{n_{\delta_r}}$ 为负值。

4) 滚转角速度 p 引起的气动偏航力矩 $N_A(p)$

由滚转角速度 p 引起的气动偏航力矩 $N_A(p)$ 又称为交叉动态力矩。$N_A(p)$ 的表示式为

$$N_A(p)=C_{n_{\bar{p}}}\left(\frac{1}{2}\rho V^2\right)S_w b\bar{p} \tag{1-84}$$

式中，$C_{n_{\bar{p}}}=\dfrac{\partial C_n}{\partial\bar{p}}$ 为交叉动导数，$\bar{p}=\dfrac{pb}{2V}$ 为量纲一的滚转角速度。

气动偏航力矩 $N_A(p)$ 主要由机(弹)翼和垂尾两部分产生。

对于垂尾而言，当飞行器向右滚转运动时，即存在正的滚转角速度 $p>0$，也可以认为垂尾不动，而气流以一定的速度吹向垂尾，相当于在垂尾处产生局部侧滑角 $\beta>0$，因而产生负的侧力，从而产生正的气动偏航力矩 $N_A(p)>0$。因此，对于垂尾而言，$(C_{n_{\bar{p}}})_v$ 为正值。

一般情况下，机(弹)翼对交叉动导数 $C_{n_{\bar{p}}}$ 的影响较为复杂，下面就仅对其形成原理进行讨论。

设飞行器向右滚转运动，即存在正的滚转角速度 $p>0$，且迎角 α 较小，当副翼负向偏转，即 $\delta_a<0$，为“左下右上”操纵时，飞行器的右机(弹)翼下行运动，有一个向下的速度增量 $\Delta V_{下}$，则总的迎角 $\alpha_{下}=\alpha+\Delta\alpha_{下}$，即迎角增大，右机(弹)翼升力增大；反之，左机(弹)翼上行运动，迎角减小，其对应的左机(弹)翼升力减小。左、右机(弹)翼的阻力也有同样情况。

由于升力垂直于气流速度，故对于右机(弹)翼，因 $\alpha_{下}$ 增大，所以增大的升力将前倾，产生平行于 x 轴的分力和平行于 z 轴的分力；对于左机(弹)翼，则反之。平行于 z 轴的两机(弹)翼分力的合力将产生负的气动滚转力矩 $\bar{L}_A(p)<0$，而平行于 x 轴的两机(弹)翼分力的合力将产生负的气动偏航力矩 $N_A(p)<0$，因此，对于机(弹)翼而言，交叉动导数 $(C_{n_{\bar{p}}})_w$ 为负值。

交叉动导数 $C_{n_{\bar{p}}}$ 应为机(弹)翼和垂尾的交叉动导数之和，即

$$C_{n_{\bar{p}}}=(C_{n_{\bar{p}}})_v+(C_{n_{\bar{p}}})_w \tag{1-85}$$

5) 偏航角速度 r 引起的气动偏航力矩 $N_A(r)$

由偏航角速度 r 引起的气动偏航力矩 $N_A(r)$ 又称为航向阻尼力矩。此力矩主要由垂尾产生，机(弹)身对其也有一定影响，但一般情况下较弱。航向阻尼力矩的表达式为

$$N_A(r)=C_{n_{\bar{r}}}\left(\frac{1}{2}\rho V^2\right)S_w b\bar{r} \tag{1-86}$$

式中，$C_{n_{\bar{r}}}=\dfrac{\partial C_n}{\partial\bar{r}}$ 为航向阻尼导数，$\bar{r}=\dfrac{rb}{2V}$ 为量纲一的偏航角速度。

设飞行器进行右向偏航运动，即偏航角速度 $r>0$，左机(弹)翼前行，右机(弹)翼后行。首先，分析当存在正的偏航角速度 $r>0$ 时机(弹)翼所产生的气动偏航力矩 $N_A(r)$。当前行机(弹)翼的速度增大时，前行机(弹)翼的升力和阻力均增大；反之，当后行机(弹)翼的速度减小时，后行机(弹)翼的升力和阻力均减小。这样，左、右机(弹)翼的阻力差形成一个阻止飞行器

转动的负的气动偏航力矩 $N_A(r)<0$，也称为阻力矩，所以对于机(弹)翼而言，航向阻尼导数 $C_{n_{\bar{r}}}$ 为负值。

其次，分析当存在正的偏航角速度 $r>0$ 时垂尾所产生的气动偏航力矩 $N_A(r)$。当偏航角速度 $r>0$ 时，垂尾将产生局部的负向侧滑角 ($\beta<0$)，因此，将产生正的侧力，因为垂尾位于飞行器的重心之后，故将产生负的气动偏航力矩 $N_A(r)<0$，故对于垂尾而言，航向阻尼导数 $C_{n_{\bar{r}}}$ 为负值。

3. 侧力和侧向力矩表达式

气动侧力 Y 的表达式为

$$Y=\left(\frac{1}{2}\rho V^2\right)S_w(C_{Y_\beta}\cdot\beta+C_{Y_{\delta_r}}\cdot\delta_r+C_{Y_{\bar{p}}}\cdot\bar{p}+C_{Y_{\bar{r}}}\cdot\bar{r}) \tag{1-87}$$

气动滚转力矩 $\bar{L}_A$ 的表达式为

$$\bar{L}_A=\left(\frac{1}{2}\rho V^2\right)S_w b(C_{l_\beta}\cdot\beta+C_{l_{\delta_a}}\cdot\delta_a+C_{l_{\delta_r}}\cdot\delta_r+C_{l_{\bar{p}}}\cdot\bar{p}+C_{l_{\bar{r}}}\cdot\bar{r}) \tag{1-88}$$

气动偏航力矩 N_A 的表达式为

$$N_A=\left(\frac{1}{2}\rho V^2\right)S_w b(C_{n_\beta}\cdot\beta+C_{n_{\delta_a}}\cdot\delta_a+C_{n_{\delta_r}}\cdot\delta_r+C_{n_{\bar{p}}}\cdot\bar{p}+C_{n_{\bar{r}}}\cdot\bar{r}) \tag{1-89}$$

这里应该指出：

① 在上述侧力和侧向力矩表达式中仅考虑了静导数和由旋转运动引起的动导数，并没有考虑非定常导数，即 $\dot{\beta}$，$\dot{\delta}_a$ 和 $\dot{\delta}_r$ 的影响，因为在一般情况下，这些非定常导数值都很小，故可以忽略；

② 以上讨论的所有气动导数只适用于线性范围，迎角 α 及侧滑角 β 均应限制在一定范围内；

③ 所有的空气动力和力矩都与马赫数 Ma 有关，上述各项气动导数都是马赫数 Ma 的非线性函数；

④ 由于飞行器存在 Oxz 对称平面，所以 C_{Y_0}，C_{l_0} 和 C_{n_0} 均为零，这与纵向空气动力和力矩是有区别的，因为纵向的俯仰力矩系数 C_{m_0} 和升力系数 C_{L_0} 均不为零。

以上所涉及的气动力、力矩的系数和导数将在第 2 章中给出详细的定义和解释。

1.2.5　作用在飞行器上的推力与重力

1. 发动机的推力 T

飞行器的推力一般由固连于机(弹)体的发动机产生。推力的大小通常由燃料的质量流量和尾喷管的面积来控制。推力矢量的控制可有多种方法实现，其中包括采用尾喷流偏转板(如燃气舵等)、对尾喷管的偏转控制以及对整个发动机的转向控制等方案。飞机发动机的典型安装方式如图 1－34 所示。

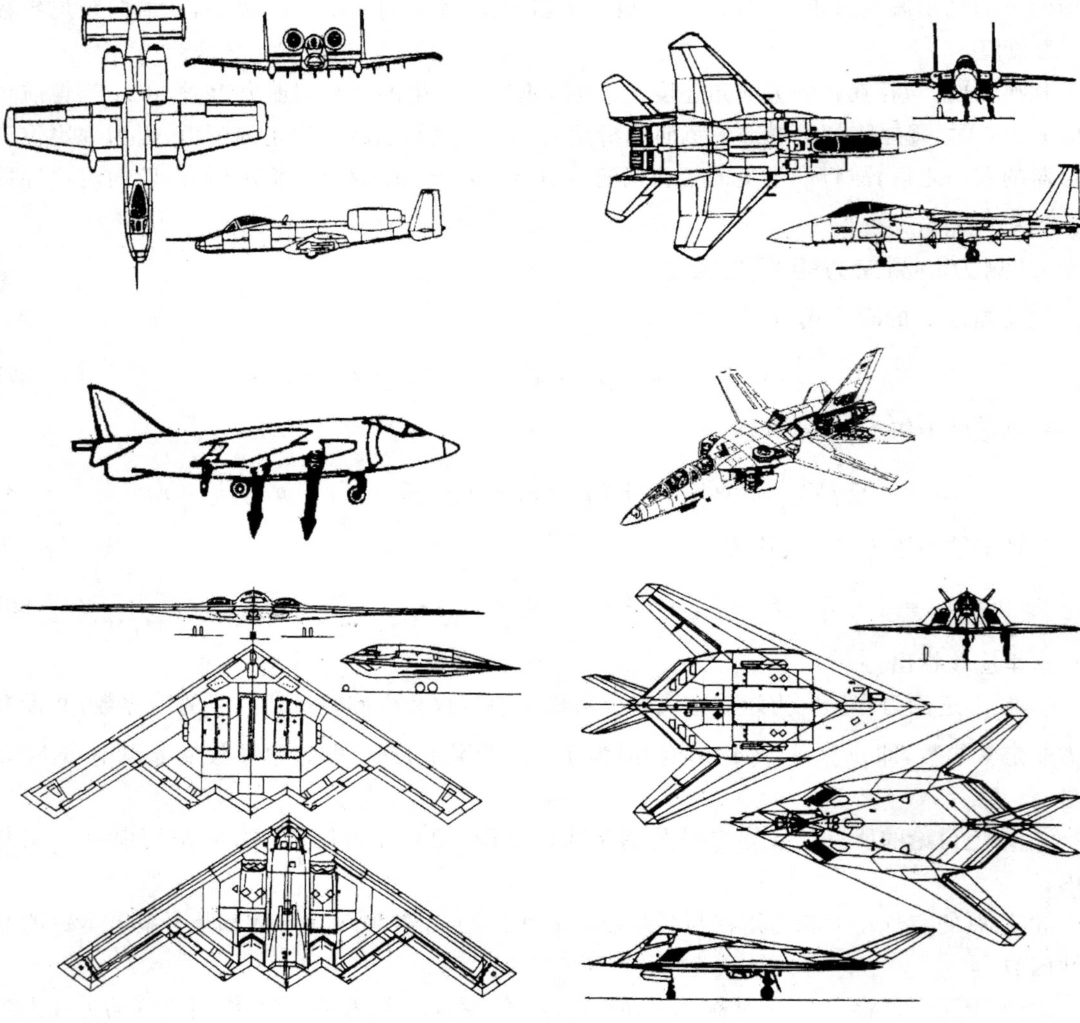

图 1-34　飞机发动机的典型安装示意图

这里仅讨论较为一般的情况,即安装单台发动机并与机(弹)体固定在一起,且不考虑推力的转向。下面讨论装有单台发动机飞行器的推力情况。通常发动机固定于飞行器纵轴的方向。

设发动机的推力作用点在机(弹)体坐标系上的坐标为 (l_x, l_y, l_z),并将发动机推力的偏置角 α_T 和 β_T 定义为:发动机推力在飞行器的对称面 Oxz 内的投影与 x 轴的夹角为 α_T,其投影在 x 轴之下为正;推力在 Oxy 面内的投影与对称面 Oxz 间的夹角为 β_T,其投影在对称面 Oxz 之左为正。

因此,发动机的推力在机(弹)体坐标系上的分量 T_x,T_y 和 T_z 分别为

$$
\begin{cases} T_x = T\cos\alpha_T\cos\beta_T \\ T_y = -T\sin\beta_T \\ T_z = T\sin\alpha_T\cos\beta_T \end{cases} \tag{1-90}
$$

如果发动机推力的偏置角 $\alpha_T = \beta_T = 0$，则推力只有机(弹)体坐标系 x 轴上的分量，即 $T_x = T$。

2. 发动机的推力力矩

根据上述发动机的推力在机(弹)体坐标系上的分量 T_x，T_y 和 T_z 以及发动机的推力作用点在机(弹)体坐标系上的坐标 (l_x, l_y, l_z)，可将发动机的推力力矩 $(M_T, N_T, \bar{L}_T)$ 表示为

$$
\begin{cases} M_T = T_x \cdot l_z - T_z \cdot l_x \\ N_T = -T_x \cdot l_y + T_y \cdot l_x \\ \bar{L}_T = -T_y \cdot l_z + T_z \cdot l_y \end{cases} \tag{1-91}
$$

将式(1-90)代入式(1-91)后，有

$$
\begin{cases} M_T = T(\cos\alpha_T\cos\beta_T \cdot l_z - \sin\alpha_T\cos\beta_T \cdot l_x) \\ N_T = -T(\cos\alpha_T\cos\beta_T \cdot l_y + \sin\beta_T \cdot l_x) \\ \bar{L}_T = T(\sin\alpha_T\cos\beta_T \cdot l_y + \sin\beta_T \cdot l_z) \end{cases} \tag{1-92}
$$

对于装有两台或三台甚至更多台发动机的飞行器，其推力和推力力矩的计算与单台发动机的情况类似，只是要将每台发动机的推力和推力力矩进行求和计算。假设飞行器安装了 n 台发动机，则 n 台发动机的总推力在机(弹)体坐标系上的分量 T_x，T_y 和 T_z 的表达式为

$$
\begin{cases} T_x = \sum_{i=1}^{n} T_{xi} \\ T_y = \sum_{i=1}^{n} T_{yi} \\ T_z = \sum_{i=1}^{n} T_{zi} \end{cases} \tag{1-93}
$$

而 n 台发动机的总推力力矩 $(M_T, N_T, \bar{L}_T)$ 的表达式为

$$
\begin{cases} M_T = \sum_{i=1}^{n} M_{Ti} \\ N_T = \sum_{i=1}^{n} N_{Ti} \\ \bar{L}_T = \sum_{i=1}^{n} \bar{L}_{Ti} \end{cases} \tag{1-94}
$$

3. 重力 $\boldsymbol{G}$

飞行器所受到的重力 $\boldsymbol{G}$ 可表示为

$$G = mg \tag{1-95}$$

式中，m 为飞行器的质量，$\boldsymbol{g}$ 为重力加速度。

严格地说，飞行器在飞行过程中，随着燃料的消耗和飞行高度的变化，飞行器的质量 m 和重力加速度 $\boldsymbol{g}$ 都在发生变化，因此，重力 $\boldsymbol{G}$ 也在不断地变化。

但是对于在大气层内飞行的飞行器而言，重力加速度 $\boldsymbol{g}$ 的变化很小。因此，重力加速度 $\boldsymbol{g}$ 的微小变化在通常情况下可忽略不计，认为重力加速度 $\boldsymbol{g}$ 为常量。而对于由于燃料消耗所引起的飞行器质量 m 的变化，则应根据具体情况加以处理。

由于重力 $\boldsymbol{G}$ 属于惯性向量，其方向总是指向地心，所以在惯性坐标系——地面坐标系 $S_g—O_g x_g y_g z_g$ 中的分量可表示为

$$\begin{bmatrix} G_{xg} \\ G_{yg} \\ G_{zg} \end{bmatrix} = \begin{bmatrix} 0 \\ 0 \\ mg \end{bmatrix}_{\text{Earth}} \tag{1-96}$$

根据 1.1.2 小节中讨论的常用坐标系间的转换关系，可以很方便地得到重力 $\boldsymbol{G}$ 在机(弹)体坐标系和气流坐标系中的关系式。

在机(弹)体坐标系 $S_b—Oxyz$ 中，重力 $\boldsymbol{G}$ 的表达式为

$$\begin{bmatrix} G_x \\ G_y \\ G_z \end{bmatrix} = \begin{bmatrix} -mg\sin\theta \\ mg\cos\theta\sin\phi \\ mg\cos\theta\cos\phi \end{bmatrix}_{\text{body}} \tag{1-97}$$

在气流坐标系 $S_a—Ox_a y_a z_a$ 中，重力 $\boldsymbol{G}$ 的表达式为

$$\begin{bmatrix} G_{xa} \\ G_{ya} \\ G_{za} \end{bmatrix} = \begin{bmatrix} mg(-\cos\alpha\cos\beta\sin\theta+\sin\beta\sin\phi\cos\theta+\sin\alpha\cos\beta\cos\phi\cos\theta) \\ mg(\cos\alpha\sin\beta\sin\theta+\cos\beta\sin\phi\cos\theta-\sin\alpha\sin\beta\cos\phi\cos\theta) \\ mg(\sin\alpha\sin\theta+\cos\alpha\cos\phi\cos\theta) \end{bmatrix}_{\text{wind}} \tag{1-98}$$

由于重力总是通过飞行器的重心，所以重力 $\boldsymbol{G}$ 不会对飞行器产生重力力矩。因此，对于飞行器的重力 $\boldsymbol{G}$ 而言，不存在力矩的问题。

将上述作用在飞行器上的力、力矩和速度的定义及其坐标系间的转换关系列入表 1-1 中，以便于今后讨论和使用。

在表 1-1 中，$\boldsymbol{F}_B=[F_x \quad F_y \quad F_z]^T$，$\boldsymbol{F}_{BA}=[F_{xA} \quad F_{yA} \quad F_{zA}]^T$，$\boldsymbol{F}_{BT}=[T_x \quad T_y \quad T_z]^T$ 和 $\boldsymbol{F}_{BG}=[G_x \quad G_y \quad G_z]^T$ 分别为定义在机(弹)体坐标系上的总作用力、气动力、推力和重力的向量；$\boldsymbol{M}_B=[\bar{L} \quad M \quad N]^T$，$\boldsymbol{M}_{BA}=[\bar{L}_A \quad M_A \quad N_A]^T$ 和 $\boldsymbol{M}_{BT}=[\bar{L}_T \quad M_T \quad N_T]^T$ 分别为定义在机(弹)体坐标系上的总作用力矩、气动力矩和推力力矩的向量；$\boldsymbol{F}_W=[F_{xa} \quad F_{ya} \quad F_{za}]^T$，$\boldsymbol{F}_{WA}=[-D \quad Y \quad -L]^T$，$\boldsymbol{F}_{WT}$ 和 $\boldsymbol{F}_{WG}$ 分别为定义在气流坐标系上的总作用力、气动力、推力和重力的向量；$\boldsymbol{M}_W=[\bar{L}_W \quad M_W \quad N_W]^T$，$\boldsymbol{M}_{WA}$ 和 $\boldsymbol{M}_{WT}$ 分别为定义在气流坐标系上的总作用

力矩、气动力矩和推力力矩的向量；$\boldsymbol{V}_B$ 为定义在机(弹)体坐标系上的速度向量；$\boldsymbol{V}_W$ 为定义在气流坐标系上的速度向量。

表 1-1　力、力矩和速度的定义

(Force, moment, and velocity definitions)

变量 / 坐标系	力	力矩	速度
机(弹)体坐标系	$\boldsymbol{F}_B \equiv \boldsymbol{F}_{BA} + \boldsymbol{F}_{BT} + \boldsymbol{F}_{BG}$ $\begin{bmatrix} F_x \\ F_y \\ F_z \end{bmatrix} = \begin{bmatrix} F_{xA} \\ F_{yA} \\ F_{zA} \end{bmatrix} + \begin{bmatrix} T_x \\ T_y \\ T_z \end{bmatrix} + \begin{bmatrix} G_x \\ G_y \\ G_z \end{bmatrix}$	$\boldsymbol{M}_B \equiv \boldsymbol{M}_{BA} + \boldsymbol{M}_{BT}$ $\begin{bmatrix} \bar{L} \\ M \\ N \end{bmatrix} = \begin{bmatrix} \bar{L}_A \\ M_A \\ N_A \end{bmatrix} + \begin{bmatrix} \bar{L}_T \\ M_T \\ N_T \end{bmatrix}$	$\boldsymbol{V}_B = \boldsymbol{S}_{\alpha\beta}^T \boldsymbol{V}_W$ $\begin{bmatrix} u \\ v \\ w \end{bmatrix} = \boldsymbol{S}_{\alpha\beta}^T \begin{bmatrix} V \\ 0 \\ 0 \end{bmatrix} = \begin{bmatrix} V\cos\alpha\cos\beta \\ V\sin\beta \\ V\sin\alpha\cos\beta \end{bmatrix}$
气流坐标系	$\boldsymbol{F}_W \equiv \boldsymbol{F}_{WA} + \boldsymbol{F}_{WT} + \boldsymbol{F}_{WG}$ $\begin{bmatrix} F_{xa} \\ F_{ya} \\ F_{za} \end{bmatrix} = \begin{bmatrix} -D \\ Y \\ -L \end{bmatrix} + \boldsymbol{S}_{\alpha\beta} \begin{bmatrix} T_x \\ T_y \\ T_z \end{bmatrix} + \begin{bmatrix} G_{xa} \\ G_{ya} \\ G_{za} \end{bmatrix}$	$\boldsymbol{M}_W \equiv \boldsymbol{M}_{WA} + \boldsymbol{M}_{WT}$ $\begin{bmatrix} \bar{L}_W \\ M_W \\ N_W \end{bmatrix} = \boldsymbol{S}_{\alpha\beta} \begin{bmatrix} \bar{L}_A \\ M_A \\ N_A \end{bmatrix} + \boldsymbol{S}_{\alpha\beta} \begin{bmatrix} \bar{L}_T \\ M_T \\ N_T \end{bmatrix}$	$\boldsymbol{V}_W = \begin{bmatrix} V \\ 0 \\ 0 \end{bmatrix}$

习　题

1-1　说明常用坐标系的定义，并推导坐标系之间的转换关系。

1-2　说明姿态角、气流角和航迹角的定义。

1-3　飞行马赫数范围是如何划分的？

1-4　说明飞机各个气动操纵面的偏转极性及其与操纵力矩的关系。

1-5　什么是气动焦点？气动焦点与飞机重心的位置关系如何影响飞机的纵向静稳定性？

1-6　说明纵向静稳定性导数、航向静稳定性导数和横滚静稳定性导数对飞机稳定性的影响。

1-7　分析说明作用在飞机上的力和力矩以及它们在各个坐标系中的转换关系。

第 2 章　飞行器运动方程

2.1　飞行器运动方程组

飞行器在外力作用下的运动规律一般是用运动方程来描述的，即应用微分方程的形式描述飞行器的运动和状态参数随时间的变化规律。飞行器的运动方程通常又可分为动力学方程和运动学方程。

在建立飞行器运动方程之前，有必要先讨论与此相关的两个问题：一是刚体飞行器运动的假设；二是刚体飞行器运动的自由度。

1. 刚体飞行器运动的假设

飞行器是一个复杂的动力学系统。严格地说，由于飞行器在飞行过程中质量是时变的，其结构也具有弹性形变特性，此外，地球是一个旋转的球体，不但存在离心加速度和哥氏加速度，而且重力加速度也随高度而变化，所以作用于飞行器外部的空气动力与飞行器的几何形状和飞行状态参数等因素呈现非常复杂的函数关系。

在建立飞行器运动方程时若考虑所有这些因素，则将是极其复杂的，因此，在研究方法上应采取抓住主要矛盾，略去次要因素的方法。故做如下假设：

① 飞行器为刚体，且质量是常数。

② 地面坐标系为惯性坐标系。

③ 忽略地球曲率，即采用所谓的“平板地球假设”。

④ 重力加速度不随飞行高度而变化。

⑤ 对于面对称布局的飞行器，机(弹)体坐标系的 Oxz 平面为飞行器的对称平面，飞行器不仅几何外形对称，而且内部质量分布也对称，即惯性积 $I_{xy}=I_{zy}=0$，具有面对称布局的飞机如图 2-1(a)所示。对于轴对称布局的飞行器，机(弹)体坐标系的 Oxz 面和 Oxy 面为飞行器的对称平面，飞行器不仅几何外形对称，而且内部质量分布也对称，即惯性积 $I_{xy}=I_{zy}=I_{xz}=0$，具有轴对称布局的导弹如图 2-1(b)所示。

以上假设仅对飞行速度不太高 ($Ma<3$)、在大气层内飞行的航空器(如飞机、飞航式导弹)等近似适用，对于某些航天器则需要修改上述假设。

2. 刚体飞行器运动的自由度

对于刚体而言，其在空间的运动需要六个自由度(six-degrees-of-freedom)来描述：

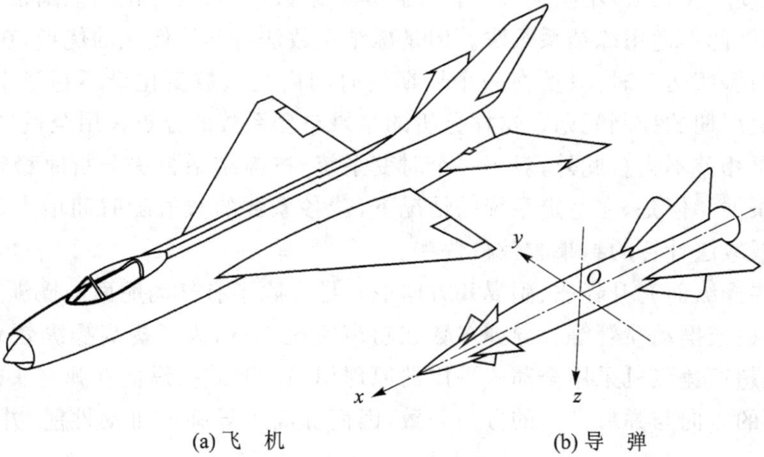

图 2-1　面对称和轴对称飞行器的气动外形

① 质心的位移。飞行器的质心沿着地面坐标系的三个轴向的位移。

② 绕质心的转动。飞行器绕机(弹)体坐标系的三个轴的转动。

而对于飞行器来说，如果将其视为刚体，那么飞行器的空间运动也同样需要六个自由度来描述：

① 质心的位移(线运动)。飞行速度的增减运动以及升降运动和侧移运动。

② 绕质心的转动(角运动)。俯仰角运动、偏航角运动以及滚转角运动。

由于飞行器具有一个几何和质量的对称面，因此，根据各自由度之间的耦合强弱程度，可以将六个自由度的运动分成对称平面内和非对称平面内的运动：

① 纵向运动(对称平面内运动)。速度的增减、质心的升降和绕 y 轴的俯仰角运动。

② 横侧向运动(非对称平面内运动)。质心的侧向移动、绕 z 轴的偏航角运动和绕 x 轴的滚转角运动。

3. 飞机和导弹的运动特点

飞机和在大气层中飞行的飞航式导弹有很多共性，因此关于飞机运动特性的研究完全适用于此类导弹。大多数飞机和飞航式导弹是面对称飞行器，其运动可以分为纵向与横侧运动，而需做大机动飞行的自动导引导弹多数是轴对称飞行器。因此，轴对称导弹有其自身的特点，在气动力上的特点是俯仰方向的气动力与偏航方向的气动力完全一样。轴对称飞行器的运动分为纵向、侧向与滚转运动，且纵向与侧向的运动方程相同。

飞行控制系统的主要任务是稳定飞行，例如保持姿态角、保持高度和保持航线等。导弹控制系统的主要任务是追击目标，例如空-空弹、地-空弹追击活动目标，因而主要控制法向与侧向过载。为了击中固定目标，地-地弹控制系统主要是修正轨迹，不必有太大的机动性。

飞机的基准运动是等速直线平飞运动，其小扰动线性化方程是常系数。导弹的基准弹道是曲线，飞行速度变化很大，小扰动线性化方程是变系数，且系数变化的范围很大，可变化十几倍甚至几十倍，因此不适用冻结系数法。但是冻结系数法有其简便性的优点，在研究导弹的纵向短周期和侧向振摆运动时，只要在一个周期的时间内其系数变化量不超过15%，则可用冻结系数法分析短周期的控制问题。这样分析的结果与变系数的分析采用全量(非线性化处理)分析计算的结果相差不大。此外，对于一个时变系统，按冻结系数法分析时稳定，是该时变系统稳定的必要条件。但是，在稳定系统的情况下，若各系数的数值随时间增大，则按变系数计算要比按冻结系数法计算的结果收敛得快些。

飞机的主要操纵面有升降舵、副翼和方向舵。导弹除了有气动舵面的操纵方式外，还有燃气舵、摆动发动机或摆动喷管等。导弹多数在超声速段飞行，为了提高操纵效率，一般都采用全动式舵面，与超声速飞机采用全动式平尾的原理相同。鸭式操纵面在弹身头部，操纵效率较高，且舵面升力的方向与弹翼升力的方向一致，因而提高了导弹的机动性能，并减小了操纵过程的时间常数。

飞机和远程飞航式导弹的外形通常是左右对称而上下不对称的面对称形体，垂直尾翼安装在机(弹)身后上部(或后下部)，便于地面起降或者机载发射。这种布局致使机(弹)体水平转弯的效率很低，所以此类飞行器一般采用倾斜转弯(Bank-To-Turn，BTT)。机(弹)体水平转弯是指飞行器不滚转倾斜，利用方向舵偏转产生侧滑角，造成侧力作为向心力使飞行器转弯，也称为侧滑转弯(Skid-To-Turn，STT)。由于由侧滑角引起的侧力太小，因此机(弹)体水平转弯的机动性能很差。倾斜转弯是指用副翼操纵飞行器滚转，使飞行器达到所需要的滚转角，使升力倾斜，利用升力的水平分量形成的向心力进行转弯。由于升力的水平分量大于由侧滑角引起的侧力，因而转弯机动性能好。此外，面对称飞行器的偏航与滚转运动间的耦合影响显著。

导弹外形通常是"十"字形布局的轴对称体，如图2-1(b)所示，其上下左右都有相同形状和尺寸的弹翼，由侧滑角产生的侧力与由迎角产生的升力相同，因此转弯时不必倾斜。此外，轴对称导弹的偏航与滚转运动间的耦合影响很小，一般可忽略。

(1) 利用升力和侧力控制导弹的飞行轨迹

空-空、地-空及弹道式导弹都是轴对称的，它们具有"十"字形或"×"形舵面和固定弹翼，舵面在后部的称为正常式，在前部的称为鸭式，导弹的质心一般在对称轴上，如图2-2所示。

导弹在垂直平面内做曲线飞行与在水平面内做转弯飞行时所用的操纵方式相同，即偏转水平方向的舵面改变迎角，从而改变升力，产生法向加速度(法向过载)，以控制向上或向下飞行；偏转垂直方向的舵面改变侧滑角，从而改变侧力，产生侧向过载，以控制向左或向右飞行。"十"字形或"×"形布局的导弹在垂直和水平两个平面内的机动性能同样有效。因此，攻击活动目标的空-空导弹和地-空导弹大都采用这种气动布局。

多数导弹滚转运动的控制与飞机的不同之处在于它不另设副翼，而是用同一平面内的两个舵面的差动偏转(即两舵面以相反方向偏转)形成滚转操纵力矩。导弹的舵面同向偏转起方向舵(或升降舵)的作用,其中一对舵面又可以差动偏转起副翼作用。

鸭式导弹的舵面在前,不受弹翼下洗和弹翼气流尾迹的影响,操纵效率很高,其缺点是舵面气流影响弹翼的气动性能,如图 2-2(b)、(c)所示。

偏转舵面产生操纵力矩,使弹体转动产生迎角(或侧滑角),从而产生升力(或侧力),但过程的时间常数较大。为了克服这一缺点,以提高机动的快速性,旋转弹翼式导弹问世。这种导弹尾翼固定不动,只起稳定作用,弹翼可以转动以减小产生升力(或侧力)的时间常数。但是旋转弹翼所需的操纵功率很大,如图 2-2(d)所示。

有些导弹翼根的弦长很长,没有尾翼,称为无尾式导弹。其弹翼后缘的可转动部分起升降舵和副翼的作用,如图 2-2(e)所示。

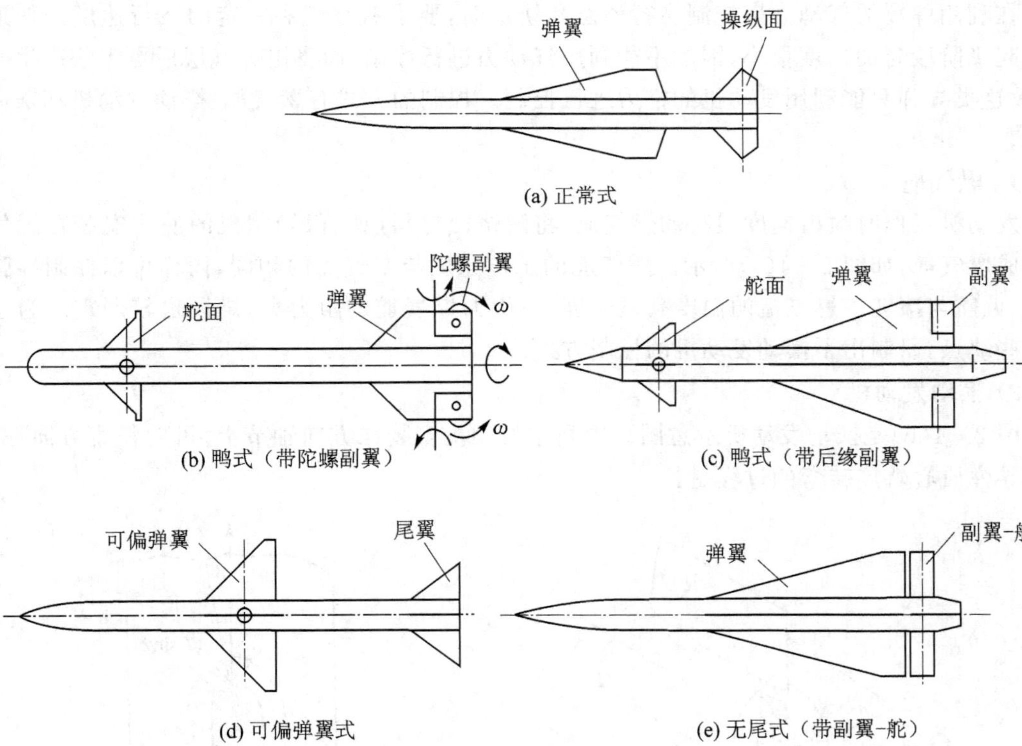

图 2-2　轴对称有翼导弹的气动布局

为了便于悬挂在发射架上及发射,有些导弹布局为“X”形,而不是正“十”字形。但是,两者的气动性能相同。

飞航式导弹的外形与飞机的相似,控制方式也基本相同,不再赘述。值得指出的是,有的飞航式导弹采用冲压喷气发动机,这类发动机要求弹体的迎角很小,最好为零,以利于进气,否则发动机不能正常工作,甚至熄火,因此常常采用旋转式弹翼,以保证发动机的进气条件,弹翼的旋转与舵面的偏转必须配合起来,以保证进气迎角为零或接近于零,如图 2-3 所示。

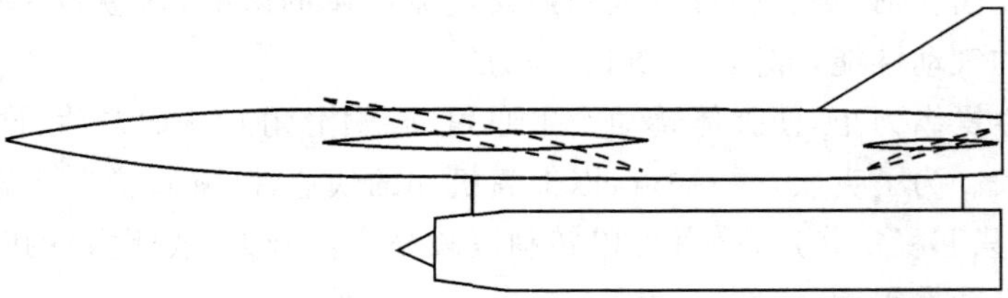

图 2-3　带冲压喷气发动机的旋转弹翼式导弹

(2) 利用推力矢量控制飞行姿态和轨迹

在利用弹翼的气动力来控制飞行姿态和轨迹时,要求有空气和一定的飞行速度。弹道式导弹起飞阶段时的速度很小,因此不能利用气动力进行控制,而飞出大气层后更无法产生气动力,故这类导弹只能利用发动机的推力进行控制。控制的方式有燃气舵、摆动发动机和摆动喷管等。

1) 燃气舵

发动机工作时喷出速度很高的燃气流,将耐烧蚀材料(如石墨)制成的舵面安装在燃气流中形成燃气舵,如图 2-4(a)所示。燃气舵的工作原理与空气舵的相同,同样可以控制导弹的俯仰、偏航与滚转。燃气流的温度高且速度大,因而燃气舵的阻力大,烧蚀也较严重。为了避免这些缺点,研制出了摆动发动机的控制方式。

2) 摆动发动机

图 2-4(b)是摆动发动机示意图。中间主发动机安装在方向轴节上,可向任意方向摆动。控制导弹质心轨迹转弯的过程是:

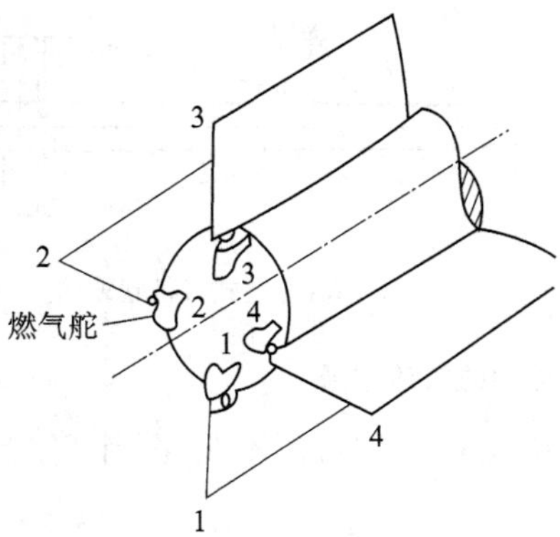

(a) 燃气舵示意图

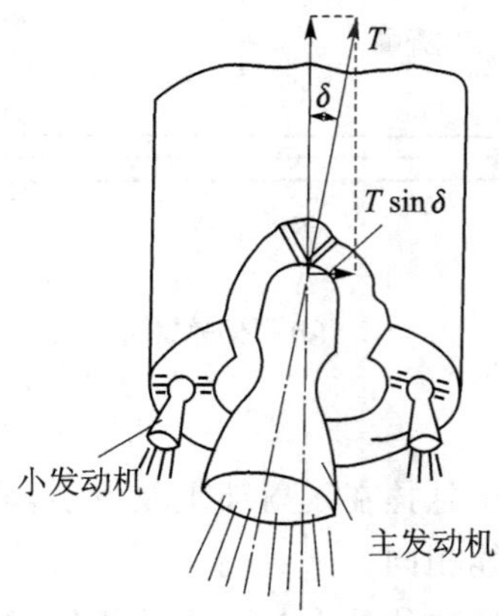

(b) 摆动发动机示意图

图 2-4　利用推力分量的控制方式

① 发动机摆动一个角度 δ，推力线偏离导弹质心一段距离 $\Delta l = l_T \sin\delta$，如图 2－5 所示。

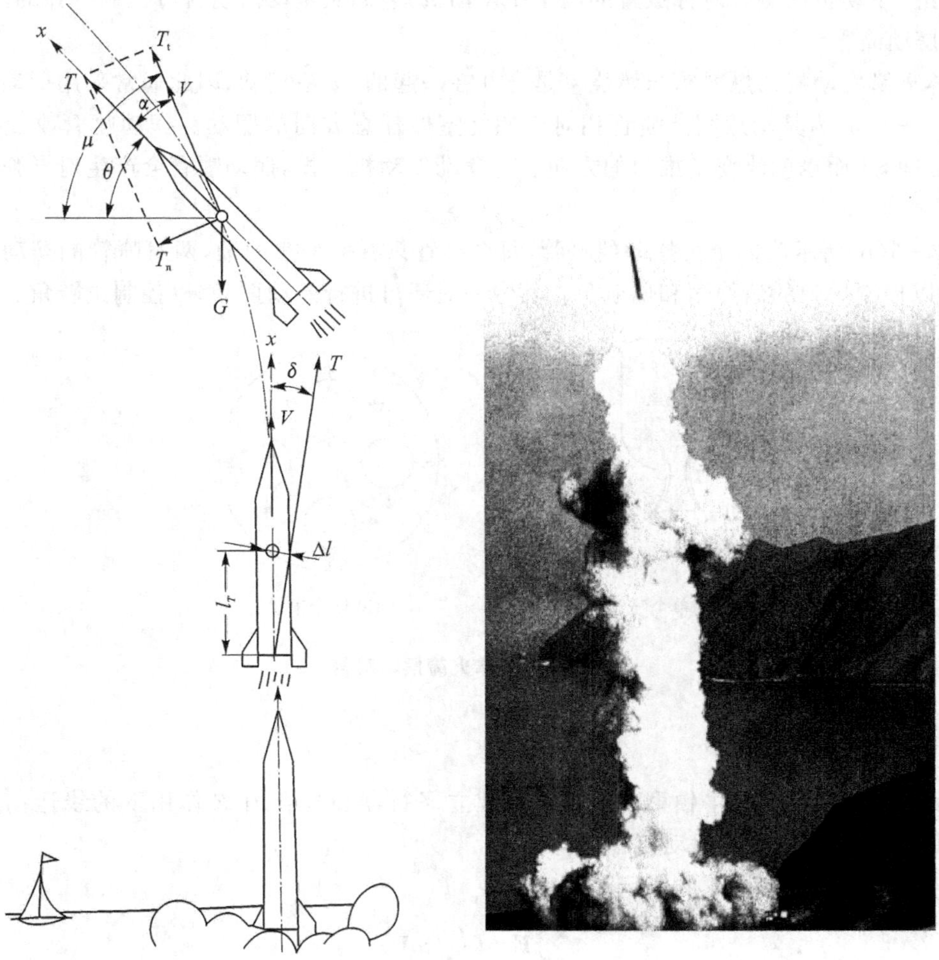

(a) 转弯过程　　(b)“民兵”Ⅲ型洲际弹道导弹发射后的转弯情形

图 2－5　弹道式导弹的转弯控制示意图

② 推力偏心将对质心产生一个力矩 $\Delta M = T\Delta l$，并使弹体旋转，改变俯仰姿态角 θ。

③ 当姿态角 θ 达到控制指令所给出的角度值时，发动机摆动角 δ 也恢复到零，俯仰姿态角 θ 保持指令给出的值。

④ 此时姿态角 θ 与航迹倾斜角 μ 有差值，差值就是迎角 $\alpha = \theta - \mu$。

⑤ 迎角 α 主要不是用来产生气动力的，而是用来产生发动机推力沿轨迹法线方向的分量 $T_n = T\sin\alpha$，并在 T_n 的作用下控制弹道，T_t 是沿轨迹切线方向的发动机推力的分量。

以上简述了弹道式导弹轨迹修正的力学原理，实际的轨迹控制方案要复杂得多。由于地-地导弹不做大机动动作,故用摆动发动机控制轨迹是能够胜任的。

如在主发动机两侧有对称放置的两个小发动机,它们做差动摆动就可控制导弹的滚转。

3) 摆动喷管

固体火箭发动机的燃料箱与燃烧室是合并在一起的,无法摆动,因此通常采用摆动喷管的办法,图2-6(a)为其示意图。喷管相对于燃烧室做任意方向的摆动。摆动喷管改变了喷气气流的方向,从而也就改变了推力的方向。与摆动发动机一样,摆动喷管会产生对导弹的控制力矩。

图2-6(b)所示为四个可摆动的喷管,每个喷管只有一个摆动轴,两对喷管的摆动轴线相互垂直,以控制导弹的俯仰角和偏航角。其中一对还可进行差动摆动,以控制滚转角。

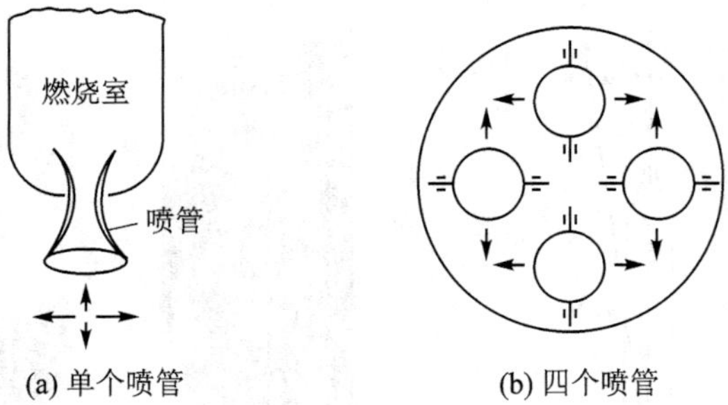

图2-6 固体火箭摆动喷管

2.1.1 动力学方程

在惯性参考系中应用牛顿第二定律可以建立飞行器在外合力 $\boldsymbol{F}$ 作用下的线运动方程和在外合力矩 $\boldsymbol{M}$ 作用下的角运动方程。

飞行器在外合力作用下的线运动方程为

$$\sum \boldsymbol{F} = \frac{\mathrm{d}}{\mathrm{d}t}(m\boldsymbol{V}) \tag{2-1}$$

飞行器在外合力矩作用下的角运动方程为

$$\sum \boldsymbol{M} = \frac{\mathrm{d}}{\mathrm{d}t}(\boldsymbol{L}) \tag{2-2}$$

式中,m 为飞行器的质量,$\boldsymbol{V}$ 为飞行器质心的速度向量,$\boldsymbol{L}$ 为动量矩。

由于已假设飞行器的质量 m 为常量以及地面坐标系为惯性坐标系。所以,式(2-1)和式(2-2)在地面坐标系中可分别写成

$$\sum \boldsymbol{F} = m\frac{\mathrm{d}\boldsymbol{V}}{\mathrm{d}t} \tag{2-3}$$

$$\sum \boldsymbol{M} = \frac{\mathrm{d}\boldsymbol{L}}{\mathrm{d}t} \tag{2-4}$$

式(2-3)和式(2-4)是在适用于牛顿第二运动定律的惯性坐标系——地面坐标系中建立起来的,是相对于静止坐标系的运动方程。为了建立飞行器相对于地面坐标系的相对运动关系,下面建立一个动坐标系。

选用机(弹)体坐标系作为动坐标系。将在地面坐标系中得到的运动速度 $\boldsymbol{V}$ 及动量矩 $\boldsymbol{L}$ 向机(弹)体坐标系内分解。

假设动坐标系相对于惯性坐标系的速度为 $\boldsymbol{V}$,角速度向量为 $\boldsymbol{\Omega}$,则式(2-3)和式(2-4)的右端在动坐标系中可表示为

$$\frac{\mathrm{d}\boldsymbol{V}}{\mathrm{d}t}=\boldsymbol{1}_V\frac{\delta_V}{\delta_t}+\boldsymbol{\Omega}\times\boldsymbol{V} \tag{2-5}$$

$$\frac{\mathrm{d}\boldsymbol{L}}{\mathrm{d}t}=\boldsymbol{1}_L\frac{\delta_L}{\delta_t}+\boldsymbol{\Omega}\times\boldsymbol{L} \tag{2-6}$$

式中,$\boldsymbol{1}_V$ 和 $\boldsymbol{1}_L$ 分别为沿飞行速度 $\boldsymbol{V}$ 和动量矩 $\boldsymbol{L}$ 的单位向量,$\frac{\delta_V}{\delta_t}$和$\frac{\delta_L}{\delta_t}$表示在动坐标系内的相对导数,$\boldsymbol{\Omega}$ 为动坐标系相对于惯性坐标系的总角速度向量,× 为叉积(向量积符号)。

将 $\boldsymbol{V}$ 和 $\boldsymbol{\Omega}$ 在动坐标系中分解为

$$\boldsymbol{V}=\boldsymbol{i}u+\boldsymbol{j}v+\boldsymbol{k}w \tag{2-7}$$

$$\boldsymbol{\Omega}=\boldsymbol{i}p+\boldsymbol{j}q+\boldsymbol{k}r \tag{2-8}$$

式中,$\boldsymbol{i},\boldsymbol{j},\boldsymbol{k}$ 分别为动坐标系的 x 轴、y 轴和 z 轴的单位向量。

这样,利用式(2-7)和式(2-8),可将式(2-5)中的各项分别表示为

第一项

$$\boldsymbol{1}_V\frac{\delta_V}{\delta_t}=\boldsymbol{i}\frac{\delta_u}{\delta_t}+\boldsymbol{j}\frac{\delta_v}{\delta_t}+\boldsymbol{k}\frac{\delta_w}{\delta_t}=\boldsymbol{i}\dot{u}+\boldsymbol{j}\dot{v}+\boldsymbol{k}\dot{w} \tag{2-9}$$

第二项

$$\boldsymbol{\Omega}\times\boldsymbol{V}=\begin{vmatrix}\boldsymbol{i} & \boldsymbol{j} & \boldsymbol{k}\\ p & q & r\\ u & v & w\end{vmatrix}=\boldsymbol{i}(wq-vr)+\boldsymbol{j}(ur-wp)+\boldsymbol{k}(vp-uq) \tag{2-10}$$

将外合力 $\sum\boldsymbol{F}$ 向动坐标系内分解为

$$\sum\boldsymbol{F}=\boldsymbol{i}X+\boldsymbol{j}Y+\boldsymbol{k}Z \tag{2-11}$$

再将式(2-9)～式(2-11)代入关系式(2-3)中,则外合力 $\sum\boldsymbol{F}$ 对飞行器的作用可表示为

$$\begin{cases}X=m(\dot{u}+wq-vr)\\ Y=m(\dot{v}+ur-wp)\\ Z=m(\dot{w}+vp-uq)\end{cases} \tag{2-12}$$

如果将总空气动力 $\boldsymbol{R}_\Sigma$ 和发动机推力 $\boldsymbol{T}$ 向动坐标系内分解为 (F_x,F_y,F_z),再利用重力向动坐标系(机(弹)体坐标系)内的分解公式(1-97),则式(2-12)可以写成力方程组(force equations)

$$\begin{cases} \dot{u} = vr - wq - g\sin\theta + \dfrac{F_x}{m} \\ \dot{v} = -ur + wp + g\cos\theta\sin\phi + \dfrac{F_y}{m} \\ \dot{w} = uq - vp + g\cos\theta\cos\phi + \dfrac{F_z}{m} \end{cases} \tag{2-13}$$

下面讨论由关系式(2-4)表示的角运动方程。

根据理论力学中质点系对于固定点的动量矩定理可知,质点系对于定点 O 的动量矩对时间的向量导数等于作用于质点系的外力对于同一点 O 的力矩的向量和,即

$$\sum \boldsymbol{M} = \frac{\mathrm{d}\boldsymbol{L}}{\mathrm{d}t}$$

对于运动质点系的动量矩定理,选择质心为动坐标系的原点,则在动坐标系内表示的动量矩定理为

$$\boldsymbol{L} = \int \mathrm{d}\boldsymbol{L} = \int (\boldsymbol{r} \times \boldsymbol{V})\delta_m \tag{2-14}$$

式中,$\boldsymbol{r}$ 为单元质量 δ_m 到原点的向径,$\boldsymbol{V}$ 为质点系的速度向量。

将关系式 $\boldsymbol{r}=\boldsymbol{i}x+\boldsymbol{j}y+\boldsymbol{k}z$,$\boldsymbol{\Omega}=\boldsymbol{i}p+\boldsymbol{j}q+\boldsymbol{k}r$ 和 $\boldsymbol{V}=\boldsymbol{\Omega}\times\boldsymbol{r}$ 代入式(2-14)后,展开得

$$\boldsymbol{L} = \begin{bmatrix} \int[(y^2+z^2)p - xyq - xzr]\delta_m \\ \int[(x^2+z^2)q - yzr - xyp]\delta_m \\ \int[(x^2+y^2)r - xzp - yzq]\delta_m \end{bmatrix} = \begin{bmatrix} p\int(y^2+z^2)\delta_m - q\int xy\delta_m - r\int xz\delta_m \\ q\int(x^2+z^2)\delta_m - r\int yz\delta_m - p\int yx\delta_m \\ r\int(x^2+y^2)\delta_m - p\int zx\delta_m - q\int zy\delta_m \end{bmatrix} \tag{2-15}$$

因为绕 x 轴的转动惯量为 $\int(y^2+z^2)\delta_m = I_x$,绕 y 轴的为 $\int(x^2+z^2)\delta_m = I_y$,绕 z 轴的为 $\int(x^2+y^2)\delta_m = I_z$,以及惯性积为 $\int xy\delta_m = I_{xy} \equiv I_{yx}$,$\int yz\delta_m = I_{yz} \equiv I_{zy}$ 和 $\int xz\delta_m = I_{xz} \equiv I_{zx}$,同时假设飞行器有一个 Oxz 对称平面,故 $I_{xy} \equiv I_{yx} = I_{yz} \equiv I_{zy} = 0$。所以,动量矩 $\boldsymbol{L}$ 的关系式(2-15)在动坐标系内的分量 L_x,L_y 和 L_z 可以表示为

$$\begin{bmatrix} L_x \\ L_y \\ L_z \end{bmatrix} = \begin{bmatrix} pI_x - rI_{xz} \\ qI_y \\ rI_z - pI_{xz} \end{bmatrix} \tag{2-16}$$

利用关系式(2-16),可以将式(2-6)中的第一项写成

$$\boldsymbol{1}_L \frac{\delta_L}{\delta_t} = \boldsymbol{i}\frac{\delta_{L_x}}{\delta_t} + \boldsymbol{j}\frac{\delta_{L_y}}{\delta_t} + \boldsymbol{k}\frac{\delta_{L_z}}{\delta_t} \tag{2-17}$$

由此可以得到关系式

$$\begin{cases}\dfrac{\delta_{L_x}}{\delta_t}=\dot{p}I_x+p\dot{I}_x-\dot{r}I_{xz}-r\dot{I}_{xz}\\ \dfrac{\delta_{L_y}}{\delta_t}=\dot{q}I_y+q\dot{I}_y\\ \dfrac{\delta_{L_z}}{\delta_t}=\dot{r}I_z+r\dot{I}_z-\dot{p}I_{xz}-p\dot{I}_{xz}\end{cases}\tag{2-18}$$

因为假设飞行器为质量不变的刚体，所以惯性矩和惯性积均为时不变的常量，因此，式(2-18)可以简化为

$$\begin{cases}\dfrac{\delta_{L_x}}{\delta_t}=\dot{p}I_x-\dot{r}I_{xz}\\ \dfrac{\delta_{L_y}}{\delta_t}=\dot{q}I_y\\ \dfrac{\delta_{L_z}}{\delta_t}=\dot{r}I_z-\dot{p}I_{xz}\end{cases}\tag{2-19}$$

因为式(2-6)中的第二项可写成

$$\boldsymbol{\Omega}\times\boldsymbol{L}=\begin{vmatrix}\boldsymbol{i} & \boldsymbol{j} & \boldsymbol{k}\\ p & q & r\\ L_x & L_y & L_z\end{vmatrix}=\boldsymbol{i}(qL_z-rL_y)+\boldsymbol{j}(rL_x-pL_z)+\boldsymbol{k}(pL_y-qL_x)\tag{2-20}$$

再将外合力矩 $\sum\boldsymbol{M}$ 向动坐标系内分解后，有

$$\sum\boldsymbol{M}=\boldsymbol{i}\bar{L}+\boldsymbol{j}M+\boldsymbol{k}N\tag{2-21}$$

将关系式(2-19)～式(2-21)代入式(2-6)，并结合式(2-4)可以得到在动坐标系中飞行器在外合力矩作用下的角运动方程组为

$$\begin{cases}\bar{L}=\dot{p}I_x-\dot{r}I_{xz}+qr(I_z-I_y)-pqI_{xz}\\ M=\dot{q}I_y+pr(I_x-I_z)+(p^2-r^2)I_{xz}\\ N=\dot{r}I_z-\dot{p}I_{xz}+pq(I_y-I_x)+qrI_{xz}\end{cases}\tag{2-22}$$

整理式(2-22)可以得到力矩方程组(moment equations)

$$\begin{cases}\dot{p}=(c_1r+c_2p)q+c_3\bar{L}+c_4N\\ \dot{q}=c_5pr-c_6(p^2-r^2)+c_7M\\ \dot{r}=(c_8p-c_2r)q+c_4\bar{L}+c_9N\end{cases}\tag{2-23}$$

式中

$$c_1=\frac{(I_y-I_z)I_z-I_{xz}^2}{\Sigma},\quad c_2=\frac{(I_x-I_y+I_z)I_{xz}}{\Sigma},\quad c_3=\frac{I_z}{\Sigma}$$

$$c_4=\frac{I_{xz}}{\Sigma},\quad c_5=\frac{I_z-I_x}{I_y},\quad c_6=\frac{I_{xz}}{I_y},\quad c_7=\frac{1}{I_y}$$

$$c_8=\frac{I_x(I_x-I_y)+I_{xz}^2}{\Sigma},\quad c_9=\frac{I_x}{\Sigma},\quad \Sigma=I_xI_z-I_{xz}^2$$

到此为止,在操纵舵面锁定的条件下,在机(弹)体坐标系上建立起了在外合力 $\sum \boldsymbol{F}$ 和外合力矩 $\sum \boldsymbol{M}$ 作用下的飞行器动力学方程组(2-13)和方程组(2-23)。

采用机(弹)体坐标系作为动坐标系有下列几个优点:

① 假如飞行器具有机(弹)体坐标系的对称面 Oxz,则惯性积 I_{xy} 和 I_{yz} 为零,这样可以使运动方程简化;

② 在假设飞行器质量不变的条件下,各个转动惯量和惯性积为非时变的常量;

③ 由于姿态角及其角速度是在机(弹)体坐标系中测量的,所以该测量值不再需要转换即可直接采用。

2.1.2 运动学方程

在上面建立飞行器的动力学方程时,主要研究了外合力 $\sum \boldsymbol{F}$ 与外合力矩 $\sum \boldsymbol{M}$ 对飞行器运动的作用。下面将讨论动坐标系(机(弹)体坐标系)相对于静止坐标系(地面坐标系)的相对空间位置。

前面已经讨论过,视为刚体的飞行器的空间运动可用三个线运动坐标和三个角运动坐标的六自由度关系式来描述:飞行器质心的位移(线运动),包括飞行速度的增减运动、升降运动和侧移运动;绕质心的转动(角运动),包括俯仰角运动、偏航角运动和滚转角运动。

1. 角运动

下面首先讨论飞行器绕质心的旋转运动,即角运动,其中包括俯仰角运动、偏航角运动和滚转角运动。也就是说,需要确定三个姿态角的角速率 $\dot{\theta}$(俯仰角变化率)、$\dot{\psi}$(偏航角变化率)和 $\dot{\phi}$(滚转角变化率)与机(弹)体坐标系的三个角速度分量 p(x 轴的角速度分量)、q(y 轴的角速度分量)和 r(z 轴的角速度分量)之间的关系。

由机(弹)体坐标系与地面坐标系之间的关系(图1-3)不难写出姿态角速率 $(\dot{\theta},\dot{\psi},\dot{\phi})$ 与机(弹)体坐标系的三个角速度分量 (p,q,r) 之间的关系式

$$\begin{cases}p=\dot{\phi}-\dot{\psi}\sin\theta\\ q=\dot{\theta}\cos\phi+\dot{\psi}\cos\theta\sin\phi\\ r=-\dot{\theta}\sin\phi+\dot{\psi}\cos\theta\cos\phi\end{cases}\tag{2-24}$$

或者写成运动方程组(kinematic equations)

$$\begin{cases}\dot{\phi}=p+(r\cos\phi+q\sin\phi)\tan\theta\\ \dot{\theta}=q\cos\phi-r\sin\phi\\ \dot{\psi}=\dfrac{1}{\cos\theta}(r\cos\phi+q\sin\phi)\end{cases}\tag{2-25}$$

运动方程组(2-25)也可以通过在 1.1 节中建立的地面坐标系与机(弹)体坐标系之间的转换关系变换得到。因为,姿态角速率 $(\dot{\theta},\dot{\psi},\dot{\phi})$ 在地面坐标系中的分量为

$$\begin{bmatrix}-\dot{\theta}\sin\psi+\dot{\phi}\cos\theta\cos\psi\\ \dot{\theta}\cos\psi+\dot{\phi}\cos\theta\sin\psi\\ \dot{\psi}-\dot{\phi}\sin\theta\end{bmatrix}_{\mathrm{Earth}}\tag{2-26}$$

而机(弹)体坐标系的三个角速度分量为

$$\begin{bmatrix}p\\ q\\ r\end{bmatrix}_{\mathrm{body}}\tag{2-27}$$

这样,将向量式(2-26)和式(2-27)代入地面坐标系与机(弹)体坐标系之间的转换关系式(1-9)中,即 $\boldsymbol{X}_{\mathrm{body}}=\boldsymbol{S}_{\theta\psi\phi}\boldsymbol{X}_{\mathrm{Earth}}$,便也可以得到运动方程组(2-25)。

由运动方程组(2-25)可以看出,姿态角速率 $(\dot{\theta},\dot{\psi},\dot{\phi})$ 之间通常是互不正交的。在一般情况下,$\dot{\psi}$ 与 $\dot{\theta}$ 之间以及 $\dot{\phi}$ 与 $\dot{\theta}$ 之间是相互垂直的,而 $\dot{\psi}$ 与 $\dot{\phi}$ 之间是不相互垂直的,而只有 $\theta=0$ 时,$\dot{\psi}$ 与 $\dot{\phi}$ 才相互垂直,如图 1-3 所示。

2. 线运动

下面再来讨论飞行器质心的位移运动,即线运动,其中包括飞行速度的增减运动、升降运动和侧移运动。

与建立运动方程组(2-25)的方法相同,也可以通过地面坐标系与机(弹)体坐标系之间的转换关系来建立飞行器质心的位移运动方程组。

对于地面坐标系的位移运动,有

$$\begin{bmatrix}\dot{x}_{\mathrm{g}}\\ \dot{y}_{\mathrm{g}}\\ -\dot{h}\end{bmatrix}_{\mathrm{Earth}}\tag{2-28}$$

对于机(弹)体坐标系的速度分量,有

$$\begin{bmatrix}u\\ v\\ w\end{bmatrix}_{\mathrm{body}}\tag{2-29}$$

这样,将向量式(2 - 28)和式(2 - 29)代入地面坐标系与机(弹)体坐标系之间的转换关系式(1 - 9)中,即 $\boldsymbol{X}_{\text{Earth}} = \boldsymbol{S}_{\theta\psi\phi}^{\text{T}}\boldsymbol{X}_{\text{body}}$,便可以得到导航方程组(navigation equations)

$$\begin{cases} \dot{x}_g = u\cos\theta\cos\psi + v(\sin\phi\sin\theta\cos\psi - \cos\phi\sin\psi) + w(\sin\phi\sin\psi + \cos\phi\sin\theta\cos\psi) \\ \dot{y}_g = u\cos\theta\sin\psi + v(\sin\phi\sin\theta\sin\psi + \cos\phi\cos\psi) + w(-\sin\phi\cos\psi + \cos\phi\sin\theta\sin\psi) \\ \dot{h} = u\sin\theta - v\sin\phi\cos\theta - w\cos\phi\cos\theta \end{cases} \tag{2-30}$$

或者利用地面坐标系与气流坐标系之间的转换关系 $\boldsymbol{X}_{\text{Earth}} = \boldsymbol{S}_{\mu\varphi\gamma}^{\text{T}}\boldsymbol{X}_{\text{wind}}$,即

$$\begin{bmatrix} \dot{x}_g \\ \dot{y}_g \\ -\dot{h} \end{bmatrix}_{\text{Earth}} = \boldsymbol{S}_{\mu\varphi\gamma}^{\text{T}} \begin{bmatrix} V \\ 0 \\ 0 \end{bmatrix}_{\text{wind}}$$

将导航方程组(2 - 30)写成

$$\begin{cases} \dot{x}_g = V\cos\mu\cos\varphi \\ \dot{y}_g = V\cos\mu\sin\varphi \\ \dot{h} = V\sin\mu \end{cases}$$

到此为止就在机(弹)体坐标系中建立起了飞行器的运动方程(包括动力学方程和运动学方程)。为了今后查阅方便,现将动力学方程和运动学方程整理在一起,写成下列形式:

① 力方程组(force equations)

$$\begin{cases} \dot{u} = vr - wq - g\sin\theta + \dfrac{F_x}{m} \\ \dot{v} = -ur + wp + g\cos\theta\sin\phi + \dfrac{F_y}{m} \\ \dot{w} = uq - vp + g\cos\theta\cos\phi + \dfrac{F_z}{m} \end{cases} \tag{2-31a}$$

② 运动方程组(kinematic equations)

$$\begin{cases} \dot{\phi} = p + (r\cos\phi + q\sin\phi)\tan\theta \\ \dot{\theta} = q\cos\phi - r\sin\phi \\ \dot{\psi} = \dfrac{1}{\cos\theta}(r\cos\phi + q\sin\phi) \end{cases} \tag{2-31b}$$

③ 力矩方程组(moment equations)

$$\begin{cases} \dot{p} = (c_1 r + c_2 p)q + c_3\bar{L} + c_4 N \\ \dot{q} = c_5 pr - c_6(p^2 - r^2) + c_7 M \\ \dot{r} = (c_8 p - c_2 r)q + c_4\bar{L} + c_9 N \end{cases} \tag{2-31c}$$

④ 导航方程组(navigation equations)

$$\begin{cases}\dot{x}_g = u\cos\theta\cos\psi + v(\sin\phi\sin\theta\cos\psi - \cos\phi\sin\psi) + w(\sin\phi\sin\psi + \cos\phi\sin\theta\cos\psi)\\ \dot{y}_g = u\cos\theta\sin\psi + v(\sin\phi\sin\theta\sin\psi + \cos\phi\cos\psi) + w(-\sin\phi\cos\psi + \cos\phi\sin\theta\sin\psi)\\ \dot{h} = u\sin\theta - v\sin\phi\cos\theta - w\cos\phi\cos\theta\end{cases} \tag{2-31d}$$

或者

$$\begin{cases}\dot{x}_g = V\cos\mu\cos\varphi\\ \dot{y}_g = V\cos\mu\sin\varphi\\ \dot{h} = V\sin\mu\end{cases} \tag{2-31e}$$

关系式(2-31)确定了状态向量 $\boldsymbol{x} = [u \quad v \quad w \quad \phi \quad \theta \quad \psi \quad p \quad q \quad r \quad x_g \quad y_g \quad h]^{\mathrm{T}}$ 与控制输入向量 $\boldsymbol{u} = [\delta_T \quad \delta_e \quad \delta_a \quad \delta_r]^{\mathrm{T}}$ 之间的非线性函数关系,所描述的 12 个方程都是封闭的。只要已知飞行器相关的特征参数,再根据飞行高度 h、马赫数 Ma 以及飞行状态,就可以确定力 (F_x, F_y, F_z) 和力矩 $(\bar{L}, M, N)$,这样应用上述 12 个方程,便可以求解飞行器在任何时刻的运动状态。

此外还注意到,飞行器的力方程组(2-31a)、运动方程组(2-31b)及力矩方程组(2-31c)的计算并不依赖于偏航角 ψ,这一特点使得在后面将要讨论的运动方程线性化过程中,并不需要对偏航角 ψ 进行线性化处理。

3. 运动方程组的另一种形式

在力方程组(2-31a)和力矩方程组(2-31c)中,气动力和气动力矩的计算都依赖于两个气流角 α 和 β 及空速 V,并且利用气流坐标系与机(弹)体坐标系之间的转换关系式(1-4),即 $\boldsymbol{X}_{\mathrm{body}} = \boldsymbol{S}_{\alpha\beta}^{\mathrm{T}}\boldsymbol{X}_{\mathrm{wind}}$,又可以得到空速 V 与机(弹)体坐标系各轴上的分量 (u, v, w) 之间的关系(参见表 1-1)

$$\begin{bmatrix}u\\ v\\ w\end{bmatrix}_{\mathrm{body}} = \boldsymbol{S}_{\alpha\beta}^{\mathrm{T}}\begin{bmatrix}V\\ 0\\ 0\end{bmatrix}_{\mathrm{wind}} = \begin{bmatrix}V\cos\alpha\cos\beta\\ V\sin\beta\\ V\sin\alpha\cos\beta\end{bmatrix} \tag{2-32}$$

因此,将力方程组(2-31a)写成用空速 V、迎角 α 和侧滑角 β 表示的形式更便于计算。

下面首先推导空速 V、迎角 α 和侧滑角 β 与机(弹)体坐标系的速度分量 (u, v, w) 之间的重要关系式。然后,再推导由空速 V、迎角 α 和侧滑角 β 表示的力方程组的表达式。

首先,将式(2-32)两边对时间 t 求微分得

$$\begin{cases}\dot{u} = \dot{V}\cos\alpha\cos\beta - \dot{\alpha}\cdot V\sin\alpha\cos\beta - \dot{\beta}\cdot V\cos\alpha\sin\beta\\ \dot{v} = \dot{V}\sin\beta + \dot{\beta}\cdot V\cos\beta\\ \dot{w} = \dot{V}\sin\alpha\cos\beta + \dot{\alpha}\cdot V\cos\alpha\cos\beta - \dot{\beta}\cdot V\sin\alpha\sin\beta\end{cases} \tag{2-33}$$

从关系式(2-33)中的第一式和第三式可以得到

$$\dot{u}\cos\alpha+\dot{w}\sin\alpha=\dot{V}\cos\beta-\dot{\beta}\cdot V\sin\beta \tag{2-34}$$

由式(2-34)和关系式(2-33)中的第二式可以得到

$$\dot{V}=\dot{u}\cos\alpha\cos\beta+\dot{v}\sin\beta+\dot{w}\sin\alpha\cos\beta \tag{2-35}$$

又从式(2-32)中不难得到关系式

$$\begin{cases}\cos\alpha\cos\beta=\dfrac{u}{V}\\ \sin\beta=\dfrac{v}{V}\\ \sin\alpha\cos\beta=\dfrac{w}{V}\end{cases} \tag{2-36}$$

将式(2-36)代入式(2-35)中即得到空速V的微分(即加速度)与机(弹)体坐标系的速度分量(u,v,w)之间的重要关系式

$$\dot{V}=\frac{u\dot{u}+v\dot{v}+w\dot{w}}{V} \tag{2-37}$$

利用同样的方法可以得到迎角α和侧滑角β的微分表达式

$$\dot{\alpha}=\frac{u\dot{w}-w\dot{u}}{u^2+w^2} \tag{2-38}$$

$$\dot{\beta}=\frac{\dot{v}V-v\dot{V}}{V^2\cos\beta} \tag{2-39}$$

同样,由式(2-36)也不难得到关系式

$$\begin{cases}\tan\alpha=\dfrac{w}{u}\\ \sin\beta=\dfrac{v}{V}\\ V=(u^2+v^2+w^2)^{1/2}\end{cases} \tag{2-40}$$

下面再来推导由空速V、迎角α和侧滑角β表示的力方程组表达式。

如果发动机推力的偏置角$\alpha_T=\beta_T=0$,则推力只有机(弹)体坐标系x轴上的分量,即$T_x=T$,那么根据机(弹)体坐标系与气流坐标系之间的转换关系式(1-4),即$\boldsymbol{X}_{\text{body}}=\boldsymbol{S}_{\alpha\beta}^{\text{T}}\boldsymbol{X}_{\text{wind}}$,则有

$$\begin{bmatrix}F_x\\F_y\\F_z\end{bmatrix}_{\text{body}}=\begin{bmatrix}T\\0\\0\end{bmatrix}_{\text{body}}+\boldsymbol{S}_{\alpha\beta}^{\text{T}}\begin{bmatrix}-D\\Y\\-L\end{bmatrix}_{\text{wind}}$$

将上式展开后有

$$\begin{cases} F_x = T + L\sin\alpha - Y\cos\alpha\sin\beta - D\cos\alpha\cos\beta \\ F_y = Y\cos\beta - D\sin\beta \\ F_z = -L\cos\alpha - Y\sin\alpha\sin\beta - D\sin\alpha\cos\beta \end{cases} \tag{2-41}$$

于是，利用关系式(2-33)和式(2-41)以及式(1-98)，可以将力方程组(2-31a)变换为

$$\begin{cases} m\dot{V} = T\cos\alpha\cos\beta - D + G_{xa} \\ mV\dot{\beta} = -T\cos\alpha\sin\beta + Y - mV(-p\sin\alpha + r\cos\alpha) + G_{ya} \\ mV\cos\beta\dot{\alpha} = -T\sin\alpha - L + mV(-p\cos\alpha\sin\beta + q\cos\beta - r\sin\alpha\sin\beta) + G_{za} \end{cases} \tag{2-42}$$

这样，就将飞行器的运动方程组(2-31)变换成关于状态向量 $\boldsymbol{x}=[V \quad \beta \quad \alpha \quad \phi \quad \theta \quad \psi \quad p \quad q \quad r \quad x_g \quad y_g \quad h]^T$ 与控制输入向量 $\boldsymbol{u}=[\delta_T \quad \delta_e \quad \delta_a \quad \delta_r]^T$ 之间的非线性状态方程。

为了加深对坐标系间转换关系重要性的理解，下面将采用另一种方法来推导由空速 V、迎角 α 和侧滑角 β 表示的力方程组表达式(2-42)。

由牛顿第二定律可知，在气流坐标系内的加速度向量表达式为

$$\dot{\boldsymbol{V}}_W + \boldsymbol{\Omega}_R\boldsymbol{V}_W + \boldsymbol{\omega}_W \times \boldsymbol{V}_W = \frac{1}{m}\boldsymbol{F}_W \tag{2-43}$$

式中

$$\dot{\boldsymbol{V}}_W = \begin{bmatrix} \dot{V} \\ 0 \\ 0 \end{bmatrix}, \quad \boldsymbol{\Omega}_R = \boldsymbol{S}_{\alpha\beta}\dot{\boldsymbol{S}}_{\alpha\beta}^T = \begin{bmatrix} 0 & -\dot{\beta} & -\dot{\alpha}\cos\beta \\ \dot{\beta} & 0 & \dot{\alpha}\sin\beta \\ \dot{\alpha}\cos\beta & -\dot{\alpha}\sin\beta & 0 \end{bmatrix}$$

$$\boldsymbol{V}_W = \begin{bmatrix} V \\ 0 \\ 0 \end{bmatrix}, \quad \boldsymbol{\omega}_W = \begin{bmatrix} p_W \\ q_W \\ r_W \end{bmatrix}, \quad \boldsymbol{F}_W = \begin{bmatrix} F_{xa} \\ F_{ya} \\ F_{za} \end{bmatrix}$$

因为在气流坐标系内，作用在飞行器上的总外力 $\boldsymbol{F}_W$ 包括总空气动力 $\boldsymbol{R}_\Sigma$、发动机推力 T 和重力 $\boldsymbol{G}$ 三者在气流坐标系各轴上的分量(参见表 1-1)，即

$$\boldsymbol{F}_W = \begin{bmatrix} F_{xa} \\ F_{ya} \\ F_{za} \end{bmatrix} = \begin{bmatrix} -D \\ Y \\ -L \end{bmatrix} + \boldsymbol{S}_{\alpha\beta}\begin{bmatrix} T \\ 0 \\ 0 \end{bmatrix}_{\text{body}} + \begin{bmatrix} G_{xa} \\ G_{ya} \\ G_{za} \end{bmatrix} \tag{2-44}$$

则将式(2-44)代入式(2-43)并展开后，就将力方程组(2-31a)变换为气流坐标系内的表达式

$$\begin{cases} m\dot{V} = T\cos\alpha\cos\beta - D + G_{xa} \\ mV\dot{\beta} = -T\cos\alpha\sin\beta + Y - mVr_W + G_{ya} \\ mV\cos\beta\dot{\alpha} = -T\sin\alpha - L + mVq_W + G_{za} \end{cases} \tag{2-45}$$

又因为气流坐标系内的角速度 $\boldsymbol{\omega}_{\mathrm{W}}$ 与机(弹)体坐标系内的角速度 $\boldsymbol{\omega}_{\mathrm{B}}$ 之间存在转换关系

$$\boldsymbol{\omega}_{\mathrm{W}} = \boldsymbol{S}_{\alpha\beta}\boldsymbol{\omega}_{\mathrm{B}} = \boldsymbol{S}_{\alpha\beta}\begin{bmatrix} p \\ q \\ r \end{bmatrix}$$

即

$$\begin{bmatrix} p_{\mathrm{W}} \\ q_{\mathrm{W}} \\ r_{\mathrm{W}} \end{bmatrix} = \begin{bmatrix} p\cos\alpha\cos\beta + q\sin\beta + r\sin\alpha\cos\beta \\ -p\cos\alpha\sin\beta + q\cos\beta - r\sin\alpha\sin\beta \\ -p\sin\alpha + r\cos\alpha \end{bmatrix} \tag{2-46}$$

所以,将式(2-46)代入式(2-45)后,就可以得到力方程组(2-42)的表达式。

2.1.3 飞行器运动方程的解耦分组与线性化

1. 飞行器运动方程的解耦分组

在研究飞行器运动方程的分组及线性化问题之前,先简要讨论飞行器的某些特殊飞行状态和稳定飞行的情况。

(1) 两种特殊的飞行状态

根据 1.1 节中的式(1-16),可以得到下列两种特殊情况下的几何关系方程:

① 当滚转角和侧滑角满足条件 $(\phi = \beta = 0)$ 时,存在代数关系式

$$\theta\,|_{\phi=\beta=0} = \mu + \alpha \tag{2-47}$$

此时,飞行器进行无滚转角和无侧滑角的飞行运动,称这种飞行状态为水平无侧滑飞行(level and non-sideslipping flight);

② 当俯仰角、滚转角、航迹倾斜角和迎角满足条件 $(\theta = \phi = \mu = \alpha = 0)$ 时,存在代数关系式

$$\psi\,|_{\theta=\phi=\mu=\alpha=0} = \varphi - \beta \tag{2-48}$$

此时,飞行器进行俯仰角、滚转角和迎角均为零的水平飞行运动,称这种飞行状态为水平侧滑飞行(level and skidding flight)。

(2) 稳态飞行

飞行器进行稳态飞行(steady-state flight)的条件是

$$\dot{p} = \dot{q} = \dot{r} = \dot{u} = \ddot{v} = \dot{w} \equiv 0(\text{或 } \dot{v} = \dot{\alpha} = \dot{\beta} \equiv 0), \quad u = \text{const}$$

附加下列限制条件后,又各有不同的飞行状态:

① 机(弹)翼水平稳态飞行(steady wings-level flight),即 $\phi = \dot{\phi} = \dot{\theta} = \dot{\psi} \equiv 0$,则 $p = q = r \equiv 0$;

② 稳态转弯飞行(steady turning flight),即 $\dot{\phi} = \dot{\theta} \equiv 0$,$\dot{\psi} \equiv$ 转弯速率(turn rate);

③ 稳态拉起飞行(steady pull-up),即 $\phi = \dot{\phi} = \dot{\psi} \equiv 0$,$\dot{\theta} \equiv$ 拉起速率(pull-up rate);

④ 稳态滚转飞行(steady roll)，即 $\dot{\theta}=\dot{\psi}\equiv 0$，$\dot{\phi}\equiv$ 滚转速率(roll rate)。

(3) 纵向运动和横侧向运动

从上面推导的飞行器运动方程可以看出，当飞行器的飞行状态满足水平无侧滑飞行条件，即 $\phi=\beta\equiv 0$ 时，重力 $\boldsymbol{G}$ 在气流坐标系中的分量表达式(1-98)可以简化为

$$\begin{bmatrix} G_{xa} \\ G_{ya} \\ G_{za} \end{bmatrix} = \begin{bmatrix} mg(-\cos\alpha\sin\theta+\sin\alpha\cos\theta) \\ 0 \\ mg(\sin\alpha\sin\theta+\cos\alpha\cos\theta) \end{bmatrix}_{\text{wind}} \tag{2-49}$$

利用水平无侧滑飞行条件和式(2-49)，可以将方程组(2-42)解耦为

$$\begin{cases} m\dot{V}=T\cos\alpha-D+mg(-\cos\alpha\sin\theta+\sin\alpha\cos\theta) \\ mV\dot{\beta}=Y-mVr_{\mathrm{W}} \\ mV\dot{\alpha}=-T\sin\alpha-L+mVq_{\mathrm{W}}+mg(\sin\alpha\sin\theta+\cos\alpha\cos\theta) \end{cases} \tag{2-50a}$$

或者

$$\begin{cases} m\dot{V}=T\cos\alpha-D+mg(-\cos\alpha\sin\theta+\sin\alpha\cos\theta) \\ mV\dot{\beta}=Y-mV(-p\sin\alpha+r\cos\alpha) \\ mV\dot{\alpha}=-T\sin\alpha-L+mVq+mg(\sin\alpha\sin\theta+\cos\alpha\cos\theta) \end{cases} \tag{2-50b}$$

从式(2-50)可以看出，第一式和第三式只与纵向的状态量有关。

同样，利用水平无侧滑飞行条件，可以将运动方程组(2-31b)中的第二个方程简化为

$$\dot{\theta}=q \tag{2-51}$$

这样，利用式(2-47)和式(2-51)可以将式(2-50b)的第三式写成

$$mV\dot{\mu}=T\sin\alpha+L-mg(\sin\alpha\sin\theta+\cos\alpha\cos\theta) \tag{2-52}$$

下面再利用条件 $p=r\equiv 0$ 来解耦力矩方程组(2-23)的第二式，则有

$$I_y\dot{q}=M \tag{2-53}$$

这样，利用水平无侧滑飞行条件 $\phi=\beta\equiv 0$ 和 $p=r\equiv 0$，将飞行器运动方程解耦为不依赖于横侧向状态量 (β,ϕ,ψ,p,r) 的纵向运动(longitudinal motion)。纵向运动方程组为

$$\begin{cases} m\dot{V}=T\cos\alpha-D+mg(-\cos\alpha\sin\theta+\sin\alpha\cos\theta) \\ mV\dot{\mu}=T\sin\alpha+L-mg(\sin\alpha\sin\theta+\cos\alpha\cos\theta) \\ mV\dot{\alpha}=-T\sin\alpha-L+mVq+mg(\sin\alpha\sin\theta+\cos\alpha\cos\theta) \\ \dot{\theta}=q \\ I_y\dot{q}=M \end{cases} \tag{2-54}$$

或者写成

$$\begin{cases} m\dot{V} = T\cos\alpha - D + mg(-\cos\alpha\sin\theta + \sin\alpha\cos\theta) \\ mV\dot{\mu} = T\sin\alpha + L - mg(\sin\alpha\sin\theta + \cos\alpha\cos\theta) \\ \dot{\alpha} = q - \dot{\mu} \\ \dot{\theta} = q \\ I_y\dot{q} = M \end{cases}$$

相应的横侧向运动(lateral-directional motion)方程组为

$$\begin{cases} mV\dot{\beta} = Y - mV(-p\sin\alpha + r\cos\alpha) \\ \dot{\phi} = p + (r\cos\phi + q\sin\phi)\tan\theta \\ \dot{\psi} = \dfrac{1}{\cos\theta}(r\cos\phi + q\sin\phi) \\ \dot{p} = (c_1 r + c_2 p)q + c_3\overline{L} + c_4 N \\ \dot{r} = (c_8 p - c_2 r)q + c_4\overline{L} + c_9 N \end{cases} \tag{2-55}$$

由于通过纵向运动方程组(2-54)的计算可以得到纵向运动的状态量 (V,μ,α,q) 或者 (V,θ,α,q),因此,利用计算出的纵向运动的状态量 (V,θ,α,q) 便可以根据横侧向运动方程组(2-55)求得横侧向运动的状态量 (β,ϕ,ψ,p,r),进而利用导航方程组(2-31e)全部解算出飞行器运动的状态向量 $\boldsymbol{x} = [V \quad \beta \quad \alpha \quad \phi \quad \theta \quad \psi \quad p \quad q \quad r \quad x_g \quad y_g \quad h]^{\mathrm{T}}$。

2. 飞行器运动方程的线性化

由于上面推导出的力方程组(2-31a)和力矩方程组(2-31b)中均存在非线性关系,同时方程组中的力和力矩与运动参数密切相关,因此,在一般情况下求取飞行器运动方程的解析解是非常困难的,只能借助于计算机求取数值解。

然而,在通常情况下较之数值解而言,飞行器运动方程的解析解对于分析飞行器的构形参数与飞行稳定性和操纵性之间的关系更加方便、有效,也更具有普遍意义。除此以外,线性化的飞行器运动方程也更适合于以成熟的线性系统控制理论为基础的飞行控制系统的设计。因此,在分析飞行器的构形参数与飞行稳定性和操纵性之间的关系以及在对飞行控制系统设计之前,将飞行器运动方程进行线性化处理的方法成为了目前在实际工程中广泛应用的重要方法之一。

在研究飞行器运动方程的线性化问题之前,首先讨论运动方程线性化的基础——小扰动原理。

3. 小扰动原理

不失一般性,将飞行器运动方程写成隐式的非线性状态方程

$$\boldsymbol{f}(\dot{\boldsymbol{x}},\boldsymbol{x},\boldsymbol{u}) = \boldsymbol{0} \tag{2-56}$$

式中,$\boldsymbol{x}$ 为 n 维的系统状态向量;$\boldsymbol{u}$ 为 m 维的控制输入向量;$\boldsymbol{f}(\cdot)$为由 n 个标量的非线性函数

$f_i(\cdot)(i=1,\cdots,n)$ 组成的 n 维向量函数。

下面利用状态方程(2-56)引入几个概念：

① 平衡点。将满足条件 $\dot{\boldsymbol{x}}\equiv\boldsymbol{0},\boldsymbol{u}\equiv\boldsymbol{0}$ 或者 $\boldsymbol{u}\equiv$常数向量且 $\boldsymbol{f}(\dot{\boldsymbol{x}},\boldsymbol{x},\boldsymbol{u})=\boldsymbol{0}$ 的解 $(\boldsymbol{x}_e,\boldsymbol{u}_e)$ 称为平衡点(equilibrium point)。

② 基准运动(未扰动运动)。将飞行器在平衡点条件下的运动称为基准运动。

③ 扰动运动。在外来干扰(如大气紊流、发动机的变化、偶然操纵等因素)作用下，飞行器偏离平衡点条件下的运动(即非基准运动)称为扰动运动。

④ 小扰动运动。若飞行器的扰动运动与基准运动间的差别甚小，可视为小扰动运动。

这里所谓的“差别甚小”是一个相对概念。在一般情况下，对“小扰动”的限制并不太严格，通常应根据所研究问题的具体情况而定。在大多数情况下，“小扰动运动”的概念在实际工程应用中均能满足足够的工程准确度要求。

4. 基于小扰动原理的线性化方法

依据小扰动原理，对飞行器的非线性状态方程进行线性化的步骤如下：

① 将非线性状态方程(2-56)改写成标量的方程组形式

$$\begin{cases} f_1(\dot{\boldsymbol{x}},\boldsymbol{x},\boldsymbol{u})=0 \\ \quad\vdots \\ f_n(\dot{\boldsymbol{x}},\boldsymbol{x},\boldsymbol{u})=0 \end{cases} \tag{2-57}$$

② 在平衡点 $(\boldsymbol{x}_e,\boldsymbol{u}_e)$ 上利用泰勒级数(Taylor series)将方程组(2-57)分别展开并仅保留其一次项，即

$$\begin{cases} (\nabla_{\dot{x}} f_1)\delta\dot{\boldsymbol{x}}+(\nabla_x f_1)\delta\boldsymbol{x}+(\nabla_u f_1)\delta\boldsymbol{u}=0 \\ \qquad\qquad\vdots \\ (\nabla_{\dot{x}} f_n)\delta\dot{\boldsymbol{x}}+(\nabla_x f_n)\delta\boldsymbol{x}+(\nabla_u f_n)\delta\boldsymbol{u}=0 \end{cases} \tag{2-58}$$

式中，∇ (nabla operator)是关于一次项微分算子的行向量。例如，$\nabla_x f_i=\begin{bmatrix}\dfrac{\partial f_i}{\partial \boldsymbol{x}_1} & \dfrac{\partial f_i}{\partial \boldsymbol{x}_2} & \cdots & \dfrac{\partial f_i}{\partial \boldsymbol{x}_n}\end{bmatrix}$。

可以将已经线性化的方程组(2-58)改写成线性状态方程的形式

$$\boldsymbol{E}\dot{\boldsymbol{x}}=\boldsymbol{A}\boldsymbol{x}+\boldsymbol{B}\boldsymbol{u} \tag{2-59}$$

式中，$\boldsymbol{E}=-\begin{bmatrix}\nabla_{\dot{x}} f_1\\ \vdots \\ \nabla_{\dot{x}} f_n\end{bmatrix}_{\substack{x=x_e\\u=u_e}}$ 为 $n\times n$ 维矩阵，$\boldsymbol{A}=\begin{bmatrix}\nabla_x f_1\\ \vdots \\ \nabla_x f_n\end{bmatrix}_{\substack{x=x_e\\u=u_e}}$ 为 $n\times n$ 维矩阵，$\boldsymbol{B}=\begin{bmatrix}\nabla_u f_1\\ \vdots \\ \nabla_u f_n\end{bmatrix}_{\substack{x=x_e\\u=u_e}}$ 为 $n\times m$ 维矩阵。矩阵 $\boldsymbol{E}$,$\boldsymbol{A}$ 和 $\boldsymbol{B}$ 称为雅可比矩阵(Jacobian matrices)。

由方程(2-59)可以看出，如果矩阵 $\boldsymbol{E}$ 是非奇异的，则可以将方程(2-59)写成标准的线性状态方程的形式

$$\dot{x} = \bar{A}x + \bar{B}u \tag{2-60}$$

当然,应用方程(2-59)最方便的途径并不总需要写成标准形式(2-60)。

到此为止,已将非线性状态方程(2-56)变成了线性小扰动方程(linear small-perturbation equations)(2-59)。这样,就可以应用相应的线性系统理论对飞行器运动方程进行解析求解和系统分析了。

5. 飞行器运动方程的线性化处理

下面应用线性化的小扰动状态方程(2-59)对飞行器运动方程进行线性化处理。

(1) 基准运动的选取

由上面讨论的飞行器运动方程解耦分组过程可以看出,利用水平无侧滑飞行条件 $\phi=\beta\equiv 0$ 和 $p=r\equiv 0$,可将飞行器运动方程解耦为纵向运动和横侧向运动,那么同时再依据平衡点的定义增加条件 $q\equiv 0$ 和 $\dot{V}=\dot{\alpha}=\dot{\beta}=\dot{p}=\dot{q}=\dot{r}\equiv 0$ 后就成为基准运动的条件,这样的基准运动条件将有利于飞行器运动方程的线性化处理和解耦分组。基准运动条件为

$$\beta=\phi=p=q=r\equiv 0 \quad 且 \quad \dot{V}=\dot{\alpha}=\dot{\beta}=\dot{p}=\dot{q}=\dot{r}\equiv 0 \tag{2-61}$$

此外,考虑到使线性状态方程(2-59)的雅可比矩阵 $\boldsymbol{E}$,$\boldsymbol{A}$ 和 $\boldsymbol{B}$ 尽量简便和参数定义的一致性,下面将在气流坐标系 $S_a—Ox_ay_az_a$ 内对飞行器运动方程进行线性化处理。

(2) 力方程组的线性化

将力方程组(2-45)改写成方程组(2-57)的形式,即

$$\begin{cases} -m\dot{V}+T\cos\alpha\cos\beta-D+G_{xa}=0 \\ -mV\dot{\beta}-T\cos\alpha\sin\beta+Y-mVr_{\mathrm{W}}+G_{ya}=0 \\ -mV\cos\beta\dot{\alpha}-T\sin\alpha-L+mVq_{\mathrm{W}}+G_{za}=0 \end{cases} \tag{2-62}$$

则利用线性状态方程(2-59)所定义的雅可比矩阵 $\boldsymbol{E}$,$\boldsymbol{A}$ 和 $\boldsymbol{B}$,对式(2-62)进行线性化处理。那么,雅可比矩阵 $\boldsymbol{E}$,$\boldsymbol{A}$ 和 $\boldsymbol{B}$ 的前三行元素分别为

$$-\begin{bmatrix} \nabla_{\dot{x}} f_1 \\ \nabla_{\dot{x}} f_2 \\ \nabla_{\dot{x}} f_3 \end{bmatrix}_{x=x_e} = \begin{bmatrix} m\nabla_{\dot{x}}\dot{V}+\nabla_{\dot{x}}D \\ mV\nabla_{\dot{x}}\dot{\beta}-\nabla_{\dot{x}}Y \\ mV\nabla_{\dot{x}}\dot{\alpha}+\nabla_{\dot{x}}L \end{bmatrix} = m\begin{bmatrix} 1 & 0 & 0 & 0 & 0 & 0 & 0 & 0 & 0 \\ 0 & V & 0 & 0 & 0 & 0 & 0 & 0 & 0 \\ 0 & 0 & V-Z_{\dot{\alpha}} & 0 & 0 & 0 & 0 & 0 & 0 \end{bmatrix} \tag{2-63}$$

$$\begin{bmatrix} \nabla_x f_1 \\ \nabla_x f_2 \\ \nabla_x f_3 \end{bmatrix}_{\substack{x=x_e \\ u=u_e}} = \begin{bmatrix} -T\sin\alpha\nabla_x\alpha+\cos\alpha\nabla_xT-\nabla_xD-mg\cos\mu(\nabla_x\theta-\nabla_x\alpha) \\ -T\cos\alpha\nabla_x\beta+\nabla_xY-mV\nabla_xr_{\mathrm{W}}+mg(\sin\mu\nabla_x\beta+\cos\theta\nabla_x\phi) \\ -T\cos\alpha\nabla_x\alpha-\sin\alpha\nabla_xT-\nabla_xL+mV\nabla_xq_{\mathrm{W}}+mg(\sin\mu\nabla_x\alpha-\sin\mu\nabla_x\theta) \end{bmatrix} =$$

$$m\begin{bmatrix} X_V+X_{T_V}\cos\alpha_e & 0 & X_\alpha & 0 & -g\cos\mu_e & 0 & 0 & 0 & 0 \\ 0 & Y_\beta & 0 & g\cos\mu_e & 0 & 0 & Y_p & 0 & Y_r-V \\ Z_V-X_{T_V}\sin\alpha_e & 0 & Z_\alpha & 0 & -g\sin\mu_e & 0 & 0 & V+Z_q & 0 \end{bmatrix}$$

$$(2-64)$$

$$\begin{bmatrix} \nabla_u f_1 \\ \nabla_u f_2 \\ \nabla_u f_3 \end{bmatrix}_{\substack{x=x_e \\ u=u_e}} = m \begin{bmatrix} X_{\delta_T}\cos\alpha_e & X_{\delta_e} & 0 & 0 \\ 0 & 0 & Y_{\delta_a} & Y_{\delta_r} \\ -X_{\delta_T}\sin\alpha_e & Z_{\delta_e} & 0 & 0 \end{bmatrix} \tag{2-65}$$

式中，V，α_e，μ_e，θ_e 以及升力 L 和阻力 D 均为稳态量，但应注意这里的侧力 Y 并不是稳态量。

通常将在式(2-63)～式(2-65)中所用到的空气动力与空气动力矩关于其他量的偏导数称为气动导数(aerodynamic derivatives)。

但是值得注意的是，除了发动机推力外，所有的气动力都是定义在气流坐标系 S_a—$Ox_ay_az_a$ 中；而因为发动机是与机(弹)体固定安装的，所以发动机推力自然是定义在机(弹)体坐标系 S_b—$Oxyz$ 上，而且只有借助于两个气流角建立的机(弹)体坐标系与气流坐标系间的转换关系 $\boldsymbol{X}_{\text{wind}} = \boldsymbol{S}_{\alpha\beta}\boldsymbol{X}_{\text{body}}$ 才能将发动机推力变换到气流坐标系中。

为了与后面将要用到的量纲一的导数(dimensionless derivatives)有所区别，将在式(2-63)～式(2-65)中用到的偏导数统称为量纲导数(dimensional derivatives)，并列在表 2-1 中。

表 2-1　气流坐标系内力的量纲导数

(The force dimensional derivatives(wind axes))

x_a 轴	y_a 轴	z_a 轴
$X_V = -\dfrac{1}{m}\dfrac{\partial D}{\partial V}$	$Y_\beta = \dfrac{1}{m}\left(\dfrac{\partial Y}{\partial \beta} - D\right)$	$Z_V = -\dfrac{1}{m}\dfrac{\partial L}{\partial V}$
$X_{T_V} = \dfrac{1}{m}\dfrac{\partial T}{\partial V}$	$Y_p = \dfrac{1}{m}\dfrac{\partial Y}{\partial p_W}$	$Z_\alpha = -\dfrac{1}{m}\left(D + \dfrac{\partial L}{\partial \alpha}\right)$
$X_\alpha = \dfrac{1}{m}\left(L - \dfrac{\partial D}{\partial \alpha}\right)$	$Y_r = \dfrac{1}{m}\dfrac{\partial Y}{\partial r_W}$	$Z_{\dot\alpha} = -\dfrac{1}{m}\dfrac{\partial L}{\partial \dot\alpha}$
$X_{\delta_e} = -\dfrac{1}{m}\dfrac{\partial D}{\partial \delta_e}$	$Y_{\delta_r} = \dfrac{1}{m}\dfrac{\partial Y}{\partial \delta_r}$	$Z_q = -\dfrac{1}{m}\dfrac{\partial L}{\partial q_W}$
$X_{\delta_T} = \dfrac{1}{m}\dfrac{\partial T}{\partial \delta_T}$	$Y_{\delta_a} = \dfrac{1}{m}\dfrac{\partial Y}{\partial \delta_a}$	$Z_{\delta_e} = -\dfrac{1}{m}\dfrac{\partial L}{\partial \delta_e}$

(3) 运动方程组的线性化

首先将运动方程组(2-31b)改写成姿态角速率与气流坐标系内角速度 (p_W, q_W, r_W) 的关系，考虑到水平无侧滑飞行条件 $(\phi = \beta \equiv 0)$，然后写成方程组(2-57)的形式

$$\begin{cases} -\dot\phi + p_W(\cos\alpha + \tan\theta\sin\alpha) + r_W(-\sin\alpha + \tan\theta\cos\alpha) = 0 \\ -\dot\theta + q_W = 0 \\ -\dot\psi + p_W\dfrac{\sin\alpha}{\cos\theta} + r_W\dfrac{\cos\alpha}{\cos\theta} = 0 \end{cases} \tag{2-66}$$

采用上述同样的方法,不难写出雅可比矩阵 $\boldsymbol{E}$,$\boldsymbol{A}$ 和 $\boldsymbol{B}$ 的第 4～6 行元素分别为

$$-\begin{bmatrix}\nabla_{\dot{x}} f_4\\ \nabla_{\dot{x}} f_5\\ \nabla_{\dot{x}} f_6\end{bmatrix}=\begin{bmatrix}0&0&0&1&0&0&0&0&0\\0&0&0&0&1&0&0&0&0\\0&0&0&0&0&1&0&0&0\end{bmatrix} \tag{2-67}$$

$$\begin{bmatrix}\nabla_{x} f_4\\ \nabla_{x} f_5\\ \nabla_{x} f_6\end{bmatrix}_{\substack{x=x_e\\u=u_e}}=\begin{bmatrix}0&0&0&0&0&0&\dfrac{\cos\mu_e}{\cos\theta_e}&0&\dfrac{\sin\mu_e}{\cos\theta_e}\\0&0&0&0&0&0&0&1&0\\0&0&0&0&0&0&\dfrac{\sin\alpha_e}{\cos\theta_e}&0&\dfrac{\cos\alpha_e}{\cos\theta_e}\end{bmatrix} \tag{2-68}$$

$$\begin{bmatrix}\nabla_{u} f_4\\ \nabla_{u} f_5\\ \nabla_{u} f_6\end{bmatrix}_{\substack{x=x_e\\u=u_e}}=\boldsymbol{0}_{3\times 4} \tag{2-69}$$

(4) 力矩方程组的线性化

基于上述同样的理由,在进行线性化之前,需要首先将机(弹)体坐标系的力矩方程组(2-31c)变换成气流坐标系的形式。

根据理论力学的动量矩定理可知,气流坐标系内的力矩向量 $\boldsymbol{M}_W$ 的表达式为

$$\boldsymbol{M}_W=\boldsymbol{I}_W\boldsymbol{\Omega}_R\boldsymbol{\omega}_W+\boldsymbol{I}_W\dot{\boldsymbol{\omega}}_W+\boldsymbol{\omega}_W\times\boldsymbol{I}_W\boldsymbol{\omega}_W \tag{2-70}$$

式中

$$\boldsymbol{M}_W=\begin{bmatrix}\bar{L}_W\\M_W\\N_W\end{bmatrix},\quad \boldsymbol{\omega}_W=\begin{bmatrix}p_W\\q_W\\r_W\end{bmatrix}$$

$$\boldsymbol{\Omega}_R=\boldsymbol{S}_{\alpha\beta}\dot{\boldsymbol{S}}_{\alpha\beta}^{\mathrm{T}}=\begin{bmatrix}0&-\dot{\beta}&-\dot{\alpha}\cos\beta\\ \dot{\beta}&0&\dot{\alpha}\sin\beta\\ \dot{\alpha}\cos\beta&-\dot{\alpha}\sin\beta&0\end{bmatrix}$$

$$\boldsymbol{I}_W=\boldsymbol{S}_{\alpha\beta}\boldsymbol{I}\boldsymbol{S}_{\alpha\beta}^{\mathrm{T}}=\begin{bmatrix}I_x^*\cos^2\beta+I_y^*\sin^2\beta&\dfrac{1}{2}(I_y^*-I_x^*)\sin 2\beta&-I_{xz}^*\cos\beta\\ \dfrac{1}{2}(I_y^*-I_x^*)\sin 2\beta&I_x^*\sin^2\beta+I_y^*\cos^2\beta&I_{xz}^*\sin\beta\\ -I_{xz}^*\cos\beta&I_{xz}^*\sin\beta&I_z^*\end{bmatrix}$$

$$\begin{cases}I_x^*=I_x\cos^2\alpha+I_z\sin^2\alpha-I_{xz}\sin 2\alpha\\ I_y^*=I_y\\ I_z^*=I_x\sin^2\alpha+I_z\cos^2\alpha+I_{xz}\sin 2\alpha\\ I_{xz}^*=\dfrac{1}{2}(I_x-I_z)\sin 2\alpha+I_{xz}\cos 2\alpha\end{cases}$$

由式(2-70)不难得到气流坐标系内的力矩方程

$$\dot{\boldsymbol{\omega}}_W = -\boldsymbol{\Omega}_R\boldsymbol{\omega}_W - \boldsymbol{I}_W^{-1}(\boldsymbol{\omega}_W \times \boldsymbol{I}_W\boldsymbol{\omega}_W) + \boldsymbol{I}_W^{-1}\boldsymbol{M}_W \tag{2-71}$$

式中，$\boldsymbol{I}_W^{-1} = \boldsymbol{S}_{\alpha\beta}\boldsymbol{I}^{-1}\boldsymbol{S}_{\alpha\beta}^{T} = \dfrac{1}{\Sigma}\begin{bmatrix} I_z^*\cos^2\beta + \dfrac{\Sigma}{I_y^*}\sin^2\beta & \dfrac{1}{2}\left(\dfrac{\Sigma}{I_y^*} - I_z^*\right)\sin 2\beta & -I_{xz}^*\cos\beta \\ \dfrac{1}{2}\left(\dfrac{\Sigma}{I_y^*} - I_z^*\right)\sin 2\beta & I_z^*\sin^2\beta + \dfrac{\Sigma}{I_y^*}\cos^2\beta & -I_{xz}^*\sin\beta \\ I_{xz}^*\cos\beta & -I_{xz}^*\sin\beta & I_z^* \end{bmatrix}$。

利用基准运动的条件之一 $\beta = 0$，就可将 $\boldsymbol{I}_W$ 和 $\boldsymbol{I}_W^{-1}$ 以及 $\boldsymbol{\Omega}_R$ 化简为稳定性坐标系 S_s—$Ox_sy_sz_s$ 中的表达式

$$\boldsymbol{I}_W = \begin{bmatrix} I_x^* & 0 & -I_{xz}^* \\ 0 & I_y^* & 0 \\ -I_{xz}^* & 0 & I_z^* \end{bmatrix} \tag{2-72}$$

$$\boldsymbol{I}_W^{-1} = \frac{1}{\Sigma}\begin{bmatrix} I_z^* & 0 & -I_{xz}^* \\ 0 & \dfrac{\Sigma}{I_y^*} & 0 \\ I_{xz}^* & 0 & I_z^* \end{bmatrix} \tag{2-73}$$

$$\boldsymbol{\Omega}_R = \begin{bmatrix} 0 & -\dot{\beta} & -\dot{\alpha} \\ \dot{\beta} & 0 & 0 \\ \dot{\alpha} & 0 & 0 \end{bmatrix} \tag{2-74}$$

而气流坐标系内的力矩包括了气动力矩和发动机的推力力矩，其表达式为

$$\begin{bmatrix} \bar{L}_W \\ M_W \\ N_W \end{bmatrix} = \begin{bmatrix} \bar{L}_{WA} \\ M_{WA} \\ N_{WA} \end{bmatrix}_{wind} + \begin{bmatrix} \bar{L}_{WT} \\ M_{WT} \\ N_{WT} \end{bmatrix}_{wind} = \begin{bmatrix} \bar{L}_{WA} \\ M_{WA} \\ N_{WA} \end{bmatrix}_{wind} + \boldsymbol{S}_{\alpha\beta}\begin{bmatrix} \bar{L}_T \\ M_T \\ N_T \end{bmatrix}_{body} = \begin{bmatrix} \bar{L}_{WA} + \bar{L}_T\cos\alpha\cos\beta + M_T\sin\beta + N_T\sin\alpha\cos\beta \\ M_{WA} - \bar{L}_T\cos\alpha\sin\beta + M_T\cos\beta - N_T\sin\alpha\sin\beta \\ N_{WA} - \bar{L}_T\sin\alpha + N_T\cos\alpha \end{bmatrix} \tag{2-75}$$

同样利用水平无侧滑飞行条件 $\phi = \beta \equiv 0$，可将其化简为

$$\begin{bmatrix} \bar{L}_W \\ M_W \\ N_W \end{bmatrix} = \begin{bmatrix} \bar{L}_{WA} + \bar{L}_T\cos\alpha + N_T\sin\alpha \\ M_{WA} + M_T \\ N_{WA} - \bar{L}_T\sin\alpha + N_T\cos\alpha \end{bmatrix} \tag{2-76}$$

下面再利用化简后的 $\boldsymbol{I}_W$ 和 $\boldsymbol{I}_W^{-1}$ 以及 $\boldsymbol{\Omega}_R$，将力矩方程(2-71)等号右端的三项分别展开。第一项为

$$-\boldsymbol{\Omega}_R\boldsymbol{\omega}_W=-\begin{bmatrix}0 & -\dot{\beta} & -\dot{\alpha}\\ \dot{\beta} & 0 & 0\\ \dot{\alpha} & 0 & 0\end{bmatrix}\begin{bmatrix}p_W\\ q_W\\ r_W\end{bmatrix}=\begin{bmatrix}\dot{\beta}q_W+\dot{\alpha}r_W\\ -\dot{\beta}p_W\\ -\dot{\alpha}p_W\end{bmatrix} \tag{2-77}$$

在第二项中，有

$$\boldsymbol{I}_W\boldsymbol{\omega}_W=\begin{bmatrix}I_x^* & 0 & -I_{xz}^*\\ 0 & I_y^* & 0\\ -I_{xz}^* & 0 & I_z^*\end{bmatrix}\begin{bmatrix}p_W\\ q_W\\ r_W\end{bmatrix}=\begin{bmatrix}I_x^*p_W-I_{xz}^*r_W\\ I_y^*q_W\\ -I_{xz}^*p_W+I_z^*r_W\end{bmatrix} \tag{2-78}$$

$$\boldsymbol{\omega}_W\times\boldsymbol{I}_W\boldsymbol{\omega}_W=\begin{bmatrix}\boldsymbol{i} & \boldsymbol{j} & \boldsymbol{k}\\ p_W & q_W & r_W\\ I_x^*p_W-I_{xz}^*r_W & I_y^*q_W & -I_{xz}^*p_W+I_z^*r_W\end{bmatrix}=$$

$$\begin{bmatrix}-I_{xz}^*p_Wq_W+(I_z^*-I_y^*)q_Wr_W\\ I_{xz}^*(p_W^2-r_W^2)+(I_x^*-I_z^*)p_Wr_W\\ (I_y^*-I_x^*)p_Wq_W+I_{xz}^*q_Wr_W\end{bmatrix} \tag{2-79}$$

则第二项为

$$-\boldsymbol{I}_W^{-1}(\boldsymbol{\omega}_W\times\boldsymbol{I}_W\boldsymbol{\omega}_W)=-\frac{1}{\Sigma}\begin{bmatrix}I_z^* & 0 & -I_{xz}^*\\ 0 & \dfrac{\Sigma}{I_y^*} & 0\\ I_{xz}^* & 0 & I_z^*\end{bmatrix}\begin{bmatrix}-I_{xz}^*p_Wq_W+(I_z^*-I_y^*)q_Wr_W\\ I_{xz}^*(p_W^2-r_W^2)+(I_x^*-I_z^*)p_Wr_W\\ (I_y^*-I_x^*)p_Wq_W+I_{xz}^*q_Wr_W\end{bmatrix}=$$

$$-\frac{1}{\Sigma}\begin{bmatrix}I_{xz}^*(I_x^*-I_y^*-I_z^*)p_Wq_W+(I_z^{*2}-I_y^*I_z^*-I_{xz}^{*2})q_Wr_W\\ \dfrac{I_{xz}^*\Sigma}{I_y^*}(p_W^2-r_W^2)+\dfrac{(I_x^*-I_z^*)\Sigma}{I_y^*}p_Wr_W\\ (I_y^*I_z^*-I_x^*I_z^*-I_{xz}^{*2})p_Wq_W+I_{xz}^*(2I_z^*-I_y^*)q_Wr_W\end{bmatrix} \tag{2-80}$$

第三项为

$$\boldsymbol{I}_W^{-1}\boldsymbol{M}_W=\frac{1}{\Sigma}\begin{bmatrix}I_z^* & 0 & -I_{xz}^*\\ 0 & \dfrac{\Sigma}{I_y^*} & 0\\ I_{xz}^* & 0 & I_z^*\end{bmatrix}\begin{bmatrix}\bar{L}_{WA}+\bar{L}_T\cos\alpha+N_T\sin\alpha\\ M_{WA}+M_T\\ N_{WA}-\bar{L}_T\sin\alpha+N_T\cos\alpha\end{bmatrix}=$$

$$\frac{1}{\Sigma}\begin{bmatrix} I_z^*\bar{L}_{WA}-I_{xz}^*N_{WA}+(I_z^*\cos\alpha+I_{xz}^*\sin\alpha)\bar{L}_T+(I_z^*\sin\alpha-I_{xz}^*\cos\alpha)N_T \\ \dfrac{\Sigma}{I_y^*}(M_{WA}+M_T) \\ (I_z^*+I_{xz}^*)N_{WA}-(I_z^*+I_{xz}^*\sin\alpha)\bar{L}_T+(I_z^*+I_{xz}^*)\cos\alpha\cdot N_T \end{bmatrix} \tag{2-81}$$

这样，将式(2-77)、式(2-80)和式(2-81)代入力矩方程(2-71)，得

$$\begin{bmatrix}\dot{p}_W\\ \dot{q}_W\\ \dot{r}_W\end{bmatrix}=\begin{bmatrix} \{\dot\beta q_W+\dot\alpha r_W-\dfrac{1}{\Sigma}[I_{xz}^*(I_x^*-I_y^*-I_z^*)p_Wq_W+(I_z^{*2}-I_y^*I_z^*-I_{xz}^{*2})q_Wr_W-I_z^*\bar{L}_{WA}+ \\ I_{xz}^*N_{WA}-(I_z^*\cos\alpha+I_{xz}^*\sin\alpha)\bar{L}_T-(I_z^*\sin\alpha-I_{xz}^*\cos\alpha)N_T]\} \\ -\dot\beta p_W-\dfrac{I_{xz}^*}{I_y^*}(p_W^2-r_W^2)-\dfrac{(I_x^*-I_z^*)}{I_y^*}p_Wr_W+\dfrac{1}{I_y^*}(M_{WA}+M_T) \\ \{-\dot\alpha p_W-\dfrac{1}{\Sigma}[(I_y^*I_z^*-I_x^*I_z^*-I_{xz}^{*2})p_Wq_W+I_{xz}^*(2I_z^*-I_y^*)q_Wr_W- \\ (I_z^*+I_{xz}^*)N_{WA}+(I_z^*+I_{xz}^*\sin\alpha)\bar{L}_T-(I_z^*+I_{xz}^*)\cos\alpha\cdot N_T]\} \end{bmatrix} \tag{2-82}$$

至此，不难写出雅可比矩阵 $\boldsymbol{E}$，$\boldsymbol{A}$ 和 $\boldsymbol{B}$ 的最后三行元素分别为

$$-\begin{bmatrix}\nabla_{\dot x}f_7\\ \nabla_{\dot x}f_8\\ \nabla_{\dot x}f_9\end{bmatrix}_{\substack{x=x_e\\ u=u_e}}=\begin{bmatrix}0&0&0&0&0&0&1&0&0\\0&0&-M_{\dot\alpha}&0&0&0&0&1&0\\0&0&0&0&0&0&0&0&1\end{bmatrix} \tag{2-83}$$

$$\begin{bmatrix}\nabla_{x}f_7\\ \nabla_{x}f_8\\ \nabla_{x}f_9\end{bmatrix}_{\substack{x=x_e\\ u=u_e}}=\begin{bmatrix}0&\varepsilon\bar{L}_\beta+\eta N_\beta+\mu M_T&0&0&0&0&\varepsilon\bar{L}_p+\eta N_p&0&\varepsilon\bar{L}_r+\eta N_r\\ M_V+M_{T_V}&0&M_\alpha&0&0&0&0&M_q&0\\ 0&\varepsilon N_\beta+\eta\bar{L}_\beta&0&0&0&0&\varepsilon N_p+\eta\bar{L}_p&0&\varepsilon N_r+\eta\bar{L}_r\end{bmatrix} \tag{2-84}$$

$$\begin{bmatrix}\nabla_{u}f_7\\ \nabla_{u}f_8\\ \nabla_{u}f_9\end{bmatrix}_{\substack{x=x_e\\ u=u_e}}=\begin{bmatrix}0&0&\varepsilon\bar{L}_{\delta_a}+\eta N_{\delta_a}&\varepsilon\bar{L}_{\delta_r}+\eta N_{\delta_r}\\ M_{\delta_T}&M_{\delta_e}&0&0\\ 0&0&\varepsilon N_{\delta_a}+\eta\bar{L}_{\delta_a}&\varepsilon N_{\delta_r}+\eta\bar{L}_{\delta_r}\end{bmatrix} \tag{2-85}$$

式中，$\varepsilon=\dfrac{I_x^*I_z^*}{\Sigma}$，$\eta=\dfrac{I_z^*I_{xz}^*}{\Sigma}$，$\mu=\dfrac{I_z^*}{\Sigma}$。

下面将气流坐标系内力矩的量纲导数(the moment dimensional derivatives)分别按照滚转(roll)、俯仰(pitch)和偏航(yaw)进行分类列于表 2-2 中。

6. 飞行器线性状态方程的分组

由于飞行器的外形和内部质量的分布是关于纵向平面对称的，并且选择的基准运动也是关于纵向平面对称的，所以对称的运动参数的变化不会产生不对称的力和力矩。例如，由速度 u、

迎角 α 和俯仰角速度 q 的变化所引起的力 X 和 Z 以及力矩 M 的变化都是关于纵向平面对称的。但是,不对称的运动参数的变化不仅会引起不对称的力和力矩,还会对纵向平面的力和力矩产生一定的影响。例如,侧滑角 β、滚转角速度 p 和偏航角速度 r 等运动参数的变化不仅会引起侧力 Y、滚转力矩 $\bar{L}$ 和偏航力矩 N 的变化,还会引起纵向平面内的力和力矩的变化。

表 2-2 气流坐标系内力矩的量纲导数

(The moment dimensional derivatives(wind axes))

滚转(roll)	俯仰(pitch)	偏航(yaw)
$\bar{L}_\beta = \frac{1}{I_x^*}\frac{\partial \bar{L}_{WA}}{\partial \beta}$	$M_V = \frac{1}{I_y^*}\frac{\partial M_{WA}}{\partial V}$	$N_\beta = \frac{1}{I_z^*}\frac{\partial N_{WA}}{\partial \beta}$
$\bar{L}_p = \frac{1}{I_x^*}\frac{\partial \bar{L}_{WA}}{\partial p_W}$	$M_\alpha = \frac{1}{I_y^*}\frac{\partial M_{WA}}{\partial \alpha}$	$N_p = \frac{1}{I_z^*}\frac{\partial N_{WA}}{\partial p_W}$
$\bar{L}_r = \frac{1}{I_x^*}\frac{\partial \bar{L}_{WA}}{\partial r_W}$	$M_{\dot{\alpha}} = \frac{1}{I_y^*}\frac{\partial M_{WA}}{\partial \dot{\alpha}}$	$N_r = \frac{1}{I_z^*}\frac{\partial N_{WA}}{\partial r_W}$
$\bar{L}_{\delta_a} = \frac{1}{I_x^*}\frac{\partial \bar{L}_{WA}}{\partial \delta_a}$	$M_q = \frac{1}{I_y^*}\frac{\partial M_{WA}}{\partial q_W}$	$N_{\delta_a} = \frac{1}{I_z^*}\frac{\partial N_{WA}}{\partial \delta_a}$
$\bar{L}_{\delta_r} = \frac{1}{I_x^*}\frac{\partial \bar{L}_{WA}}{\partial \delta_r}$	$M_{\delta_e} = \frac{1}{I_y^*}\frac{\partial M_{WA}}{\partial \delta_e}$	$N_{\delta_r} = \frac{1}{I_z^*}\frac{\partial N_{WA}}{\partial \delta_r}$
—	$M_{T_V} = \frac{1}{I_y^*}\frac{\partial M_{WT}}{\partial V}$	$N_{T_\beta} = \frac{1}{I_z^*}\frac{\partial N_{WT}}{\partial \beta}$
—	$M_{T_\alpha} = \frac{1}{I_y^*}\frac{\partial M_{WT}}{\partial \alpha}$	—
—	$M_{\delta_T} = \frac{1}{I_y^*}\frac{\partial M_{WT}}{\partial \delta_T}$	—

由以上分析可知,纵向平面内的力和力矩 (X,Z,M) 对于不对称的运动参数(如,$\beta,p,r,\cdots$)在基准点的一阶偏导数应为零,但其相应的二阶偏导数通常不为零。因为在线性化方程时仅仅保留了一阶小量,所以二阶以上的小量不会对线性化方程起作用。同时考虑到非对称的力和力矩 $(Y,\bar{L},N)$ 对于对称运动参数(如 $u,\alpha,q,\cdots$)的一阶偏导数通常都很小,因此也可以忽略不计。

综上所述,就可以将由式(2-59)描述的线性化小扰动运动方程组分为两组:一组只包含对称平面(纵向平面)内运动参数的纵向线性化小扰动运动方程组,另一组仅包含不对称运动参数的横侧向线性化小扰动运动方程组。

(1) 纵向线性化小扰动运动方程组

由前面推导出的线性状态方程(2-59)不难确定纵向线性化小扰动运动的状态向量和控制输入向量分别为

$$\boldsymbol{x}=[\Delta V \quad \Delta\alpha \quad \Delta\theta \quad \Delta q]^{\mathrm{T}} \quad 和 \quad \boldsymbol{u}=[\Delta\delta_T \quad \Delta\delta_{\mathrm{e}}]^{\mathrm{T}} \tag{2-86}$$

这些量是在基准运动情况下相应运动参数的摄动值。雅可比矩阵 $\boldsymbol{E}$,$\boldsymbol{A}$ 和 $\boldsymbol{B}$ 分别为

$$\boldsymbol{E}=\begin{bmatrix}1 & 0 & 0 & 0\\ 0 & V-Z_{\dot\alpha} & 0 & 0\\ 0 & 0 & 1 & 0\\ 0 & -M_{\dot\alpha} & 0 & 1\end{bmatrix},\quad \boldsymbol{B}=\begin{bmatrix}X_{\delta_T}\cos\alpha_{\mathrm{e}} & X_{\delta_{\mathrm{e}}}\\ -X_{\delta_T}\sin\alpha_{\mathrm{e}} & Z_{\delta_{\mathrm{e}}}\\ 0 & 0\\ M_{\delta_T} & M_{\delta_{\mathrm{e}}}\end{bmatrix}$$

$$\boldsymbol{A}=\begin{bmatrix}X_V+X_{T_V}\cos\alpha_{\mathrm{e}} & X_\alpha & -g\cos\mu_{\mathrm{e}} & 0\\ Z_V-X_{T_V}\sin\alpha_{\mathrm{e}} & Z_\alpha & -g\sin\mu_{\mathrm{e}} & V+Z_q\\ 0 & 0 & 0 & 1\\ M_V+M_{T_V} & M_\alpha & 0 & M_q\end{bmatrix} \tag{2-87}$$

由此可见,除了悬停飞行状态之外,在通常情况下,由于 $Z_{\dot\alpha}$ 较小而 V 远远大于零,所以雅可比矩阵 $\boldsymbol{E}$ 总是非奇异的。因此,如果确有必要,也不难将其写成标准的线性状态方程(2-60)的形式。

(2) 横侧向线性化小扰动运动方程组

同样由线性状态方程(2-59)也可以确定横侧向线性化小扰动运动的状态向量和控制输入向量分别为

$$\boldsymbol{x}=[\Delta\beta \quad \Delta\phi \quad \Delta p_{\mathrm{W}} \quad \Delta r_{\mathrm{W}}]^{\mathrm{T}} \quad 和 \quad \boldsymbol{u}=[\Delta\delta_{\mathrm{a}} \quad \Delta\delta_{\mathrm{r}}]^{\mathrm{T}} \tag{2-88}$$

正如前面讨论飞行器的运动方程时指出的那样,由于飞行器的力方程组(2-31a)和运动方程组(2-31b)以及力矩方程组(2-31c)的计算并不依赖于偏航角 ψ,这一特点使得在推导运动方程的线性化过程中,并不需要对偏航角 ψ 进行线性化处理,所以,在这里的横侧向线性化小扰动运动的状态向量中并不包括偏航角 ψ。因此,雅可比矩阵 $\boldsymbol{E}$,$\boldsymbol{A}$ 和 $\boldsymbol{B}$ 分别为

$$\left.\begin{aligned}&\boldsymbol{E}=\begin{bmatrix}V & 0 & 0 & 0\\ 0 & 1 & 0 & 0\\ 0 & 0 & 1 & 0\\ 0 & 0 & 0 & 1\end{bmatrix},\quad \boldsymbol{B}=\begin{bmatrix}Y_{\delta_{\mathrm{a}}} & Y_{\delta_{\mathrm{r}}}\\ 0 & 0\\ L^*_{\delta_{\mathrm{a}}} & L^*_{\delta_{\mathrm{r}}}\\ N^*_{\delta_{\mathrm{a}}} & N^*_{\delta_{\mathrm{r}}}\end{bmatrix}\\ &\boldsymbol{A}=\begin{bmatrix}Y_\beta & g\cos\mu_{\mathrm{e}} & Y_p & Y_r-V\\ 0 & 0 & \dfrac{\cos\mu_{\mathrm{e}}}{\cos\theta_{\mathrm{e}}} & \dfrac{\sin\mu_{\mathrm{e}}}{\cos\theta_{\mathrm{e}}}\\ L^*_\beta & 0 & L^*_p & L^*_r\\ N^*_\beta & 0 & N^*_p & N^*_r\end{bmatrix}\end{aligned}\right\} \tag{2-89}$$

式中，$L_\beta^* = \varepsilon\bar{L}_\beta + \eta N_\beta, L_p^* = \varepsilon\bar{L}_p + \eta N_p, L_r^* = \varepsilon\bar{L}_r + \eta N_r, N_\beta^* = \varepsilon N_\beta + \eta\bar{L}_\beta, N_p^* = \varepsilon N_p + \eta\bar{L}_p, N_r^* = \varepsilon N_r + \eta\bar{L}_r, L_{\delta_a}^* = \varepsilon\bar{L}_{\delta_a} + \eta N_{\delta_a}, L_{\delta_r}^* = \varepsilon\bar{L}_{\delta_r} + \eta N_{\delta_r}, N_{\delta_a}^* = \varepsilon N_{\delta_a} + \eta\bar{L}_{\delta_a}, N_{\delta_r}^* = \varepsilon N_{\delta_r} + \eta\bar{L}_{\delta_r}$。

由此可见，无论是纵向线性化小扰动运动方程组，还是横侧向线性化小扰动运动方程组，在通常情况下(除了悬停飞行状态之外)，雅可比矩阵 $\boldsymbol{E}$ 总是非奇异的，因此对于这两种运动方程组而言，通过对雅可比矩阵 $\boldsymbol{E}$ 求逆，很容易将其转换为标准线性状态方程(2-60)的形式。如果考虑到飞行器运动变量的输出方式，则可将上述飞行器线性化小扰动运动方程组写成更一般的线性时不变系统(linear-time-invariant，LTI)形式

$$\begin{cases}\dot{\boldsymbol{x}} = \boldsymbol{A}\boldsymbol{x} + \boldsymbol{B}\boldsymbol{u} \\ \boldsymbol{y} = \boldsymbol{C}\boldsymbol{x} + \boldsymbol{D}\boldsymbol{u}\end{cases} \tag{2-90}$$

式中，$\boldsymbol{x} \in \mathbf{R}^n$ 为状态向量，$\boldsymbol{u} \in \mathbf{R}^m$ 为控制输入向量，$\boldsymbol{y} \in \mathbf{R}^l$ 为输出向量，$\boldsymbol{A} \in \mathbf{R}^{n\times n}$ 为矩阵，$\boldsymbol{B} \in \mathbf{R}^{n\times m}$ 为矩阵，$\boldsymbol{C} \in \mathbf{R}^{l\times n}$ 为矩阵，$\boldsymbol{D} \in \mathbf{R}^{l\times m}$ 为矩阵。

这样，可以将在一般情况下只能借助于计算机求取数值解的原始非线性方程组，通过其线性化的小扰动运动方程组来计算其解析解。

此外，尽管上述两种运动方程组的参数矩阵的计算都依赖于基准运动下的迎角和俯仰姿态角，而且在名义上还要用到水平稳态飞行的条件，但是它们仍然可以满意地应用在滚转角不大的情况下的运动。值得注意的是，如果基准运动是非对称的运动(例如，等速侧滑飞行或者等坡度盘旋飞行等)，那么纵向与横侧向之间将存在较强的耦合联系，因此运动方程组是不能被简单地分成纵向与横侧向的。

之所以在气流坐标系中推导线性化小扰动运动方程组，就是为了获得关于 $\dot{\alpha}$ 的系统状态导数。同时因为 β 的稳态值为零，所以在将 β 设置为零以后，稳定性坐标系的气动导数就可以被用在线性化小扰动运动方程组中。由于同样的原因，用在小扰动运动方程组中的转动惯量也同样是由式(2-72)确定的稳定性坐标系中的值。

因为在通常情况下，稳定性导数都是在稳定性坐标系中专用的，所以后面涉及的稳定性导数定义中的下标将被省略。

在前面推导线性状态方程(2-59)以及雅可比矩阵 $\boldsymbol{E}$,$\boldsymbol{A}$ 和 $\boldsymbol{B}$ 时定义了量纲导数，现在引入量纲一的稳定性导数(dimensionless stability derivatives)的概念。

首先，以力的量纲导数 X_V 为例，来讨论量纲一的稳定性导数的概念。

由表2-1中量纲导数 X_V 的表达式 $X_V = -\dfrac{1}{m}\dfrac{\partial D}{\partial V}$ 和第1章中关于阻力及其阻力系数的定义 $C_D = \dfrac{D}{QS_w}$，不难推导出表达式

$$X_V = -\frac{1}{m}\left(\frac{\partial Q}{\partial V}S_w C_D + QS_w\frac{\partial C_D}{\partial V}\right) = -\frac{QS_w}{mV}(2C_D + C_{D_V}) \tag{2-91}$$

式中，$C_{D_V} \equiv V \dfrac{\partial C_D}{\partial V}$ 为量纲一的速度阻尼导数，C_D 为阻力系数。

下面再讨论一个量纲一的俯仰角速度阻尼导数 C_{m_q}。依据表 2-2 中量纲导数 M_q 的表达式 $M_q = \dfrac{1}{I_y^*}\dfrac{\partial M_{WA}}{\partial q_W}$ 以及第 1 章中关于俯仰力矩及其俯仰力矩系数的定义 $C_m = \dfrac{M}{QS_w c_A}$，可以推出表达式

$$M_q = \frac{1}{I_y^*}\frac{\partial M_{WA}}{\partial q_W} = \frac{QS_w c_A}{I_y^*}\frac{\partial C_m}{\partial q} = \frac{QS_w c_A}{I_y^*}\frac{c_A}{2V}C_{m_q} \tag{2-92}$$

式中，$C_{m_q} \equiv \dfrac{2V}{c_A}\dfrac{\partial C_m}{\partial q}$ 为量纲一的俯仰角速度阻尼导数。

采用相同的方法可以获得其他量纲一的稳定性导数，为了使用方便，将量纲导数及其相对应的量纲一的稳定性导数列入表 2-3 和表 2-4 中。在此需要说明的是，在表 2-1 和表 2-2 中包括六个推力导数（$X_{T_V}, X_{\delta_T}, M_{T_V}, M_{T_\alpha}, M_{\delta_T}, N_{T_\beta}$），其相应的量纲一导数可由用量纲一参数表示的推力和推力力矩的分量来定义。例如，在推力的俯仰力矩表达式 $M_T = QS_w c_A C_{m_T}$ 中，推力导数 C_{m_T} 可依据发动机及其推力的安装参数和由所关注的变量摄动而引起的推力变化（推力特性曲线）来确定。

表 2-3　纵向的量纲导数及其相对应的量纲一导数

(Longitudinal dimensional versus dimensionless derivatives)

量纲导数	量纲一导数
$X_V = -\dfrac{QS_w}{mV}(2C_D + C_{D_V})$	$C_{D_V} \equiv V\dfrac{\partial C_D}{\partial V}$
$X_\alpha = \dfrac{QS_w}{m}(C_L - C_{D_\alpha})$	$C_{D_\alpha} \equiv \dfrac{\partial C_D}{\partial \alpha}$
$X_{\delta_e} = -\dfrac{QS_w}{m}C_{D_{\delta_e}}$	$C_{D_{\delta_e}} \equiv \dfrac{\partial C_D}{\partial \delta_e}$
$Z_V = -\dfrac{QS_w}{mV}(2C_L + C_{L_V})$	$C_{L_V} \equiv V\dfrac{\partial C_L}{\partial V}$
$Z_\alpha = -\dfrac{QS_w}{m}(C_D + C_{L_\alpha})$	$C_{L_\alpha} \equiv \dfrac{\partial C_L}{\partial \alpha}$
$Z_{\dot\alpha} = -\dfrac{QS_w c_A}{2mV}C_{L_{\dot\alpha}}$	$C_{L_{\dot\alpha}} \equiv \dfrac{2V}{c_A}\dfrac{\partial C_L}{\partial \dot\alpha}$
$Z_q = -\dfrac{QS_w c_A}{2mV}C_{L_q}$	$C_{L_q} \equiv \dfrac{2V}{c_A}\dfrac{\partial C_L}{\partial q}$
$Z_{\delta_e} = -\dfrac{QS_w}{m}C_{L_{\delta_e}}$	$C_{L_{\delta_e}} \equiv \dfrac{\partial C_L}{\partial \delta_e}$
$M_V = \dfrac{QS_w c_A}{I_y^* V}(2C_m + C_{m_V})$	$C_{m_V} \equiv V\dfrac{\partial C_m}{\partial V}$

续表 2-3

量纲导数	量纲一导数
$M_\alpha = \frac{QS_w c_A}{I_y^*} C_{m_\alpha}$	$C_{m_\alpha} \equiv \frac{\partial C_m}{\partial \alpha}$
$M_{\dot{\alpha}} = \frac{QS_w c_A}{I_y^*} \frac{c_A}{2V} C_{m_{\dot{\alpha}}}$	$C_{m_{\dot{\alpha}}} \equiv \frac{2V}{c_A} \frac{\partial C_m}{\partial \dot{\alpha}}$
$M_q = \frac{QS_w c_A}{I_y^*} \frac{c_A}{2V} C_{m_q}$	$C_{m_q} \equiv \frac{2V}{c_A} \frac{\partial C_m}{\partial q}$
$M_{\delta_e} = \frac{QS_w c_A}{I_y^*} C_{m_{\delta_e}}$	$C_{m_{\delta_e}} \equiv \frac{\partial C_m}{\partial \delta_e}$

表 2-4 横侧向的量纲导数及其相对应的量纲一导数

(Lateral-directional dimensional versus dimensionless derivatives)

量纲导数	量纲一导数
$Y_\beta = \frac{QS_w}{m} C_{Y_\beta}$	$C_{Y_\beta} \equiv \frac{\partial C_Y}{\partial \beta}$
$Y_p = \frac{QS_w b}{2mV} C_{Y_p}$	$C_{Y_p} \equiv \frac{2V}{b} \frac{\partial C_Y}{\partial p}$
$Y_r = \frac{QS_w b}{2mV} C_{Y_r}$	$C_{Y_r} \equiv \frac{2V}{b} \frac{\partial C_Y}{\partial r}$
$Y_{\delta_r} = \frac{QS_w}{m} C_{Y_{\delta_r}}$	$C_{Y_{\delta_r}} \equiv \frac{\partial C_Y}{\partial \delta_r}$
$Y_{\delta_a} = \frac{QS_w}{m} C_{Y_{\delta_a}}$	$C_{Y_{\delta_a}} \equiv \frac{\partial C_Y}{\partial \delta_a}$
$\bar{L}_\beta = \frac{QS_w b}{I_x^*} C_{l_\beta}$	$C_{l_\beta} \equiv \frac{\partial C_l}{\partial \beta}$
$\bar{L}_p = \frac{QS_w b}{I_x^*} \frac{b}{2V} C_{l_p}$	$C_{l_p} \equiv \frac{2V}{b} \frac{\partial C_l}{\partial p}$
$\bar{L}_r = \frac{QS_w b}{I_x^*} \frac{b}{2V} C_{l_r}$	$C_{l_r} \equiv \frac{2V}{b} \frac{\partial C_l}{\partial r}$
$\bar{L}_{\delta_a} = \frac{QS_w b}{I_x^*} C_{l_{\delta_a}}$	$C_{l_{\delta_a}} \equiv \frac{\partial C_l}{\partial \delta_a}$
$\bar{L}_{\delta_r} = \frac{QS_w b}{I_x^*} C_{l_{\delta_r}}$	$C_{l_{\delta_r}} \equiv \frac{\partial C_l}{\partial \delta_r}$
$N_\beta = \frac{QS_w b}{I_z^*} C_{n_\beta}$	$C_{n_\beta} \equiv \frac{\partial C_n}{\partial \beta}$
$N_p = \frac{QS_w b}{I_z^*} \frac{b}{2V} C_{n_p}$	$C_{n_p} \equiv \frac{2V}{b} \frac{\partial C_n}{\partial p}$
$N_r = \frac{QS_w b}{I_z^*} \frac{b}{2V} C_{n_r}$	$C_{n_r} \equiv \frac{2V}{b} \frac{\partial C_n}{\partial r}$
$N_{\delta_a} = \frac{QS_w b}{I_z^*} C_{n_{\delta_a}}$	$C_{n_{\delta_a}} \equiv \frac{\partial C_n}{\partial \delta_a}$
$N_{\delta_r} = \frac{QS_w b}{I_z^*} C_{n_{\delta_r}}$	$C_{n_{\delta_r}} \equiv \frac{\partial C_n}{\partial \delta_r}$

但是应该指出，对于与空速 V 和油门 δ_T 相关的推力导数，直接使用量纲导数也许会更加方便；然而对于与迎角 α 和侧滑角 β 相关的推力导数，则更加复杂一些，对此本书将不再进行详细讨论，相关内容可参阅与发动机有关的文献。

一般来讲，量纲一的稳定性导数对于飞行器设计师来说是很重要的。因为这些导数能够提供飞行器的自然稳定性、控制舵面效率和机动性能，此外这些量纲一的稳定性导数也使得飞行器的几何特性在初步设计过程中呈现出特别重要的意义。对于飞行器设计师而言，因为许多与飞行条件有关的稳定性导数，其典型的变化范围是已知的（速度、迎角和侧滑角等），同时对飞行包线不同部分的预期设计目标也是已知的，所以采用量纲一的稳定性导数来直接描述解耦的线性状态方程，能够将已知参数与飞行器的动力学更密切地联系起来。

对于轴对称布局的导弹来说，运动方程的解耦分组相对简单一些，一般可以线性化并分成俯仰、偏航和滚转三个通道的方程组。

(3) 关于重要的量纲一导数的说明

对于常规布局飞行器而言，最重要的纵向稳定性导数为 C_{L_α}，C_{m_α}，C_{m_q}，C_{m_V}，$C_{m_{\dot{\alpha}}}$ 和 C_{D_V}。

C_{L_α} 为升力曲线斜率(lift curve slope)。在升力曲线失速前的 1～8 rad^{-1} 范围内是典型线性的。在跨声速区间，C_{L_α} 随着马赫数的增大而增大，直至峰值后再在高亚声速区间内迅速下降。利用 C_{L_α} 可以建立迎角变化（例如，由阵风和机动引起的迎角变化）与 z 轴加速度的联系。因此，C_{L_α} 在表征飞行器对于紊流响应和机动性方面具有重要作用。

C_{m_α} 为俯仰力矩曲线斜率(slope of the pitching moment curve)，是描述飞行器俯仰稳定性的参数，故称为纵向静稳定性导数。如果 C_{m_α} 为负值，则飞行器是纵向稳定的。其典型值在 $-3\ \mathrm{rad}^{-1}$ 到小正值的范围内。对于一架弱稳定的飞机，尽管飞行员仍然能够控制，但会增加飞行员的工作负荷。纵向稳定的飞行器对于俯仰指令的响应是一个其自然频率由 C_{m_α} 和俯仰惯性力矩决定的阻尼振荡过程。C_{m_α} 在跨声速区间会随着马赫数的变化发生不规则的变化。

C_{m_q} 和 $C_{m_{\dot{\alpha}}}$ 是俯仰力矩阻尼导数，描述了飞行器俯仰振荡的阻尼特性。通常 C_{m_q} 的幅值比 $C_{m_{\dot{\alpha}}}$ 的大得多。C_{m_q} 的典型值在 -40～$0\ \mathrm{rad}^{-1}$ 范围内。C_{m_q} 和 $C_{m_{\dot{\alpha}}}$ 的值会随着马赫数的变化趋向于平坦。

C_{m_V} 描述了速度变化对于俯仰力矩的影响。如果 C_{m_V} 为正值，则随着空速增加，飞行器将趋于上仰，结果使得阻力和沿着 x 轴的重力分量增大，从而导致飞行器的速度下降，因此这是一个稳定的过程。当然应该注意到，实际上气动焦点会随着亚声速马赫数的增加而后移，结果会产生使飞行器低头的趋势，此时的 C_{m_V} 可能成为负值，因此会是一个不稳定的速度过程。对于飞行器而言，跨声速阻力的急剧增加，或者随着马赫数的增加而导致控制效率下降，也会引起在临界马赫数附近的自动俯冲趋势效应(tuck-under effect)。

C_{D_V} 为速度阻尼导数，其意义很容易理解，在此不再详述。

对于常规布局飞行器而言，最重要的横侧向稳定性导数为 C_{Y_β}，C_{l_β}，C_{n_β}，C_{l_p}，C_{n_p}，C_{l_r} 和 C_{n_r}。其中，C_{Y_β} 通常称为由侧滑引起的侧力导数，其典型值在 -2.0～$0.1\ \mathrm{rad}^{-1}$ 范围内。除了

C_{Y_β} 以外,其余的重要横侧向稳定性导数都是力矩导数。

C_{l_β} 是由侧滑引起的滚转力矩导数,通常又称为上(下)反角导数(dihedral derivative)。对于滚转稳定的飞行器而言,C_{l_β} 值必须为负值。C_{l_β} 的典型值在$-0.4\sim+0.1\ \text{rad}^{-1}$范围内。在跨声速范围内,随着马赫数的变化,$C_{l_\beta}$ 值可能会显著变化。C_{l_β} 对于飞行器的螺旋模态的稳定性是很重要的。

C_{n_β} 是由侧滑引起的偏航力矩导数,或称为偏航稳定性导数。C_{n_β} 与偏航稳定性和荷兰滚振荡模态的特性有关。对于偏航稳定的飞行器而言,C_{n_β} 值必须为正。C_{n_β} 的典型值在$0\sim+0.4\ \text{rad}^{-1}$范围内。在由跨声速到超声速变化时,随着马赫数的变化,C_{n_β} 值可能减小甚至成为负值。由于在大迎角飞行时垂尾淹没在机(弹)翼和机(弹)身产生的尾流中,因此 C_{n_β} 值也可能变为负值。

C_{l_p},C_{n_p},C_{l_r},C_{n_r} 均为阻尼力矩导数。其中,滚转阻尼力矩导数 C_{l_p} 通常在$-0.80\sim-0.10\ \text{rad}^{-1}$范围内;其值在跨声速区间是增加的,然后在高马赫数时又减小;它是描述高机动性飞行器滚转特性的重要参数。C_{n_r} 为偏航阻尼力矩导数,总是负值;其典型值在$-1\ \text{rad}^{-1}$到零附近的范围内;C_{n_r} 的值在跨声速区间也是增加的。

因为飞行器的滚转与偏航运动存在耦合,所以也将 C_{n_p} 和 C_{l_r} 称为交叉导数。随着马赫数的变化,C_{n_p} 和 C_{l_r} 可能会变化很大。C_{n_p} 的典型值在$-0.5\sim+0.1\ \text{rad}^{-1}$范围内。在跨声速区间,$C_{n_p}$ 能够戏剧性地由负值变为正值。C_{l_r} 的典型值在$0\sim0.6\ \text{rad}^{-1}$范围内。$C_{l_r}$ 是升力系数的函数,并会随着马赫数的变化而有显著改变。

2.2 飞行器的纵向运动

2.2.1 纵向运动的传递函数

1. 线性系统的传递函数

在2.1节中建立的由微分方程构成的飞行器线性化运动方程组,是在时间域中描述飞行器动态性能的数学模型。当给定外部作用及初始条件后,借助于计算机求解微分方程组不难得到飞行器动态系统的输出响应。但是,如果飞行器的构形和某些参数变化后,则需要重新列写和求解微分方程组,因此不便于对飞行稳定性和操纵性进行分析和设计。

运用拉普拉斯变换(Laplace transform)求解系统的线性常微分方程,就可以得到系统在复数域中的数学模型,称其为传递函数(transfer function)。传递函数不仅能够表征系统的动态特性,而且还可以借以研究系统的结构或参数变化对系统性能的影响。经典控制理论中广泛应用的频率法和根轨迹法,就是基于传递函数建立起来的。因此,传递函数是经典控制理论中最基本,也是最重要的概念。

线性时不变系统(LTI)的传递函数定义为，在初始条件为零时，系统输出量的拉普拉斯变换与输入量的拉普拉斯变换之比。

对线性时不变系统表达式(2-90)进行拉普拉斯变换后，得到方程

$$\begin{cases} \boldsymbol{x}(s) = (s\boldsymbol{I} - \boldsymbol{A})^{-1}[\boldsymbol{x}(0) + \boldsymbol{B}\boldsymbol{u}(s)] \\ \boldsymbol{y}(s) = \boldsymbol{C}(s\boldsymbol{I} - \boldsymbol{A})^{-1}[\boldsymbol{x}(0) + \boldsymbol{B}\boldsymbol{u}(s)] + \boldsymbol{D}\boldsymbol{u}(s) \end{cases} \tag{2-93}$$

根据传递函数的定义，可以得到线性时不变系统的传递函数为

$$\boldsymbol{G}(s) = \frac{\boldsymbol{y}(s)}{\boldsymbol{u}(s)} = \boldsymbol{C}(s\boldsymbol{I} - \boldsymbol{A})^{-1}\boldsymbol{B} + \boldsymbol{D} \tag{2-94}$$

传递函数具有下列性质：

① 传递函数是复变量 s 的有理真分式函数，分子多项式的次数低于或等于分母多项式的次数，这是系统必然具有惯性所致。同时，传递函数的所有系数均应为实数，这是因为传递函数的系数都是系统原部件参数的函数，而系统原部件的参数只能为实数。

② 传递函数只取决于系统和原部件的结构，而与外部作用形式无关。

③ 一定的传递函数都有一定的零、极点分布图与之相对应。因此，传递函数的零、极点分布图也可表征系统的动态性能。

④ 传递函数的拉普拉斯反变换是系统的脉冲响应。因此，系统的脉冲响应与传递函数具有单值对应关系，都可用来表征系统的动态特性。

拉普拉斯变换的初始值和终态值定理(Laplace transform initial and final value theorems)为

初始值(initial value)　　$$\lim_{t\to 0} f(t) = \lim_{s\to\infty} sF(s) \tag{2-95}$$

终态值(final value)　　$$\lim_{t\to\infty} f(t) = \lim_{s\to 0} sF(s) \tag{2-96}$$

2. 纵向运动的典型传递函数

将由式(2-86)和式(2-87)描述的纵向运动的状态方程进行拉普拉斯变换后，再利用克莱姆法则(Cramer's rule)不难得到单输入/单输出系统(SISO)的传递函数。

将式(2-86)和式(2-87)代入方程(2-59)后，可以得到经拉普拉斯变换后的方程组

$$\begin{cases} [s - (X_V + X_{T_V}\cos\alpha_e)]\Delta V(s) - X_\alpha\Delta\alpha(s) + g\cos\mu_e\Delta\theta(s) = \overline{X}_{\delta_T}\Delta\delta_T(s) + X_{\delta_e}\Delta\delta_e(s) \\ -(Z_V - X_{T_V}\sin\alpha_e)\Delta V(s) + [(V - Z_{\dot\alpha})s - Z_\alpha]\Delta\alpha(s) + g\sin\mu_e\Delta\theta(s) - (V + Z_q)\Delta q(s) = \\ \quad -\overline{Z}_{\delta_T}\Delta\delta_T(s) + Z_{\delta_e}\Delta\delta_e(s) \\ s\Delta\theta(s) - \Delta q(s) = 0 \\ -(M_V + M_{T_V})\Delta V(s) - (M_{\dot\alpha}s + M_\alpha)\Delta\alpha(s) + (s - M_q)\Delta q(s) = M_{\delta_T}\Delta\delta_T(s) + M_{\delta_e}\Delta\delta_e(s) \end{cases} \tag{2-97}$$

或者写出矩阵 $(s\boldsymbol{E} - \boldsymbol{A})$ 和 $\boldsymbol{B}$ 分别为

$$(s\boldsymbol{E}-\boldsymbol{A})=\begin{bmatrix} s-(X_V+X_{T_V}\cos\alpha_e) & -X_\alpha & g\cos\mu_e & 0 \\ -(Z_V-X_{T_V}\sin\alpha_e) & (V-Z_{\dot\alpha})s-Z_\alpha & g\sin\mu_e & -(V+Z_q) \\ 0 & 0 & s & -1 \\ -(M_V+M_{T_V}) & -(M_{\dot\alpha}s+M_\alpha) & 0 & s-M_q \end{bmatrix}$$

$$\boldsymbol{B}=\begin{bmatrix} \bar{X}_{\delta_T} & X_{\delta_e} \\ -\bar{Z}_{\delta_T} & Z_{\delta_e} \\ 0 & 0 \\ M_{\delta_T} & M_{\delta_e} \end{bmatrix} \tag{2-98}$$

根据克莱姆法则,再利用矩阵 $(s\boldsymbol{E}-\boldsymbol{A})$ 和 $\boldsymbol{B}$ 就可以很方便地写出所需要的输入/输出变量的传递函数。

下面研究以升降舵偏转增量 $\Delta\delta_e$ 为控制输入的各个状态变量的传递函数。而以油门增量 $\Delta\delta_T$ 为控制输入的情况将在后面专门讨论。

以升降舵偏转增量 $\Delta\delta_e$ 为控制输入,以空速增量 ΔV 为输出的传递函数可以写成两个行列式之比,其中分母为矩阵 $(s\boldsymbol{E}-\boldsymbol{A})$ 的行列式 $|s\boldsymbol{E}-\boldsymbol{A}|$,分子是以矩阵 $\boldsymbol{B}$ 中与升降舵偏转增量 $\Delta\delta_e$ 所对应的列(第 2 列),替换行列式 $|s\boldsymbol{E}-\boldsymbol{A}|$ 中与空速增量 ΔV 所对应的列(第 1 列)构成的行列式,即

$$\frac{\Delta V(s)}{\Delta\delta_e(s)}=\frac{1}{|s\boldsymbol{E}-\boldsymbol{A}|}\begin{vmatrix} X_{\delta_e} & -X_\alpha & g\cos\mu_e & 0 \\ Z_{\delta_e} & (V-Z_{\dot\alpha})s-Z_\alpha & g\sin\mu_e & -(V+Z_q) \\ 0 & 0 & s & -1 \\ M_{\delta_e} & -(M_{\dot\alpha}s+M_\alpha) & 0 & s-M_q \end{vmatrix}=$$

$$\frac{A_V\left(s+\frac{1}{T_{V1}}\right)(s^2+2\xi_V\omega_V s+\omega_V^2)}{(s^2+2\xi_{np}\omega_{np}s+\omega_{np}^2)(s^2+2\xi_{sp}\omega_{sp}s+\omega_{sp}^2)}=$$

$$\frac{K_V(T_{V1}s+1)(T_V^2s^2+2\xi_V T_V s+1)}{(T_{np}^2s^2+2\xi_{np}T_{np}s+1)(T_{sp}^2s^2+2\xi_{sp}T_{sp}s+1)} \tag{2-99}$$

式中,A_V 为 ΔV 传递函数的增益,K_V 为 ΔV 传递函数的传递系数,T_{V1} 和 T_V 为 ΔV 传递函数分子的时间常数,ξ_V 为 ΔV 传递函数分子的阻尼比,ω_V 为 ΔV 传递函数分子的固有频率,ξ_{np} 为长周期运动的阻尼比,ξ_{sp} 为短周期运动的阻尼比,ω_{np} 为长周期运动的固有频率,ω_{sp} 为短周期运动的固有频率,T_{np} 为长周期运动的时间常数,T_{sp} 为短周期运动的时间常数。

采用上述同样的方法可以写出以升降舵偏转增量 $\Delta\delta_e$ 为控制输入,以迎角增量 $\Delta\alpha$ 为输出的传递函数为

$$\frac{\Delta\alpha(s)}{\Delta\delta_e(s)}=\frac{1}{|sE-A|}\begin{vmatrix} s-(X_V+X_{T_V}\cos\alpha_e) & X_{\delta_e} & g\cos\mu_e & 0 \\ -(Z_V-X_{T_V}\sin\alpha_e) & Z_{\delta_e} & g\sin\mu_e & -(V+Z_q) \\ 0 & 0 & s & -1 \\ -(M_V+M_{T_V}) & M_{\delta_e} & 0 & s-M_q \end{vmatrix}=$$

$$\frac{-A_\alpha\left(s+\dfrac{1}{T_{\alpha1}}\right)(s^2+2\xi_\alpha\omega_\alpha s+\omega_\alpha^2)}{(s^2+2\xi_{np}\omega_{np}s+\omega_{np}^2)(s^2+2\xi_{sp}\omega_{sp}s+\omega_{sp}^2)}=$$

$$\frac{-K_\alpha(T_{\alpha1}s+1)(T_\alpha^2s^2+2\xi_\alpha T_\alpha s+1)}{(T_{np}^2s^2+2\xi_{np}T_{np}s+1)(T_{sp}^2s^2+2\xi_{sp}T_{sp}s+1)} \tag{2-100}$$

式中，A_α 为 $\Delta\alpha$ 传递函数的增益，K_α 为 $\Delta\alpha$ 传递函数的传递系数，$T_{\alpha1}$ 和 T_α 为 $\Delta\alpha$ 传递函数分子的时间常数，ξ_α 为 $\Delta\alpha$ 传递函数分子的阻尼比，ω_α 为 $\Delta\alpha$ 传递函数分子的固有频率。

以升降舵偏转增量 $\Delta\delta_e$ 为控制输入，以俯仰角增量 $\Delta\theta$ 为输出的传递函数为

$$\frac{\Delta\theta(s)}{\Delta\delta_e(s)}=\frac{1}{|sE-A|}\begin{vmatrix} s-(X_V+X_{T_V}\cos\alpha_e) & -X_\alpha & X_{\delta_e} & 0 \\ -(Z_V-X_{T_V}\sin\alpha_e) & (V-Z_{\dot\alpha})s-Z_\alpha & Z_{\delta_e} & -(V+Z_q) \\ 0 & 0 & 0 & -1 \\ -(M_V+M_{T_V}) & -(M_{\dot\alpha}s+M_\alpha) & M_{\delta_e} & s-M_q \end{vmatrix}=$$

$$\frac{-A_\theta}{(s^2+2\xi_{np}\omega_{np}s+\omega_{np}^2)(s^2+2\xi_{sp}\omega_{sp}s+\omega_{sp}^2)}=$$

$$\frac{-K_\theta}{(T_{np}^2s^2+2\xi_{np}T_{np}s+1)(T_{sp}^2s^2+2\xi_{sp}T_{sp}s+1)} \tag{2-101}$$

式中，A_θ 为 $\Delta\theta$ 传递函数的增益，K_θ 为 $\Delta\theta$ 传递函数的传递系数。

以升降舵偏转增量 $\Delta\delta_e$ 为控制输入，以俯仰角速度增量 Δq 为输出的传递函数可以写成两个行列式之比，其中分母为矩阵 $(sE-A)$ 的行列式 $|sE-A|$，分子是以矩阵 B 中与升降舵偏转增量 $\Delta\delta_e$ 所对应的列(第 2 列)，替换行列式 $|sE-A|$ 中与俯仰角速度增量 Δq 所对应的列(第 4 列)构成的行列式，即

$$\frac{\Delta q(s)}{\Delta\delta_e(s)}=\frac{1}{|sE-A|}\begin{vmatrix} s-(X_V+X_{T_V}\cos\alpha_e) & -X_\alpha & g\cos\mu_e & X_{\delta_e} \\ -(Z_V-X_{T_V}\sin\alpha_e) & (V-Z_{\dot\alpha})s-Z_\alpha & g\sin\mu_e & Z_{\delta_e} \\ 0 & 0 & s & 0 \\ -(M_V+M_{T_V}) & -(M_{\dot\alpha}s+M_\alpha) & 0 & M_{\delta_e} \end{vmatrix}=$$

$$\frac{-A_qs\left(s+\dfrac{1}{T_{q1}}\right)\left(s+\dfrac{1}{T_{q2}}\right)}{(s^2+2\xi_{np}\omega_{np}s+\omega_{np}^2)(s^2+2\xi_{sp}\omega_{sp}s+\omega_{sp}^2)}=$$

$$\frac{-K_qs(T_{q1}s+1)(T_{q2}s+1)}{(T_{np}^2s^2+2\xi_{np}T_{np}s+1)(T_{sp}^2s^2+2\xi_{sp}T_{sp}s+1)} \tag{2-102}$$

式中，A_q 为 Δq 传递函数的增益，K_q 为 Δq 传递函数的传递系数，T_{q1} 和 T_{q2} 为 Δq 传递函数分子的时间常数。

通常将

$$\Delta_L = |s\boldsymbol{E} - \boldsymbol{A}| = \begin{vmatrix} s-(X_V+X_{T_V}\cos\alpha_e) & -X_\alpha & g\cos\mu_e & 0 \\ -(Z_V-X_{T_V}\sin\alpha_e) & (V-Z_{\dot\alpha})s-Z_\alpha & g\sin\mu_e & -(V+Z_q) \\ 0 & 0 & s & -1 \\ -(M_V+M_{T_V}) & -(M_{\dot\alpha}s+M_\alpha) & 0 & s-M_q \end{vmatrix}$$

称为纵向运动的特征行列式，展开后的 Δ_L 称为纵向运动的特征多项式，而将 $\Delta_L=0$ 称为纵向运动的特征方程。

纵向运动的特征方程 $\Delta_L=0$ 可以写成形式

$$\Delta_L = s^4 + a_1 s^3 + a_2 s^2 + a_3 s + a_4 = 0 \tag{2-103}$$

飞行器的特征方程具有下列特点：

① 描述了飞行器本身的固有稳定性；

② 当纵向运动方程组右侧的输入量为零时(即在无操纵和无输入情况下)，飞行器在空间做自扰动运动；

③ 特征方程完全取决于飞行器本身的构造参数、气动参数和飞行状态，而与初始扰动条件无关(可由特征方程的构成系数看出)；

④ 特征方程的根(即特征根)具有形式

$$\lambda = \sigma \pm \mathrm{j}\omega \tag{2-104}$$

依据特征根实部和虚部的不同情况，可以初步分析飞行器的扰动运动的基本特性是：

① 当虚部 $\omega=0$ 时，特征根 λ 为一实根，飞行器的扰动运动为非周期运动；

② 当虚部 $\omega\neq0$ 时，特征根 λ 为一对共轭复根，飞行器的扰动运动为周期运动(振荡运动)；

③ 当实部 $\sigma<0$ 时，由于特征根 λ 具有负实部，所以飞行器的扰动运动是稳定的；

④ 当实部 $\sigma>0$ 时，由于特征根 λ 具有正实部，所以飞行器的扰动运动是不稳定的；

⑤ 当实部 $\sigma=0$ 且 $\omega\neq0$ 时，特征根 λ 为纯虚根，飞行器的扰动运动为简谐振动。

由此可见，根据特征根的情况，可以较方便地判断飞行器运动的稳定特性。因为不同的特征根所对应的飞行器扰动运动的类型也不同，所以，将每一个(对)特征根所对应的、通过拉普拉斯反变换得到的时域解，称为扰动运动的一种模态。那么，将每一个(对)特征根所对应的模态进行线性叠加，就组成了飞行器总的扰动运动。

一般飞行器的纵向运动特征多项式 Δ_L 具有两个二次因式之积的形式，两个二次因式分别代表长周期模态(phugoid mode)和短周期模态(short period mode)。一般情况下，长周期运动模态对应着一对较小的共轭复根，具有振荡周期长和衰减较慢的特点；而短周期运动模态则对应着一对较大的共轭复根，通常具有振荡周期短和衰减快的特点，如图 2-7 所示。

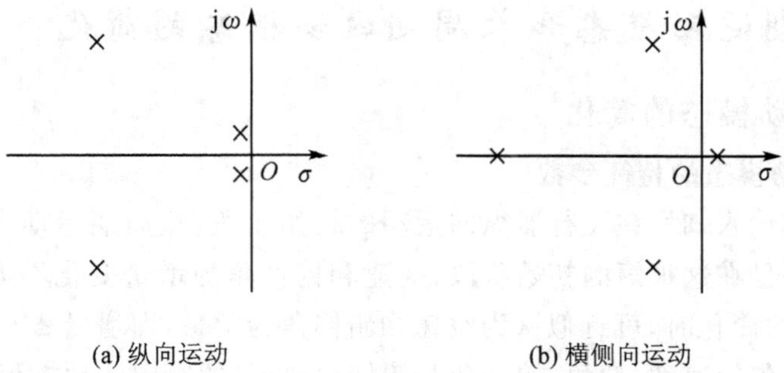

图 2-7　刚体飞行器的特征根的典型分布

图 2-8 给出了在某型飞机的升降舵为脉冲偏转时，纵向运动各个状态变量的响应情况。

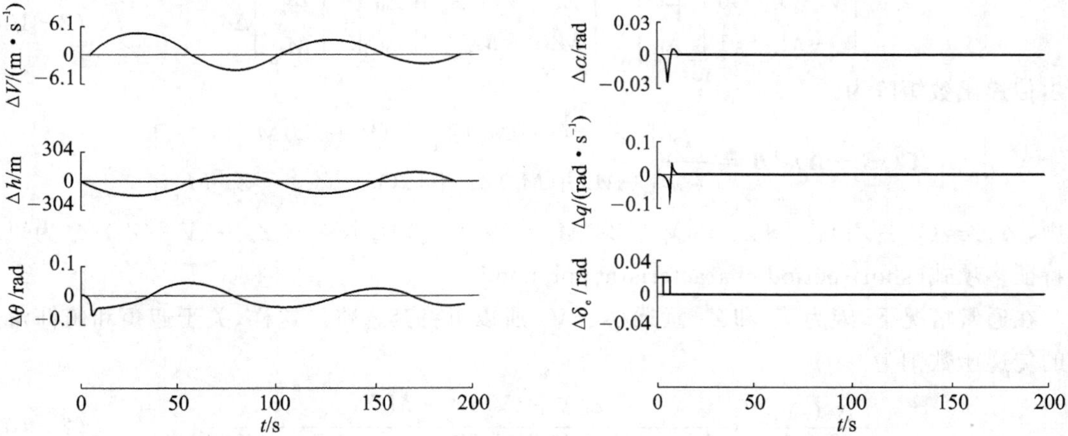

图 2-8　升降舵为脉冲偏转时纵向运动各状态变量的响应

由图 2-8 可见，在短周期运动中，$\Delta V(t)$ 和 $\Delta h(t)$ 的幅值变化很小；在长周期运动中，$\Delta\alpha(t)$ 和 $\Delta q(t)$ 的幅值几乎没有变化；$\Delta\theta(t)$ 的幅值在短周期和长周期运动中都有所变化，但是主要体现长周期运动的特点。因此，$\Delta\alpha(t)$ 和 $\Delta q(t)$ 属于短周期运动模态，而 $\Delta V(t)$，$\Delta h(t)$ 和 $\Delta\theta(t)$ 则属于长周期运动模态。

为了今后分析讨论短周期和长周期运动模态之便，下面把状态变量重新排序，并将纵向运动方程写成分块的形式

$$\boldsymbol{x} = [\Delta\alpha \quad \Delta q \quad \Delta V \quad \Delta\theta]^{\mathrm{T}}$$

$$\dot{\boldsymbol{x}} = \begin{bmatrix} \boldsymbol{A}_{11} & \boldsymbol{A}_{12} \\ \boldsymbol{A}_{21} & \boldsymbol{A}_{22} \end{bmatrix} \boldsymbol{x} + \begin{bmatrix} \boldsymbol{B}_{11} & \boldsymbol{B}_{12} \\ \boldsymbol{B}_{21} & \boldsymbol{B}_{22} \end{bmatrix} \boldsymbol{u} \tag{2-105}$$

在状态方程(2-105)中，2×2 维子矩阵 $\boldsymbol{A}_{12}$ 反映了短周期运动模态对长周期运动模态的依赖程度。

2.2.2 短周期运动模态和长周期运动模态的简化

1. 短周期运动模态的简化

(1) 短周期运动模态的特征参数

当存在扰动(或输入)时,在飞行器纵向运动的初始阶段,短周期运动占主导地位,其过渡过程的时间很短,并且在这很短的初始阶段,空速和俯仰角的增量变化不大。因此,在讨论短周期运动传递函数的简化时,可近似认为空速和俯仰角为常量,即增量 $\Delta V=\Delta\theta=0$。这样,就由原来四个自由度(包括速度、迎角、俯仰角和俯仰角速度)的纵向运动方程变成了两个自由度(包括迎角和俯仰角速度)的短周期运动方程。

由式(2-87)不难获得纵向短周期运动方程

$$\begin{bmatrix} V-Z_{\dot\alpha} & 0 \\ -M_{\dot\alpha} & 1 \end{bmatrix}\begin{bmatrix} \Delta\dot\alpha \\ \Delta\dot q \end{bmatrix}=\begin{bmatrix} Z_\alpha & V+Z_q \\ M_\alpha & M_q \end{bmatrix}\begin{bmatrix} \Delta\alpha \\ \Delta q \end{bmatrix}+\begin{bmatrix} Z_{\delta_e} \\ M_{\delta_e} \end{bmatrix}\Delta\delta_e \tag{2-106}$$

写出传递函数矩阵为

$$\boldsymbol{C}(s\boldsymbol{E}-\boldsymbol{A})^{-1}\boldsymbol{B}=\frac{\boldsymbol{C}}{\Delta_{sp}}\begin{bmatrix} (s-M_q)Z_{\delta_e}+(V+Z_q)M_{\delta_e} \\ (sM_{\dot\alpha}+M_\alpha)Z_{\delta_e}+[s(V-Z_{\dot\alpha})-Z_\alpha]M_{\delta_e} \end{bmatrix}$$

式中,$\Delta_{sp}=(V-Z_{\dot\alpha})s^2-[Z_\alpha+(V-Z_{\dot\alpha})M_q+(V+Z_q)M_{\dot\alpha}]s+M_qZ_\alpha-(V+Z_q)M_\alpha$ 为短周期特征多项式(short-period characteristic polynomial)。

在通常情况下,因为 Z_q 和 $Z_{\dot\alpha}$ 远远小于 V,所以可将其忽略。这样,关于迎角和俯仰角速度的传递函数则为

$$\frac{\Delta\alpha(s)}{\Delta\delta_e(s)}=\frac{Z_{\delta_e}s+(VM_{\delta_e}-M_qZ_{\delta_e})}{Vs^2-(Z_\alpha+VM_q+VM_{\dot\alpha})s+M_qZ_\alpha-VM_\alpha} \tag{2-107}$$

$$\frac{\Delta q(s)}{\Delta\delta_e(s)}=\frac{(VM_{\delta_e}+Z_{\delta_e}M_{\dot\alpha})s+(M_\alpha Z_{\delta_e}-Z_\alpha M_{\delta_e})}{Vs^2-(Z_\alpha+VM_q+VM_{\dot\alpha})s+M_qZ_\alpha-VM_\alpha} \tag{2-108}$$

由式(2-107)和式(2-108)可以得到短周期运动的固有频率(natural frequency)和阻尼比(damping ratio)分别为

$$\omega_{sp}=\sqrt{\frac{M_qZ_\alpha}{V}-M_\alpha},\quad \xi_{sp}=-\frac{Z_\alpha+V(M_q+M_{\dot\alpha})}{2\sqrt{V(M_qZ_\alpha-M_\alpha V)}}$$

或者简写为

$$\omega_{sp}=\sqrt{-Z_\alpha^*M_q-M_\alpha},\quad \xi_{sp}=\frac{Z_\alpha^*-M_{\dot\alpha}-M_q}{2\sqrt{-Z_\alpha^*M_q-M_\alpha}} \tag{2-109}$$

式中,$Z_\alpha^*=-\dfrac{Z_\alpha}{V}$。

表示成量纲一导数的形式则为

$$\omega_{sp}=\frac{1}{2}\rho VS_{w}c_{A}\left[\frac{-C_{m_q}(C_D+C_{L_\alpha})-4mC_{m_\alpha}/(\rho S_{w}c_{A})}{2mI_y^*}\right]^{1/2} \tag{2-110}$$

$$\xi_{sp}=-\frac{c_A}{4}\left(\frac{m}{I_y^*}\right)^{1/2}\frac{C_{m_q}+C_{m_{\dot{\alpha}}}-2I_y^*(C_D+C_{L_\alpha})/(mc_A^2)}{\left[-\frac{1}{2}C_{m_q}(C_D+C_{L_\alpha})-2mC_{m_\alpha}/(\rho S_{w}c_{A})\right]^{1/2}} \tag{2-111}$$

利用短周期运动的固有频率和阻尼比关系式(2－109)并进行相应的简化处理，可将迎角和俯仰角速度的传递函数式(2－107)和式(2－108)简写为

$$\frac{\Delta\alpha(s)}{\Delta\delta_e(s)}=\frac{M_{\delta_e}}{s^2+2\xi_{sp}\omega_{sp}s+\omega_{sp}^2} \tag{2-112}$$

$$\frac{\Delta q(s)}{\Delta\delta_e(s)}=\frac{M_{\delta_e}(s+Z_\alpha^*)}{s^2+2\xi_{sp}\omega_{sp}s+\omega_{sp}^2} \tag{2-113}$$

(2) 短周期运动模态特征参数的分析

在通常情况下，平衡点的阻力系数比升力曲线斜率小得多(即 $C_D \ll C_{L_\alpha}$)，相对而言这些导数变化较小，可以认为是常数(例如，对于低亚声速马赫数情况)。那么，短周期运动的固有频率 ω_{sp} 将依赖于大气密度 ρ 和空速 V，也就是说，固有频率 ω_{sp} 将随着动压 $Q=\frac{1}{2}\rho V^2$ 的增大而增加，但是显然不是简单的比例关系。

如果飞行器具有很高的纵向静稳定性，则 C_{m_α} 将主导固有频率 ω_{sp} 的表达式，因此由式(2－109)和式(2－110)可以得到简化关系式

$$\omega_{sp}\approx\sqrt{-M_\alpha}=\sqrt{-\frac{QS_{w}c_{A}}{I_y^*}C_{m_\alpha}}\propto\sqrt{Q} \tag{2-114}$$

那么，短周期固有频率 ω_{sp} 将近似地与动压的平方根成正比，即 $\omega_{sp}\propto\sqrt{Q}$。

关于空速和高度的变化对固有频率 ω_{sp} 的影响，可由式(2－114)得出下列结论：

① 低空飞行 (ρ 较大)的短周期固有频率 ω_{sp} 比高空飞行的大。

② 高速飞行 (V 较大)的 ω_{sp} 比低速飞行的大。

③ 当马赫数 Ma 增大时，短周期固有频率 ω_{sp} 比空速 V 增加得多。因为随着马赫数 Ma 增大，气动焦点将后移，使得纵向静稳定性导数 $|C_{m_\alpha}|$ 增大，从而导致短周期固有频率 ω_{sp} 成倍增大。

④ 纵向定速静稳定性导数 C_{m_α} 的负值越大，短周期固有频率 ω_{sp} 越大。

尽管 $C_{L_\alpha}>0$ 和 $C_{m_q}<0$，如果飞行器是纵向静不稳定的(即 $C_{m_\alpha}>0$)，则式(2－110)方括号中的量最终将变为负值，那么，短周期运动特征方程将有实根，此条件在后面将得到检验。

上述分析同样适用于阻尼比 ξ_{sp} 的表达式中。平衡点的阻力系数可以被忽略，阻尼比 ξ_{sp} 将仅仅依赖于大气密度 ρ。因此，阻尼比 ξ_{sp} 将随着飞行高度的增加而减小。

如果阻尼比 ξ_{sp} 表达式(2－111)的分母由纵向静稳定性导数 C_{m_α} 主导，则由式(2－109)可

以得到简化关系式

$$\xi_{sp}=-\frac{Z_\alpha+V(M_q+M_{\dot\alpha})}{2V\sqrt{-M_\alpha}} \tag{2-115}$$

由于式(2-115)分子中的 Z_α,M_q 和 $M_{\dot\alpha}$ 与 ρV 成正比,而分母中的 $\sqrt{-M_\alpha}$ 与 $V\sqrt{\rho}$ 成正比,因此,阻尼比 ξ_{sp} 将与 $\sqrt{\rho}$ 近似成正比,即 $\xi_{sp}\propto\sqrt{\rho}$。

关于空速和高度的变化对阻尼比 ξ_{sp} 的影响,可由式(2-115)得出以下结论:

① 短周期阻尼比 ξ_{sp} 随高度的增加而减小,与空速基本无关。

② 因为随着马赫数 Ma 的增大,气动焦点将后移,这使得与式(2-111)分母有关的纵向静稳定性导数 $|C_{m_\alpha}|$ 增大;而与分子有关的量纲一的导数 C_{L_α},C_{m_q} 和 $C_{m_{\dot\alpha}}$ 是先增大,而后在超声速段又减小,所以短周期阻尼比 ξ_{sp} 在超声速段将减小。因此,在高空高速飞行时,因为 ξ_{sp} 急剧减小,所以必须采用增加人工阻尼的方法来加以改善。

③ 增大量纲一的导数 C_{L_α},$|C_{m_q}|$ 和 $|C_{m_{\dot\alpha}}|$,短周期阻尼比 ξ_{sp} 将增大;而随着 $|C_{m_\alpha}|$ 的增大,ξ_{sp} 将减小。

2. 长周期运动模态的简化

(1) 长周期运动模态的特征参数

纵向长周期运动模态主要是飞行器质心的轨迹运动。与短周期运动相比,其各参数变化缓慢,在长周期运动期间,短周期动态过程已基本结束,因此,在讨论长周期运动时,可以采用上述短周期运动的结果。由方程(2-105)可得

$$\mathbf{0}=\boldsymbol{A}_{11}\begin{bmatrix}\Delta\alpha\\\Delta q\end{bmatrix}+\boldsymbol{A}_{12}\begin{bmatrix}\Delta V\\\Delta\theta\end{bmatrix} \tag{2-116}$$

$$\begin{bmatrix}\Delta\dot V\\\Delta\dot\theta\end{bmatrix}=\boldsymbol{A}_{21}\begin{bmatrix}\Delta\alpha\\\Delta q\end{bmatrix}+\boldsymbol{A}_{22}\begin{bmatrix}\Delta V\\\Delta\theta\end{bmatrix} \tag{2-117}$$

将代数方程(2-116)代入微分方程(2-117)后,有

$$\begin{bmatrix}\Delta\dot V\\\Delta\dot\theta\end{bmatrix}=(\boldsymbol{A}_{22}-\boldsymbol{A}_{21}\boldsymbol{A}_{11}^{-1}A_{12})\begin{bmatrix}\Delta V\\\Delta\theta\end{bmatrix} \tag{2-118}$$

由式(2-87)不难获得方程

$$\begin{bmatrix}\Delta\dot V\\\Delta\dot\theta\end{bmatrix}=\begin{bmatrix}(X_V+X_{T_V}\cos\alpha_e)-\dfrac{X_\alpha[M_q(Z_V-X_{T_V}\sin\alpha_e)-(V+Z_q)(M_V+M_{T_V})]}{\Delta_p} & -g\\ \dfrac{M_\alpha(Z_V-X_{T_V}\sin\alpha_e)-Z_\alpha(M_V+M_{T_V})}{\Delta_p} & 0\end{bmatrix}\begin{bmatrix}\Delta V\\\Delta\theta\end{bmatrix} \tag{2-119}$$

式中,$\Delta_p=M_qZ_\alpha-M_\alpha(V+Z_q)$。

通过 $|s\boldsymbol{I}-\boldsymbol{A}|$ 就可以得到特征方程,进而得出长周期运动的固有频率和阻尼比分别为

$$\omega_{\text{np}}^2 = g\frac{M_\alpha(Z_V - X_{T_V}\sin\alpha_e) - Z_\alpha(M_V + M_{T_V})}{M_q Z_\alpha - M_\alpha(V + Z_q)} \tag{2-120}$$

$$2\xi_{\text{np}}\omega_{\text{np}} = -(X_V + X_{T_V}\cos\alpha_e) + \frac{X_\alpha[M_q(Z_V - X_{T_V}\sin\alpha_e) - (V + Z_q)(M_V + M_{T_V})]}{M_q Z_\alpha - M_\alpha(V + Z_q)} \tag{2-121}$$

尽管式(2-120)和式(2-121)比短周期的复杂一些，但是仍然可以得到非常重要且实用的结论。

(2) 长周期运动模态特征参数的分析

如果忽略掉推力导数 X_{T_V} 并用量纲一的导数进行替换，则长周期运动的固有频率表达式为

$$\frac{\omega_{\text{np}}^2}{g} = \frac{(C_D + C_{L_\alpha})(2C_m + C_{m_V}) - C_{m_\alpha}(2C_L + C_{L_V})}{-\frac{1}{2}c_A C_{m_q}(C_D + C_{L_\alpha}) - C_{m_\alpha}\left[mV^2/(QS_w) - \frac{1}{2}c_A C_{L_q}\right]} \tag{2-122}$$

现在假设发动机的推力向量通过飞行器的质心，则平衡点的气动俯仰力矩为零，即 $C_m = 0$，再忽略导数 C_{m_V}，C_{L_V} 和 C_{L_q}，并且假设 $C_D \ll C_{L_\alpha}$，则表达式(2-122)可简化为

$$\frac{\omega_{\text{np}}^2}{g} = \frac{2C_{m_\alpha}C_L}{\frac{1}{2}c_A C_{m_q}C_{L_\alpha} + 2mC_{m_\alpha}/(\rho S_w)} \tag{2-123}$$

如果式(2-123)中的稳定性导数不随飞行条件的变化而改变，则长周期运动的固有频率与平衡点的升力系数的平方根成正比。对于水平飞行而言，因为 $C_L = \frac{G}{QS_w}$，所以，长周期运动的固有频率与动压的平方根成正比。

如果表达式(2-123)的分母主要取决于 C_{m_α}，则该式可进一步简化为

$$\frac{\omega_{\text{np}}^2}{g} \approx \frac{\rho S_w}{m}C_L \tag{2-124}$$

再将 C_L 进行替换后可以看出，长周期运动的固有频率不再依赖于大气密度，即

$$\omega_{\text{np}} \approx \sqrt{2}\cdot\frac{g}{V} \tag{2-125}$$

也就是说，长周期运动固有频率 ω_{np} 与空速成反比，而与飞行高度基本无关。这个结论是 F. W. Lanchester 早在 1908 年得出的。后面还将通过一个例子的计算来验证这一结论。计算结果表明，即使没有关于发动机推力向量通过飞行器的质心及推力导数被忽略的假设，在飞行高度一定的情况下，长周期运动的固有频率仍然与空速成反比。

然而，对于长周期运动的阻尼比，要想推导出简单的表达式则更加困难。后面将看到阻尼比方程(2-121)也不是很准确。一般来讲，长周期运动的阻尼比随着空速的增加而增大，随着飞行高度的增加而减小。

下面将空速与高度对纵向运动模态特征参数的影响进行总结后列入表 2-5 中。

表 2-5 空速与高度对纵向运动模态特征参数的影响

特征参数	飞行高度增加	空速增加
ω_{sp}	减小	增大
ξ_{sp}	减小	基本不变
ω_{np}	不变	减小
ξ_{np}	减小	增大

3. 短周期运动和长周期运动简化的准确性分析

在油门输入为定值,而以升降舵偏转为控制输入的情况下,对迎角 α 和俯仰角速度 q 的短周期运动的近似精度是很好的,对长周期运动振荡周期的近似精度也是很好的,而对其阻尼比的近似精度却差一些。以某型运输机为例的计算结果(参见表 2-6)也验证了这一结论。

表 2-6 分别用近似和精确方法计算的短/长周期时间常数和阻尼比的精度比较

空速/(m·s^{-1})	x_{cg}/c_A	计算方法	T_{sp}/s	ξ_{sp}	T_{np}/s	ξ_{np}
60.96	0.25	近似	7.44	0.555	32.3	0.102
		精确	7.33	0.565	32.7	−0.129
121.92	0.25	近似	3.73	0.551	63.5	0.064
		精确	3.72	0.551	63.6	0.035
182.88	0.25	近似	2.48	0.551	96.5	0.112
		精确	2.48	0.551	96.6	0.099
121.92	0.30	近似	4.04	0.598	65.4	0.067
		精确	4.04	0.524	65.5	0.033
121.92	0.40	近似	5.04	0.744	74.1	0.083
		精确	5.02	0.652	74.3	0.036
121.92	0.50	近似	−0.523,−1.33		476	0.691
		精确	−0.810±j0.200		476	0.630
121.92	0.55	近似	−1.70,−0.158		−0.158,0.128	
		精确	−1.44,0.100		−0.150±j0.123	

注:表中灰底部分是有关短周期和长周期的特征根。

在表 2-6 中,前三行是当飞机的质心位置不变时,分别采用上述近似方法和精确方法得到的短周期与长周期运动的时间常数和阻尼比的计算精度随空速变化的情况；后四行是当飞机的空速不变时，采用两种方法得到的时间常数和阻尼比的计算精度随质心位置变化的情况。

由表 2-6 的计算结果可以看出，无论对于短周期运动的 T_{sp} 还是 ξ_{sp}，近似方法都能够给出计算精度很高的结果；对于长周期运动的 T_{np}，近似方法的计算精度同样很高，而 ξ_{np} 的近似计算精度却不高，但是随着长周期运动的周期 T_{np} 增大，ξ_{np} 的近似计算精度有较明显的提高。

此外，在低速情况时（$V \leqslant 60.96$ m/s），由于阻尼比 $\xi_{np} < 0$，则长周期运动的两个特征根具有正实部，因此位于右半 S 平面，即 $s_{np1,2} = \dfrac{1}{T_{np}}(-\xi_{np} \pm \sqrt{\xi_{np}^2 - 1}) = 3.944\,82 \pm j0.030\,32$，可见该型运输机在低速情况下的长周期运动是不稳定的。

表 2-6 的计算结果表明，随着飞机的质心位置后移，短周期运动的特征根趋向于实轴，其中一个实根逼近于长周期运动的特征根。当短周期运动的一个实根移动到右半 S 平面后，上述近似方法显然已不再适用，同时还出现一个带有短周期阻尼比（$\xi_t = 0.773$）且周期（$T_t = 5.155$ s）类似于长周期运动的新的振荡模态，称为第三振荡模态（third oscillatory mode），这也是纵向静不稳定飞机的特征。这个实根变成俯仰的指数不稳定而不是振荡不稳定的信号，该指数不稳定是与纵向静稳定性降低有直接联系的一类不稳定性。

在此例中，关于质心后移的稳定性边界在 $0.501c_A \sim 0.502c_A$ 之间。很显然，应用上述短周期近似特征方程不能准确计算质心后移的稳定性边界。因此，不难从完整的纵向运动方程得出关于单实根移向右半 S 平面的条件。

以上简化的结果可用一些实例数据进行检验分析。通过对短周期运动和长周期运动近似传递函数的固有频率和阻尼比的精确值与近似值的比较可见，这种近似是合理的。

4. 定速静稳定性与定载静稳定性

首先引入定速静稳定性和定载静稳定性的概念。由前面的讨论知道，C_{m_α} 为俯仰力矩曲线的斜率，是描述飞行器纵向静稳定性的参数，并且 C_{m_α} 在跨声速区间会随着马赫数的增大而不规则地变化。因此在通常情况下，由偏导数 C_{m_α} 表示的飞行器纵向静稳定性是指当飞行马赫数 Ma 为常值，即空速不变时，因迎角 α 变化而产生的由俯仰力矩所决定的静稳定性，因此，将 C_{m_α} 所表示的纵向静稳定性称为定速静稳定性。

在定速平飞情况下，法向过载可表示为 $n_z = \dfrac{L}{G}$。由于重力 G 不变，而升力 L 又是随迎角 α 变化而变化，所以法向过载 n_z 是由迎角 α 决定的，因此定速静稳定性也称为按过载的静稳定性。

由于迎角 α 是典型的短周期运动特点，所以纵向短周期运动模态是否稳定，在很大程度上取决于定速静稳定性，这一结论将在下面关于纵向短周期运动模态稳定性条件的分析中得到验证。

当升降舵无偏转时，俯仰力矩系数 C_m 是迎角 α 和马赫数 Ma 的函数，即 $C_m = C_m(\alpha, Ma)$，

其微分为

$$dC_m = \frac{\partial C_m}{\partial \alpha}d\alpha + \frac{\partial C_m}{\partial Ma}dMa$$

或

$$\frac{dC_m}{d\alpha} = C_{m_\alpha} + \frac{dMa}{d\alpha}C_{m_{Ma}}$$

在定载条件下,即

$$G = L = \frac{1}{2}\rho V^2 S_w C_L$$

将 $V=c\cdot Ma$ 代入上式,有 $Ma^2C_L=$常数,对其求微分得

$$\frac{\partial(Ma^2C_L)}{\partial Ma}dMa + \frac{\partial(Ma^2C_L)}{\partial \alpha}d\alpha = 0$$

展开后,有

$$(2C_L + MaC_{L_{Ma}})dMa + (2Ma_\alpha C_L + MaC_{L_\alpha})d\alpha = 0$$

将平衡点(Ma_e,C_{L_e})条件代入上式后,有

$$\left(\frac{dMa}{d\alpha}\right)_{n_z=1} = -\frac{Ma_e C_{L_\alpha}}{2C_{L_e} + Ma_e C_{L_{Ma}}}$$

将上式代入俯仰力矩系数 C_m 的微分公式,得到定载静稳定性导数

$$\left(\frac{dC_m}{d\alpha}\right)_{n_z=1} = C_{m_\alpha} - \frac{Ma_e C_{L_\alpha}}{2C_{L_e} + Ma_e C_{L_{Ma}}}C_{m_{Ma}}$$

当定载静稳定性导数$\left(\frac{dC_m}{d\alpha}\right)_{n_z=1}<0$ 时,若飞行速度增大,为了保持 $n_z=1$,则迎角 α 必须减小。同时,因为$\left(\frac{dC_m}{d\alpha}\right)_{n_z=1}<0$,所以俯仰力矩系数增量 $\Delta C_m=\left(\frac{dC_m}{d\alpha}\right)_{n_z=1}\cdot\Delta\alpha>0$,从而产生抬头力矩阻止迎角 α,并使阻力增大和飞行速度减小,此过程是收敛的。反之,当定载静稳定性导数$\left(\frac{dC_m}{d\alpha}\right)_{n_z=1}\geqslant 0$ 时,长周期模态有单调发散的正根,因此,飞行速度的增量过程是发散的。

当在低速飞行时,定载静稳定性与定速静稳定性是相同的。

(1) 纵向短周期运动稳定性条件

首先,通过分析纵向短周期运动方程(2-106)的特征多项式来推导出稳定性条件。

纵向短周期运动的特征方程

$$\Delta_{sp} = (V - Z_{\dot\alpha})s^2 - [Z_\alpha + (V - Z_{\dot\alpha})M_q + (V + Z_q)M_{\dot\alpha}]s + M_q Z_\alpha - (V + Z_q)M_\alpha = 0$$

是典型的一元二次代数方程,故有

$$s_{1,2} = \frac{Z_\alpha + VM_q + VM_{\dot\alpha} \pm \sqrt{\Delta}}{2V}$$

式中，$\Delta = (Z_\alpha + VM_q + VM_{\dot{\alpha}})^2 - 4V(M_q Z_\alpha - VM_\alpha)$。

对于 $s_1 = \dfrac{Z_\alpha + VM_q + VM_{\dot{\alpha}} - \sqrt{\Delta}}{2V}$，因为导数 Z_α，M_q 和 $M_{\dot{\alpha}}$ 均为负值，而空速 V 为正值，故此根的实部小于零，位于左半 S 平面内，所以是稳定的。

对于第二个根 $s_2 = \dfrac{Z_\alpha + VM_q + VM_{\dot{\alpha}} + \sqrt{\Delta}}{2V}$，如果位于左半 S 平面内，则要满足不等式 $|Z_\alpha + VM_q + VM_{\dot{\alpha}}| > \sqrt{\Delta}$，那么，根 s_2 位于左半 S 平面的条件应满足 $M_q Z_\alpha > VM_\alpha$。

由上述分析可见，根 s_1 位于左半 S 平面的条件在通常情况下是满足的，因此只要根 s_2 位于左半 S 平面的条件得到满足，那么纵向短周期运动模态就是稳定的。所以，纵向短周期运动模态的稳定性条件为

$$M_q Z_\alpha > VM_\alpha \tag{2-126}$$

分析式(2-126)可见，由于在通常情况下导数 M_q 和 Z_α 均为负值，而空速 V 为正值，因此只要 $M_\alpha < 0$，纵向短周期运动模态就是稳定的。又因为 $M_\alpha = \dfrac{QS_{\mathrm{w}} c_{\mathrm{A}}}{I_y^*} C_{m_\alpha}$，故 M_α 的符号取决于 C_{m_α}，所以 C_{m_α} 决定着短周期运动模态的稳定与否，这也是将其称为纵向静稳定性导数的原因。

应该指出，有时尽管 $C_{m_\alpha} > 0$（很小的值），但只要满足短周期模态稳定性条件 $M_q Z_\alpha > VM_\alpha$，那么短周期运动模态还是稳定的。

(2) 纵向运动稳定性准则

先引入一个与推导纵向运动稳定性条件有关的结论。令 $x_1, x_2, \cdots, x_n$ 为一元 n 次代数方程 $f(x) = x^n + a_1 x^{n-1} + \cdots + a_n = 0$ 的 n 个根，则根与方程系数有关系

$$x_1 x_2 \cdots x_n = (-1)^n a_n$$

因为纵向线性运动的特征方程(2-103)为一元四次代数方程的典型形式

$$\Delta_L = s^4 + a_1 s^3 + a_2 s^2 + a_3 s + a_4 = 0$$

所以，特征根满足等式 $s_1 s_2 s_3 s_4 = a_4$。换句话说，如果 $a_4 < 0$，则一元四次特征方程必有正实根，系统将不稳定；反之，如果 $a_4 > 0$，则系统有可能稳定。因此对于线性时不变系统(LTI)关系式(2-90)而言，如果特征方程系数 $a_4 = 0$，则必然存在一个零实根也成为线性时不变系统稳定的边界条件。

因为 $\Delta_L = |s\boldsymbol{E} - \boldsymbol{A}| = s^4 + a_1 s^3 + a_2 s^2 + a_3 s + a_4$，则令 $s = 0$，即 $a_4 = -|\boldsymbol{A}|$。

如果选择基准运动为水平飞行，即平衡点的航迹倾斜角 $\mu_{\mathrm{e}} = 0$，则根据行列式的拉普拉斯展开定理，将式(2-87)的行列式按第三行展开后便可得到方程

$$a_4 = -|\boldsymbol{A}| = -\begin{vmatrix} X_V + X_{T_V}\cos\alpha_{\mathrm{e}} & X_\alpha & -g \\ Z_V - X_{T_V}\sin\alpha_{\mathrm{e}} & Z_\alpha & 0 \\ M_V + M_{T_V} & M_\alpha & 0 \end{vmatrix} =$$

$$g\begin{vmatrix} Z_V - X_{T_V}\sin\alpha_e & Z_\alpha \\ M_V + M_{T_V} & M_\alpha \end{vmatrix} =$$

$$g[M_\alpha(Z_V - X_{T_V}\sin\alpha_e) - Z_\alpha(M_V + M_{T_V})] = 0$$

那么,纵向运动稳定性边界条件为

$$M_\alpha(Z_V - X_{T_V}\sin\alpha_e) = Z_\alpha(M_V + M_{T_V}) \tag{2-127}$$

将式(2-127)写成量纲一导数的形式

$$C_{m_\alpha}(2C_L + C_{L_V} + C_{T_V}\sin\alpha_e) = (C_D + C_{L_\alpha})(2C_m + C_{m_V} + C_{T_V} l_E / c_A) \tag{2-128}$$

式中,l_E 为发动机推力产生俯仰力矩的力臂,推力导数 $C_{T_V} = \dfrac{V}{QS_w}\dfrac{\partial T}{\partial V}$。

虽然在通常情况下,方程(2-128)是非常复杂的。但是,在一些特殊、重要的情况下推导出的结论是极为实用的。

假定发动机的推力不直接依赖于空速(例如,喷气发动机),即 $C_{T_V} = 0$,并且,如果发动机的推力向量通过飞行器的质心 ($l_E = 0$),则气动俯仰力矩参数平衡点的值为零 ($C_m = 0$),在上述条件下,方程(2-128)可以简化为

$$C_{m_\alpha}(2C_L + C_{L_V}) = (C_D + C_{L_\alpha})C_{m_V} \tag{2-129}$$

在通常情况下,条件 $C_D \ll C_{L_\alpha}$ 和 $C_{L_V} \ll C_L$ 是满足的,尽管如此,方程(2-129)中仍然包含升力参数平衡点的值。因此,即使公式中的稳定导数不依赖于飞行条件,方程(2-129)还是依赖于基准运动条件的。

当 $C_{m_V} = 0$ 时,由方程(2-129)可以确定纵向静稳定的边界条件为 $C_{m_\alpha} = 0$。然而,当 $C_{m_V} \neq 0$ 时,方程(2-129)并不能给出真正的纵向静稳定的边界。因为导数 C_{m_V} 与“自动俯冲趋势效应(tuck-under effect)”有关,并且在跨声速范围内可能会变得很大。

表 2-6 的实例验证表明,采用方程(2-129)计算出的临界质心位置,与采用反复试验数据计算测定出的临界质心位置是一致的。当飞机质心在 $0.501c_A \sim 0.502c_A$ 之间时,方程(2-129)是准确成立的。因此,方程(2-129)是一个准确的纵向运动稳定性边界准则。

2.2.3 油门的纵向动力学响应

1. 油门的纵向动力学响应的固有频率和阻尼比

为了简化分析,假设发动机的推力不直接依赖于空速,且发动机的推力向量通过飞行器的质心,则有 $C_{T_V} = 0$ 和 $M_{\delta_T} = 0$;并假设没有升降舵偏转输入,即 $\Delta\delta_e = 0$,以及忽略掉俯仰角加速度 $\dot{q}$ 和由俯仰角速度 q 和迎角速度 $\dot{\alpha}$ 产生的阻尼力矩,即 $\dot{q} = M_q = M_{\dot{\alpha}} = 0$;此外,考虑到 $\mu_e = \alpha_e = 0$ 及 $Z_{\dot{\alpha}}$ 和 $Z_q \ll V$。根据这些假设,将纵向运动方程(2-97)简化为

$$\begin{cases} (s - X_V)\Delta V(s) - X_\alpha\Delta\alpha(s) + g\Delta\theta(s) = X_{\delta_T}\Delta\delta_T(s) \\ -Z_V\Delta V(s) + (Vs - Z_\alpha)\Delta\alpha(s) - Vs\Delta\theta(s) = 0 \\ -M_V\Delta V(s) - M_\alpha\Delta\alpha(s) = 0 \end{cases} \tag{2-130}$$

根据克莱姆法则，并利用矩阵 $(s\boldsymbol{E}-\boldsymbol{A})$ 和 $\boldsymbol{B}$，分别写出以 $\Delta\delta_T$ 为控制输入的各个传递函数为

$$\frac{\Delta V(s)}{\Delta\delta_T(s)}=\frac{-VM_\alpha X_{\delta_T}s}{-VM_\alpha s^2+V(gM_V+X_VM_\alpha-X_\alpha M_V)s+g(M_\alpha Z_V-M_VZ_\alpha)}=$$

$$\frac{X_{\delta_T}s}{s^2+\dfrac{1}{M_\alpha}(X_\alpha M_V-gM_V-X_VM_\alpha)s+\dfrac{g}{VM_\alpha}(M_VZ_\alpha-M_\alpha Z_V)}\tag{2-131}$$

$$\frac{\Delta\alpha(s)}{\Delta\delta_T(s)}=\frac{VM_VX_{\delta_T}s}{-VM_\alpha s^2+V(gM_V+X_VM_\alpha-X_\alpha M_V)s+g(M_\alpha Z_V-M_VZ_\alpha)}=$$

$$\frac{-\dfrac{M_VX_{\delta_T}}{M_\alpha}s}{s^2+\dfrac{1}{M_\alpha}(X_\alpha M_V-gM_V-X_VM_\alpha)s+\dfrac{g}{VM_\alpha}(M_VZ_\alpha-M_\alpha Z_V)}\tag{2-132}$$

$$\frac{\Delta\theta(s)}{\Delta\delta_T(s)}=\frac{VM_VX_{\delta_T}s+(M_\alpha Z_V-M_VZ_\alpha)X_{\delta_T}}{-VM_\alpha s^2+V(gM_V+X_VM_\alpha-X_\alpha M_V)s+g(M_\alpha Z_V-M_VZ_\alpha)}=$$

$$\frac{-\dfrac{M_VX_{\delta_T}}{M_\alpha}\left(s+\dfrac{M_\alpha Z_V-M_VZ_\alpha}{VM_V}\right)}{s^2+\dfrac{1}{M_\alpha}(X_\alpha M_V-gM_V-X_VM_\alpha)s+\dfrac{g}{VM_\alpha}(M_VZ_\alpha-M_\alpha Z_V)}\tag{2-133}$$

油门的纵向动力学响应的固有频率和阻尼比分别为

$$\omega_{n_T}^2=\frac{g}{VM_\alpha}(M_VZ_\alpha-M_\alpha Z_V),\quad 2\xi_T\omega_{n_T}=\frac{1}{M_\alpha}(X_\alpha M_V-gM_V-X_VM_\alpha)\tag{2-134}$$

应用上述假设条件，对长周期运动模态的固有频率和阻尼比公式(2-120)和公式(2-121)简化后，有

$$\omega_{\mathrm{np}}^2=\frac{g}{VM_\alpha}(M_VZ_\alpha-M_\alpha Z_V),\quad 2\xi_{\mathrm{np}}\omega_{\mathrm{np}}=\frac{1}{M_\alpha}(X_\alpha M_V-X_VM_\alpha)\tag{2-135}$$

对比关系式(2-134)和式(2-135)可见，油门的纵向动力学响应与长周期运动模态非常类似，换句话说，当改变发动机推力时，对长周期运动模态的影响将占绝对优势。

2. 油门的阶跃输入的稳态响应分析

令油门的阶跃输入为 $\Delta\delta_{T0}1(t)$，其拉普拉斯变换为 $L[\Delta\delta_{T0}1(t)]=\dfrac{\Delta\delta_{T0}}{s}$，将后者代入传递函数式(2-131)～式(2-133)后，利用拉普拉斯变换终态值定理(2-96)，可以得到油门阶跃输入的稳态响应为

$$\Delta V(\infty)=\lim_{s\to 0}s\cdot\frac{-VM_\alpha X_{\delta_T}s}{-VM_\alpha s^2+V(gM_V+X_VM_\alpha-X_\alpha M_V)s+g(M_\alpha Z_V-M_VZ_\alpha)}\cdot\frac{\Delta\delta_{T0}}{s}=0\tag{2-136}$$

$$\Delta\alpha(\infty)=\lim_{s\to 0}s\cdot\frac{VM_VX_{\delta_T}s}{-VM_\alpha s^2+V(gM_V+X_VM_\alpha-X_\alpha M_V)s+g(M_\alpha Z_V-M_VZ_\alpha)}\cdot\frac{\Delta\delta_{T0}}{s}=0 \tag{2-137}$$

$$\Delta\theta(\infty)=\lim_{s\to 0}s\cdot\frac{VM_VX_{\delta_T}s+(M_\alpha Z_V-M_VZ_\alpha)X_{\delta_T}}{-VM_\alpha s^2+V(gM_V+X_VM_\alpha-X_\alpha M_V)s+g(M_\alpha Z_V-M_VZ_\alpha)}\cdot\frac{\Delta\delta_{T0}}{s}=\frac{X_{\delta_T}}{g}\Delta\delta_{T0} \tag{2-138}$$

在式(2-138)中,因为 $X_{\delta_T}=\frac{1}{m}\frac{\partial T}{\partial\delta_T}$,所以 $\Delta\theta(\infty)>0$,即飞行器抬头;又因为 $\Delta\mu=\Delta\theta-\Delta\alpha$,所以 $\Delta\mu(\infty)=\Delta\theta(\infty)$,即飞行器向上爬升。

式(2-136)~式(2-138)的三个稳态值也可以通过令 $s=0$,从静平衡的代数方程组(2-130)求得。

通过分析这三个稳态值可以看出,当发动机的推力为阶跃增加时,将引起空速增加,也就是使得动压 $Q=\frac{1}{2}\rho V^2$ 增大,从而产生升力增量,导致飞行航迹向上弯曲,同时重力沿空速反方向的分力也增大,直至该重力的分力与增加的发动机的推力完全平衡时,航迹倾斜角的增量达到稳态值,即 $\Delta\mu(\infty)=\Delta\theta(\infty)$,空速的增量消失($\Delta V(\infty)=0$),由此产生的升力增量也消失,因此迎角的增量也变为零($\Delta\alpha(\infty)=0$)。

综上所述,当油门为阶跃输入时,飞行器纵向运动的稳态响应具有下列特点:

① 当油门施加阶跃输入时,空速和迎角增量的终态值(稳态值)为零,即又恢复到油门操纵前的状态。也就是说,单纯改变油门只能在过渡过程中改变速度,而最终的稳态速度和迎角均不改变。

② 当油门施加阶跃输入时,俯仰角增量的稳态值为正($\Delta\theta(\infty)>0$),即飞行器抬头并且向上爬升。如果加大推力是为了爬升而不是为了加快飞行速度,那么在加大油门时应该相应地使升降舵上偏,以增大迎角来加快飞行轨迹向上弯曲,待达到一定的上升航迹倾斜角后,再使升降舵回到原位。若升降舵不动,虽然飞行器最终还是要达到爬升状态,但是过渡时间会太长。若要平飞加速,则应在加大油门后,随着飞行速度的增加逐渐使升降舵下偏,以减小迎角,从而满足升力与重力的平衡($L=G$)。

3. 反操纵问题

上述在油门阶跃输入时飞行器纵向运动的稳态响应的特点,是在长周期运动模态稳定情况下才能实现的。如果当长周期运动模态不稳定时,虽然从数学上能够解出稳态值,但实际上是不能实现的,因为这是不稳定的平衡。

在通常情况下,定载不稳定是导致长周期运动模态不稳定的主要原因。此时,长周期运动模态变成非周期的单调发散模态，在这种情况下操纵飞行器也变得困难了。例如要使飞行器平飞加速，对于定载稳定的飞行器来说，只要逐渐推驾驶杆即可，这样的操纵符合驾驶员的感觉，称为正常操纵。如果飞行器定载不稳定，那么加大油门后飞行器有自动低头的趋势，飞行速度会自动增加，此时如果按正常操纵推驾驶杆，飞行器将进入俯冲。为了使飞行器不至于进入俯冲，必须拉驾驶杆以维持升力与重力的平衡 ($L=G$)。但不可拉杆太多，否则飞行器减速过快，会自动进入大过载状态，即 n_z 增大得过快，可能会导致机体结构上的破坏。这种操纵技巧较难掌握，此情况称为反操纵。在飞行品质规范中，对长周期运动模态不稳定的非周期发散指数有明确规定，也就是允许长周期运动模态不稳定，但要求非周期发散不能太快。

因为许多飞行器在进入跨声速段后都有程度不同的定载不稳定情况，因此有必要在飞行控制系统中采用马赫数 Ma 配平系统来解决这个问题。

2.3　飞行器的横侧向运动

2.3.1　横侧向运动的传递函数

将横侧向线性状态方程的雅可比矩阵 $\boldsymbol{E}$，$\boldsymbol{A}$，$\boldsymbol{B}$ 的表达式(2-89)写成式(2-60)的标准形式后，就不难写出特征行列式

$$\Delta_{LD}=|s\boldsymbol{I}-\boldsymbol{A}|=\begin{vmatrix} s-\dfrac{Y_\beta}{V} & \dfrac{-g\cos\theta_e}{V} & \dfrac{-Y_p}{V} & \dfrac{-(Y_r-V)}{V} \\ 0 & s & \dfrac{-\cos\mu_e}{\cos\theta_e} & \dfrac{-\sin\mu_e}{\cos\theta_e} \\ -L_\beta^* & 0 & s-L_p^* & -L_r^* \\ -N_\beta^* & 0 & -N_p^* & s-N_r^* \end{vmatrix} \tag{2-139}$$

和矩阵

$$\boldsymbol{B}=\begin{bmatrix} \dfrac{Y_{\delta_a}}{V} & \dfrac{Y_{\delta_r}}{V} \\ 0 & 0 \\ L_{\delta_a}^* & L_{\delta_r}^* \\ N_{\delta_a}^* & N_{\delta_r}^* \end{bmatrix} \tag{2-140}$$

根据克莱姆法则，并利用特征行列式 $|s\boldsymbol{I}-\boldsymbol{A}|$ 和矩阵 $\boldsymbol{B}$ 可以很方便地写出所需要的输入/输出变量的传递函数。在通常情况下，选择水平飞行作为基准运动更有利于系统分析，因为航迹倾斜角 $\mu_e=0$。如果再考虑到由副翼偏转所产生的侧力和偏航力矩的效应相对较小，则 Y_{δ_a}/V 和 $N_{\delta_a}^*$ 可以忽略，又有 $Y_r\ll V$，所以特征行列式 $\Delta_{LD}=|s\boldsymbol{I}-\boldsymbol{A}|$ 和矩阵 $\boldsymbol{B}$ 可分别简化为

$$\Delta_{LD}=|s\boldsymbol{I}-\boldsymbol{A}|=\begin{vmatrix} s-\dfrac{Y_\beta}{V} & \dfrac{-g\cos\theta_e}{V} & \dfrac{-Y_p}{V} & 1 \\ 0 & s & \dfrac{-1}{\cos\theta_e} & 0 \\ -L_\beta^* & 0 & s-L_p^* & -L_r^* \\ -N_\beta^* & 0 & -N_p^* & s-N_r^* \end{vmatrix},\quad \boldsymbol{B}=\begin{bmatrix} 0 & \dfrac{Y_{\delta_r}}{V} \\ 0 & 0 \\ L_{\delta_a}^* & L_{\delta_r}^* \\ 0 & N_{\delta_r}^* \end{bmatrix} \tag{2-141}$$

以副翼偏转角增量 $\Delta\delta_a$ 为控制输入,以侧滑角增量 $\Delta\beta$、滚转角增量 $\Delta\phi$、滚转角速度增量 Δp 和偏航角速度增量 Δr 为输出的传递函数分别为

$$\frac{\Delta\beta(s)}{\Delta\delta_a(s)}=\frac{L_{\delta_a}^*}{V}[Y_p s^2+(g-VN_p^*-Y_pN_r^*)s-gN_r^*]\Big/\Big[s^4-\Big(L_p^*+N_r^*+\frac{Y_\beta}{V}\Big)s^3+\Big(L_p^*N_r^*+\frac{Y_\beta L_p^*+Y_\beta N_r^*-Y_\beta L_\beta^*}{V}\Big)s^2+\frac{N_r^*(Y_pL_\beta^*-Y_\beta L_p^*)}{V}s+\frac{gL_r^*N_\beta^*}{V}\Big] \tag{2-142}$$

$$\frac{\Delta\phi(s)}{\Delta\delta_a(s)}=-\frac{L_{\delta_a}^*}{\cos\theta_e}\Big[s^2-\Big(N_r^*+\frac{Y_\beta}{V}\Big)s+\Big(N_\beta^*+\frac{Y_\beta N_r^*}{V}\Big)\Big]\Big/\Big[s^4-\Big(L_p^*+N_r^*+\frac{Y_\beta}{V}\Big)s^3+\Big(L_p^*N_r^*+\frac{Y_\beta L_p^*+Y_\beta N_r^*-Y_\beta L_\beta^*}{V}\Big)s^2+\frac{N_r^*(Y_pL_\beta^*-Y_\beta L_p^*)}{V}s+\frac{gL_r^*N_\beta^*}{V}\Big] \tag{2-143}$$

$$\frac{\Delta p(s)}{\Delta\delta_a(s)}=sL_{\delta_a}^*\Big[s^2-\Big(N_r^*+\frac{Y_\beta}{V}\Big)s+\Big(N_\beta^*+\frac{Y_\beta N_r^*}{V}\Big)\Big]\Big/\Big[s^4-\Big(L_p^*+N_r^*+\frac{Y_\beta}{V}\Big)s^3+\Big(L_p^*N_r^*+\frac{Y_\beta L_p^*+Y_\beta N_r^*-Y_\beta L_\beta^*}{V}\Big)s^2+\frac{N_r^*(Y_pL_\beta^*-Y_\beta L_p^*)}{V}s+\frac{gL_r^*N_\beta^*}{V}\Big] \tag{2-144}$$

$$\frac{\Delta r(s)}{\Delta\delta_a(s)}=-\frac{L_{\delta_a}^*}{V}[VN_p^*s^2+(Y_pN_\beta^*-Y_\beta N_p^*)s+gN_\beta^*]\Big/\Big[s^4-\Big(L_p^*+N_r^*+\frac{Y_\beta}{V}\Big)s^3+\Big(L_p^*N_r^*+\frac{Y_\beta L_p^*+Y_\beta N_r^*-Y_\beta L_\beta^*}{V}\Big)s^2+\frac{N_r^*(Y_pL_\beta^*-Y_\beta L_p^*)}{V}s+\frac{gL_r^*N_\beta^*}{V}\Big] \tag{2-145}$$

采用上述方法,同样可以得到以方向舵偏转角增量 $\Delta\delta_r$ 为控制输入,以侧滑角增量 $\Delta\beta$、滚转角增量 $\Delta\phi$、滚转角速度增量 Δp 和偏航角速度增量 Δr 为输出的传递函数。

已经注意到,滚转角增量 $\Delta\phi$ 和滚转角速度增量 Δp 的传递函数式(2-143)和式(2-144)的分子中都含有一个相同的二阶振荡环节,为了方便,统一写成 $(s^2+2\xi_\phi\omega_\phi s+\omega_\phi^2)$ 形式,则传递函数(2-144)的分子可以写成形式

$$ks(s^2+2\xi_\phi\omega_\phi s+\omega_\phi^2)=sL_{\delta_a}^*\Big[s^2-s\Big(N_r^*+\frac{Y_\beta}{V}\Big)+\Big(N_\beta^*+\frac{Y_\beta N_r^*}{V}\Big)\Big] \tag{2-146}$$

当飞行器的滚转-偏航耦合可以忽略时，方程式(2-146)右端的二次因式在横侧向特征方程中也会出现，可以对滚转角增量 $\Delta\phi$ 和滚转角速度增量 Δp 的传递函数做进一步简化，这将在 2.3.2 小节中看到。

由传递函数式(2-142)～式(2-145)可以看出，横侧向特征方程不能被分解成清晰定义每一模态的因式形式，而可以导出合理描述单独模态的近似表达式。但是，必须对近似表达式在每种情况下的应用进行验证。这些近似表达式对于深入研究系统的动态特性是很实用的。下面从荷兰滚的近似表达式开始讨论。

2.3.2　荷兰滚模态的近似

如果重力项可以忽略，那么特征行列式(2-139)有一个关于第二列的简化处理。由于这一列在微分方程中是与滚转角 $\Delta\phi$ 相关的参数，因此必须考虑它对荷兰滚模态(Dutch roll mode)的影响。荷兰滚运动是一种既摆振又滚转的组合振荡运动，如图 2-9 所示。横滚静稳定性导数(上下反角导数) C_{l_β} 决定了在荷兰滚模态里滚动的影响程度，当导数 C_{l_β} 较小时，荷兰滚模态主要包含侧滑和偏航运动。对于现代后掠翼飞机，横滚静稳定性导数 C_{l_β} 相当大。正如前面指出的那样，下面将用这个荷兰滚近似表达式来对荷兰滚模态进行深入的讨论。

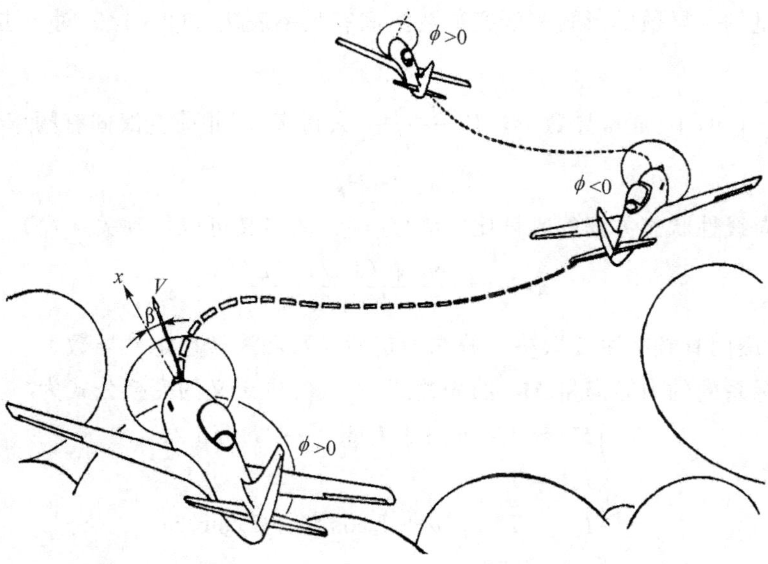

图 2-9　荷兰滚运动示意图

将特征行列式(2-139)的重力项省略后，按第二列展开的三阶行列式的简化式还可以进一步简化。因为 Y_p 通常为零，且 $Y_r \ll V$，所以 Y_p/V 和 Y_r/V 可以忽略；此外，由滚转角速度引起的交叉导数项 N_p^* 通常也可以被忽略。利用这些假设条件可以推导出通用的三自由度荷兰滚近似表达式。

现在很容易得到特征多项式

$$|s\boldsymbol{I}-\boldsymbol{A}|=s(s-L_p^*)\left[s^2-s\left(N_r^*+\frac{Y_\beta}{V}\right)+\left(N_\beta^*+\frac{Y_\beta N_r^*}{V}\right)\right] \tag{2-147}$$

可见,多项式(2-147)有一个接近于螺旋极点的零实根和接近于滚转衰减极点的根 L_p^*,二次因式的根对应于荷兰滚的极点。

正如前面指出的那样,特征多项式(2-147)中的荷兰滚二次因式与传递函数式(2-143)和式(2-144)分子中的二阶振荡环节 $(s^2+2\xi_\phi\omega_\phi s+\omega_\phi^2)$ 可以准确地被对消。那么,以副翼偏转角增量 $\Delta\delta_a$ 为控制输入,以滚转角速度增量 Δp 为输出的传递函数式(2-144)可以写成

$$\frac{\Delta p(s)}{\Delta\delta_a(s)}=\frac{L_{\delta_a}^*}{s-L_p^*} \tag{2-148}$$

由式(2-147)可以得到荷兰滚模态的固有频率和阻尼比分别为

$$\omega_{nd}^2=N_\beta^*+\frac{Y_\beta N_r^*}{V} \tag{2-149}$$

$$\xi_{nd}=-\frac{N_r^*+\dfrac{Y_\beta}{V}}{2\omega_{nd}} \tag{2-150}$$

下面采用量纲一导数的形式来研究荷兰滚固有频率表达式(2-149)对于飞行条件的依赖关系。

在公式(2-149)中,通常导数 N_β^* 比 $\dfrac{Y_\beta N_r^*}{V}$ 大得多,因此荷兰滚固有频率可写成

$$\omega_{nd}^2\approx N_\beta^* \tag{2-151}$$

根据横侧向线性状态方程的雅可比矩阵(2-89)的定义可以得到关系式

$$N_\beta^*=\frac{N_\beta+(I_{xz}^*/I_x^*)L_\beta^*}{1-I_{xz}^{*2}/(I_x^*I_z^*)} \tag{2-152}$$

由此可知,荷兰滚固有频率主要取决于偏航稳定性导数和滚转稳定性导数。

在气流坐标系内的力矩向量 $\boldsymbol{M}_W$ 的表达式(2-70)中定义的变换公式为

$$\begin{cases}I_x^*=I_x\cos^2\alpha+I_z\sin^2\alpha-I_{xz}\sin 2\alpha\\ I_y^*=I_y\\ I_z^*=I_x\sin^2\alpha+I_z\cos^2\alpha+I_{xz}\sin 2\alpha\\ I_{xz}^*=\dfrac{1}{2}(I_x-I_z)\sin 2\alpha+I_{xz}\cos 2\alpha\end{cases} \tag{2-153}$$

由式(2-153)可见,稳定轴的惯性积 I_{xz}^* 随平衡点的迎角变化很快,其典型的变化区间是从低迎角的小正值到高迎角的很大的负值。尽管如此,在通常情况下,I_{xz}^* 与 I_x^* 和 I_z^* 相比还是较小的,当迎角较小时,I_{xz}^*,I_x^* 和 I_z^* 与 I_{xz},I_x 和 I_z 的值也是相当接近的。因此,由式(2-152)可见,N_β^* 主要取决于 N_β 的值。值得指出的是,在某些条件下,N_β 也会减小甚至可能改变符

号，从而 L_β^* 对 N_β^* 的影响会变大。

如果简单地用导数 N_β 代入公式(2－149)中，并表示为量纲一导数的形式，则可得到荷兰滚模态的固有频率为

$$\omega_{\mathrm{nd}}^2 \approx \frac{QS_{\mathrm{w}}b}{I_z^*}C_{n_\beta} \tag{2-154}$$

式(2－154)表明，假定 C_{n_β} 为常值，则荷兰滚模态的固有频率与动压的均方根成正比。因此，当高度一定时，荷兰滚模态的固有频率与空速成比例地增加；当空速一定时，ω_{nd} 随高度的增加而减小。

在荷兰滚阻尼比公式(2－150)中，分子中的两项具有同等重要性，哪一个也不能忽略。应用固有频率表达式(2－149)并将式(2－150)进行相应简化后，可以得到荷兰滚模态的阻尼比公式

$$\xi_{\mathrm{nd}} = -\frac{1}{8}\left(\frac{2\rho S_{\mathrm{w}}b^3}{I_z^*}\right)^{1/2}\frac{C_{n_r}+2I_z^*C_{Y_\beta}/(mb^2)}{[C_{n_\beta}+b\rho S_{\mathrm{w}}C_{n_r}C_{Y_\beta}/(4m)]^{1/2}} \tag{2-155}$$

表达式(2－155)表明，荷兰滚阻尼比并不依赖于动压，而是随着高度的增加而减小。但是，当表达式(2－155)的分母是由其第二项主导时，大气密度将从表达式(2－155)中消除掉，则荷兰滚阻尼比将不再依赖于高度。

在通常情况下，荷兰滚的固有频率公式是相当精确的，而阻尼比公式的近似精度要差一些。

2.3.3　螺旋和滚转衰减模态的近似

在荷兰滚和螺旋模态(spiral mode)中通常包含着很小的侧滑。荷兰滚模态几乎是围绕着稳定性坐标系 x_{s} 轴的纯滚转运动，而螺旋模态则是由带有滚转运动的偏航运动组成的。螺旋模态通常是不稳定的，包含着不断增加的偏航角和滚转角以及向下增大坡度的螺旋运动，如图 2－10 所示。

基于上述分析，可以对横侧向运动方程进行合理的简化处理。主要是通过简化力方程(关于 $\dot\beta$ 的方程)，并保持力矩方程不变化，便可以得到关于螺旋和滚转衰减模态(roll subsidence mode)的近似表达式。

首先，将由侧滑引起的侧力和 $\dot\beta$ 从力方程中忽略掉，重力的分量与由偏航角速度引起的侧力相平衡，这样，在特征行列式(2－139)中，$(s-Y_\beta/V)$ 项被消除；其次，基于已经叙述过的理由，Y_p/V 和 Y_r/V 项再一次被忽略；最后，对于螺旋模态与重力分量和航迹倾斜角的密切关系，稍后将通过实例对航迹倾斜角的影响加以说明。为了简化分析过程，假设基准运动为水平飞行，则简化后的行列式为

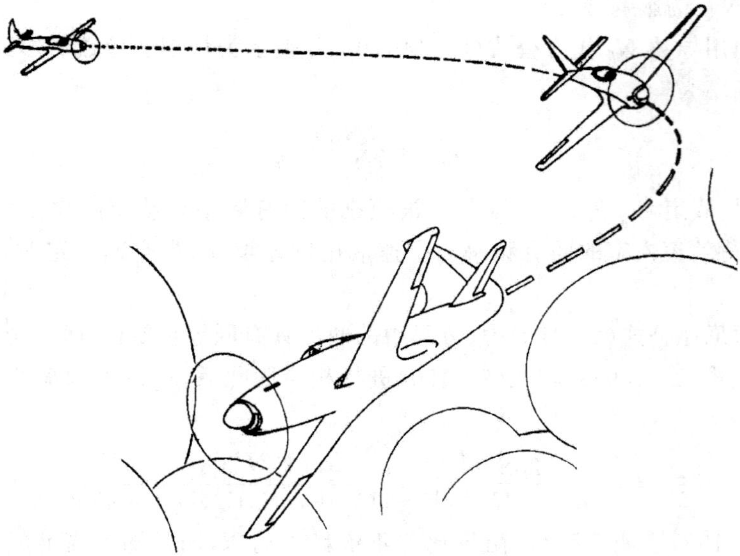

图 2-10 螺旋运动示意图

$$\Delta_{LD}=\begin{vmatrix} 0 & \frac{-g}{V} & 0 & 1 \\ 0 & s & -1 & 0 \\ -L_\beta^* & 0 & s-L_p^* & -L_r^* \\ -N_\beta^* & 0 & -N_p^* & s-N_r^* \end{vmatrix}$$

根据行列式的拉普拉斯展开定理,将上述行列式按第二列展开后,便得到二阶特征方程式

$$N_\beta^* s^2+\left(L_\beta^* N_p^*-L_p^* N_\beta^*-\frac{gL_\beta^*}{V}\right)s+\frac{g(L_\beta^* N_r^*-N_\beta^* L_r^*)}{V}=0 \tag{2-156}$$

在通常情况下,特征方程式(2-156)有两个实根,分别对应滚转衰减极点和螺旋极点。通常,螺旋模态的时间常数比滚转衰减模态的时间常数大得多。

根据一元二次方程的根与方程系数的关系,将特征方程式(2-156)的两边除以 N_β^*,则一次项的系数就是所有根之和的负值,常数项则是所有根之积,由此可得到滚转衰减根和螺旋根,其中滚转衰减根对应着负根。由此,可以得到滚转衰减模态的时间常数和螺旋模态的时间常数的近似表达式分别为

滚转衰减模态的时间常数(roll time constant)

$$\frac{1}{\tau_R}\approx -L_p^*\left(1-\frac{L_\beta^* N_p^*}{N_\beta^* L_p^*}\right)-\frac{gL_\beta^*}{VN_r^*} \tag{2-157}$$

螺旋模态的时间常数(spiral time constant)

$$\tau_s = \frac{L_\beta^*(N_p^* - g/V) - L_p^* N_\beta^*}{g(L_\beta^* N_r^* - N_\beta^* L_r^*)/V} \tag{2-158}$$

在这里应该指出，如果时间常数为负值，则所对应的根将意味着一个不稳定的指数模态。如果再一次在滚转衰减模态的时间常数方程中进行一些简化处理并代以量纲一导数，则有

$$\frac{1}{\tau_R} = -\frac{QS_w b^2}{2VI_x^*} C_{l_p}\left(1 - \frac{C_{l_\beta} C_{n_p}}{C_{n_\beta} C_{l_p}}\right) - \frac{gI_z^* C_{l_\beta}}{VI_x^* C_{n_\beta}} \tag{2-159}$$

方程(2-159)表明，在前面叙述的近似假设的范围内，如果假定稳定导数为常值，则滚转衰减模态的时间常数与大气密度和空速之积成反比。在式(2-159)中，最后一项通常是一个较小的正的修正值。

经过同样的过程，可以从螺旋模态的时间常数方程(2-158)得到螺旋模态的时间常数公式为

$$\tau_s = \frac{V}{g} \cdot \frac{C_{l_\beta} C_{n_p} - C_{n_\beta} C_{l_p} - 2gI_z^* C_{l_\beta}/(QS_w b^2)}{C_{l_\beta} C_{n_r} - C_{n_\beta} C_{l_r}} \tag{2-160}$$

式(2-160)分子的中间项通常起主导作用，在前面叙述的近似假设的范围内，螺旋模态的时间常数与空速成正比。应该指出，在低动压情况下，分子中最后一项变得愈加重要，甚至将改变式(2-160)的函数关系。

2.3.4　螺旋模态的稳定

在原点处存在实极点的条件，可以从 $|\boldsymbol{A}|=0$ 求出。在横侧向动力学分析中，这通常对应着螺旋极点的中性稳定条件。应用特征行列式(2-139)可以得到

$$|\boldsymbol{A}| = \begin{vmatrix} \frac{Y_\beta}{V} & \frac{g\cos\theta_e}{V} & \frac{Y_p}{V} & \frac{Y_r - V}{V} \\ 0 & 0 & \frac{\cos\mu_e}{\cos\theta_e} & \frac{\sin\mu_e}{\cos\theta_e} \\ L_\beta^* & 0 & L_p^* & L_r^* \\ N_\beta^* & 0 & N_p^* & N_r^* \end{vmatrix} \tag{2-161}$$

根据行列式的拉普拉斯展开定理，将行列式(2-161)按第二列展开后，可以得到螺旋模态稳定的边界条件为

$$(L_\beta^* N_r^* - N_\beta^* L_r^*)\cos\mu_e + (L_p^* N_\beta^* - L_\beta^* N_p^*)\sin\mu_e = 0 \tag{2-162}$$

方程(2-162)表明，螺旋模态稳定的边界条件与航迹倾斜角 μ_e 密切相关，这与前面提到过的一样。

2.3.5　横侧向模态近似计算的精度分析

除荷兰滚阻尼比以外，前面给出的近似关系式通常是相当精确的。在螺旋模态不稳定的情况下，螺旋模态时间常数的计算精度也是相当精确的。下面将通过某型商务喷气机在巡航

条件下的模型来验证上述结论。

某型商务喷气机在巡航条件下的横侧向运动模型的相关参数是：

① 飞行条件参数包括 $G=5\ 896.8\ \mathrm{kg}$, $h=12\ 192\ \mathrm{m}$, $V=205.74\ \mathrm{m/s}$, $\theta=0.0$, $\alpha=2.7°$, $I_x=37\ 993.2\ \mathrm{kg\cdot m^2}$, $I_z=63\ 774.3\ \mathrm{kg\cdot m^2}$, $I_{xz}=1\ 831.815\ \mathrm{kg\cdot m^2}$；

② 几何数据参数包括 $S_w=21.552\ 8\ \mathrm{m^2}$, $b=10.424\ \mathrm{m}$；

③ 稳定性导数参数包括 $C_{Y_\beta}=-0.730$, $C_{Y_p}=0$, $C_{Y_r}=0.400$, $C_{l_\beta}=-0.110$, $C_{l_p}=-0.453$, $C_{l_r}=0.163$, $C_{n_\beta}=0.127$, $C_{n_p}=0.008$, $C_{n_r}=-0.201$；

④ 稳定性坐标系中的转动惯量参数包括 $I_x^*=37\ 877.86\ \mathrm{kg\cdot m^2}$, $I_z^*=63\ 889.64\ \mathrm{kg\cdot m^2}$, $I_{xz}^*=610.6\ \mathrm{kg\cdot m^2}$；

⑤ 量纲导数参数包括 $Y_\beta=-56.14$, $Y_p=0$, $Y_r=0.779\ 3$, $L_\beta=-4.188$, $L_p=-0.436\ 9$, $L_r=0.157\ 2$, $N_\beta=2.867$, $N_p=0.004\ 575$, $N_r=-0.114\ 9$；

⑥ 变换后的量纲导数参数包括 $L_\beta^*=-4.143$, $L_p^*=-0.436\ 9$, $L_r^*=0.155\ 4$, $N_\beta^*=2.800$, $N_p^*=-0.002\ 469$, $N_r^*=-0.112\ 4$。

经计算后各个模态的结果如下：

① 荷兰滚模态(Dutch roll mode)的结果是

精确值

$$\omega_{\mathrm{nd}}=1.682\ \mathrm{rad/s},\quad \xi_{\mathrm{nd}}=0.037\ 3$$

按式(2-149)和式(2-150)的计算值

$$\omega_{\mathrm{nd}}=1.676\ \mathrm{rad/s},\quad \xi_{\mathrm{nd}}=0.058\ 4$$

② 滚转衰减模态(roll subsidence mode)的结果是

精确值

$$\tau_{\mathrm{R}}=1.976\ \mathrm{s}$$

按式(2-156)的计算值

$$\tau_{\mathrm{R}}=1.960\ \mathrm{s}$$

按式(2-157)的计算值

$$\tau_{\mathrm{R}}=1.957\ \mathrm{s}$$

③ 螺旋模态(spiral mode)的结果是

精确值

$$\tau_{\mathrm{s}}=978.5\ \mathrm{s}$$

按式(2-156)的计算值

$$\tau_{\mathrm{s}}=976.7\ \mathrm{s}$$

按式(2-158)的计算值

$$\tau_{\mathrm{s}}=978.7\ \mathrm{s}$$

2.3.6 飞行条件对横侧向模态的影响

不失一般性，下面通过某型高性能战斗机的非线性模型来分析飞行条件对横侧向模态的影响。首先给出在一定飞行条件（$V=153\ \mathrm{m/s}, h=0.0\ \mathrm{m}, x_{cg}=0.3c_A$）下，横侧向模态的特性参数与不同航迹倾斜角 μ_e 的关系，如表 2-7 所列。

表 2-7　航迹倾斜角 μ_e 对模态特征参数的影响

$\mu_e/(°)$	T_{nd}/s	ξ_{nd}	τ_s/s	τ_R/s	T_{sp}/s	ξ_{sp}	T_{np}/s	ξ_{np}
−5	1.934	0.134 6	55.33	0.277 7	3.281	0.627 7	79.60	0.129 7
0	1.933	0.135 3	77.91	0.277 7	3.277	0.627 9	80.05	0.097 51
5	1.934	0.136 0	133.0	0.277 5	3.273	0.628 1	80.93	0.065 57
10	1.937	0.136 6	461.9	0.277 2	3.269	0.628 2	82.39	0.033 96
15	1.941	0.137 1	−312.3	0.276 6	3.266	0.628 3	84.36	0.002 27
20	1.946	0.137 5	−117.0	0.276 0	3.262	0.628 3	86.82	−0.029 8

由表 2-7 的计算结果可以明显看出，“转动”模态（包括荷兰滚、滚转衰减和短周期模态）几乎不依赖于航迹倾斜角 μ_e。而“弹道”模态（包括螺旋和长周期模态）受航迹倾斜角 μ_e 影响很大。螺旋模态的时间常数一开始随着 μ_e 的增大而增加，当达到稳定边界时变为无穷大，然后，当模态不稳定时，该时间常数随着 μ_e 的增大而下降；长周期模态的固有频率受 μ_e 的影响较微弱，它随着 μ_e 的增大而增加；长周期模态的阻尼比受 μ_e 的影响较大，它随着 μ_e 的增大而减小，并且当 μ_e 增大到一定程度后，长周期模态将变为不稳定。

表 2-8 给出了当质心位置为 $x_{cg}=0.3c_A$ 时，不同飞行条件（空速与高度）对横侧向模态特征参数的影响。

表 2-8　空速与高度对模态特征参数的影响

高度/m	空速/($\mathrm{m\cdot s^{-1}}$)	动压/($\mathrm{N\cdot m^{-2}}$)	T_{nd}/s	ξ_{nd}	τ_s/s	τ_R/s	T_{sp}/s	ξ_{sp}	T_{np}/s	ξ_{np}
15 240	274.32	781.28	2.365	0.064 80	179.2	1.050	4.507	0.261 5	102.1	0.005 453
15 240	182.88	346.693	2.735	0.077 22	138.7	2.230	—	—	—	—
0	274.32	4 702.329	1.143	0.127 2	122.1	0.148 7	2.372	0.817 5	183.4	0.324 2
0	111.86	781.28	2.396	0.147 0	73.52	0.416 0	4.023	0.573 5	56.93	0.062 40

利用表 2-8 中的计算结果，可以分析在不同飞行条件（不同空速和高度组合）下空速和高度对横侧向模态的影响，包括在相同高度条件下比较不同空速的影响（第 1 行与第 2 行，第 3 行与第 4 行）、在相同空速条件下比较不同高度的影响（第 1 行和第 3 行）、在相同高度条件下比

较高低动压的影响(第 1 行与第 2 行,第 3 行与第 4 行),以及在相同动压条件下比较两个相差很大的高度的影响(第 1 行与第 4 行)。

需要说明的是,表 2-8 中的第一种飞行条件(高度为 15 240 m,空速为 274.32 m/s)对应于 $Ma=0.93$(较高速);第二种飞行条件(高度为 15 240 m,空速为 182.88 m/s)下的纵向动力学是不稳定的;第三种飞行条件对应于 $Ma=0.81$;而第四种飞行条件是通过调整空速来使动压与第一种飞行条件相同的。

表 2-8 的结果表明,正如理论分析的那样,在相同动压的条件下,对于两种不同空速和高度的组合(第 1 行与第 4 行),荷兰滚有几乎相同的时间常数;对于荷兰滚的时间常数,在定速情况下,随着高度的上升而增大(第 1 行和第 3 行),而在定高情况下,随着空速的增大而下降(第 1 行与第 2 行,第 3 行与第 4 行)。荷兰滚阻尼比确实不依赖于动压,并且正如理论分析的那样,随着高度的增加而下降。

如果公式(2-160)分子的第三项被忽略,则螺旋模态的时间常数将主要随空速 V 来变化,如果公式(2-160)的分子被第三项所主导,则螺旋模态的时间常数将随 V/Q 来变化。计算结果表明,螺旋模态的时间常数的变化实际上是处于这两种变化趋势之间。滚转衰减模态的时间常数也如理论分析的那样,近似与 V/Q 成正比。

短周期模态的变化也表现出与理论分析相同的变化趋势,短周期模态的时间常数在两个相同动压的条件下大致相同,在高动压情况下其值相当小,在 15 240 m 高度上,大气密度是海平面密度的 1/6,正如理论分析的那样,ξ_{sp} 产生$\sqrt{6}$倍的变化。在海平面上,动压 Q 发生 6 倍的变化,但对 ξ_{sp} 的影响却很小。

对长周期模态而言,两种海平面情况下的计算结果表明,动压 Q 增加 6 倍导致长周期模态的时间常数增大 3.2 倍(而理论分析则约为 $\sqrt{6}$ 倍)。正如理论分析的那样,在常动压情况下,长周期模态的时间常数随着高度的增加而增大(第 1 行与第 4 行)。长周期模态的阻尼比也与理论分析的一样,随着空速的增加而增大,随着高度的增大而减小。

习　题

2-1　试说明飞行器空间运动的自由度。

2-2　试分析说明飞机和导弹的运动特点。

2-3　试推导飞行器的动力学方程和运动学方程。

2-4　试分析说明飞机运动方程解耦分组的方法。

2-5　试推导飞机的线性化运动方程。

2-6　试逐一分析说明量纲导数和量纲一导数的定义。

2-7　试逐一推导出飞机纵向运动的传递函数以及简化的短周期运动模态和长周期运动模态的特征参数。

2-8　已知某型飞机的质心位置在 $x_{cg}=0.3c_A$ 处，它以速度 $V_0=153$ m/s 做直线平飞运动条件下的纵向动力学的雅可比矩阵为

$$A=\begin{bmatrix}-2.0244\times10^{-2} & 7.8761 & -3.2169\times10^{1} & -6.5020\times10^{-1}\\ -2.5373\times10^{-4} & -1.0189 & 0.0 & 9.0484\times10^{-1}\\ 0.0 & 0.0 & 0.0 & 1.0\\ 7.9472\times10^{-11} & -2.4982 & 0.0 & -1.3861\end{bmatrix}$$

这里，系统的状态向量为 $\boldsymbol{x}=[\Delta V\quad \Delta\alpha\quad \Delta\theta\quad \Delta q]^{\mathrm{T}}$。试求解系统的特征值和长、短周期模态的特征参数，并对各个纵向运动模态的特性进行分析说明。

2-9　试推导并说明飞机的纵向短周期运动的稳定性条件。

2-10　试对油门阶跃输入的稳态响应进行分析说明。

2-11　试逐一推导飞机的横侧向运动的传递函数，并对简化的各个模态进行分析说明。

第 3 章　测量与传感器

要想实现飞行自动控制，首要问题是如何精确测量飞行器的各种飞行参数，例如姿态角、角速度、过载、飞行高度和速度等。测量这些参数的仪表和传感器有陀螺仪、加速度计、马赫数传感器和高度传感器等。本章分别讨论飞行控制系统中常用的测量飞行参数的各种传感器的工作原理及应用。

3.1　空气动力学参量的测量

大气参数测量传感器是一种通过测量飞行器与大气之间的作用力及飞行器所在位置的大气参数，并经过飞行器的全、静压系统转换成相应的电信号的装置。本节将介绍气压高度表、空速与马赫数传感器、迎角与侧滑角传感器和大气数据计算机的工作原理及应用。

3.1.1　飞行高度的测量

1. 气压式高度传感器

气压式高度传感器是重要的大气数据仪表之一。气压式高度表通过感受大气压力来测定飞行高度。

飞行高度是飞行器在空中与某一基准面的垂直距离。测量基准面不同，测出的高度也不同。按选定基准面的不同，飞行高度可以分为下列几种(图 3－1)：

① 绝对高度，指飞行器与海平面之间的垂直距离。

② 真实高度，指飞行器与地面目标(山顶、地面等)之间的垂直距离。

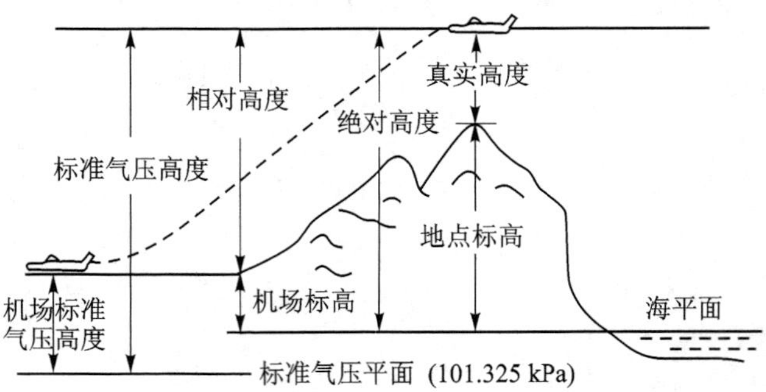

图 3－1　飞行高度的定义

③ 相对高度，指飞行器与机场地面之间的垂直距离。

④ 标准气压高度，指飞行器与气压为 101 325 Pa 的气压面之间的垂直距离。

气压式高度传感器根据大气压力(常称静压)随高度升高而减小的规律测量高度，并输出与之相对应的电压信号。图 3-2 所示为气压式高度传感器(也称为气压式高度表)原理图。

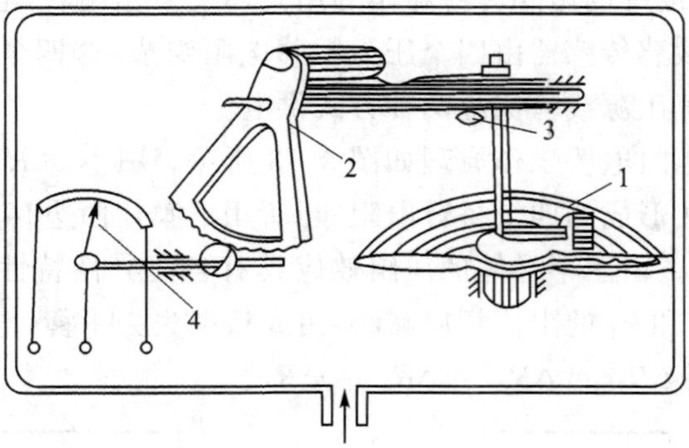

图 3-2　气压式高度传感器原理图

气压式高度表由真空膜盒 1、传动放大器 2、补偿装置 3 和信号转换器 4 组成，它们安装在密封的仪表壳体内。作为敏感元件的真空膜盒由两波纹膜片焊接而成，膜盒内部抽成真空，可以认为压力等于零，膜盒外部的压力等于飞行器周围的大气压力。当作用在真空膜盒上的气压为零时，其处于自然状态。当高度升高，作用在膜盒上的大气压力 p 逐渐减少时，膜盒将逐渐膨胀。膜盒中心的位移与作用在膜盒上的大气压力之间成线性关系。在低空时，改变单位气压，膜盒的位移量较小。这样，膜盒的位移量正好对应于不同高度上的单位气压高度差。随着高度的改变，膜盒变形产生位移，该位移通过相应的传动机构带动信号转换器，从而获得与高度成比例的电信号。

传动机构有连杆式和齿轮式两种。

两个用双金属片做成的温度补偿片，用来补偿膜盒的弹性系数随温度变化所引起的弹性温度误差。

信号转换器为一电位计。当温度变化时，膜盒膨胀(或收缩)、产生位移，经传动机构带动电刷转动，电位计输出与高度相应的电信号。

在图 3-2 所示高度表的基础上增设调零机构，使传感器在对某一基准气压面的高度为零时输出也为零。选择相应的基准气压面，传感器可输出相应于相对高度、标准气压高度或绝对高度的电信号。

2. 压阻式动静压传感器

上述利用膜盒一类弹性元件的变形和位移来测量大气压力，然后再将压力转变为电信号的方法为传统的压力测量方法。这类传感器的体积大、灵敏度低、可靠性差、非线性严重。随着微电子技术的发展,固态半导体压力传感器已得到日益广泛的应用。这种传感器具有体积小、质量轻、灵敏度高、易于集成化和微型化等优点,已成为一种应用日益广泛、发展十分迅速的传感器。近几年来,这种压力传感器正向着多功能和智能化的方向发展。

下面介绍压力敏感传感器的原理。

用于测量压力、加速度等的敏感传感器是利用固体受力作用后,电阻率发生显著变化的压阻效应而制成的。压力敏感传感器由四个压力敏感电阻组成,这四个敏感电阻连接成惠斯顿电桥的形式。电桥采用恒压源或恒流源两种方式供电。

压力敏感传感器的压阻电桥工作原理如图 3-3 所示。图中的 R_1,R_2,R_3 和 R_4 为利用硅弹性膜片并采用扩散方法形成的四个桥臂电阻,当所用硅膜片两边存在压力差时,膜片发生形变,电阻相应地发生变化。由于半导体的压阻效应具有各向异性特性,使得当硅膜片受力后,R_1 和 R_3 的阻值增大,R_2 和 R_4 的阻值相应减小,由此桥路失去平衡,电桥便有电压输出。如果 $R_1 = R_2 = R_3 = R_4$,则 $\Delta R_1 = \Delta R_2 = \Delta R_3 = \Delta R_4$。

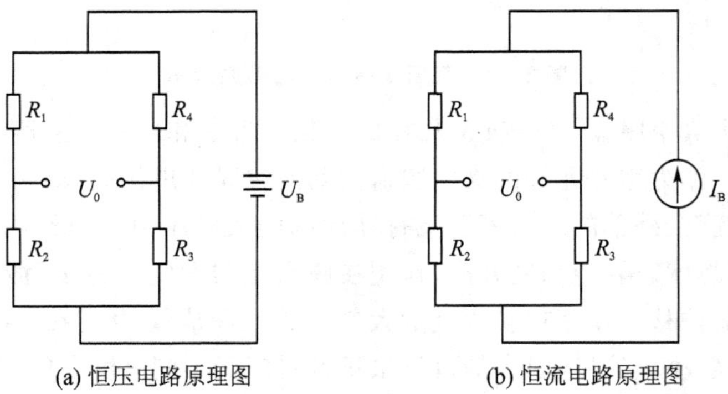

图 3-3 压阻电桥工作原理图

如果电桥为恒压源供电,则可得

$$U_0 = \frac{R_1R_3 - R_2R_4}{(R_1+R_2)(R_3+R_4)}U_B = \frac{(R_1+\Delta R_1)(R_3+\Delta R_3)-(R_2+\Delta R_2)(R_4+\Delta R_4)}{(R_1+\Delta R_1+R_2-\Delta R_2)(R_3+\Delta R_3+R_4+\Delta R_4)}U_B = \frac{\Delta R}{R}U_B \tag{3-1}$$

即当电桥为恒压源供电时,硅膜片在压力作用下,电桥的输出电压 U_0 与 $\frac{\Delta R}{R}$ 及电桥电压 U_B 成正比。

同样,当电桥为恒流源供电时,有

$$U_0 = \frac{R_1R_3 - R_2R_4}{(R_1+R_2)(R_3+R_4)}I_B = \Delta R \cdot I_B \tag{3-2}$$

即电桥的输出电压 U_0 与压敏电阻的增量 ΔR 及恒流源的电流 I_B 成正比。

飞行控制系统中常用的动静压传感器即大气数据传感器，也是基于以上原理工作的。

如图 3-4 所示，由空速管引入静压和总压到压力敏感传感器的密封盒。其中，静压传感器采用 N 型硅材料扩散的四个 P 型阻值相等的电阻组成全电桥。来自空速管的静压作为传感器的输入信号进入压阻式敏感硅杯的密封区内，随着硅杯晶面上的压力发生变化，电桥输出的电压也相应地发生变化，从而实现对静压的测量。

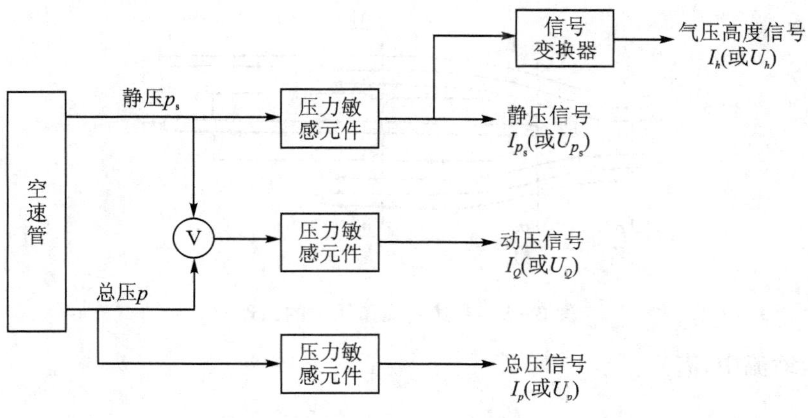

图 3-4　压阻传感器原理示意图

同样，动压传感器也具有两个独立的压力腔，相应的两个进气口分别与空速管的总压和静压相连，二者的压力之差（动压）施加于密封腔内的压阻式硅杯上，其电桥输出的电压与动压成正比，实现对动压的测量。

3.1.2　空速与马赫数的测量

1. 空速传感器

飞行器相对于空气的运动速度叫做空速，测量飞行器的空速并输出相应电信号的仪表为空速传感器。空速传感器是重要的飞行仪表之一。

飞行器的飞行速度是指飞行器在静止空气中的相对运动速度。飞行器的飞行速度有四种：真空速、指示空速、地速和垂直速度。

真空速是指飞行器相对于空气的运动速度，或者说是考虑空气密度影响的飞行器的运动速度，简称空速。

指示空速是指归化到标准空气速度（即海平面的空气密度 $\rho_0 = 1.225\ \text{kg/m}^3$）的真空速，或者说是忽略空气密度变化的飞行器的运动速度。指示空速又称为仪表空速，简称表速。

地速是指飞行器相对于地面运动速度的水平分量，也是真空速和风速水平分量的向量和。

垂直速度是指飞行器相对于地面运动速度的垂直分量，即飞行器的升降速度。

飞行速度是飞行中重要的飞行参数之一。根据空速的大小可以判断作用在飞机上的空气动力情况,以便正确地控制飞行器。另外,还可根据空速、风速和风向来计算地速,并由地速和飞行时间计算出飞行距离。

(1) 速度测量的理论基础

目前常用的测量速度的方法是通过测量相对气流的压力来间接测量飞行速度,如图3-5所示。根据流体连续方程和能量守恒定律所导出的伯努利方程,是测量速度的基本方程。

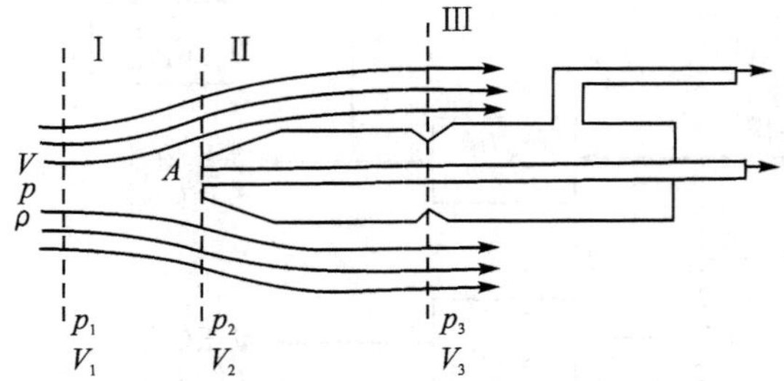

图3-5 空速管测量压力的原理

在不可压缩流中,有

$$p_1+\frac{\rho_1 V_1^2}{2}=p_2+\frac{\rho_2 V_2^2}{2}=C \tag{3-3}$$

在可压缩流中,有

$$\frac{\gamma}{\gamma-1}\ \frac{p_1}{\rho_1}+\frac{V_1^2}{2}=\frac{\gamma}{\gamma-1}\ \frac{p_2}{\rho_2}+\frac{V_2^2}{2}=C \tag{3-4}$$

式中,p_1 和 p_2 分别为流场中Ⅰ和Ⅱ处的压力,T_1 和 T_2 分别为流场中Ⅰ和Ⅱ处的绝对温度,C 为常数;$\gamma=1.4$ 为比热比,ρ_1 和 ρ_2 分别为流场中Ⅰ和Ⅱ处的密度。

由方程(3-3)和方程(3-4)可知,只要测出流场中某处的压力 p、密度 ρ 和温度 T,即可间接测出空气的流速 V。测量空速的空速管(皮托管)如图3-5所示。空速管由一个正对迎面气流开口的内管和一个侧面有若干个圆形小孔的外管构成。内管称为总压管,相应的开口称为总压孔,外管称为静压管,侧面孔称为静压孔。两管分别通过导管通至开口膜盒与密封的仪表壳体内(图3-6)。

迎面气流流过空速管被分成两路,一路气流受到阻滞,完全失去功能。因总压孔直径很小,在 A 点出现停滞点(即零速度点 $V_2=0$,又称为驻点),气流不能沿内管流动,但因能量守恒,所以停滞点上的动能完全转换为压力能。

根据式(3-3),在不可压缩流情况下,Ⅰ和Ⅱ处的伯努利方程为

$$p_1+\frac{1}{2}\rho_1 V_1^2=p_2 \tag{3-5}$$

式中,p_2 为气流所受到的全阻滞点上的压力,其值与总压 p 相等,包括大气静压 $p_s=p_1$ 和流

速转换的压力能$\left(\frac{1}{2}\rho V^2\right)$,后者亦称为速压或动压 Q。显然,$Q = p - p_s = \Delta p = \frac{1}{2}\rho V^2$。

另一股气流继续流动。此时可认为离空速管头部一定距离的静压孔的气流(截面Ⅲ处)与截面Ⅰ处一样未受扰动(静压孔位置就是这样决定的),即

$$V_3 = V_1 = V,\quad p_3 = p_1 = p_h \tag{3-6}$$

通常,当飞行速度小于 400 km/h 时,可以认为空气是不可压缩的,其流动过程是等密的,即可认为 $\rho_1 = \rho_2 = \rho_3 = \rho_h$,将式(3-5)代入式(3-4)中可得

$$V = \sqrt{\frac{2(p - p_h)}{\rho_h}} = \sqrt{\frac{2\Delta p}{\rho_h}} = f(\Delta p, \rho_h) \tag{3-7}$$

当飞行速度大于 400 km/h 时,空气压缩效应较显著,由式(3-4)和式(3-5)推出

$$\left(\frac{p_2}{\rho_2} - \frac{p_1}{\rho_1}\right)\frac{\gamma}{\gamma - 1} = \frac{V_1^2}{2} \tag{3-8}$$

在可压缩流场中,可以认为气流的流动是绝热过程。于是可将$\left(\frac{\rho_2}{\rho_1}\right) = \left(\frac{p_2}{p_1}\right)^{\frac{1}{\gamma}}$或$\rho_2 = \rho_1\left(\frac{p_2}{p_1}\right)^{\frac{1}{\gamma}}$代入式(3-8)中,经整理可得

$$p_2 = \left[\frac{V^2\rho_1(\gamma - 1)}{2\gamma p_1} + 1\right]^{\frac{\gamma}{\gamma-1}} p_1 \tag{3-9}$$

在式(3-9)两端分别加“$-p_1$”,并考虑到空气压缩性的动压 $\Delta p = p_1 - p_h$ 和式(3-7),经整理后得

$$V = \sqrt{\frac{2\gamma p_h}{(\gamma - 1)\rho_h}\left[\left(1 + \frac{\Delta p}{p_h}\right)^{\frac{\gamma-1}{\gamma}} - 1\right]} = f(\Delta p_1, \rho_h, p_h) \tag{3-10}$$

当飞行速度大于 1 400 km/h (即 $Ma > 1.14$) 时,将产生激波,动压和飞行速度的关系式为

$$\Delta p = p - p_h = \frac{167V^2}{c^2(7V^2 - c^2)^{2.5}} - 1 \tag{3-11}$$

式中,$c = \sqrt{\gamma gRT}$ 为声速。

必须指出,当为超声速飞行时,对静压的测量是十分困难的。在空速管前面通常都会产生激波,若其轴线稍有倾斜,就会产生很大的测量误差。

(2) 压力式空速表的组成与工作原理

图 3-6 为压力式空速表原理图。压力式空速表由空速管、开口膜盒、放大传动机构和电位计组成。空速管安放在受气流扰动最小的地方,其余部件安放在密封的仪表壳体内。

压力式空速表的工作原理是:安置在飞行器上的空速管感受到飞行时气流产生的总压 p 和静压 p_s,通过导管分别送到开口膜盒和密封的仪表壳体内。膜盒内、外的压力差即为动压,

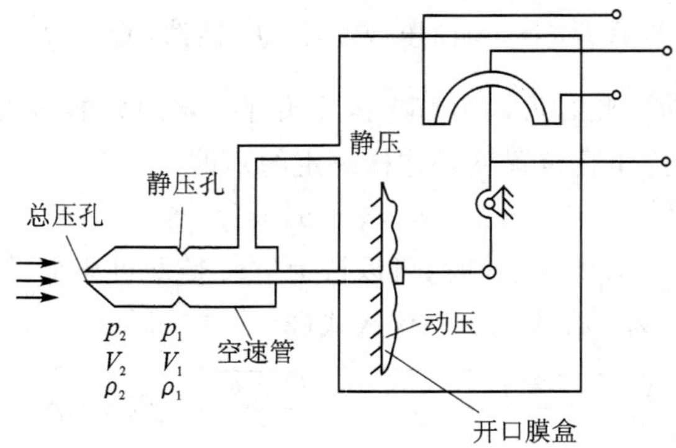

图 3-6　压力式空速表原理图

在动压的作用下，膜盒产生位移，经过放大传动机构使电刷相对于电位计滑动，从而输出与压差成比例的电信号。在静压和气温一定的情况下，动压的大小完全取决于空速的大小，所以膜盒的位移量即反映了飞行器当时的飞行速度。

式(3-7)及式(3-10)表明，空速 V 不仅与压差 Δp 有关，而且与静压 p_h 和密度 ρ_h 有关。这里 p_h 和 ρ_h 分别是在某高度时的大气静压与密度。由于大气密度不易测准，为此人们使用标准大气下海平面的空气密度 ρ_0 和压力 p_0 来代替 p_h 和 ρ_h，即忽略了密度随飞行高度的变化。当飞行速度小于 400 km/h 时，式(3-7)可改写为

$$V_{bs} = \sqrt{\frac{2\Delta p}{\rho_0}} = f(\Delta p) \tag{3-12}$$

式中，V_{bs} 为表速。

真空速 V_{zs} 与表速的关系为

$$V_{zs} = V_{bs}\sqrt{\frac{p_0 T_h}{p_h T_0}} = f(\Delta p, p_h, T_h) \tag{3-13}$$

式中，p_0 和 T_0 分别为标准大气下海平面的压力和绝对温度，p_h 和 T_h 分别为高度为 h 处的大气压力和绝对温度。

可见，只要在测量表速的基础上附加一个对 p_h 和 T_h 的修正机构，就可以制成真空速表。

2. 马赫数传感器

马赫数是飞行速度与飞行器所在高度的声速之比。当飞行器的马赫数 Ma 超过临界马赫数 Ma_{cr} 时，飞行器的某些部位由于局部激波的出现，使得飞行器的空气动力特性发生显著的变化，导致飞行器的稳定性和操纵性变差。这时，仅仅根据空速表来判断飞行器所受空气动力的情况是不够的，还必须借助于马赫数传感器来测量 Ma。

由于 $Ma = \dfrac{V}{c}$，而声速为

$$c=\sqrt{\gamma gRT_h}\approx 20\sqrt{T_h}=c_0\sqrt{\frac{T_h}{T_0}} \tag{3-14}$$

式中，c_0 为标准海平面处的声速，R 为地球半径。

当飞行速度小于 400 km/h，即认为空气是不可压缩时，由前述可知

$$V=\sqrt{\frac{2(p-p_h)}{\rho_h}}=\sqrt{\frac{2\Delta p}{\rho_h}} \tag{3-15}$$

所以，

$$Ma=\frac{1}{c_0}\sqrt{\frac{2T_0\Delta p}{T_h\rho_h}}=A\sqrt{\frac{\Delta p}{\rho_h}}=f(\Delta p,\rho_h) \tag{3-16}$$

式中，$A=\frac{1}{c_0}\sqrt{\frac{2T_0}{T_h}}$ 为常数。

当飞行速度大于 400 km/h，即认为空气是可压缩时，由前述可知

$$V=\sqrt{\frac{2\gamma p_h}{(\gamma-1)\rho_h}\left[\left(1+\frac{\Delta p}{p_h}\right)^{\frac{\gamma-1}{\gamma}}-1\right]}=f(\Delta p_1,\rho_h,p_h) \tag{3-17}$$

所以

$$Ma=\sqrt{\frac{2}{\gamma-1}\left[\left(\frac{\Delta p}{p_h}+1\right)^{\frac{\gamma-1}{\gamma}}-1\right]}=f(\Delta p,p_h) \tag{3-18}$$

式中，γ 比热比。

可见，Ma 仅与 Δp 和 p_h 有关，而与 T_h 无关。因此，马赫数表的结构和工作原理与真空速表类似，只是各元件及结构的数值不同而已，也就是说，测量动压和静压就可反映 Ma。

3.1.3　迎角和侧滑角的测量

迎角也称为攻角，是飞行器翼弦线与迎面气流间的夹角。侧滑角是飞行器速度向量 **V** 与飞行器对称平面间的夹角。二者均反映飞行器轴线与气流方向间的夹角。

迎角的大小与飞行器的升力和阻力密切相关，当迎角达到临界迎角时，飞行器将发生失速，所以，迎角的测量是十分重要的。一方面，将测得的迎角信号输送给仪表显示或送到失速告警系统，以供飞行员观察；另一方面，飞行控制系统中亦常引入迎角信号以限制最大法向过载。

实际中，在飞行器上要想准确测量真实的迎角是非常困难的。由于飞行器和迎角传感器对气流存在干扰，使得飞行器上不同位置处的气流流场与理想流场之间存在差别，因此，迎角传感器只能测量出传感器所在处的气流方向与飞行器弦线间的夹角，即局部迎角。

当机(弹)翼(或机(弹)身)的迎角改变时，机翼上、下表面的压力将发生变化。压力的重新分配将造成机翼产生一个与迎角大小有关的压力差。所以，可利用这个压力差来衡量迎角的大小，故可制成迎角传感器。

迎角传感器按其敏感方式可分为风标式和探头式(典型的为压差管式和零压差式)两大

类,按信号的转换方式又可分为电位计式和同步器式两大类。

1. 风标式迎角(侧滑角)传感器

图3-7示出了典型风标式迎角传感器的结构原理。该传感器由具有对称剖面并随气流变化而转动的翼形叶片、放大传动机构和电位计构成。翼形叶片与放大传动机构的轴固连,传动机构的另一端与电刷固连。

风标式迎角传感器的工作原理是:当翼形叶片的中心线平行于迎面气流(即迎角 $\alpha=0$)时,作用于叶片上、下表面的压力相等,叶片不转动,电刷处于中立位置,无电信号输出;当飞行器以一定的迎角飞行时,作用在叶片上、下表面的气动力不相等,产生压差,使叶片绕其轴旋转,直到中心线与迎面气流方向一致为止。叶片的转角就是飞行器当时的迎角,经放大传动机构带动电刷转动,输出与迎角成比例的电信号。风标式迎角传感器正是因为它能使翼面与气流方向一致而得名。为使风标(叶片)工作稳定,风标式迎角传感器装有阻尼器;为了防止风标表面结冰,传感器还应有加温装置。

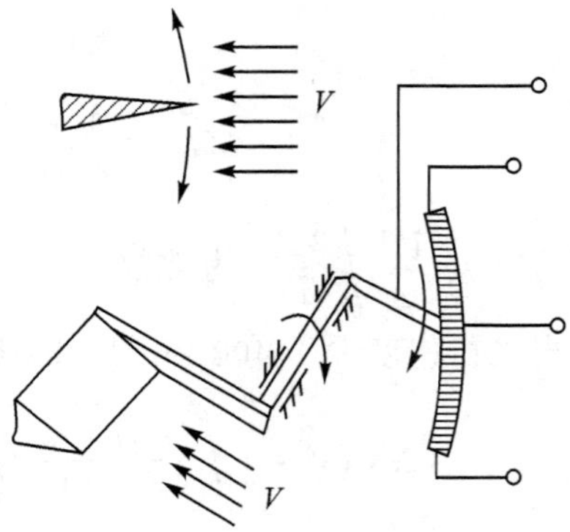

图3-7 典型风标式迎角传感器结构原理图

由于风标式迎角传感器依靠感受气流来测量飞行器的迎角,因此必须正确安装,一般安放在飞行器的头部或翼处。如果必须安放在其他位置,则需要经过风洞和飞行试验来校正误差,以保证测量准确。制造良好、安装正确的风标式迎角传感器可达到较高精度(如±0.1°~±0.2°)。

值得指出的是,若将具有对称剖面的翼形叶片安放在机(弹)体坐标系的 Oxz 平面中,则传感器可用来测量飞行器的侧滑角。

2. 压差管式迎角(侧滑角)传感器

压差管式迎角传感器由压差管和开口膜盒式压力传感器组成。压差管头部为半球形,在其轴线的两侧对称处各开有1个两者夹角为90°的对称小孔,如图3-8所示。开口膜盒式压力传感器包括开口膜盒、放大传动机构和电位计三个部分,如图3-9所示。

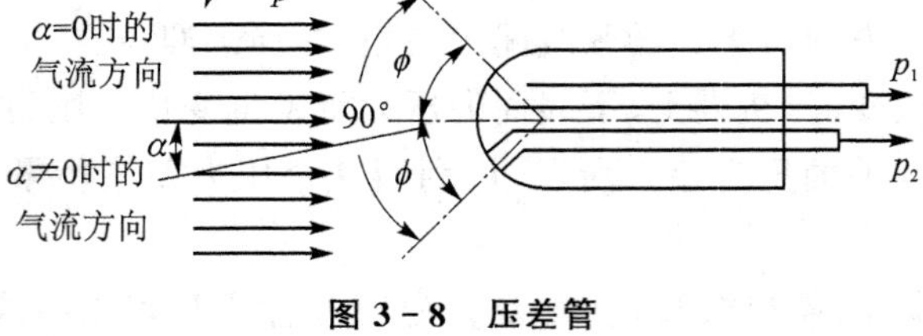

图3-8 压差管

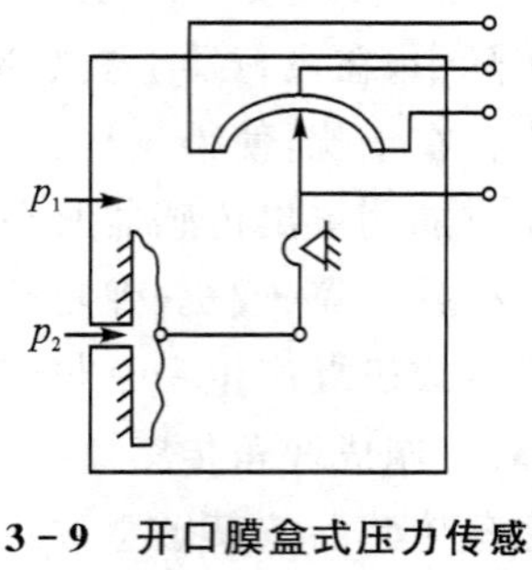

图3-9 开口膜盒式压力传感器

压差管式迎角传感器的测量原理是：当压差管轴线与气流方向一致（即迎角 $\alpha = 0$）时，两个小孔所感受的压力 p_1 与 p_2 相等。p_1 与 p_2 通过导管分别送到开口膜盒和密封的仪表壳体内，压差 $\Delta p = p_1 - p_2 = 0$，电刷处于中立位置，输出信号为零。当气流方向与压差管轴线出现迎角（即 $\alpha \neq 0$）时，两个小孔所感受的压力 p_1 与 p_2 不再相等，压差 $\Delta p = p_1 - p_2 \neq 0$。

设总压为 p，由图 3-8 可知，$p_1 = p\cos(\phi+\alpha)$，$p_2 = p\cos(\phi-\alpha)$。压差 $\Delta p = p_1 - p_2 = p[\cos(\phi+\alpha) - \cos(\phi-\alpha)] = 2p\sin\phi\sin\alpha$，所以

$$\frac{\Delta p}{p_1} = \frac{2p\sin\phi\sin\alpha}{p\cos(\phi+\alpha)} = \frac{2\sin\phi\tan\alpha}{\cos\phi + \sin\phi\tan\alpha} \tag{3-19}$$

当 $\phi = 45°$ 且 α 较小时

$$\frac{\Delta p}{p_1} \approx \frac{2\tan\alpha}{1+\tan\alpha} \approx 2\alpha \tag{3-20}$$

即 $\alpha = f\left(\frac{\Delta p}{p_1}\right)$，表明由压差管与开口膜盒传感器所构成的仪表确实能够测量迎角。

与风标式传感器类似，压差管式传感器的安装位置同样影响迎角的测量精度，因此必须正确选择安装位置，尤其在超声速飞行时更应注意。

这里需说明一下，压差管头部有五个小孔。除了测量迎角的两个对称小孔外，在与其成 90°的轴线上还有两个对称孔，用以测量侧滑角，另外还有一个孔开在其中心轴线处，以测量当时的总压。显然，这些孔有五个导管，各自把所测得的信号传送出去，即同时测出飞行器的迎角和侧滑角。

3. 零压差式迎角传感器

图 3-10(a)示出的零压差式迎角传感器是压差管式迎角传感器的发展。它由敏感部分（探头）、变换传动部分（气道、气室和桨叶）、输出部分（电刷、电位计）和温控部分（探头、壳体加热器及其温度继电器，图中未标出）组成。探头为圆锥形，中间有隔板，中心线两侧有两排对称的出气孔，图 3-10(b)示出了探头的横截面。圆锥形探头与中间有气道的空心轴相连，在空心轴上固定着桨叶和电刷。飞行时探头的轴线平行于飞行器的横轴 y（若轴线平行于飞行器的纵轴 x，则可测出飞行器的侧滑角）。

零压差式迎角传感器测量飞行器迎角的原理是：当迎角为零时，两排对称测压孔均正对着迎面气流，夹角相等，感受压力相等，桨叶不动，无信号输出；当迎角不为零时，两排测压孔感受的压力 p_1 和 p_2 不相等，设 $p_2 > p_1$（图 3-10(b)），经过气道进入气室，分别作用于等面积的桨叶，产生沿 y 轴的负向力矩，使桨叶和探头转动，直至压差 $\Delta p = p_2 - p_1$ 为零，此时，两排对称测压孔均正对着迎面气流。显然，探头的转角就等于飞行器当时的迎角；固定在转轴上的电刷也转过了相同的角度，并输出与迎角成比例的电信号。

以上三种测量迎角的传感器，分别具有不同的结构和特点。在实际应用中，可按飞行器及其控制系统的种类和迎角传感器的作用来确定相应的传感器。对于仅用做失速告警的迎角传

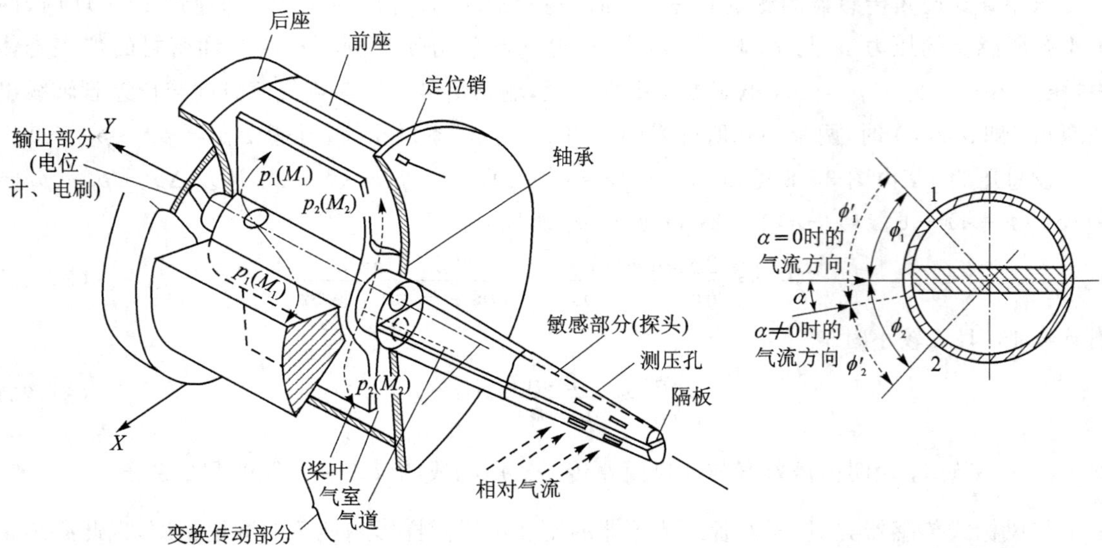

(a) 结构图

(b) 探头的横截面

图 3-10　零压差式迎角传感器

感器，一般采用风标电位计式，但也有一些飞行器，例如火箭，就常常采用探头电位计式；用做主反馈信号和多余度电传飞行控制系统的迎角传感器一般多采用探头同步器式迎角传感器。在我国自行研制的电传飞行控制系统中即采用以同步器作为输出装置的零压差式迎角传感器作为多余度迎角传感器。

3.1.4　大气数据计算机

飞行器的飞行高度、空速和 Ma 等飞行参数均与总压、静压等大气参数有关。因此只要测量出总压、静压和总温等少数大气参数，再通过计算即可得到上述各个飞行参数。大气数据计算机就是这样一种根据传感器测得的较少的原始参数，如总压、静压和总温等参数，计算出较多的与大气数据相关的上述飞行参数的多输入、多输出的机载综合测量系统。

大气数据计算机既可作为指示仪表，指示出飞行器的高度、空速、Ma 和大气温度等，供飞行人员判读，又可代替分立的、数目众多的仪表与传感器，为飞行自动控制系统、惯性导航系统和空中交通管制系统等输送信号。

大气数据计算机有三种基本形式，即机电模拟式大气数据计算机、数字式大气数据计算机和混合式大气数据计算机。

1. 机电模拟式大气数据计算机

机电模拟式大气数据计算机以采用机电模拟式装置为特征，是早期的大气数据计算机。具体由伺服式压力传感器、总温传感器、迎角传感器和机电模拟式解算装置组成，如图 3-11 所示。

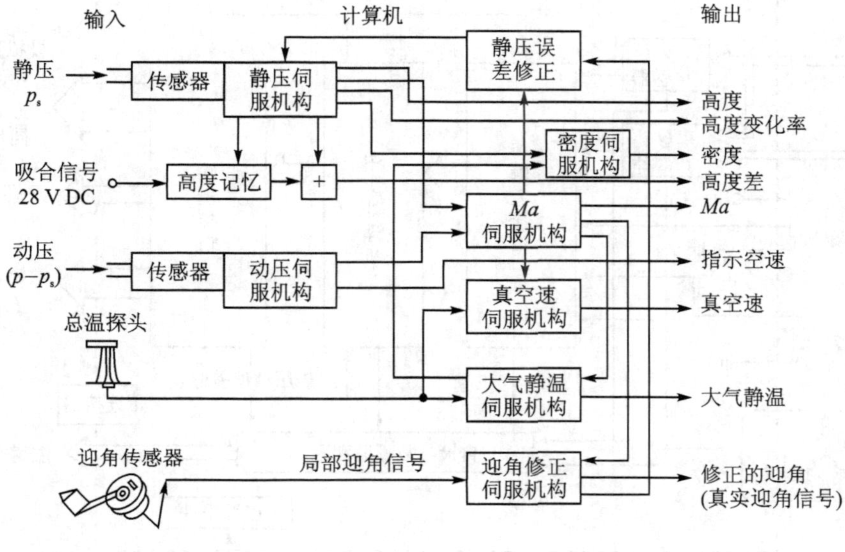

图 3-11　机电模拟式大气数据计算机原理框图

伺服式静压传感器可直接输出高度和高度的变化率，伺服式动压传感器可直接输出指示空速，通过伺服式解算装置的解算，可得到 *Ma* 和大气密度等参数。

迎角传感器输出的局部迎角信号，经 *Ma* 修正后得到真实迎角，真实迎角信号可用做静压源误差修正信号，以修正静压源误差。

机电模拟式大气数据计算机结构复杂，可靠性差，输出信号误差大，加工装配、调试及维修工作量大，体积、质量及功耗大。

2. 数字式大气数据计算机

(1) 数字式大气数据计算机的基本组成

数字式大气数据计算机的原理框图如图 3-12 所示。数字式大气数据计算机由传感器、输入接口、中央处理机和输出接口等部分组成。

1) 传感器

总压和静压传感器输出全压和静压信号。在数字式大气数据计算机中均采用高精度、重复性和稳定性好、迟滞误差小的小型压力传感器来输出全压和静压信号。

总温传感器输出全温信号，在数字式大气数据计算机中大多采用热电阻式温度传感器。

迎角传感器给出飞行器的局部迎角信号，在数字式大气数据计算机中大多采用零压差同步器式迎角传感器。

这些传感器的输出信号有的是直流信号，有的是交流信号，还有的是频率信号和三相交流信号。

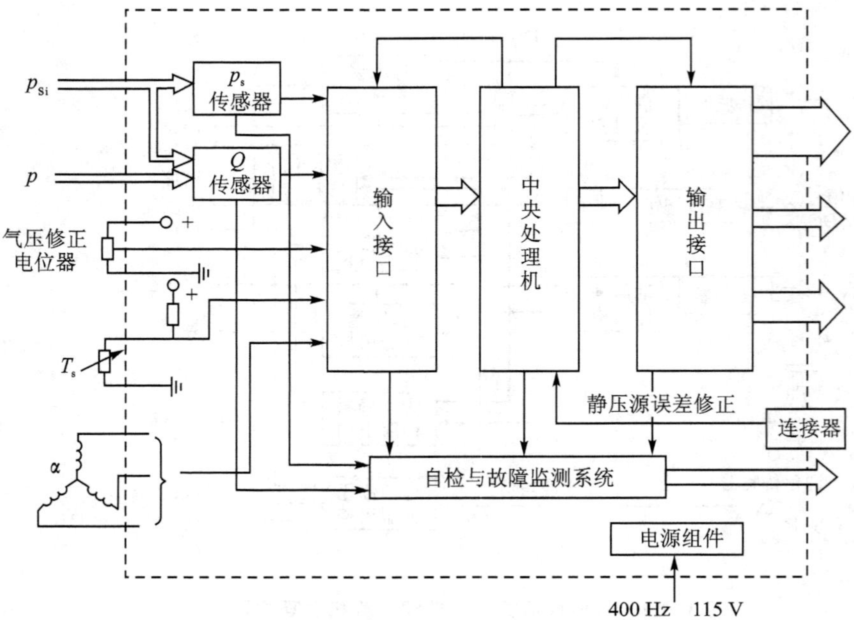

图 3-12 数字式大气数据计算机的原理框图

2）输入接口

输入接口将各种传感器输出的信号转换成计算机需要的数字量。对于输出频率信号类型的传感器，主要采用频率(或周期)/数字转换器；对于输出直流电压信号类型的传感器，则采用模拟/数字转换器；对于输出三相交流电压信号类型的传感器，则采用一种特殊变压器将其转换成按正弦和余弦变化的直流信号，再由模拟/数字转换器转换。

3）中央处理机

中央处理机常采用微型计算机，在程序存储器指引下完成各种参数的计算任务，并协调控制整个大气数据计算机的工作。目前大多采用16位或以上字长的计算机。

4）输出接口

根据各种机载系统的要求，将中央处理机计算的结果转换成一定格式的串/并行的数字量、离散量和模拟机载系统要求的模拟量。

5）自检与故障监测系统

自检主要用于飞行器起飞前或飞行后的检查，使空、地勤人员能够迅速判断大气数据计算机的工作状况；故障监测主要用于飞行过程中连续检测大气数据计算机各部分的故障，并诊断出故障源，根据故障的性质发出相应的告警信号。自检和故障监测系统由专用的硬件和软件来实现。

自检和故障监测系统是现代航空电子机载设备的重要部分，对于提高系统的可靠性、可维护性和使用效率具有重要意义。

(2) 参数计算原理

数字式大气数据计算机的所有参数都是由软件来实现的。下面以升降速度 V_z、马赫数 Ma 及马赫数变化率 $\dot{M}a$、真实空速、大气静温、大气总温和大气密度的计算为例来介绍参数计算的基本原理。

1) 升降速度 V_z 的计算原理

升降速度 V_z 可表示为

$$V_z = \frac{\mathrm{d}h}{\mathrm{d}t} = \frac{\mathrm{d}h}{\mathrm{d}p_s} \cdot \frac{\mathrm{d}p_s}{\mathrm{d}t} \tag{3-21}$$

式中，$\frac{\mathrm{d}p_s}{\mathrm{d}t}$ 为静压变化率；$\frac{\mathrm{d}h}{\mathrm{d}p_s}$ 为标准气压高度曲线的斜率，其值可由标准气压公式求得。

当时间间隔 Δt 较小时，有

$$\frac{\mathrm{d}p_s}{\mathrm{d}t} \approx \frac{\Delta p_s}{\Delta t} = \frac{p_s - p_{s0}}{t - t_0} \tag{3-22}$$

式中，p_{s0} 为前一时刻 t_0 时的大气静压，p_s 为时刻 t 时的大气静压。

升降速度的计算原理如图 3-13 所示。

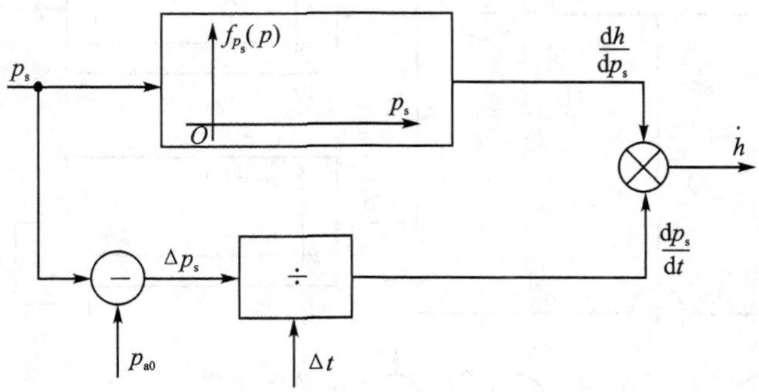

图 3-13　升降速度 V_z 的计算原理

2) 马赫数 Ma 及马赫数变化率 $\dot{M}a$ 的计算原理

马赫数 Ma 是总压 p 和静压 p_s 比值的函数，即

$$Ma = f_{\dot{M}a}\left(\frac{p}{p_s}\right) \tag{3-23}$$

马赫数变化率 $\dot{M}a$ 为

$$\dot{M}a = \frac{\mathrm{d}Ma}{\mathrm{d}t} = \frac{\mathrm{d}Ma}{\mathrm{d}\left(\frac{p_s}{p}\right)} \cdot \frac{\mathrm{d}\left(\frac{p_s}{p}\right)}{\mathrm{d}t} \tag{3-24}$$

而

$$\frac{\mathrm{d}\left(\frac{p_s}{p}\right)}{\mathrm{d}t}=\frac{p\left(\frac{\mathrm{d}p_s}{\mathrm{d}t}\right)-p_s\left(\frac{\mathrm{d}p}{\mathrm{d}t}\right)}{p^2} \tag{3-25}$$

将式(3-25)代入式(3-24)可得

$$\dot{Ma}=\frac{\mathrm{d}Ma}{\mathrm{d}\left(\frac{p_s}{p}\right)}\cdot\frac{p_s}{p}\left(\frac{\dot{p}_s}{p_s}-\frac{\dot{p}}{p}\right)=f_{\dot{Ma}}(Ma)\left(\frac{\dot{p}_s}{p_s}-\frac{\dot{p}}{p}\right) \tag{3-26}$$

当 $Ma<1$ 时,有

$$f_{\dot{Ma}}(Ma)=-\frac{(1+0.2Ma^2)}{1.4Ma}=f_{\dot{Ma}}\left(\frac{p}{p_s}\right) \tag{3-27}$$

当 $Ma>1$ 时,有

$$f_{\dot{Ma}}(Ma)=-\frac{(7Ma^2-1)Ma}{7(1-2Ma^2)}=f_{\dot{Ma}}\left(\frac{p}{p_s}\right) \tag{3-28}$$

马赫数与马赫数变化率的计算原理如图 3-14 所示。

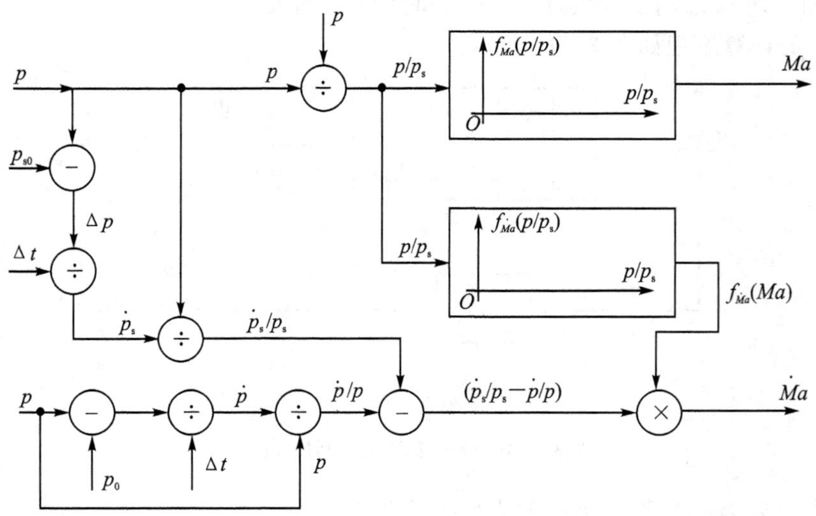

图 3-14 Ma 及 $\dot{Ma}$ 的计算原理

3) 空速 V 的计算原理

空速 V 是马赫数 Ma 和总温 T 的函数,即

$$V=\sqrt{\frac{(20.05Ma)^2}{1+\frac{\gamma}{5}Ma^2}}\sqrt{T}=f_p\left(\frac{p}{p_s}\right)\cdot\sqrt{T} \tag{3-29}$$

空速的计算原理如图 3-15 所示。

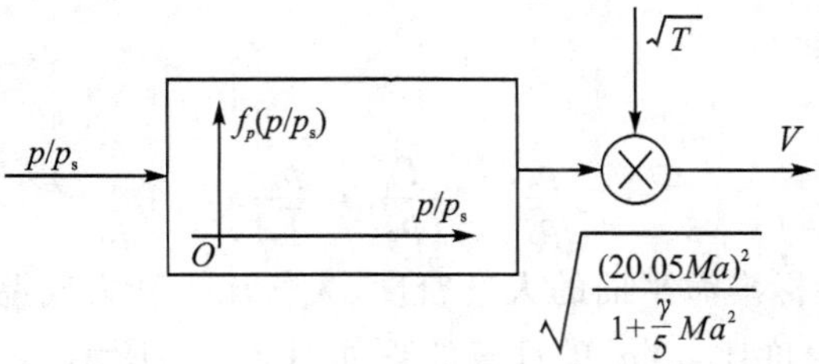

图 3-15　空速 V 的计算原理

4）大气静温的计算原理

大气静温 T_s 是大气总温 T 和马赫数 Ma 的函数，即

$$T_s = \frac{T}{1+\frac{\gamma}{5}Ma^2} \tag{3-30}$$

等式两边开平方得

$$\sqrt{T_s} = \sqrt{\frac{T}{1+\frac{\gamma}{5}Ma^2}} = f_{T_s}\left(\frac{p}{p_s}\right)\cdot\sqrt{T} \tag{3-31}$$

大气静温的计算原理如图 3-16 所示。

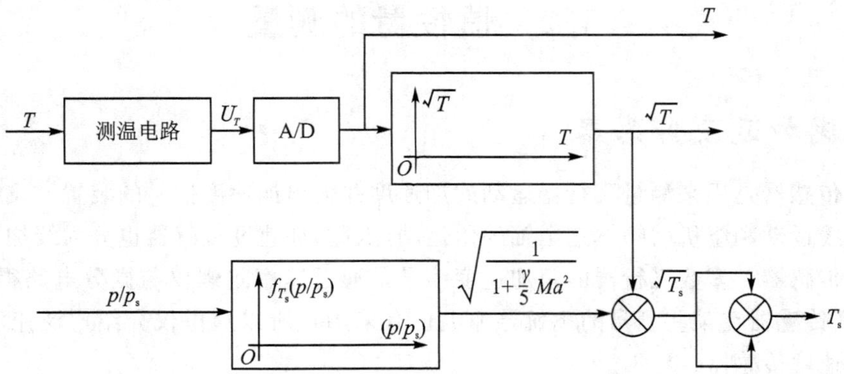

图 3-16　T_s 和 T 的计算原理

5）大气总温 T 的计算原理

大气总温由总温传感器和测温电路的输出电压经模拟/数字转换器转换成数字量后，再由计算机根据数字量与总温的关系计算得到，其计算原理如图 3-16 所示。

6）大气密度的计算原理

大气密度 ρ_s 是大气静压 p_s 和大气静温 T_s 的函数，即

$$\rho_s = \frac{p_s}{RT_s} \tag{3-32}$$

式中,R 为地球半径。

大气密度比为

$$\frac{\rho_s}{\rho_0}=\frac{T_0}{p_0}\cdot\frac{p_s}{T_s} \tag{3-33}$$

式中,ρ_0,p_0 和 T_0 分别为标准海平面的大气密度、大气压力和大气温度。

大气密度 ρ_s 和大气密度比 ρ_s/ρ_0 的计算原理如图 3-17 所示。

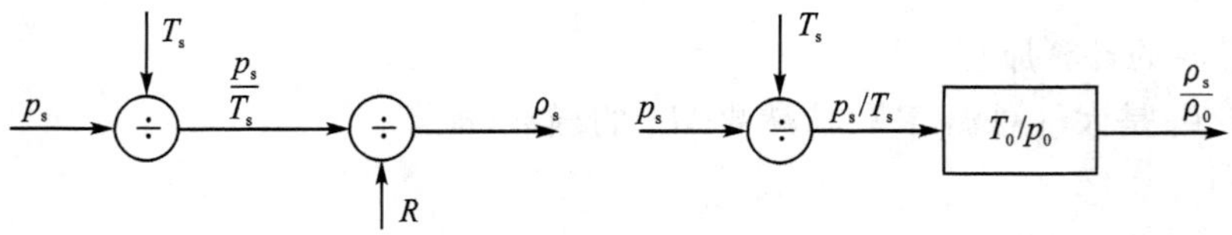

图 3-17 ρ_s 和 ρ_s/ρ_0 的计算原理

上面分别介绍了大气数据计算机参数计算的原理。图 3-18 所示为大气数据计算机参数计算总原理图,这是一种参数计算法。从图 3-18 中还可得到指示静压 p_{si} 和真实静压 p_s 等参数。

3.2 惯性量的测量

3.2.1 线加速度传感器

加速度传感器是用来测量飞行器运动的加速度并输出加速度信号的装置。飞行器的运动包括质心的线运动和绕机(弹)体三个轴的角运动,因此,加速度传感器也分为线加速度传感器和角加速度传感器。多数飞行器的角加速度信号是通过速率陀螺仪与微分电路得到的(近年来,角加速度传感器在某些型号的飞航导弹上也有采用),所以这里仅介绍广泛用于各类飞行器上的线加速度传感器。

1. 线加速度传感器的功用

线加速度传感器用来测量飞行器质心的线加速度。传感器的敏感轴处于机(弹)体轴的三个轴向,因此可感受和测量飞行器三个轴向的线加速度。若敏感轴与机(弹)体坐标系中的 z 轴重合,则线加速度传感器测量飞行器的法向加速度;若敏感轴与 x 或 y 轴重合,则分别测量飞行器的纵向加速度 a_x 和侧向加速度 a_y。显然,这三种传感器的组成、工作原理和传递函数都相同,只是测量范围不同。

线加速度传感器也可代替迎角或侧滑角传感器,以近似测量飞行器的迎角或侧滑角。

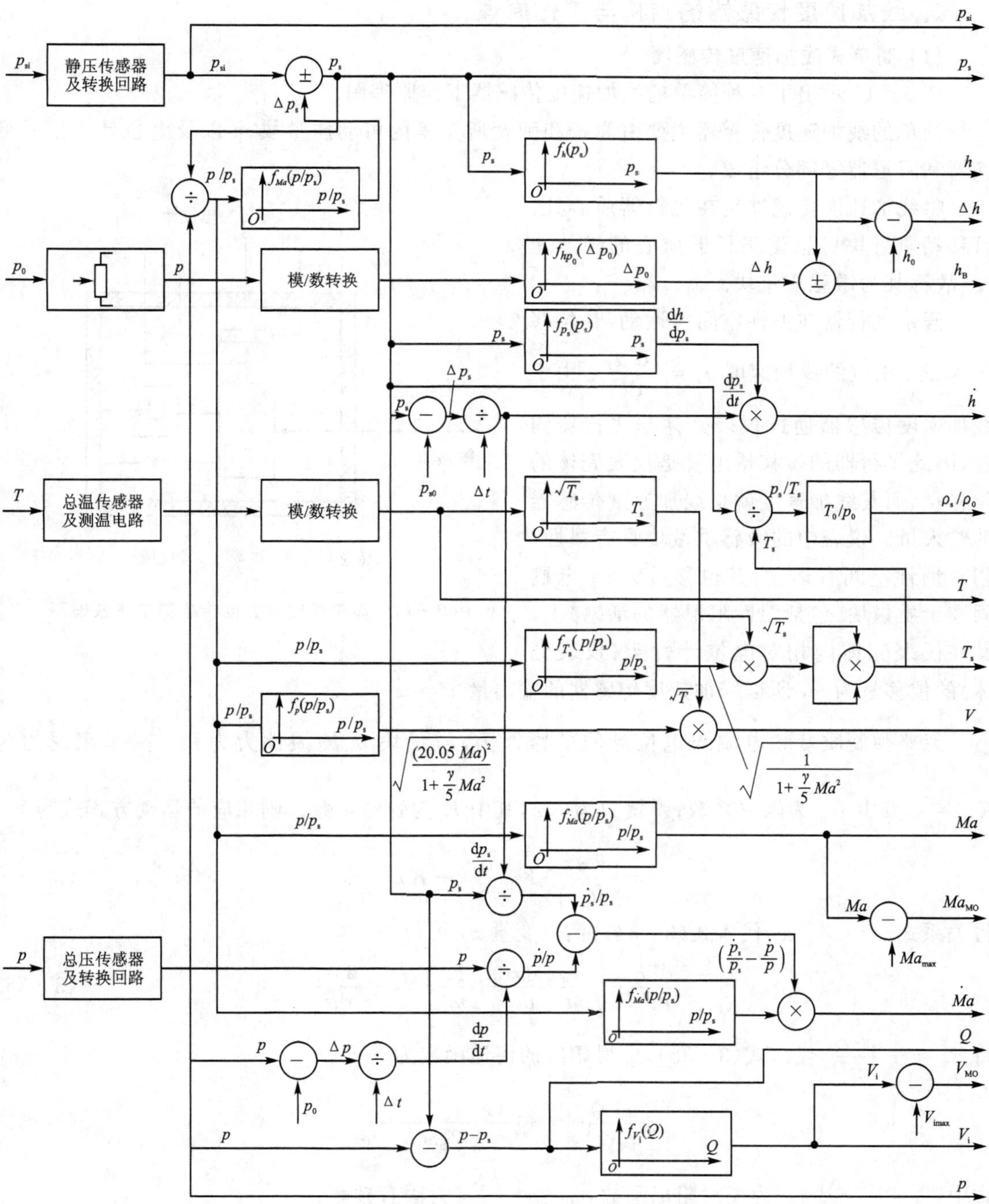

图 3-18　大气数据计算机参数计算总原理图

2. 线加速度传感器的结构与工作原理

(1) 简单式线加速度传感器

图3-19示出了一种简单的线加速度传感器工作原理图。

简单的线加速度传感器主要由弹簧和弹簧所支承的可动质量块 m 以及电位计式信号变换器和阻尼器等部分组成。

将线加速度传感器装在飞行器质心处，可移动质量块可感受飞行器质心的线加速度，故称其为敏感质量块。

假定飞行器在惯性空间内运动，其位移量为 x_i，相应的线加速度 $a_x=\dfrac{d^2x_i}{dt^2}$。由于线加速度传感器通过仪表壳体与飞行器固连，因此飞行器的位移量也就是仪表壳体的位移量，而其线加速度就是线加速度传感器的输入量。仪表中的敏感质量块具有惯性，相对惯性空间有运动，其位移量为 z；电刷固连于质量块(包括惯性阻尼器的活塞)上，其在仪表壳体内相对电位计骨架(仪表壳体)的位移量为 x，所以线加速度传感器的输出量 $x=z-x_i$。

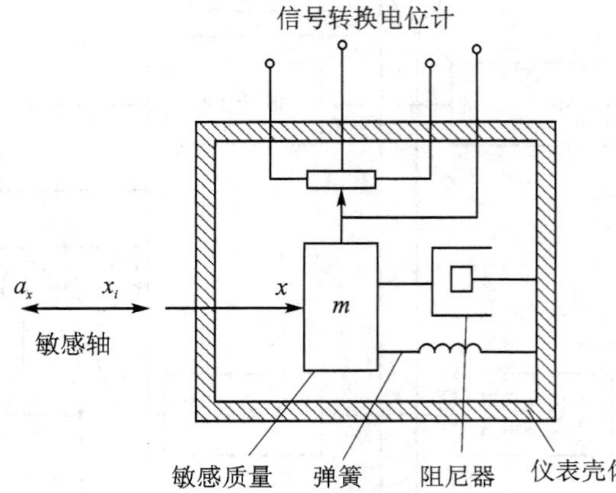

图3-19 简单式线加速度传感器工作原理图

忽略弹簧质量和电刷与电位计间的摩擦力，质量块 m 的惯性力为 $m\dfrac{d^2z}{dt^2}$；阻尼力为 $K_g\dfrac{dx}{dt}$，其中 K_g 为阻尼系数；弹簧力为 Kx，其中 K 为弹性系数。则相应的运动方程式为

$$m\frac{d^2z}{dt^2}+K_g\frac{dx}{dt}+Kx=0 \tag{3-34}$$

将关系式 $x=z-x_i$ 代入式(3-34)，消去变量 z，可得

$$\frac{d^2x}{dt^2}+\frac{K_g}{m}\frac{dx}{dt}+\frac{K}{m}x=-\frac{d^2x_i}{dt^2} \tag{3-35}$$

将 $a_x=-\dfrac{d^2x_i}{dt^2}$ 代入式(3-35)，可得相应的传递函数为

$$\frac{x(s)}{a_x(s)}=-\frac{1}{s^2+2\zeta\omega_0 s+\omega_0^2} \tag{3-36}$$

式中，$\zeta=\dfrac{K_g}{2\sqrt{mK}}$ 为相对阻尼系数，$\omega_0=\sqrt{\dfrac{K}{m}}$ 为固有频率。

在稳态时，有

$$x = -\frac{m}{K}a_x \tag{3-37}$$

式(3－37)表示当飞行器做等加速度运动时，敏感质量块的惯性力 ma_x 与由弹簧变形引起的弹簧力 Kx 的大小相等，方向相反，从而使质量块处于平衡位置 x。将输出电压 $U = K_U x$（K_U 为电位计传递系数）代入式(3－37)，可得

$$U = -\frac{K_U m}{K}a_x \tag{3-38}$$

式(3－38)表明线加速度传感器的输出电压正比于飞行器的线加速度，相位差为 180°。

单位加速度所产生的相对位移量定义为线加速度传感器的分辨率，即

$$\frac{\mathrm{d}x}{\mathrm{d}a_x} = -\frac{m}{K} = -\frac{1}{\omega_0^2} \tag{3-39}$$

由此可见，线加速度传感器的分辨率反比于其固有频率的平方，即弹簧刚度越小，质量块的质量越大，则线加速度传感器的分辨率就越高，即灵敏度越高。

简单线加速度传感器的构造简单、价格较低，广泛用于增稳、控制增稳和电传操纵系统以及自动驾驶仪中。但简单线加速度传感器具有电刷与电位计的摩擦力这一较大的缺点，而且质量块易受振动等因素的影响，弹簧易受温度的影响，线性特性较差，灵敏度较低，这种线加速度计的精度一般为 1%～0.5%，难以满足高精度的要求。为了解决上述问题，可采用力矩系统取代弹簧，并增加浮子式阻尼器，这就是目前常用的浮子摆式加速度传感器。

(2) 浮子摆式加速度传感器

图 3－20 所示即为浮子摆式加速度传感器。由图可知，浮子摆式加速度传感器由浮子摆组合件、力矩器、信号传感器、放大器和充满粘性液体（如聚三氟乙烯）的密封壳体组成。其中浮子摆组合件由单摆、浮筒、信号传感器的转子和力矩器的转子构成。浮筒两端伸出的小轴由安装在壳体上的宝石轴承支承，其两端的力矩器和传感器都是“无接触式”的。浮筒中的单摆相当于简单线加速度传感器的活动质量块，其工作原理与简单线加速度传感器的相同，只是具体参数不同。

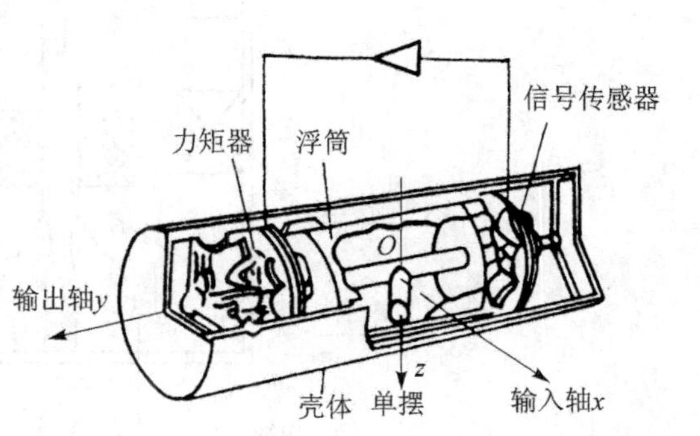

图 3－20　浮子摆式加速度传感器

设单摆的质量为 m，其与输出轴的距离为 l。当飞行器有瞬时加速度 a_x 时，在惯性力作用下，单摆产生绕输出轴的力矩 $M_a = mla_x$，使浮子摆和其轴上的信号传感器（即微动同位器）转子相对于定子转过角 β，产生正比于 β 的电压 U，$U = K_U\beta$。经放大器放大，输出与 U 成正比的电流 $I = K_I U$（K_I 为放大系数）。放大后的电流输入力矩器产生反馈力矩，其大小为 $M_K = K_M I$（K_M 为比例系数），并与由加速度 a_x 产生的力矩的大小 M_a 相等，则有

$$mla_x = K_M K_I K_U \beta$$

由上式可得

$$\beta = \frac{ml}{K_M K_I K_U} a_x \tag{3-40}$$

所以,加速度传感器输出的电压为

$$U = K_U \beta = \frac{ml}{K_M K_I} a_x = K_a a_x \tag{3-41}$$

由式(3-41)得出浮子摆式加速度传感器的传递函数

$$G(s) = \frac{U(s)}{a(s)} = K_a \tag{3-42}$$

为一个比例环节。

(3) 挠性摆式力矩反馈加速度传感器

挠性摆式力矩反馈加速度传感器由挠性支撑、摆组件、角位移传感器、力矩器及反馈电子组件(放大器和校正网络等)组成。图 3-21 所示为挠性摆式力矩反馈加速度传感器的结构示意图。

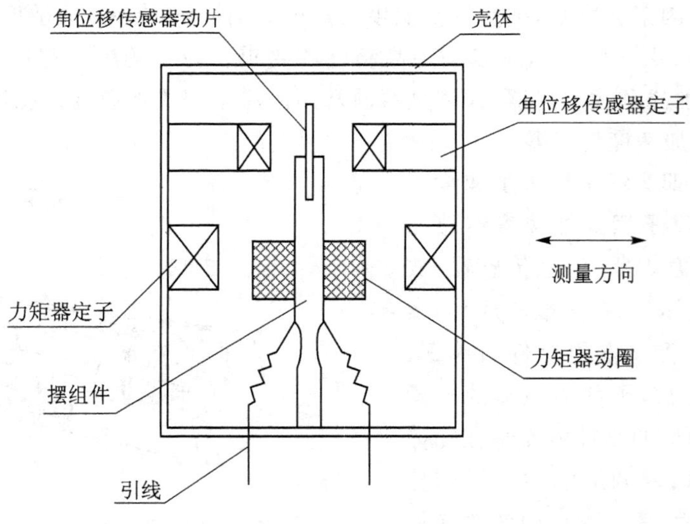

图 3-21 挠性摆式力矩反馈加速度传感器结构示意图

当沿加速度输入轴方向具有加速度 a 输入时,摆组件的质量 m 将产生惯性力,该惯性力的作用方向与加速度 a 的方向相反,并对挠性轴产生惯性力矩 $M = mla$。力矩 M 使摆组件绕输出轴转动,产生角位移。角位移传感器将该角度位移转变为电信号,并经放大、解调、校正,变为直流信号输出。力矩器线圈中输入相应的电流,与永磁场相互作用产生电磁力,该力对挠性轴产生相应的恢复力矩 $M_H = K_M I$,使摆组件最终达到平衡状态。这时

$$K_M I = mla$$

即
$$I = \frac{ml}{K_M}a \tag{3-43}$$
式中，m 为摆组件的质量，l 为摆长，I 为输出电流。

由式(3－43)可知，输出电流与输入加速度成正比。

上述挠性摆式力矩反馈加速度传感器的原理可用图 3－22 所示的闭环系统原理图来表示。图中 $a(s)$ 为加速度，K_p 为摆转换系数，$W(s)$ 为挠性摆传递函数，K_U 为电流与电压的转换系数，$G(s)$ 为伺服电路传递函数，$K_M(s)$ 为力矩器传递函数，M 为力矩，θ 为角位移传感器输出，U 为电压，$I(s)$ 为电流。

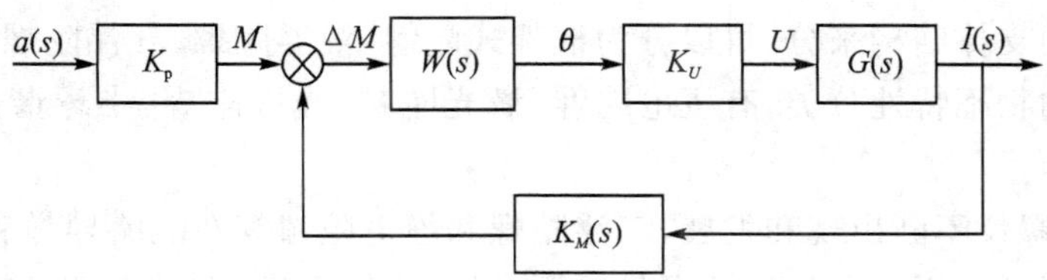

图 3－22　挠性摆式力矩反馈加速度传感器闭环系统原理图

挠性摆式力矩反馈加速度传感器具有较高的精度和可靠性，目前已作为主要的导航级加速度计在惯性技术领域中得到广泛应用。

3.2.2　陀螺仪

为了实现飞行自动控制，精确地测量飞行器的姿态角、航向角和角速度等飞行参数是首先需要解决的问题，陀螺仪(gyroscope)即为测量这类参数的敏感装置。下面将讨论飞行控制系统中常用的角度和角速度陀螺的工作原理及其应用。

陀螺仪是感测旋转的一种装置。陀螺仪这一术语来自希腊文，其意思是“旋转指示器”。随着科学技术的发展，人们发现大约有一百种物理现象可被用来感测相对于惯性空间的旋转。因而在此基础上研制出了许多不同原理和类型的陀螺仪。

从工作的机理来看，可以把它们分成两大类，一类是以经典力学为基础的陀螺仪，另一类是以非经典力学为基础的陀螺仪。

以经典力学为基础的陀螺仪包括刚体转子陀螺仪、流体转子陀螺仪和振动陀螺仪等。刚体转子陀螺仪是把高速旋转的刚体转子支承起来，使之获得转动自由度的一种装置，可用来测量角位移或角速度。流体转子陀螺仪的转子不是固体材料，而是在特殊容器内按一定速度旋转的流体，它也可用来测量角位移或角速度。振动陀螺仪是利用振动音叉在旋转时的哥氏加速度效应而做成的测量角速度的装置。

以非经典力学为基础的陀螺仪包括激光陀螺仪、光导纤维陀螺仪、压电晶体陀螺仪、粒子陀螺仪和核子共振陀螺仪等。在这些陀螺仪中，没有高速旋转的转子或振动的构件，但它们具有感测旋转的功能。例如，激光陀螺仪实际上是一种环形激光器，在环形激光器中，正、反两束光的频率差与基座旋转角速度成正比,故可用来测量角速度。这种陀螺没有旋转部件,工作原理亦不同于同一家族的角动量陀螺,其不是基于角动量原理而是基于哥氏效应或萨格纳克(Sagnac)效应而工作的。又如,压电晶体陀螺仪实际上是利用晶体压电效应做成的测量角速度的装置,粒子陀螺仪实际上是利用基本粒子的陀螺磁效应做成的测量角速度的装置。

按照年代分类,刚体转子陀螺仪为第一代陀螺仪;液浮陀螺、气浮陀螺和挠性陀螺为第二代;而高精度的激光陀螺和干涉式光纤陀螺等则为第三代陀螺仪,也称为现代陀螺仪。

如果按用途分类,则有航空陀螺仪表、航海陀螺仪表、导弹和卫星用陀螺仪表及在汽车和铁路等民用部门使用的陀螺仪表。

按高速转子的支撑结构来分,可以分为框架式陀螺、液浮陀螺、气浮陀螺和挠性陀螺等。

按构成陀螺的物理特性分类,有机电陀螺、激光陀螺、光纤陀螺、半球谐振陀螺、核磁共振陀螺和超导陀螺等。

目前,新型陀螺仪不断出现和发展,三浮陀螺和静电陀螺等在战略导弹和远程轰炸机的导航系统中逐步得到了应用。在先进的现代民用客机、中程飞机、大型水面舰艇的导航系统以及中程导弹、巡航导弹的制导系统中,曾经作为主流产品的机械式陀螺仪表正在被激光陀螺所代替。在今天的惯性仪表技术中,激光陀螺的应用已经占据了主导地位。目前,陀螺仪表技术发展的主流已经转到了光学陀螺上。

但是,就陀螺仪表基本原理的分析而言,曾经广泛应用的刚体转子陀螺仪仍是目前学习陀螺仪基本理论的基础,因此,首先介绍这类陀螺仪。

高速旋转的物体即为陀螺,为了测量运动物体的角位移或角速度,用支架把高速旋转的陀螺转子支撑起来即构成了陀螺仪。这种陀螺仪即为刚体转子陀螺仪,其核心部分是绕自转轴(又称陀螺主轴或转子轴)高速旋转的刚体转子。安装转子的框架或特殊支承使转子相对于基座具有两个或一个转动自由度,或者说使自转轴相对于基座具有两个或一个转动自由度。这样,就构成了陀螺仪的两种类型,即二自由度陀螺仪和单自由度陀螺仪。

1. 二自由度陀螺仪

(1) 二自由度陀螺仪的基本结构与组成

二自由度陀螺仪是指自转轴具有两个转动自由度的陀螺仪,其基本组成如图3-23所示。

转子借助自转轴上的一对轴承安装在内环(又称内框架)中,内环借助外环轴(又称外框架轴)上的一对轴承安装在基座(即仪表壳体)上。由内环和外环组成的框架装置也常叫做万向支架。在这种框架式二自由度陀螺仪中,自转轴与内环轴垂直且相交,内环轴与外环轴垂直且相交;当这三根轴

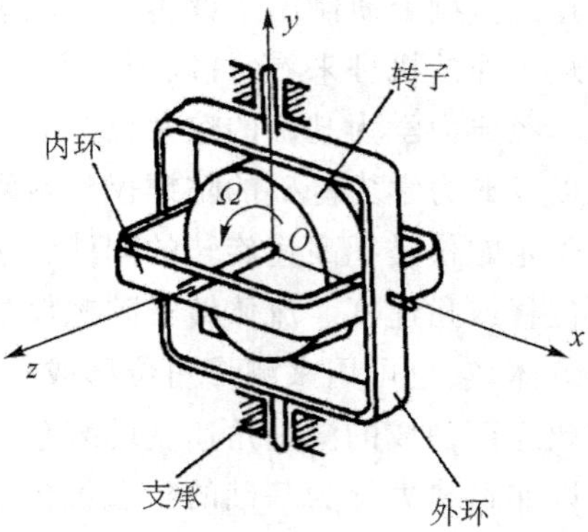

图3-23 二自由度陀螺仪结构图

线相交于一点时，该交点叫做万向交点，它实际上就是陀螺仪的支承中心。转子由电动或气动装置驱动绕自转轴高速旋转，转子连同内环可绕内环轴转动，转子连同内环和外环又可绕外环轴转动。对转子而言，具有绕其自转轴、内转轴和外转轴这三根轴的三个转动自由度。而对自转轴而言，仅具有绕内环轴和外环轴两根轴的两个转动自由度。陀螺仪框架上的支承，采用的是滚珠轴承。采用滚珠轴承的框架式陀螺仪俗称常规陀螺仪，目前，在航空领域的许多场合中，它仍然被广泛使用。

(2) 二自由度陀螺仪的特性

1) 陀螺仪的进动性

当二自由度陀螺仪受外力矩 $\boldsymbol{M}$ 作用时，若外力矩绕内环轴作用，则陀螺仪绕外环轴转动(图 3-24)；若外力矩绕外环轴作用，则陀螺仪绕内环轴转动(图 3-25)。陀螺仪的转动方向与外力矩的作用方向不一致，具有相垂直的特性，称为陀螺仪的进动性。进动性亦是二自由度陀螺仪的一个基本特性。

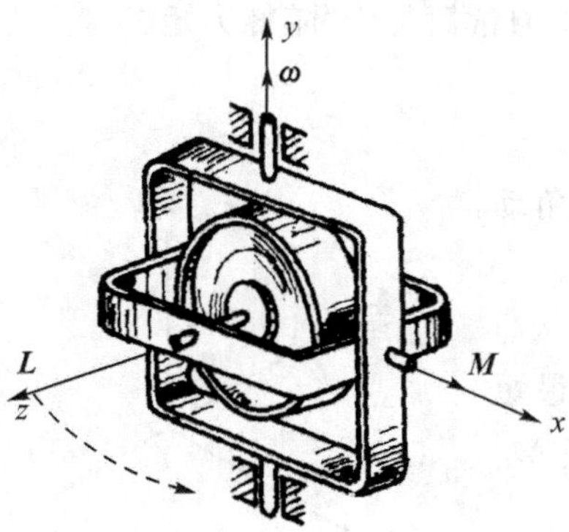

图 3-24　外力矩沿内框作用

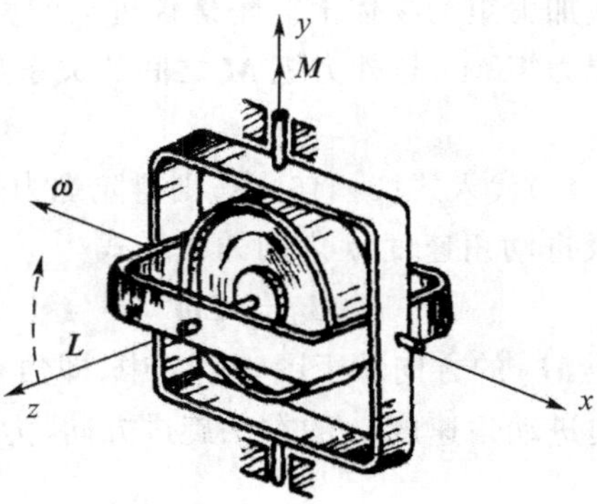

图 3-25　外力矩沿外框作用

为了与一般刚体的转动相区分，把陀螺仪这种绕着与外力矩方向相垂直方向的转动称为进动，转动角速度称为进动角速度，进动所绕的轴称为进动轴。

陀螺进动角速度的方向取决于角动量的方向和外力矩的方向，其规律如图 3-26 所示，即角动量 $\boldsymbol{L}$ 沿最短的路径趋向于外力矩 $\boldsymbol{M}$ 的方向。可以用右手定则来判断进动角速度的方向：从角动量 $\boldsymbol{L}$ 沿最短的路径握向外力矩 $\boldsymbol{M}$ 的右手旋进方向，即为进动角速度 $\boldsymbol{\omega}$ 的方向。

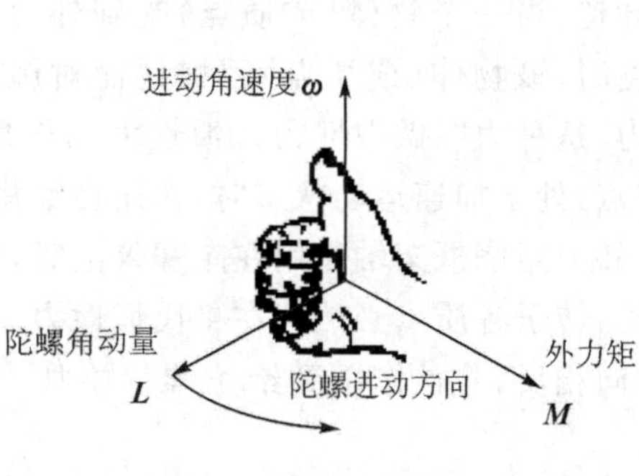

图 3-26　陀螺进动的方向

陀螺进动角速度的大小取决于角动量的大小和外力矩的大小,其计算公式为

$$\omega = \frac{M}{L} \tag{3-44}$$

由于陀螺的角动量 L 等于转子的转动惯量 I_z 与转子的自转角速度 Ω 的乘积,因此式(3-44)又可写成

$$\omega = \frac{M}{I_z \Omega} \tag{3-45}$$

式(3-44)说明,当角动量为一定值时,进动角速度与外力矩成正比;当外力矩为一定值时,进动角速度与角动量成反比;当角动量和外力矩均为一定值时,进动角速度也保持为一定值。

2) 陀螺力矩

由牛顿第三定律可知,有作用力(或力矩),必有反作用力(或反作用力矩),两者大小相等,方向相反,且分别作用在两个不同的物体上。当外界对陀螺仪施加力矩使它进动时,陀螺仪也必然存在反作用力矩,其大小与外力矩的大小相等,方向与外力矩的方向相反,并且作用在给陀螺仪施加力矩的物体上。陀螺仪进动的反作用力矩通常简称为"陀螺力矩"。

陀螺力矩 $\boldsymbol{M}_G$ 与外力矩 $\boldsymbol{M}$ 之间的关系显然为

$$\boldsymbol{M}_G = -\boldsymbol{M} \tag{3-46}$$

将式(3-44)代入式(3-46)中,则得陀螺力矩 $\boldsymbol{M}_G$ 与角动量 $\boldsymbol{L}$ 以及进动角速度 $\boldsymbol{\omega}$ 之间的关系式

$$\boldsymbol{M}_G = \boldsymbol{L}\boldsymbol{\omega} \tag{3-47}$$

陀螺力矩 $\boldsymbol{M}_G$ 的方向示于图3-27中,即角动量 $\boldsymbol{L}$ 沿最短路径握向进动角速度 $\boldsymbol{\omega}$ 的右手旋进方向,为陀螺力矩 $\boldsymbol{M}_G$ 的方向。

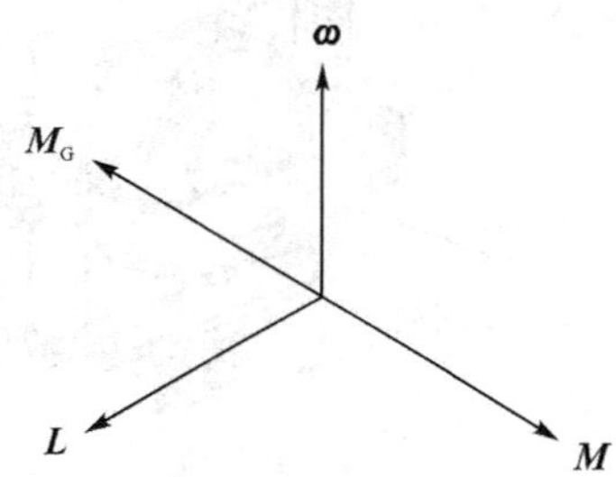

图3-27 陀螺力矩向量图

陀螺力矩实为哥氏惯性力所形成的哥氏惯性力矩。已经知道,当一个物体(或质点)受到外力作用使之产生加速度时,该物体(或质点)因惯性而对施力物体施以反作用力,这种力叫做惯性力。惯性力与作用力大小相等,方向相反;但应特别注意,它是物体(或质点)处于加速运动状态时,作用在给物体(或质点)施力的那个物体上的力。对陀螺仪而言,当外力矩绕框架轴作用在陀螺仪上时,转子各质点将受到外力作用而产生哥氏加速度;在此同时,转子各质点必然存在哥氏惯性力。转子各质点的哥氏惯性力矩必然与外力矩大小相等,方向相反,并且作用到给陀螺仪施加力矩的物体上。这就是陀螺仪的作用力矩,即陀螺力矩。

下面以图3-28所示匀质圆盘为例,说明陀螺力矩的性质。取圆盘上任意对称的四个点Ⅰ,Ⅱ,Ⅲ和Ⅳ,它们距离圆心 O 的距离均为 r。圆盘绕 z 轴的转速为 $\boldsymbol{\Omega}$,绕 y 轴的转速为 ω_y,现在研究四个点的受力情况。

假设 z，y 和 x 三轴相互垂直。圆盘上点Ⅰ在 $\boldsymbol{\Omega}$ 转速下，有相对速度的大小 $V_r = r\Omega$，沿 x 和 y 轴分解，有 $V_{rx} = V_r \sin\theta$，$V_{ry} = V_r \cos\theta$，其中 θ 为 r 与 x 轴的夹角。当绕着 y 轴有角速度时，则产生哥氏加速度

$$\boldsymbol{a}_{\mathrm{K}} = 2\boldsymbol{\omega}_y \times \boldsymbol{V}_{rx} \tag{3-48}$$

哥氏加速度的大小为 $a_{\mathrm{K}} = 2\omega_y V_{rx} \sin\theta$，方向垂直于 Oxy 平面，指向读者。用同样的方法可求出Ⅱ，Ⅲ和Ⅳ点的哥氏加速度。由图 3-28 可知，Ⅰ和Ⅱ两点的哥氏加速度同向，Ⅲ和Ⅳ两点的哥氏加速度也同向，但与Ⅰ和Ⅱ两点的哥氏加速度方向相反。对每一个哥氏加速度 $\boldsymbol{a}_{\mathrm{K}}$，均产生一个附加的惯性力 $\mathrm{d}\boldsymbol{F}_{\mathrm{K}}$，$\mathrm{d}\boldsymbol{F}_{\mathrm{K}}$ 与 $\boldsymbol{a}_{\mathrm{K}}$ 在同一直线上，方向相反。由图 3-28 可见，Ⅰ，Ⅱ，Ⅲ和Ⅳ点的惯性力对 y 轴取矩后，力矩相互抵消；而对 x 轴取矩后，力矩相加。整个圆盘各点惯性力矩的总和即为陀螺力矩。

取圆盘的第一象限来求陀螺力矩(图 3-29)。假设一小块(图中阴影部分)的陀螺力矩的大小为 $\mathrm{d}M_{x\mathrm{G1}}$，若圆盘厚度为 h，材料的质量密度为 ρ，则

$$\mathrm{d}M_{x\mathrm{G1}} = 2\omega_y V_r \sin\theta\, y\, \mathrm{d}m \tag{3-49}$$

式中，$V_r = r\Omega$，$y = r\sin\theta$，$\mathrm{d}m = \rho h r\,\mathrm{d}\theta\mathrm{d}r$。则有圆盘第一象限的陀螺力矩的大小为

$$\mathrm{d}M_{x\mathrm{G1}} = 2\omega_y \Omega r^3 (\sin\theta)^2 \rho h\, \mathrm{d}\theta\mathrm{d}r \tag{3-50}$$

积分后，可得

$$M_{x\mathrm{G1}} = \int_0^{\frac{\pi}{2}}\int_0^R 2\omega_y \Omega\rho h r^3 \mathrm{d}r(\sin\theta)^2\mathrm{d}\theta = \int_0^R 2\omega_y \Omega\rho h r^3 \int_0^{\frac{\pi}{2}} \frac{1-\cos 2\theta\mathrm{d}\theta}{2}\mathrm{d}r =$$

$$\int_0^R \frac{\pi}{2}\omega_y \Omega\rho h r^3 \mathrm{d}r = \frac{\pi}{8}\omega_y \Omega\rho h R^4 \tag{3-51}$$

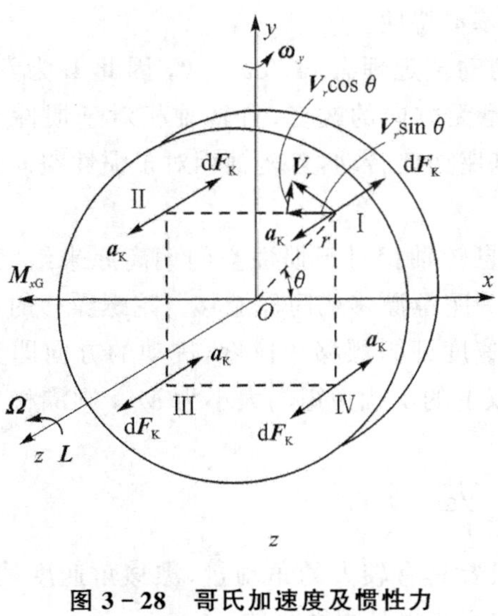

图 3-28　哥氏加速度及惯性力

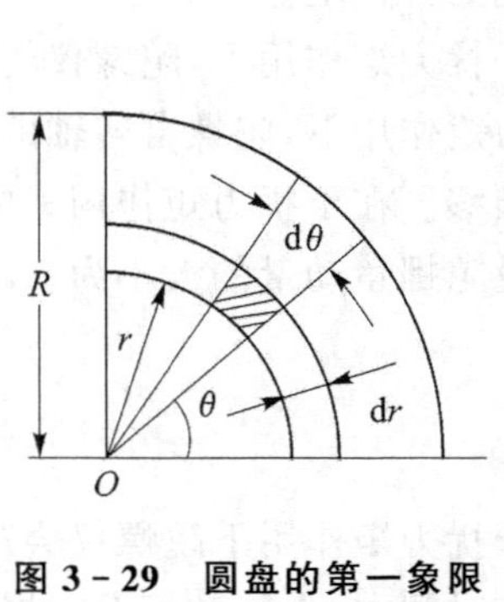

图 3-29　圆盘的第一象限

由于每一象限产生的惯性力矩大小相等,所以整个圆盘的惯性力矩的大小为

$$M_{xG}=4M_{xG1} \tag{3-52}$$

将式(3-51)代入式(3-52),可得

$$M_{xG}=\frac{1}{2}\omega_y mR^2\Omega \tag{3-53}$$

式中,$m=\pi R^2\rho h$ 为圆盘的质量。

圆盘绕 z 轴的转动惯量为 $I_z=\frac{1}{2}mR^2$,陀螺的角动量 $\boldsymbol{L}=I_z\boldsymbol{\Omega}$,代入式(3-53),可得

$$\boldsymbol{M}_{xG}=\boldsymbol{L}\times\boldsymbol{\omega}_y \tag{3-54}$$

则陀螺力矩的大小为

$$M_{xG}=L\omega_y\sin\alpha \tag{3-55}$$

式中,α 为 $\boldsymbol{L}$ 与 $\boldsymbol{\omega}_y$ 之间的夹角。当 $\alpha=90°$时

$$M_{xG}=L\omega_y \tag{3-56}$$

由以上讨论可知,陀螺仪的反作用力矩,即陀螺力矩,是陀螺仪进动时所产生的哥氏惯性力矩。陀螺仪在外力矩 $\boldsymbol{M}_x$ 作用下产生进动角速度 $\boldsymbol{\omega}_y$,这时就会产生陀螺力矩 $\boldsymbol{M}_{xG}$,其方向与外力矩相反,但大小相等。作用在陀螺仪轴上的外力矩由陀螺力矩平衡,所以转子轴不会沿外力矩方向倾倒。

必须强调的是,陀螺力矩并不作用在转子本身,而是作用在给陀螺仪施加力矩的物体上。

3) 陀螺仪的定轴性

二自由度陀螺仪的转子绕自转轴高速旋转即具有角动量 $\boldsymbol{L}$ 时,如果不受外力矩作用,则将力图保持其自转轴相对于惯性空间方位稳定的特性,称为陀螺仪的稳定性,也常称为定轴性。稳定性或定轴性是二自由度陀螺仪的一个基本特性。

如果陀螺仪不受任何外力矩作用,则根据角动量定理有 $\mathrm{d}\boldsymbol{L}/\mathrm{d}t=\boldsymbol{0}$,因此 $\boldsymbol{L}$ 为常数,这时陀螺角动量 $\boldsymbol{L}$ 在惯性空间中既无大小的改变,也无方向的改变,自转轴相对于惯性空间处于原来给定的方位上。而且,不管安装陀螺仪的基座如何转动,自转轴相对于惯性空间仍然处于原来给定的方位上。

在干扰力矩作用下,陀螺仪将产生进动,使自转轴相对于惯性空间偏离原来给定的方位。在干扰力矩作用下,陀螺自转轴的方位偏离,称为陀螺漂移或简称漂移。陀螺漂移的主要形式是进动漂移。在干扰力矩作用下的陀螺进动角速度即为漂移角速度,进动的方向即为漂移的方向。设陀螺角动量的大小为 L,作用在陀螺仪上的干扰力矩的大小为 M_d,则漂移角速度的大小为

$$\omega_\mathrm{d}=\frac{M_\mathrm{d}}{L} \tag{3-57}$$

虽然在干扰力矩作用下陀螺仪会产生漂移,但只要具有较大的角动量,漂移角速度就较小,因而在一定时间内,自转轴相对于惯性空间的方位变化也是很微小的。

在干扰力矩作用下，陀螺仪以进动的形式做缓慢漂移，这是陀螺仪稳定性的一种表现。陀螺角动量越大，则漂移越缓慢，陀螺仪的稳定性就越高。

如果陀螺仪的漂移率足够小，例如达到 0.1(°)/h 或更小的量级，则陀螺自转轴相对于惯性空间的方位变化很微小；与地球自转所引起的地球相对于惯性空间的方位变化相比，可近似认为陀螺自转轴相对于惯性空间的方位是不变化的。

由于陀螺自转轴相对于惯性空间保持稳定，而地球以其自转角速度绕地轴相对于惯性空间转动，所以，观察者若以地球作为参考基准，将会看到陀螺仪相对于地球的转动，这种相对运动叫做陀螺仪的“表观运动”。

例如，在地球北极处放置一个高精度的陀螺仪，并使其外环轴处于竖直位置，自转轴处于水平位置(图 3-30)，这时俯视陀螺仪将会看到：陀螺自转轴在水平面内相对于地球做顺时针转动，每 24 小时转动 1 周。

在地球赤道处放置一个高精度的陀螺仪，并使其外环轴处于水平南北位置，自转轴处于当地水平位置(图 3-31)，这时将会看到：陀螺仪自转轴在东西方向的垂直平面内相对于地球转动，每 24 小时转动 1 周。

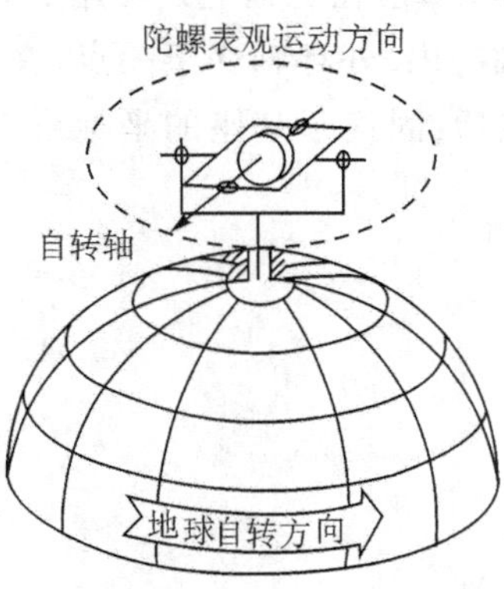

图 3-30　在地球北极处陀螺仪的表观运动

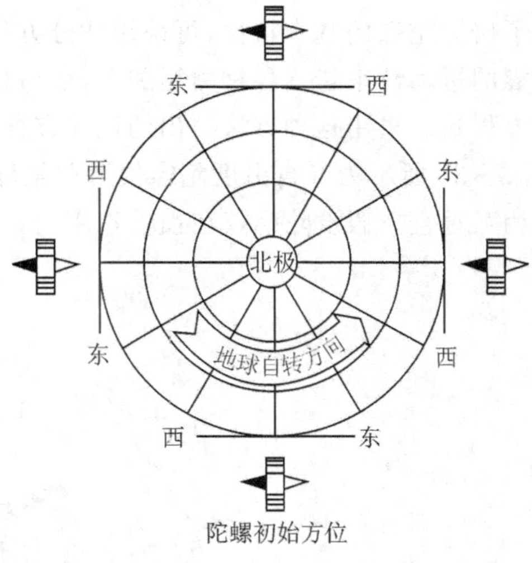

图 3-31　在地球赤道处陀螺仪的表观运动

又如，在地球任意纬度处放置一个高精度的陀螺仪，并使其自转轴处于当地地垂线位置(图 3-32(a))，这时将会看到：陀螺仪自转轴逐渐偏离当地地垂线，而相对于地球做圆锥轨迹的转动，每 24 小时转动 1 周。若使其自转轴处于当地子午线位置(图 3-32(b))，这时将会看到：陀螺自转轴逐渐偏离当地子午线，而相对于地球做圆锥轨迹的转动，每 24 小时转动 1 周。这种由表观运动引起的陀螺自转轴偏离当地地垂线或当地子午线的误差，又称为陀螺仪的“表观误差”。显而易见，若要使陀螺自转轴始终重现当地地垂线或当地子午线，则必须对陀螺仪施加一定的控制力矩或称修正力矩,以使其自转轴始终跟踪当地地垂线或当地子午线相对于惯性空间的方位变化。

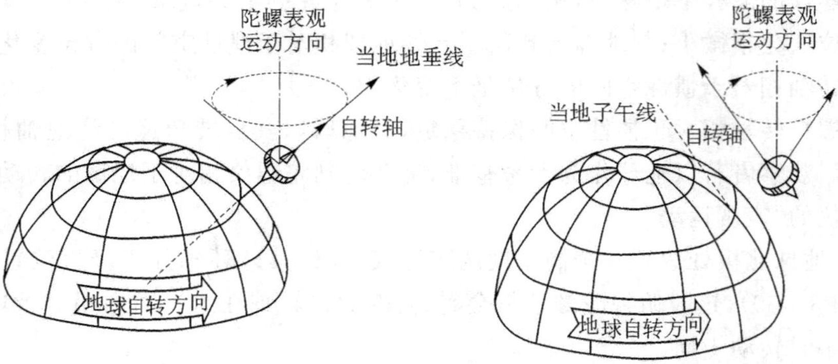

(a) 自转轴处于当地地垂线位置　　(b) 自转轴处于当地子午线位置

图 3-32　在任意纬度处陀螺仪的表观运动

(3) 二自由度陀螺仪的运动方程

为了研究陀螺的基本特性,可采用微分方程来表达陀螺仪的运动规律。首先,应用牛顿定律及陀螺的进动性来建立各种力矩关系,然后根据力矩平衡原理,即“动静法”直接写出陀螺仪的运动方程式。采用这种方法写出的运动方程式虽不太准确,但在工程上是可用的。

图 3-33 所示为二自由度陀螺仪运动坐标系,转子轴与内、外环轴交于一点,在初始位置时三轴相互垂直。假设陀螺仪在惯性基座上,则坐标系包括:固连于基座的坐标系 $Oxyz$,也

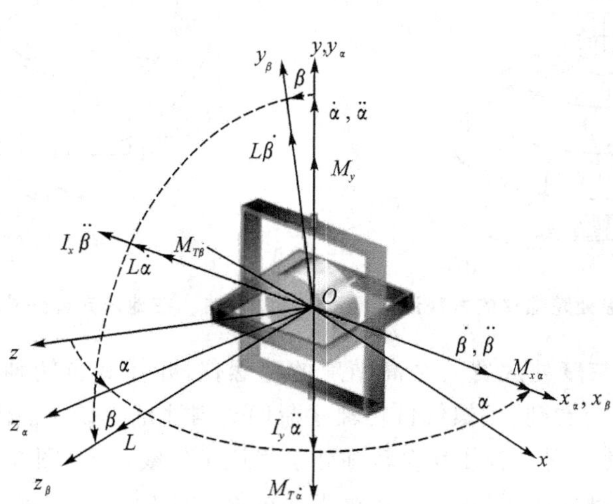

图 3-33　二自由度陀螺仪运动坐标系

就是惯性坐标系，z，x 和 y 分别为转子轴、内环轴和外环轴；固连于外环的坐标系 $Ox_\alpha y_\alpha z_\alpha$；固连于内环的坐标系 $Ox_\beta y_\beta z_\beta$。

起始时，各对应的坐标轴均重合。当陀螺仪绕外环轴 y 转动时，转动角加速度和角速度分别为 $\ddot{\alpha}$ 和 $\dot{\alpha}$，外环坐标系为 $Ox_\alpha y_\alpha z$，并与 $Oxyz$ 坐标系形成偏角 α。同样，当内环绕内环轴转动时，转动角加速度和角速度分别为 $\ddot{\beta}$ 和 $\dot{\beta}$，内环坐标系为 $Ox_\beta y_\beta z_\beta$，并与 $Ox_\alpha y_\alpha z_\alpha$ 坐标系形成夹角 β。转角 α 和 β 称为欧拉角。

陀螺转子的角动量为 L，陀螺仪对内、外环轴的转动惯量分别为 I_x 和 I_y，假设绕内环轴的外力矩为 $M_{x\alpha}$，沿 x_α 轴正向；绕外环轴的外力矩为 M_y，沿 y 轴正向。在外力矩的作用下，陀螺仪绕内、外环转动，出现角加速度 $\ddot{\beta}$ 和 $\ddot{\alpha}$ 及角速度 $\dot{\beta}$ 和 $\dot{\alpha}$，这样就产生了普通定轴转动刚体的转动惯性力矩，其方向与角加速度方向相反，即绕内环轴的惯性力矩 $I_x\ddot{\beta}$ 沿 x_α 轴负向，绕外环轴的惯性力矩 $I_y\ddot{\alpha}$ 沿 y 轴负向。此外，存在的摩擦力矩分别为 $M_{T\dot{\beta}}$ 和 $M_{T\dot{\alpha}}$，其方向分别与转动角速度 $\dot{\beta}$ 和 $\dot{\alpha}$ 方向相反。

由于陀螺仪具有角动量 L，当陀螺仪绕内环轴和外环轴产生角速度 $\dot{\beta}$ 和 $\dot{\alpha}$ 时，生成哥氏惯性力矩，即陀螺力矩，其方向按角动量 L 转向角速度方向的右手规则确定。设 β 和 α 角是小量，则陀螺力矩 $L\dot{\alpha}$ 沿 x_α 轴负向，$L\dot{\beta}$ 沿 y_β 轴正向。

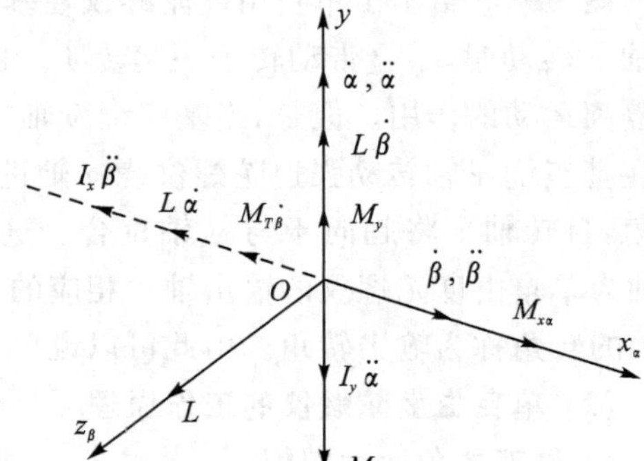

图 3-34 二自由度陀螺仪力矩平衡图

由于 x_α 和 y 轴的力矩是平衡的(图 3-34)，则有

$$\sum \overline{M}_x = 0 \tag{3-58}$$

$$\sum \overline{M}_y = 0 \tag{3-59}$$

即

$$\begin{cases} M_{x\alpha} - L\dot{\alpha} - I_x\ddot{\beta} - M_{T\dot{\beta}} = 0 \\ I_y\ddot{\alpha} + M_{T\dot{\alpha}} - L\dot{\beta} - M_y = 0 \end{cases} \tag{3-60}$$

假设摩擦力矩很小可忽略不计，即 $M_{T\dot{\beta}} = M_{T\dot{\alpha}} = 0$，则式(3-60)可简化为

$$\begin{cases} M_{x\alpha} - L\dot{\alpha} - I_x\ddot{\beta} = 0 \\ I_y\ddot{\alpha} - L\dot{\beta} - M_y = 0 \end{cases} \tag{3-61}$$

或为

$$\begin{cases} M_{x\alpha} = I_x\ddot{\beta} + L\dot{\alpha} \\ M_y = I_y\ddot{\alpha} - L\dot{\beta} \end{cases} \tag{3-62}$$

2. 单自由度陀螺仪

(1) 单自由度陀螺仪的特性

单自由度陀螺仪的结构组成与二自由度陀螺仪相比,区别是其只有一个框架,所以相对于基座而言,少了一个转动自由度。因此,单自由度陀螺仪的特性就与二自由度陀螺仪的有所不同。

二自由度陀螺仪的基本特性之一是进动性,这种进动仅仅与作用在陀螺仪上的外力矩有关。基座的转动运动不会直接带动转子一起转动,所以不会直接影响到转子的进动运动。也可以说,由内、外环组成的框架装置在运动方面起着隔离的作用,即将基座的转动与转子的转动隔离开来。这样,如果陀螺自转轴稳定在惯性空间的某个方位上,那么当基座转动时,它仍然稳定在原来的方位上。

图3-35给出了单自由度陀螺仪在基座转动时的运动情况。当基座绕陀螺自转轴 z 或框架轴 x 转动时,不会带动转子一起转动。也就是说,当基座绕这两个方向转动时,框架仍然起到隔离运动的作用。但是,当基座绕 y 轴以角速度 ω_y 转动时,由于陀螺仪没有转动自由度,所以在基座绕 y 轴转动强迫陀螺仪绕 y 轴进动的同时,还强迫陀螺仪绕框架轴进动并出现进动转角,自转轴 z 将趋向于与 y 轴重合。这里,y 轴为单自由度陀螺仪的输入轴,而框架轴即 x 轴为单自由度陀螺仪的输出轴。相应的,绕 y 轴的转动角速度称为输入角速度,绕框架轴即 x 轴的转角称为输出转角。由此可以说单自由度陀螺仪具有感受绕其输入轴转动的特性。

(2) 单自由度陀螺仪的工作原理

1) 框架式角速度陀螺

单自由度陀螺仪可测量飞行器的转动角速度,所以称为角速度陀螺,也称为速率陀螺。

图3-36为框架式角速度陀螺的基本结构图。图中 x 轴 (L 轴) 为内环轴,是信号输出轴,轴上装有平衡弹簧、阻尼器和信号输出电位计。z 轴为转子轴,y 轴为测量轴。

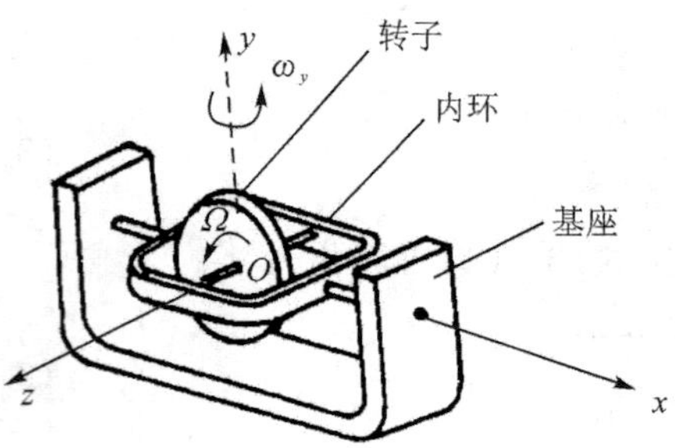

图3-35 单自由度陀螺仪在基座转动时的运动情况

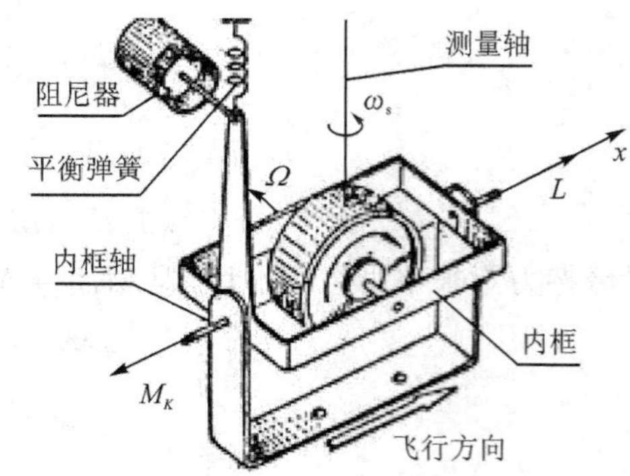

图3-36 框架式角速度陀螺的基本结构图

单自由度陀螺仪由陀螺电机和内框组成。陀螺电机多采用磁滞电机，内框做成方框形或陀螺房的形式，内框轴采用高精度的滚珠轴承或宝石轴承支撑在壳体上。

平衡弹簧的作用是当内框绕内框轴相对于壳体出现转角时产生弹性力矩，并度量输入角速度的大小。

阻尼器的作用是阻尼陀螺仪绕内框轴的振荡。在框架式角速度陀螺中，一般采用空气阻尼器。

信号输出传感器的作用是将输出转角变换成电压信号。它安装在内框轴方向，一般采用信号电位计或微动同步器。

角速度陀螺的原理如图 3－37 所示，当基座绕 y 轴以角速度 ω_y 转动时，由于陀螺仪绕该轴没有转动自由度，所以当基座转动时，将通过框架轴上的一对支承带动框架连同转子一起转动，即强迫陀螺仪绕 y 轴进动。而这时陀螺仪的自转轴仍是力图保持原来的空间方位稳定，于是当基座转动时，框架轴上的一对支承就有推力作用在框架轴的两端，并形成推力矩 M_L 作用在陀螺仪上，其方向沿 y 轴的正向。由于陀螺仪绕框架轴仍然存在转动自由度，所以这个推力矩就强迫陀螺仪产生绕框架轴（x 轴）的进动，同时出现进动角度，并强迫进动角速度 $\dot{\beta}$ 沿框架轴 x 趋向于与 y 轴重合，陀螺仪相对于基座出现转角 β。β 角出现后，弹簧产生力矩 $M_{K\beta}$，其值为 $M_{K\beta}=K\beta$（K 为弹簧刚性系数），方向沿 x 轴正向。在弹簧力矩 $M_{K\beta}$ 的作用下，陀螺将绕 y 轴做正向进动，进动角速度为 ω_s 并与 ω_y 同向。当 $\omega_s=\omega_y$ 时，陀螺达到平衡状态，进动角速度 $\dot{\beta}=0$，这时框架轴上的一对支承不再对陀螺仪施加推力作用，所以基座的转动也不再引起陀螺仪绕框架轴转动了。这时，陀螺仪将保持相对于基座出现的转角 β，且有

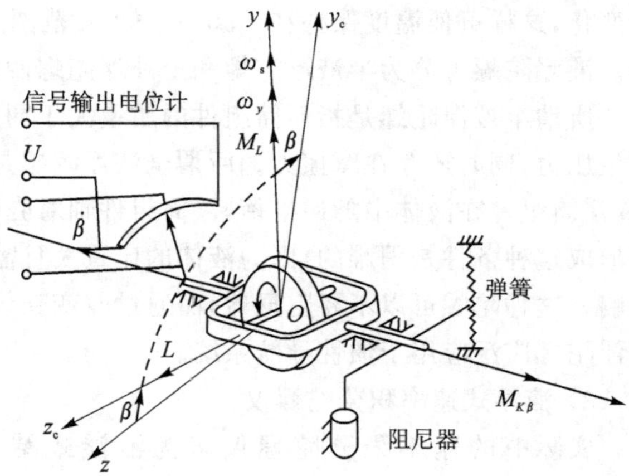

图 3－37　框架式角速度陀螺的原理图

$$\omega_s=M_{K\beta}/L=\omega_y \tag{3-63}$$

$$\beta=\frac{L}{K}\omega_y \tag{3-64}$$

式(3－64)说明单自由度陀螺仪的输出转角 β 与输入角速度成正比。陀螺仪在相对于基座出现转动时，同时带动信号输出电位计的电刷运动，并输出与转角 β 成正比的电压信号。测量该电压信号即可得出飞行器绕某一机(弹)体轴转动的角速度。

2）液浮陀螺

采用滚珠轴承的框架式陀螺仪俗称常规陀螺仪，目前在航空领域中仍被使用。但由于滚

珠轴承存在摩擦力矩,因此对仪表的灵敏度影响很大。为了减小框架轴上支承的摩擦力矩,采用液体将内环浮起来的办法来减小摩擦力,提高陀螺仪的精度,以满足惯性导航和惯性制导对陀螺仪精度的要求,这种陀螺仪即为液浮陀螺仪。

液浮陀螺的结构如图3-38所示。将内环做成密封的浮筒,放在密封的壳体中,浮筒一端通过轴支承在壳体上,另一端固连在壳体上。轴的一端做成变面积断面,成为弹性扭杆以代替恢复弹簧,轴上装有用于信号输出的微动同步器定子,转子固定在壳体上。壳体和浮筒之间充入甲基硅油。液浮陀螺的阻尼器由阻尼筒和活塞组成,阻尼器中的液体粘度随温度而变化,阻尼筒与活塞采用不同膨胀系数的材料制成,当温度变化时,用活塞的空隙变化来补偿液体粘度的变化,这样可使温度保持在－50～＋60 ℃范围内,仪表的相对阻尼系数保持在0.3～0.7以内。液浮陀螺可分为半液浮陀螺和全液浮陀螺两种。

所谓半液浮陀螺是指浮筒组件的质量大于同体积液体的质量,浮筒组件通过轴承对壳体产生压力,同时还存在摩擦力。所谓全液浮陀螺是指浮筒组件的质量与同体积液体的质量相等,浮筒组件在液体中随遇平衡,浮筒组件轴对壳体没有正压力,因此摩擦力接近于零。当然,要形成这种条件是困难的,因为液体的比重大且需要恒温,以防止因温度变化对液体比重产生影响。这种陀螺可以不要阻尼器,而通过改变壳体与浮筒的间隙来增加液体阻尼。目前,这种液浮陀螺广泛应用于惯性导航系统。

3) 液浮式速率积分陀螺仪

实际中的速率积分陀螺仪多为液浮式结构。液浮式速率积分陀螺仪的原理图如图3-39所示。

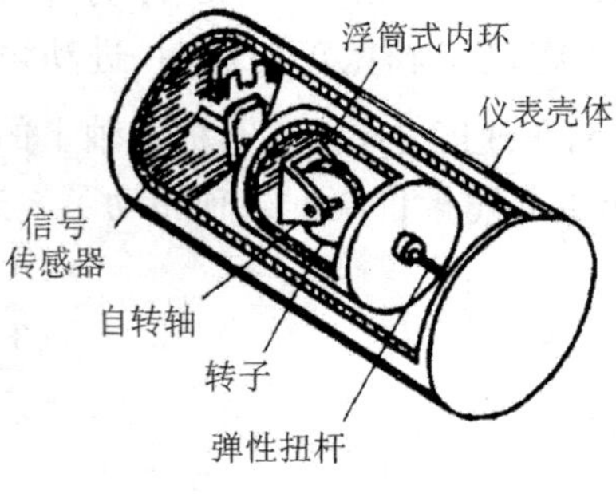

图3-38　液浮式速率陀螺结构图

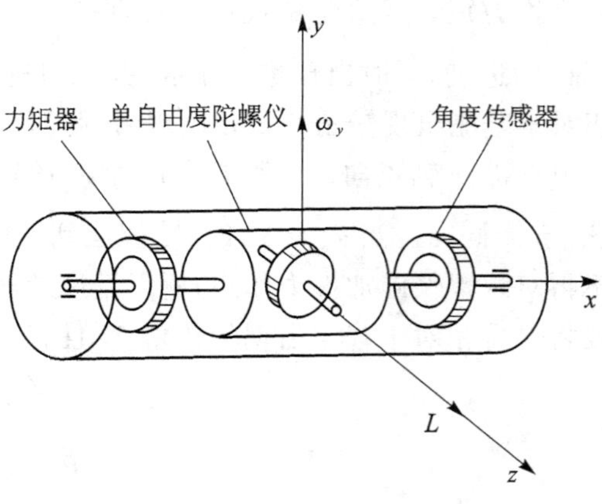

图3-39　液浮式速率积分陀螺仪的原理图

液浮式速率积分陀螺仪在单自由度陀螺仪的基础上增设了阻尼器和角度传感器。与速率陀螺仪相比,它缺少了弹性元件,在动力学中由阻尼力矩起主要作用。

速率积分陀螺仪主要由单自由度陀螺仪、阻尼器、力矩器、温控装置和信号传感器等部分组成。

单自由度陀螺仪由陀螺电机和内框组成。陀螺电机多采用磁滞电机，内框做成浮筒形式，浮筒组件悬浮在密度、粘度都较大的氟油中。当满足了中性浮动条件时，内框轴上的支承不承受负荷，而仅起着定中心的作用。

阻尼器为液体阻尼器。由于浮筒与壳体之间充满了悬浮液体，故当浮筒绕内框轴相对于壳体转动时，液体的粘性摩擦阻力即形成阻尼力矩。选择粘性系数较大的氟油来控制浮筒与壳体之间的空隙，即可形成所需要的阻尼。

信号传感器将输出转角变换成电压信号。输出转角沿内框轴方向。速率积分陀螺仪采用的是微动同步器。微动同步器的转子固定在内框轴上，定子固定在壳体上。当转子相对于定子出现转角时，微动同步器便产生与转角成正比的电压信号。

力矩器用来对速率积分陀螺仪施加控制力矩。力矩也沿内框轴的方向。力矩器通常采用类似于微动同步器的结构形式，其转子固定在内框架轴上，定子则固定在壳体上。力矩器的定子上有两组线圈，一组为激磁线圈，另一组为控制线圈。当控制线圈通以电流时，力矩器便产生绕内框轴的控制力矩。

温控装置用于保持氟油在一定的高温条件下工作。这一点与液浮速率陀螺仪不同。

液浮式速率积分陀螺仪具有很高的灵敏度，一般用做陀螺稳定平台的敏感元件。

(3) 单自由度陀螺仪的运动方程

可采用“动静法”来建立单自由度陀螺仪的微分方程。如图 3 - 40 所示，$Oxyz$ 为基座坐标系，Oxy_cz_c 为内环坐标系。对单自由度陀螺仪而言，其输入为基座（即壳体）相对于惯性空间的转动，而输出为陀螺仪绕框架轴相对于基座的转角。因此，所关心的是陀螺仪绕框架轴相对于基座的运动情况，亦即坐标系 Oxy_cz_c 相对于基座坐标系（或说壳体坐标系）$Oxyz$ 的运动情况。

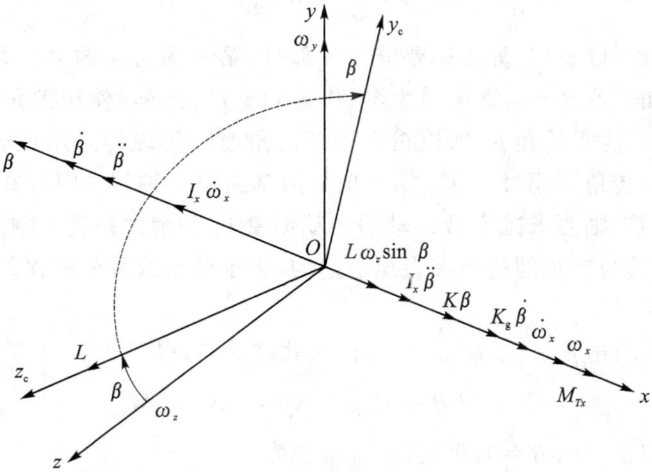

图 3 - 40　角速度陀螺输出轴上的力矩

假设陀螺仪绕框架轴相对于基座转动的角加速度、角速度和转角分别为 $\ddot{\beta}$,$\dot{\beta}$ 和 β,又假设基座绕基座坐标系各轴相对于惯性空间转动的角加速度分别为 $\dot{\omega}_x$,$\dot{\omega}_y$ 和 $\dot{\omega}_z$,角速度分别为 ω_x,ω_y 和 ω_z。I_x 为陀螺仪绕框架轴 x 转动的转动惯量。

当基座沿测量轴 y 有转速 ω_y 时,陀螺绕 x 轴进动,出现 $\ddot{\beta}$ 和 $\dot{\beta}$,同时在 x 轴正向出现弹簧力矩 $M_{K\beta}=K\beta$、阻尼力矩 $M_c=K_g\dot{\beta}$(K_g 为阻尼系数)、摩擦力矩 M_{Tx} 和惯性力矩 $I_x\ddot{\beta}$。由于出现了 β 角,因此,基座这时还有相对于惯性空间的角速度 ω_y 和 ω_z,沿 x 轴将形成陀螺力矩的分量 $L\omega_y\cos\beta$ 和 $L\omega_z\sin\beta$。根据力矩平衡原理 $\sum M_x=0$,则有

$$I_x\ddot{\beta}+K_g\dot{\beta}+K\beta+M_{Tx}=L\omega_y\cos\beta-L\omega_z\sin\beta+I_x\dot{\omega}_x \tag{3-65}$$

在稳定时,$\dot{\beta}=\ddot{\beta}=0$,则稳态角为

$$\beta^*=\frac{L}{K}(\omega_y\cos\beta-\omega_z\sin\beta)+\frac{I_x}{K}\dot{\omega}_x-\frac{M_{Tx}}{K} \tag{3-66}$$

在理想情况下 β 很小,设 $\cos\beta\approx 1$,$\sin\beta\approx 0$,若 $\dot{\omega}_x=0$,$\omega_z=0$,$M_{Tx}\approx 0$,则式(3-65)简化为

$$I_x\ddot{\beta}+K_g\dot{\beta}+K\beta=L\omega_y \tag{3-67}$$

在稳定时,$\dot{\beta}=\ddot{\beta}=0$,则理想稳态角为

$$\beta=\frac{L\omega_y}{K}=K_1\omega_y \tag{3-68}$$

式中,$K_1=L/K$ 为常数,称为速率陀螺的灵敏度,或静态传递系数。将式(3-66)减式(3-68)可得误差角

$$\begin{aligned}\Delta\beta=\beta^*-\beta=\frac{L}{K}(\omega_y\cos\beta-\omega_z\sin\beta)+\frac{I_x}{K}\dot{\omega}_x-\frac{M_{Tx}}{K}-\frac{L\omega_y}{K}=\\-K_1\omega_y\left(1-\cos\beta+\frac{\omega_z}{\omega_y}\sin\beta\right)+\frac{I_x}{K}\dot{\omega}_x-\frac{M_{Tx}}{K}\end{aligned} \tag{3-69}$$

由式(3-69)可以看出,静态误差分为三部分,第一项对应的部分是由陀螺仪相对于基座出现转角 β 造成的,若 $\beta=0$,则该项为零,作为角速度传感器使用的角速度陀螺,其信号转换器输出的电信号对应于转角 β,所以精度较高的角速度陀螺均采用灵敏度较高的角位移传感器(微动同步器),转角不超过 $\pm 3°$。第二项是因基座绕 x 轴转动时存在角加速度形成的,若要减小这部分的误差,则要求减小沿 x 轴的转动惯量 I_x 和增大弹簧的刚度。第三项是由 x 轴上的不平衡力矩及其与支承间的摩擦力矩引起的,为了减小这部分的误差,应增大弹簧刚度和设法减小摩擦。

若 $\cos\beta\approx 1$,$\sin\beta\approx 0$,且 $\dot{\omega}_x=0$,代入式(3-65)得

$$I_x\ddot{\beta}+K_g\dot{\beta}+K\beta=L\omega_y-M_{Tx} \tag{3-70}$$

考虑初始状态,即 $\ddot{\beta}=0$,$\dot{\beta}=0$,则式(3-70)变为

$$L\omega_y=M_{Tx}=0$$

即有

$$\omega_{y\min} = \frac{M_{Tx}}{L} \tag{3-71}$$

式中，$\omega_{y\min}$ 为角速度陀螺的最小角速度，即非灵敏区。可以看出，增大角动量 L 和减小摩擦可提高灵敏度。由此相继出现了液浮陀螺和挠性陀螺等新型陀螺。

(4) 单自由度陀螺仪的动态特性

将式(3－67)写成形式

$$\ddot{\beta} + \frac{K_g}{I_x}\dot{\beta} + \frac{K}{I_x}\beta = \frac{L}{I_x}\omega_y \tag{3-72}$$

将式(3－72)进行拉氏变换，并写成传递函数形式

$$W(s) = \frac{\beta(s)}{\omega_z(s)} = \frac{K_1\omega_0^2}{s^2 + 2\xi\omega_0 s + \omega_0^2} \tag{3-73}$$

式中，$\omega_0 = \sqrt{\frac{K}{I_x}}$ 为固有频率；$\xi = \frac{K_g}{2\sqrt{I_x K}}$ 为相对阻尼系数；$K_1 = \frac{L}{K}$ 为静态传递系数。

若信号输出传感器输出的电压与内环绕 x 轴的转角成正比，则有

$$\beta(s) = \frac{U(s)}{K_\beta} \tag{3-74}$$

将式(3－74)代入式(3－73)得

$$\frac{U(s)}{\omega_y(s)} = \frac{K_1 K_\beta \omega_0^2}{s^2 + 2\xi\omega_0 s + \omega_0^2} \tag{3-75}$$

静特性为

$$\frac{U}{\omega_y} = K_1 K_\beta \tag{3-76}$$

$$U = K_1 K_\beta \omega_y = \frac{L}{K} K_\beta \omega_y \tag{3-77}$$

由式(3－75)可知，角速度陀螺是典型的二阶系统，动特性取决于 ξ 和 ω_0，静特性取决于 L，K 和 K_β。当陀螺一定时，K 和 K_β 为常数，则输出的角速度信号是线性的。

3. 现代陀螺仪

现代陀螺仪是基于哥氏效应或萨格纳克(Sagnac)效应工作的一类陀螺仪。

这类陀螺仪中主要包括激光陀螺仪和光纤陀螺仪等。

(1) 激光陀螺

激光陀螺(laser gyroscope)是一种应用激光技术测量物体相对于惯性空间的转动角速度的新型陀螺仪，它没有机械转子，是一个光学器件，但由于具有类似陀螺测量角速度的功能，所以仍称其为陀螺。

激光陀螺具有很多优点，诸如结构简单，没有活动的机械转子，不存在摩擦，也不受重力加速度的影响；角速度测量范围宽，可从 0.01～1 000 (°)/s 以上；测量精度高，可达 0.001 (°)/h；

启动快;工作可靠、寿命长等。更重要的是,激光陀螺直接提供数字信号,可方便地与数字机连接,代表了信息数字化与综合化的方向。

自20世纪70年代中期出现激光陀螺至今,激光陀螺已在一些惯性导航系统中得到了广泛应用,例如在波音747—400、波音757、波音767以及波音777飞机等和精确制导武器上均装备了以激光陀螺为惯性敏感元件的激光惯性基准系统。

在介绍激光陀螺的工作原理之前,首先介绍利用光学原理测量物体相对于惯性坐标系的转动角速度的基本原理。

1) 利用光学原理测量物体的转动角速度

在激光技术出现之前,人们已利用光学原理测量物体相对于惯性坐标系的转动角速度,这就是萨格纳克干涉仪,如图3-41所示。

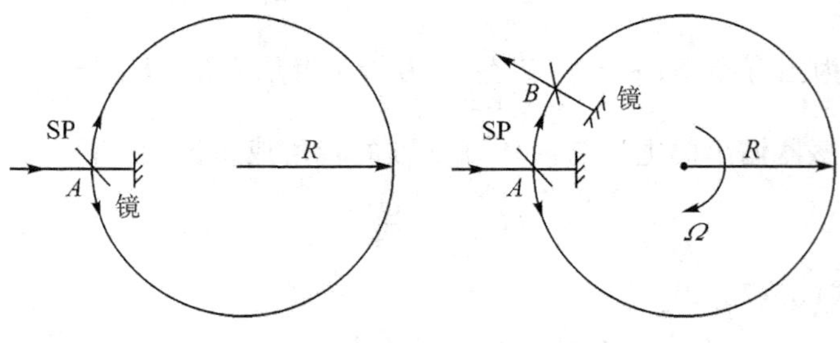

图3-41 用光学原理测量物体的相对转速

外部光源从 A 点入射,并被半透半反镜SP分成两束。设法使反射光沿半径为 R 的圆形路径逆时针传播,透射光沿相同路径顺时针传播。传播一圈后,两束相反方向传播的光在SP处会合。当干涉仪不转动时,两束光传播一圈的时间相等;当干涉仪以角速度 Ω 相对于惯性坐标系顺时针转动时,对于随干涉仪一起转动的反射镜来说,对称性将被破坏,顺、逆光的光程产生差异。两束光传播一圈的时间不等,因为在这段时间内,半透半反镜已从 A 点移动到了 B 点,当顺时针传播的光束再次到达该镜时,多走了 $\overset{\frown}{AB}$ 路程,所需时间增加;而逆时针传播的光束,其路程减少,所需时间减少,从而出现时间差 Δt 和光程差 Δl。可以证明光程差与干涉仪的转速成正比,即

$$\Delta l = \frac{4S}{kc}\Omega \tag{3-78}$$

式中,c 为光的传播速度,S 为圆形路径所包围的圆的面积,k 为常系数。

式(3-78)说明,两束光的光程差与干涉仪相对于惯性坐标系的转动角速度成正比,只要测出光程差,即可得到转动角速度 Ω。

2) 有源谐振腔式激光陀螺的结构与工作原理

激光陀螺可以分为两类。一类为干涉式激光陀螺。它是在环形干涉仪的基础上发展起来的,直接继承了干涉仪的理论,通过测量正、反两束光的光程差来得到基座相对于惯性坐标系

的角速度。这种原始的测量方法曾经证明很难实现。后来随着检测相位差技术的发展(将光程差的测量转换成相位差测量)以及多匝光纤的采用,才赋予其新的生命,使之进入科技应用范围。

另一类为谐振腔式激光陀螺,即将光路设计成闭合的谐振腔,做成激光振荡器,使正、反光束在谐振状态下工作,通过测量其频差(或拍频)来求得基座角速度。谐振腔式激光陀螺又可分为有源和无源两种。激光源在谐振腔之外的激光陀螺称为无源谐振腔(或外腔)式激光陀螺,激光源在谐振腔之内的激光陀螺则称为有源谐振腔(或内腔)式激光陀螺。

在此主要介绍有源谐振腔式激光陀螺的结构组成和基本工作原理。

图 3-42 为激光陀螺的基本组成部分。该激光陀螺主要由传感器和测量电路两部分组成。传感器部分包括谐振腔。环形谐振腔可有多种形状。图 3-42 中所示为三角形谐振腔,主要有激光管及供电电源、两个具有高反射率的多层介质反射镜、一个半透半反镜和合光棱镜。测量电路部分由光电检测器、频率计、可逆计数器和显示器等组成。

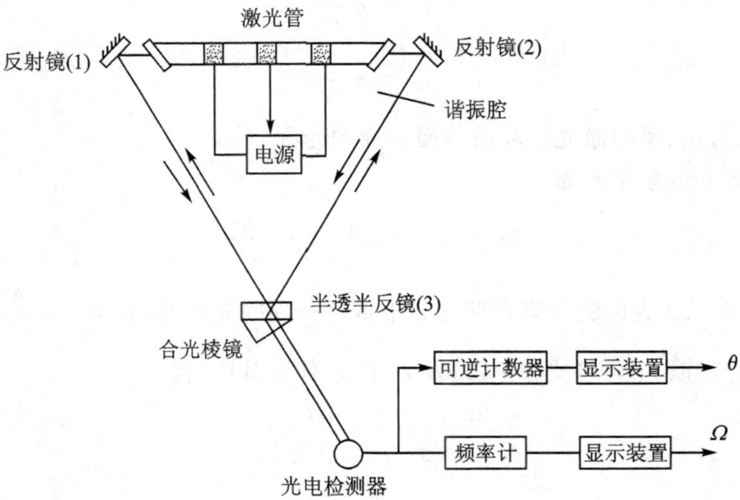

图 3-42　激光陀螺的基本组成

传感器中的激光器是用来产生激光的器件,激光管内充有氦、氖气体作为活性物质。当在激光管的阳极和阴极加有高压直流电时,在强电场作用下,活性物质被激发而产生激光。激光陀螺中的全反射镜是一种高反射率的多层介质膜片,几乎可做到全反射。图中的半透半反镜允许有少量的光透过,反射系数要求较全反射略低一些。合光棱镜是使两束不同方向传播的光混合到一起的光学元件。在测量电路部分中,光电检测器采用光电二极管或光电三极管,将光信号变为电信号输出;频率计、计数器和显示器用来记录、处理和显示光电元件的信号。

激光陀螺虽然可用来测量飞行器的转动角速度,但若经过数据处理也可得出角位移信号。

在环形谐振腔中,光路为由三个反射镜组成的闭合回路。激光管中沿光轴传播的光子通过闭合回路从另一端反射回来。由此在腔内就会形成沿环路传播但转向相反(顺时针方向和逆时针方向)的两束光 。对于每一束光来说,只有那些绕一周后回到原处时,相位差恰好为 2π 整数倍的光子所诱发的次代光子才与第一代同相位,因而逐代叠加后使光强的增益大大增加而产生激光;反之,那些各周相位不同的光子在叠加中难免相互抵消,损失很大,最终超不过损耗而被淘汰掉。所以在谐振腔中产生了方向相反、以同一频率沿环路传播的两束激光。

激光陀螺静止时,在谐振腔中,激光沿环路传播一周的振荡频率为

$$\nu = q\frac{c}{l} \tag{3-79}$$

式中, q 为常值系数, c 为光速, l 为激光沿环路传播一周的光程。

两束光反向传播,光程相等,振荡频率相等即 $\nu_1 = \nu_2$,则频差 $\Delta\nu = 0$。

当激光陀螺即谐振腔在环形平面内以角速度 Ω 转动时,两束方向相反传播的激光的光程不等,振荡频率分别为

$$\nu_1 = q\frac{c}{l_1} \tag{3-80}$$

$$\nu_2 = q\frac{c}{l_2} \tag{3-81}$$

式中, l_1 , l_2 分别为正、反向激光沿环路传播一周的光程。

这样,两束激光的频率差为

$$\Delta\nu = |\nu_1 - \nu_2| = qc\frac{\Delta l}{l_1 l_2} \tag{3-82}$$

式中, $\Delta l = l_1 - l_2$, Δl 为两激光束在谐振腔中传播一周的光程差, $l_1 = l + \frac{\Delta l}{2}$, $l_2 = l - \frac{\Delta l}{2}$ 。将式(3-82)两边除以 ν ,再将式(3-79)及 l_1 和 l_2 代入其中,得

$$\frac{\Delta\nu}{\nu} = l\frac{\Delta l}{l^2 - \frac{(\Delta l)^2}{4}} \tag{3-83}$$

由于 $l^2 \gg \frac{(\Delta l)^2}{4}$,所以式(3-83)简化为

$$\frac{\Delta\nu}{\nu} = \frac{\Delta l}{l} \tag{3-84}$$

因为 $\Delta l = \frac{4S}{kc}\Omega = \frac{4S}{k\nu\lambda}\Omega$,代入式(3-84),得

$$\Delta\nu = \frac{4S}{l\lambda k}\Omega = K\Omega \tag{3-85}$$

式中, $K = \frac{4S}{l\lambda k}$ 为激光陀螺灵敏度, S 为环形腔所包围的面积, k 为常系数, λ 为激光波长, Ω 为陀螺所测的转速。

由此可知，激光陀螺将测量飞行器（物体）的转动角速度归结为测量谐振频率的频差，从而大大提高了测量的灵敏度。

测出频差后即可算出角速度。对于有源谐振腔，频差就是两束激光之间的拍频。对式(3-85)两边积分得到拍频的振荡周期 N，它与转角 θ 成正比，即

$$N=\int_0^t \Delta\nu \mathrm{d}t=\int_0^t K\Omega \mathrm{d}t=K\theta \tag{3-86}$$

通过测量电路将每个振荡周期都变为输出脉冲，再通过检测 N 即可得到角度 θ。

(2) 光纤陀螺

光纤陀螺是继激光陀螺之后迅速发展起来的一种新陀螺。自 1976 年提出至今，光纤陀螺已经在多个领域获得了应用，精度可达 0.1～1 (°)/h。

与激光陀螺的工作原理一样，光纤陀螺的基本工作原理仍然是 Sagnac 效应；所不同的是，它采用光导纤维缠绕成的一个光路来代替在石英玻璃上加工出的三角形谐振腔。

与激光陀螺相比，光纤陀螺结构简单、成本低、可靠性高，并易于小型化。

3.2.3　陀螺仪的应用

1. 单自由度陀螺仪的应用

(1) 角速度的测量

单自由度速率陀螺仪用来测量飞行器绕各机（弹）体轴转动的角速度，可作为指示仪表，例如显示飞机转弯速度的转弯仪；也可作为角速度传感器，输出与角速度成比例的电信号，送到需要角速度信息的地方。

转弯仪是一种单自由度速率陀螺仪。它用来指示飞机转弯（或盘旋）的方向，并粗略反映飞机转弯的快慢程度。

在飞行器自动驾驶仪中常引入机（弹）体轴角速度信号，速率陀螺仪可提供飞行控制系统中的微分信号，提高系统阻尼，改善系统的动态性能。

(2) 稳定陀螺平台的敏感元件

随着惯性导航和惯性制导系统的迅速发展及其在各种飞机、导弹和舰船上的大量应用，作为平台式惯性导航系统核心部件——陀螺稳定平台敏感元件的角速率陀螺也得到了广泛应用。

在单自由度陀螺仪的基础上增设阻尼器和角度传感器，并取消弹性元件便构成速率积分陀螺仪。实际的速率积分陀螺仪均为液浮结构。液浮式速率积分陀螺仪由于具有很高的灵敏度，所以陀螺稳定平台一般多采用液浮式速率积分陀螺仪作为敏感元件，并与平台的电子线路和伺服电机等组成闭合回路，以较高的精度使平台稳定在空间方位。图 3-43 为单轴陀螺稳定平台示意图。单轴陀螺稳定平台由平台、速率积分陀螺仪、放大器、伺服电机和减速器等组成。

速率积分陀螺仪的输入轴与平台轴(或称稳定轴)重合或平行安装,伺服电机经减速器可带动平台绕其轴转动。若伺服电机采用永磁式力矩电机,则无须减速器。当平台受到某种干扰力矩绕平台轴转动、平台偏离原来的空间方位时,速率积分陀螺仪将感受到这个转动,于是陀螺仪将绕内框轴转动,出现转角 β,信号传感器输出与该角成比例的电压信号,信号经放大器放大、变换后控制伺服电机,伺服电机产生转矩并经减速器传递到平台上,转矩将克服平台上的干扰力矩,而使平台绕着平台轴相对于惯性空间保持方位稳定,即使平台恢复到初始方位。

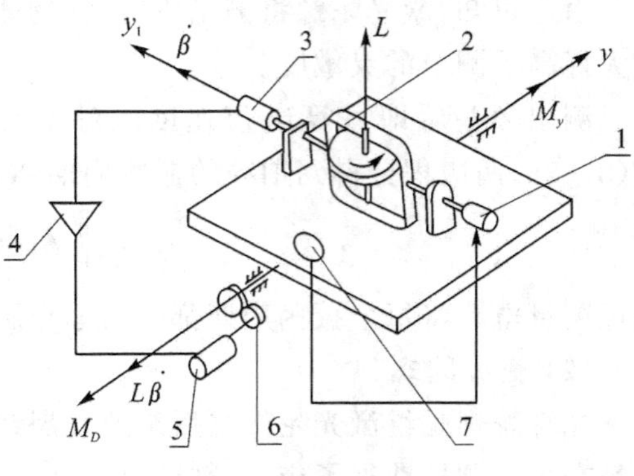

1—力矩器;2—陀螺;3—传感器;4—放大器;5—稳定电机;6—减速器;7—加速度计

图3-43 单轴陀螺稳定平台示意图

2. 二自由度陀螺仪的应用

垂直陀螺仪(或航空地平仪)是测量(或指示)飞行器俯仰角和滚转角的装置。前者作为飞行控制系统的敏感元件输出与姿态角成比例的电信号,为飞行自动控制系统或其他机载特种设备提供姿态信息。后者测量飞行器的姿态角,并作为指示仪表给飞行员提供姿态指示。二者的应用不同,但基本的工作原理是相同的。

图3-44为垂直陀螺的结构原理图,其中内环和外环称为万向支架,陀螺转子安装在万向支架内,转子轴向上,内环下面装有液体开关,在 x 和 y 轴上分别装有力矩电机Ⅱ和Ⅰ。

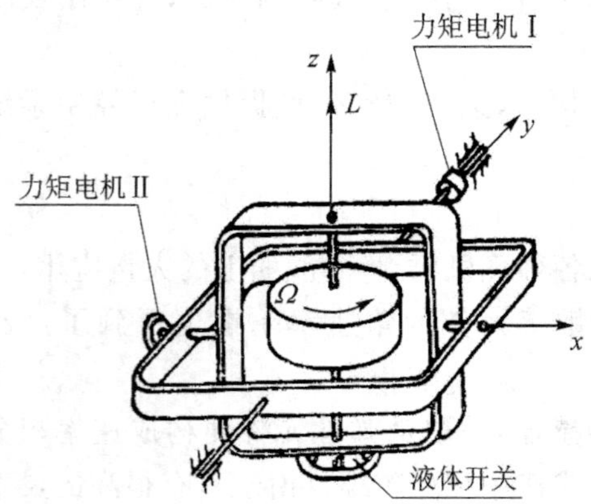

图3-44 垂直陀螺的结构原理图

要想准确测量飞行器的俯仰角和倾斜角,首先要将陀螺仪正确地安装在飞行器上。采用纵向安装方式,如图3-44所示,即将陀螺的外环轴平行于飞行器的纵轴,转子轴(L 方向)与地垂线重合,方向向上。

当飞行器俯仰时,壳体与外框跟随机(弹)体一起转动。由于陀螺仪具有定轴性,所以内环绕内环轴保持稳定,外环绕内环转过的角度就等于飞行器绕横向水平轴转动的角度,即飞行器的俯仰角。垂直陀螺的机电转换元件电位计安装在外环上,电刷安装在内环轴上,因此反映外环与内环相对运动的电位计和电刷即可输出与俯仰角成比例的电信号;当飞行器倾斜时,壳体跟随机(弹)体一起转动。同样,由于陀螺仪的定轴性,外环绕外环轴保持稳定，壳体绕外环轴转过的角度就等于飞行器绕纵轴转动的角度，即飞行器的倾斜角。由于电位计安装在壳体上，电刷安装在外环轴上，所以反映壳体与外环相对运动的电位计和电刷即可输出与倾斜角成比例的电信号。

为了准确测量飞行器的姿态，必须保证测量基准的准确，即要始终保持陀螺转子轴与地垂线的重合，这样与该垂线相垂直的平面即为所需要的地平面基准。由于陀螺的表观运动现象和各种干扰力矩所引起的进动漂移会使最初的地垂线基准倾斜，所以必须对这些偏差进行修正。对陀螺转子轴的修正是由修正装置来完成的。修正装置由液体开关和力矩电机组成。

液体开关是一个单摆，构造如图 3－45 所示。液体开关一般用玻璃管制成，它与力矩电机两相绕组接成电桥，相应的极点与中间极点间的电阻为桥臂，图中的 W1 和 W2 为力矩马达线圈。图 3－46 为双向液体开关结构原理图，图中的 W1，W2，W3 和 W4 为力矩马达线圈。当陀螺转子轴偏离地垂线时，液体开关两极点间的电阻不等，破坏了液体开关间的电阻与力矩电机线圈电阻所构成的电桥的平衡，于是力矩电机两线圈产生的力矩不相等，从而产生力矩，利用陀螺的进动特性修正陀螺，使自转轴朝着地垂线方向进动，直到液体开关的气泡回到中央位置为止，从而使转子轴最终稳定在地垂线上。

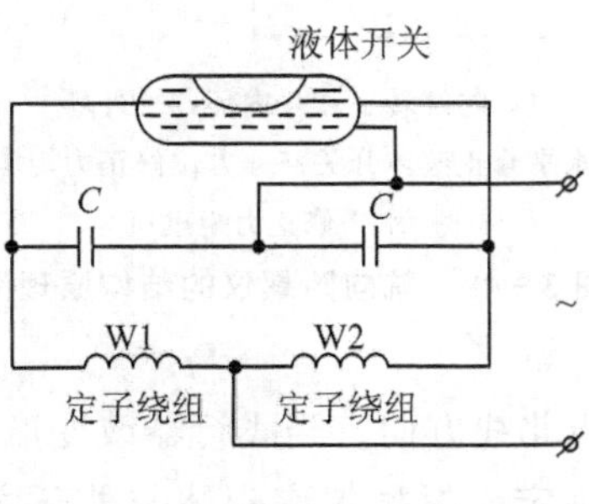

图 3－45　液体开关

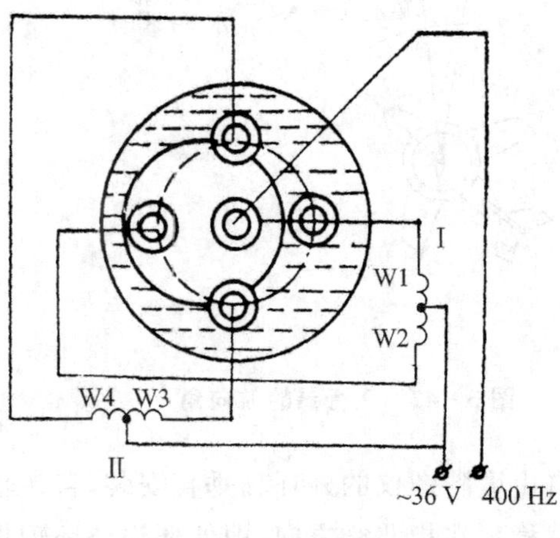

图 3－46　双向液体开关

由于液体开关是一个单摆，所以在飞行器加速飞行或盘旋飞行时，受惯性加速度和离心加速度的影响会产生修正错误。设飞行器的加速度为 a，当 $a=0$ 时，液体开关的水泡在中间位置，水泡两极点间的电阻平衡；当 $a\neq0$，即飞行器加速飞行时，水泡朝加速度方向移动，水泡两极点间的电阻不相等，力矩电机就会产生力矩修正错误。为了避免上述修正错误，在飞行器加速飞行时，要断开陀螺的纵向修正；在飞行器盘旋时，要断开横向修正；当飞行器恢复等速飞行时，再恢复其修正作用，这样可使陀螺保持跟踪地垂线。

3.3 方位角的测量

3.3.1 航向陀螺仪

航向陀螺仪用于测量飞行器的航向角。如图3-47所示,航向角是飞行器纵轴在水平面上的投影与指北线之间的夹角。指北线是指沿子午线并指向北的线。子午线包括地理子午线和磁子午线,相应地有真航向角和磁航向角,两个航向角之间的差角称为磁差角。根据当地的经度λ和纬度ϕ可计算磁差角,并对其加以补偿,即可得到真航向角。

航向陀螺仪是自动驾驶仪的一个主要部件,其结构原理如图3-48所示。航向陀螺仪由二自由度陀螺仪、水平修正和方位修正装置及信号传感器等部分组成。

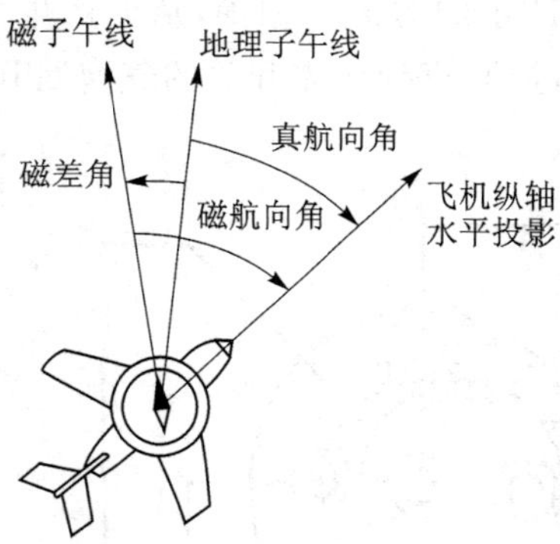

图3-47 飞行器的航向角

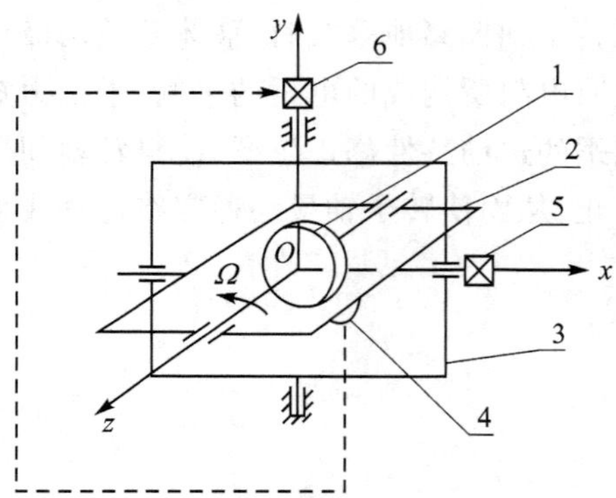

1—陀螺转子;2—内环;3—外环;
4—水平修正液体开关;5—方位修正力矩电机;
6—水平修正力矩电机

图3-48 航向陀螺仪的结构原理图

二自由度陀螺仪的外环轴垂直安装,自转轴调整到指北线方向。当飞行器改变航向时,自转轴仍然稳定在指北线方向,即外环绕外环轴仍然保持稳定。根据仪表壳体与外环之间的相对位置,便可测量出飞行器的航向角。但是,由于陀螺漂移、地球自转和飞行速度等因素的影响,自转轴不能长时间地稳定在指北线方向。一方面,自转轴将绕内环轴逐渐偏离水平面,从而造成自转轴与外环轴不能保持垂直关系。另一方面,自转轴将绕外环轴逐渐偏离子午面,从而造成航向角的测量误差。

由此可见,利用二自由度陀螺仪来测量飞行器的航向,必须增加两种修正,即水平修正和方位修正。

水平修正装置用来保持自转轴水平,并以此来保持自转轴与外环轴的垂直关系。

如图 3－49 所示，修正装置由液体开关与力矩电机组成。液体开关安装在内环上，通过电路与外环轴上的力矩电机相连。当自转轴处于水平位置时，液体开关中的气泡处于中间位置，均等地盖住上面的两个电极。这时，从中心电极到上部两个电极的电阻相等，通过力矩电机的两个控制绕组的电流大小也相等，但方向相反，且无修正力矩产生。

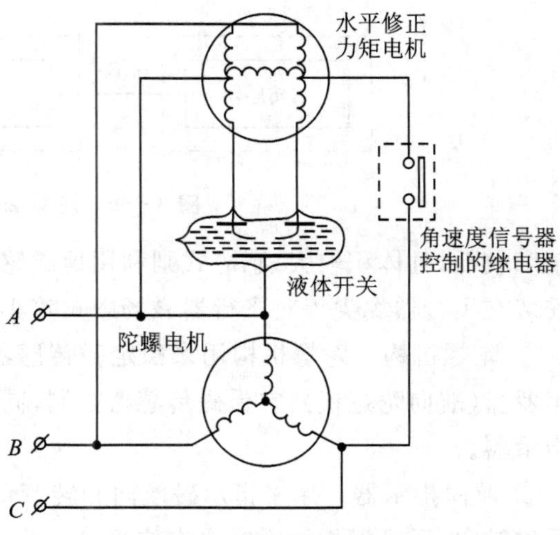

图 3－49　航向陀螺仪水平修正电路原理图

当自转轴偏离水平位置时，液体开关随之倾斜，气泡偏离中间位置，其上部的一个电极被气泡盖住的面积增大，另一个电极被导电液浸没的面积增大。这时，从中心电极到上部两个电极的电阻不等，通过力矩电机的两个控制绕组的电流也不相等，因此力矩电机产生修正力矩并作用在外环上，使自转轴绕内环轴进动而恢复到水平状态。

方位修正装置由内环轴向的力矩电机与控制盒中的两个电位机组成。纬度修正电位计与平衡校正电位计组成一个电桥，纬度修正电位计给出地球自转误差信号，平衡校正电位计给出常值漂移误差补偿信号。力矩电机根据电桥的控制信号产生相应的方位修正力矩并作用在内环上，使陀螺仪进动，从而提高了航向陀螺仪的方位误差精度。

航向陀螺仪不具有自动指北的特性，故称为陀螺半罗盘。另外，由于陀螺仪存在表观误差等因素，故在使用过程中需要飞行员每隔一段时间（例如，15～30 min）就要根据磁罗盘的指示，对航向陀螺仪的指示进行校正，因而使用起来很不方便，所以，目前已逐渐被陀螺磁罗盘所取代。

3.3.2　陀螺磁罗盘

飞行器上使用的磁罗盘能够独立测量飞行器的航向，但稳定性差；陀螺半罗盘虽然稳定性好，但不能独立测量飞行器的航向。现将二者结合起来制成了一种既能独立测量航向，又具有良好稳定性和较高灵敏度的航向仪表，即为陀螺磁罗盘。陀螺磁罗盘是飞行器上广泛应用的一种仪表。

陀螺磁罗盘的结构原理图如图 3－50 所示。

陀螺磁罗盘的结构形式多种多样，但从结构上讲主要由以下几部分组成：

① 磁传感器。陀螺磁罗盘的地磁敏感部分用来测量飞行器的磁航向，并输出磁航向信号。磁传感器有两种，一种是永磁式，另一种是感应式。永磁式是利用磁棒来感应地磁，其测

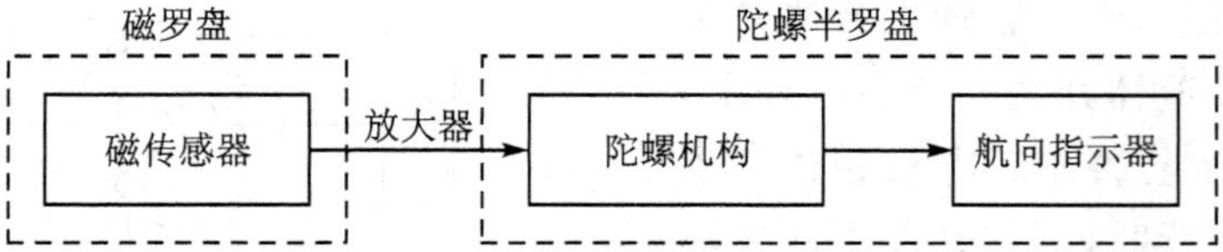

图 3-50　陀螺磁罗盘的结构原理图

量精度较低,且体积较大;感应式则利用地磁感应元件来感测地磁,其应用较多。磁传感器一般安装在飞行器翼尖等对飞行器磁场影响较小的地方。

② 陀螺机构。陀螺机构用来稳定磁传感器测出的磁航向信号。陀螺机构相当于一个陀螺半罗盘(航向陀螺仪),它受磁传感器控制,同时磁传感器又通过它输出稳定的航向信号给航向指示器。

③ 航向指示器。用来指示磁航向和转弯角度。现代飞机多采用的综合指示器,不仅能够指示磁航向,还可以指示无线电方位角等。

④ 放大器。用来放大从磁传感器传来的电信号,以控制伺服同步装置。

图 3-51 为一种陀螺磁罗盘的工作原理图。下面以此陀螺磁罗盘为例介绍其工作原理。

磁传感器包括地磁感应元件和磁电位计。地磁感应元件用来测量磁航向,磁电位计则用来复现磁航向信息。磁电位计由环形电阻和一对电刷组成。环形电阻上有三个互隔 120°的固定抽头,分别与指示器和陀螺电位计的三个电刷连接,磁电位计的磁航向由电阻与电刷之间的相对位置确定。

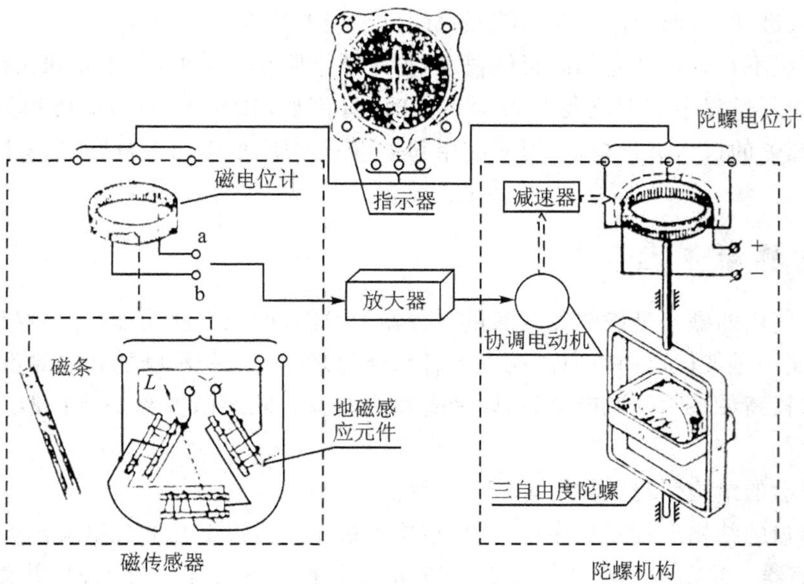

图 3-51　陀螺磁罗盘的基本工作原理图

陀螺机构为一航向陀螺仪，其外环轴上固定一个环形电阻，该环形电阻与三个电刷组成陀螺电位计，环形电阻的直径两端处接有电源。

陀螺电位计的三个抽头与磁传感器的环形电阻上相隔120°的三个固定抽头连接，组成一个伺服同步装置。当磁电位计反映的磁航向角与陀螺电位计反映的航向基准不一致，出现失调角，即产生失调电压时，磁电位计的一对电刷a与b端就会输出失调电压，该失调电压经放大器放大后，驱动协调电动机经减速器带动陀螺电位计上的电刷转动，直至失调电压为零。这意味着陀螺电位计的航向基准与磁电位计的磁航向同步。

由图3-51中可以看出，陀螺电位计还与指示器组成了一个伺服同步装置。指示器中有伺服电动机、减速器、伺服电位计(图中未示出)。陀螺电位计在建立磁航向的过程中，通过伺服同步装置的工作，将磁航向信号传递给指示器。指示器的伺服电动机工作，通过减速器转动航向刻度盘，将磁航向基准在刻度盘上反映出来。此时，刻度盘上的航向基准线(即0-180°线)与指示器上代表飞行器纵轴指示线的夹角，即为该罗盘所测飞行器的磁航向角。罗盘指示的航向取决于陀螺机构中陀螺电位计所确定的航向。通常指示器上有磁差修正的机械调整装置，将磁差修正值加到磁航向角上，指示器即可指示真航向角。

陀螺磁罗盘既能测量飞行器的航向，又可比较准确地指示出飞行器的转弯角速度。当飞行器平飞时，利用磁传感器测量飞行器的磁航向，然后通过陀螺机构控制指示器的指针，使它指示出飞行器的磁航向。当飞行器转弯时，为了防止磁传感器对磁航向的错误修正，应监视飞行器的偏航速率，经角速度传感器切除修正信号，使飞行器在改变航向时，航向基准完全由航向陀螺仪来稳定，从而指示出飞行器的转弯角度。

3.4　位置的确定

3.4.1　定　位

定位方法是确定飞行器在空中飞行位置的方法。在原理上有两种定位方法，一种是直接测量飞行器相对于地面固定点的位置，例如，通过测定飞行器到地面上两个已知其精确地理位置的导航台的距离，或通过测定到一个导航台的距离和方位，来确定飞行器的位置。另一种是根据测出的飞行速度大小和方向，由速度和时间的乘积计算出所飞过的路程，再由已知的起始点就可确定飞行器实际所在的位置。

3.4.2　无线电测高和雷达测高

保证飞行器在整个飞行包线内具有良好的特性是对包含各种功能的飞行控制系统的基本要求。随着飞行器飞行包线的扩大，对飞行高度与速度的测量就显得越加重要。测量飞行高度的方法很多，如前面所述的根据大气压力(常称静压)随高度升高而减小的规律来测量高度的方法、利用飞行器垂直方向的加速度且积分测量飞行器高度的方法和无线电测高的方法等。

无线电测高和雷达测高的基本原理是相同的,都是利用无线电波的反射特性来测量飞行高度的方法。

电磁波在空中以光速 c($c = 299\ 792\ 458$ m/s $\approx 3 \times 10^8$ m/s) 传播,碰到地面后能够反射。飞行器上装有无线电发射机和接收机,发射天线 A 与接收天线 B 相距 l,无线电发射机发射无线电波,如图 3-52 所示。

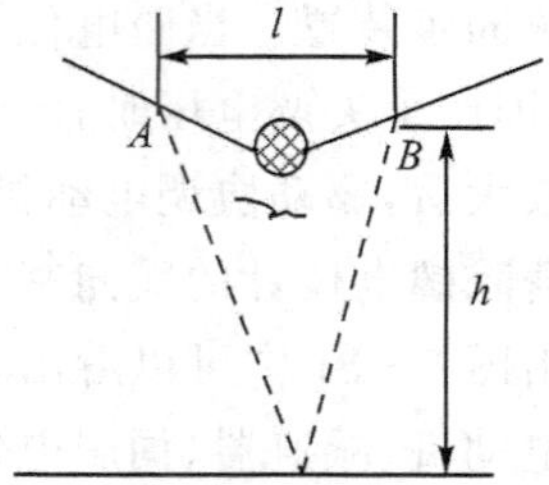

图 3-52 无线电测高的原理图

所发射的无线电波,一部分由发射天线直接传到接收天线,所需的时间为

$$t_1 = \frac{l}{c} \tag{3-87}$$

另一部分由发射天线发射,并经地面反射到接收天线,所需的时间为

$$t_2 = \sqrt{\frac{4h^2 + l^2}{c^2}} \tag{3-88}$$

接收天线接收到上述两个无线电波的时间间隔为

$$\tau = t_2 - t_1 = \sqrt{\frac{4h^2 + l^2}{c^2}} - \frac{l}{c} \tag{3-89}$$

故飞行高度 h 为

$$h = \frac{1}{2}\sqrt{c\tau(c\tau + 2l)} \tag{3-90}$$

因为发射天线与接收天线之间的距离 l 很小,可忽略,所以飞行高度 h 为

$$h = \frac{1}{2}c\tau \tag{3-91}$$

利用无线电波的反射特性来测量飞行高度的方法,是将对飞行高度的测量转换为对时间的测量。由于该方法所要求的无线电发射机的功率与所测高度的 4 次方成正比,因此在飞行器上大多用于小高度测量,且所能测量的最小高度取决于所能测量的最小时间间隔。例如当所能精确测量的最小时间间隔 τ 为 10^{-9} s 时,所能测量的最小飞行高度为 0.15 m。为了测量传播时间,雷达高度表采用的是雷达脉冲,它可用于较高高度的测量,其测量精度 (2σ) 为 1 m,或者为测量高度的 2%。

3.4.3 无线电测距

无线电测距即用无线电的方法测量距离,这是无线电导航的基本任务之一。无线电测距按其工作原理可分为三种:脉冲测距(也称时间测距)、相位测距和频率测距。按其工作方式可分为带有独立定时器的测距和不带独立定时器的测距两种。

1. 带有独立定时器的测距

带有独立定时器的测距器的工作原理如图3-53所示。图中的定时器产生一个由基准振荡器形成的时间(或相位)标准。在测距开始之前,将定时器Ⅰ和定时器Ⅱ相互校对好,使其起始时间(或相位)相同。定时器Ⅰ控制发射机的发射时间(或相位),当信号经过一定的传播时间被接收机接收后,与定时器Ⅱ的时间进行比较,测量出时间差(或相位差)后即可确定电波的传播时间 τ,然后按下述公式即可求得所测距离,即

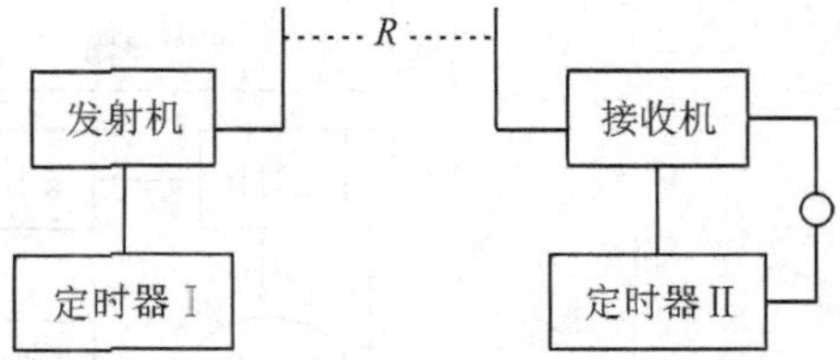

图3-53　带有独立定时器的测距器的工作原理图

$$R = c \cdot \tau \tag{3-92}$$

式中,c 为光速,τ 为电波传播的时间。

由于这种方式是直接利用发射机辐射的信号,所以工作距离较近,适合于近距离导航参数的计算。

2. 不带独立定时器的测距

不带独立定时器的测距器根据目标的特点可分为无源反射式和询问回答式两种。

(1) 无源反射式测距

图3-54为无源反射式测距器的工作原理图。此类测距器的定时器兼有控制发射机的起始时间与测量时间间隔的基准时间两种功能。距离计算公式为

$$R = \frac{1}{2}c \cdot \tau \tag{3-93}$$

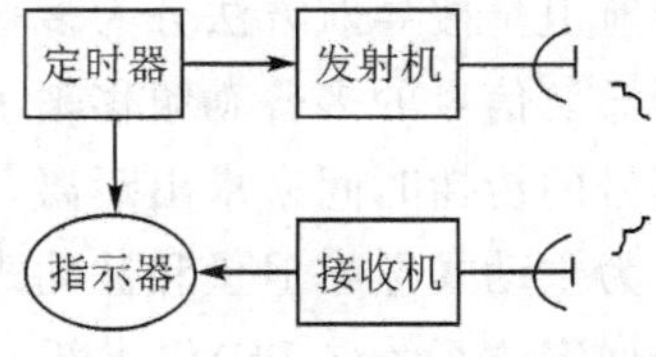

图3-54　无源反射式测距器工作原理图

式中,τ 为电波总的传播时间。

与带有独立定时器的测距方式相比,由于是无源反射,因而接收到的信号强度较弱。为了保证正常工作,需要有较大的发射功率和较高的接收灵敏度。雷达测量目标的距离和在飞行器上测量距地面的相对高度多采用该方式。

(2) 询问回答式测距

图3-55为询问回答式测距器的工作原理图。询问回答式测距与无源反射式测距的不同之处在于,由接收机和发射机组成的回答器代替了原来的无源反射目标,而询问器则与无源反射式测距器的组成相同。在回答器中有一定的延迟时间 τ_0,所以询问器接收到的信号相对于发射信号的总的延迟时间为

$$\tau = \frac{2R}{c} + \tau_0 \tag{3-94}$$

距离计算公式为

$$R = \frac{c}{2}(\tau - \tau_0) \tag{3-95}$$

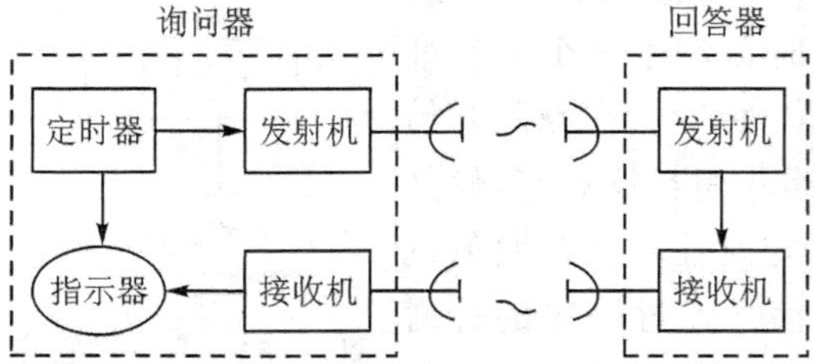

图 3-55 询问回答式测距器工作原理图

3.4.4 卫星定位

卫星定位系统是借助于在预定空间轨道上运行的人造卫星来进行的一种导航技术。在卫星导航中,用户(飞机、舰船、战车等)具有全球和近地空间的立体覆盖能力。因此,导航卫星能够实现全球无线电导航。导航卫星在空间做有规律的运动,每时每刻都可精确预报其轨道位置。用户接收卫星发来的无线电导航信号,通过时间测距或多普勒测速分别获得用户相对于卫星的距离或距离变化率等导航参数,并根据卫星发送的时间和轨道等参数求出定位瞬间卫星的实时位置坐标,从而定出用户的地理坐标(二维或三维)和速度矢量分量。

导航卫星按导航方法分为多普勒测速导航卫星和时间测距导航卫星。前者通过给用户提供测量导航信号的多普勒频移来求出距离的变化,以进行导航定位;后者通过给用户提供测量导航信号的传播时间来求出距离,以进行导航定位。导航卫星根据用户是否需要向卫星发射信号分为主动式导航卫星和被动式导航卫星。

全球定位系统(GPS)作为新一代卫星导航与定位系统,不仅具有全球性、全天候和连续的精密三维导航与定位能力,而且还具有良好的抗干扰性和保密性。

GPS 的应用领域已有五百多种,每年还以数十种新应用的增长速度在增加。GPS 为需要了解全球精确位置、速度和时间信息的用户展示了一个崭新的天地,尤其对运动物体的精确定位,在航天测控、军事行动、交通管制、军事、科研和空间科学技术等方面得到广泛应用。

全球定位系统包括三大部分:空间部分——GPS 卫星星座,地面控制部分——地面监控系统,用户设备部分——GPS 信号接收机。

1. GPS 工作卫星及其星座

由 21 颗工作卫星和 3 颗在轨备用卫星组成 GPS 卫星星座,记作(21+3)GPS 星座。24 颗卫星均匀分布在 6 个轨道平面内,轨道倾角为 55°,各个轨道平面之间相距 60°,每个轨道平面内各颗卫星之间的升交角距相差 90°。

在 20 000 km 高空的 GPS 卫星,当地球对恒星来说自转一周时,卫星绕地球转二周,即地球自转一周的时间为 12 恒星时。这样，对于地面观测者来说，每天将提前 4 分钟见到同一颗 GPS 卫星。在用 GPS 信号进行导航定位时，为了解算测量站的三维坐标，必须观测 4 颗 GPS 卫星，称为定位星座。

2. 地面监控系统

地面设备用来监测和控制卫星上的各种设备是否正常工作，以及卫星是否一直沿轨道运行。地面监控系统的另一个重要作用是监测各卫星的时间，求出钟差，然后将钟差由地面注入站发给卫星，卫星再用导航电文发给用户设备，以保持各卫星处于同一时间标准——GPS 时间系统。

GPS 工作卫星的地面监控系统包括 1 个主控站、3 个注入站和 5 个监测站。

3. GPS 工作状况

GPS 系统的 24 颗卫星每天 24 小时不断地广播信号，每颗卫星的信号均是独特的、可测的。为了利用 GPS 卫星信号，用户需具备 GPS 天线与接收机。天线与接收机的数量取决于所进行的测量类型，测量的精度也取决于测量的类型。

4. GPS 信号接收机

GPS 信号接收机的任务是：能够捕捉到按一定卫星高度截止角所选择的待测卫星信号，并跟踪这些卫星的运行，对所接收到的 GPS 信号进行变换、放大和处理，以便测出 GPS 信号从卫星到接收机天线的传播时间，并解译出 GPS 卫星所发送的导航电文，实时计算出测量站的三维位置，甚至三维速度和时间。

3.5　导航系统

导航(navigation)是引导载体到达目的地的过程。随着应用范围的不同，可有航空导航、航海导航和陆地导航等区分。

以航空导航为例，确定飞行器的位置并引导其按预定航线航行的整套设备(包括飞行器上的和地面上的设备)称为飞行器的导航系统。

早期的飞机主要靠目视导航。自 20 世纪 20 年代开始发展了仪表导航，飞机上有了简单的仪表，靠人工计算得出飞机当时的位置；30 年代出现了无线电导航，首先使用的是中波四航道无线电信标和无线电罗盘；40 年代初开始研制超短波的伏尔导航系统；50 年代初惯性导航系统用于飞机导航；50 年代末出现多普勒导航系统；60 年代开始使用远程无线电罗兰 C 导航系统，并研制出塔康导航以及超远程的奥米加导航系统；60 年代初出现了卫星导航，70 年代以后发展成为全球定位导航系统。在此过程中，为了发挥不同导航系统的特点，出现了组合导航系统：

① 伏尔导航系统(VOR navigation system)是一种近程导航系统，全称为甚高频全向方位

导航系统;

② 多普勒导航系统(Doppler navigation system)是利用多普勒效应实现无线电导航的机载系统;

③ 罗兰 C 导航系统(Loran-C navigation system)是一种双曲线无线电导航系统,其全称是远程导航系统;

④ 塔康导航系统(Tacan navigation system)是一种进程极坐标式无线电导航系统;

⑤ 奥米加导航系统(Omega navigation system)是一种超远程双曲线无线电导航系统。

导航设备提供两种工作状态:一种是驾驶员根据提供的导航信息引导飞机沿规定的航线到达目的地,称这种导航系统工作状态为指示状态;另一种是飞行自动控制系统根据提供的导航信息自动控制飞机沿预定的航线飞行,这时飞行员只进行监控,不直接参与飞机的控制,称这种导航系统工作状态为自动导航状态。本节仅介绍在飞行器上广泛应用的主要工作在自动导航状态下的惯性导航系统。

3.5.1 惯性导航系统

惯性导航系统(inertial navigation)是重要的机(弹)载导航设备。惯性导航是通过测量飞行器的惯性加速度,并自动进行积分运算,以获得飞行器的即时速度和即时位置数据的一门综合性技术。组成惯性导航系统的设备都安装在飞行器内,工作时不依赖于外界信息,也不向外界辐射能量,是一种自主式导航系统。

惯性导航的力学基础是牛顿第二运动定律。该定律叙述了物体的加速度、质量和所受作用力三者之间的关系;当用线加速度计测量出飞行器(物体)的运动加速度后,飞行器的即时加速度、即时速度和即时位移可由下式获得,即

$$a=\frac{\mathrm{d}V}{\mathrm{d}t}=\frac{\mathrm{d}^2S}{\mathrm{d}t^2} \tag{3-96}$$

$$V=V_0+\int_0^t a\mathrm{d}t \tag{3-97}$$

$$S=V_0\int_0^t \mathrm{d}t+\frac{1}{2}a\int_0^t\int_0^t \mathrm{d}t^2 \tag{3-98}$$

式中,a 为飞行器的加速度,V 为飞行器的速度,S 为飞行的距离。

若初始时刻的速度 $V_0=0$,初始位移 $S_0=0$,则有

$$V=\int_0^t a\mathrm{d}t \tag{3-99}$$

$$S=\frac{1}{2}a\int_0^t\int_0^t \mathrm{d}t^2 \tag{3-100}$$

无论初始值 V_0 与 S_0 是否为零,应用速度公式(3-97)和位移公式(3-98)均可计算出任何时刻的速度和任何一段时间内飞行器(物体)所飞过的路程。t 代表飞行器(物体)经过的时

间，V 是这一时间终了时的即时速度，S 是时间终了时的即时位移。

设想飞行器在一个平面内飞行，且飞行时间不长，故可以认为地球不转(不计地球转动)。在图 3-56 所示的飞行器上有平台，平台始终平行于飞行器所在的水平面。在平台上沿北—南方向放置一个加速度计 A_y，在东—西方向放置一个加速度计 A_x。飞行器的起飞地点为直角坐标系的原点。当飞行器起飞后，两个加速度计可以随时测出飞行器沿北—南方向和东—西方向的线加速度，对加速度按公式(3-96)积分，可得飞行器沿 x 轴和 y 轴方向的即时速度和路程，其积分过程可用图 3-57 表示，图中的 x_0，y_0 和 $\dot{x}_0$，$\dot{y}_0$ 分别为起始位置和速度值。

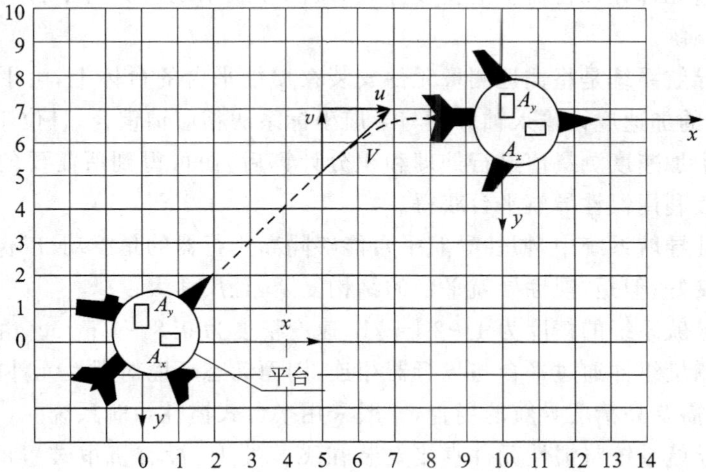

图 3-56　二自由度简化惯性导航系统示意图

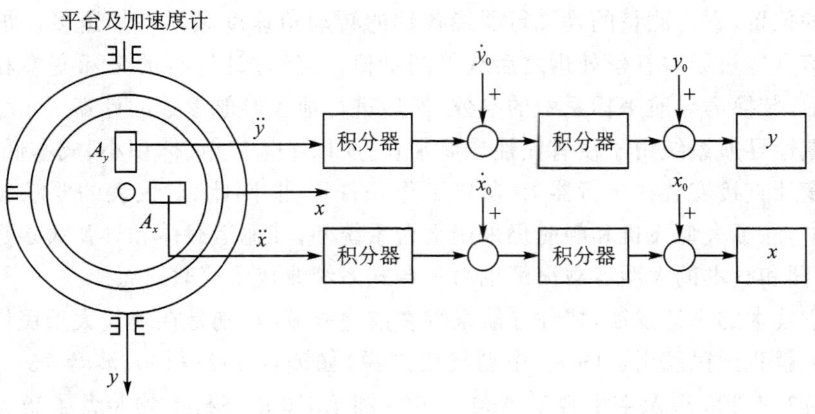

图 3-57　导航系统积分过程示意图

在实际飞行中，飞行器的惯性系统是以经度和纬度定位的。

为了实现上述导航原理，要求在飞行器航向改变时，加速度计 A_y 的输入轴始终沿北—南方向，加速度计 A_x 的输入轴始终沿东—西方向。为此，图 3-56 中飞行器上的平台应相对于飞行器机体转动。

惯性导航系统通常由惯性测量组件、计算机和控制显示器等组成。惯性测量组件包括加速度计和陀螺惯性元件，三个陀螺仪用来测量飞行器沿三轴的转动角速度，三个加速度计用来测量飞行器质心运动的加速度。计算机根据加速度信号进行积分计算，并进行系统的标定和对准，以及进行机内的检测与管理。控制显示器实时显示导航参数。

按照惯性测量元件在飞行器上的安装方式，惯性导航系统可分为平台式惯性导航系统和捷联式惯性导航系统。

平台式惯性导航系统是将惯性测量元件安装在惯性平台的台体上，由平台建立导航坐标系，三个正交安装的加速度计输入轴分别与导航坐标系的相应轴重合，且位于飞行器所在点的水平面内。对三个加速度测量值进行处理和积分计算后，便可得到所需要的导航参数。飞行器的姿态角可直接利用惯性导航平台获得。

在平台式惯性导航系统中，惯性导航平台能够隔离飞行器的角震动，以保证加速度计和陀螺仪的工作条件良好；但是，惯性导航平台的结构复杂，且尺寸大。

平台式惯性导航系统的精度为 1～2 km/h，速度精度为 0.8～1 m/s。由于平台式惯性导航系统中的惯性测量组件通过平台与飞行器相连，因而动态环境对惯性元件的影响小，系统精度较高。因此，在需要高精度导航的场合，一般采用平台式惯性导航系统。

捷联式惯性导航系统将惯性元件直接安装在飞行器上，没有机电装置的惯性导航平台，图 3-58 为捷联式惯性导航系统原理框图。

捷联式惯性导航系统测量机体转动的陀螺仪的输入轴和加速度计的输入轴都置于与机体轴方向一致的位置，它们测量的是飞行器绕各轴的转动角速度和惯性加速度。加速度计和陀螺仪输出的信息经过误差补偿处理之后获得测量值，再经过计算机的坐标变换和姿态矩阵的计算等处理后，转换为导航坐标系中的参数，然后进行地表导航参数的计算。

捷联式惯性导航系统由于没有惯性导航平台，所以结构简单、体积小、成本低；但是由于陀螺仪和加速度计直接安装在飞行器上，所以工作条件不佳，因此，对仪表的要求较高。目前在导航级应用中，除了大型飞机和舰艇仍采用平台系统外，其他运载体和导弹大多数采用捷联式系统，包括欧洲和日本的大型运载火箭也由平台式系统改成了捷联式系统。

随着科学技术的飞速发展，惯性导航系统在航空领域，特别是在现代大型民用客机上得到了广泛应用。就我国民航引进的大、中型飞机来说，如波音 747—400、波音 757、波音 767、波音 777、波音 737—300 以及空中客车 A300—600 和 A310 的飞机上均装备了激光陀螺惯性基准系统，这种系统实际上就是使用激光陀螺的捷联式惯性导航系统。今天，在现代民用客机上，新式惯性导航系统作为机上的中心信号源，不仅在巡航飞行阶段为自动驾驶仪提供导航参数和导引数据，而且还给飞行控制器和仪表系统提供高精度的姿态数据和角速度数据。

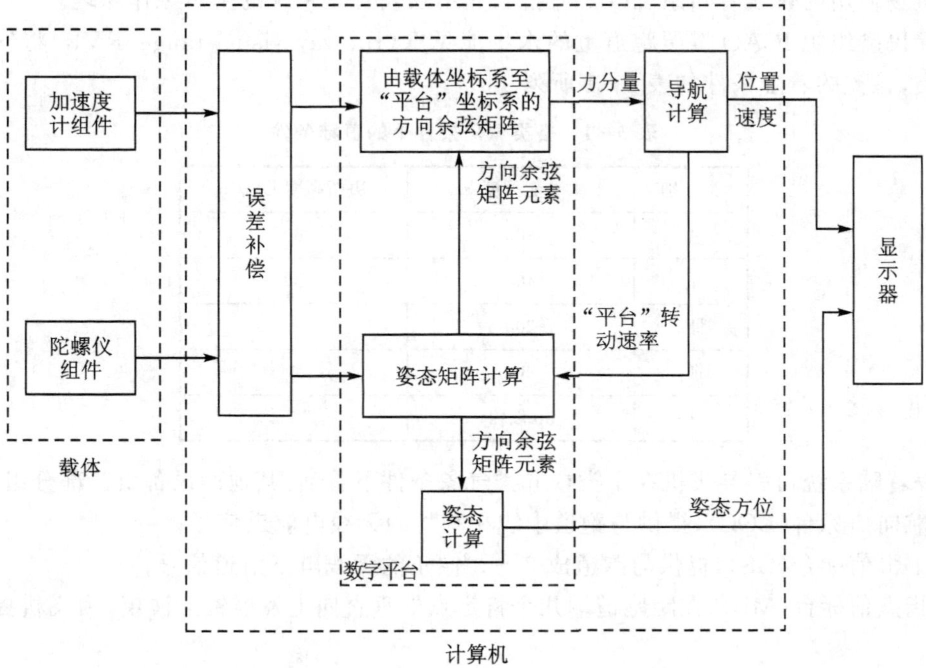

图 3-58　捷联式惯性导航系统原理框图

惯性导航系统的优点在于其自主性，但是其定位误差随着时间而积累，在系统长时间工作后，会产生积累误差。所以纯惯性导航系统不能满足远程、长时间飞行的导航精度要求。为了提高惯性导航系统的精度，可以通过两条技术途径实现：一是提高惯性元件的制造精度，或者探索新型惯性元件；二是采用组合导航技术，发展以惯性导航系统为主，辅之其他导航系统，以实现互补，提高导航精度，这将是导航技术的发展方向。

组合导航的形式有多种，其中全球定位系统(GPS)与惯性导航系统(INS)组合以及惯性导航系统与图像匹配组合是 20 世纪 90 年代的新型导航技术。未来的惯性导航系统将向着数字化和智能化的多功能惯性基准系统发展。

3.5.2　仪表着陆系统

着陆是飞行器航行中的一个重要阶段。着陆时，飞行员必须在很短的时间内完成许多要求很高的操作。如果靠目视着陆，为了保证安全，飞行员需要在很远的距离内就能清晰地看清跑道，一般要求着陆时的飞行高度不低于 1 000 ft(1 ft ＝0.304 8 m)，水平能见度不小于 3 mile(1 mile＝1.609 km)。为了保证飞行器能够在夜间或不良气候条件下安全着陆，必须由无线电导航系统向飞行器提供高精度的仪表指示，以指出飞行器与正确的下滑道之间的偏离程度。目前，主要使用的用于着陆的无线电导航系统为仪表着陆系统和微波着陆系统。在此，以民航机场使用的仪表着陆系统(ILS)为例,介绍仪表着陆系统的基本工作原理。

国际民航组织ICAO按照跑道上的水平能见度(runway visual range,RVR)将气象条件分为三类,各类的着陆条件如表3-1所列。

表3-1　各类气象条件下的着陆条件

类　别	水平能见度/m	决断高度DH/m
Ⅰ	800	60
Ⅱ	400	30
$Ⅲ_A$	200	0
$Ⅲ_B$	50	0
$Ⅲ_C$	50以内	0

仪表着陆系统可引导飞机在Ⅰ类或Ⅱ类气象条件下着陆,其地面设备由三部分组成:

① 航向信标台(LOC),提供与跑道中线相垂直的无线电航道信号;

② 下滑信标台(GS),提供与跑道成2°～3°倾角的无线电下滑道信号;

③ 指点信标台(MB),在距跑道端几个特定点处垂直向上发射锥形波束,为飞机提供距离检验。

1. 航向信标台LOC (localizer)

航向信标发射频率为108.10～11.95 MHz的无线电波,在次频率范围内,每隔59 kHz为一频点,且小数点后第1位为奇数,共为40个频道。

航向台安装在跑道中心线的延长线上。如图3-59所示,地面航向台沿跑道中心线两侧发射两束水平交叉的辐射波瓣。沿着陆航向,跑道左边的辐射波瓣被90 Hz的低频信号调幅,跑道右边的辐射波瓣被150 Hz的低频信号调幅。

当飞机在地面航道附近时,机上的航向接收机收到的信号同时被90 Hz和150 Hz的低频信号调幅。当飞机在跑道中心线上飞行时,两者的调制系数相同;当飞机在跑道中心线左侧飞行时,90 Hz信号的调制系数大于150 Hz信号的调制系数;当飞机在跑道中心线右侧飞行时,90 Hz信号的调制系数小于150 Hz信号的调制系数。

2. 下滑信标台GS(glideslope)

下滑台辐射上下两个交叉的波瓣,载频为329.15～335.00 MHz,每隔150 Hz为一频点,共有40个频道,下滑台的各个频道与LOC配对使用。

下滑台上波瓣的甚高频载波被90 Hz的低频信号调幅,下波瓣的甚高频载波被150 Hz的低频信号调幅。两者的调制系数相等,方向与地面成2°～4°的仰角,与地面成该仰角的平面即为规定的下滑道平面。当飞机低于下滑线时,下滑接收机接收的150 Hz信号的调制系数大于90 Hz信号的调制系数;当飞机高于下滑线时,情况则相反,如图3-60所示。

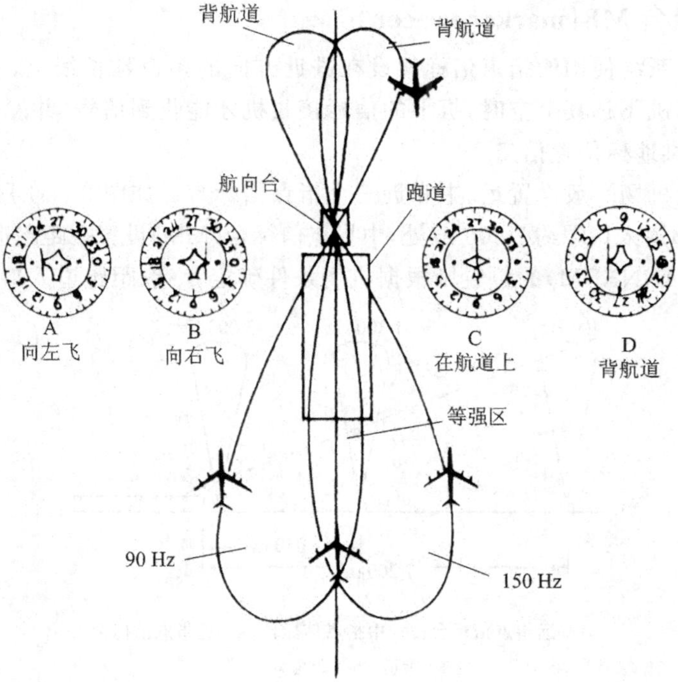

图 3－59　航向信标水平面方向图

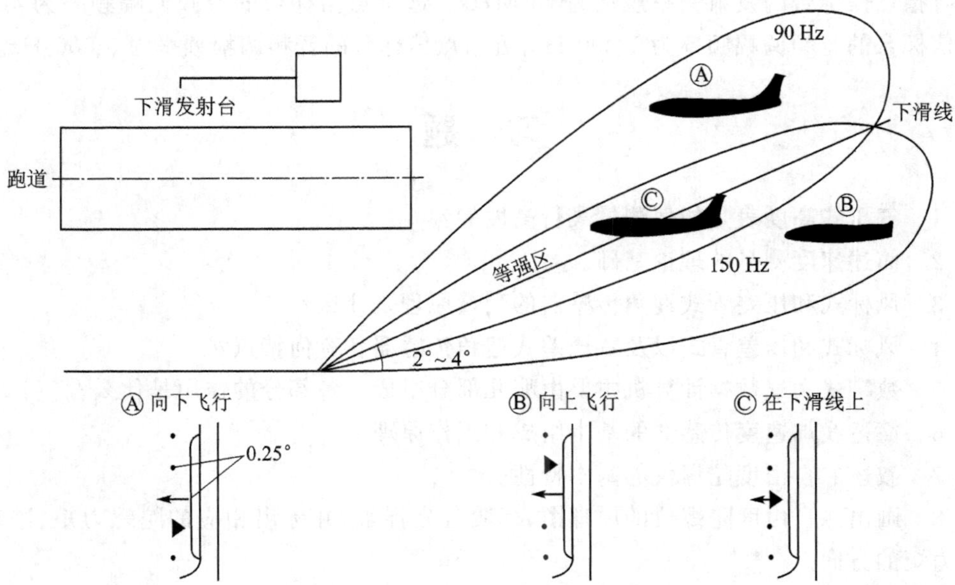

图 3－60　下滑信标垂直面方向图

3. 指点信标台 MB(marker beacon)

配合仪表着陆系统使用的指点信标架设在进近方向的跑道延长线上,它向上辐射一个锥形波束。只有当飞机飞越其上空时,机上的信标接收机才能收到信号,并发出相应的音响和灯光信号,向飞机提供地标位置信息。

民航的大中型机场一般设置远、中和近三个指点信标台。如图 3-61 所示,远指点信标台(LOM)设置在距跑道入口端约 7 200 m 处,中指点信标台(MM)设置在距跑道入口端约 1 050 m 处,近指点信标台(INNERM)的位置则根据机场条件确定,一般距跑道入口处 75 m。

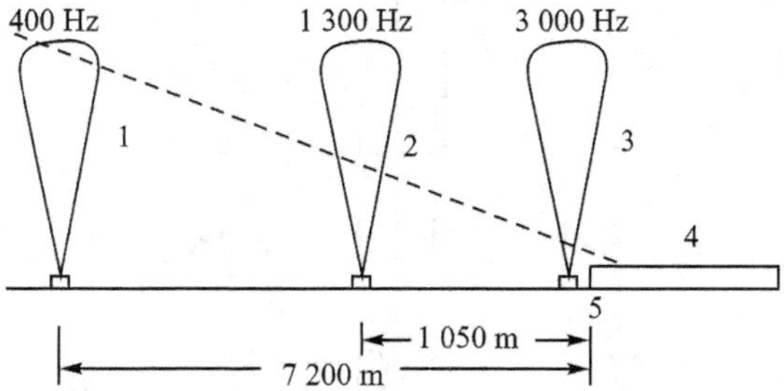

1—远指点信标台;2—中指点信标台;3—近指点信标台

4—跑道;5—跑道入口端

图 3-61　指点信标台的配置

所有指点信标台的发射频率规定为 75 MHz。远指点信标台的音频调幅频率为 400 Hz;中指点信标台的音频调幅频率为 1 300 Hz;近指点信标台的音频调幅频率为 3 000 Hz。

习　题

3-1　气压式高度表是如何测量飞行高度的?

3-2　简述速度测量的理论基础。

3-3　风标式和压差管式迎角传感器的测量原理是什么?

3-4　风标式和压差管式以及零压差式迎角传感器各有何特点?

3-5　数字式大气数据计算机主要由哪几部分组成?各部分的作用是什么?

3-6　简述线加速度传感器的基本组成和工作原理。

3-7　叙述二自由度陀螺仪的基本特性。

3-8　画出二自由度陀螺仪的原理图,标明各坐标轴,并标出相应的陀螺力矩、进动速度和摩擦力矩的方向。

3-9　单自由度陀螺仪具有什么特性?

3-10　说明单自由度陀螺仪的功用、基本组成和测量原理。

3-11　说明垂直陀螺的功用、测量原理和修正原理。

3-12　说明航向陀螺的组成和修正原理。

3-13　分析说明陀螺磁罗盘的组成和功用及其基本工作原理。

3-14　说明无线电测距的基本原理。

3-15　什么是惯性导航？说明惯性导航系统的功能和组成以及分类。

3-16　简述平台式惯性导航系统的基本组成和工作原理。

3-17　简述捷联式惯性导航系统的基本组成和工作原理。

3-18　说明仪表着陆系统的组成和基本工作原理。

第 4 章　舵机与舵回路

舵回路(伺服系统)是飞行自动控制系统不可缺少的组成部分,它按照指令模型装置或敏感元件输出的电信号操纵舵面,实现飞行器角运动或轨迹运动的自动稳定和控制。

舵回路是由若干部件组成的随动系统,其中舵机是执行元件。舵机承受的负载(舵面上的铰链力矩)随飞行状态而变化。

本章首先简述几种常见舵机的结构、工作原理及特性;然后,根据舵机所承受的负载及机械特性,研究舵回路的构成、反馈量的配置及舵回路的分类;最后介绍操纵系统与舵机的几种常见的连接方式。

4.1　舵机的工作原理

舵机是舵回路的执行元件,它输出力矩(或力)和角速度(或线速度),驱动舵面偏转。飞行控制系统中常采用电动舵机、液压舵机和电液复合舵机三种。为了提高电传操纵系统的可靠性,通常采用多余度技术设计的余度舵机。

4.1.1　电动舵机

电动舵机以电力为能源,通常由电动机(直流或交流)、测速装置、位置传感器、齿轮传动装置和安全保护装置等组成。

电动舵机的控制方式一般有直接式和间接式两种。直接式是通过改变电动机的电枢电压或激磁电压,直接控制舵机输出轴的转速与转向;间接式是在电动机恒速转动时,通过离合器的吸合,间接控制舵机输出轴的转速与转向。图 4-1 为用磁粉离合器间接控制电动舵机传动的示意图。

如图 4-1 所示,磁粉离合器 1 是这种电动舵机的关键部件,由主动、从动和固定三部分组成。在主动部分的壳体内有控制绕组和磁粉,壳体与齿轮 z_4 的端面固连,并随电动机输出轴一起恒速旋转。从动部分的杯形转子与磁粉离合器的输出齿轮 z_5 一起转动。当电流流过磁粉离合器的控制绕组时,主动部分壳体内的磁粉(铁钴合金粉)被磁化,按磁力线方向排成链状,链的一端与主动部分相连,另一端与从动部分相连。在磁力的作用下,磁粉与主、从动部分之间产生正比于控制电流的摩擦力矩,带动杯形转子和齿轮 z_5 一起转动。图 4-2 为磁粉离合器的机械特性曲线。

磁滞电动机的输出轴经齿轮 z_1/z_2 和 z_3/z_4 两级减速,带动两个磁粉离合器的主动部分以

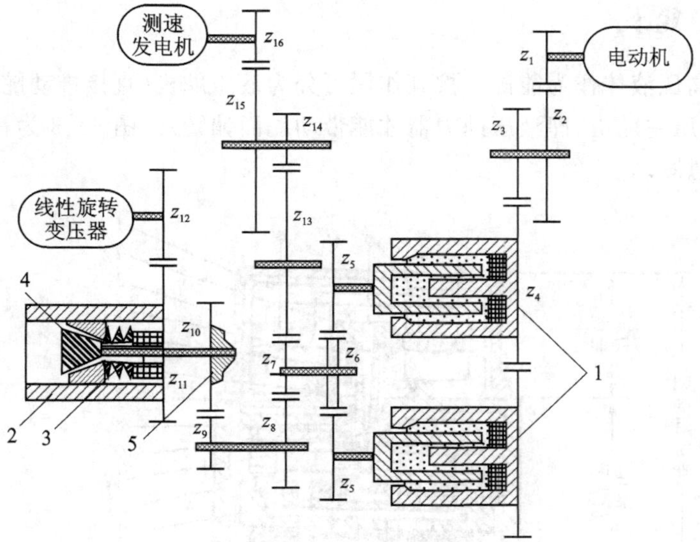

1,3—磁粉离合器;2—鼓轮;4—衔铁与斜盘;5—金属摩擦离合器;$z_1 \sim z_{16}$—减速齿轮

图 4-1　磁粉离合器间接控制的电动舵机传动示意图

相反的方向恒速转动。根据流过磁粉离合器控制绕组的电流极性,其中一个磁粉离合器工作,产生正比于控制电流的摩擦力矩,驱动其从动部分转动,经齿轮 z_5/z_6,z_7/z_8 和 z_9/z_{10} 的三级减速,金属摩擦离合器 5 带动鼓轮 2 恒速转动,输出正比于控制电流的力矩。当控制电流的极性相反时,另一磁粉离合器工作,鼓轮反向转动。

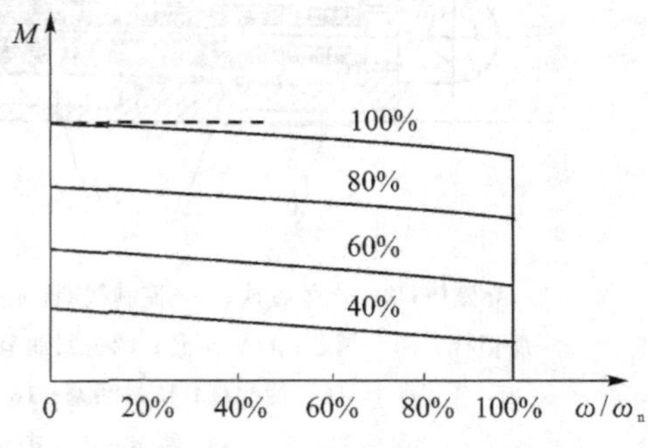

图 4-2　磁粉离合器的机械特性曲线

线性旋转变压器和测速发电机分别经过齿轮转动装置随鼓轮一起转动,各自输出相位取决于鼓轮转向、大小正比于鼓轮转角和角速度的电信号。

磁粉离合器 3 是鼓轮与输出齿轮 z_{10} 的连接装置。在自动控制时,磁粉离合器的激磁绕组通电,电磁离合器吸合,输出齿轮 z_{10} 与鼓轮连接,鼓轮随输出齿轮 z_{10} 一起转动。在人工驾驶时,磁粉离合器不通电,输出齿轮不与鼓轮连接,由驾驶员直接操纵舵面。金属摩擦离合器 5 利用金属片之间的摩擦传递力矩,是一种安全保护装置。当磁粉离合器工作时,齿轮 z_{10} 经金属摩擦离合器带动鼓轮转动,当负载力矩超过某值时,金属片打滑,从而限制舵机的最大输出力矩。在紧急状态下,驾驶员还可强行操纵,确保飞机的飞行安全。

4.1.2 液压舵机

液压舵机以高压液体作为能源。按其作用可分为液压舵机(直接推动舵面偏转)与电液副舵机(它要通过液压主舵机,即液压助力器才能带动舵面偏转)。图 4-3 为一种典型的电液副舵机结构原理示意图。

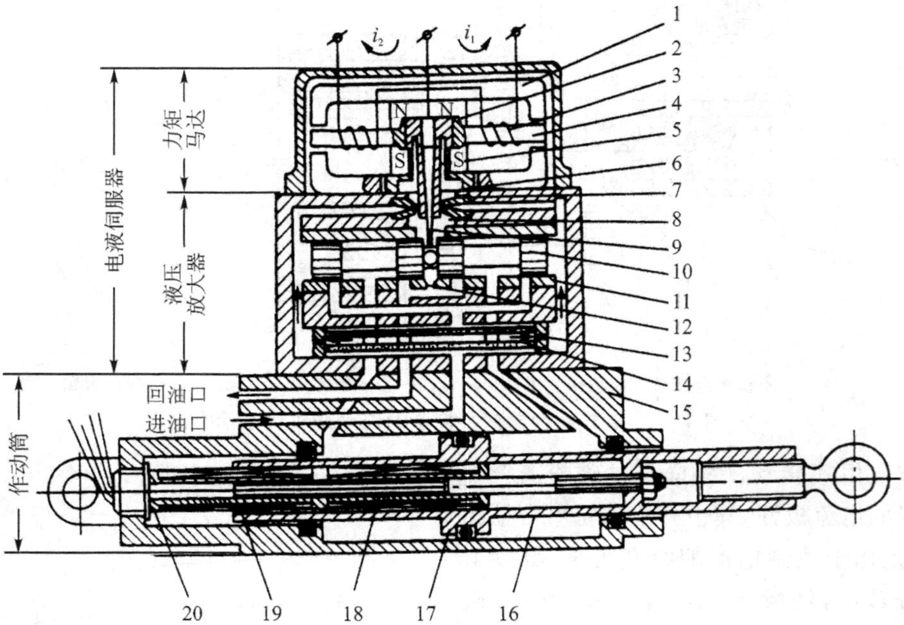

1—导磁体;2—永久磁铁;3—控制线圈;4—衔铁;5—弹簧管;6—挡板;7—喷嘴;8—溢流腔;9—反馈杆;10—阀芯;11—阀套;12—回油节流孔;13—固定节流孔;14—油滤;15—作动筒壳体;16—活塞杆;17—活塞;18—铁芯;19—线圈;20—位移传感器

图 4-3 电液副舵机结构原理图

电液副舵机由电液伺服器(包括力矩马达和液压放大器)、作动筒和位移传感器等组成。高压油流入进油口,经油滤 14 分四路流出。其中两路经左、右固定节流孔 13、阀芯 10 的两旁和左、右喷嘴 7,在溢流腔 8 中汇合,然后经回油节流孔 12 从回油口流出。另外两路油液分别流到阀套 11 上被阀芯工作凸肩遮住的窗口处。阀芯偏离中间位置后,其中一路高压油液经阀芯工作凸肩打开的窗口流入作动筒的一腔,作动筒另一腔的油液经被打开的另一窗口直接流入回油节流孔 12。

力矩马达将电气量转换成机械角位移量,是一种信号转换装置。当力矩马达控制绕组中的直流电流差 $i_1 - i_2 = 0$ 时,导磁体 1 与衔铁 4 之间的四个气隙中流过的磁通量相等,而衔铁两端流过的上气隙与下气隙的磁通方向相反,衔铁两端的电磁力平衡,衔铁及与之固连的挡板 6

处于中间位置。挡板与左右两个喷嘴间的距离相等，两路油液作用在阀芯两端面上的压力大小相等、方向相反，阀芯处于中间位置。阀芯的工作凸肩遮住阀套上的窗口，阻止高压油流入，活塞杆 16 处于中间位置，舵面不偏转。

当控制电流 $i_1-i_2\neq 0$ 时，产生控制磁通，改变四个气隙之间的磁通量。衔铁一端的上气隙中流过的磁通量增加，下气隙中流过的磁通量减少；衔铁的另一端与此相反。于是衔铁两端的电磁力不平衡，产生电磁力矩，使衔铁带动挡板转动。挡板与一侧喷嘴的距离增大，喷嘴腔内油压降低；挡板与另一侧喷嘴的距离减小，喷嘴腔内油压升高。在压力差的作用下，阀芯向低压腔方向移动。当作用在衔铁上的电磁力矩与弹簧管 5 因衔铁转动变形产生的力矩、阀芯移动通过小球带动反馈杆 9 产生的力矩以及高压油流过阀芯产生的液动力矩相平衡时，衔铁停止转动并保持在某一偏转角上。阀芯两端的压力差与反馈杆对阀芯的反作用力也随之平衡，阀芯停止移动，移动距离正比于控制绕组的电流之差，移动方向取决于该电流差的极性。阀芯移动打开阀套上被工作凸肩遮住的窗口，高压油经窗口流入作动筒的一腔，该腔的压力升高。在作动筒两腔压差的作用下，活塞 17 和活塞杆 16 以一定速度向低压腔方向移动。作动筒另一腔的油液被压出，经阀套上的窗口流入回油节流孔 12。

如果电流差 i_1-i_2 的极性改变，则衔铁和阀芯反方向运动，活塞和活塞杆也以一定速度向反方向运动。

线性位移传感器 20 把活塞杆的位移转变成电信号。随着活塞杆的移动，线性位移传感器输出正比于活塞杆位移的交流电压，其相位取决于活塞杆移动的方向。

4.1.3　电液复合舵机

电液复合舵机是电液副舵机和液压主舵机组装而成的一个整体，兼有这两种舵机的功能。一般具有人工驾驶、自动控制、复合工作和应急操纵等四种工作状态。

图 4-4 为电液复合舵机的原理图。电液复合舵机由电液副舵机、主舵机(即液压助力器)、电磁转换机构、锁紧机构和复合摇臂等组成。为了保证舵机的可靠性，采用两套独立的液压源(系统Ⅰ和系统Ⅱ)供油。

电磁转换机构和锁紧机构用于人工驾驶和自动控制的状态转换。

在电磁转换机构不通电时，喷嘴 U 与挡板(电磁转换机构的衔铁)之间的间隙最大，喷嘴内腔 V 的压力降低，滑阀在弹簧作用下处于最右端，其凸肩堵住经油路 T 到电液副舵机的油路；高压油液(系统Ⅰ)经油路 L 流到锁紧机构的环形槽 J。由于高压供油被切断，且小作动筒活塞杆被锁紧机构锁住，因此电液副舵机不工作，电液复合舵机处于人工驾驶工作状态。

当人工驾驶时，驾驶员操纵驾驶杆 H 使摇臂上 B 点绕 A 点转动，带动主滑阀一起运动，高压油经环形槽 C 和被打开的窗口 D1(或 D2)，流入大作动筒的一腔 E2(或 E1)，另一腔 E1(或 E2)的油液则经窗口 D2(或 D1)与系统Ⅰ的回油路 Q2(或 Q1)相通，经主滑阀的空心孔流回油箱。在大作动筒两腔压差的作用下，舵机壳体移动，并经传动连杆来操纵舵面偏转。

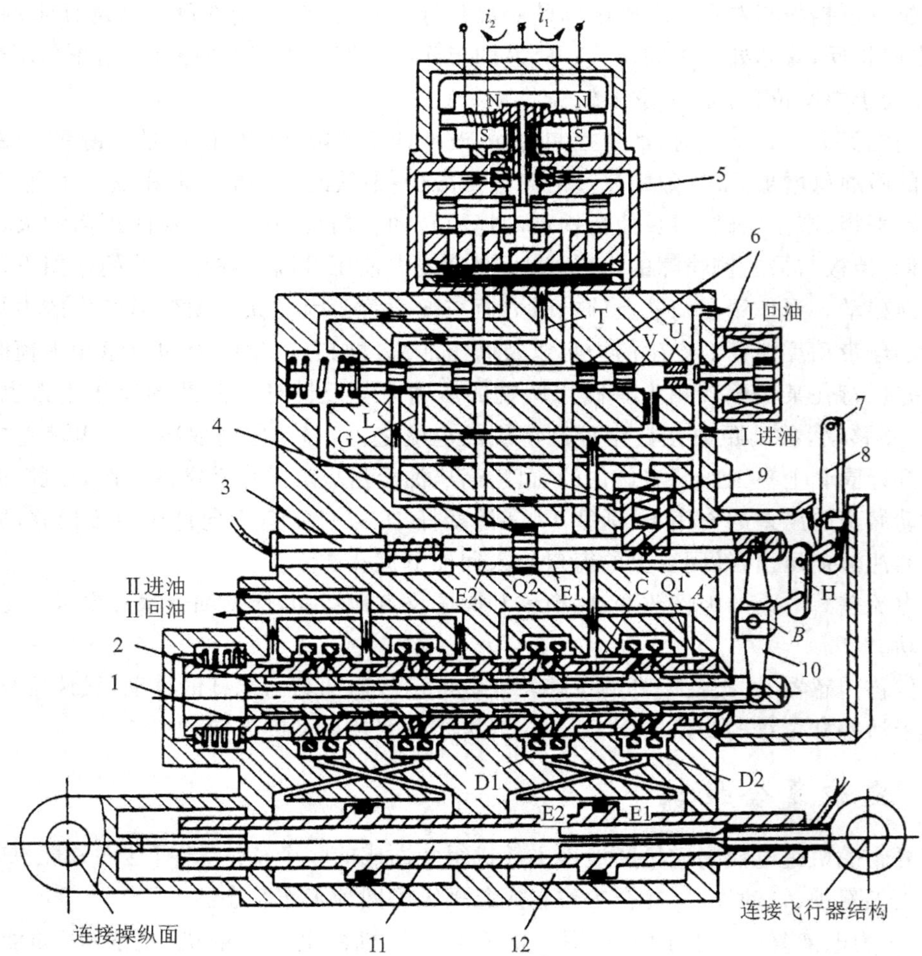

1—副滑阀；2—主滑阀；3—小位移传感器；4—小作动筒；5—电液伺服阀；6—电磁转换机构；

7—连接驾驶杆；8，10—摇臂；9—锁紧机构；11—大位移传感器；12—大作动筒

图 4-4　电液复合舵机的原理图

驾驶杆移动到某一位置后，由于固连于舵机壳体上的支点 A 和驾驶杆 H 与壳体一起移动，而主滑阀不随壳体运动，故其窗口重新关闭，舵机壳体也停止运动。当人工驾驶时，舵机壳体始终跟随驾驶杆的移动而按比例地移动。

在电磁转换机构通电时，转换机构的衔铁向左移动，堵住喷嘴 U，喷嘴内腔 V 的油压升高，推动滑阀左移。于是系统Ⅰ的进油口到油路 T 和电液副舵机的通路与到油路 G，L 及环形槽 J 的通路均被打开。锁紧机构在高压油液的作用下向上移动，小作动筒的活塞处于自由状态。当驾驶杆不动时，电液复合舵机转入自动控制状态，控制电液副舵机小作动筒的活塞在控

制信号的作用下运动。小作动筒活塞杆上的 A 点通过摇臂移动主滑阀，使舵机的壳体相应地按比例运动，如同人工驾驶一样。

如果驾驶员参与自动控制时的操纵，则电液复合舵机处于复合工作状态。驾驶杆的操纵运动和小作动筒活塞的运动通过摇臂在主滑阀处复合，共同操纵舵机运动。

图 4-4 中作动筒的副滑阀在一般情况下是不动的，犹如一个固定的阀套。但主滑阀一旦卡死或出现其他紧急情况时，副滑阀将接替主滑阀的工作，使驾驶员能够应急操纵。

4.1.4 余度舵机

在电传操纵系统中，驾驶员只通过电气通道驱动舵面，操纵飞机的运动。由于系统没有机械通道，所以对其可靠性要求较高，否则一旦出现故障将会导致飞机毁损。目前，提高可靠性的主要措施是采用多余度技术。多余度就是有备份，用几套相同的舵机组合在一起共同操纵舵面，构成所谓余度舵机。余度电液副舵机与余度主舵机原理相同，下面仅以余度电液副舵机为例，介绍余度舵机的工作原理。

图 4-5 为三余度串联电液副舵机的原理方框图。该舵机有三套相同的电液副舵机(包括液压伺服阀和作动器)，三套作动筒的活塞杆同时连接在一根杆上并一起运动。余度副舵机中配置三个监控器和两个逻辑转换控制开关、三个伺服阀位置传感器、三个压差传感器、三个副舵机位置传感器、三个信号整形器和三个旁通活门。每个监控器监控和检测各自通道的指令输入、电液伺服阀的位移、作动筒两腔的压力差和作动筒活塞的位移等信号。旁通活门受监控器控制，工作时可连通作动筒的两腔。

指令 A 和主动通道构成主动回路，指令 B 和在线备份通道 1 构成在线备份回路 1，指令 C 和在线备份通道 2 构成在线备份回路 2。

在正常情况下的余度副舵机中，只有主动回路(图中最右边)的伺服阀处于“主动”状态，而其余两个伺服阀则处于静止状态。此时控制开关 K1 和 K2 闭合，压差传感器的输出信号经信号整形器 SP 和控制开关反馈到放大器，在线备份回路 1 和 2 各自构成压差回路，它们的伺服阀输出的压差正比于各自回路的指令信号。由于引入了压差深度负反馈，因此所构成的压差回路的闭路增益值极低。在输入指令信号作用下，在线备份回路 1 和 2 的伺服阀输出的压差近于零。在正常情况下两个回路处于备份状态。

处于“主动”状态的主动回路，由于伺服阀没有压差反馈，因此力增益值较高。在输入信号作用下，主动回路的伺服阀输出压差，推动活塞移动，并承受几乎全部的舵机负载。当旁通活门打开后，作动筒两腔的油路直接沟通，作用于备份回路 1 和 2，活塞两端的压差近于零，它们的活塞杆与主动回路作动筒的活塞杆一起移动，实际上几乎不承受舵机的负载力。三套电液副舵机在输入信号作用下，协调地操纵一个舵面偏转，如同一个整体的舵机。在主动回路的副舵机回路中有位置负反馈，当稳态时，活塞杆的位移信号正比于输入信号。此外，各回路的监控器依据电液伺服阀的阀芯位移、输出的压差和活塞位移等信号，不断地监控和检测各自的工

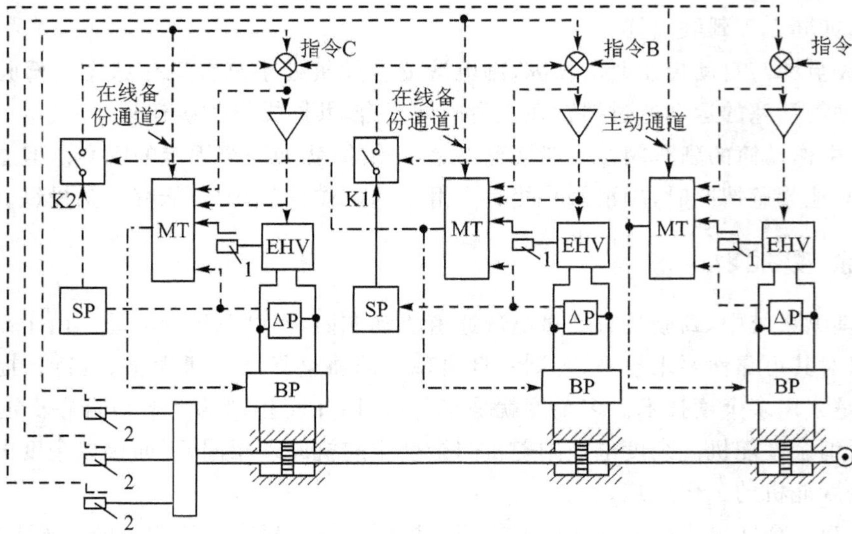

EHV—电液伺服器;ΔP—压差传感器;BP—旁通活门;SP—信号整形器;MT—监控器

——机械及液压联系;---电子线路联系;-·-·-出现故障时的电子线路联系

K1,K2—控制开关;1—伺服阀位置传感器;2—副舵机位置传感器

图4-5 三余度串联电液副舵机原理方框图

作情况。

主动回路的电液副舵机一旦出现故障,监控器会及时检测和判断,并发出逻辑控制信号打开本通道的旁通活门,同时断开控制开关K1(假定备份回路1无故障),切断备份回路1的压差反馈和旁通活门的通路,使备份回路1的力增益值提高到正常值。此时,备份回路1由原来的备份状态转为主动状态,接替主动回路的工作,承受舵机的全部负载力。若备份回路1也出现故障,则检测后断开控制开关K2,备份回路2的舵机转入主动状态,接替主动回路和备份回路1两回路的工作。因此,在三套舵机中即使有两套出现故障,余度舵机也能照常操纵舵面偏转。可见,三余度电液副舵机大大提高了系统的可靠性,可保证飞行器安全飞行。

4.2 舵机的特性分析

舵机是飞行控制系统中极为重要的部件之一。飞行控制系统的性能在很大程度上取决于舵机的性能。在分析研究飞行控制系统时,必须确定地描述舵机的动特性。本节从舵机的负载入手分析舵面的负载特性,研究电动与液压舵机的动特性以及舵面负载对舵机工作的影响。

4.2.1　舵面的负载特性

飞行器上的各操纵舵面(如升降舵、副翼等)可由人或舵机操纵。人或舵机在操纵舵面时，需要克服空气动力所造成的气动负载。

舵面的负载即铰链力矩，是作用在舵面上的气动力相对于舵面铰链轴的力矩 M_j。其值取决于舵面的类型与几何形状、马赫数、仰角或侧滑角以及舵面的偏转，其中以舵面偏转所产生的铰链力矩为主。因此，铰链力矩 M_j 的表达式可近似写为

$$M_j = C_{hj}^{\delta} Q S_{\delta} c_{\delta} \delta_j = M_j^{\delta} \delta \tag{4-1}$$

式中，系数 M_j^{δ} 表示单位舵偏角产生的铰链力矩，C_{hj}^{δ} 为铰链力矩导数，S_{δ} 为舵参考面积，c_{δ} 为舵平均几何弦长，δ_j 为舵偏角。

舵面负载铰链力矩不同于一般的负载。由式(4-1)可见，在舵面类型与几何形状一定的情况下，相同舵偏角产生的铰链力矩随飞行状态而改变，动压 Q 越大，铰链力矩就越大，而且铰链力矩的方向(即系数 M_j^{δ} 的符号)也随之改变。系数 M_j^{δ} 的符号取决于舵面转轴 O_{δ} 相对于舵面气动力 (R_{δ}) 压力中心的位置。通常舵面转轴的位置设置在压力中心的前面，如图 4-6(a)所示，所以 $M_j^{\delta} < 0$。

当动压 Q 增大时，铰链力矩 M_j 急剧增加，在超声速飞行时，甚至可达 10^4 N·m 的数量级。因此，在一些飞机上，为了减小铰链力矩，把舵面转轴的位置设置在压力中心变化范围的中间。这样在相同舵面偏转角情况下，压力中心随马赫数 Ma 的增加由前向后移动，铰链力矩的方向(系数 M_j^{δ} 的符号)也随之改变，如图 4-6(b)所示。当压力中心位于转轴 O_{δ} 后面时，$M_j^{\delta} < 0$，铰链力矩的方向力图使舵面恢复到中立位置；当压力中心位于 O_{δ} 前面时，$M_j^{\delta} > 0$，铰链力矩的方向力图使舵面继续偏转，出现所谓铰链力矩反操纵现象。

铰链力矩的大小和方向随飞行状态而变化，因此对舵机的工作有很大影响。

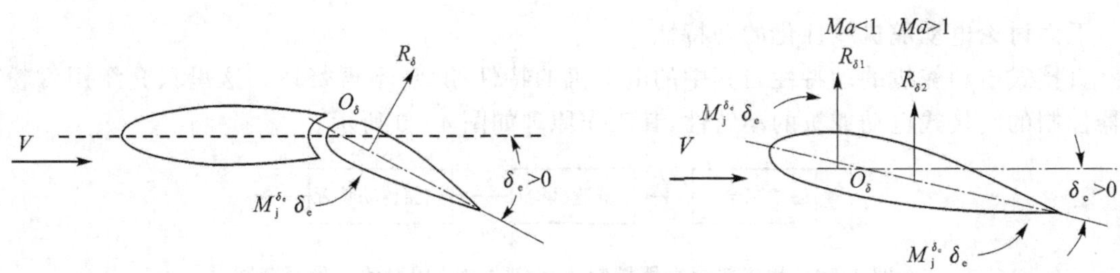

(a) 一般情况下　　(b) 压力中心随Ma变化时的情况

图 4-6　舵面转轴与压力中心位置的关系

4.2.2 舵机的动特性

1. 电动舵机的动特性

电动舵机中电动机(两相异步电动机)的机械特性(包括磁粉离合器的机械特性)可用一族非线性曲线表示,如图4-7所示,这使得电动舵机的动特性很难描述与分析。在工程实践中,往往采用线性化的方法研究某一平衡状态附近的增量运动。把非线性机械特性曲线近似为斜率为B的线性机械特性曲线。B的物理含义是当输入电压为常数时,输出力矩M对角速度ω的偏导数,即

$$\tan\beta = -\left.\frac{\partial M}{\partial \omega}\right|_{U=\text{常数}} = -B \tag{4-2}$$

式中,β为机械特性曲线与横坐标ω的夹角。

同样,也把电动舵机中电动机的力矩特性(包括磁粉离合器的力矩特性)近似为斜率为A的线性力矩特性(图4-8),即

$$\tan\alpha = -\left.\frac{\partial M}{\partial I}\right|_{\omega=\text{常数}} = A \tag{4-3}$$

式中,α为线性力矩特性曲线与横坐标I的夹角。

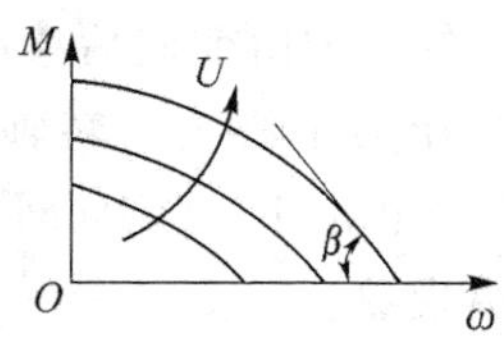

图4-7 电动舵机中电动机的机械特性曲线图

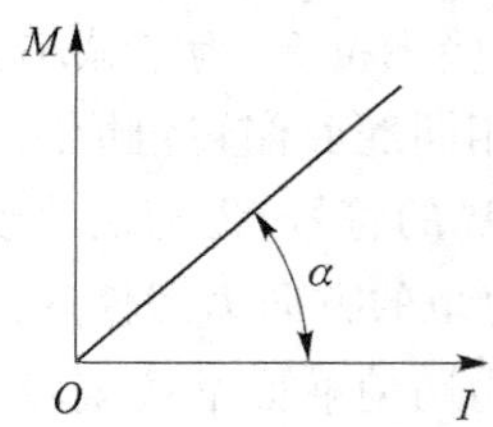

图4-8 电动舵机中电动机的线性力矩特性曲线图

下面讨论电动舵机线性化的动特性。

直接式电动舵机的动特性与其中的电动机的特性相似,不再赘述。这里只介绍用磁粉离合器控制的间接式电动舵机的动特性,其工作原理如图4-9所示。

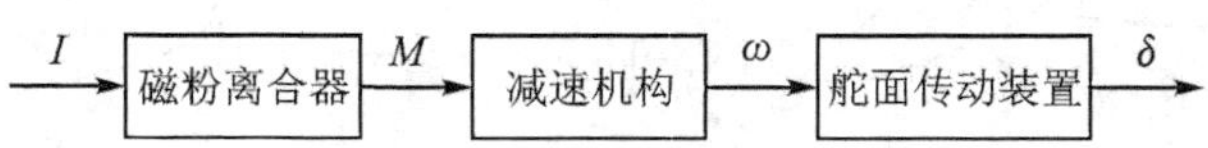

图4-9 用磁粉离合器控制的间接式电动舵机的工作原理图

设鼓轮到舵面传动机构的速率比为i,磁粉离合器、齿轮转动装置、舵面及其传动机构和电动机转子折算到鼓轮(包括鼓轮)的总转动惯量为J,磁粉离合器传递到鼓轮上的力矩为M,磁粉离合器控制绕组的输入电压为U、电流为I、电感量和电阻值分别为L和R,鼓轮角速度和转角分别为ω和δ_k,舵偏角为δ。

忽略摩擦力矩的影响，则电动舵机的运动方程可描述为

$$\left.\begin{aligned}&\Delta U = L\frac{\mathrm{d}\Delta I}{\mathrm{d}\Delta t}+\Delta IR\\&\Delta M = A\Delta I\\&\Delta M = J\frac{\mathrm{d}\Delta\omega}{\mathrm{d}t}+B\Delta\omega+\frac{\Delta M_{\mathrm{j}}}{i}\\&\Delta M_{\mathrm{j}} = M_{\mathrm{j}}^{\delta}\Delta\delta\\&\Delta\delta = -\frac{\Delta\delta_{\mathrm{k}}}{i}\end{aligned}\right\}\tag{4-4}$$

式中，Δ 表示增量，负号表示舵面偏转的方向与鼓轮转动方向相反。

将式(4-4)经拉氏变换后，其相应的电动舵机工作原理图如图 4-10(a)所示。

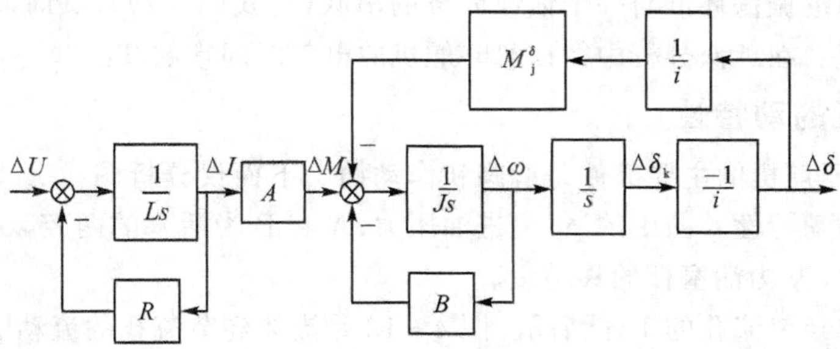

(a) 等效变换前

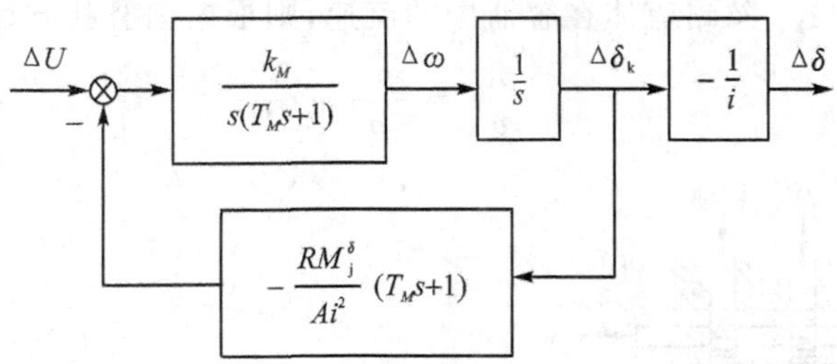

(b) 等效变换后

图 4-10　电动舵机工作原理图

磁粉离合器的机械特性曲线的斜率 $B\approx 0$，当舵面负载为零时(即 $\Delta M_{\mathrm{j}}=0$)，由图 4-10(a)可得空载时电动舵机输入电压 $\Delta U(s)$ 对鼓轮输出转角 $\Delta\delta_{\mathrm{k}}(s)$ 的传递函数为 $W_M(s)$，即

$$W_M(s)=\frac{\Delta\delta_{\mathrm{k}}(s)}{\Delta U(s)}=\frac{k_M}{s^2(T_M s+1)}\tag{4-5}$$

式中，$T_M=L/R$ 为电动舵机的电气时间常数；$k_M=A/JR$ 为电动舵机的静态增益。一般来说，时间常数 T_M 值较小，在近似分析中可忽略，因而电动舵机的传递函数又可写为

$$W_M(s)=\frac{\Delta\delta_k(s)}{\Delta U(s)}=\frac{k_M}{s^2} \tag{4-6}$$

当舵面负载不为零时(即 $\Delta M_j\neq 0$),将原理图 4-10(a)等效变换成图 4-10(b)的形式,根据此图,可得负载情况的电动舵机传递函数为

$$W_M(s)=\frac{\Delta\delta_k(s)}{\Delta U(s)}=\frac{Ai^2/M_j^\delta R}{(T_M s+1)[(Ji^2/M_j^\delta)s^2-1]} \tag{4-7}$$

忽略时间常数 T_M 值后,传递函数又可近似为

$$W_M(s)=\frac{Ai^2/M_j^\delta R}{(Ji^2/M_j^\delta)s^2-1} \tag{4-8}$$

由以上分析可见,用磁粉离合器控制的电动舵机的空载动特性可描述为两个积分环节与一个惯性环节的串联(见式(4-5))。在电动舵机负载(即铰链力矩作用)情况下的动特性可描述为一个二阶无阻尼振荡环节与一个惯性环节的串联(见式(4-7)),其时间常数与静态增益均随飞行状态改变。在近似分析中往往忽略舵机的电气时间常数 T_M。

2. 液压舵机的动特性

如前所述,液压舵机的主要部件是滑阀和作动筒。下面仅分析图 4-11 所示的简单滑阀活塞式液压舵机的动特性。图中的 p_0 为进油压力,A 和 B 为活塞的两腔,x 为滑阀的阀芯位移量(设左移为正),y 为活塞杆的移动量。

首先分析流体经节流孔的工作情况。图 4-12 是流体经节流孔的流动图。设密度为 ρ 的流体在容器中的压力为 p_1,流体经节流孔(或喷嘴)流入小室,截面②的流体压力、流速和截面积分别为 p_2,V_2 和 A_2。忽略流体在容器中的流速,则根据伯努利方程,有

$$\frac{p_1}{\rho}=\frac{p_2}{\rho}+\frac{V_2^2}{2} \tag{4-9}$$

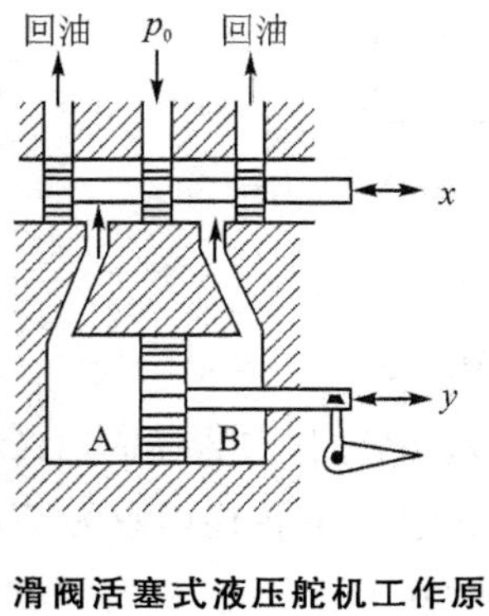

图 4-11 滑阀活塞式液压舵机工作原理示意图

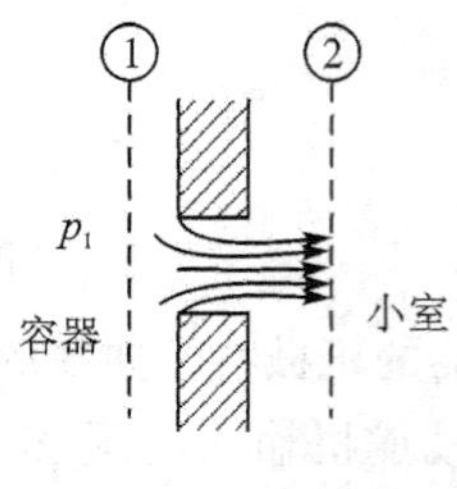

图 4-12 流体经节流孔的流动图

由式(4-9)可得截面②的流速为

$$V_2=\sqrt{\frac{2}{\rho}(p_1-p_2)} \tag{4-10}$$

截面②的流体流量 q_2 为

$$q_2 = A_2V_2 = C_dA_0\sqrt{\frac{2(p_1 - p_2)}{\rho}} \tag{4-11}$$

式中，A_0 为节流孔截面积，C_d 为流量系数(由节流前通道的几何形状确定)。

假设回油压力为零,活塞两腔的压力分别为 p_A 和 p_B，并忽略滑阀内部的漏油,由式(4－11)可得滑阀左移时,经滑阀流入活塞 A 腔的流量 q_A 和从 B 腔流回的流量 q_B 分别为

$$\left.\begin{aligned} q_A &= C_dA_0\sqrt{2(p_0 - p_A)/\rho} \\ q_B &= C_dA_0\sqrt{2p_B/\rho} \end{aligned}\right\} \tag{4-12}$$

式中，ρ 为油液密度；C_d 为流量系数，一般在 0.6～1 范围内；A_0 为阀芯开启时的窗口面积,正比于阀芯位移量 x，即 $A_0 = bx$(b 为比例系数)。

由于流体具有连续性,因此滑阀输出的流量必等于输入的流量,即 $q_A = q_B$。令 $p_A - p_B = p$ 为两腔的压力差,以 q 表示滑阀的输出流量,由式(4－12)可得

$$q = C_dbx\sqrt{(p_0 - p)/\rho} \tag{4-13}$$

式(4－13)描述了滑阀输出流量 q 与负载(两腔压力差)之间的关系,即滑阀的负载特性。图 4－13(a)为某种滑阀的负载特性实际曲线,它是一族非线性曲线。与电动舵机的分析一样,液压舵机的动特性分析也可采用线性化方法,把滑阀负载特性曲线近似为一族线性特性曲线(图 4－13(b))。

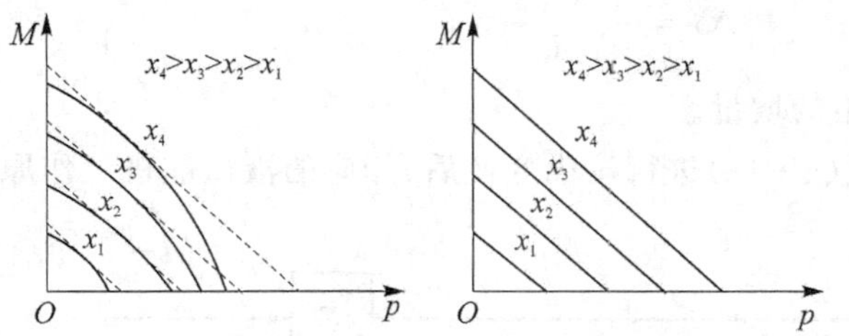

(a) 实际的曲线　　(b) 线性化的曲线

图 4－13　滑阀的负载特性曲线图

滑阀相对于平衡状态(p 和 x 均为常数)的输出流量增量 Δq 可写为

$$\Delta q = k_1\Delta x - c_1\Delta p \tag{4-14}$$

式中，Δq，Δx 和 Δp 分别为相对于其平衡状态的相应增量值；k_1 为当 p 等于常数时,滑阀输出流量 q 对阀芯位移量 x 的偏导数,即 $k_1 = \partial q/\partial x\,|_{p=常数}$；$C_1$ 为当阀芯位移量 x 等于常数时,输出流量 q 对压差 p 的偏导数,即 $C_1 = \partial q/\partial p\,|_{x=常数}$。

实际上,滑阀输出的流量一方面补偿活塞移动时被推出的那部分流量,另一方面补偿作动筒高压腔经活塞柱面与作动筒筒壁之间缝隙流入作动筒低压腔的漏油量 Δq_L，此外还补偿油液压缩性使油液密度变化以及高压油流过非刚体油管与作动筒壳体使体积变化造成的流量

Δq_V。滑阀的实际输出流量增量应为上述各流量增量之和,即

$$\Delta q = F\frac{\mathrm{d}\Delta y}{\mathrm{d}t} + \Delta q_L + \Delta q_V \tag{4-15}$$

式中,F 为活塞的有效面积。

又有

$$\left.\begin{aligned}\Delta q_L &= C_2\Delta p\\ \Delta q_V &= \frac{1}{2}\left(K_E + \frac{V_0}{E}\right)\frac{\mathrm{d}\Delta p}{\mathrm{d}t}\end{aligned}\right\} \tag{4-16}$$

式中,C_2 为液流系数,K_E 为油管管道弹性系数,E 为油液体积弹性模量,V_0 为作动筒的两腔体积平均值。将式(4-14)和式(4-16)代入式(4-15),经整理可得

$$k_1\Delta x = F\frac{\mathrm{d}\Delta y}{\mathrm{d}t} + (C_1 + C_2)\Delta p + \frac{1}{2}\left(K_E + \frac{V_0}{E}\right)\frac{\mathrm{d}\Delta p}{\mathrm{d}t} \tag{4-17}$$

假设将舵面及舵面传动机构折算到活塞(包括活塞和活塞杆)的总质量为 m,活塞运动的阻尼系数为 f,摇臂长度为 L,忽略摩擦力的影响,则活塞在两腔压差 Δp 作用下的运动方程可描述为

$$\left.\begin{aligned}F\Delta p &= m\frac{\mathrm{d}^2\Delta y}{\mathrm{d}t^2} + f\frac{\mathrm{d}\Delta y}{\mathrm{d}t} + \frac{\Delta M_j}{L}\\ \Delta M_j &= M_j^{\delta}\Delta\delta\\ \Delta\delta &= -\frac{57.3}{L}\Delta y\end{aligned}\right\} \tag{4-18}$$

式中,ΔM_j 为铰链力矩的增量。

对式(4-17)和式(4-18)进行拉氏变换后,相应的液压舵机工作原理图如图4-14所示。

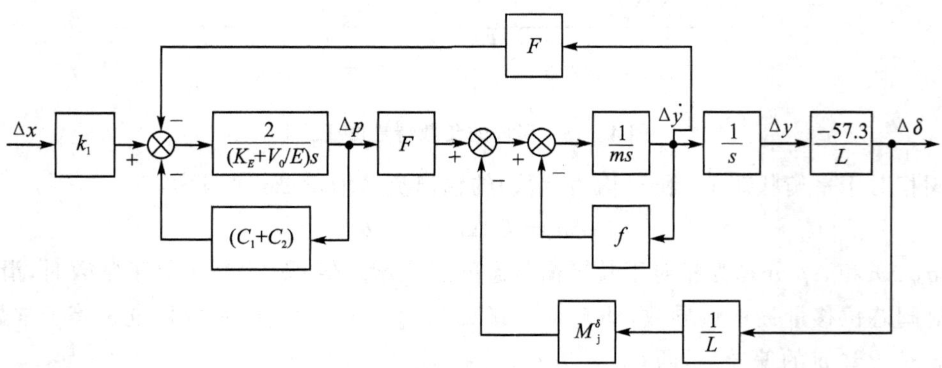

图4-14 液压舵机工作原理图

当液压舵机空载(即 $\Delta M_j = 0$)时,滑阀的阀芯位移 x 对活塞移动量 y 的传递函数为

$$W_M(s)=\frac{\Delta y(s)}{\Delta x(s)}=\frac{k_M}{s(T_M^2s^2+2\xi_MT_Ms+1)} \tag{4-19}$$

式中

$$k_M=\frac{K_1F}{F^2+f(C_1+C_2)}$$

$$T_M^2=\frac{mK_E+(V_0/E)}{2F^2+f(C_1+C_2)}$$

$$\xi_M=\frac{2m(C_1+C_2)+f\left(K_E+\dfrac{V_0}{E}\right)}{4T_M[F^2+f(C_1+C_2)]}$$

式中，T_M，ξ_M 和 k_M 分别为液压舵机的时间常数、阻尼比和静态增益。

目前，飞行控制系统中所用的液压舵机的时间常数 T_M 的数量级约为 10^{-3} s，远远小于飞机短周期运动的时间常数，近似分析时可忽略，则舵机的传递函数为

$$W_M(s)=\frac{\Delta y(s)}{\Delta x(s)}=\frac{k_M}{s} \tag{4-20}$$

根据图 4-14 可写出液压舵机有负载(即 $\Delta M_j\neq 0$)时的传递函数，并整理为

$$W_M(s)=\frac{\Delta y(s)}{\Delta x(s)}=\frac{k_M}{T_M^2s^3+2\xi_MT_Ms^2+\left[1-\dfrac{57.3k_MM_j^\delta}{2k_1FL^2}\left(K_E+\dfrac{V_0}{E}\right)\right]s-\dfrac{57.3k_MM_j^\delta(C_1+C_2)}{K_1FL^2}} \tag{4-21}$$

忽略时间常数 T_M，则舵机的近似传递函数为

$$W_M(s)=\frac{\Delta y(s)}{\Delta x(s)}=\frac{k_M}{\left[1-\dfrac{57.3k_MM_j^\delta}{2K_1FL^2}\left(K_E+\dfrac{V_0}{E}\right)\right]s-\dfrac{57.3k_MM_j^\delta(C_1+C_2)}{K_1FL^2}} \tag{4-22}$$

由以上分析可知，液压舵机的空载动特性可描述为一个积分环节和一个二阶振荡环节的串联；其有载动特性可描述为一个惯性环节和一个二阶振荡环节的串联。

3. 铰链力矩对舵机动特性的影响

由以上分析可知，电动与液压舵机的传递函数均包括铰链力矩系数 M_j^δ，显然负载铰链力矩的变化会改变舵机的原有特性。

与电动舵机不同，液压舵机内部包含一个很强的速度反馈(即图 4-14 示出的反馈量)。这不仅使液压舵机本身具有较好的阻尼性能，而且使液压舵机比电动舵机少受铰链力矩的影响。下面以电动舵机为例，分析随飞行状态而变化的铰链力矩对舵机动特性的影响。

假设电动舵机的机械特性斜率 B 不为零，由图 4-10(a)可写出电动舵机负载的传递函数为

$$W_M(s)=\frac{\Delta\delta_k(s)}{\Delta U(s)}=\frac{A}{(Ls+R)\left(Js^2+Bs-\frac{M_j^\delta}{i^2}\right)}\tag{4-23}$$

式(4-23)表明,在铰链力矩作用下,舵机的传递函数中含有系数 M_j^δ。M_j^δ 随飞行状态的变化而变化,致使舵机的动特性随之变化。如果 M_j^δ 的符号发生变化,变为 $M_j^\delta>0$(即出现铰链力矩反操纵),那么舵机的传递函数中将包含一个不稳定的二阶振荡环节,舵机的工作也将不稳定。另外,空载时舵机的稳态输出值(即鼓轮输出角速度)正比于输入电压。但在有负载时,其稳态输出值变为 $\Delta\delta_{k\infty}$(当 $M_j^\delta<0$ 时),由式(4-23)得

$$\Delta\delta_{k\infty}=-[Ai^2/(C_{hj}^\delta Q_\delta S_\delta c_\delta R)]\Delta U\tag{4-24}$$

式(4-24)表明,当有负载时,鼓轮的输出转角正比于输入电压,并与动压 Q_δ 成反比。其稳态输出转角也随飞行状态的变化而变化,当 Q_δ 增大时,稳态输出转角减小。

可见,铰链力矩对舵机的动特性与静特性均有很大影响,且随着飞行状态的不同而变化。

4.3 舵回路

舵面的铰链力矩对舵机工作的影响很大。为了削弱铰链力矩对舵机工作的影响,并满足控制规律的要求,在飞行控制系统中均采用舵回路代替单个舵机来操纵舵面的偏转。

下面以磁粉离合器间接控制的电动舵机为例,介绍舵回路的组成原理、基本类型和特点,并进行舵回路的分析。

4.3.1 舵回路的构成与基本类型

1. 舵回路的构成

磁粉离合器间接控制的电动舵机是由恒速旋转的磁滞电动机带动磁粉离合器来工作的。这种舵机的特性主要由磁粉离合器的特性来决定,而磁滞电动机只起恒速动力源的作用。

飞行中铰链力矩的存在,相当于在舵机内部引入一个反馈,如图4-15所示,因而对舵机的工作产生很大影响,依据自动控制的原理,可以在舵机内部人为引入其他反馈,以抵消铰链力矩的影响。

首先是在图4-10(a)中引入舵机鼓轮输出转角的反馈 k_δ,如图4-15所示。

根据图4-15可写出引入 k_δ 后的电动舵机传递函数为

$$W(s)=\frac{\Delta\delta_k(s)}{\Delta U(s)}=\frac{A/R}{Js^2+Bs+(A/R)[k_\delta-(M_j^\delta R/Ai^2)]}\tag{4-25}$$

对于各种飞行状态,如果取 $k_\delta>0$,并且满足 $k_\delta\gg|M_j^\delta R/Ai^2|$,则式(4-25)可近似写为

$$W(s)=\frac{\Delta\delta_k(s)}{\Delta U(s)}=\frac{A/R}{Js^2+Bs+k_\delta A/R}\tag{4-26}$$

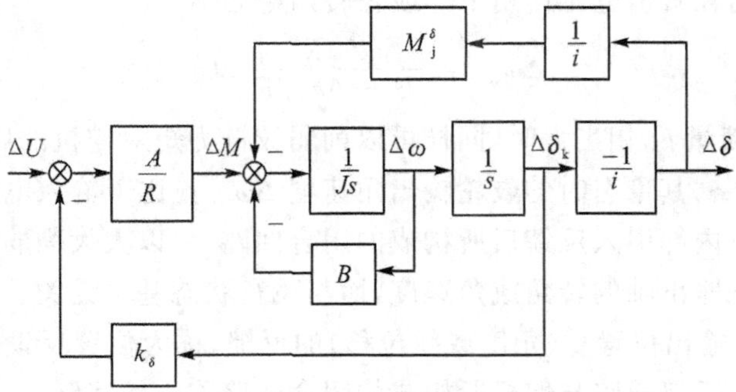

图 4-15　引入反馈 k_δ 的电动舵机工作原理图

根据式(4-26)可写出在常值电压作用下的鼓轮输出转角稳态值为

$$\Delta\delta_{k\infty} = \Delta U / k_\delta \tag{4-27}$$

可见，由于引入了反馈量 k_δ，舵机的传递函数在各种飞行状态下都是一个稳定的二阶振荡环节(忽略电感 L)，且传递函数中的各系数值仅取决于舵机自身的结构参数和反馈量 k_δ 的大小，而与飞行状态无关。稳态时的鼓轮输出转角 $\Delta\delta_{k\infty}$ 正比于输入电压，反比于反馈量 k_δ，而与飞行状态无关。

在图 4-10(a)中引入舵机输出角速度的反馈 $k_{\dot\delta}$，如图 4-16 所示。

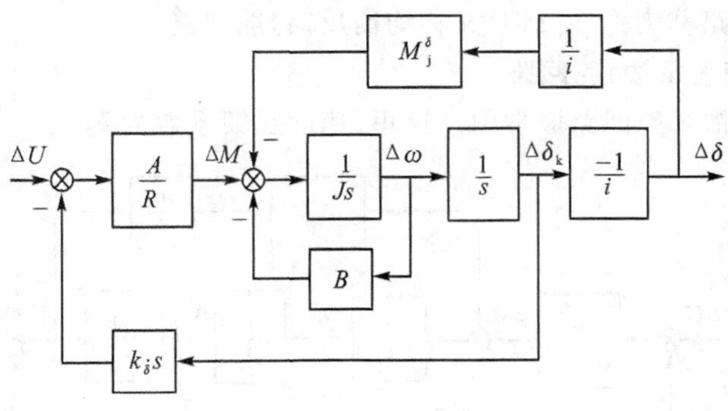

图 4-16　引入反馈 $k_{\dot\delta}$ 的电动舵机工作原理图

根据图 4-16 可写出引入 $k_{\dot\delta}$ 后的电动舵机传递函数为

$$W(s) = \frac{\Delta\delta_k(s)}{\Delta U(s)} = \frac{A/R}{Js^2 + \left(B + \frac{Ak_{\dot\delta}}{R}\right)s - M_j^\delta / i^2} \tag{4-28}$$

假设反馈系数在各种飞行状态下均大于零，且满足 $(B + Ak_{\dot\delta}/R)^2 \gg |4M_j^\delta / i^2|$ 的条件，则式(4-28)可近似写为

$$W(s) = \frac{\Delta\delta_k(s)}{\Delta U(s)} = \frac{A/R}{s[Js + (B + Ak_{\dot\delta}/R)]} \tag{4-29}$$

根据式(4-29)可写出在常值电压作用下的鼓轮转角稳态值

$$\Delta\omega_{k\infty}=\frac{A/R}{B+Ak_{\dot{\delta}}/R}\Delta U \tag{4-30}$$

与引入 k_δ 类似,在反馈量 $k_{\dot{\delta}}$ 相当大时,同样可以削弱铰链力矩对舵机的影响,而与飞行状态无关。这样构成的舵回路,其稳态时的鼓轮输出角速度 $\Delta\omega_\infty$ 正比于输入电压。

综上所述,在舵机内部引入反馈后所构成的闭合回路,可以大大削弱铰链力矩对舵机工作的影响,并能控制舵机输出轴的转角或角速度,而与飞行状态基本无关。

前述的 k_δ 为舵机输出位置量(角度或线位移)的反馈,称为位置反馈;$k_{\dot{\delta}}$ 为输出速度量的反馈,称为速度反馈。反馈通路与舵机所构成的闭合回路称为舵回路。

在通常情况下,电位计、同位器、线性旋转变压器或线性位移传感器用来实现位置反馈,并输出正比于位置的电压;而测速发电机等速度传感器则用来实现速度反馈,输出正比于速度的电压。舵回路的输入电压与反馈电压相比较后,通过放大器实现电压(或电流)的综合比较、放大或变换,并输出一定功率的信号来控制舵机。

2. 舵回路的基本类型

按照被控物理量来划分,常用的舵回路有三种基本类型,即硬反馈式、软反馈式和弹性反馈式三种基本类型。如前所述,在舵机内部引入位置反馈的闭合回路称为位置反馈(又称硬反馈)舵回路;引入速度反馈的闭合回路称为速度反馈(又称软反馈)舵回路;同时引入弹性反馈环节而构成的闭合回路称为弹性反馈(又称均衡反馈)舵回路。

(1) 软反馈式(速度反馈)舵回路

图4-17为软反馈式舵回路原理图。这里,速度反馈系数为 $k_{\dot{\delta}}$。

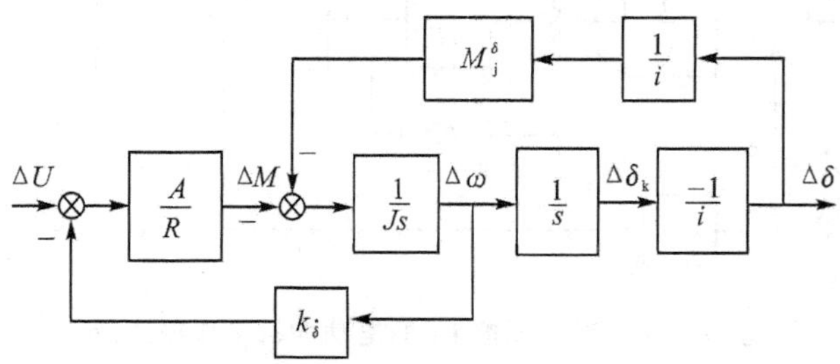

图4-17 软反馈式舵回路原理图

忽略铰链力矩的影响,图4-17简化为图4-18。

根据图4-18可得舵回路的传递函数为

$$W(s)=\frac{\Delta\delta_k(s)}{\Delta U(s)}=\frac{A/R}{\left(Js+\frac{A}{R}k_{\dot{\delta}}\right)s} \tag{4-31}$$

即

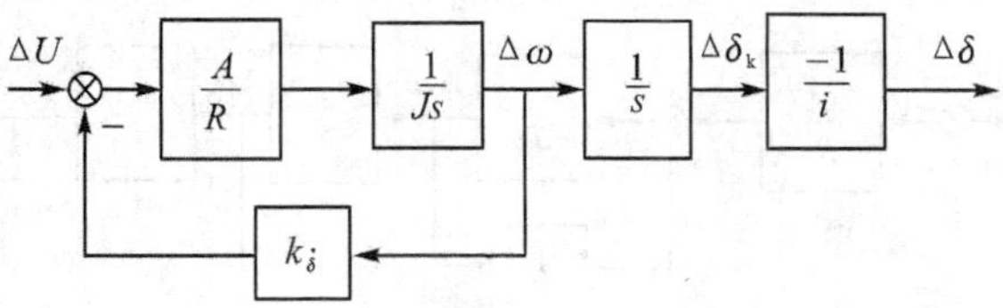

图 4-18　软反馈式舵回路简化原理图

$$W(s)=\frac{\Delta\delta_k(s)}{\Delta U(s)}=\frac{K}{(T_{\dot{\delta}}s+1)}\cdot\frac{1}{s} \tag{4-32}$$

式中，$K=\dfrac{1}{k_{\dot{\delta}}}$，$T_{\dot{\delta}}=\dfrac{JR}{Ak_{\dot{\delta}}}$。

如果忽略时间常数 $T_{\dot{\delta}}$，则有

$$\frac{\Delta\delta_k(s)}{\Delta U(s)}=\frac{K}{s} \tag{4-33}$$

由此可见，软反馈即速度反馈舵回路的传递函数近似为一个积分环节，其输出的舵偏角正比于输入电压的积分，也就是说，输出舵面的偏转角速度正比于输入电压，并近似与速度反馈系数 $k_{\dot{\delta}}$ 成反比。因而，飞行自动控制系统的指令可按比例地控制舵面偏转角速度。

(2) 硬反馈式(位置反馈)舵回路

图 4-19 为硬反馈式(位置反馈)舵回路原理图。这里，位置反馈系数为 k_δ。忽略铰链力矩的影响，图 4-19 简化为图 4-20。

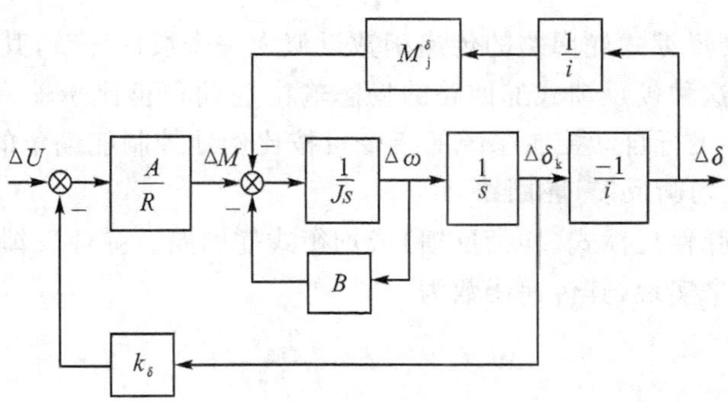

图 4-19　硬反馈式舵回路原理图

根据图 4-20 可得舵回路的传递函数为

$$W(s)=\frac{\Delta\delta_k(s)}{\Delta U(s)}=\frac{A}{JRs^2+BRs+Ak_\delta} \tag{4-34}$$

即

$$W(s)=\frac{\Delta\delta_k(s)}{\Delta U(s)}=\frac{1/k_\delta}{\dfrac{JR}{Ak_\delta}s^2+\dfrac{RB}{Ak_\delta}s+1} \tag{4-35}$$

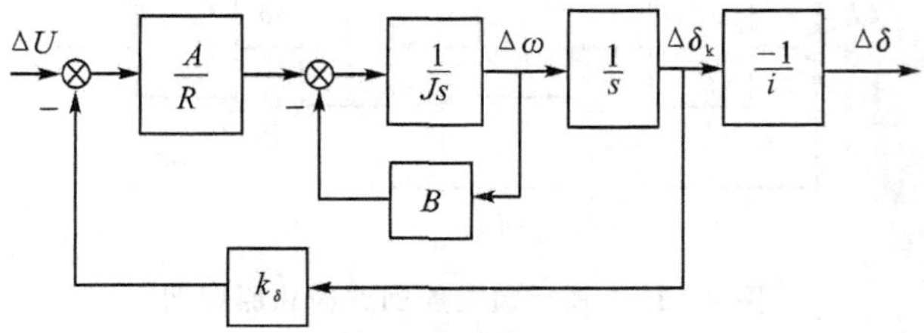

图 4-20　硬反馈式舵回路简化原理图

调整 k_δ，当 $\frac{JR}{Ak_\delta} \leqslant \frac{RB}{Ak_\delta}$ 时，式(4-35)可以简化为

$$W(s)=\frac{\Delta\delta_k(s)}{\Delta U(s)}=\frac{1/k_\delta}{\frac{RB}{Ak_\delta}s+1}$$

即

$$W(s)=\frac{\Delta\delta_k(s)}{\Delta U(s)}=\frac{K}{T_\delta s+1} \tag{4-36}$$

式中，$T_\delta=\frac{RB}{Ak_\delta}$，$K=\frac{1}{k_\delta}$。

由此可以得出

$$\Delta\delta_k(s)=\frac{K}{T_\delta s+1}\cdot\Delta U(s) \tag{4-37}$$

在这种情况下，硬反馈式舵回路的传递函数近似为一个惯性环节，其中系数 K 和 T_δ 值均与反馈系数成反比。这种硬反馈式舵回路的稳态输出舵偏角正比于输入电压，并近似与位置反馈系数 k_δ 成反比。飞行自动控制系统的指令可按比例地控制舵偏角的大小。

(3) 弹性反馈式(均衡反馈)舵回路

第三种舵回路为弹性反馈式(均衡反馈)或均衡式舵回路。弹性反馈环节可由位置反馈环节串联一个均衡环节来实现，其传递函数为

$$W_f(s)=k_\delta\frac{T_e s}{T_e s+1} \tag{4-38}$$

式中，k_δ 为位置反馈系数，T_e 为均衡环节的时间常数。

弹性反馈式舵回路的原理图如图 4-21 所示。

根据图 4-21 可得弹性反馈式舵回路的传递函数为

$$W(s)=\frac{\Delta\delta_k(s)}{\Delta U(s)}=\frac{\frac{1}{k_\delta T_e}(T_e s+1)}{s\left[\frac{R}{Ak_\delta T_e}(Js+B)(T_e s+1)+1\right]} \tag{4-39}$$

式中，如果忽略 B 的影响，并忽略时间常数 $\frac{RJ}{Ak_\delta}$ 的影响，而 T_e 一般又比较大，则式(4-39)可

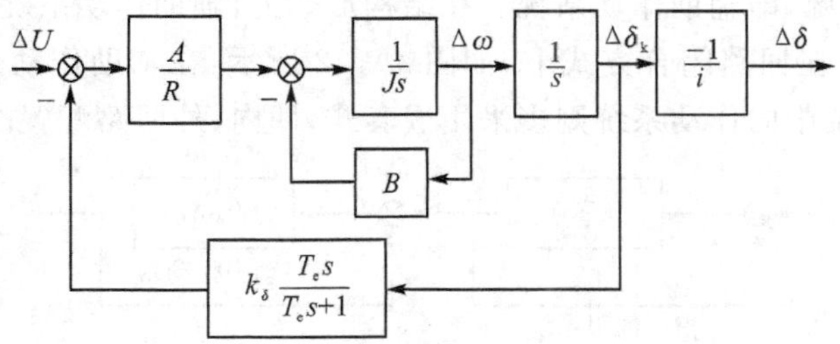

图 4-21　弹性反馈式舵回路原理图

简化为

$$W(s)=\frac{\Delta\delta_{k}(s)}{\Delta U(s)}=\frac{1}{k_{\delta}}+\frac{1}{k_{\delta}T_{e}s} \tag{4-40}$$

可见,若弹性反馈式舵回路工作在低频段,则舵回路的传递函数式(4-40)近似为一个积分环节。如果工作在高频段,则式(4-40)近似为一个比例环节。也就是说,弹性反馈式舵回路的低频特性接近于软反馈式舵回路的特性,而高频特性则接近于硬反馈式舵回路的特性。这种舵回路的鼓轮输出既正比于输入,又正比于输入的积分,是一种兼有硬反馈式舵回路特性与软反馈式舵回路特性的舵回路。

综上所述,引入不同形式的反馈可以构成特性不同的舵回路,它们的性能在很大程度上取决于反馈的性质和大小。三种不同特性的舵回路也为飞行控制系统提供了三种不同的控制规律。在飞行控制系统中用得最多的是位置伺服舵回路。

随着飞行控制技术的迅速发展,特别是电传飞行控制系统的出现,对舵回路的组成和工作的可靠性都提出了更高的要求,采用余度技术则是保证可靠性、满足先进飞行控制系统要求的必然途径。采用了余度技术以后,为了保证舵回路系统能够正确地完成其主要任务,必须相应增加诸如故障检测、故障诊断及信息处理等辅助功能。

3. 舵回路的发展及其数字化

以上所述的硬反馈式、软反馈式和弹性反馈式舵回路是舵回路常用的三种基本类型。舵回路是飞行控制系统的重要子系统,它的发展与飞行控制技术的发展息息相关,并随着多种专业技术的发展而前进。经过几十年的迅速发展,至 20 世纪 90 年代,舵回路的发展已经进入了一个崭新的阶段。今天的舵回路系统具有以下特点。

(1) 采用余度技术

随着对飞行的控制由机械操纵向电传操纵发展,采用余度技术是保障系统安全可靠性和提高电传操纵系统完成任务可靠性的最为有效的措施。目前采用最多的余度编排方式有两种,即并行工作配置的力综合式和工作/备用式。其中以力综合式更为普遍。

(2) 采用辅助作动器方案

在有些飞行控制系统中采用辅助作动器方案。该方案的特点是在指令和动力作动器之间串入一级指令伺服系统,即辅助作动系统。在结构形式上,辅助作动系统和动力作动器可以是分离式或复合式的。在回路闭合方式上,如图 4-22 所示,在辅助作动系统中一般采用串联式;而在电传操纵系统中的作动系统则多采用嵌套式,即内、外回路配置的方式。

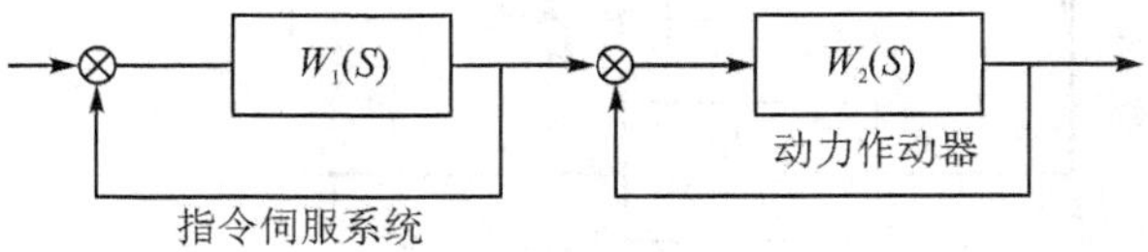

(a)串联式

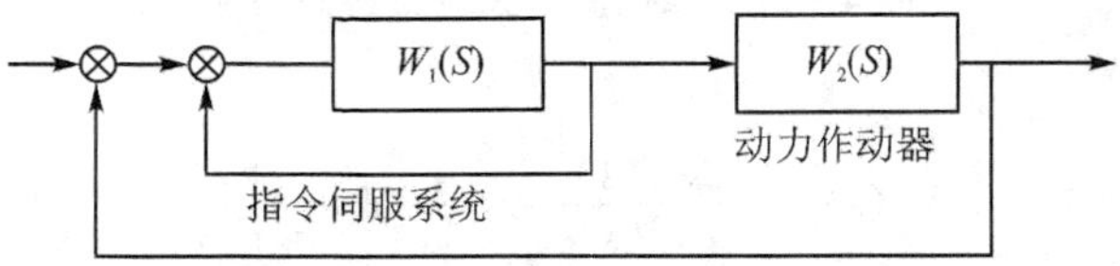

(b) 嵌套式

图 4-22　回路闭合方式原理图

在电传飞行控制系统出现之前,舵回路多采用助力操纵系统。在飞行操纵系统由机械系统向电传系统发展的过程中,采用分离式结构布局,即将主作动器与辅助作动器分离的过渡形式。这种形式,在主、辅作动器之间采用机械杆系连接,因而大大影响了作动系统的性能,而且结构复杂,不利于减轻质量和降低成本。因此,在电传操纵系统的作动器系统中,多采用嵌套式布局的复合式作动器。

(3) 模拟式电液伺服作动系统仍占主导地位

由于以电液舵机为执行机构的电液伺服系统(舵回路)具有输出功率大及输出阻抗高等优点。所以,在现阶段,模拟式电液伺服作动系统仍占主导地位。

今天,数字计算机在飞行控制系统中已经获得了广泛应用,但截至目前,飞行控制系统仍采用模拟式控制回路。理论上,将舵回路系统的控制器数字化是可行的,在实现上并不存在技术上的困难。但是由于舵回路系统的频带较高,需要采用较高的采样频率,这对于余度等级较高的电传作动系统来说,将会给主计算机带来很大的计算工作量。但是,舵回路系统的控制器由模拟式向数字式方向发展已成为主流。

目前虽然电液舵回路系统占主导地位,但其可靠性尚有待于提高。其中所使用的电液伺服阀是主要的故障源,成为一个需要重点监控的对象,迫使设计者在这部分采用较多的余度数,以获得工作的可靠性。

随着计算机和数字技术的发展,未来的舵回路系统将向着智能化、集成化和数字化的方向发展。将嵌入式计算机系统与作动器组合在一起,组成集成式数字作动系统,不但使作动系统更加简单可靠,而且为系统综合、余度管理及各种先进飞行控制技术的应用提供了更加广阔的空间。

4.3.2　舵回路系统的设计

1. 舵回路系统的设计要求

舵回路系统的设计依据技术要求进行。舵回路的类型和结构布局种类很多，其控制对象和使用条件也多有不同，因此技术要求也就有所不同。

尽管对不同舵回路系统的要求差别较大，但作为一种控制系统来说，在设计准则和设计方法上却是相同的。舵回路系统的设计要求包括：静、动态特性，接口要求和可靠性，以及可维护性和使用环境的要求等。具体地说，对于飞行控制系统的重要系统之一，一般情况下飞行控制系统对舵回路系统具有以下技术要求：

① 舵机要有足够的功率输出；

② 各种飞行状态下舵机都能稳定地工作；

③ 舵回路的静、动态性能应满足系统提出的输入/输出关系的要求；

④ 舵回路要有较宽的频带，一般来讲，舵回路的通频带 ω_b 要大于飞行器的 ω_b 的 3～5 倍；

⑤ 舵回路要有良好的动态响应和较大的阻尼，并且相位滞后要小。

2. 舵回路系统的设计实例

对于舵回路系统，在设计手段上，多采用计算机辅助设计，而在设计方法上，工程上则多采用经典的控制理论进行分析和设计。

舵回路系统设计的关键在于闭环回路中反馈量的配置。

图 4-23 给出了一个实际的电动舵回路原理图。

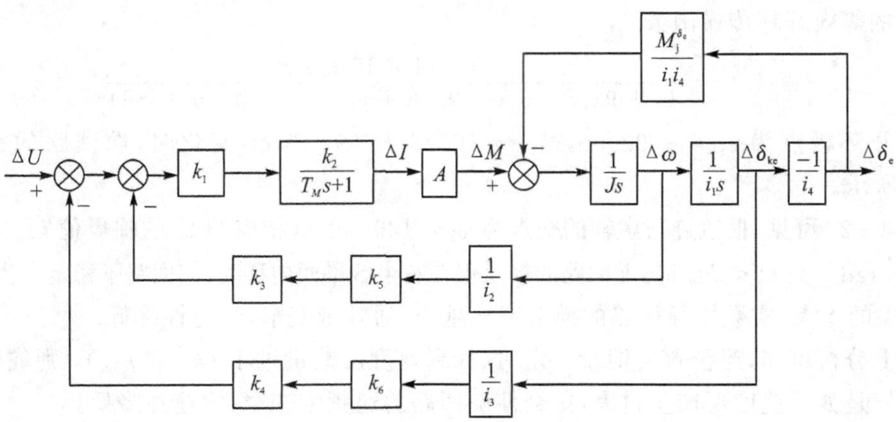

$A=5.8\ \text{kg}\cdot\text{m/A}, T_M=0.03\ \text{s}, J=0.875\times10^{-5}\ \text{kg}\cdot\text{m}^2, k_5=0.5\ \text{mA}\cdot\text{min/rad}, k_6=0.366\ \text{V},$
$k_3=0.0147, k_4=0.1062, i_1=46.86, i_2=0.0559, i_3=1.441, i_4=4.13$

图 4-23　电动舵回路原理图

由于引入了反馈使得铰链力矩对舵回路的影响大大减弱，所以为了研究问题简单起见，分析中将忽略铰链力矩的影响。

舵回路的位置反馈系数为 $k_\delta = k_4 k_6 / i_3$，速度反馈系数为 $k_{\dot{\delta}} = i_1 k_3 k_5 / i_2$。首先研究位置反馈系数的影响。

已知速度反馈系数 $k_{\dot{\delta}} = 5.886 \times 10^{-2}$ V·s/rad，根据图4-23可得舵回路的闭环多项式，并求出以 k_δ 为参量的等效开环传递函数

$$W_\delta(s) = \frac{3.444 \times 10^5 k_\delta}{s(s + 16.67 + \mathrm{j}141.35)(s + 16.67 - \mathrm{j}141.35)} \tag{4-41}$$

其相应的开环极点为 $s_1 = 0.0$，$s_{2,3} = -16.67 \pm \mathrm{j}141.35$。当 k_δ 变化时，特征方程的根轨迹如图4-24所示。

由图4-24可见，根轨迹与虚轴的交点为 $\omega_\mathrm{j} = 142.3$ rad/s，相应的 k_δ 的临界值 $k_{\delta\mathrm{m}} = 1.96$ V/rad。当 k_δ 很小时，实数主导极点的模值很小，所以通频带很窄，过渡过程进行得很慢。随着 k_δ 的增大，实数主导极点的模值增大(复根的模变化很小)，通频带加宽，过渡过程加快。但是，当 $k_\delta > k_{\delta\mathrm{m}}$ 时，系统变为不稳定。

由此可见，当速度反馈量一定时，舵回路的位置反馈将影响舵回路的通频带、快速性和静态性能。当 k_δ 的值在一定范围内变化时，舵回路的通频带和快速性随 k_δ 值的增大而增加。在同一输入电压作用下，稳态输出值随 k_δ 的增加而减小。但是，当 k_δ 超过临界值后，舵回路将不稳定。

下面来分析速度反馈系数的影响。

已知位置反馈系数 $k_\delta = 1.545$ V/rad，根据图4-23可得舵回路的闭环多项式，并求出以 $k_{\dot{\delta}}$ 为参量的等效开环传递函数

$$W_\delta(s) = \frac{3.444 \times 10^5 k_{\dot{\delta}} s}{(s + 93.85)(s - 30.26 + \mathrm{j}69)(s - 30.26 - \mathrm{j}69)} \tag{4-42}$$

其相应的开环极点为 $s_1 = -93.85$，$s_{2,3} = 30.26 \pm \mathrm{j}69$。当 $k_{\dot{\delta}}$ 变化时，舵回路的根轨迹如图4-25所示。

由图4-25可见，根轨迹与虚轴的交点为 $\omega_\mathrm{j} = 126$ rad/s，相应的 $k_{\dot{\delta}}$ 的临界值 $k_{\dot{\delta}\mathrm{m}} = 9.91 \times 10^{-4}$ V·s/rad。当 $k_{\dot{\delta}} < k_{\dot{\delta}\mathrm{m}}$ 时，舵回路的极点仅在右半S平面内移动，舵回路不稳定。当 $k_{\dot{\delta}} > k_{\dot{\delta}\mathrm{m}}$ 时，随着 $k_{\dot{\delta}}$ 的增大，实数主导极点的模值越来越小，通频带变窄，快速性降低。

由以上分析可知，当位置反馈量一定时，如果速度反馈量过小 ($k_{\dot{\delta}} < k_{\dot{\delta}\mathrm{m}}$)，则舵回路是不稳定的。但是如果速度反馈量过大，则会使舵回路的通频带变窄，快速性降低。

在实际工程中，由于受舵回路中小时间常数及非线性因素的限制，速度反馈量 $k_{\dot{\delta}}$ 不能选得太大，否则容易引起速度回路的自振。

当在舵回路中同时引入位置和速度反馈时，必须要配合得当，这样舵回路才会具有好的性能。对液压舵回路来说，由于自身已有很强的速度反馈，所以只引入位置反馈就可以获得理想

的性能。如果再引入速度反馈，则相当于 $k_{\dot{\delta}}$ 值过大，反而使回路的通频带变窄，快速性降低。

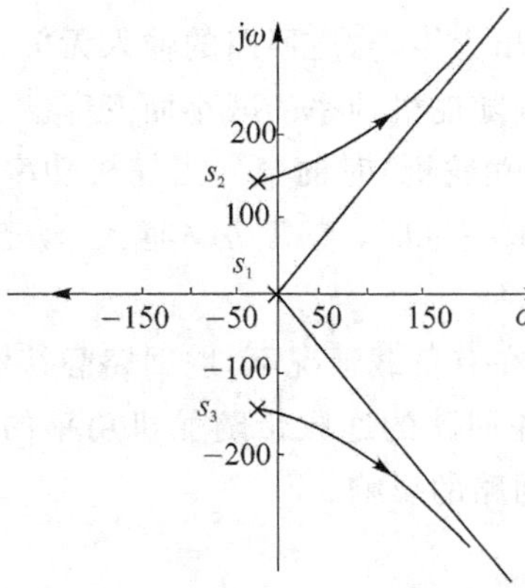

图 4-24　以 k_δ 为参量的舵回路根轨迹图

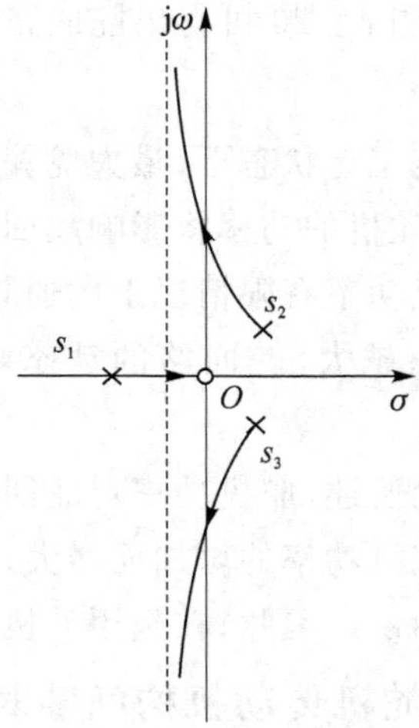

图 4-25　以 $k_{\dot{\delta}}$ 为参量的舵回路根轨迹图

4.3.3　舵机特性对舵回路的影响

实际舵回路中的舵机功率有限，并有间隙和饱和等非线性因素，本节将分析舵机特性对舵回路工作的影响。

1. 舵机功率对舵回路的影响

图 4-26 为在舵机功率有限情况下的舵回路工作原理图。图中 A 是带有限幅的非线性环节，它表示磁粉离合器传递力矩的限制。其中限幅值 M_{max} 表示最大传递力矩值，ω 表示舵机输出(鼓轮)的角速度，ω_{max} 表示鼓轮最大角速度值。图中其他参数同 4.3.2 小节。

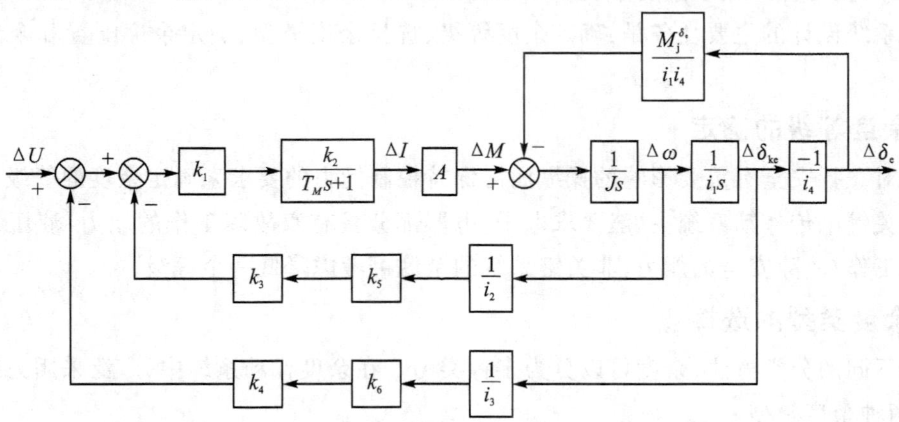

图 4-26　舵机功率有限情况下的舵回路工作原理图

舵机功率有限意味着其输出力矩(或力)和速度都受到限制。考虑到舵机所承受的铰链力矩,则由图4-26可得出舵回路的最大稳态输出舵偏角 $\delta_{e,max}$ 为

$$\delta_{e,max} = i_1 i_4 M_{max}/M_j^{\delta_e} \tag{4-43}$$

即在一定飞行状态下,最大舵偏角正比于舵机的最大输出力矩,与舵回路的输入无关。在负载情况下,舵机的功率将影响舵回路的静特性,其线性范围随舵机功率的减小而变窄。

舵机功率有限情况下的通频带比舵机功率无限(线性舵机)时的窄。当舵机功率一定时,输入电压越大,舵回路的动态响应越慢;而当输入电压一定时,舵机功率越大,动态响应则越快。

综上所述,舵机功率对舵回路的工作有很大影响。在有负载情况下,舵回路静特性的线性范围随舵机功率的增加而增大;在输入一定的情况下,舵回路的通频带随舵机功率的增大,动态响应加快。因此,在选用舵机时,应考虑其功率对舵回路的影响。

2. 舵机传动机构间隙对舵回路的影响

舵机机械传动机构中的间隙具有非线性特性。在舵机设计中,虽然总是力图使连接件紧密配合,但间隙不可能完全消除,因而对舵回路影响很大,严重时,舵回路将不能正常工作。

间隙对舵回路的影响,随着间隙所在位置的不同而不同。反馈回路中的传动间隙的影响尤为重要,会增大舵回路的延迟时间和静差,降低舵回路的稳定性,引起舵回路的输出在零值附近持续振荡(极限环),严重时,舵回路将无法正常工作。为了减小反馈回路中的传动间隙,避免舵回路振荡,在电动机内的传动装置中均采用双片齿轮。

4.3.4 舵回路系统的余度设计

目前,很多先进的军用和民用飞行器均采用了电传操纵控制系统。为了保证系统工作和安全的可靠性,必然采用多余度系统。

余度系统设计的主要任务是:确定余度等级、选择余度类型、确定余度配置和余度管理方案等。

1. 余度等级的确定

依据对飞行安全有重要影响的操纵面需保持控制能力的要求来确定余度的等级。

对于关键电传作动系统,一般要求电子、电器部分具有双故障工作的能力,液压机械部分具有故障工作/故障安全的能力,非关键系统的余度可考虑降低一个等级。

2. 余度类型的选择

根据不同的分类方法,余度可以分为多种类型。在余度作动系统中,广泛采用力综合和工作/备用两种余度类型。

余度类型的确定,应综合考虑性能、可靠性和维修性等方面的要求。

3. 余度配置的确定

舵回路系统余度配置方案设计的主要任务是:确定电器和液压机械通道的余度数、信号传递与耦合方式及监控点的选取。

舵回路系统的余度配置必须与整个系统的配置相协调,同时兼顾飞行器操纵面与能源的配置情况。

余度数的确定取决于可靠性的要求及余度管理水平的高低,同时考虑质量、体积和费用等条件的限制。

一般要求电传作动系统具有双故障工作能力,所以,目前国内、外大部分先进的军、民用飞机均采用电子、电器部分为四余度或三余度配置;对于动力作动装置,军用飞机大都采用串联双余度,而民用飞机则多采用三余度的作动器来驱动操纵面。

对于信号传递与耦合方式的考虑,在舵回路系统中,信号一般采用直接传递的方式,耦合方式主要考虑解决电器通道与液压通道间信号的耦合问题。

对于监控点的选取,应同时考虑监控的覆盖率及系统的复杂性和可靠性等实际情况。舵回路系统按功能分可以有三部分,如图4-27所示,因此监控点可在A,B和C处选择。由于指令级是系统故障的高发部位,所以在工程实践中,大都将对其的监控选择在B点,即伺服阀指令级的输出处。

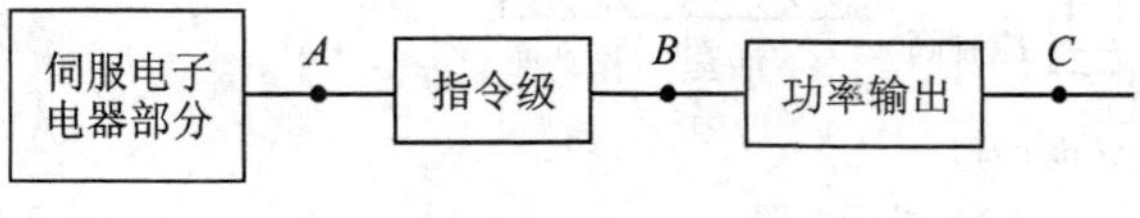

图4-27 舵回路系统监控点的选取

4. 余度管理方案的确定

余度管理是余度设计的核心,判定余度管理效果的主要标准是监控的覆盖率,即对故障检测、隔离和故障修复的概率。

余度管理的任务包括信号的选择、故障检测与隔离、故障记录和申报等,这些内容基本属于飞行控制系统的管理范畴,故不在此讨论。有关余度技术较为详细的内容将在第7章中讨论。

4.3.5 舵机与操纵系统的连接方式

1. 飞机操纵系统

飞机操纵系统是驾驶员用来操纵飞机上的各操纵面实现机动飞行的系统,包括主操纵系统和辅助操纵系统。主操纵系统用来操纵升降舵(或全动平尾)、副翼和方向舵。辅助操纵系统用来操纵调整片、水平安定面以及起落架、襟翼和减速板等。

图4-28所示为一简单的机械(主)操纵系统。驾驶员移动驾驶杆或脚蹬,经传动机构(包

括传送连杆、摇臂、钢索和滑轮等)操纵舵面。

在飞行中,驾驶员在移动驾驶杆(或脚蹬)时施加杆力,以克服舵面的铰链力矩。驾驶员依据位移和力的感觉给出适当的舵偏角,以正确操纵飞机。

高亚声速或超声速飞机的舵面铰链力矩很大,驾驶员无法直接驱动舵面。为了减小驾驶员施加的杆力,在机械操纵系统中增设了液压助力器,如图 4-29 所示,以构成助力飞行操纵系统(也称液压机械操纵系统)。

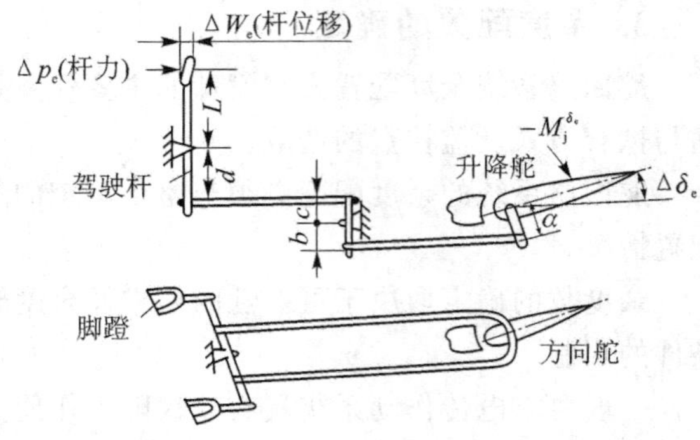

图 4-28　简单的机械(主)操纵系统

按助力器和驾驶杆(或脚蹬)以及舵面连接方式的不同,助力飞行操纵系统又可分为可逆与不可逆两种类型,如图 4-30 所示。

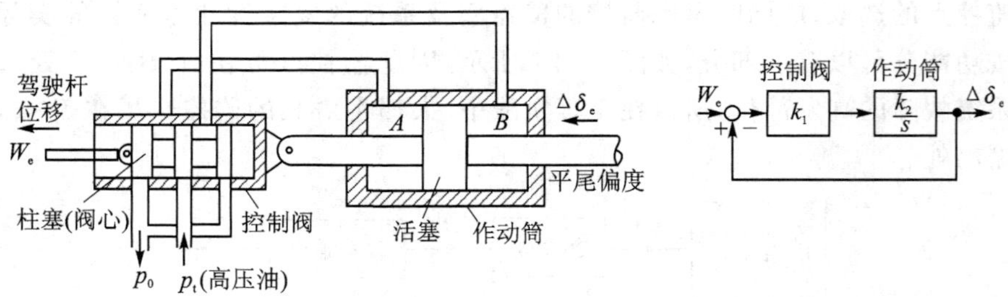

(a) 结构示意图　　(b) 工作原理图

图 4-29　液压助力器

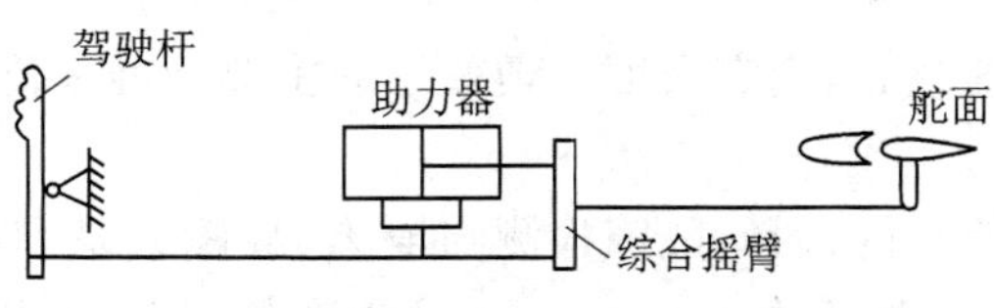

(a) 可逆型

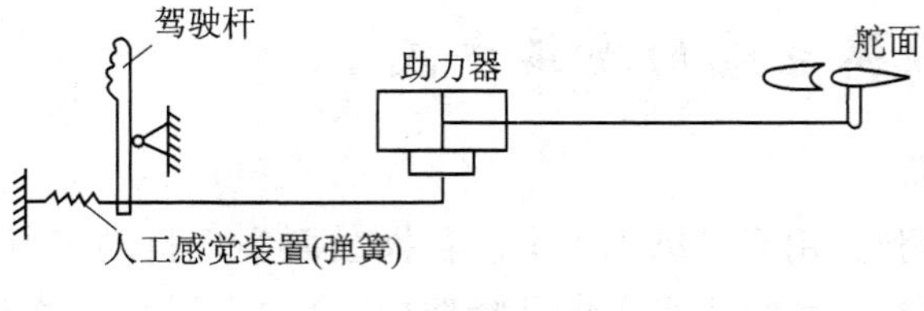

(b) 不可逆型

图 4-30　液压助力操纵系统

利用可逆型助力飞行操纵系统,驾驶员可通过回力杆真实地感受到舵面上气动力矩的变化,改变助力器的传动比,使杆力变小。这种助力器通常用于高亚声速飞机。超声速飞机的焦点移动量(包括平尾上焦点的后移)很大,为了减小铰链力矩,一般将平尾转轴设置在亚声速时的平尾焦点和超声速时的平尾焦点之间。但这样一来,当从亚声速过渡到超声速时,铰链力矩反向,杆力也随之反向,不利于操纵。为了避免杆力反向,采用了不可逆型助力器。这种系统无回力杆,驾驶员与舵面之间无直接联系,因而不存在杆力反向问题。此时杆力仅用于克服操纵系统中的摩擦力,与飞行状态无关。但这时驾驶员又无法从杆力大小上感觉飞行状态的变化,也不利于操纵。此问题可利用人工感觉装置来解决。最简单的装置如图 4-30(b)中的弹簧所示。

2. 舵机与主操纵系统的连接

舵机与主操纵系统(即人工操纵系统)的连接方式一般有以下两种。

(1) 舵机与人工操纵系统并联

图 4-31 为舵机与人工操纵系统并联连接方式的原理图。这种方式用于自动驾驶仪舵机与人工操纵系统的连接。接通自动驾驶仪后,驾驶员可观察驾驶杆(盘)或脚蹬的运动,监视自动驾驶仪,这时驾驶员不再操纵驾驶杆,但可通过自动驾驶仪中操纵台上的旋钮发出信号,通过舵机来操纵舵面。要想直接操纵舵面,必须断开自动驾驶仪,使舵机断电。在紧急状态下,驾驶员可能来不及断开自动驾驶仪,此时只需施加较大的杆力,克服舵机中摩擦离合器的摩擦力,使离合器打滑,仍可强行操纵舵面。

(2) 舵机与人工操纵系统串联

串联连接方式常用于阻尼和增稳系统中。图 4-32 示出舵机与人工操纵系统串联连接方式的原理图。舵机只推动舵面而不带动驾驶杆,驾驶杆也可直接拉动舵面,其中舵机串联于驾驶杆和液压助力器的传动杆之间。在舵机不动作时,舵机拉杆被制动,这时舵机相当于一个普通的传动杆,拉动驾驶杆可使整个舵机前后移动,推动助力器阀芯,通过作动筒的活塞带动舵面运动。当有信号输入舵机时,舵机的拉杆伸长或缩短,推动阀芯带动舵面。

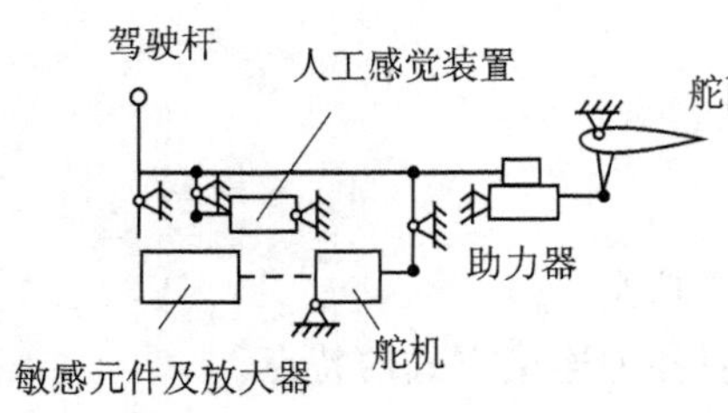

图 4-31　舵机与人工操纵系统并联

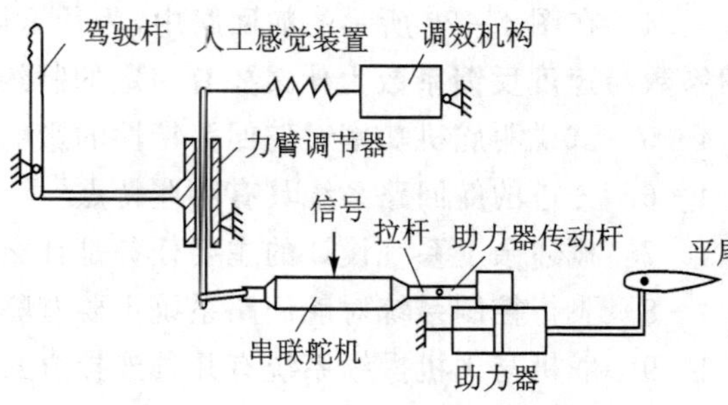

图 4-32　舵机与人工操纵系统串联

串联连接方式存在一定的缺点,即舵机推动助力器阀芯带动舵面动作的力会传递给驾驶杆,即存在“力反传”现象。虽然这种力不大(小于 9.8 N),但仍会干扰人工操纵。由于舵机有时工作,有时不工作,或时快时慢,因此还会使驾驶杆产生非周期振荡现象。

此外,还有所谓“功率反传”问题,这是由舵机和助力器输出速度不匹配引起的。一般舵机的输出速度总是大于助力器的输出速度,因此,由舵机到助力器之间杆系的动量在助力器输入端引起的碰撞力会反传到驾驶杆上,从而引起驾驶杆和助力器输入端的瞬间撞击现象。

综上所述,当舵机与人工操纵系统串联连接时,舵面既可由人工操纵,也可自动操纵,因此二者之间就存在着一个操纵权限的分配问题。所谓操纵权限是指这两种操纵方式各自造成的可操纵舵面的行程。对于确定的飞机,舵面的最大偏角是一定的。如果舵机拉杆的最大位移对应于最大舵偏角,则称舵机的操纵是全权限的操纵,否则即为有限权限的操纵。

在串联连接方式中,“硬性”故障(即指无法排除的故障)将会引起飞行安全方面的问题。当舵机出现故障使拉杆不能回中时,就无法像并联舵机那样通过强行操纵来避免事故的发生。例如,当舵机的操纵权限大于驾驶杆的操纵权限时,一旦舵机出现硬性故障,比如拉杆卡死在极限位置,则即使驾驶员将驾驶杆拉到底也无法摆脱舵面不正确的偏转,最终导致飞机失事。目前,解决舵机的这种硬性故障的方法有两种。一种方法是采用多余度技术,即采用前述的多余度舵机。另一种方法是将舵机的操纵权限限制到足够小,一般仅为全权限的 1/3～1/10;但这种方法将会影响自动控制系统的操纵性能,因为高机动性的飞行自动控制系统为了适应大的指令输入,要求有相当大的操纵权限。为了扩大串联连接方式中舵机的权限,可加入配平系统(调整片机构等)或与并联连接方式的舵机联用。限于篇幅所限,在此不予介绍。

习 题

4-1 简述电动舵机中磁粉离合器(图 4-1)的工作原理,并画出这种电动舵机的原理图。

4-2 简述电液复合舵机(图 4-4)的工作原理。

4-3 画出三种舵回路的原理图,比较并说明这三种舵回路的特点。

4-4 在图 4-23 所示的舵回路中,为什么既有位置反馈又有速度反馈?分析说明位置反馈系数与速度反馈系数为什么要有一定的制约关系?

4-5 试说明舵机功率对舵回路特性的影响。

4-6 先进的舵回路系统具有哪些特点?

4-7 概述余度系统设计的主要任务是什么?

4-8 飞行控制系统对舵回路系统主要有哪些技术要求?

4-9 舵机与飞机操纵系统有几种连接方式?试说明各种连接方式的特点。

第5章 典型飞行控制系统分析

5.1 概　述

5.1.1 典型飞行控制系统的构成

典型的飞行控制系统一般由三个反馈回路构成，即舵回路、稳定回路和控制(制导)回路。

所谓的舵回路，就是为了改善舵机的性能以满足飞行控制系统的要求，通常将舵机的输出信号反馈到输入端，形成负反馈回路(或称为伺服回路)，成为一个随动系统(或称为伺服系统)。舵回路一般包括舵机、反馈部件和放大器。典型舵回路的原理图如图5-1(虚线框内)所示。

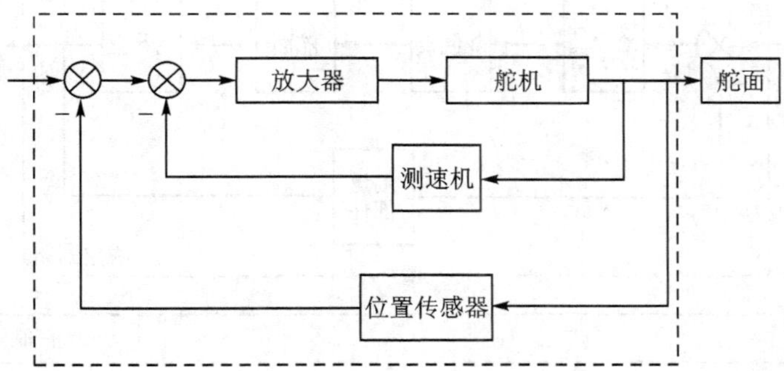

图5-1　舵回路原理图

在图5-1所示的舵回路中存在两个负反馈回路：其一，由位置传感器测量的舵机输出的角位置信号反馈到舵回路的输入端，使控制信号与舵机输出信号形成比例关系(或其他函数关系)；其二，由测速机测量的舵机输出的角速率信号反馈到放大器，以增大舵回路的阻尼，改善舵回路的动态性能。

如果测量部件测量的是飞行器的飞行姿态信息，则由姿态测量部件和舵回路就构成了自动驾驶仪。由自动驾驶仪和被控对象(飞行器)又构成了稳定回路，主要起稳定和控制飞行器姿态的作用。典型稳定回路的原理图如图5-2(a)(虚线框内)所示。

由稳定回路和飞行器质心位置测量部件以及描述飞行器空间位置几何关系的运动学环节构成了控制(制导)回路，主要起稳定和控制飞行器的运动轨迹的作用。典型飞行控制系统的回路构成关系如图5-2(b)所示。

由图 5－2(b)可见,因为控制(制导)回路是在稳定回路的基础上构成的,也就是说,是在飞行器的角运动稳定与控制回路的基础上构成的,所以,具有图 5－2(b)所示结构的飞行控制系统通过控制飞行器的角运动来改变飞行器质心的运动(即飞行轨迹)。这种通过姿态的变化来控制飞行轨迹的方式,是目前大多数航空器控制飞行轨迹的主要方式。

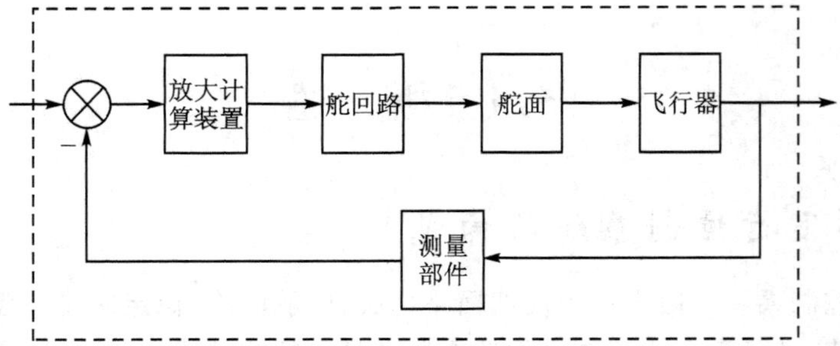

(a) 稳定回路

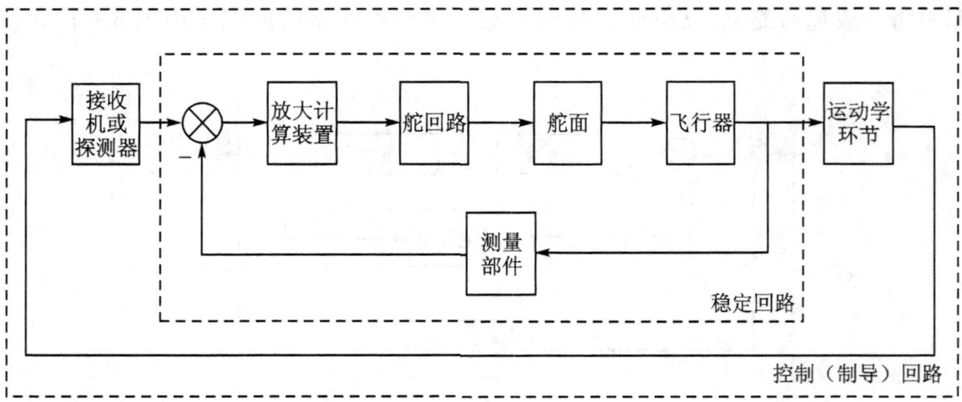

(b) 控制(制导)回路

图 5－2　典型飞行控制系统的回路构成关系

典型的飞行控制系统包括以下几个基本组成部分:

① 测量部件,是飞行控制系统的信息来源,用来测量飞行控制所需要的飞行器运动参数。例如,常用的垂直陀螺仪、航向陀螺仪、速率陀螺仪以及加速度计等。

② 信号处理部件,主要负责将测量部件的测量信号进行处理,形成符合控制要求的信号和飞行自动控制规律。例如,机载计算机等设备。所谓的飞行自动控制规律,是指自动控制器的输出信号与输入信号之间的动态关系,换句话说,就是自动控制器的静态和动态特性的数学表达式。

③ 放大部件,用来将信号处理部件的输出信号进行必要的放大处理,以便驱动执行机构。

④ 执行机构，根据放大部件的输出信号驱动舵面偏转。例如，常用的电动伺服舵机和电液复合舵机等。

5.1.2　典型飞行控制系统的分类

根据飞行控制系统的功能和作用，基本的飞行自动控制系统包括阻尼器（damper）、增稳系统（Stability Augmentation Systems，SAS）、控制增稳系统（Control Augmentation Systems，CAS）和自动驾驶仪（autopilot）等。

5.2　阻尼器与增稳系统

由于对飞行器所执行任务的要求越来越高，使得飞行速度和高度的变化范围（飞行包线，如图 5-3 所示）在不断扩大，飞行器的性能也急剧变坏。例如，随着飞行高度的增加，空气越来越稀薄，由此而导致飞行器自身的阻尼力矩越来越小，这样一来，飞行器自身角运动的阻尼将下降，飞行器出现摆动现象，使得瞄准和射击等任务难以准确地完成或者使脱靶量增大。为了改善飞行器的角运动性能，仅靠气动布局和结构设计已经不能满足实现大包线飞行的要求，因此，于 20 世纪 50 年代前后，在运输机和轰炸机上普遍安装了简单的飞行控制系统，例如，阻尼器和增稳系统。

在飞行器起飞时就已经接入阻尼器和增稳系统，而不需要像自动驾驶仪那样，首先需要建立基准工作状态。对于有人驾驶的飞机，这种增稳系统与驾驶员共同操纵飞机，是有人驾驶情况下的自动控制问题。

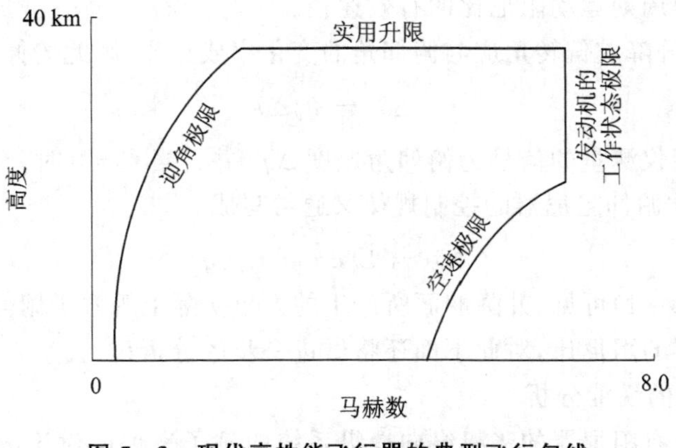

图 5-3　现代高性能飞行器的典型飞行包线

5.2.1　阻尼器

由自动控制理论可知，为了改善飞行器角运动的阻尼特性，直接引入姿态角的变化率形成反馈回路，就可以调节飞行器角运动的阻尼比，从而改善飞行器的运动品质。由于姿态运动可以分解为绕三个机(弹)体轴的角运动,因此,以姿态角变化率为被控变量的阻尼器也相应地有俯仰阻尼器、滚转阻尼器和偏航阻尼器。

典型的飞行器-俯仰阻尼器系统的原理图如图 5-4 所示。

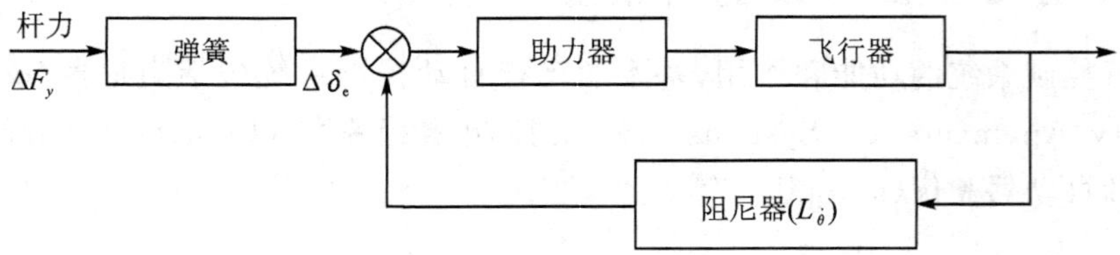

图 5-4 飞行器-俯仰阻尼器系统的原理图

1. 俯仰阻尼器(pitch damper)

(1) 俯仰阻尼器的主要作用和功能

俯仰阻尼器的主要作用和功能是改善飞行器的纵向短周期运动的阻尼特性。

(2) 俯仰阻尼器的工作原理与控制规律

为了分析方便起见,将式(2-109)中的纵向短周期运动的阻尼比公式进行必要的简化处理后,有

$$\xi_{sp} = -\frac{Z_\alpha + V(M_q + M_{\dot\alpha})}{2\sqrt{V(M_q Z_\alpha - M_\alpha V)}} \approx -\frac{M_q}{2\sqrt{-M_\alpha}}$$

由上述公式可见,纵向短周期运动的阻尼比 ξ_{sp} 主要取决于 M_q。而 M_q 的值又正好是反映飞行器自身俯仰阻尼力矩 $(M_q\Delta\dot\theta)$ 的值。因此,通过反馈俯仰角的变化率来增大俯仰阻尼力矩,是提高飞行器的纵向短周期运动阻尼比的有效途径。

基于上述分析,升降舵偏转角应与俯仰角的变化率成正比,因此俯仰阻尼器的控制规律为

$$\Delta\delta_e = L_{\dot\theta}\Delta\dot\theta$$

考虑到速率陀螺仪测量的信号为俯仰角速度 Δq,并且当 $\phi = 0$ 时,有关系式 $\dot\theta = q\cos\phi - r\sin\phi = q$ 成立,因此俯仰阻尼器的控制规律又通常写成

$$\Delta\delta_e = L_{\dot\theta}\Delta\dot\theta = L_q\Delta q \tag{5-1}$$

由控制规律式(5-1)可见,升降舵面所产生的力矩实际上等效于俯仰阻尼力矩,因此相当于等效增大了飞行器的阻尼比,对此下面还将做进一步的分析讨论。

(3) 俯仰阻尼器的性能分析

首先通过下面带有阻尼器的飞机纵向操纵系统的例子来加以讨论分析,其系统原理图如图 5-5 所示。

无阻尼器时的传递函数为

$$\frac{\Delta q(s)}{\Delta F_y(s)} = \frac{K_j K_e M_{\delta_e}(s + Z_\alpha^*)}{s^2 + 2\xi_{sp}\omega_{sp}s + \omega_{sp}^2} \tag{5-2}$$

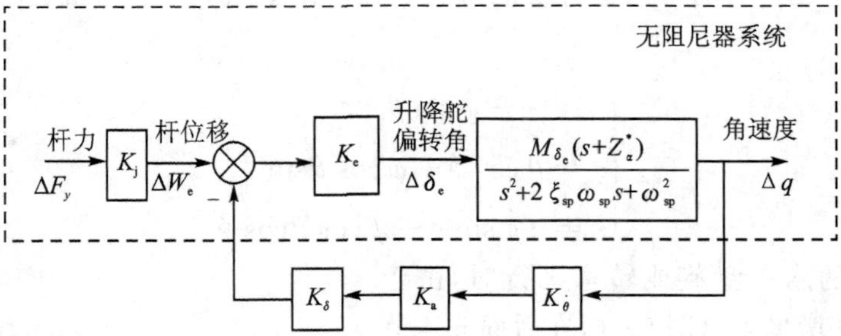

K_j —机械传动比(人感装置弹簧刚度的倒数)；K_e —助力器传递系数；
$K_{\dot\theta}$ —俯仰角速率陀螺传递系数；K_a —放大器放大系数；ΔF_y —杆力；k_δ —舵机传递系数

图 5-5　飞机纵向操纵系统原理图

则无阻尼器时系统的静态增益(静操纵性)为 $K_{d0}=\dfrac{K_jK_eM_{\delta_e}Z_\alpha^*}{\omega_{sp}^2}$。

有阻尼器时的传递函数为

$$\frac{\Delta q(s)}{\Delta F_y(s)}=\frac{K_jK_eM_{\delta_e}(s+Z_\alpha^*)}{s^2+2\xi_{de}\omega_{de}s+\omega_{de}^2} \tag{5-3}$$

则相应的有阻尼器时系统的静态增益(静操纵性)为 $K_{de}=\dfrac{K_jK_eM_{\delta_e}Z_\alpha^*}{\omega_{sp}^2+L_{\dot\theta}M_{\delta_e}Z_\alpha^*}$，固有频率为 $\omega_{de}=\sqrt{\omega_{sp}^2+L_{\dot\theta}M_{\delta_e}Z_\alpha^*}$，阻尼比为 $\xi_{de}=\dfrac{\xi_{sp}+L_{\dot\theta}M_{\delta_e}T_{sp}/2}{\sqrt{1+L_{\dot\theta}M_{\delta_e}Z_\alpha^*T_{sp}^2}}$，式中 $L_{\dot\theta}=K_{\dot\theta}K_ak_\delta K_e$。

通过比较有、无阻尼器时系统的传递函数,可以得出下列结论：

① 适当选择阻尼器的控制律增益 $L_{\dot\theta}$ 可增大阻尼比 ξ_{de}，从而改善飞行器的阻尼特性；

② 增加阻尼器后可使飞行器的固有频率 ω_{de}（或者 $1/T_{de}$）略有增加,但与其对阻尼比 ξ_{de} 的影响相比增加得要小。

③ 有、无阻尼器时系统的静态增益(静操纵性)之比为 $\dfrac{K_{d0}}{K_{de}}=1+\dfrac{L_{\dot\theta}M_{\delta_e}Z_\alpha^*}{\omega_{sp}^2}$，也就是说增加阻尼器后,系统的静操纵性减小了 $\dfrac{L_{\dot\theta}M_{\delta_e}Z_\alpha^*}{\omega_{sp}^2}$ 倍,且静操纵性的减小幅度与阻尼器的控制律增益 $L_{\dot\theta}$ 成正比关系。换句话说,系统的静操纵性 K_{de} 随着阻尼比 ξ_{de} 的增大(即控制律增益 $L_{\dot\theta}$ 的增大)而减小,即以牺牲了静操纵性而换来阻尼比的改善。

采用比例式控制规律式(5-1)的俯仰阻尼器,有下列几个问题需要特别指出并加以讨论。

1) 附加舵偏角问题

当飞行器进行水平转弯飞行时,俯仰阻尼器将产生附加舵偏角。

由运动方程组(2-31b)可以很容易地得到姿态角速率$(\dot{\theta},\dot{\psi},\dot{\phi})$与机(弹)体轴角速度$(p,q,r)$之间的关系

$$\begin{cases} p = \dot{\phi} - \dot{\psi}\sin\theta \\ q = \dot{\theta}\cos\phi + \dot{\psi}\cos\theta\sin\phi \\ r = -\dot{\theta}\sin\phi + \dot{\psi}\cos\theta\cos\phi \end{cases} \tag{5-4}$$

当飞行器做稳定的水平盘旋或转弯飞行时,由于存在着俯仰角速度增量Δq(图5-6,在后面5.4节有关协调转弯的内容中还会详细讨论),从关系式(5-4)可以得到俯仰角速度增量的近似关系式$\Delta q \approx \Delta\dot{\psi}\sin\Delta\phi$。速率陀螺将感受到$\Delta q$并依据控制律(5-1)使阻尼器产生恒定的附加舵偏角$\Delta\delta_e = L_{\dot{\theta}}\Delta\dot{\psi}\sin\Delta\phi = L_{\dot{\theta}}\Delta q$。由于俯仰阻尼器所产生的负反馈信号将使得俯仰角速度减小,因此驾驶员必须通过适当地操纵升降舵来对这个附加的舵偏角$\Delta\delta_e$加以补偿。

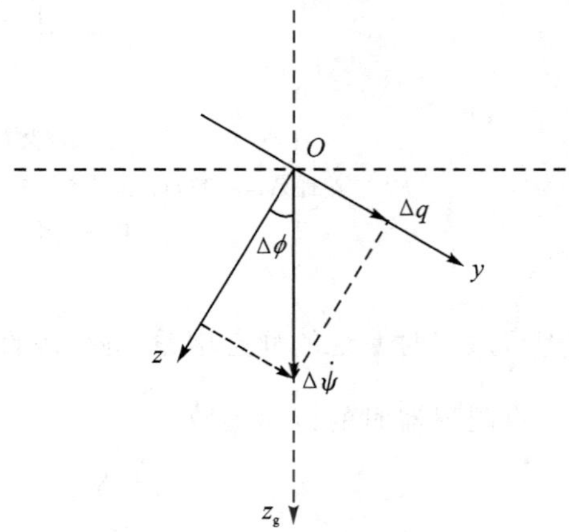

图5-6 飞行器水平转弯示意图

此外,由于俯仰阻尼器的舵机通常是串联连接的,并且俯仰阻尼器的控制权限一般都很小(约±1°),因此,如果所产生的附加舵偏角已经超出了俯仰阻尼器的控制权限,那么将导致俯仰阻尼器改善飞行器阻尼特性的正常功能失效,甚至造成严重的飞行事故。

解决附加舵偏角问题的方法,可以从俯仰角速度增量Δq的信号特性中得到启发。因为水平转弯飞行时所产生的俯仰角速度增量Δq是一种低频信号,所以可以应用配平舵机并加入清洗网络(高通滤波器)滤掉速率陀螺输出信号的稳态分量,而使稳定水平盘旋或转弯飞行时所产生的Δq值不会影响俯仰阻尼器工作。因此,引入清洗网络的俯仰阻尼器的控制规律为

$$\Delta\delta_e = L_{\dot{\theta}}\frac{\tau s}{\tau s + 1}\Delta\dot{\theta} \tag{5-5}$$

2) 增益$L_{\dot{\theta}}$的参数调节问题

由公式(2-109)可见,飞行器短周期纵向运动的固有频率ω_{sp}和阻尼比ξ_{sp}将随飞行的速度和高度发生变化,而作为俯仰阻尼器的增益$L_{\dot{\theta}}$,如果设计为常值,则对大飞行包线情况下改善飞行器阻尼特性的效果显然不会很理想。

由传递函数(5-3)的阻尼比公式$\xi_{de} = \dfrac{\xi_{sp} + L_{\dot{\theta}}M_{\delta_e}T_{sp}/2}{\sqrt{1 + L_{\dot{\theta}}M_{\delta_e}Z_\alpha^* T_{sp}^2}}$可见,由于$Z_\alpha^* = \dfrac{QS_w}{mV}(C_D +$

C_{L_α}）和 $M_{\delta_e} = \dfrac{QS_w c_A}{I_y^*} C_{m_{\delta_e}}$ 均与动压 Q 密切相关，换句话说，阻尼比是随着飞行高度和空速变化的，所以阻尼器的增益 $L_{\dot\vartheta}$ 应随着飞行状态的变化而进行相应的调整，通常采用参数调节的方法来解决，参数调节规律的一般形式为 $L_{\dot\vartheta} = f(Q)$。

3）惯性对阻尼器系统的影响

当考虑舵回路和助力器的惯性时，其控制规律为

$$\Delta\delta_e = G_e(s)G_\delta(s)L_{\dot\vartheta}\Delta\dot\vartheta \tag{5-6}$$

在式(5-6)中，舵回路的传递函数（振荡环节）和助力器的传递函数分别为

$$G_\delta(s) = \frac{1}{\left(\dfrac{s}{\omega_\delta}\right)^2 + 2\xi_\delta\left(\dfrac{s}{\omega_\delta}\right) + 1},\quad G_e(s) = \frac{1}{\dfrac{s}{\omega_e} + 1} \tag{5-7}$$

式中，ω_δ 和 ξ_δ 分别为舵回路的固有频率和阻尼比，ω_e 为连接频率。

根据图 5-5，飞机-阻尼器系统的开环传递函数为

$$G(s) = \frac{L_{\dot\vartheta}M_{\delta_e}(s + Z_\alpha^*)}{\left(\dfrac{s}{\omega_e} + 1\right)\left[\left(\dfrac{s}{\omega_\delta}\right)^2 + 2\xi_\delta\left(\dfrac{s}{\omega_\delta}\right) + 1\right](s^2 + 2\xi_{sp}\omega_{sp}s + \omega_{sp}^2)} \tag{5-8}$$

根据式(5-8)，不难通过它的对数幅频和对数相频特性曲线，来分析舵回路和助力器传递函数的相应惯性参数对飞机-阻尼器系统的影响，如图 5-7 所示。

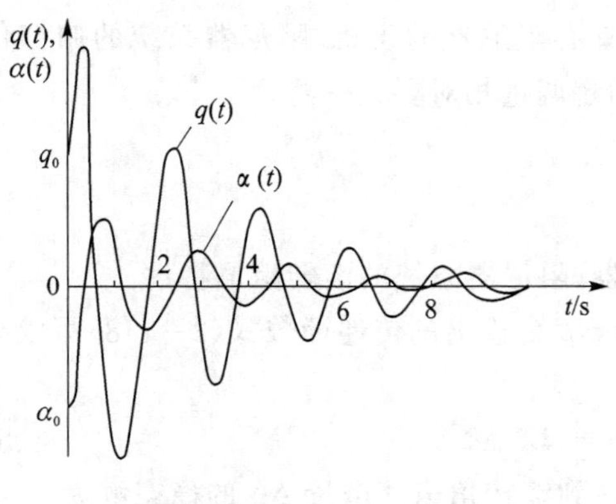

(a) 无阻尼器

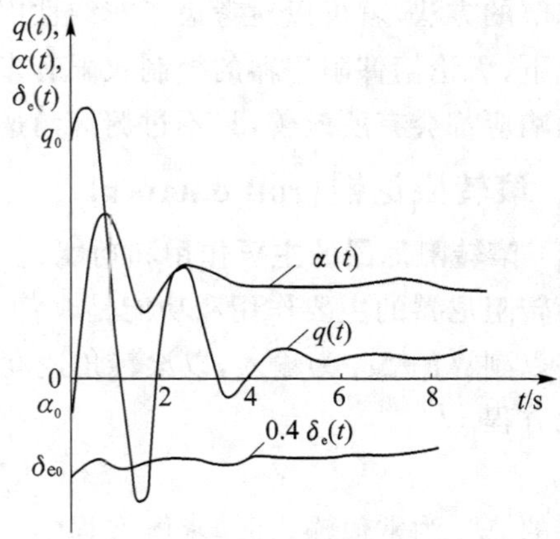

(b) 有阻尼器

图 5-7　飞机的短周期运动过程(阻尼器的控制权限为±1°)

由自动控制原理可知，惯性环节 $G_e(s)$ 及振荡环节 $G_\delta(s)$ 对系统对数频率特性的影响取决于其连接频率 ω_e 和固有频率 ω_δ 与系统截止频率 ω_c 的关系。如果连接频率 ω_e 和固有频率 ω_δ 都比系统截止频率 ω_c 大 3～5 倍以上，那么，惯性环节 $G_e(s)$ 及振荡环节 $G_\delta(s)$ 对系统开环幅频特性的影响很小，只产生一定的相位差。

因此,若已知 $\omega_c,\omega_\delta,\omega_e$ 和 ξ_δ,则可计算出 $G_e(s)$ 和 $G_\delta(s)$ 在 ω_c 处产生的相位差。

4) 串联舵机控制权限的影响

由于俯仰阻尼器的控制权限一般很小($\pm1°$),因此在分析飞机-阻尼器系统时,应考虑串联舵机控制权限(即非线性因素)的影响。

在考虑舵回路和助力器的惯性因素以及阻尼器的不灵敏区时,俯仰阻尼器的控制规律为

$$\Delta\delta_e = f(D) \tag{5-9}$$

式中

$$f(D) = \begin{cases} 0, & |D| < \varepsilon \\ D - \varepsilon \operatorname{sign} D, & \varepsilon \leqslant |D| \leqslant \sigma + \varepsilon \\ \operatorname{sign} D, & |D| > \sigma + \varepsilon \end{cases}$$

$$D = G_e(s)G_\delta(s)L_{\dot{\theta}}\Delta\dot{\theta}$$

其中,σ 和 ε 分别为俯仰阻尼器的控制权限和由间隙等非线性因素造成的不灵敏区(约为 $0.1° \sim 0.2°$),$G_e(s)$ 和 $G_\delta(s)$ 分别是助力器和舵回路的传递函数。

如果再考虑驾驶员的操纵,则俯仰阻尼器的控制规律为

$$\Delta\delta_e = f(D) + G_e(s)K_j\Delta F_y \tag{5-10}$$

这样,将俯仰阻尼器的控制规律式(5-10)与飞机的传递函数 $\dfrac{\Delta q(s)}{\Delta\delta_e(s)}$ 联立,一般采用计算机数值求解的方法,就可以对考虑了非线性因素的飞机-阻尼器系统的特性进行分析研究了。一般情况下,无论俯仰阻尼器的控制权限有多大,具有阻尼器的飞机-阻尼器系统的俯仰角速度和迎角响应都会有所改善,只不过俯仰角速度的超调量相对要大一些。

2. 滚转阻尼器(roll damper)

(1) 滚转阻尼器的主要作用和功能

滚转阻尼器的主要作用和功能是改善飞行器-阻尼器系统的滚转阻尼特性。

将以副翼的 $\Delta\delta_a$ 为输入,以滚转角速度增量 Δp 为输出的传递函数式(2-148)写成滚转运动简化方程

$$(s - L_p^*)\Delta p = L_{\delta_a}^*\Delta\delta_a \tag{5-11}$$

当副翼的 $\Delta\delta_a$ 为常值输入时,求解方程(5-11)得到滚转角速度增量 Δp 的稳态解为

$$\Delta p = -\frac{L_{\delta_a}^*}{L_p^*}\Delta\delta_a \tag{5-12}$$

根据表2-4的导数定义,$\bar{L}_{\delta_a} = \dfrac{QS_wb}{I_x^*}C_{l_{\delta_a}}$,$N_{\delta_a} = \dfrac{QS_wb}{I_x^*}C_{n_{\delta_a}}$,$\bar{L}_p = \dfrac{QS_wb}{I_x^*}\dfrac{b}{2V}C_{l_p}$,$N_p = \dfrac{QS_wb}{I_x^*}\dfrac{b}{2V}C_{n_p}$,以及 $L_{\delta_a}^* = \varepsilon\bar{L}_{\delta_a} + \eta N_{\delta_a}$,$L_p^* = \varepsilon\bar{L}_p + \eta N_p$,滚转角速度增量 Δp 的稳态解关系式(5-12)可以写成

$$\Delta p = -\frac{2V}{b} \cdot \frac{\varepsilon \cdot C_{l_{\delta_a}} + \eta \cdot C_{n_{\delta_a}}}{\varepsilon \cdot C_{l_p} + \eta \cdot C_{n_p}} \Delta\delta_a \tag{5-13}$$

由滚转角速度增量 Δp 的稳态解关系式(5－13)可见，对于具有小展弦比机翼的高空、高速战斗机而言，随着飞行速度的增加或在进行大迎角飞行时，滚转角速度增量 Δp 会变得很大，因此会使飞机的操纵困难，所以需要通过引入滚转阻尼器来增大飞机的滚转阻尼，以改善飞机的操纵特性。

下面通过一个例子来分析、讨论滚转阻尼器的主要作用和功能。某滚转阻尼器与其有关装置的结构图如图 5－8 所示，其原理图如图 5－9 所示。

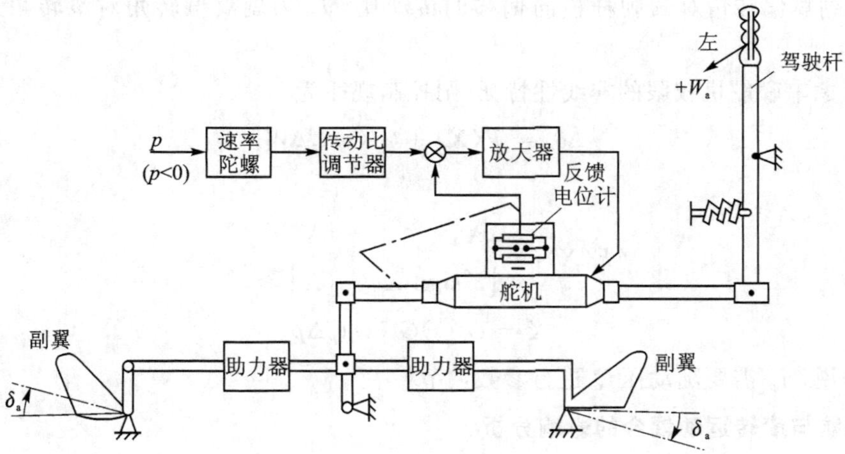

图 5－8　某滚转阻尼器与其有关装置的结构图

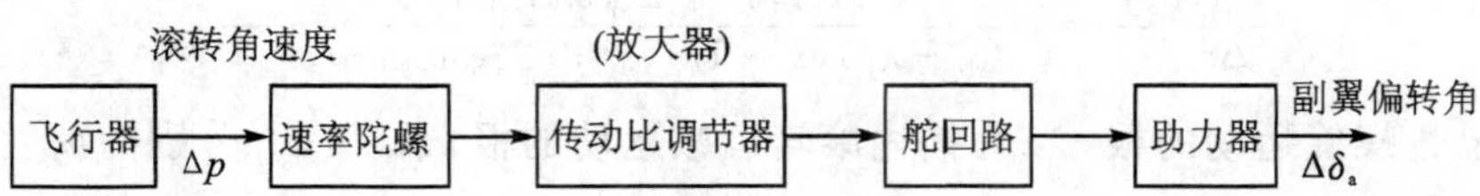

图 5－9　滚转阻尼器和助力器原理图

(2) 滚转阻尼器的传递函数及其控制规律

求以副翼偏转角 $\Delta\delta_a$ 和杆偏移 ΔW_a 为输入，以滚转角速度 Δp 为输出的传递函数及其控制律。

选择二阶振荡环节的副翼舵回路的传递函数为 $G_\delta(s) = \dfrac{1}{\left(\dfrac{s}{\omega_\delta}\right)^2 + 2\xi_\delta\left(\dfrac{s}{\omega_\delta}\right) + 1}$，将助力器近似为一阶惯性环节 $G_e(s) = \dfrac{1}{\dfrac{s}{\omega_e} + 1}$。如果不考虑滚转速率陀螺的惯性及舵回路不灵敏区的影响，并假设副翼偏转角 $|\Delta\delta_a| \leqslant 3°$，则可得下列两种情况的滚转阻尼器的控制规律：

① 不考虑杆偏移 ΔW_a 时的滚转阻尼器的控制规律为

$$\Delta\delta_a = G_\delta(s) \cdot G_e(s) I_p \Delta p = \frac{1}{\frac{s}{\omega_e}+1} \frac{1}{\left(\frac{s}{\omega_\delta}\right)^2 + 2\xi_\delta\left(\frac{s}{\omega_\delta}\right)+1} \cdot I_p \Delta p \tag{5-14}$$

② 考虑杆偏移 ΔW_a 时的滚转阻尼器的控制规律为

$$\Delta\delta_a = \frac{1}{\frac{s}{\omega_e}+1}\left[\frac{I_p \Delta p}{\left(\frac{s}{\omega_\delta}\right)^2 + 2\xi_\delta\left(\frac{s}{\omega_\delta}\right)+1} + I_a \Delta W_a\right] \tag{5-15}$$

式中，I_a 为副翼偏转角对驾驶杆横向偏移的传动比，I_p 为副翼偏转角对滚转角速度的传递系数。

如果考虑串联舵机权限的非线性特征，则控制规律为

$$\Delta\delta_a = F(X) + G_e(s) I_a \Delta W_a \tag{5-16}$$

式中

$$F(X) = \begin{cases} X, & |X| < 3^\circ \\ 3^\circ \text{sign } X, & |X| \geqslant 3^\circ \end{cases}$$

$$X = G_e(s) G_\delta(s) I_p \Delta p$$

一般来说，I_p 需要随动压 Q 进行参数调节。

(3) 偏航与滚转运动耦合的影响分析

将飞行器横侧运动传递函数式(2-143)写成简化形式

$$\frac{\Delta\phi(s)}{\Delta\delta_a(s)} = \frac{K_\phi(s^2 + 2\xi_\phi \omega_\phi s + \omega_\phi^2)}{(s-\lambda_1)(s-\lambda_2)(s^2 + 2\xi_{nd}\omega_{nd}s + \omega_{nd}^2)} \tag{5-17}$$

式中，λ_1 为描述螺旋运动的根，λ_2 为描述滚转衰减运动的根，ξ_{nd} 和 ω_{nd} 分别为荷兰滚运动模态的阻尼比与固有频率，ξ_ϕ 和 ω_ϕ 分别为对应于传递函数零点模态的阻尼比与固有频率。

由于飞行状态不同，飞行器的传递函数零极点分布也不同；$\frac{\omega_\phi}{\omega_{nd}}$ 的比值不同，偏航对滚转运动的影响也不同。联立飞行器的传递函数式(5-17)和滚转阻尼器的控制规律式(5-16)，可以画出略去助力器和舵回路惯性特性后的飞行器-滚转阻尼器系统随 I_p 变化过程的根轨迹，如图5-10所示。

由图5-10可见，在分析和设计滚转阻尼器系统时，一般应注意下列几个方面的问题：

① 当 $\frac{\omega_\phi}{\omega_{nd}} > 1$，且 ω_ϕ 和 ω_{nd} 大小相当时，极点和零点很接近，因而构成了复偶极子。$\frac{\omega_\phi}{\omega_{nd}}$ 的值越大，稳定储备就越小。在通常情况下，当 $\omega_\phi > \omega_{nd} > |\lambda_2|$ 时，就必须考虑复偶极子对飞行器-滚转阻尼器系统的影响。

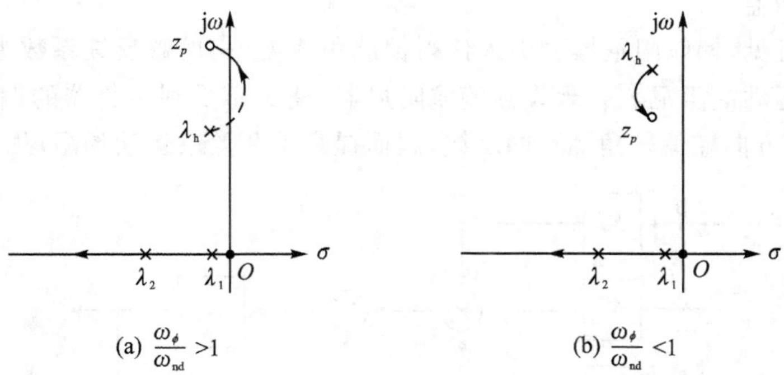

图 5-10　飞行器-滚转阻尼器系统随 I_p 变化过程的根轨迹

② 当 $\frac{\omega_\phi}{\omega_{nd}}<1$ 时，通过合理选取 I_p 可以使得复根的阻尼比大于原飞行器的阻尼比，即飞行器-滚转阻尼器系统的荷兰滚运动比原飞行器衰减得更快，因此在这种情况下，可不必考虑偏航与滚转运动耦合的影响。

③ 在设计滚转阻尼器的增益 I_p 时，为了考虑偏航与滚转运动耦合的影响，一般先假定偏航阻尼器的参数已定，然后联立求解偏航阻尼器和飞行器侧向运动方程组，得到滚转运动的传递函数 $\frac{\Delta p(s)}{\Delta\delta_a(s)}$，并选定较为合适的滚转阻尼器增益 I_p 的值，最后再修改偏航阻尼器的参数，经过反复设计后，可以确定合适的偏航阻尼器和滚转阻尼器的参数。

3. 偏航阻尼器(yaw damper)

(1) 偏航阻尼器的主要作用和功能

偏航阻尼器的主要作用和功能是改善飞行器的荷兰滚振荡阻尼特性。

所谓的荷兰滚运动，是指当横滚静稳定性导数 $C_{l_\beta}<0$ 时，飞行器具有横滚静态稳定性，即具有自动纠正滚转角偏差的特性。如果飞行器的偏航稳定性较差，那么伴随着侧滑角 β 的正、负振荡，在横滚静稳定性导数 C_{l_β} 的作用下，飞行器会产生类似于荷兰人滑冰动作的左右偏航与滚转的耦合运动，荷兰滚运动因此而得名。

虽然依靠修改飞行器的气动外形，例如加大垂尾面积等设计手段，也可以提高荷兰滚振荡的阻尼，但是这样将使得飞行器的阻力和结构质量大大增加，并加剧飞行器对侧风的反应，降低飞行器的整体性能，因此，在航向飞行操纵系统中加入偏航阻尼器，是改善飞行器荷兰滚振荡阻尼特性的一种行之有效的方法。

由特征行列式 $\Delta_{LD}=|s\boldsymbol{I}-\boldsymbol{A}|$ 和矩阵 $\boldsymbol{B}$ 的关系式(2-141)可以写出飞行器的偏航力矩方程为

$$-N_\beta^*\Delta\beta-N_p^*\Delta p+(s-N_r^*)\Delta r=N_{\delta_r}^*\Delta\delta_r \tag{5-18}$$

依据偏航力矩方程(5-18)可以画出其相应的结构图，如图 5-11 所示。图中 K_r 为偏航阻尼器的控制律增益。

由图 5-11 可见,偏航阻尼器的引入使得偏航角速度 Δr 的总反馈系数为 $(N_r^* + K_r)$,从而增大了荷兰滚运动的阻尼。合理设计偏航阻尼器,使其感受到飞行器的偏航角速度 Δr,并产生正比于 Δr 的方向舵偏转角 $\Delta\delta_r$ 的反馈,因而提高了荷兰滚运动的阻尼。

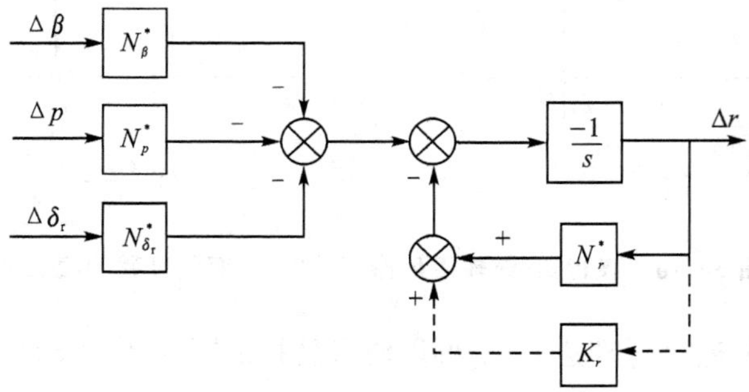

图 5-11　偏航力矩方程结构图

(2) 偏航阻尼器的控制律

由关系式(5-4)可知,$r = -\dot{\theta}\sin\phi + \dot{\psi}\cos\theta\cos\phi$,因此,当飞行器进行水平飞行时,满足条件 $\theta = \phi = 0$,所以有 $r = \dot{\psi}$,因此可得到偏航阻尼器的控制律为

$$\Delta\delta_r = K_r\Delta r \tag{5-19}$$

针对偏航阻尼器对稳态转弯飞行的影响及对偏航阻尼器增益的参数调节问题,可以采用与分析俯仰阻尼器相同的方法进行分析研究。

5.2.2 增稳系统

前面讨论了采用阻尼器提高飞行器阻尼比的方法和原理,但是阻尼器对固有频率的影响却不大。现代飞行器往往在大迎角状态下飞行,而纵向静稳定性导数 $C_{m_\alpha} = \dfrac{\partial C_m}{\partial \alpha}$ 又随着迎角的增大而变大,甚至变号成为正值,使得飞行器的纵向静稳定性变差。

纵向力矩系数 C_m 是迎角和马赫数的函数,即 $C_m = C_m(\alpha, Ma)$,所以纵向力矩系数 C_m 的变化梯度为

$$\mathrm{d}C_m = \frac{\partial C_m}{\partial Ma}\mathrm{d}Ma + \frac{\partial C_m}{\partial \alpha}\mathrm{d}\alpha \tag{5-20}$$

式(5-20)右端第一项反映了马赫数对纵向力矩系数 C_m 变化梯度的影响,第二项则反映了迎角对其造成的影响。偏导数 $C_{m_\alpha} = \dfrac{\partial C_m}{\partial \alpha}$ 表示在飞行速度不变的情况下,由迎角变化引起的俯仰力矩变化而决定的纵向静稳定性,也称为定速静稳定性。其相应的定载静稳定性 $(\mathrm{d}C_m/\mathrm{d}\alpha)_{n_z=1}$ 反映了长周期模态的收敛情况。

如图 5-12 所示，若 $C_{m_\alpha}<0$，当 $\Delta\alpha$ 增大时，产生低头力矩，使飞行器的纵向运动恢复稳定。反之，若 $\alpha>\alpha_{\mathrm{m}}$，$C_{m_\alpha}>0$，则飞行器纵向不稳定，飞行器难以操纵，必须应用增稳系统(stability augmentation systems)改善飞行器的静稳定性和动稳定性。因为增稳系统的性能优于阻尼器，所以被广泛应用于高性能飞行器。

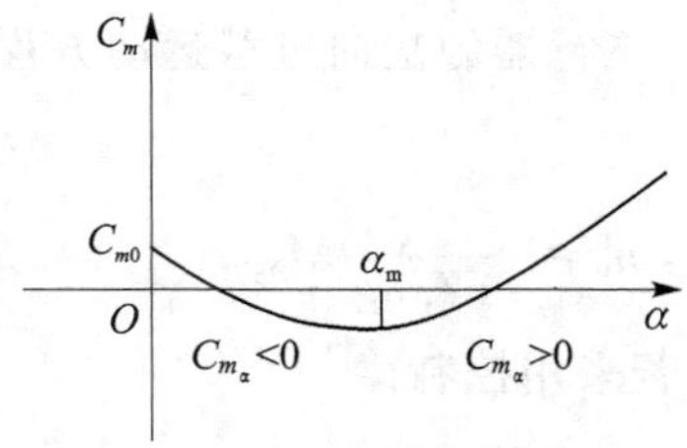

图 5-12　C_m 随迎角 α 变化的曲线

1. 俯仰增稳系统

(1) 引用迎角信号的俯仰增稳系统

由迎角的传递函数(2-107)可以写出飞行器迎角短周期运动方程为

$$\left[s^2-\left(\frac{Z_\alpha}{V}+M_q+M_{\dot{\alpha}}\right)s+\left(\frac{M_qZ_\alpha}{V}-M_\alpha\right)\right]\Delta\alpha(s)=\left[\frac{Z_{\delta_{\mathrm{e}}}}{V}s+\left(M_{\delta_{\mathrm{e}}}-\frac{M_qZ_{\delta_{\mathrm{e}}}}{V}\right)\right]\Delta\delta_{\mathrm{e}}(s) \tag{5-21}$$

考虑到在方程(5-21)的右端中，项 $\dfrac{Z_{\delta_{\mathrm{e}}}}{V}$ 和 $\dfrac{M_qZ_{\delta_{\mathrm{e}}}}{V}$ 与 $M_{\delta_{\mathrm{e}}}$ 相比，在通常情况下很小，忽略后有

$$\left[s^2-\left(\frac{Z_\alpha}{V}+M_q+M_{\dot{\alpha}}\right)s+\left(\frac{M_qZ_\alpha}{V}-M_\alpha\right)\right]\Delta\alpha(s)=M_{\delta_{\mathrm{e}}}\Delta\delta_{\mathrm{e}}(s) \tag{5-22}$$

或者简写为

$$(s^2+C_1s+C_2)\Delta\alpha=M_{\delta_{\mathrm{e}}}\Delta\delta_{\mathrm{e}} \tag{5-23}$$

由纵向短周期运动模态的稳定性条件 $M_qZ_\alpha>VM_\alpha$（式(2-126)）可见，由于在通常情况下导数 M_q 和 Z_α 均为负值，空速 V 为正值，所以只要满足 $M_\alpha<0$，纵向短周期运动模态就是稳定的。但是从稳定性条件式(2-126)也可以看出，有时尽管 $M_\alpha>0$（即 $C_{m_\alpha}>0$），但只要 M_α 很小，且仍能满足短周期模态稳定性条件 $M_qZ_\alpha>VM_\alpha$，则短周期运动模态还是稳定的。

由于在 $M_qZ_\alpha<VM_\alpha$ 的条件下，即 $C_2<0$ 时，迎角运动的特征根中有一个正根，因此，纵向短周期运动模态是不稳定的。而若在控制律中加上关于迎角的信号

$$\Delta\delta_{\mathrm{e}}=L_\alpha\Delta\alpha+L_{\mathrm{e}}\Delta W_{\mathrm{e}} \tag{5-24}$$

式中，ΔW_{e} 为驾驶杆指令。那么，飞行器迎角短周期运动方程就变为

$$[s^2+C_1s+(C_2-M_{\delta_{\mathrm{e}}}L_\alpha)]\Delta\alpha=M_{\delta_{\mathrm{e}}}L_{\mathrm{e}}\Delta W_{\mathrm{e}} \tag{5-25}$$

只要适当调整 L_α 使得 $C_2-M_{\delta_{\mathrm{e}}}L_\alpha>0$ 成立，飞行器就由纵向不稳定变为稳定。系统短周期固有频率从 $\omega_{\mathrm{sp}}=\sqrt{C_2}$ 增加到 $\omega_{\mathrm{sp}}'=\sqrt{C_2-M_{\delta_{\mathrm{e}}}L_\alpha}$。因为 $C_1=2\xi_{\mathrm{sp}}\omega_{\mathrm{sp}}'$，又由于 ω_{sp} 增大，所以 ξ_{sp} 将减小。

(2) 引用过载信号的俯仰增稳系统

法向过载增量与迎角增量的关系为

$$\Delta n_z\approx\frac{QS_{\mathrm{w}}C_{L_\alpha}}{57.3G}\Delta\alpha\approx-\frac{Z_\alpha}{57.3g}\Delta\alpha \tag{5-26}$$

这样,飞行器的法向过载运动方程为

$$(s^2+C_1s+C_2)\Delta n_z=-n_{\mathrm{n}}\Delta\delta_{\mathrm{e}} \tag{5-27}$$

式中,$n_{\mathrm{n}}\approx\dfrac{Z_\alpha}{57.3g}M_{\delta_{\mathrm{e}}}$。

若采用控制律

$$\Delta\delta_{\mathrm{e}}=L_n\Delta n_z+L_{\mathrm{e}}\Delta W_{\mathrm{e}}$$

则飞行器的法向过载运动方程可改写为

$$[s^2+C_1s+(C_2+n_{\mathrm{n}}L_n)]\Delta n_z=-n_{\mathrm{n}}L_{\mathrm{e}}\Delta W_{\mathrm{e}} \tag{5-28}$$

由此可见,同样可以通过适当调整 L_n 使得关系式 $C_2+n_{\mathrm{n}}L_n>0$ 成立,因此可以使飞行器变为纵向静稳定的。

由此可得到如下结论:

① 无论采用迎角信号还是过载信号,合理选择 L_α 和 L_n 都能改善静稳定性。

② 系统振荡频率由飞行器固有频率 $\omega_{\mathrm{sp}}=\sqrt{C_2}$ 增加到 $\omega'_{\mathrm{sp}}=\sqrt{C_2+n_{\mathrm{n}}L_n}$。因为 $C_1=2\xi_{\mathrm{sp}}\omega'_{\mathrm{sp}}$,又由于 ω'_{sp} 增大,所以 ξ_{sp} 将减小,从而使飞行器的阻尼特性变坏,即"固有频率与阻尼比不能兼顾"。

(3) 纵向比例/积分式增稳系统

为了克服固有频率与阻尼比不能兼顾的缺点,必须在控制律中包含迎角(过载)和角速度两种信号,这里给出两种典型的控制律:

① 纵向比例式增稳系统控制律,即

$$\Delta\delta_{\mathrm{e}}=L_q\Delta q+L_n\Delta n_z+L_{\mathrm{e}}\Delta W_{\mathrm{e}} \tag{5-29}$$

② 纵向积分式增稳系统控制律,即

$$\Delta\delta_{\mathrm{e}}=L_q\Delta q+L_n\Delta n_z+\int_0^t(L_q^*\Delta q+L_n^*\Delta n_z+L_{\mathrm{e}}\Delta W_{\mathrm{e}})\mathrm{d}t \tag{5-30}$$

下面以纵向比例式增稳系统控制律(5-29)为例进行分析。

由式(2-112)、式(2-113)和式(5-26)可以得到俯仰角速度 Δq 与过载 Δn_z 的近似关系式为

$$\Delta q\approx\frac{57.3g}{VZ_\alpha^*}(s+Z_\alpha^*)\Delta n_z \tag{5-31}$$

将纵向比例式增稳系统控制律(5-29)和俯仰角速度 Δq 与过载 Δn_z 的近似关系式(5-31)代入方程(5-27)可以得到飞行器-增稳系统的过载运动方程为

$$\left[s^2+\left(C_1+\frac{57.3gn_{\mathrm{n}}L_q}{VZ_\alpha^*}\right)s+\left(C_2+\frac{57.3gn_{\mathrm{n}}L_q}{V}+n_{\mathrm{n}}L_n\right)\right]\Delta n_z=-n_{\mathrm{n}}L_{\mathrm{e}}\Delta W_{\mathrm{e}} \tag{5-32}$$

由此可见,适当选取 L_n 和 L_q 可使系统的固有频率和阻尼比按要求确定。

2. 偏航增稳系统

现代超声速战斗机一般具有细长机身，小面积立尾的气动外形使得航向静稳定性不足，经常处于侧滑状态，因此其乘坐品质较差，阻力急剧增大，机动敏捷性下降，不利于空战的占位、瞄准和武器的准确投放。

由于由侧滑角 β 引起的偏航力矩 $N_A(\beta)$ 主要由机（弹）身和立尾产生，因此立尾的稳定性作用因超声速飞行时的气动特性而下降，考虑到机身受力产生弹性弯曲等原因，当飞行马赫数 Ma 很大时，航向可能不稳定，因此，现代超声速战斗机要限制最大马赫数 Ma。

航向稳定性与纵向稳定性虽然在原理上是相同的，但是 $C_{m_\alpha}<0$ 时是纵向稳定的，而 $C_{n_\beta}=\dfrac{\partial C_n}{\partial \beta}>0$ 时是航向稳定的，这是由机（弹）体坐标系和气流坐标系的定义以及飞行器的气动布局所致。

(1) 增大航向稳定力矩的方法

因为当 $C_{n_\beta}>0$ 时，飞行器是航向稳定的，而 $C_{n_\beta}\propto N_\beta$，所以当航向稳定力矩导数 N_β 增大时，C_{n_β} 也增大。

由关系式(2-141)可以得到偏航力矩方程为

$$-N_\beta^*\Delta\beta-N_p^*\Delta p+(s-N_r^*)\Delta r=N_{\delta_r}^*\Delta\delta_r \tag{5-33}$$

若将方向舵偏转角分为两部分，即 $\Delta\delta_r=\Delta\delta_{r1}+\Delta\delta_{r2}$，且 $\Delta\delta_{r2}=K_\beta\Delta\beta$，其中 K_β 是 $\Delta\beta$ 到方向舵的传动比，则方程(5-33)可写成

$$-(N_\beta^*+N_{\delta_r}^*K_\beta)\Delta\beta-N_p^*\Delta p+(s-N_r^*)\Delta r=N_{\delta_r}^*\Delta\delta_{r1} \tag{5-34}$$

由此可见，只要合理选取 K_β 使得 $N_{\delta_r}^*K_\beta>0$，即满足 $(N_\beta^*+N_{\delta_r}^*K_\beta)>N_\beta^*$，就可以增大航向静稳定力矩，即增加了航向静稳定性。

(2) 增加荷兰滚阻尼

当引入航向角速度 Δr 信号之后，可以提高荷兰滚阻尼。典型的偏航增稳系统的控制律是：

① 当不考虑惯性和非线性因素时，有

$$\Delta\delta_r=K_r\Delta r+K_\beta\Delta\beta+L_r\Delta W_r \tag{5-35}$$

② 在考虑惯性和非线性因素之后，有

$$\Delta\delta_r=E(Z)+W(s)L_r\Delta W_r \tag{5-36}$$

式中

$$Z=W_e(s)W_\delta(s)(K_r\Delta r+K_\beta\Delta\beta)$$

$$E(Z)=\begin{cases}Z, & |Z|<\delta_{\max}\\ \delta_{\max}\operatorname{sign}Z, & |Z|\geqslant\delta_{\max}\end{cases}$$

其中，$W_e(s)$ 为助力器传递函数，$W_\delta(s)$ 为舵回路传递函数，L_r 是脚蹬到方向舵的传动比，

ΔW_r 是脚蹬位移，K_r 是偏航角速度的传递系数，δ_{max} 是舵机的极限偏角。

由关系式(2-141)可以得到简化后的以方向舵偏转角增量 $\Delta\delta_r$ 为控制输入，以偏航角速度增量 Δr 为输出的传递函数为

$$\frac{\Delta r(s)}{\Delta\delta_r(s)}=\frac{N_{\delta_r}^*\left(s-\frac{Y_\beta}{V}\right)}{s^2-\left(N_r^*+\frac{Y_\beta}{V}\right)s+\left(N_\beta^*+\frac{Y_\beta N_r^*}{V}\right)} \tag{5-37}$$

或者写成

$$(s^2+C_1 s+C_2)\Delta r=N_{\delta_r}^*\left(s-\frac{Y_\beta}{V}\right)\Delta\delta_r \tag{5-38}$$

式中，$C_1=-\left(N_r^*+\frac{Y_\beta}{V}\right)$，$C_2=\left(N_\beta^*+\frac{Y_\beta N_r^*}{V}\right)$。

如果不考虑惯性和非线性因素的影响，那么将控制律(5-35)与飞行器运动方程(5-38)联立后，并利用关系式(2-141)第一行所得到的近似公式 $\left(s-\frac{Y_\beta}{V}\right)\Delta\beta+\Delta r=0$，则有

$$\left\{s^2+(C_1-N_{\delta_r}^*K_r)s+\left[C_2+N_{\delta_r}^*\left(\frac{Y_\beta K_r}{V}+K_\beta\right)\right]\right\}\Delta r=N_{\delta_r}^*L_r\left(s-\frac{Y_\beta}{V}\right)\Delta W_r \tag{5-39}$$

这样，飞行器-增稳系统的固有频率增加到 $\omega_r=\sqrt{C_2+N_{\delta_r}^*\left(\frac{Y_\beta K_r}{V}+K_\beta\right)}$，相应的阻尼比也增加到 $\xi_r=\frac{C_1-N_{\delta_r}^*K_r}{2\sqrt{C_2+N_{\delta_r}^*\left(\frac{Y_\beta K_r}{V}+K_\beta\right)}}$。由此可见，如果合理选择 K_r 和 K_β 是可以改善飞行器原来的阻尼比与固有频率的。

3. 横侧增稳系统

(1) 工作原理及控制律

因滚转与偏航的耦合关系而产生了横侧增稳系统。下面以某型超声速歼击机的横侧增稳系统为例(图5-13)分析、讨论横侧增稳系统的工作原理和特点。

由图5-13可见，航向通道实际上是由在航向增稳系统基础上添加了副翼交联信号 $-K_{\delta_a}\Delta\delta_a$ 构成的。滚转通道的反馈信号不是滚转角速度 Δp，而是侧滑角 $\Delta\beta$（实际上是侧向加速度 Δa_y）。

由前面的分析可知，当 $C_{m_\alpha}<0$ 时，飞行器具有纵向静稳定性（质心位置在全机焦点之前）；当 $C_{l_\beta}<0$ 时，飞行器具有横滚静稳定性（具有自动纠正滚转角的特性）；而当 $C_{n_\beta}>0$ 时，飞行器具有航向静稳定性。

因为现代超声速歼击机和导弹普遍采用大长细比、三角翼和大后掠角等气动布局，所以上

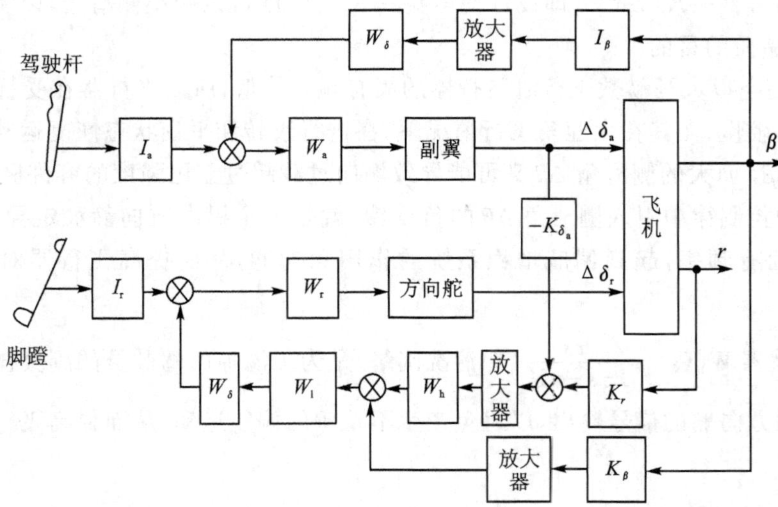

图 5-13 某超声速歼击机的横侧增稳系统原理图

反效应很大,也就是说横滚静稳定导数 C_{l_β} 的绝对值很大,航向静稳定导数 C_{n_β} 的值又太小,因而滚摆比 $K=\left|\dfrac{p_{\max}}{r_{\max}}\right|$ 很大。由于横滚静稳定导数 C_{l_β} 的绝对值太大,而航向静稳定导数 C_{n_β} 的值又较小,滚转阻尼有余而航向阻尼不足,因此会产生较严重的荷兰滚振荡运动。

基于上述分析可知,为了改善飞行器的荷兰滚振荡运动,就需要减小横滚静稳定导数 C_{l_β} 的绝对值。因此,在副翼的控制律中需要适当引入侧滑角 $\Delta\beta$ 的正反馈信号(即设计使增益 $I_\beta>0$),当 $\Delta\beta$ 越大时,副翼偏转角 $\Delta\delta_a$ 越大,由副翼产生的滚转力矩越会减小横滚静稳定力矩,从而减小横滚静稳定导数 C_{l_β} 的绝对值,实现利用 $\Delta\beta$ 来控制副翼的偏转,进而改善荷兰滚振荡运动的目的。但是,如果将横滚静稳定导数 C_{l_β} 的绝对值减得过小,又会导致螺旋不稳定运动,因此应合理地设计控制律增益 I_β,其相应的横侧增稳系统的控制律为

$$\begin{cases}\Delta\delta_r=W_l(s)[W_h(s)(K_r\Delta r-K_{\delta_a}\Delta\delta_a)+K_\beta\Delta\beta]\\ \Delta\delta_a=I_\beta\Delta\beta\end{cases}\tag{5-40}$$

式中,K_r,K_{δ_a} 和 K_β 分别为速率陀螺、副翼和侧向加速度计到方向舵的传动比;I_β 为侧向加速度计到副翼的传动比;$W_h(s)=\dfrac{\tau s}{\tau s+1}$ 为高通滤波器传递函数;$W_l(s)=\dfrac{1}{(Ts+1)^2}$ 为低通滤波器传递函数。

横侧增稳系统的控制律(5-40)具有下列特点:

① 在方向舵的控制律中引入偏航角速度 Δr 的负反馈,增大了荷兰滚的阻尼比 ξ_{nd},即实现了偏航阻尼器的功能,从而改善了高空飞行时的航向阻尼和荷兰滚阻尼特性。

② 当以高空小马赫数飞行时,飞行器的滚转机动性较差。引入与副翼偏转角同极性的

"正反馈"比例信号"$-K_{\delta_a}\Delta\delta_a$"(即设计使增益$-K_{\delta_a}>0$)可以减小侧滑角,以实现自动协调转弯、改善飞行品质的目的。

③ 由于在高空以大马赫数飞行时飞行器的固有频率较低,所以飞行器在受扰之后恢复到平衡状态的速度较慢,尤其在大迎角飞行情况下,在进行滚转和平衡状态恢复运动时均会产生较大的侧滑角 $\Delta\beta$,而大的侧滑角 $\Delta\beta$ 又可能导致侧向过载超过立尾强度的容许极限。

在方向舵的控制律中引入侧滑角 $\Delta\beta$ 的负反馈,就是为了提高航向静稳定导数 C_{n_β},以增大航向运动的固有频率,起到偏航增稳系统的作用和功能,从而提高飞行器对航向的恢复速度。

④ 高通滤波器 $W_h(s)=\dfrac{\tau s}{\tau s+1}$(即清洗网络)是为了滤掉由驾驶员的副翼操纵信号耦合所引起的稳定的方向舵的信号输出,以避免产生不希望的偏航运动,从而提高飞行器的转弯机动性。

⑤ 引入低通滤波器 $W_l(s)=\dfrac{1}{(Ts+1)^2}$ 是为了解决在高空飞行时由于舵面效应降低,方向舵易产生高频自振现象,经机体耦合后使传感器感受到高频振动信号,从而导致振荡加剧的问题。

(2) 增稳系统的缺陷

增稳系统的功能虽然比阻尼器的完善,但对操纵性的影响较大,在使阻尼比、固有频率和静稳定性提高的同时,却减小了系统的传递增益,降低了飞行器对操纵指令的响应,因此是以牺牲操纵性为代价的。

5.3 控制增稳系统

通过5.2节关于阻尼器和增稳系统的讨论可知:

① 阻尼器和增稳系统能够提高飞行器的阻尼比和固有频率,但却牺牲了操纵性。

② 阻尼器和增稳系统更无法解决非线性操纵指令问题,即当飞行器进行大机动飞行时,要求飞行器具有较高的操纵灵敏度;而当做小机动飞行时,则要求有较小的操纵灵敏度。

因此,对于阻尼器和增稳系统而言,很难解决上述两个问题。

为了找到既可以不牺牲操纵性来提高飞行器的阻尼比和固有频率,又可以解决非线性操纵指令问题的方法,在阻尼器和增稳系统的基础上,自然出现了兼顾以上两方面要求的控制增稳系统(Control Augmentation Systems,CAS)。

5.3.1 控制增稳系统的构成与工作原理

以下面典型的俯仰控制增稳系统为例,来分析控制增稳系统的构成与工作原理,其结构图如图 5-14 所示。

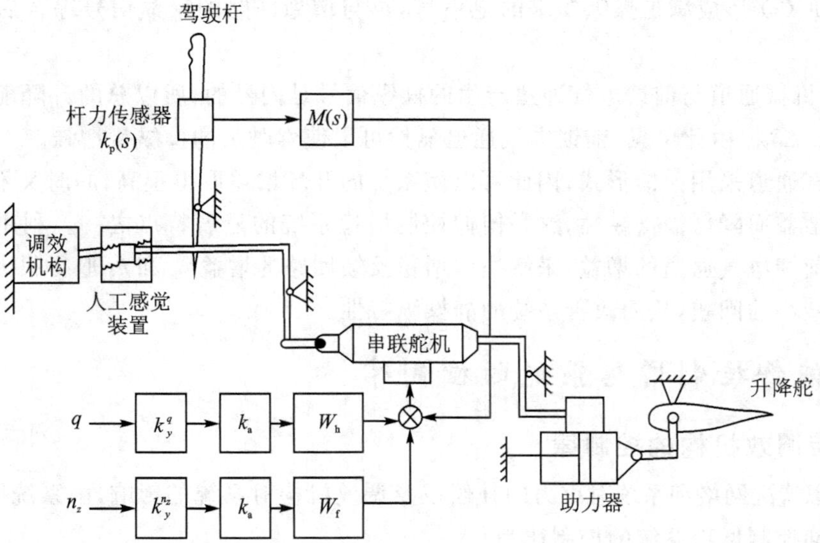

图 5-14　俯仰控制增稳系统的结构图

于是，根据图 5-14 就可以画出俯仰控制增稳系统的原理图，如图 5-15 所示。

由图 5-15 可见，俯仰控制增稳系统主要由三大部分构成：机械通道、包含杆力传感器 $k_p(s)$ 和指令模型 $M(s)$ 的前馈电气通道以及增稳反馈回路。

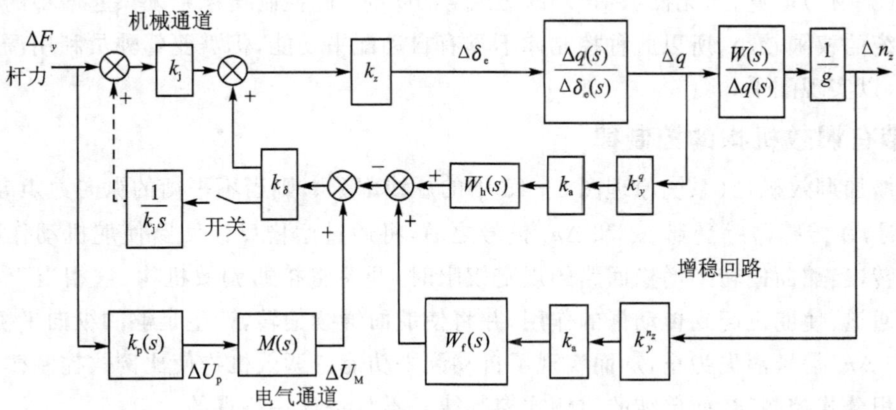

$W_h(s)=\frac{\tau s}{\tau s+1}$ —高通滤波器（清洗网络）；$W_f(s)=\frac{\tau_1 s+1}{\tau_2 s+1}$ —滤波器

图 5-15　俯仰控制增稳系统的原理图

俯仰控制增稳系统的基本工作原理是：

① 驾驶员的操纵信号经由不可逆助力操纵系统构成的机械通道使升降舵面偏转 $\Delta\delta_M$。

② 驾驶员的操纵信号同时又经前馈电气通道，由杆力传感器 $k_p(s)$ 产生电压指令信号，通过指令模型 $M(s)$ 形成满足操纵要求的电信号，再与增稳回路的反馈信号综合后使升降舵面偏转 $\Delta\delta_E$。

③ 因为机械通道与前馈电气通道产生的操纵信号是同号的，所以总的升降舵面偏转应为 $\Delta\delta_e = \Delta\delta_M + \Delta\delta_E$。由此可见，前馈电气通道显然可以使驾驶员的操纵量增强。

由于电气通道采用前馈形式，因此可以使系统的开环增益取得很高，同时又不会因减小了系统的闭环增益而降低静操纵性，这是俯仰控制增稳系统的显著特点之一。利用这一特点可以通过提高前馈电气通道的增益，来解决因增稳反馈回路的增益 k_a 和 k_δ 取得很大而造成的系统闭环增益减小的问题，从而改善系统的静操纵特性。

5.3.2 俯仰控制增稳系统的控制律

1. 不带调效机构的控制律

暂不考虑清洗网络和系统对重力的补偿以及调效机构对系统的影响，由系统原理图 5-15 不难得到俯仰控制增稳系统的控制律为

$$\Delta\delta_e = -K_y^q\Delta q - K_y^{n_z}\Delta n_z + k_z k_p k_\delta M(s)\Delta F_y + k_z k_j \Delta F_y \tag{5-41}$$

或写成

$$\Delta\delta_e = -K_y^q\Delta q - K_y^{n_z}\Delta n_z + k_z[k_p k_\delta M(s) + k_j]\Delta F_y \tag{5-42}$$

式中，$K_y^q = k_y^q k_a k_\delta k_z$，$K_y^{n_z} = k_y^{n_z} k_a k_\delta k_z$。

由式(5-42)可见，当无操纵信号(即 $\Delta F_y = 0$) 时，此控制增稳系统只起增稳的作用。由于增稳系统的权限较小，所以此种控制律不具有自动配平功能，仍需要驾驶员利用调效机构来消除杆力，以实现配平。

2. 带有调效机构的控制律

如果增加调效机构(系统原理图 5-15 中的虚线部分)，则当不平衡的纵向力矩导致 Δq 和 Δn_z 出现时，在传感器感受到 Δq 和 Δn_z 信号之后，将通过增稳反馈回路使舵机动作而引起升降舵面偏转，当舵面偏转到增稳回路的规定权限时，开关将接通调效机构，这相当于有杆力作用于机械通道，使舵机起到传动杆的作用，并将使舵面继续偏转，产生足够的纵向平衡力矩，直到使 Δq 和 Δn_z 信号消失为止，从而实现了自动配平功能。调效机构使比例式控制律变为等效的比例加积分式控制律，而单纯的比例式控制律是不具备这一特点的。

由系统原理图 5-15 可得带有调效机构的控制律为

$$\begin{aligned}\Delta\delta_e = &-K_y^q\Delta q - K_y^{n_z}\Delta n_z + k_z[k_p k_\delta M(s) + k_j]\Delta F_y - \\ &\int(K_y^q\Delta q + K_y^{n_z}\Delta n_z)\mathrm{d}t + k_z k_\delta\int k_p M(s)\Delta F_y \mathrm{d}t\end{aligned} \tag{5-43}$$

对控制律(5-43)与控制律(5-42)比较可见，带有调效机构的控制律(5-43)就是将增稳反馈

回路的信号和前馈电气通道的信号又经积分环节后，施加到机械通道上。

3. 具有预载的人工感觉装置的特性

当采用舵机与人工操纵系统并联方式时，舵机动作时会带动驾驶杆，而舵机不动作时驾驶杆又不易拉动。而当采用串联舵机且当舵机拉杆锁住时，舵机只起普通传动杆的作用。当有信号输入且舵机的拉杆伸长或缩短时，仍然有力反传到驾驶杆，这就是所谓的“力反传问题”。

克服“力反传”缺陷的方法是，使人工感觉装置具有预载非线性特性，即只要推动阀芯的力小于 F_{y0}，反传力就不会影响到驾驶杆，如图 5-16 所示。

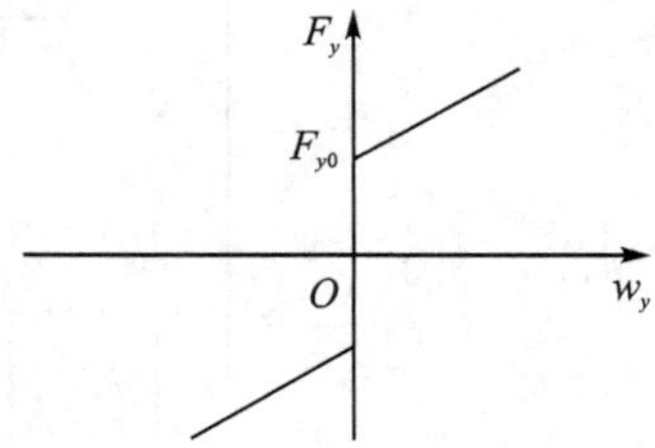

图 5-16 预载非线性特性

4. 人工操纵系统与串联舵机的控制权限问题

操纵权限是指所能操纵舵面行程的大小。

人工操纵系统的权限是指最大舵偏量减去舵机拉杆最大位移所对应的舵偏量。

串联舵机的权限是指舵机拉杆达到最大位移时所对应的舵偏量。

一般，串联舵机的权限为全权限的 1/10～1/3。例如，某型飞机水平安定面的极限偏角为 +13°和 −27°，而串联舵机的控制权限仅为 ±1°。

因此，在采用比例加积分式控制律利用舵机进行配平时，必须有较大的控制权限。

5.3.3 控制增稳系统对稳定性和操纵品质的影响

1. 对杆力灵敏度 M_{F_y} 的影响

杆力灵敏度 M_{F_y} 是衡量飞机操纵性的指标，用以评价飞机对操纵指令的初始反应性能。杆力灵敏度可表示为 $M_{F_y} = \left.\dfrac{\Delta\ddot{\theta}}{\Delta F_y}\right|_{t\to 0^+}$。

下面仅以俯仰角速度 $\Delta q(s)$ 回路进行分析。略去校正网络环节后，可得到简化后的系统，如图 5-17 所示。

为了更加便于分析，将图 5-17 的系统原理图进行等效变换后的系统原理图如图 5-18 所示。

系统的闭环传递函数为

$$\frac{\Delta q(s)}{\Delta F_y(s)} = [k_j + k_p k_\delta M(s)] \frac{k_z G_{\delta_e}^q(s)}{1 + L_y^q G_{\delta_e}^q(s)} \tag{5-44}$$

式中，$L_y^q = k_y^q k_a k_\delta k_z$。

闭环传递函数(5-44)中的传递函数 $G_{\delta_e}^q(s)$ 可由运动方程(2-106)得到。由运动方程(2-106)可以得到简化后的纵向短周期运动方程为

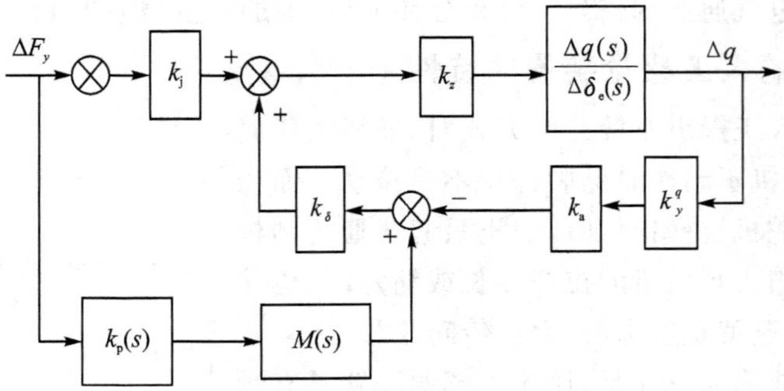

图 5-17 简化后的俯仰控制增稳系统原理图

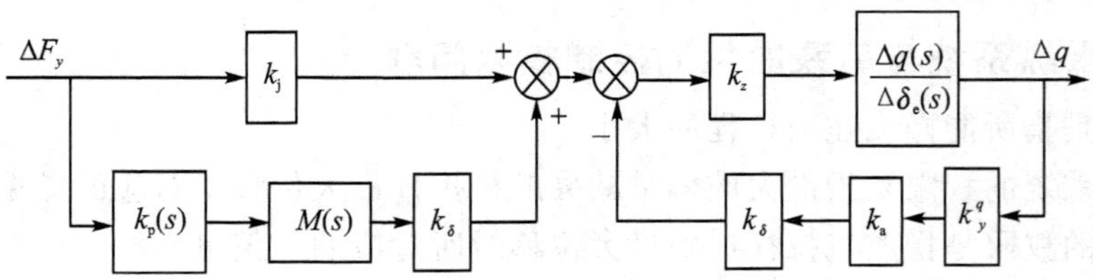

图 5-18 等效变换后的俯仰控制增稳系统原理图

$$\begin{cases}(Vs - Z_\alpha)\Delta\alpha - V\Delta\dot{\theta} = 0 \\ -(M_{\dot{\alpha}}s + M_\alpha)\Delta\alpha + (s - M_q)\Delta\dot{\theta} = M_{\delta_e}\Delta\delta_e\end{cases} \tag{5-45}$$

其对应的传递函数为

$$\frac{\Delta\dot{\theta}}{\Delta\delta_e} = \frac{M_{\delta_e}\left(s - \dfrac{Z_\alpha}{V}\right)}{s^2 - \left(\dfrac{Z_\alpha}{V} + M_{\dot{\alpha}} + M_q\right)s + \dfrac{Z_\alpha M_q}{V} - M_\alpha} =$$

$$\frac{M_{\delta_e}(s + Z_\alpha^*)}{s^2 + 2\xi_{sp}\omega_{sp}s + \omega_{sp}^2} = \frac{\Delta q}{\Delta\delta_e} = G_{\delta_e}^q(s) \tag{5-46}$$

式中，$Z_\alpha^* = -\dfrac{Z_\alpha}{V}$，$\xi_{sp} = \dfrac{Z_\alpha^* - M_{\dot{\alpha}} - M_q}{2\sqrt{-Z_\alpha^* M_q - M_\alpha}}$，$\omega_{sp} = \sqrt{-Z_\alpha^* M_q - M_\alpha}$。

由于杆力灵敏度又可写成 $M_{F_y} = \left.\dfrac{\Delta\ddot{\theta}}{\Delta F_y}\right|_{t\to 0^+} = \left.\dfrac{\Delta\dot{q}}{\Delta F_y}\right|_{t\to 0^+}$，所以将系统的闭环传递函数(5-44)两边同乘以 s 得

$$\frac{\Delta\dot{q}(s)}{\Delta F_y(s)} = [k_j + k_p k_\delta M(s)]k_z G_B(s)\cdot s \tag{5-47}$$

式中，$G_B(s) = \dfrac{G_{\delta_e}^q(s)}{1 + L_y^q G_{\delta_e}^q(s)}$。

设杆力输入为单位阶跃信号，则有 $\Delta F_y(s)=\dfrac{1}{s}$，并假定指令模型为 $M(s)=k_{\mathrm{M}}$，于是将传递函数(5-47)写成

$$\Delta\dot{q}(s)=(k_{\mathrm{j}}+k_{\mathrm{p}}k_{\delta}k_{\mathrm{M}})k_zG_{\mathrm{B}}(s) \tag{5-48}$$

根据拉普拉斯变换的初始值和终态值定理(2-95)可知，初始值满足关系式 $\lim\limits_{t\to0}f(t)=\lim\limits_{s\to\infty}sF(s)$，这样由传递函数(5-48)可得

$$\lim_{t\to0}\Delta\dot{q}(t)=\lim_{s\to\infty}(k_{\mathrm{j}}+k_{\mathrm{p}}k_{\delta}k_{\mathrm{M}})k_zG_{\mathrm{B}}(s)\cdot s \tag{5-49}$$

由于在式(5-49)中，$G_{\mathrm{B}}(s)=\dfrac{G_{\delta_{\mathrm{e}}}^{q}(s)}{1+L_y^qG_{\delta_{\mathrm{e}}}^{q}(s)}=\dfrac{M_{\delta_{\mathrm{e}}}(s+Z_\alpha^*)}{s^2+(2\xi_{\mathrm{sp}}\omega_{\mathrm{sp}}+L_y^qM_{\delta_{\mathrm{e}}})s+(\omega_{\mathrm{sp}}^2+L_y^qM_{\delta_{\mathrm{e}}}Z_\alpha^*)}$，这样可由式(5-49)得到

$$\begin{aligned}\lim_{t\to0}\Delta\dot{q}(t)&=\lim_{s\to\infty}(k_{\mathrm{j}}+k_{\mathrm{p}}k_{\delta}k_{\mathrm{M}})k_z\cdot s\cdot\frac{M_{\delta_{\mathrm{e}}}(s+Z_\alpha^*)}{s^2+(2\xi_{\mathrm{sp}}\omega_{\mathrm{sp}}+L_y^qM_{\delta_{\mathrm{e}}})s+(\omega_{\mathrm{sp}}^2+L_y^qM_{\delta_{\mathrm{e}}}Z_\alpha^*)}=\\&\lim_{s\to\infty}(k_{\mathrm{j}}+k_{\mathrm{p}}k_{\delta}k_{\mathrm{M}})k_z\cdot\frac{M_{\delta_{\mathrm{e}}}\left(1+\dfrac{Z_\alpha^*}{s}\right)}{1+(2\xi_{\mathrm{sp}}\omega_{\mathrm{sp}}+L_y^qM_{\delta_{\mathrm{e}}})\cdot\dfrac{1}{s}+(\omega_{\mathrm{sp}}^2+L_y^qM_{\delta_{\mathrm{e}}}Z_\alpha^*)\cdot\dfrac{1}{s^2}}=\\&(k_{\mathrm{j}}+k_{\mathrm{p}}k_{\delta}k_{\mathrm{M}})k_zM_{\delta_{\mathrm{e}}}\end{aligned} \tag{5-50}$$

那么，对于普通的增稳系统，由于没有前馈电气通道，所以令 $k_{\mathrm{M}}=0$。这样，普通增稳系统的杆力灵敏度为

$$\lim_{t\to0}\Delta\dot{q}(t)=k_{\mathrm{j}}k_zM_{\delta_{\mathrm{e}}} \tag{5-51}$$

对式(5-50)与式(5-51)比较可见，控制增稳系统的杆力灵敏度 M_{F_y} 比普通增稳系统的大。

2. 改善操纵系统的杆力特性

杆力梯度(或称单位过载杆力)是衡量飞机产生单位过载所需施加的操纵杆力的指标，可表示为 $F_y^{n_z}=\left.\dfrac{\Delta F_y}{\Delta n_z}\right|_{t\to\infty}$。

为了便于分析，在略去校正网络环节后，可将俯仰控制增稳系统的原理图 5-15 变换为图 5-19。

在图 5-19 中，相应的传递函数可由式(5-46)和俯仰角速度 Δq 与过载 Δn_z 的近似关系式(5-31)得到，即

$$G_{\delta_{\mathrm{e}}}^{q}(s)=\frac{M_{\delta_{\mathrm{e}}}(s+Z_\alpha^*)}{s^2+2\xi_{\mathrm{sp}}\omega_{\mathrm{sp}}s+\omega_{\mathrm{sp}}^2},\quad G_q^{n_z}(s)=\frac{VZ_\alpha^*}{57.3g(s+Z_\alpha^*)}$$

下面对控制增稳系统的杆力特性做进一步讨论和分析。

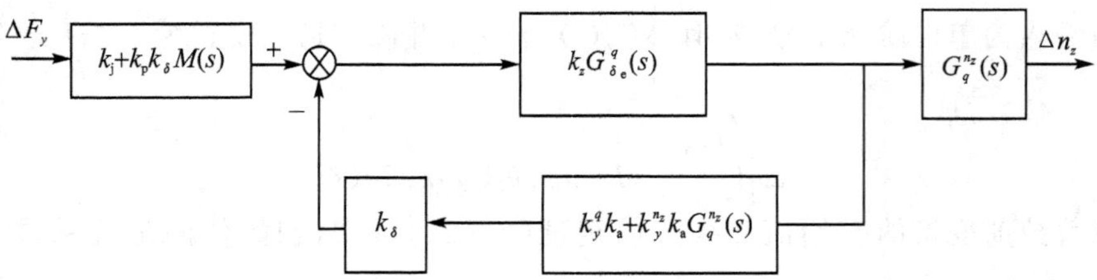

图5-19 略去校正网络环节的俯仰控制增稳系统原理图

(1) 机械通道的杆力特性(即不可逆助力操纵系统的杆力特性分析)

断开控制增稳系统的舵机输出端,且令电气通道断开,则仅剩下机械通道后的传递函数为

$$\frac{\Delta n_z(s)}{\Delta F_y(s)}=\frac{k_jk_zM_{\delta_e}VZ^*_\alpha}{57.3g(s^2+2\xi_{sp}\omega_{sp}s+\omega^2_{sp})} \tag{5-52}$$

其相应的杆力梯度为

$$F^{n_z}_y=\frac{\Delta F_y}{\Delta n_z}\bigg|_{t\to\infty}=\frac{57.3g\omega^2_{sp}}{k_jk_zM_{\delta_e}VZ^*_\alpha} \tag{5-53}$$

由于式(5-53)分母中的因子 $Z^*_\alpha=-\dfrac{Z_\alpha}{V}$,所以式(5-53)可以简化为

$$F^{n_z}_y=\frac{\Delta F_y}{\Delta n_z}\bigg|_{t\to\infty}=-\frac{57.3g\omega^2_{sp}}{k_jk_zM_{\delta_e}Z_\alpha} \tag{5-54}$$

由式(5-54)可见,不可逆助力操纵系统的杆力梯度与纵向的量纲导数 Z_α 和 M_{δ_e} 以及飞机的短周期固有频率 ω_{sp} 有关。换句话说,也就是机械通道的杆力梯度与纵向的量纲导数 Z_α 和 M_{δ_e} 以及飞机的短周期固有频率 ω_{sp} 有关。

(2) 控制增稳系统的杆力特性(将增稳系统及电气前馈通道接通后的杆力特性分析)

接通增稳系统及电气前馈通道后的传递函数为

$$\frac{\Delta n_z(s)}{\Delta F_y(s)}=[k_j+k_pk_\delta M(s)]\frac{k_zG^q_{\delta_e}(s)G^{n_z}_q(s)}{1+k_\delta k_a[k^q_y+k^{n_z}_yG^{n_z}_q(s)]k_zG^q_{\delta_e}(s)}=$$

$$\frac{[k_j+k_pk_\delta M(s)]k_z}{\dfrac{1}{G^q_{\delta_e}(s)G^{n_z}_q(s)}+k_zk_\delta k_ak^{n_z}_y\left[1+\dfrac{k^q_y}{k^{n_z}_yG^{n_z}_q(s)}\right]} \tag{5-55}$$

如果假定指令模型为 $M(s)=k_M$,则杆力梯度为

$$F^{n_z}_y=\frac{\Delta F_y(s)}{\Delta n_z(s)}\bigg|_{s\to 0}=\frac{\dfrac{57.3g\cdot\omega^2_{sp}}{M_{\delta_e}VZ^*_\alpha}+k_zk_\delta k_ak^{n_z}_y\left(1+\dfrac{57.3gk^q_y}{k^{n_z}_yV}\right)}{(k_j+k_pk_\delta k_M)k_z}=$$

$$\frac{-\dfrac{57.3g\cdot\omega^2_{sp}}{M_{\delta_e}Z_\alpha}+k_zk_\delta k_ak^{n_z}_y\left(1+\dfrac{57.3gk^q_y}{k^{n_z}_yV}\right)}{(k_j+k_pk_\delta k_M)k_z} \tag{5-56}$$

在通常情况下，由于式(5-56)分子中的第一项较第二项小得多，因此略去分子中的第一项后，控制增稳系统的杆力梯度为

$$F_y^{n_z}=\left.\frac{\Delta F_y(s)}{\Delta n_z(s)}\right|_{s\to 0}\approx\frac{k_\delta k_a k_y^{n_z}}{k_j+k_p k_\delta k_M}\left(1+\frac{k_y^q}{k_y^{n_z}}\frac{57.3g}{V}\right)\tag{5-57}$$

与机械通道的杆力梯度式(5-54)比较后可见，控制增稳系统的杆力梯度式(5-57)仅是空速 V 的函数，也就是说，控制增稳系统的杆力梯度仅与空速 V 有关，并不与飞机的短周期固有频率 ω_{sp} 有关。

(3) 控制增稳系统与增稳系统的两种杆力梯度比较

令控制增稳系统的杆力梯度式(5-57)中的 $k_M=0$，便可直接得到增稳系统的杆力梯度为

$$F_{y0}^{n_z}=\frac{k_\delta k_a k_y^{n_z}}{k_j}\left(1+\frac{k_y^q}{k_y^{n_z}}\frac{57.3g}{V}\right)\tag{5-58}$$

将式(5-58)除以式(5-57)就可以求得增稳系统与控制增稳系统的杆力梯度之比

$$\frac{F_{y0}^{n_z}}{F_y^{n_z}}=1+\frac{k_p k_\delta k_M}{k_j}\tag{5-59}$$

由式(5-59)可见，控制增稳系统的杆力梯度比增稳系统的降低了 $\frac{k_p k_\delta k_M}{k_j}$ 倍，从而补偿了由于引用增稳系统而增大杆力梯度的缺点，因此改善了杆力梯度的特性。这一优点正是采用前馈电气通道 $k_p k_M$ 的结果。

5.3.4　指令模型的形式与参数选择

1. 指令模型的形式

如前所述，能够实现驾驶员所要求的在大机动飞行时有较高的灵敏度，在小机动飞行时有较低的灵敏度的目的的典型指令模型有下列两种形式。

(1) 非线性指令模型

如果只考虑操纵指令信号，则由俯仰控制增稳系统原理图 5-15 中可得到助力器输入端的总位移为

$$\Delta W_{z1}=[k_j+k_p M(s)k_\delta]\Delta F_y\tag{5-60}$$

因为在一般情况下，$k_p M(s)k_\delta\gg k_j$，所以将式(5-60)简化为

$$\Delta W_{z1}\approx k_p M(s)k_\delta\Delta F_y\tag{5-61}$$

如果假定指令模型为 $M(s)=k_M$，则由式(5-61)可以得到操纵指令信号的表达式

$$\Delta F_y=\frac{\Delta W_{z1}}{k_p k_M k_\delta}\tag{5-62}$$

根据杆力灵敏度的定义和式(5-62)，可以得到杆力灵敏度 M_{F_y} 为

$$M_{F_y} = \frac{\Delta \dot{q}\,|_{t\to 0^+}}{\Delta F_y} = \frac{k_p k_M k_\delta \Delta \dot{q}\,|_{t\to 0^+}}{\Delta W_{z1}} \tag{5-63}$$

由杆力灵敏度 M_{F_y} 的式(5-63)可见,如果 k_M 值越大,则杆力灵敏度 M_{F_y} 就越大;反之,则越小。依据式(5-63)的特点即可设计出非线性的指令模型,如图5-20所示。

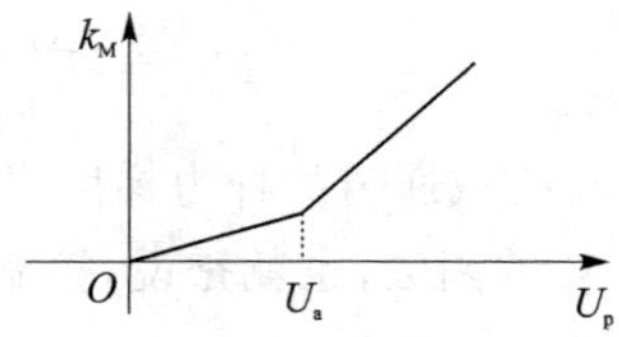

图5-20 非线性指令模型

可见,当使用大杆力 ($U_p > U_a$) 操纵时,指令模型为大增益 k_M,则相应的杆力灵敏度 M_{F_y} 就大,也就是说,飞机对操纵指令具有较高的灵敏度;当使用小杆力 ($U_p < U_a$) 操纵时,指令模型为小增益 k_M,相应的杆力灵敏度 M_{F_y} 较小。这样就可以满足大机动飞行时有较高灵敏度、小机动飞行时有较低灵敏度的操纵要求。

(2) 滞后网络指令模型

采用滞后网络也可以实现非线性的指令模型,从而满足大机动飞行时有较高灵敏度、小机动飞行时有较低灵敏度的操纵要求。

滞后网络指令模型的传递函数为

$$M(s) = \frac{k_M}{\tau_M s + 1} \tag{5-64}$$

根据传递函数(5-64)画出其幅频特性,如图5-21所示。由幅频特性可知,幅值 $M(j\omega)$ 具有低频幅值大而高频幅值小的特性,正好符合大机动飞行时需要较高灵敏度、小机动飞行时需要较低灵敏度的操纵要求。

用幅值 $M(j\omega)$ 代替式(5-63)的 k_M,则杆力灵敏度 M_{F_y} 可写成

$$M_{F_y} = \frac{k_p k_\delta\,|M(j\omega)|\,\Delta \dot{q}\,\big|_{t\to 0^+}}{\Delta W_{z1}} \tag{5-65}$$

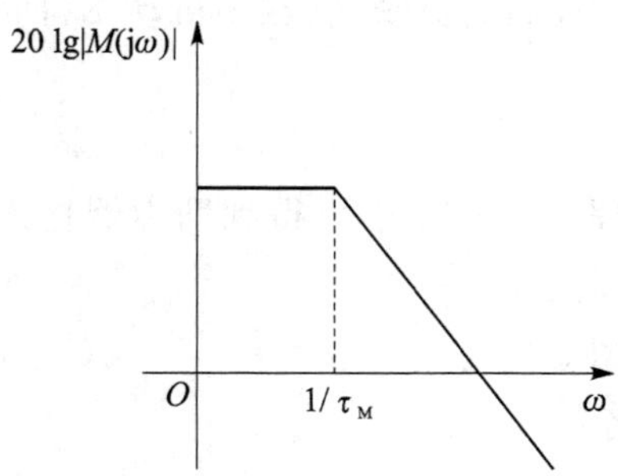

图5-21 幅频特性曲线

由式(5-65)和图5-21可见,当驾驶员采用大杆力做大机动飞行时,由于杆力的信号变化比小机动飞行时要缓慢得多,正好处于低频段 ($\omega < 1/\tau_M$),幅值 $M(j\omega)$ 较大,所以相应的杆力灵敏度 M_{F_y} 就大,飞机对操纵指令的灵敏度较高;反之,当驾驶员采用小杆力做小机动飞行时,由于杆力的变化是高频信号,处于高频段 ($\omega > 1/\tau_M$),幅值 $M(j\omega)$ 衰减较大,所以相应的杆力灵敏度 M_{F_y} 就小,飞机对驾驶员的操纵指令的灵敏度较低。

2. 指令模型参数的选择

(1) 前馈电气通道的传递系数 k_p 和 k_M 的设计

如果不考虑校正网络,则由俯仰控制增稳系统的原理图5-15可得其等效变换原理图5-22。

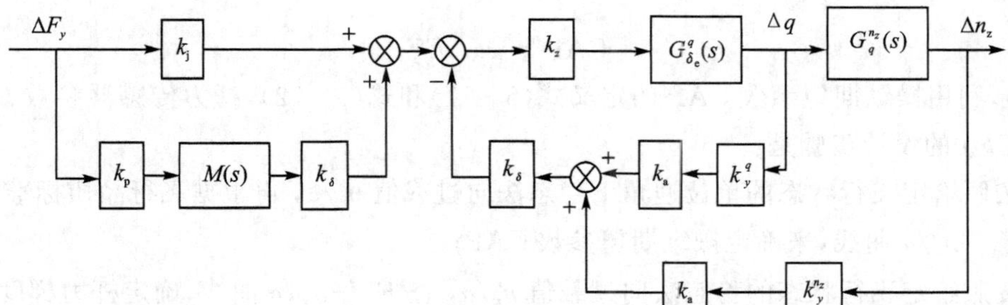

图 5-22　不考虑校正网络的俯仰控制增稳系统等效变换原理图

下面分别按回路求出传递函数。

内反馈回路的传递函数为

$$\phi_{\delta_e}^q(s) = \frac{k_z G_{\delta_e}^q(s)}{1 + L_y^q G_{\delta_e}^q(s)} \tag{5-66}$$

式中，$L_y^q = k_y^q k_a k_\delta k_z$。

外反馈回路的传递函数为

$$\phi_{\delta_e}^{n_z}(s) = \frac{\phi_{\delta_e}^q(s) G_q^{n_z}(s)}{1 + L_y^{n_z} \phi_{\delta_e}^q(s) G_q^{n_z}(s)} \tag{5-67}$$

式中，$L_y^{n_z} = k_y^{n_z} k_a k_\delta$。

于是，系统的闭环传递函数为

$$\frac{\Delta n_z(s)}{\Delta F_y(s)} = [k_j + k_p M(s) k_\delta] \phi_{\delta_e}^{n_z}(s) \tag{5-68}$$

通常情况下在控制增稳系统中，由于 $k_p k_M k_\delta \gg k_j$，所以系统的闭环传递函数(5-68)可简化为

$$\frac{\Delta n_z(s)}{\Delta F_y(s)} = k_p M(s) k_\delta \phi_{\delta_e}^{n_z}(s) \tag{5-69}$$

假定指令模型为 $M(s) = \dfrac{k_M}{\tau_M s + 1}$，在稳态时 $M(s) = k_M$，则杆力梯度(单位过载杆力)的倒数为

$$\frac{1}{F_y^{n_z}} = \frac{\Delta n_z(s)}{\Delta F_y(s)}\bigg|_{t\to\infty} = k_p k_M k_\delta \phi_{\delta_e}^{n_z}(s)\Big|_{t\to\infty} \tag{5-70}$$

引入操纵期望参数 CAP(Control Anticipation Parameter)的定义式

$$\text{CAP} = \frac{\ddot{\theta}\,|_{t\to 0^+}}{n_z\,|_{t\to\infty}} \approx \frac{\omega_{sp}^2}{n_z/\alpha} \tag{5-71}$$

式中，ω_{sp} 为飞机纵向短周期响应特性的固有频率，n_z/α 是单位迎角下的稳态法向过载。

利用杆力灵敏度 M_{F_y} 和杆力梯度 $F_y^{n_z}$，又可将操纵期望参数 CAP 的定义式(5-71)表

示为

$$\mathrm{CAP}=M_{F_y}F_y^{n_z} \tag{5-72}$$

这样,利用操纵期望参数 CAP 的定义式(5-71)和式(5-72),杆力传感器参数 k_p 和指令模型参数 k_M 的设计步骤是:

① 按照给定飞行状态的单位迎角下稳态法向过载值 n_z/α,再根据飞行品质标准(标准1,2,3)查 $\omega_{sp}^2-n_z/\alpha$ 曲线,来确定操纵期望参数 CAP;

② 按照给定飞行状态的稳态法向过载值 n_z/α,查 $F_y^{n_z}-n_z/\alpha$ 曲线,确定杆力梯度 $F_y^{n_z}$;

③ 根据 CAP 和 $F_y^{n_z}$ 的值,来确定做大机动飞行时的最大杆力灵敏度 $M_{F_y\max}$;

④ 根据 $\dfrac{\mathrm{CAP}}{M_{F_y\max}}=\dfrac{1}{k_pk_Mk_\delta\phi_{\delta_e}^{n_z}(s)|_{t\to\infty}}$,求得 $k_pk_M=\dfrac{M_{F_y\max}}{\mathrm{CAP}\cdot k_\delta\phi_{\delta_e}^{n_z}(s)|_{t\to\infty}}$;

⑤ 在已有的备选杆力传感器中选取 k_p,再确定 k_M。

经过上述过程的反复设计,最终可以确定满足设计要求的杆力传感器参数 k_p 和指令模型参数 k_M。

(2) 指令模型时间常数 τ_M 的确定

指令模型时间常数 τ_M 的选择步骤是:

① 假定指令模型 $M(s)=\dfrac{k_M}{\tau_Ms+1}$ 无滞后,即令 $\tau_M=0$,则有 $M(s)=k_M$。于是,相应的杆力梯度为

$$F_{y1}^{n_z}=\left.\frac{\Delta F_y(s)}{\Delta n_z(s)}\right|_{\substack{t\to\infty\\(\tau_M=0)}}=\left.\frac{1}{k_pk_Mk_\delta\phi_{\delta_e}^{n_z}(s)}\right|_{\substack{t\to\infty\\(\tau_M=0)}} \tag{5-73}$$

② 假定存在滞后(即 $\tau_M\neq0$)时,则 $M(s)=\dfrac{k_M}{\tau_Ms+1}$。先设定一个试探值 τ_M,则杆力梯度为

$$F_{y2}^{n_z}=\left.\frac{\Delta F_y(s)}{\Delta n_z(s)}\right|_{\substack{t\to\infty\\(\tau_M\neq0)}}=\left[\left.\frac{\Delta F_y(s)}{\Delta n_z(s)}\right|_{\substack{t\to\infty\\(\tau_M=0)}}\right](\tau_Ms+1)\Big|_{\substack{t\to\infty\\(\tau_M\neq0)}} \tag{5-74}$$

求杆力梯度式(5-74)的对数幅频特性为

$$20\lg\left|\frac{\Delta F_y(s)}{\Delta n_z(s)}\right|_{\tau_M\neq0}=20\lg\left|\frac{\Delta F_y(s)}{\Delta n_z(s)}\right|_{\tau_M=0}+20\lg|\tau_Ms+1|_{\tau_M\neq0} \tag{5-75}$$

③ 绘出等式(5-75)的对数幅频特征曲线,如图5-23所示。

因为传递函数 $\phi_{\delta_e}^{n_z}(s)$ 为二阶振荡环节,所以 $20\lg\left|\dfrac{\Delta F_y(s)}{\Delta n_z(s)}\right|_{\tau_M\neq0}$ 存在最小值 $20\lg|F_y^{n_z}|_{\min}$。

④ 检查设计规范所要求的条件是否满足:

ⓐ $20\lg|F_y^{n_z}|_{\min}\geqslant23.86\ \mathrm{dB}$;

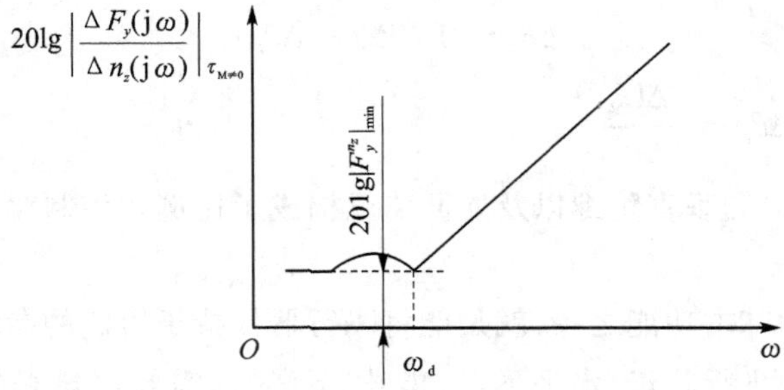

图 5-23　对数幅频特性曲线

ⓑ 对应于 $\omega=\omega_d$ 处的相移 $\phi\geqslant 30°$。

如果满足设计条件ⓐ和ⓑ，则选择的时间常数 τ_M 是合适的。如果不满足设计条件，则应调整 τ_M，再反复进行步骤②～④的设计过程，直至满足条件ⓐ和ⓑ为止。

5.4　飞行姿态控制系统

5.4.1　姿态控制系统的构成与工作原理

本小节主要分析、讨论自动驾驶仪(autopilot)在姿态控制过程中的工作原理。其中包括比例式自动驾驶仪、积分式自动驾驶仪和比例加积分式自动驾驶仪(均衡反馈式自动驾驶仪)。

1. 比例式自动驾驶仪

(1) 控制规律

由垂直陀螺与舵回路构成了纵向自动驾驶仪，如图 5-24 所示。若不计舵回路的惯性，则舵回路的传递函数可简化为 k_δ，这样，自动驾驶仪的控制律为

$$\Delta\delta_e=k_\delta(\Delta U_{\Delta\theta}-U_{\Delta\theta_g})=k_\delta k_1\left(\Delta\theta-\frac{\Delta U_{\Delta\theta_g}}{k_1}\right)=k_\delta k_1(\Delta\theta-\Delta\theta_g) \tag{5-76}$$

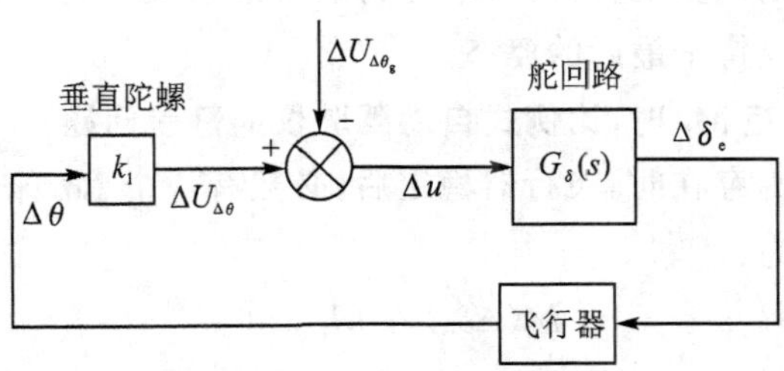

图 5-24　俯仰角 θ 自动控制系统原理图

将自动驾驶仪控制律(5-76)简写成

$$\Delta\delta_e = L_\theta(\Delta\theta - \Delta\theta_g) \tag{5-77}$$

式中,$L_\theta = k_\delta k_1 > 0$,$\Delta\theta_g = \dfrac{\Delta U_{\Delta\theta_g}}{k_1}$。

基于关系式(5-77)和垂直陀螺以及舵回路就构成了比例式控制律的姿态角自动控制器。

(2) 工作原理

纵向自动驾驶仪的基本功能之一,就是能将飞行器保持于给定的参考姿态 $\Delta\theta_g$,此参考姿态是由驾驶员根据某种飞行状态(水平飞行、爬升、下滑)的需要而建立的;而对于飞航导弹而言,则是由方案弹道决定的。当控制系统接通后就力图保持于给定的参考姿态。工作在保持状态的飞行控制系统又称为角位移控制系统。

自动驾驶仪系统的工作原理是:当飞行器处于等速水平直线飞行状态时,受到紊流干扰后,出现俯仰角偏差 $\Delta\theta = \theta - \theta_0 > 0$,假定初始俯仰角 $\theta_0 = 0$,则垂直陀螺仪测出俯仰角偏差 $\Delta\theta$ 后,输出电压信号 $k_1\Delta\theta$。如果外加的控制信号 $\Delta U_{\Delta\theta_g} = 0$,则通过信号综合与舵回路后,按照控制律(5-76)驱动升降舵向下偏转 $\Delta\delta_e = k_\delta k_1\Delta\theta > 0$,使飞行器产生低头力矩,减小俯仰角偏差 $\Delta\theta$,最后实现姿态保持的功能。修正俯仰角偏差 $\Delta\theta$ 的过程如图5-25所示。相应的控制俯仰角的原理也相同,控制俯仰角的过程如图5-26所示。

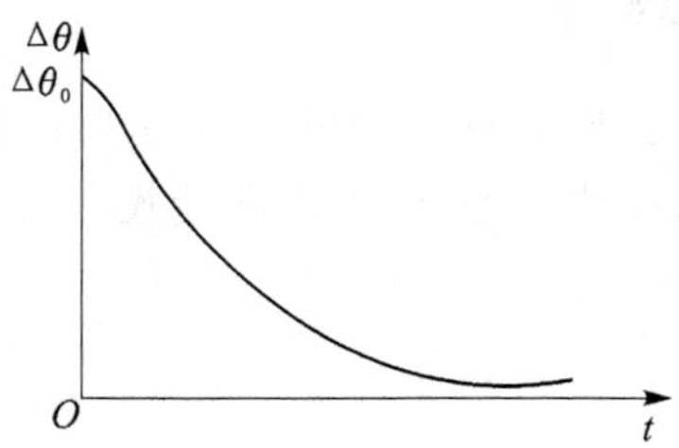

图5-25 修正稳定θ的过渡过程

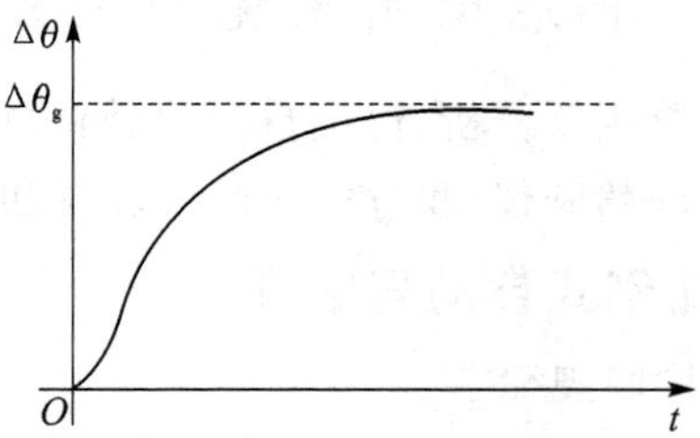

图5-26 控制θ的过渡过程

如果突然操纵飞行器达到新的姿态(例如,为了防撞),则自动驾驶仪的姿态保持功能自动解除,垂直陀螺仪具有自动同步装置,使 $\Delta\theta_g$ 与新的姿态值同步,当驾驶员重新接通姿态保持模态的功能时,驾驶仪将保持于最后的姿态。

(3) 存在常值干扰力矩 M_f 时,比例式自动驾驶仪的静差问题

当有常值干扰力矩 M_f 存在时,飞行器稳定后,必然有一个 $\Delta\delta_e$ 来抵消常值干扰力矩 M_f 的影响,即其力矩平衡条件为

$$M(\Delta\delta_e) + M_f = 0 \tag{5-78}$$

式中,$M(\Delta\delta_e) = QS_w c_A C_{m_{\delta_e}}\Delta\delta_e$,将其代入力矩平衡条件式(5-78)后,可以得到抵消常值干扰力矩 M_f 的升降舵偏转角

$$\Delta\delta_e = -\frac{M_f}{QS_w c_A C_{m_{\delta_e}}} \tag{5-79}$$

将控制律 $\Delta\delta_e = L_\theta(\Delta\theta - \Delta\theta_g)$ 代入式(5-79)后，得

$$\Delta\theta = \Delta\theta_g - \frac{M_f}{QS_w c_A C_{m_{\delta_e}} L_\theta} \tag{5-80}$$

由式(5-80)可以求出俯仰角误差(静差)为

$$\Delta\theta - \Delta\theta_g = -\frac{M_f}{QS_w c_A C_{m_{\delta_e}} L_\theta} \tag{5-81}$$

由比例式自动驾驶仪的俯仰角静差公式(5-81)可以得到如下结论：

① 常值干扰力矩 M_f 将引起俯仰角静差，此静差与常值干扰力矩 M_f 同极性且成正比，并与反馈增益 L_θ 成反比。

② 增大反馈增益 L_θ 可减小俯仰角静差。但是，过大的反馈增益 L_θ 会导致升降舵偏转角 $\Delta\delta_e$ 过大，从而容易引发振荡。

(4) 一阶微分信号在比例式控制律中的作用

为了克服上述缺陷(抑制振荡)，自然会在控制律中引入俯仰角速率 $\Delta\dot{\theta}$ 来对飞行器的振荡运动增加阻尼，这样，自动驾驶仪的控制律为

$$\Delta\delta_e = L_\theta\Delta\theta + L_{\dot{\theta}}\Delta\dot{\theta} \tag{5-82}$$

式中，反馈增益 $L_\theta > 0, L_{\dot{\theta}} > 0$。

引入俯仰角速率 $\Delta\dot{\theta}$ 对飞行器振荡运动增加阻尼的作用如图 5-27 所示。升降舵偏转角由正值逐渐减小，使飞行器低头的力矩值也逐渐减小，俯仰角也随之逐渐减小。由于 $\Delta\delta_{e2}$ 的引入，使得 $\Delta\delta_e = \Delta\delta_{e1} + \Delta\delta_{e2}$ 的相位超前于角位移信号 $\Delta\theta$，提前在 t_1 时已变号为负值，产生抬头力矩，阻止飞行器继续俯冲，此谓人工阻尼 $\Delta\dot{\theta}$ 所产生的提前相位的作用，称为提前反舵。

为了进一步加深对一阶微分信号在比例式控制律中的作用的理解，下面以纵向短周期运动方程为例，采用根轨迹法对其加以分析。

由运动方程(2-106)可以得到简化后的纵向短周期运动方程为

$$\left.\begin{aligned} &(Vs - Z_\alpha)\Delta\alpha - V\Delta\dot{\theta} = 0 \\ &-(M_{\dot{\alpha}}s + M_\alpha)\Delta\alpha + (s - M_q)\Delta\dot{\theta} = M_{\delta_e}\Delta\delta_e \end{aligned}\right\} \tag{5-83}$$

其对应的传递函数为

$$\frac{\Delta\dot{\theta}}{\Delta\delta_e} = \frac{M_{\delta_e}\left(s - \dfrac{Z_\alpha}{V}\right)}{s^2 - \left(\dfrac{Z_\alpha}{V} + M_{\dot{\alpha}} + M_q\right)s + \dfrac{Z_\alpha M_q}{V} - M_\alpha} = \frac{M_{\delta_e}(s + Z_\alpha^*)}{s^2 + C_{1d}s + C_{2d}} \tag{5-84}$$

式中，$Z_\alpha^* = -\dfrac{Z_\alpha}{V}, C_{1d} = Z_\alpha^* - M_{\dot{\alpha}} - M_q, C_{2d} = -Z_\alpha^* M_q - M_\alpha$。

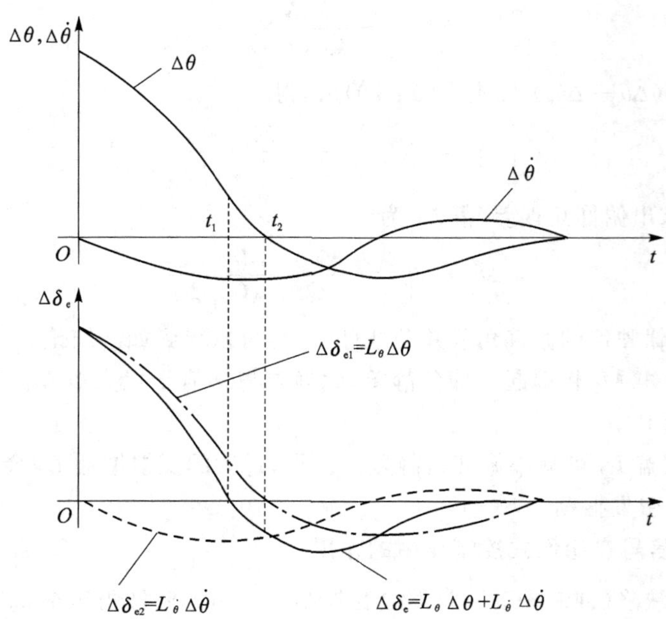

图 5-27　一阶微分信号 $\Delta\dot{\theta}$ 所产生的阻尼效果

如果考虑到有俯仰角指令 $\Delta\theta_g$ 输入，则自动驾驶仪控制律(5-82)可写成

$$\Delta\delta_e = L_\theta(\Delta\theta - \Delta\theta_g) + L_{\dot{\theta}}\Delta\dot{\theta} \tag{5-85}$$

由纵向短周期运动的传递函数(5-84)并结合自动驾驶仪控制律(5-83)，便可得到相对应的飞行器-自动驾驶仪系统的原理图，如图 5-28 所示。

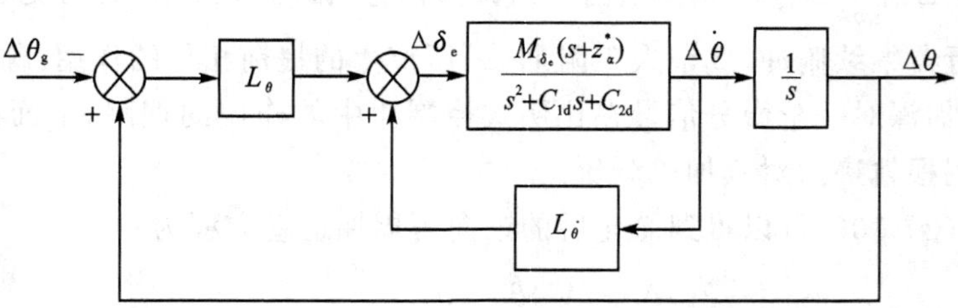

图 5-28　飞行器-自动驾驶仪系统原理图

对一阶微分信号在比例式控制律中的作用进行分析的步骤如下：

① 在图 5-28 中若不引入一阶微分信号 ($L_{\dot{\theta}}=0$)，则控制律为 $\Delta\delta_e = L_\theta(\Delta\theta - \Delta\theta_g)$，其开环传递函数为

$$G_K(s) = \frac{L_\theta M_{\delta_e}(s+Z_\alpha^*)}{s(s^2+C_{1d}s+C_{2d})} \tag{5-86}$$

画出开环传递函数(5-86)随 L_θ 变化的根轨迹图 5-29。

如图 5-29 所示，当式(5-86)中的 L_{θ} 增大时，描述飞行器短周期运动的一对复根将右移，并且复根的虚部逐渐增大，这将导致飞行器短周期模态的振荡运动逐渐加剧。

② 在图 5-28 中若引入一阶微分信号 ($L_{\dot{\theta}} \neq 0$)，则采用的控制律为 $\Delta\delta_e = L_{\theta}(\Delta\theta - \Delta\theta_g) + L_{\dot{\theta}}\Delta\dot{\theta}$。

角速度回路(内回路)的闭环传递函数为

$$\phi_B(s) = \frac{M_{\delta_e}(s + Z_{\alpha}^*)}{s^2 + (C_{1d} + L_{\dot{\theta}}M_{\delta_e})s + (C_{2d} + L_{\dot{\theta}}M_{\delta_e}Z_{\alpha}^*)} \tag{5-87}$$

内回路的开环传递函数为

$$\phi_K(s) = G(s)H(s) = \frac{M_{\delta_e}(s + Z_{\alpha}^*)}{s^2 + C_{1d}s + C_{2d}} \cdot L_{\dot{\theta}} = \frac{L_{\dot{\theta}}M_{\delta_e}(s + Z_{\alpha}^*)}{s^2 + C_{1d}s + C_{2d}} \tag{5-88}$$

由式(5-88)可画出角速度回路随 $L_{\dot{\theta}}$ 变化的根轨迹，如图 5-30 所示。由此可见，阻尼回路的根轨迹从飞行器传递函数的一对复根 s_1 和 s_2 出发，随着 $L_{\dot{\theta}}$ 的增大而左移且虚部减小，最后到达实轴，即系统阻尼增大，最后由振荡运动转为指数衰减的单调运动。如果仅考虑 $L_{\dot{\theta}}$ 变化，则 $L_{\dot{\theta}}$ 越大，阻尼效果越明显。

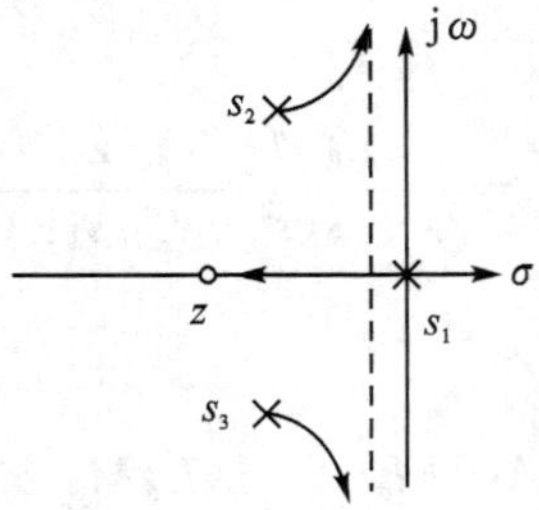

图 5-29　无微分信号的根轨迹

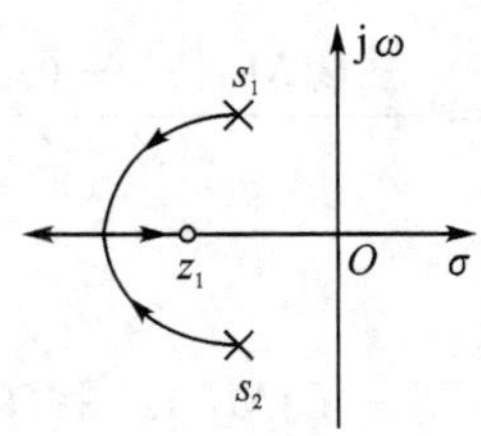

图 5-30　角速度回路的根轨迹

③ 如果考虑整个系统(图 5-28)，则系统的开环传递函数为

$$G_K^*(s) = [L_{\theta}\phi_B(s)] \cdot \frac{1}{s} = \frac{L_{\theta}M_{\delta_e}(s + Z_{\alpha}^*)}{s[s^2 + (C_{1d} + L_{\dot{\theta}}M_{\delta_e})s + (C_{2d} + L_{\dot{\theta}}M_{\delta_e}Z_{\alpha}^*)]} \tag{5-89}$$

为了分析当 L_{θ} 和 $L_{\dot{\theta}}$ 同时变化时系统的根轨迹情况，需要将开环传递函数(5-89)进行等效变换。

闭环系统的特征方程 $1 + G_K^*(s) = 0$，即

$$1 + \frac{L_{\theta}M_{\delta_e}(s + Z_{\alpha}^*)}{s[s^2 + (C_{1d} + L_{\dot{\theta}}M_{\delta_e})s + (C_{2d} + L_{\dot{\theta}}M_{\delta_e}Z_{\alpha}^*)]} = 0 \tag{5-90}$$

展开后，有特征方程

$$s^3 + (C_{1d} + L_{\dot{\theta}}M_{\delta_e})s^2 + (C_{2d} + L_{\dot{\theta}}M_{\delta_e}Z_{\alpha}^* + L_{\theta}M_{\delta_e})s + L_{\theta}M_{\delta_e}Z_{\alpha}^* = 0 \tag{5-91}$$

具有此形式特征方程的开环传递函数还有

$$G_{EK}(s)=\frac{L_{\dot\theta}M_{\delta_e}[s^2+(Z_\alpha^*+A)s+AZ_\alpha^*]}{s(s^2+C_{1d}s+C_{2d})} \tag{5-92}$$

式中，$A=L_\theta/L_{\dot\theta}$。

开环传递函数(5-92)所对应的闭环系统的特征方程 $1+G_{EK}(s)=0$，即

$$s^3+(C_{1d}+L_{\dot\theta}M_{\delta_e})s^2+(C_{2d}+L_{\dot\theta}M_{\delta_e}Z_\alpha^*+AL_{\dot\theta}M_{\delta_e})s+AL_{\dot\theta}M_{\delta_e}Z_\alpha^*=0 \tag{5-93}$$

将 $A=L_\theta/L_{\dot\theta}$ 代入等效开环传递函数(5-92)所对应的特征方程(5-93)后，其形式与特征方程(5-91)完全相同，故称 $G_{EK}(s)$ 为原开环传递函数(5-89)的等效开环传递函数。所以，可以通过分析 A 值来研究原开环传递函数所对应的闭环系统的特征方程的根轨迹的情况。

依据一元三次方程 $ax^3+bx^2+cx+d=0(a\neq 0)$ 的根 $x_i(i=1,2,3)$ 与系数之间的关系，可以得出结论：

① 在特征方程(5-93)的根中，当 $L_{\dot\theta}=0$ 时，必有 $s_1=0$ 的根。

② 因为 $L_\theta>0, L_{\dot\theta}>0$，$A=\dfrac{L_\theta}{L_{\dot\theta}}>0, M_{\delta_e}<0, Z_\alpha^*>0$，所以 $d=AL_{\dot\theta}M_{\delta_e}Z_\alpha^*<0$，即特征方程(5-93)的根满足关系式 $s_1s_2s_3=-\dfrac{d}{a}>0$，故至少有一正根。因此，该系统是不稳定的。如果在阻尼回路的前向通道上加入常值增益环节 -1（图5-28），则其等效传递函数变为

$$G_{EK}(s)=\frac{-L_{\dot\theta}M_{\delta_e}[s^2+(Z_\alpha^*+A)s+AZ_\alpha^*]}{s(s^2+C_{1d}s+C_{2d})}=\frac{-L_{\dot\theta}M_{\delta_e}(s+Z_\alpha^*)(s+A)}{s(s^2+C_{1d}s+C_{2d})} \tag{5-94}$$

特征方程变为

$$s^3+(C_{1d}-L_{\dot\theta}M_{\delta_e})s^2+(C_{2d}-L_{\dot\theta}M_{\delta_e}Z_\alpha^*-AL_{\dot\theta}M_{\delta_e})s-AL_{\dot\theta}M_{\delta_e}Z_\alpha^*=0 \tag{5-95}$$

由于 $s_1s_2s_3=-AL_{\dot\theta}M_{\delta_e}Z_\alpha<0$，就有可能满足系统稳定性条件 $s_1<0$，$s_2<0$ 和 $s_3<0$，而使系统变成稳定的。

在 $A=L_\theta/L_{\dot\theta}$ 取定值的情况下，根据阻尼回路的反馈增益 $L_{\dot\theta}$ 的变化而画出的典型根轨迹如图5-31所示。

由图5-31可见，在 $A=L_\theta/L_{\dot\theta}$ 取值使系统有复数零点的情况下，随着反馈增益 $L_{\dot\theta}$ 的增大，系统的振荡加剧，阻尼特性变差。而在 $A=L_\theta/L_{\dot\theta}$ 取值使系统有实零点的情况下，随着 $L_{\dot\theta}$ 的增大，系统的振荡减弱，阻尼特性变好。因此，对于飞行器-自动驾驶仪系统(5-89)而言，俯仰角速率 $\Delta\dot\theta$ 信号对系统振荡运动的影响，在很大程度上取决于 $A=L_\theta/L_{\dot\theta}$ 的取值，换句话说，只有在一定范围内增大反馈增益 $L_{\dot\theta}$ 的值，才能使飞行器-自动驾驶仪系统的阻尼特性得到改善，这是由舵回路的惯性造成的。下面以某型无人机的自动驾驶仪系统为例，分析舵回路惯性对系统阻尼特性的影响。

(5) 舵回路的惯性分析

图5-32给出了某型无人机自动驾驶仪系统的原理图，该系统是典型的具有俯仰角速率

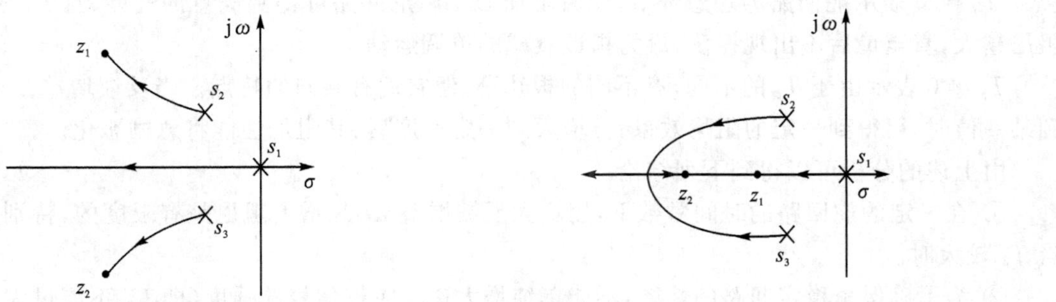

(a) 当 $A=\frac{L_\theta}{L_{\dot{\theta}}}$ 取值使系统有复数零点情况　　(b) 当 $A=\frac{L_\theta}{L_{\dot{\theta}}}$ 取值使系统有实零点情况(如式(5-94)情况)

图 5-31　随 $L_{\dot{\theta}}$ 变化的根轨迹

反馈的角位移控制系统。

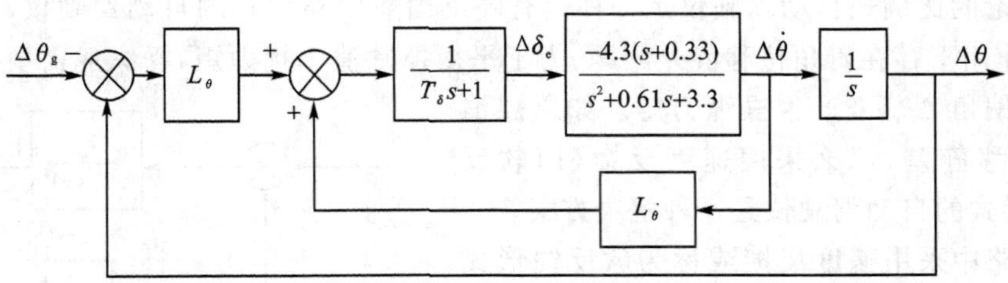

图 5-32　某型无人机的具有俯仰角速率反馈的角位移控制系统原理图

下面利用根轨迹方法来分析舵回路惯性对此角位移控制系统阻尼特性的影响。作出舵回路具有三种不同时间常数（$T_\delta=0, T_\delta=0.1$ s 和 $T_\delta=0.25$ s）情况下的阻尼回路的根轨迹如图 5-33 所示。

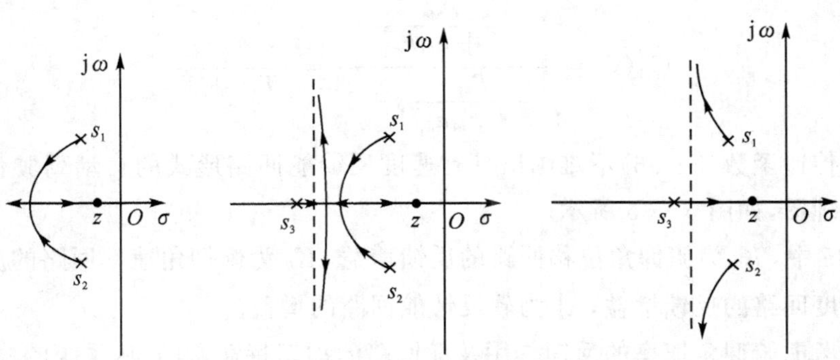

(a) $T_\delta=0$　　(b) $T_\delta=0.1$ s　　(c) $T_\delta=0.25$ s

图 5-33　舵回路具有不同时间常数时阻尼回路的根轨迹图

$T_\delta = 0$ 表示舵回路为理想环节,此时增加 $L_{\dot{\theta}}$,阻尼回路可得到满意的性能,且 $L_{\dot{\theta}}$ 越大,阻尼越大,直至最后不出现振荡,成为指数衰减的单调运动。

$T_\delta \neq 0$ 表示由于 T_δ 的不同,有不同的根轨迹,但它们有共同的特点。当反馈增益 $L_{\dot{\theta}}$ 增大到某一值时,可得到一定的阻尼效果;再增大到一定程度后,其阻尼性能将急剧恶化。

由上述的分析可以得到下列结论:

① 在一定的舵回路的时间常数下,用增大反馈增益 $L_{\dot{\theta}}$ 来增大阻尼是有限度的,特别是在当 T_δ 较大时。

② 为了确保角稳定回路的性能,不能单纯增大速率陀螺信号的强度(即 $L_{\dot{\theta}}$ 不能过大),而必须同时减小舵回路的惯性,使舵回路具有足够宽的通频带。

③ 一般舵回路的时间常数 T_δ 限制在0.03~0.1 s内,即舵回路的频带一般比飞行器的频带宽3~5倍。

2. 积分式自动驾驶仪

上面讨论的比例式自动驾驶仪是一种具有硬反馈舵回路形式的自动驾驶仪,在常值干扰力矩 M_f 的作用下存在着角位移静差问题,为了平衡掉常值干扰力矩,操纵舵需要相应地偏转一个恒定的偏角 $\Delta\delta_e$ 来产生操纵力矩。如果想消除这种角位移静差,那么采用速度反馈(即软反馈)舵回路形式的自动驾驶仪是一种解决方案。

在舵回路中采用速度反馈或称为软反馈形式的信号后,就组成了所谓的积分式自动驾驶仪。软反馈式舵回路的系统原理图如图5-34所示。

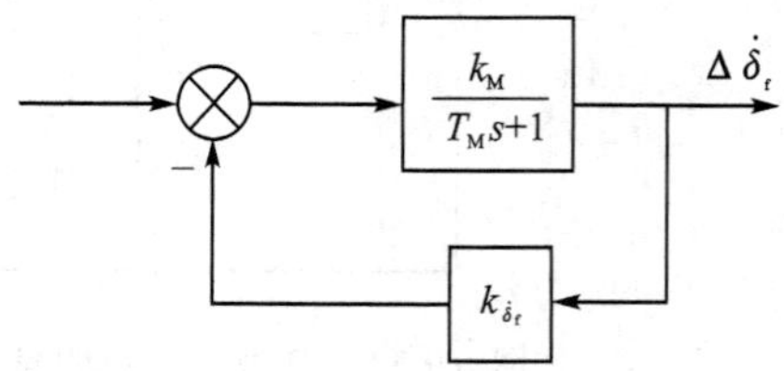

图5-34 软反馈式舵回路系统原理图

由图5-34可以得到具有速度反馈式舵回路的闭环传递函数为

$$G_B(s) = \frac{\dfrac{k_M}{1 + k_M k_{\dot{\delta}_f}}}{\dfrac{T_M}{1 + k_M k_{\dot{\delta}_f}} s + 1} = \frac{k_{\dot{\delta}}}{T_{\dot{\delta}} s + 1} \tag{5-96}$$

利用闭环传递函数(5-96)不难画出具有速度反馈舵回路形式的自动驾驶仪即积分式自动驾驶仪的原理图,如图5-35所示。

在图5-35中,K_θ 为俯仰角位移回路的反馈增益,$K_{\dot{\theta}}$ 为俯仰角速率回路的反馈增益,$K_{\ddot{\theta}}$ 为俯仰角加速度回路的反馈增益,$k_{\dot{\delta}}$ 为软反馈舵回路的增益。

如果暂不考虑俯仰角速率的反馈作用及舵回路的动态特性,首先从系统的稳态情况讨论,即系统工作在稳定状态,则有

$$\Delta\dot{\delta}_e = \frac{K_\theta k_{\dot{\delta}}}{i}(\Delta\theta_g - \Delta\theta) \tag{5-97}$$

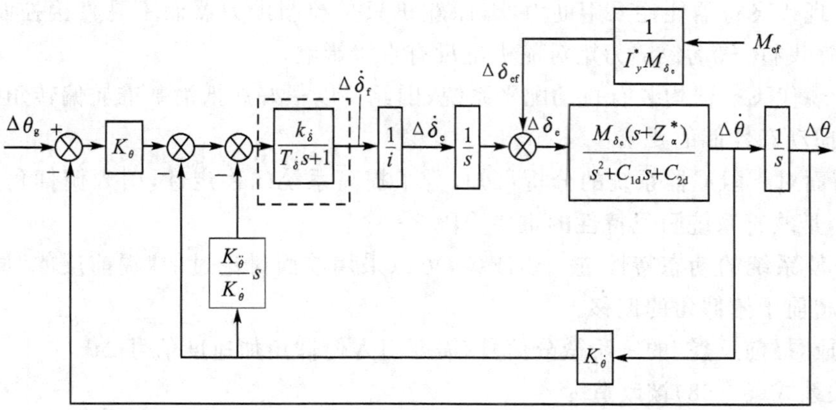

图 5-35　舵回路采用速度反馈的自动驾驶仪原理图

当指令输入 $\Delta\theta_g = 0$ 时，式(5-97)可写为

$$\Delta\dot{\delta}_e = L_\theta \Delta\theta \tag{5-98}$$

式中，$L_\theta = -\dfrac{K_\theta k_\delta}{i} > 0$ 是单位俯仰角偏离角度所产生的升降舵偏转角速率。

由关系式(5-98)可以看出，升降舵偏转角速率与俯仰角偏差成正比。将关系式(5-98)两边积分，得

$$\int_0^t \Delta\dot{\delta}_e(\tau)\mathrm{d}\tau = L_\theta \int_0^t \Delta\theta(\tau)\mathrm{d}\tau \tag{5-99}$$

则有

$$\Delta\delta_e(t) - \Delta\delta_e(0) = L_\theta \int_0^t \Delta\theta(\tau)\mathrm{d}\tau \tag{5-100}$$

令 $\Delta\delta_e(0) = 0$，则得到稳态情况下的控制律为

$$\Delta\delta_e(t) = L_\theta \int_0^t \Delta\theta(\tau)\mathrm{d}\tau \tag{5-101}$$

式(5-101)表明，升降舵偏转角与俯仰角偏差的积分成正比。也就是说，当系统进入稳态后，是依据俯仰角偏差 $\Delta\theta$ 来产生升降舵偏转角的，从而消除俯仰角的静差。

由于舵回路采用了速度反馈而形成了积分形式的控制律(5-101)，所以也称其为速度反馈式自动驾驶仪。

值得指出的是，由于飞行器在飞行过程中，舵机的负载是由舵偏转角产生的气动铰链力矩，而气动铰链力矩对舵机的影响相当于加上了硬反馈的作用，所以采用速度反馈而引出的上述积分关系似乎是不存在的。但基于以下几个原因，实际上这种积分关系是存在的：

① 当以亚声速飞行时，气动铰链力矩的硬反馈作用与舵机本身的软反馈作用相比是很弱的；

② 因为现代飞行器往往采用助力器，而舵机只是控制助力器而不是直接控制舵面，所以即使是超声速飞行，气动铰链力矩对舵机也没有直接影响；

③ 由于现代飞行器均装有自动配平系统，因此可以很好地抵消基准舵偏转角的影响。

现在考虑动态性能的要求：

① 由前面对于阻尼器系统的分析可知，为了提高系统的稳定性，引入俯仰角速率的信号构成负反馈，是改善系统阻尼特性的重要手段之一；

② 为了使系统的动态特性进一步改善，可以采用前面讨论过的“提前反舵”原理，使舵面的偏转相位超前于俯仰角的偏移。

为了形成“提前反舵”的一阶微分信号，需要引入俯仰角加速度信号 $\Delta\ddot{\theta}$。

这样，关系式(5-98)被改造为

$$\Delta\dot{\delta}_e = L_\theta\Delta\theta + L_{\dot{\theta}}\Delta\dot{\theta} + L_{\ddot{\theta}}\Delta\ddot{\theta} \tag{5-102}$$

等式两边积分，且令 $\Delta\theta_0 = \Delta\dot{\theta}_0 = \Delta\ddot{\theta}_0 = \Delta\delta_e(0) = 0$，则系统工作在控制状态的控制律为

$$\Delta\delta_e = L_\theta\int(\Delta\theta - \Delta\theta_g)\mathrm{d}t + L_{\dot{\theta}}\Delta\theta + L_{\ddot{\theta}}\Delta\dot{\theta} \tag{5-103}$$

式中，L_θ，$L_{\dot{\theta}}$，$L_{\ddot{\theta}}$ 分别为单位俯仰角产生的升降舵偏转角速率、单位俯仰角速率产生的升降舵偏转角速率和单位俯仰角加速度产生的升降舵偏转角速率。

可见，控制律(5-103)属于PID控制律的形式，利用该控制律可以画出具有速度反馈式舵回路的原理图，如图5-36所示。

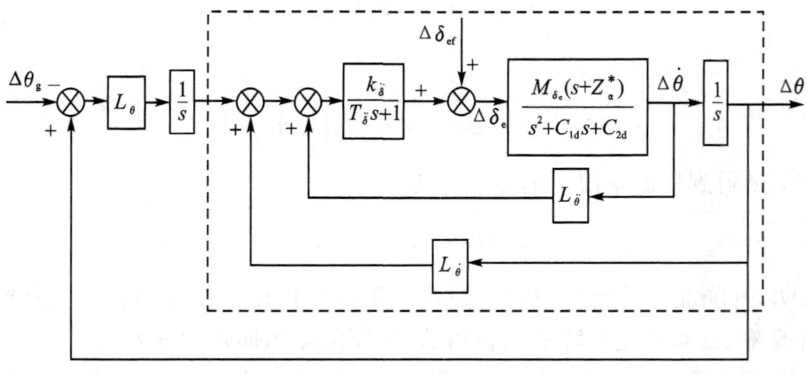

图5-36 舵回路采用速度反馈的角位移控制系统等效原理图

由图5-36可见，积分式自动驾驶仪存在两个方面的缺陷：

① 由于飞行器传递函数中的积分环节，已被速率陀螺构成的反馈回路（$L_{\dot{\theta}}$）所包围（图5-36中虚线框），因此不再对控制信号起积分作用。当控制信号 $\Delta\theta_g$ 为斜坡信号时，积分式自动驾驶仪将仍然存在控制静差。

② 积分式自动驾驶仪虽然能消除常值干扰力矩所导致的静差，但是其结构较复杂，并且

需要俯仰角加速度的信号。因为用无源网络来获得较好质量的二次微分信号通常是困难的，且常常因线路复杂而引发噪声，使系统出现小抖动。为了保证飞行控制系统的品质，可考虑采用角加速度陀螺传感器。

3. 比例加积分式自动驾驶仪

比例加积分式自动驾驶仪又称为均衡反馈式自动驾驶仪，其原理图如图 5－37 所示。为了解决积分式自动驾驶仪存在的问题，近年来已广泛采用比例加积分式自动驾驶仪，尤其在像自动着陆等控制精度要求较高的飞行阶段应用得较多。

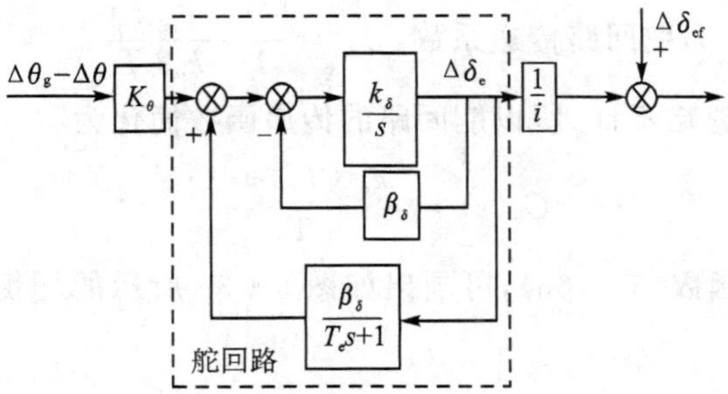

图 5－37　采用均衡反馈式舵回路的原理图

将原理图 5－37 做等效变换后，得如图 5－38 所示的等效原理图。

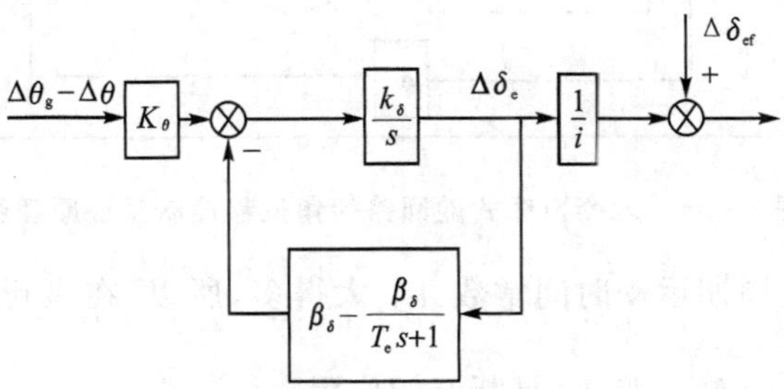

图 5－38　采用均衡反馈式舵回路的等效原理图

所谓的“均衡反馈式”就是在舵机硬反馈 β_δ 的基础上，再加上一个时间常数 T_e 很大的非周期环节 $\dfrac{\beta_\delta}{T_e s+1}$ 的正反馈，其中 T_e 为几秒直至十几秒，在姿态的控制和稳定过程中，因为舵回路的动态过程时间很短（仅零点几秒），所以相对于舵回路的时间常数 T_δ 而言，T_e 的作用类似于一个开关，即只在稳态时接通，最终将使正反馈量与硬反馈所得的负反馈量相抵消。这样，舵回路的传递函数变为 $\dfrac{k_\delta}{s}$，相当于增加一个积分环节，从而可以消除系统的静差。

(1) 控制律

由图 5－38 可方便地得到舵回路的传递函数为

$$G_\delta(s)=\frac{\dfrac{k_\delta}{s}}{1+\dfrac{\beta_\delta T_e\cdot s}{T_e s+1}\cdot\dfrac{k_\delta}{s}} \tag{5-104}$$

进一步化简后,得

$$G_\delta(s)=\frac{\dfrac{k_\delta T_e}{1+k_\delta\beta_\delta T_e}(T_e s+1)}{T_e\left(\dfrac{T_e}{1+k_\delta\beta_\delta T_e}s+1\right)s}=\frac{k_{\delta_e}(T_e s+1)}{T_e(T_p s+1)s} \tag{5-105}$$

式中,$k_{\delta_e}=\dfrac{k_\delta T_e}{1+k_\delta\beta_\delta T_e}$ 为舵回路传递系数,$T_p=\dfrac{T_e}{1+k_\delta\beta_\delta T_e}$。

由于 T_p 值很小,可忽略不计,所以舵回路的传递函数简化为

$$G_\delta(s)=\frac{k_{\delta_e}(T_e s+1)}{T_e s} \tag{5-106}$$

依据舵回路的传递函数(5-106),可画出如图5-39所示的均衡反馈式舵回路的角位移控制系统原理图。

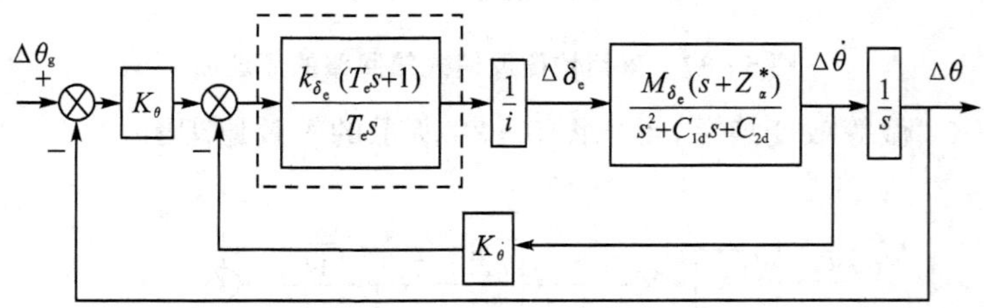

图5-39　均衡反馈式舵回路的角位移控制系统原理图

由于 T_e 比飞行器短周期运动时间常数 T_{sp} 大得多,所以,在飞行器短周期运动工作频段内可认为 $\dfrac{k_{\delta_e}(T_e s+1)}{T_e s}\approx k_{\delta_e}$,即 T_e 是断开的作用。

将均衡反馈式舵回路的角位移控制系统原理图5-39做等效变换,可以得到该角位移控制系统原理图的等效图,如图5-40所示。

由图5-40可见,均衡反馈式自动驾驶仪实际上相当于具有比例加积分式控制律的自动驾驶仪,正因积分常数 $1/T_e$ 很小,所以只有当系统进入稳态后才会发挥其明显的积分作用,这正是均衡反馈式自动驾驶仪的特点所在。

由图5-40可以得到这种比例加积分式自动驾驶仪的控制律为

$$\Delta\delta_e=\frac{L_\theta}{T_e}\int(\Delta\theta-\Delta\theta_g)\mathrm{d}t+L_\theta(\Delta\theta-\Delta\theta_g)+L_{\dot{\theta}}\Delta\dot{\theta} \tag{5-107}$$

从自动驾驶仪的控制律形式上看,控制律(5-107)与积分式自动驾驶仪的控制律(5-102)基

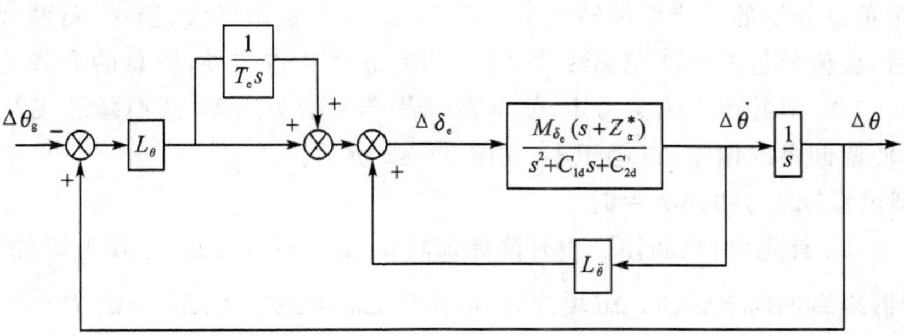

图 5-40　均衡反馈式舵回路的角位移控制系统的等效原理图

本相同,但是在驾驶仪具体实现的要求上却有较大差别。因为在这种比例加积分式自动驾驶仪的设计中,要想实现舵回路的均衡反馈,关键在于如何得到时间常数 T_e 很大的非周期环节 $\frac{\beta_\delta}{T_e s+1}$。通常可通过电子线路或采用带硬反馈的慢速随动系统来实现,而设计积分式自动驾驶仪的关键环节却是如何获得高质量的俯仰角加速度信号。

(2) 带有延迟速度反馈舵回路的角位移控制系统

除了采用均衡式舵回路外,还可采用带有延迟速度负反馈舵回路的自动驾驶仪,以消除常值干扰力矩和阶跃指令输入时的静差。

5.4.2　纵向姿态的稳定与控制

1. 比例式自动驾驶仪修正初始俯仰角偏差

下面以自动驾驶仪控制律 $\Delta\delta_e = L_\theta(\Delta\theta - \Delta\theta_g) + L_{\dot{\theta}}\Delta\dot{\theta}$ 为例,来分析自动驾驶仪的工作过程以及与迎角 α 的关系,如图 5-41 所示。

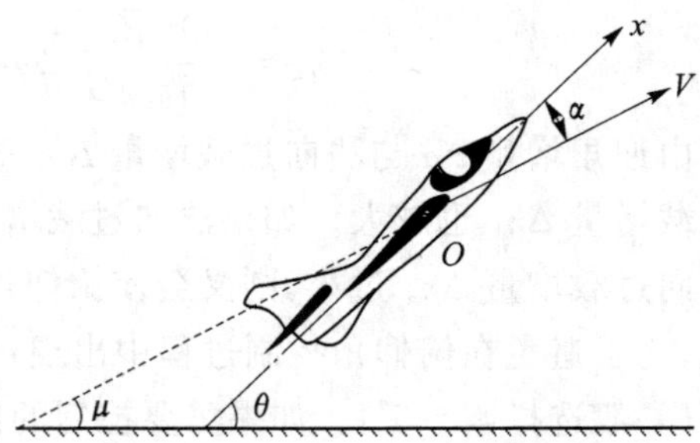

图 5-41　飞行器纵向运动姿态图示

(1) 稳定过程($\Delta\theta_g=0, \Delta\alpha_0=0$)

假设飞行器受扰后出现俯仰角偏差 $\Delta\theta_0 > 0$,由于控制律增益 $L_\theta > 0$,则由控制律可知升降舵偏转角 $\Delta\delta_e = L_\theta\Delta\theta_0 > 0$,即升降舵下偏,将产生低头力矩,飞行器绕横轴向下转动,使得 $\Delta\theta_0$ 减小,同时会出现俯仰角速度 $\Delta q = \dot{\theta} < 0$,并且其值也会随着俯仰角 $\Delta\theta(t)$ 的逐渐减小而负向增大。

由于刚打破平衡后,在低头力矩的作用下,飞行器的纵轴总是先于空速向量发生转动,因而产生迎角 $\Delta\alpha < 0$。由于迎角负向增大,使得空速向量向下偏转加快,从而又减缓迎角负向增加的速度,当迎角达到最大值 $\Delta\alpha_m$,且飞行器的纵轴与空速向量转动的速度相同时,负迎角不

再增加。由于负值分量的升降舵偏转角 $\Delta\delta_e = L_{\dot{\theta}}\Delta q < 0$ 逐渐增大，当正、负两部分的升降舵偏转角抵消后，负值分量的升降舵偏转角 $\Delta\delta_e = L_{\dot{\theta}}\Delta q < 0$ 占主导，则总的升降舵偏转角逐渐变为负值 $\Delta\delta_e < 0$，由此产生抬头力矩，使得飞行器产生抬头运动，从而减缓飞行器纵轴的转动速度，最后使俯仰角的偏差 $\Delta\theta$ 趋于零，如图 5-42 所示。

(2) 控制过程($\Delta\theta_g \neq 0, \Delta\alpha_0 = 0$)

假设 $\Delta\theta_g > 0$。首先，由控制律产生升降舵偏转角 $\Delta\delta_e = -L_\theta\Delta\theta_g < 0$，升降舵上偏，产生抬头力矩，飞行器绕纵轴向上转动，$\Delta\theta$ 增加，同时出现 $\Delta q = \Delta\dot{\theta} > 0, \Delta\alpha > 0$，产生正值分量的升降舵偏转角 $\Delta\delta_e = L_{\dot{\theta}}\Delta q > 0$，其余过程与稳定过程类似，如图 5-43 所示。

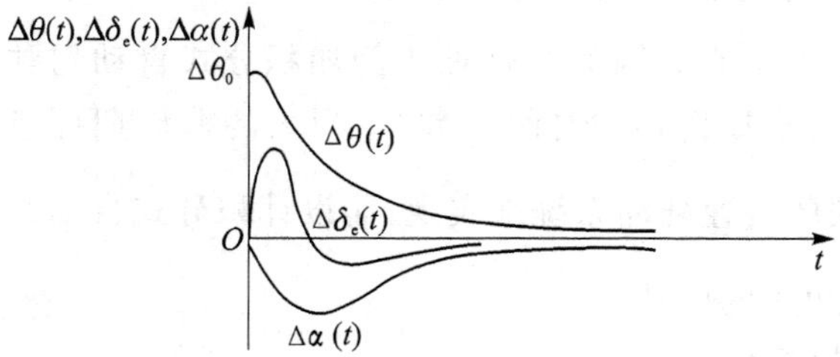

图 5-42 修正初始俯仰角偏差 $\Delta\theta_0$ 的过程

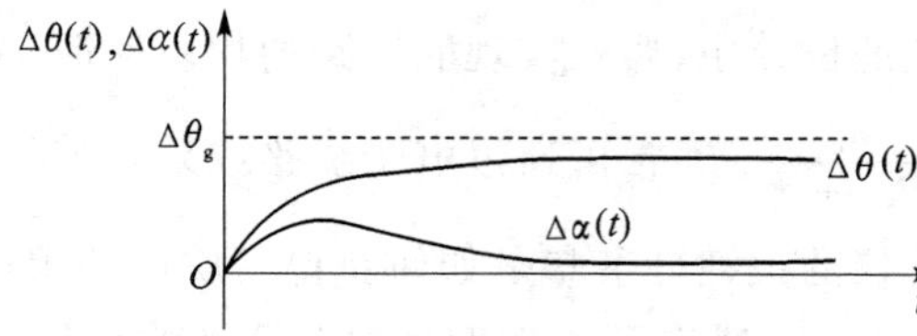

图 5-43 比例式驾驶仪对俯仰角控制的过程

由上述分析可见：

① 俯仰角控制过程的快慢与最大迎角增量 $\Delta\alpha_m$ 有关(即与法向过载增量 Δn_z 有关)，在 $\Delta\theta_g$ 值一定时，$\Delta\alpha_m$ 值越大，$\Delta\theta(t)$ 的变化过程越快。

② 迎角增量 $\Delta\alpha$ 与法向过载增量 Δn_z 的关系为

$$\Delta n_z = \frac{QS_w C_{L_\alpha}}{57.3G}\Delta\alpha \approx \frac{VZ_\alpha^*}{57.3g}\Delta\alpha = -\frac{Z_\alpha}{57.3g}\Delta\alpha \tag{5-108}$$

由迎角增量 $\Delta\alpha$ 与法向过载增量 Δn_z 的关系式(5-108)可见，最大迎角增量 $\Delta\alpha_m$ 越大，法向过载增量 Δn_z 也越大。如果法向过载增量 Δn_z 过大，会使机上乘员感到很不舒适；但是，如果法向过载增量 Δn_z 过小，则又会使俯仰角控制的过渡过程太长，而一般不希望此过程太长。因此，为了避免在俯仰角控制过程中出现过大的 $\Delta\alpha_m$，此种控制律的俯仰角控制指令 $\Delta\theta_g$ 不能太大(一般选择 4°～5°)。如果需要控制的俯仰角较大，则应当对此控制律进行修改，以适应大俯仰角度的控制律。例如，某型运输机的大俯仰角度的控制律为

$$\Delta\delta_e = L_\theta(\Delta\theta - \Delta\theta_g t) + L_{\dot{\theta}}(\Delta\dot{\theta} - \Delta\dot{\theta}_g)$$

可见在此控制律中，俯仰角控制指令 $\Delta\theta_g$ 是随时间逐渐加入的，这样可避免在俯仰角控制过程中出现过大的 $\Delta\alpha_m$ 和法向过载增量 Δn_z。

2. 初始迎角 $\Delta\alpha_0 \neq 0$ 情况下的纵向运动

仍然采用控制律 $\Delta\delta_e = L_\theta(\Delta\theta - \Delta\theta_g) + L_{\dot{\theta}}\Delta\dot{\theta}$。假定初始迎角 $\Delta\alpha_0 > 0$ 且 $\Delta\theta_0 = 0, \Delta\delta_{e0} = 0$，

则纵向静稳定力矩使飞行器向迎角减小的方向转动下俯，同时由于 $\Delta\alpha_0 > 0$ 使得空速向上转动，这使得迎角急剧减小，同时出现 $\Delta\theta < 0$ 和 $\Delta q = \Delta\dot{\theta} < 0$。由控制律知，驾驶仪使升降舵上偏，产生抬头力矩，阻止飞行器的下俯运动，抬头力矩随下俯角的增大而增大，而低头力矩随迎角的减小而减弱，当两力矩平衡后，俯仰角速度不再负向增加，此后抬头力矩大于低头力矩，俯仰角速度由负变正，逐渐使升降舵、俯仰角和迎角回零，如图 5-44 所示。

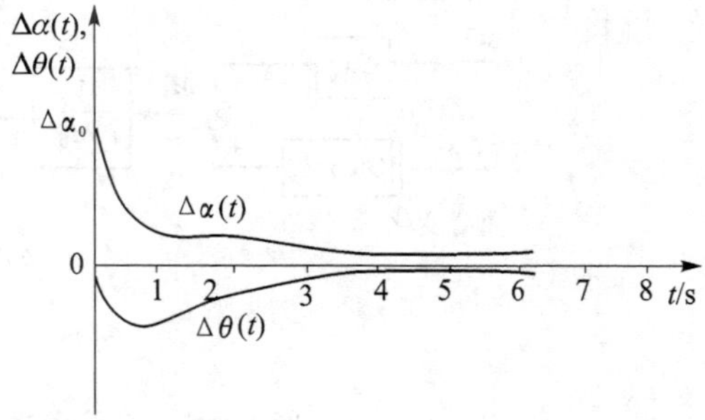

图 5-44 修正初始迎角 $\Delta\alpha_0 > 0$ 的过程

3. 常值干扰力矩作用下的动态过程与稳态误差估算

飞行器自动驾驶仪系统经常受到来自其本身的干扰，如，投掷炸弹和副油箱、收放起落架等，从而引起因重力或重心位置变化而产生的干扰力矩，破坏了飞行器的纵向力矩平衡。因此，分析和估算干扰力矩对系统造成的误差，以便采取措施加以补偿是非常必要的。

(1) 飞行器在常值干扰力矩作用下的稳定过程

设具有硬反馈舵回路的比例式驾驶仪的控制律为

$$\Delta\delta_e = L_\theta \Delta\theta + L_{\dot{\theta}} \Delta\dot{\theta} \tag{5-109}$$

假设做水平直线飞行的飞行器突然受到常值干扰力矩 $+M_f$ 的作用而抬头，出现 $+\Delta\theta$，驾驶仪使升降舵下偏 $\Delta\delta_e > 0$，产生舵面恢复力矩 $M_H = M(\Delta\delta_e) < 0$，稳态后建立了新的力矩平衡 $M_f + M_H = 0$，$M_H = M_{\delta_e}^{\alpha} \Delta\delta_{es}$。由控制律可知 $\Delta\delta_{es} = L_\theta \Delta\theta_s$，于是存在的静差可估算为

$$\Delta\theta_s = -\frac{M_f}{M_{\delta_e}^{\alpha} L_\theta} \tag{5-110}$$

式中，$M_{\delta_e}^{\alpha} = I_y^* M_{\delta_e} = QS_w c_A C_{m_{\delta_e}}$。

相同的结论已在比例式自动驾驶仪的静差问题中讨论过。

因为 $\Delta\theta_s = \Delta\alpha_s + \Delta\mu_s$，所以当 $\Delta\alpha_s = 0$ 时，$\Delta\theta_s = \Delta\mu_s$。俯仰角静差 $\Delta\theta_s$ 的出现，引起速度向量上偏，从而产生航迹倾斜角的静差 $\Delta\mu_s$，使原高度不能得到保持，这是比例式驾驶仪的固有缺陷。

(2) 系统原理图和稳态误差计算

系统原理图如图 5-45 所示。

稳态时 $\Delta\delta_{ef} + \Delta\delta_{es} = 0$ 成立，其中，$\Delta\delta_{ef}$ 为常值干扰力矩引起的升降舵偏转角，$\Delta\delta_{es} = L_\theta \Delta\theta_s$。将 $\Delta\delta_{ef} + \Delta\delta_{es} = 0$ 与 $\Delta\delta_{ef} = \dfrac{M_f}{I_y^* M_{\delta_e}}$ 联立可解出俯仰角静差公式

$$\Delta\theta_s = -\frac{M_f}{I_y^* M_{\delta_e} L_\theta} \tag{5-111}$$

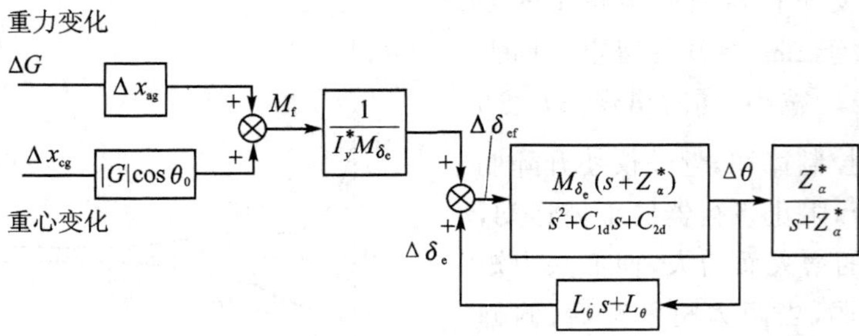

图 5-45 常值干扰力矩作用下的系统原理图

因为在稳态的俯仰角、航迹倾斜角和迎角之间存在着关系 $\Delta\theta_s = \Delta\alpha_s + \Delta\mu_s$，所以当稳态的迎角 $\Delta\alpha_s = 0$ 时，稳态的俯仰角和航迹倾斜角是相等的，即 $\Delta\theta_s = \Delta\mu_s$。这就说明，比例式自动驾驶仪在常值干扰力矩作用下会存在俯仰角静差，同时会导致飞行航迹发生变化。

1）重力变化引起的稳态误差

假设飞机投掷炸弹(或者飞航导弹抛掉助推器)后，重力减小 ΔG，而重心不变，则升力将大于重力，使得空速向量向上转动，出现航迹倾斜角增量 $+\Delta\mu$，飞行轨迹向上弯曲。在升力与重力的平衡被打破的初始时刻，俯仰角 θ 还没有改变，因为俯仰角和航迹倾斜角与迎角之间存在关系式 $\theta = \alpha + \mu$，在航迹倾斜角出现增量 $+\Delta\mu$ 后，迎角将会减小，从而使得升力减小而与重力重新建立平衡。

现在再来分析因重力减小而引起的俯仰力矩方面的平衡关系。由于迎角减小，所以纵向静稳定力矩将减小 $M_\alpha^\alpha\Delta\alpha$，这样由升降舵产生的正操纵力矩大于负的稳定力矩，飞行器会上仰 $+\Delta\theta_s$，在自动驾驶仪感受到 $+\Delta\theta_s$ 后，会驱动升降舵面下偏 $\Delta\delta_{es} = L_\theta\Delta\theta_s > 0$，使得俯仰力矩重新建立平衡。

由上述分析可见，当重力减小 ΔG，而重心不变时，空速向量将上偏 $\Delta\mu_s$，机(弹)体纵轴上仰 $\Delta\theta_s$，升降舵面下偏 $\Delta\delta_{es}$。

由于重力减小 ΔG，而重心不变，就相当于产生一个正的常值干扰力矩 $+M_f$，为了平衡此干扰力矩，升降舵面下偏 $\Delta\delta_{es}$ 产生操纵力矩 M_c。建立新的平衡后，$M_f + M_c = 0$。又因为 $M_c = M_{\delta_e}^\alpha\Delta\delta_{es}$，将 $\Delta\delta_{es} = L_\theta\Delta\theta_s$ 代入其中，得

$$\Delta\theta_s = -\frac{M_f}{M_{\delta_e}^\alpha L_\theta} \tag{5-112}$$

再将 $M_{\delta_e}^\alpha = I_y^* M_{\delta_e}$ 代入式(5-112)，则有

$$\Delta\theta_s = -\frac{M_f}{I_y^* M_{\delta_e} L_\theta} \tag{5-113}$$

可见，式(5-113)与俯仰角静差公式(5-111)完全相同。

当重力变化 ΔG，而重心不变时，所产生的常值干扰力矩 M_f 可以表示为

$$M_f = \Delta G \cdot \Delta x_{ag} \tag{5-114}$$

式中，规定当重力减小时，重力的变化量为正（$\Delta G > 0$）；反之为负。$\Delta x_{ag} = x_{ac} - x_{cg}$ 为气动焦点到重心的距离。

利用下列纵向静稳定性导数 C_{m_α} 与纵向静稳定度 S_m 之间的关系式(1-70)和纵向静稳定度公式

$$C_{m_\alpha} = -C_{L_\alpha} S_m \quad 和 \quad S_m = (x_{ac} - x_{cg})/c_A = \bar{x}_{ac} - \bar{x}_{cg}$$

可以得到气动焦点到重心的距离

$$\Delta x_{ag} = -\frac{C_{m_\alpha} c_A}{C_{L_\alpha}} \tag{5-115}$$

同样的结论也可以从另外的角度推出。正如上面讨论过的那样，重力减小 ΔG 将引起迎角增量 $\Delta\alpha < 0$，由 $\Delta\alpha$ 产生的纵向静稳定力矩增量 $M_\alpha^\alpha \Delta\alpha = QS_w c_A C_{m_\alpha} \Delta\alpha$ 与由 $\Delta\alpha$ 引起的升力变化所产生的俯仰力矩增量 $-\Delta L \Delta x_{ag} = -QS_w C_{L_\alpha} \Delta\alpha \Delta x_{ag}$ 相等，即 $M_\alpha^\alpha \Delta\alpha = -\Delta L \Delta x_{ag}$ 或者 $QS_w c_A C_{m_\alpha} \Delta\alpha = -QS_w C_{L_\alpha} \Delta\alpha \Delta x_{ag}$，由此也可以推出关系式(5-115)。

将关系式(5-115)代入式(5-114)和俯仰角静差公式(5-113)后，可以得到当重力变化 ΔG 而重心不变时的俯仰角静差公式

$$\Delta\theta_s = \frac{C_{m_\alpha} c_A}{I_y^* M_{\delta_e} C_{L_\alpha} L_\theta} \cdot \Delta G \tag{5-116}$$

在通常情况下，对于纵向静稳定飞行器而言，纵向静稳定性导数为负值，即 $C_{m_\alpha} < 0$，平均几何弦长和量纲一的迎角升力系数均为正值，即 c_A 和 C_{L_α} 大于零。这样，根据俯仰角静差公式(5-116)可以得到这样的结论：对于比例式自动驾驶仪而言，因重力变化而引起的俯仰角稳态误差 $\Delta\theta_s$ 与重力变化量 ΔG 成正比，而与反馈增益 L_θ 成反比。

2）重心位置变化引起的稳态误差

假设飞机放下起落架（或者飞航导弹抛掉助推器）后，重心位置后移的距离为 $\Delta x_{cg} = \Delta\bar{x}_{cg} c_A$，这里 $\Delta\bar{x}_{cg}$ 为相对于原重心在平均几何弦上的量纲一的距离变化值，并规定重心后移为正，前移为负，c_A 为平均几何弦长。

由图 5-45 可求得正的干扰力矩为

$$M_f = |G| \cos\theta_0 \Delta\bar{x}_{cg} c_A \tag{5-117}$$

将式(5-117)代入静差公式(5-113)后，得到因重心位置变化而引起的俯仰角静差

$$\Delta\theta_s = -\frac{|G| \cos\theta_0 \Delta\bar{x}_{cg} c_A}{I_y^* M_{\delta_e} L_\theta} \tag{5-118}$$

又因为 $M_{\delta_e} = \dfrac{1}{I_y^*} \dfrac{\partial M_{wA}}{\partial \delta_e} = \dfrac{QS_w c_A}{I_y^*} C_{m_{\delta_e}}$，$|G| = L = QS_w C_L$，且在一般情况下 θ_0 较小，所以认为 $\cos\theta_0 \approx 1$。这样，静差公式(5-118)可简化为

$$\Delta\theta_s = -\frac{C_L \Delta\bar{x}_{cg}}{C_{m_{\delta_e}} L_\theta} \tag{5-119}$$

在静差公式(5-119)中,通常情况下,因为纵向气动导数 $C_{m_{\delta_e}}$ 为负值,而升力系数 C_L 为正值,所以,如果重心前移 $\Delta\bar{x}_{cg}<0$,则会产生负的俯仰角静差 $\Delta\theta_s<0$,飞行器将产生低头俯冲运动;反之,重心后移 $\Delta\bar{x}_{cg}>0$,则飞行器将产生抬头运动。由此可见,对于比例式自动驾驶仪而言,重心位置变化所引起的俯仰角稳态误差 $\Delta\theta_s$ 的绝对值与 $\Delta\bar{x}_{cg}$ 成正比,而与反馈增益 L_θ 成反比。

5.4.3 横侧向姿态的稳定与控制

飞行器横侧向姿态的稳定和控制就是要保证高精度的偏航角 ψ 和滚转角 ϕ 的稳定与控制,以实现令人满意的转弯飞行。

对于常规布局的飞行器而言,横侧向姿态的稳定与控制一般是通过方向舵和副翼操纵来实现的。根据飞行器的横侧向运动的特点,飞行器横侧向控制的基本方式有以下三种。

1. 通过方向舵实现水平转弯的侧向驾驶仪

此类水平转弯的侧向驾驶仪是由垂直陀螺仪来测量飞行器的滚转角,再将此信号加入副翼通道构成滚转稳定回路,使机(弹)翼保持水平;由航向陀螺仪测量飞行器纵轴相对于给定航向角 ψ_g 的偏离值,再将其加入方向舵通道构成航向稳定和控制回路,以保持给定航向角 ψ_g,如图5-46所示。其相应的控制律为

$$\left.\begin{aligned}\delta_a &= I_\phi\phi + I_{\dot\phi}\dot\phi\\ \delta_r &= K_\psi(\psi-\psi_g)+K_{\dot\psi}\dot\psi\end{aligned}\right\}\tag{5-120}$$

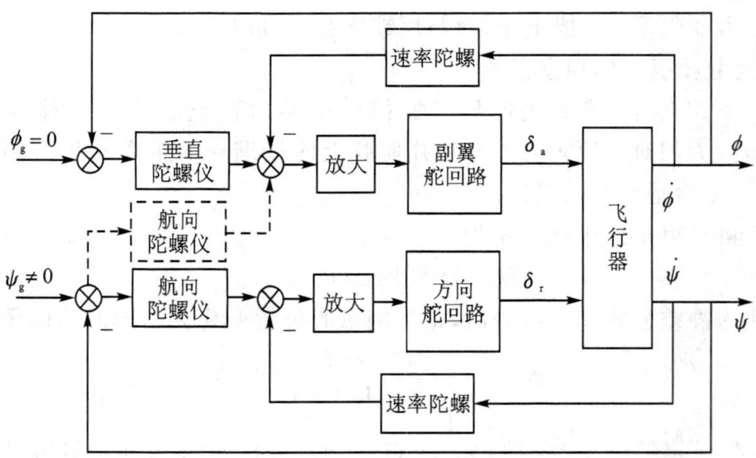

图5-46 水平转弯侧向自动驾驶仪原理图

由控制律(5-120)的结构可知,此种驾驶仪所涉及的两通道是各自独立的,这对于控制律的设计较方便;但此种水平转弯方式存在较大的侧滑角,空速与纵轴的协调性差,使乘员不舒

适,且转弯半径较大。因此,仅适合于修正较小的航向偏差。

2. 通过副翼修正航向而用方向舵削弱荷兰滚的方案

将上面自动驾驶仪副翼通道的航向控制律修改为

$$\delta_a = I_\phi \phi + I_{\dot\phi} \dot\phi + I_\psi(\psi - \psi_g) \tag{5-121}$$

如图 5-46 中虚线部分所示。

这样,假如飞行器纵轴偏离给定航向 ψ_g,使得 $\psi-\psi_g>0$,机(弹)头偏向给定航向的右侧,根据控制律 $\delta_a = I_\psi(\psi-\psi_g)>0$,驾驶仪将操纵副翼正向差动,飞行器向左滚转,出现滚转角 $\phi<0$,由此产生的升力的水平分量将使空速也向左转。因滚转角 $\phi<0$ 与 $\psi-\psi_g>0$ 反号,故随着滚转角 ϕ 逐渐增大,副翼的正向差动偏角 δ_a 将越来越小,当达到新的平衡时,副翼恢复到初始位置。

在上述动态过程中,当飞行器向左滚转,产生负的滚转角 $\phi<0$ 时,产生的升力的水平分量将使空速向量先于机(弹)体轴向左转动,从而出现负的侧滑角 $\beta<0$,由此产生的航向稳定力矩将使机(弹)体轴跟随空速向量转动。如果航向稳定性差,则会出现较大的侧滑角,这是不希望出现的。随着航向偏差逐渐减小,即 $\psi-\psi_g\to 0$,滚转角信号 $\phi<0$ 占据上风,副翼开始反向偏转,使得滚转角 ϕ 和偏航角偏差 $\psi-\psi_g$ 越来越小,最后恢复到零状态。

3. 等滚转角的侧向转弯控制

为了克服侧滑角的出现,必须研究侧向转弯过程中的协调控制问题。

(1) 协调转弯

空速向量与纵轴不能重合协调转动是产生侧滑角的根本原因,侧滑角使阻力增大,乘坐品质变差,不利于机动,因此,必须实现协调转弯(coordinated-turn)。

实现协调转弯应满足的条件是:

① 稳态的滚转角为常值;

② 稳态的偏航角速率为常值;

③ 稳态的升降速度为零;

④ 稳态的侧滑角为零。

衡量协调转弯的形式有三种:

① 当飞行器做协调转弯飞行时,速度向量与飞行器对称平面间的夹角为零($\beta=0$),并以相同的偏航角速率绕地面坐标系的垂直轴转动;

② 由于飞行器重心处的侧向加速度正比于侧滑角,所以在做协调转弯飞行时,侧向加速度 $a_y=0$;

③ 在做协调转弯飞行时,垂直方向上的升力分量与重力平衡,水平方向上的升力分量与离心力平衡。

基于上述分析不难推导出实现协调转弯飞行的公式。为了推导方便起见,假设俯仰角

$\theta=0$，这样，当进行协调转弯飞行时，飞行器在水平和垂直方向的受力分析如图 5－47 所示。据此，写出水平和垂直方向的力平衡方程为

$$\begin{cases} mg = L\cos\phi \\ mV\dot{\psi} = L\sin\phi \end{cases} \tag{5-122}$$

式中，L 为升力，V 为空速。

求解方程组(5－122)可得协调转弯公式

$$\dot{\psi} = \frac{g}{V}\tan\phi \tag{5-123}$$

为了进一步分析进行协调转弯时的操纵原理，将恒定的偏航角速率 $\dot{\psi}$ 向机(弹)体坐标系投影，如图 5－48 所示。

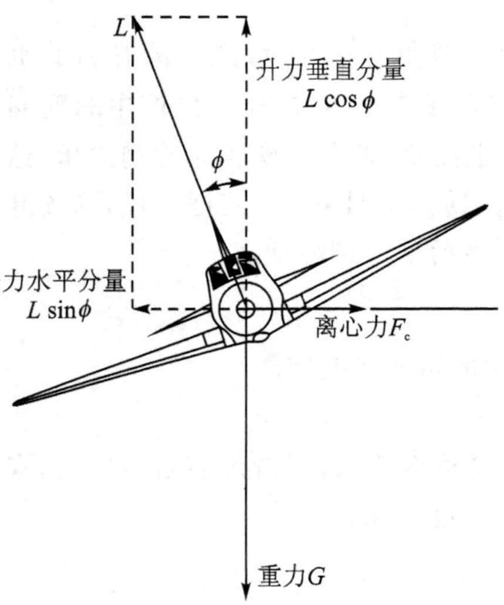

图 5－47 协调转弯时飞行器的受力图

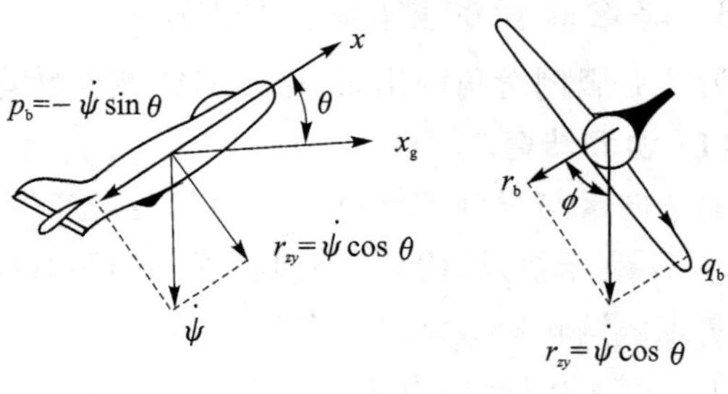

图 5－48 协调转弯飞行时偏航角速率 $\dot{\psi}$ 在机(弹)体轴上的投影关系

当飞行器进行等高度协调转弯飞行时，偏航角速率 $\dot{\psi}$ 是垂直于地面的。为了保持高度和恒定的偏航角速率 $\dot{\psi}$，飞行器将存在俯仰角 θ 和滚转角 ϕ。首先利用俯仰角 θ 将偏航角速率 $\dot{\psi}$ 向机(弹)体纵轴 x 和机(弹)体平面 Oyz 内投影，得到滚转角速度 $p_b=-\dot{\psi}\sin\theta$ 和 $r_{zy}=\dot{\psi}\cos\theta$。在通常情况下，因为 θ 和 ϕ 较小，所以滚转角速度 $p_b=-\dot{\psi}\sin\theta\approx 0$，这对协调转弯飞行的影响可忽略不计；然后利用滚转角 ϕ 将投影 $r_{zy}=\dot{\psi}\cos\theta$ 分别分解到机(弹)体轴 z 和 y 上，得到绕机(弹)体轴 z 和 y 的偏航角速度 $r_b=\dot{\psi}\cos\theta\cos\phi$ 和俯仰角速度 $q_b=\dot{\psi}\cos\theta\sin\phi$。考虑到协调转弯公式 $\dot{\psi}=\dfrac{g}{V}\tan\phi$，最后得到偏航角速度 r_b 和俯仰角速度 q_b 的表达式为

$$\left.\begin{aligned} r_b &= \dot{\psi}\cos\theta\cos\phi = \frac{g}{V}\cos\theta\sin\phi \\ q_b &= \dot{\psi}\cos\theta\sin\phi = \frac{g}{V}\cos\theta\sin\phi\tan\phi \end{aligned}\right\} \tag{5-124}$$

由此可见，飞行器要想完成等高度的协调转弯飞行，需要同时协调操纵副翼、升降舵和方向舵。

(2) 协调转弯飞行时自动驾驶仪的控制律

将给定的滚转角 ϕ_g 和偏航角速率 $\dot{\psi}_g$ 的控制信号分别加入到自动驾驶仪控制律的滚转与航向两个通道中，同时在航向通道中引入侧滑角 β 信号，使方向舵的偏转不仅取决于偏航角偏差 $\psi-\psi_g$ 和偏航角速率 $\dot{\psi}$，而且也与侧滑角 β 的积分信号有关，以便减小侧滑角 β，由此形成控制律

$$\left.\begin{aligned} \dot{\delta}_a &= I_{\ddot{\phi}}\ddot{\phi} + I_{\dot{\phi}}\dot{\phi} + I_{\phi}(\phi-\phi_g) \\ \dot{\delta}_r &= K_{\ddot{\psi}}\ddot{\psi} + K_{\dot{\psi}}(\dot{\psi}-\dot{\psi}_g) - K_{\beta}\beta \end{aligned}\right\} \tag{5-125}$$

或写成

$$\left.\begin{aligned} \delta_a &= I_{\dot{\phi}}\dot{\phi} + I_{\phi}\phi + I_{\int\phi}\int(\phi-\phi_g)\,dt \\ \delta_r &= K_{\dot{\psi}}\dot{\psi} + K_{\psi}(\psi-\psi_g) - K_{\beta}\int\beta(t)\,dt \end{aligned}\right\} \tag{5-126}$$

式中，ϕ_g 和 $\dot{\psi}_g$ 分别为给定的滚转角和偏航角速率，且满足协调转弯公式 $\dot{\psi}_g=\frac{g}{V}\tan\phi_g$。

(3) 协调转弯的纵向控制

由图 5-47 可知，在协调转弯飞行时由于存在滚转角 ϕ，所以作用在垂直方向上的升力分量将减小 ΔL，因此将损失飞行高度。为了保持转弯飞行高度的稳定，必须操纵升降舵负向偏转并产生附加迎角增量 $\Delta\alpha>0$，从而补偿减小的升力增量 ΔL，使得在垂直方向上达到力的平衡，即满足方程

$$(L+\Delta L)\cos\phi = G$$

由上述力平衡方程可得升力增量 ΔL 的公式

$$\Delta L = \frac{G(1-\cos\phi)}{\cos\phi}$$

又有升力增量 ΔL 的关系式

$$\Delta L = QS_w C_{L_\alpha}\Delta\alpha$$

这样由上述关于升力增量 ΔL 的两个公式就能够得到附加迎角增量 $\Delta\alpha$ 的公式为

$$\Delta\alpha = \frac{G\left(\dfrac{1-\cos\phi}{\cos\phi}\right)}{QS_w C_{L_\alpha}} \tag{5-127}$$

由公式(5-127)可见,在通常情况下因为量纲一的迎角升力系数为正值($C_{L_\alpha}>0$),所以由公式(5-127)确定的附加迎角增量为正值($\Delta\alpha>0$)。

下面来计算由公式(5-127)确定的附加迎角增量 $\Delta\alpha$ 所需要的升降舵偏转角。

根据纵向短周期传递函数(2-129)可以得到稳态的力矩平衡方程 $\omega_{sp}^2\Delta\alpha=M_{\delta_e}\Delta\delta_{e1}$,由此方程和附加迎角增量公式(5-127)可以得到所需要的负向偏转的升降舵偏转角公式

$$\Delta\delta_{e1}=\frac{\omega_{sp}^2G(1-\cos\phi)}{M_{\delta_e}QS_wC_{L_\alpha}\cos\phi}\tag{5-128}$$

由公式(5-124)确定的俯仰角速度 q_b 引起的俯仰阻尼力矩,同样也需要依靠升降舵负向偏转 $\Delta\delta_{e2}<0$ 产生的俯仰操纵力矩来平衡。同样,根据纵向短周期运动方程(2-106)可以得到稳态平衡力矩方程 $\omega_{sp}^2q_b=M_{\delta_e}Z_\alpha^*\Delta\delta_{e2}$,再结合方程(5-124),则有

$$\Delta\delta_{e2}=\frac{\omega_{sp}^2}{M_{\delta_e}Z_\alpha^*}q_b=\frac{\omega_{sp}^2}{M_{\delta_e}Z_\alpha^*}\cdot\frac{g}{V}\cos\theta\sin\phi\tan\phi=-\frac{g\omega_{sp}^2}{M_{\delta_e}Z_\alpha}\cos\theta\sin\phi\tan\phi\tag{5-129}$$

综上所述,协调转弯飞行时需要产生的负向偏转的附加升降舵总偏转角为

$$\Delta\delta_e=\Delta\delta_{e1}+\Delta\delta_{e2}=\frac{g\omega_{sp}^2}{M_{\delta_e}}\left[\frac{m(1-\cos\phi)}{QS_wC_{L_\alpha}\cos\phi}-\frac{1}{Z_\alpha}\cos\theta\sin\phi\tan\phi\right]\approx\frac{g\omega_{sp}^2}{M_{\delta_e}}|\phi|\tag{5-130}$$

由式(5-130)可知,当飞行器进行协调转弯飞行时,由于存在滚转角 ϕ,所以将损失飞行高度。为了保持协调转弯飞行高度的稳定,必须通过产生负向偏转的附加升降舵偏转角来增大迎角,从而补偿足够的升力,使得在垂直方向上达到新的力平衡状态。在控制律(5-130)中,由于 M_{δ_e} 为负值,所以增益 $\frac{g\omega_{sp}^2}{M_{\delta_e}}$ 也为负值,因此能够确保无论存在的是正还是负的滚转角 ϕ,通过控制律(5-130)都将产生负的附加升降舵偏转角,从而形成抬头的正俯仰力矩,来增大迎角补偿升力,以实现等高度的协调转弯飞行。

5.5 飞行轨迹控制系统

轨迹控制(制导)系统是在姿态(角运动)控制系统的基础上构成的。轨迹控制(制导)系统的反馈回路可以在飞行器内部闭合,也可以由飞行器通过地面设备进行闭合。

5.5.1 飞行高度的稳定与控制

飞行高度的稳定与控制在飞行器编队、巡航、进场着陆、舰载机着舰、地形跟随与地形回避等飞行中,具有十分重要的作用。

1. 工作原理

由于角稳定系统在常值干扰力矩,例如垂直风等的干扰下存在姿态角的静差,因而导致高

度漂移，所以不能直接应用于飞行高度的稳定与控制系统中。因此，在飞行高度的稳定与控制系统中需要直接测量飞行高度，使用高度差传感器，如气压式高度表或无线电高度表等测高仪器，根据高度差的信息来直接控制飞行器的飞行姿态，从而改变航迹倾斜角，以实现对飞行高度的闭环稳定与控制。

下面先给出飞行高度稳定和控制系统的典型原理图，如图 5-49 所示。

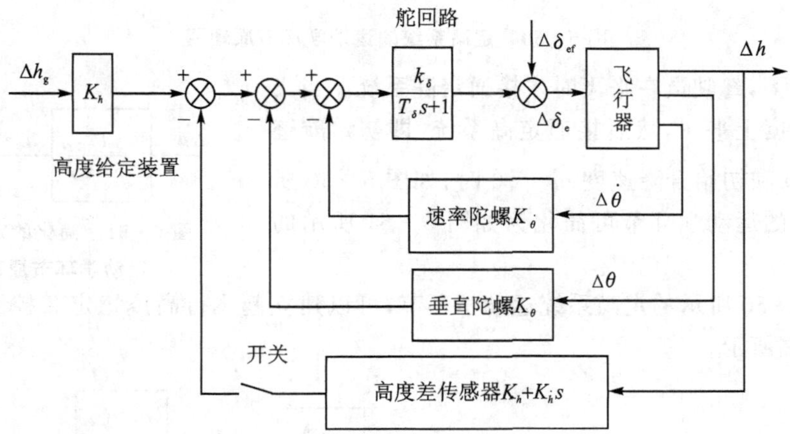

图 5-49　典型的高度稳定和控制系统原理图

如果不考虑由外干扰产生的升降舵偏转角 $\Delta\delta_{ef}$ 且采用简化的舵回路传递函数 k_δ，则由图 5-49 可写出高度稳定和控制系统的控制律为

$$\Delta\delta_e = K_z^\theta \Delta\theta + K_z^{\dot\theta}\Delta\dot\theta + K_z^h(\Delta h - \Delta h_g) + K_z^{\dot h}\Delta\dot h \tag{5-131}$$

式中，$K_z^\theta = -k_\delta K_\theta$，$K_z^{\dot\theta} = -k_\delta K_{\dot\theta}$，$K_z^h = -k_\delta K_h$，$K_z^{\dot h} = -k_\delta K_{\dot h}$。

可见，控制律(5-131)主要是在俯仰角 θ 稳定回路的基础上构成的，为了避免在给定高度 h_g 的上下出现振荡，应当引入高度差的一阶微分信号 $\Delta\dot h$，以改善高度稳定系统的阻尼特性。

2. 高度稳定系统原理图的建立

根据多变量函数的泰勒(Taylor)公式

$$f(x_0+h, y_0+k) \approx f(x_0, y_0) + \left(h\frac{\partial}{\partial x} + k\frac{\partial}{\partial y}\right)f(x_0, y_0) + \cdots$$

将运动学方程 $\dot h = V\sin\mu$ 进行线性化处理，得

$$\dot h = V_0\sin\mu_0 + V_0\cos\mu_0\Delta\mu + \sin\mu_0\Delta V = \dot h_0 + \Delta\dot h_{\Delta\mu} + \Delta\dot h_{\Delta V} \tag{5-132}$$

式中，$\dot h_0$ 为起始高度变化率，$\Delta\dot h_{\Delta\mu}$ 为由航迹倾斜角 $\Delta\mu$ 引起的高度变化率，$\Delta\dot h_{\Delta V}$ 为由速度 ΔV 引起的高度变化率。由方程(5-132)可以画出定高系统的运动学环节如图 5-50 所示。

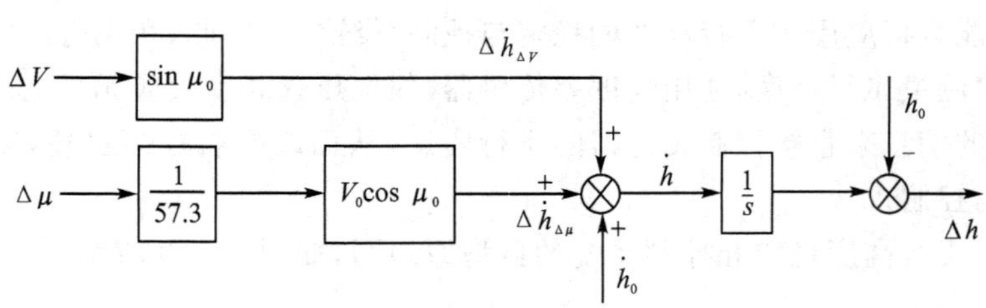

图 5-50　定高系统的运动学环节原理图

通常情况下,驾驶员在平飞时才接通定高系统。当飞行器在给定高度上平飞,然后接通定高系统,即初始航迹倾斜角 $\mu_0=0$ 和初始升降速度 $\dot{h}_0=0$ 时,如图 5-50 所示的定高系统的运动学环节可简化为如图 5-51 所示的运动学环节。

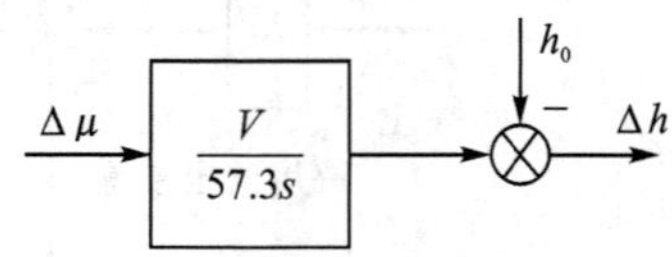

图 5-51　简化的定高系统运动学环节原理图

基于图 5-50 所示的定高系统运动学环节,可以建立起飞行高度稳定和控制系统的原理图,如图 5-52 所示。

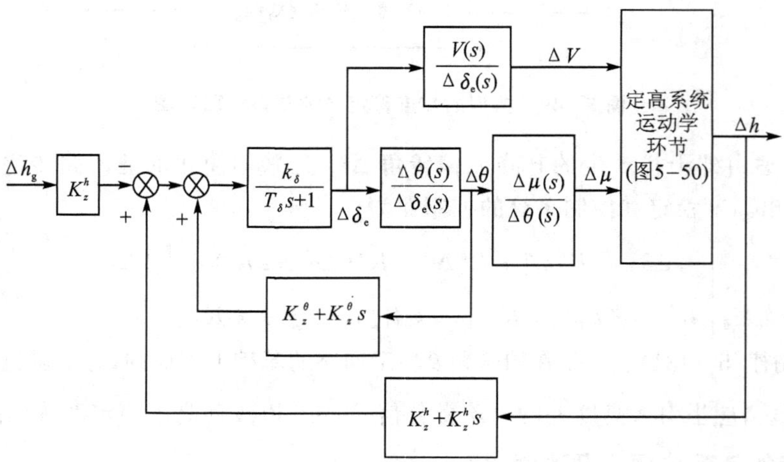

图 5-52　高度稳定系统的原理图

首先,根据传递函数式(2-99)和式(2-101)以及俯仰角与航迹倾斜角的关系式 $\dfrac{\Delta\mu(s)}{\Delta\theta(s)}$,形成定高系统运动学环节的输入信号 ΔV 和 $\Delta\mu$,然后测量高度差 Δh,并按照控制律(5-131)构成闭环反馈系统。

如果飞行器不具有动力补偿的速度稳定系统,即不能保证由速度增量 ΔV 引起的高度变化率为零 $(\Delta\dot{h}_{\Delta V}\neq 0)$,则必须考虑长周期模态 ΔV 对高度稳定的影响。

5.5.2　下滑波束导引系统

1. 工作原理

为了实现全天候飞行，保证能在恶劣气象情况和无目视基准条件下实现自动着陆，下滑波束导引系统成为现代高性能飞机必不可少的机载系统。

(1) 着陆过程

着陆过程一般包括定高、下滑、拉平和滑跑等阶段，如图 5-53 所示。

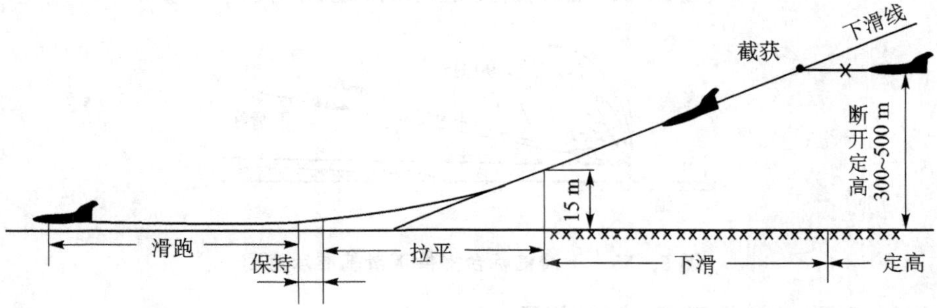

图 5-53　着陆过程示意图

典型的着陆过程和参考数据是：

① 飞机在着陆前，先在 300～500 m 的上空做定高飞行。

② 当截获下滑波束线后，按一定的下滑坡度下滑(大多数民航机的下滑速度保持为 70～85 m/s，下滑角度一般为 −2.5°～−3.5°，垂直速度 $\dot{h}=-4.5\sim-3.5$ m/s)。

③ 一般规定接地速度 $\dot{h}=-0.6\sim-0.5$ m/s，因此，需要拉平飞行阶段以便降低垂直速度 $\dot{h}$。由于空速 V 减小，因此需要加大迎角，以保持升力与重力的平衡，此段为保持段。

④ 当达到降落速度时，将减小迎角，此时重力大于升力，飞机将与地面接触进行滑跑。

(2) 实现下滑波束导引的地面设备和机载设备

地面设备有无线电信标台，包括航向信标台和下滑信标台以及内、中、外指点信标台。

机载设备有下滑波束导引系统，包括下滑耦合器和俯仰角位移控制系统。

各种信标台在机场的配置如图 5-54 所示。

(3) 下滑信标台的工作原理

下滑信标台向飞机着陆方向连续发射 90 Hz 与 150 Hz 的高频无线电调幅波。90 Hz 大波瓣的下沿与 150 Hz 最下面的一个波瓣重叠形成等信号线，即下滑波束中心线，仰角为 2°～4°。如果飞机在下滑波束中心线上方飞行，则接收到的 90 Hz 信号比 150 Hz 信号强；反之，如果在下滑波束中心线下方飞行，则接收到的 150 Hz 信号比 90 Hz 信号强。其工作原理如图 5-55 所示。

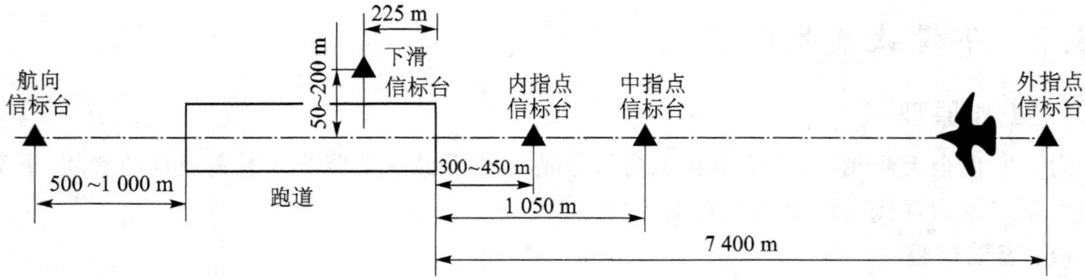

图 5-54　各种信标台在机场的配置示意图

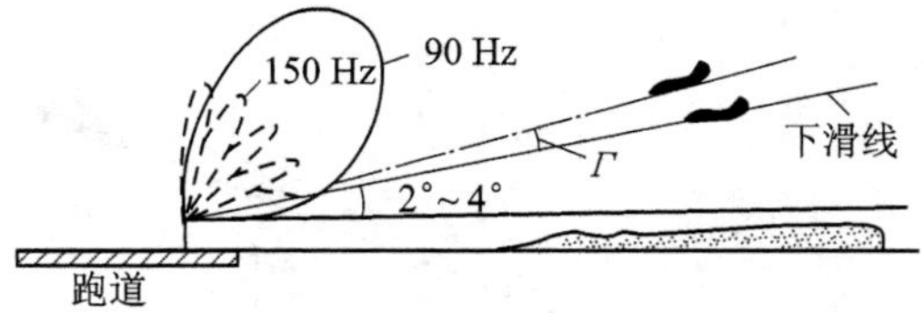

图 5-55　下滑信标台提供下滑基准示意图

2. 建立下滑波束导引系统结构图

与高度稳定系统的分析方法类似，首先需要建立下滑波束导引运动学环节，建立航迹倾斜角 $\Delta\mu$ 与轨迹运动变量之间的关系，即建立航迹倾斜角 $\Delta\mu$ 到波束偏差角 Γ 之间的关系。下滑时的几何关系图如图 5-56 所示。

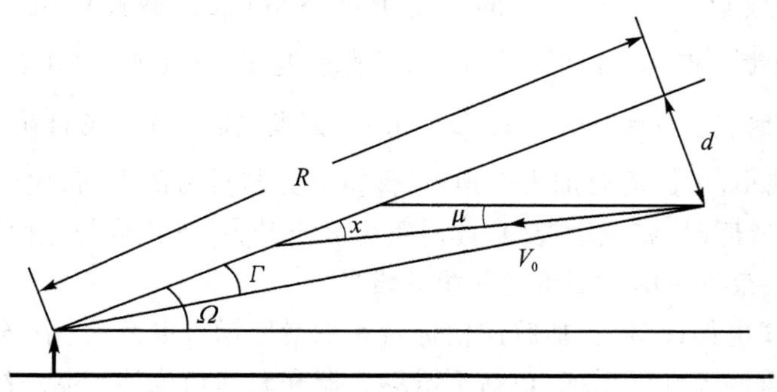

图 5-56　下滑时的几何关系图

设飞机下滑时的空速为 V_0，假定飞机具有速度自动稳定系统，即认为 V_0 为常值，下滑线迎角为 Ω，偏离波束中心线距离为 d，并规定在波束中心线上方飞行时 $d>0$，在波束中心线下方飞行时 $d<0$，则空速 V_0 与波束中心线的夹角 $x=\Omega-\mu$，因为此时的航迹倾斜角 μ 为负值，故可写成

$$x=\Omega+\mu \tag{5-133}$$

又存在关系式

$$\sin x = \frac{\dot{d}}{V_0}$$

将式(5－133)代入上式后，有

$$\dot{d} = V_0 \sin(\Omega + \mu) \tag{5-134}$$

当初始航迹倾斜角 $\mu_0 = -\Omega$ 时，$\dot{d} = 0$，即按下滑线下滑。如果速度向量 V_0 偏离初始航迹倾斜角 μ_0 而产生 $\Delta\mu$，则根据方程(5－134)，有

$$\dot{d} = V_0 \sin(\Omega + \mu_0 + \Delta\mu) \approx \frac{V_0}{57.3}(\Omega + \mu_0 + \Delta\mu) \tag{5-135}$$

根据波束偏差角 Γ 存在的关系式 $\tan\Gamma = \frac{d}{R}$，可以得到简化公式

$$\Gamma \approx \frac{57.3d}{R} \tag{5-136}$$

由公式(5－135)和公式(5－136)可以画出下滑波束导引运动学环节原理图如图 5－57 所示。

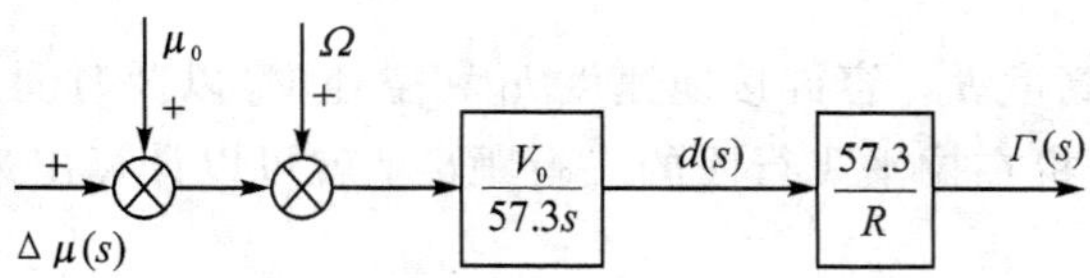

图 5－57　下滑波束导引运动学环节原理图

5.5.3　自动拉平着陆系统

1. 拉平轨迹

拉平轨迹是指由下滑过渡到着陆点的运动轨迹。为了使下降速度能够随高度降低而成比例地减小，在理想情况下，当下降速度为零时，高度也恰好为零，即满足齐次微分方程

$$\dot{h}(t) = -Ch(t) = -\frac{1}{\tau}h(t)$$

或写成

$$\tau \frac{\mathrm{d}h(t)}{\mathrm{d}t} + h(t) = 0 \tag{5-137}$$

微分方程(5－137)的解为

$$h(t) = h_0 \mathrm{e}^{-\frac{t}{\tau}} \tag{5-138}$$

但是，如果按照关系式(5－138)来设计拉平轨迹，则只有当拉平时间无限长，即 $t \to \infty$ 时，才能使飞机的起落架触地滑跑。也就是说，需要无限长的跑道，才能使飞机以零下降速度触地

滑跑！这显然是不实际的。飞机在实际降落飞行过程中，如果在容许接地速度 $\dot{h}_1$ 内飞机的安全能够得到保证，那么就可以将齐次微分方程(5-137)改写为非齐次微分方程

$$\dot{h}(t) = -\frac{1}{\tau}h(t) + \dot{h}_1 \tag{5-139}$$

或写为

$$\dot{h}(t) + \frac{1}{\tau}h(t) = \dot{h}_1$$

微分方程(5-139)的解为

$$h(t) = h_0 e^{-\frac{t}{\tau}} + \tau\dot{h}_1$$

如果令 $h(t_1) = 0$，则拉平飞行的时间为

$$t_1 = -\tau\ln\left(-\frac{\tau\dot{h}_1}{h_0}\right)$$

如果假设拉平飞行的距离为 $l \approx V_0 \cdot t_1$，则有

$$l = -\tau V_0 \ln\left(-\frac{\tau\dot{h}_1}{h_0}\right) \tag{5-140}$$

如果给定起始拉平高度 h_0、容许接地速度 $\dot{h}_1$ 和空速 V_0 以及时间常数 τ，那么按照拉平飞行距离公式(5-140)，飞机在拉平飞行段的飞行距离 l 就可以计算出来，并可以作为选择降落跑道的参考因素。

2. 自动拉平系统的组成

根据方程(5-139)，借助关系式 $\dot{h}_g = -\dfrac{h}{\tau} + \dot{h}_1$ 来构成拉平耦合器，只要自动拉平系统可以保证实际的下降速度 $\dot{h}$ 能够准确地跟踪给定的下降速度 $\dot{h}_g$，便可实现自动拉平飞行。利用5.4节中讨论的飞机纵向姿态控制系统和5.5.2小节讨论的下滑波束导引运动学环节可以组成自动拉平系统的原理图，如图5-58所示。

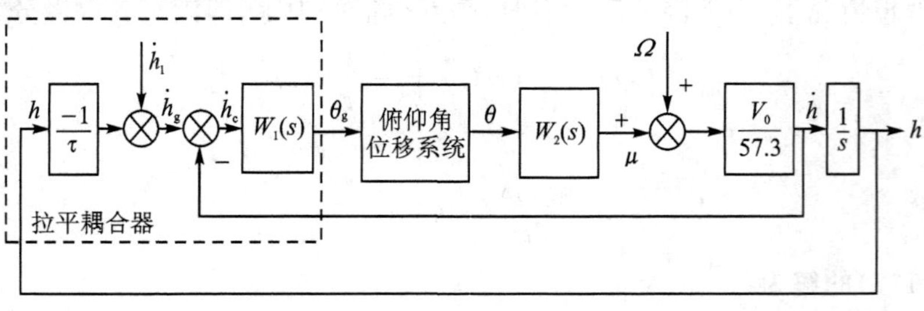

注：$W_1(s) = \dfrac{\theta(s)}{\dot{h}(s)}$，$W_2(s) = \dfrac{\mu(s)}{\theta(s)}$。

图5-58 自动拉平系统的原理图($\dot{h}_0 = 0$)

图 5－59 给出了一个典型的拉平耦合器的原理图。

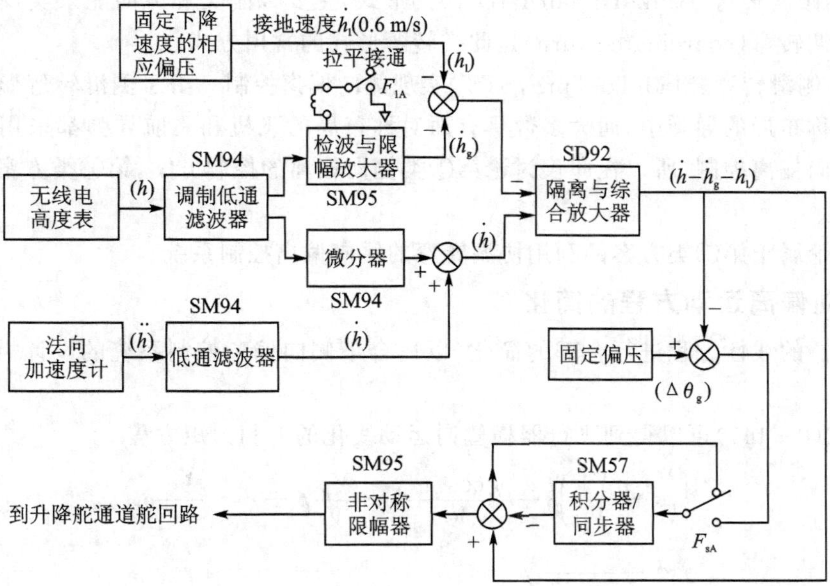

图 5－59　拉平耦合器的原理图

飞机按指数曲线自动拉平的轨迹如图 5－60 所示。

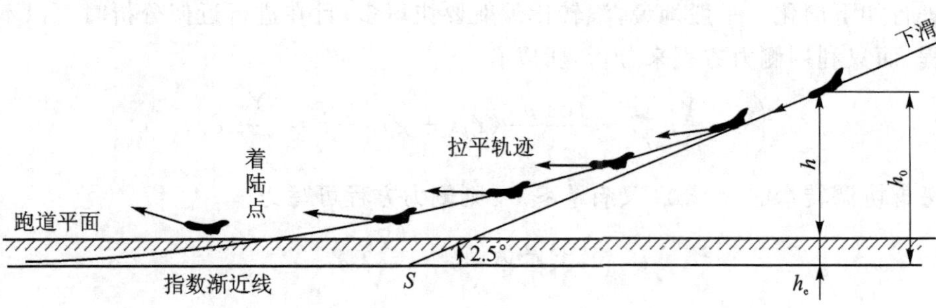

图 5－60　按指数曲线自动拉平的轨迹

5.5.4　侧向偏离的自动控制

5.5.1 小节中讨论的高度自动控制系统是以俯仰角控制系统为内回路的，而侧向偏离控制系统则是以偏航角和滚转角控制系统为内回路的，一般采用倾斜转弯方式来修正和控制侧向偏离。对于侧向轨迹控制系统而言，航向和滚转两个通道的协调控制方法与侧向角运动的控制方法一致。

由于在一般情况下，侧向偏离控制是由倾斜转弯来实现的，因此，依据转弯的方式可将侧

向偏离控制律的方案分为两大类:

① 利用倾斜转弯(Bank-To-Turn,BTT)的形式,主要以副翼和方向舵来实现侧向偏离控制。其中协调转弯(coordinated-turn)是此类转弯形式的常用方式。

② 通过侧滑转弯(Skid-To-Turn,STT)实现侧向偏离控制。由于侧滑转弯形式通常应用在具有轴对称布局的导弹中,而大多数具有面对称布局的飞机和飞航导弹都采用倾斜转弯形式来进行侧向偏离控制,所以在此仅讨论第①类侧向偏离的控制方案,第②类方案可参考相关文献。

下面讨论属于第①类方案的利用协调转弯的侧向偏离控制系统。

1. 侧向偏离运动方程的简化

对飞行器的线性方程进行合理的简化,以适合于侧向偏离控制系统的设计需要。简化的步骤是:

① 由式(2-141)可以得到飞行器横侧向运动线化的力和力矩方程

$$\begin{cases}\left(s-\dfrac{Y_\beta}{V}\right)\beta-\dfrac{g\cos\mu_e}{V}\phi-\dfrac{Y_p}{V}p+r=\dfrac{Y_{\delta_r}}{V}\delta_r \\ s\phi-\dfrac{1}{\cos\theta_e}p=0 \\ -L_\beta^*\beta+(s-L_p^*)p-L_r^*r=L_{\delta_a}^*\delta_a+L_{\delta_r}^*\delta_r \\ -N_\beta^*\beta-N_p^*p+(s-N_r^*)r=N_{\delta_r}^*\delta_r\end{cases}$$

可以进行如下简化。一般地说,滚转比偏航要快得多,且在进行近似分析时可以不考虑两个力矩方程,而只利用侧力方程来分析,所以有

$$\left(s-\frac{Y_\beta}{V}\right)\beta-\frac{\cos\mu_e}{V}(Y_p s+g)\phi+r=\frac{Y_{\delta_r}}{V}\delta_r$$

若再考虑协调转弯时 $\beta\approx 0$,又有 $\dot{\phi}\approx 0$,则侧力方程可写为

$$-\frac{g\cos\mu_e}{V}\phi+r=\frac{Y_{\delta_r}}{V}\delta_r$$

由于 $r=-\dot{\theta}\sin\phi+\dot{\psi}\cos\theta\cos\phi$,当进行协调转弯飞行时,$\theta$ 和 ϕ 较小,因此有 $r=\dot{\psi}$,这样上式可写为

$$-\frac{g\cos\mu_e}{V}\phi+\dot{\psi}=\frac{Y_{\delta_r}}{V}\delta_r \tag{5-141}$$

将协调转弯公式 $\dot{\psi}\approx\dfrac{g}{V}\phi$ 代入式(5-141)得

$$(1-\cos\mu_e)\dot{\psi}=\frac{Y_{\delta_r}}{V}\delta_r \tag{5-142}$$

令 $V(1-\cos\mu_e)=Y_{\dot{\psi}}$,则有

$$Y_{\dot{\psi}}\dot{\psi}=Y_{\delta_r}\delta_r \tag{5-143}$$

② 由导航方程组(navigation equations)(2-31d)可以得到零初始状态情况下的侧向偏离方程为

$$\frac{dy}{dt}=u\cos\theta\sin\psi+v(\sin\phi\sin\theta\sin\psi+\cos\phi\cos\psi)+w(-\sin\phi\cos\psi+\cos\phi\sin\theta\sin\psi)$$

当为小扰动飞行状态时，所有的角偏离量均为小量，根据表 1-1 中的速度关系式有

$$\begin{cases}u=V\cos\alpha\cos\beta\approx V\\ v=V\sin\beta\approx V\beta\\ w=V\cos\beta\sin\alpha\approx V\alpha\end{cases}$$

忽略二阶以上的小量后，上述侧向偏离方程可简化为

$$\frac{dy}{dt}\approx\frac{V}{57.3}(\beta+\psi) \tag{5-144}$$

由于当进行协调转弯飞行时，侧滑角 $\beta\approx0$，则偏离方程又可简写为

$$\frac{dy}{dt}\approx\frac{V}{57.3}\psi \tag{5-145}$$

至此，近似线性化方程为

$$\begin{cases}Y_{\dot{\psi}}\dot{\psi}=Y_{\delta_r}\delta_r\\ \dot{y}=\dfrac{V}{57.3}\psi\end{cases} \tag{5-146}$$

或写为

$$\begin{bmatrix}\dot{\psi}\\ \dot{y}\end{bmatrix}=\begin{bmatrix}0 & 0\\ \dfrac{V}{57.3} & 0\end{bmatrix}\begin{bmatrix}\psi\\ y\end{bmatrix}+\begin{bmatrix}\dfrac{Y_{\delta_r}}{Y_{\dot{\psi}}}\\ 0\end{bmatrix}\delta_r \tag{5-147}$$

2. 侧向偏离的控制律

可采用如下形式的侧向偏离的控制律，即

$$\begin{cases}\delta_a=I_\phi\phi+I_{\dot{\phi}}\dot{\phi}+I_\psi(\psi-\psi_g)+I_y(y-y_g)\\ \delta_r=K_{\dot{\psi}}\dot{\psi}+K_\psi\psi\end{cases} \tag{5-148}$$

控制律(5-148)的特点是在滚转角与偏航角控制律的基础上，增加了侧向偏离的信息 $y-y_g$，从而构成了侧向偏离轨迹的控制律。图 5-61 直观地示意出了飞行器侧向偏离的自动修正过程。由图可以看出，飞行器在修正侧向偏离过程中各个阶段所对应的偏航和滚转姿态的变化情况。

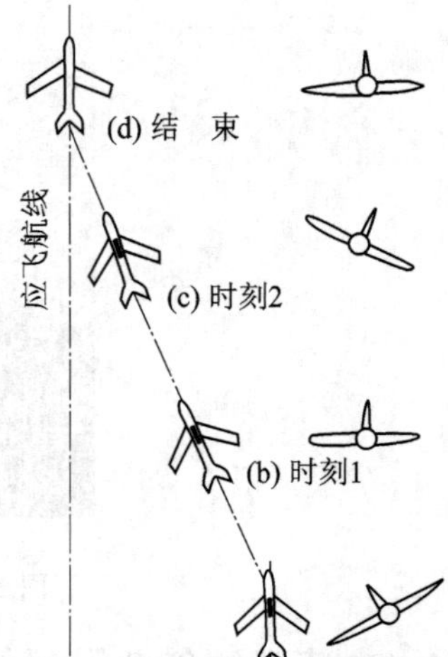

图 5-61　侧向偏离修正过程

典型的飞机仪表自动着陆系统除了包括下滑波束自动

控制系统和自动拉平着陆系统外，还包括侧向波束自动控制系统。与下滑波束自动控制系统是在飞行高度自动控制系统基础上构成的一样，侧向波束自动控制系统也是在侧向偏离自动控制系统基础上建立的。

5.5.5 飞航导弹大角度俯冲运动耦合分析

飞航导弹末段高精度的制导控制技术是提高作战效能的关键技术之一，而针对不同类型目标实施有效的终端打击角度和命中点的精确导引技术，又是提高导弹毁伤效果的重要手段。基于末段突防和毁伤效果的需要，现代飞航导弹在弹道终端力争实现“灌顶式”垂直俯冲打击，如图 5-62 所示。高品质的垂直打击控制技术，可以使末段弹道最大限度地实现超低空进入和$-90°$的俯冲打击，以充分兼顾末段突防和毁伤效果的要求。例如针对桥梁、机场跑道和地下重要军事设施等目标，需要采用垂直打击技术实现钻地深层爆炸的毁伤效果，美国的战斧巡航导弹和 JASSM 联合防区外导弹系列以及俄罗斯的有“航母克星”之称的 П-700 花岗岩超声速反舰导弹是其典型的代表。能够实施满足任意指定终端打击角度和命中点要求的高效能打击方式，是未来末段高精度导引技术发展的主要方向。这种方式对于打击那些具有特殊防护能力和外形的高军事价值目标尤其具有重要意义。无论是实现高品质的“灌顶式”垂直俯冲打击，还是任意可变角度的打击方式，都不仅涉及末段导引规律的设计，而且与飞行控制系统、中制导终点散布和导引头的性能紧密相关。

图 5-62 实施终端大落角打击的飞航导弹

1. 由速度倾斜角引起的气动耦合分析

利用气流坐标系 $S_a—Ox_a y_a z_a$ 与弹道坐标系 $S_p—Ox_p y_p z_p$ 之间的转换方程(1-14)，可以得到总空气动力 $\boldsymbol{R}_\Sigma$ 在弹道坐标系上的各个分量分别为

$$\begin{cases} R_{xp} = -D \\ R_{yp} = Y\cos\gamma + L\sin\gamma \\ R_{zp} = Y\sin\gamma - L\cos\gamma \end{cases} \tag{5-149}$$

由几何关系方程组(1-16)的最后一个方程可以得到关于速度倾斜角 γ 的关系式

$$\sin\gamma = (\cos\alpha\sin\beta\sin\theta - \sin\alpha\sin\beta\cos\phi\cos\theta + \cos\beta\sin\phi\cos\theta)/\cos\mu \tag{5-150}$$

设 $\alpha\approx 0$，则式(5-150)可简化为

$$\sin\gamma = (\sin\beta\tan\theta + \cos\beta\sin\phi\cos\theta)/\cos\mu \tag{5-151}$$

下面利用式(5-149)和式(5-151)对飞航导弹在不同状态下的转弯情况进行分析。

(1) 俯冲前的平飞段，升力为正，$\theta\approx 0$，$\gamma\approx\phi$ 时转弯飞行的情况

若采用侧滑转弯(STT)，即滚转角 $\phi=0$，$\gamma=0$，则 $R_{zp}=-L$，即弹道坐标系内的升力没有产生侧向分力，导弹完全靠由侧滑角产生的侧力进行转弯，当 $\beta>0$ 时，侧力 $Y<0$，导弹向左转弯机动(沿弹体 x 轴向前看)。

若采用倾斜转弯(BTT)，即 $\beta\approx 0$，则 $Y=0$，$R_{yp}=L\sin\gamma=L\sin\phi$，导弹完全靠由滚转产生的升力分量在横侧方向上进行转弯机动。当滚转角为正时，$R_{yp}>0$，导弹向右转弯机动；反之，当滚转角为负时，$R_{yp}<0$，导弹向左转弯机动。

(2) 下滑俯冲时且 $\theta<0$ 的情况

在末段下滑俯冲时，导弹不宜采用倾斜转弯，因为在下滑过程中升力的方向不确定，设计俯冲倾斜转弯有一定难度，在极限情况下当升力为零时，不能进行倾斜转弯。因此，在飞航导弹进行大角度俯冲过程中同时进行侧向转弯机动时，采用侧滑转弯较为适宜。

如图 5-63 所示，当采用侧滑转弯时，由于 $\phi=0$，则 $\sin\gamma=\sin\beta\tan\theta/\cos\mu$。不妨设 $\beta>0$，因为俯冲时 $\theta<0$，$\cos\mu>0$，则 $\gamma<0$ 且 $Y\cos\gamma<0$。当 $|\theta|$ 较小时，$|\gamma|$ 较小，因此 $|L\sin\gamma|<|Y\cos\gamma|$，此时 $R_{yp}<0$，导弹仍能向左机动转弯；当升力 $L<0$ 时，$L\sin\gamma>0$，与侧力方向相反(即 $R_{yp}<0$)，也就是说，升力的分量抵消掉一部分侧力，使得转弯速度较慢(见图中 b 弹道)；当升力 $L>0$ 时，$L\sin\gamma<0$，与侧力方向相同，使得转弯速度略快(见图中 a 弹道)。当 $|\theta|$ 较大时，$|\gamma|$ 也较大，从而使得 $|L\sin\gamma|>|Y\cos\gamma|$。当升力 $L<0$ 时，$L\sin\gamma>0$，此时 $R_{yp}>0$，导弹向右机动转弯，显然这与平飞时机动转弯的方向相反。此时，如果仍然采用基于平飞时推导的制导指令进行控制，必然会导致侧向脱靶量增大(见图中 c 弹道)。

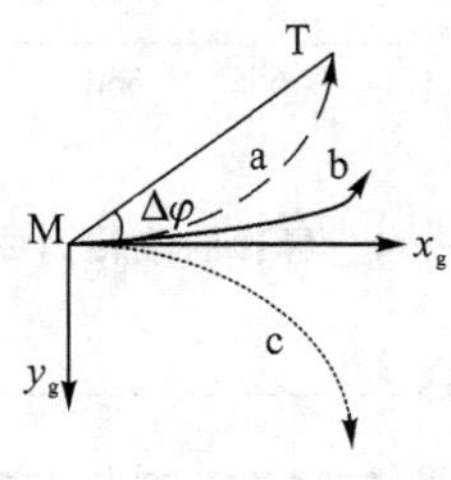

M—导弹；T—目标

图 5-63　导弹与目标的关系示意图(俯视)

综上所述，飞航导弹在进行大落角打击时，由速度倾斜角 γ 引起的纵向和横侧方向上的耦合，使得导弹在俯冲时在横侧方向上的机动能力比平飞时弱，如果仍采用基于平飞段推导的控制指令进行转弯飞行，则必然出现转弯速度慢的现象，甚至导致导弹脱靶。即使导弹在俯冲前

在侧向上已经对准目标,但若在下滑过程中不进行转弯机动,且存在风等因素的干扰,也将导致脱靶。

为了抑制此项耦合带来的不利影响,应使速度倾斜角 $|\gamma|$ 减小。由于俯冲时 $\theta<0$,由式(5-151)可知,为了使 $|\gamma|$ 减小,需要有一定的滚转角,并且保证 β 和 ϕ 同号。也就是说,当导弹在进行左转弯飞行时,需要向右滚转 ($\phi>0$),此时产生侧滑角 $\beta>0$。虽然在俯冲过程中进行侧向转弯时给出了滚转角指令,但这与通常意义上的倾斜转弯是有区别的,因为在横侧方向上转弯所需的力仍是由侧滑角产生的侧力,而滚转所起的作用却是为了削弱升力分量在横侧方向上的耦合影响,因此滚转角也不宜过大。

下面给出当导弹攻击的终端落角为$-60°$且在下滑俯冲过程中侧向转弯 10 m 的条件下,有、无滚转控制指令两种情况下对末段弹道的仿真结果,如图 5-64～图 5-69 所示(图中,无滚转控制指令的情况用实线表示,有滚转控制指令的情况用虚线表示)。

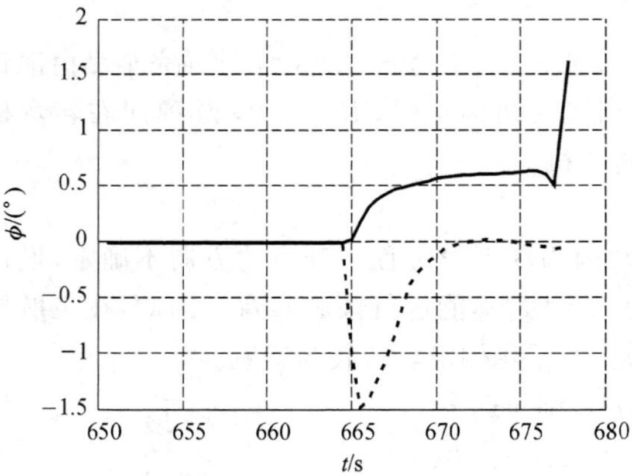

图 5-64　导弹的滚转角曲线(终端落角为－60°)

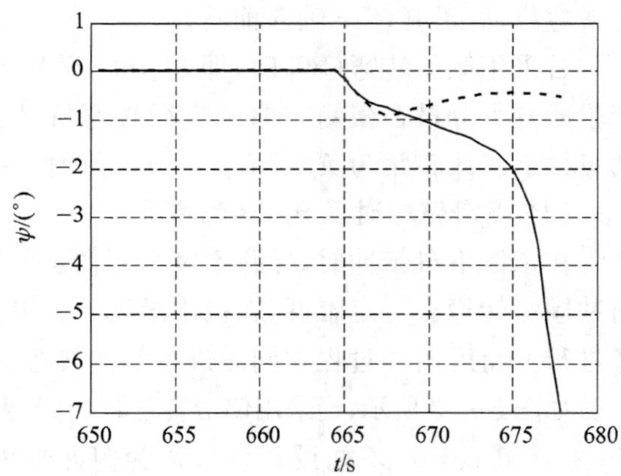

图 5-65　导弹的偏航角曲线(终端落角为－60°)

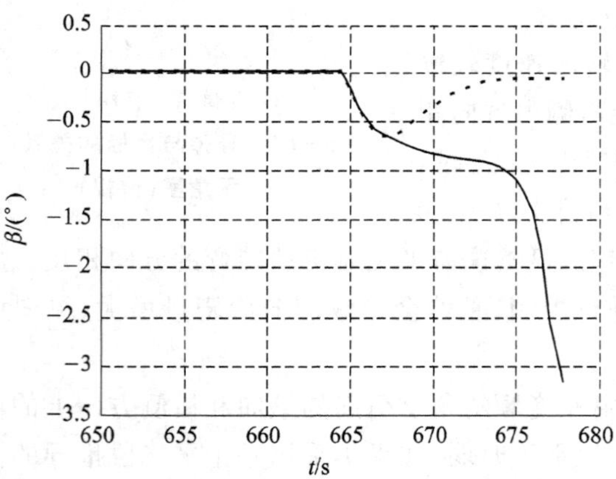

图 5-66　导弹的侧滑角曲线(终端落角为－60°)

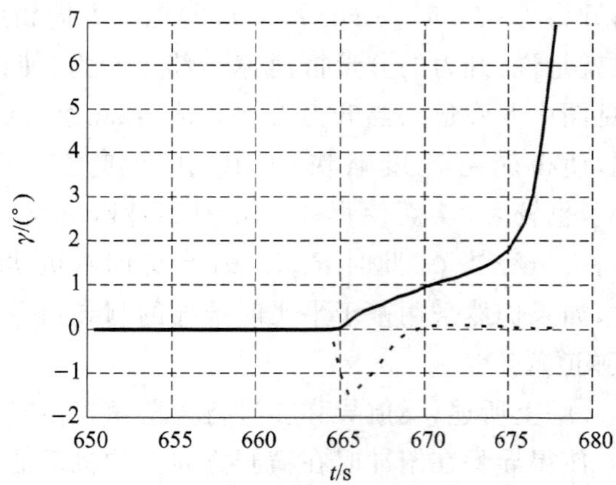

图 5-67　导弹的速度倾斜角曲线(终端落角为－60°)

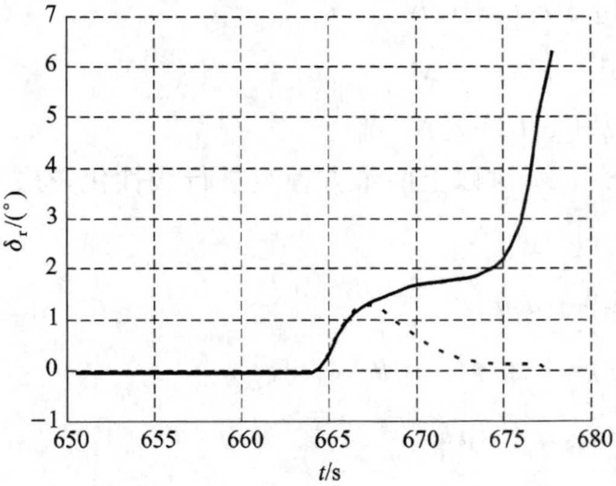

图 5-68　导弹的方向舵偏转角曲线
（终端落角为−60°）

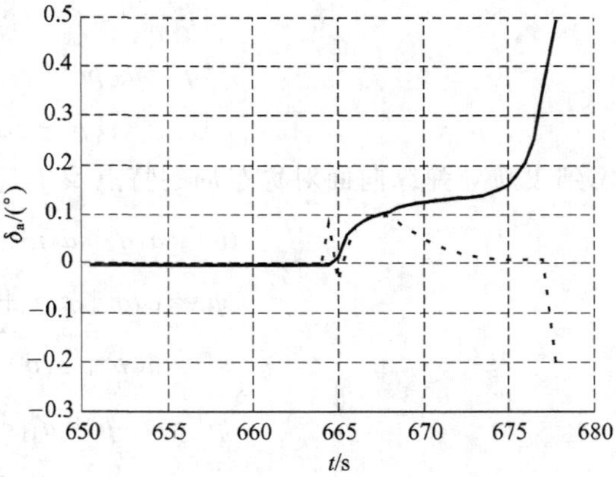

图 5-69　导弹的副翼偏转角曲线
（终端落角为−60°）

由仿真结果可以看出，在两种情况下导弹均能击中目标，且脱靶量很小。但是，在无滚转控制指令的情况下，当导弹向右侧转弯时，由图 5-64 和图 5-67 中的实线可见 $\phi>0$，从而使 γ 较大，转弯速率慢，所需过载变大，侧滑角较大（图 5-66 中实线），使得横侧向的机动能力变差。

当俯仰角较大（例如 $\theta=-80°$）时，若在下滑俯冲过程中仍采用滚转指令 $\phi^*=0°$，即无滚转运动，则会出现很大的速度倾斜角 γ，使得升力在横侧方向上的分量大于可用过载所能提供的侧力，导致导弹向相反的侧向转弯，从而造成脱靶。

在采用了滚转控制指令的情况（例如，采用 $\phi^*=-k_\phi\cdot\arctan n_z^*$）下，在下滑俯冲过程中通过反向滚转控制，较好地抑制了速度倾斜角的耦合影响，减弱了纵向和横侧向的耦合及偏航和滚转通道的耦合，因此，所需过载小，转弯速率快。

2. 由俯仰角引起的运动学耦合分析

根据 1.1 节中弹体坐标系相对于地面坐标系的转动角速度 ω 在弹体坐标系各轴上的分量（angular-rate-dependent）(p,q,r) 的定义，滚转角速度 p、俯仰角速度 q 和偏航角速度 r 与滚转角变化率 $\dot{\phi}$、俯仰角变化率 $\dot{\theta}$ 和偏航角变化率 $\dot{\psi}$ 之间存在着式（2-25）所示的相互关系，即

$$\begin{cases}\dot{\phi}=p+(r\cos\phi+q\sin\phi)\tan\theta\\ \dot{\theta}=q\cos\phi-r\sin\phi\\ \dot{\psi}=\dfrac{1}{\cos\theta}(r\cos\phi+q\sin\phi)\end{cases}$$

而导弹绕质心运动的动力学方程组为式（2-23），即

$$\begin{cases}\dot{p}=(c_1 r+c_2 p)q+c_3\bar{L}+c_4 N\\ \dot{q}=c_5 pr-c_6(p^2-r^2)+c_7 M\\ \dot{r}=(c_8 p-c_2 r)q+c_4\bar{L}+c_9 N\end{cases}$$

考虑到飞航导弹纵向面对称布局的特点及 $I_x I_z \gg I_{xz}^2$，对以上两个方程组进行线性化，有

$$\begin{cases}\dot{\theta}=a_1 q+a_2 r+a_3\phi\\ \dot{\psi}=a_4 q+a_5 r+a_6\phi+a_7\theta\\ \dot{\phi}=a_8 p+a_9 q+a_{10} r+a_{11}\phi+a_{12}\theta\\ \dot{p}=a_{13} p+a_{14} r+a_{15}\delta_r+a_{16}\delta_a\\ \dot{q}=a_{17} q+a_{18}\delta_e\\ \dot{r}=a_{19} p+a_{20} r+a_{21}\delta_r+a_{22}\delta_a\end{cases}$$

取 $\boldsymbol{x}=[\theta\quad\psi\quad\phi\quad p\quad q\quad r]^{\mathrm{T}}$，$\boldsymbol{u}=[\delta_a\quad\delta_r\quad\delta_e]^{\mathrm{T}}$，则可将上述线性化后的方程组写成状态方程形式

$$\dot{\boldsymbol{x}}=\boldsymbol{A}\boldsymbol{x}+\boldsymbol{B}\boldsymbol{u}\tag{5-152}$$

式中

$$\boldsymbol{A}=\begin{bmatrix}0&0&a_3&0&a_1&a_2\\ a_7&0&a_6&0&a_4&a_5\\ a_{12}&0&a_{11}&a_8&a_9&a_{10}\\ 0&0&0&a_{13}&0&a_{14}\\ 0&0&0&0&a_{17}&0\\ 0&0&0&a_{19}&0&a_{20}\end{bmatrix},\quad \boldsymbol{B}=\begin{bmatrix}0&0&0\\ 0&0&0\\ 0&0&0\\ a_{15}&a_{16}&0\\ 0&0&a_{18}\\ a_{21}&a_{22}&0\end{bmatrix}$$

对应状态方程(5-152)的传递函数为

$$\boldsymbol{G}(s)=\begin{bmatrix}\dfrac{\Delta_8}{\Delta_2\Delta_3}&\dfrac{a_3 a_{16}(s-a_{20})}{\Delta_2\Delta_3}&\dfrac{a_{18}(a_1 s+a_3 a_9-a_1 a_{11})}{\Delta_1\Delta_2}\\ \dfrac{\Delta_4}{s\Delta_2\Delta_3}&\dfrac{\Delta_5}{s\Delta_2\Delta_3}&\dfrac{\Delta_6}{s\Delta_1\Delta_2}\\ \dfrac{\Delta_7}{\Delta_2\Delta_3}&\dfrac{a_{16} s(s-a_{20})}{\Delta_2\Delta_3}&\dfrac{a_{18}(a_9 s+a_1 a_{12})}{\Delta_1\Delta_2}\\ 0&\dfrac{a_{16}}{s-a_{13}}&0\\ 0&0&\dfrac{a_{18}}{s-a_{17}}\\ \dfrac{a_{21}}{s-a_{20}}&0&0\end{bmatrix}\tag{5-153}$$

当 $\phi \neq 0$ 时，传递函数 $\boldsymbol{G}(s)$ 的增益矩阵 $\boldsymbol{K}$ 为

$$
\boldsymbol{K}=\begin{bmatrix} a_2a_{21} & a_3a_{16} & a_{18}a_1 \\ a_5a_{21} & a_6a_{16} & a_{18}a_4 \\ a_{10}a_{21} & a_{16} & a_{18}a_9 \\ 0 & a_{16} & 0 \\ 0 & 0 & a_{18} \\ a_{21} & 0 & 0 \end{bmatrix}=
\begin{bmatrix} a_{21}\sin\phi & a_{16}\dot{\psi}\cos\theta & a_{18}\cos\phi \\ a_{21}\dfrac{\cos\phi}{\cos\theta} & -a_{16}\dfrac{1}{\cos\theta}\dot{\theta} & -a_{18}\dfrac{\sin\phi}{\cos\theta} \\ -a_{21}\tan\theta\cos\phi & a_{16} & a_{18}\sin\phi\tan\theta \\ 0 & a_{16} & 0 \\ 0 & 0 & a_{18} \\ a_{21} & 0 & 0 \end{bmatrix} \tag{5-154}
$$

若导弹进行水平无侧滑飞行，$\theta \approx 0$，$\phi = 0$，则增益矩阵 $\boldsymbol{K}$ 可简化为

$$
\boldsymbol{K}=\begin{bmatrix} 0 & 0 & a_{18} \\ a_{21} & 0 & 0 \\ 0 & a_{16} & 0 \\ 0 & a_{16} & 0 \\ 0 & 0 & a_{18} \\ a_{21} & 0 & 0 \end{bmatrix} \tag{5-155}
$$

由式(5-155)可以看出，在平飞段，俯仰、偏航和滚转这三个通道是完全解耦的。如果 $\theta \neq 0$，则由式(5-154)可见，导弹的俯仰、偏航和滚转这三个通道之间是耦合的，当 $|\theta|$ 较大时，俯仰、偏航和滚转这三个通道之间的耦合更为严重。由式(5-154)可以得出下列结论：

① 在滚转角绝对值不大的情况下，横侧向的舵面操纵对俯仰姿态的影响不大，即副翼偏转角 δ_a 和方向舵偏转角 δ_r 的偏转对俯仰角 θ 的影响很小，可以近似为零。

② 升降舵偏转角 δ_e 的偏转对滚转角 ϕ 和偏航角 ψ 的影响与滚转角 ϕ 的大小有关。滚转角 ϕ 的绝对值越大，纵向的舵面操纵对横侧向通道姿态角的影响越大，因此，在下滑俯冲过程中不宜采用较大的倾斜滚转姿态。

③ 在俯仰角绝对值较大的情况下，偏航通道和滚转通道之间存在着严重的气动耦合关系，偏航角 ψ 和滚转角 ϕ 的运动受副翼偏转角 δ_a、方向舵偏转角 δ_r 和升降舵偏转角 δ_e 的共同作用，尤其在滚转通道上，滚转角 ϕ 对方向舵偏转角 δ_r 的增益 $\boldsymbol{K}$ 显著增大。

由上述分析可以看出，横侧向的舵面操纵对俯仰姿态的影响不大，偏航通道和滚转通道之间

存在的严重的气动耦合对滚转通道的影响较大，其受影响的程度与俯仰角和滚转角的大小有关。

下面给出当导弹的攻击终端落角为$-86°$时，在忽略和考虑由俯仰角引起的运动学耦合的两种情况下对末段弹道的仿真结果，如图5-70～图5-75所示(图中，忽略了耦合的情况用虚线表示，考虑了耦合的情况用实线表示)。

由图5-70～图5-75的仿真结果可以看出，由俯仰角引起的运动学耦合的影响不大，只是在终端大落角约束的情况下，当出现滚转角速度$p>0$时，滚转角速率$\dot{\phi}<0$，当偏航角速度$r>0$时，偏航角速率$\dot{\psi}<0$，这是因为在俯仰角θ较大时，偏航角ψ和滚转角ϕ受副翼偏转角δ_a、方向舵偏转角δ_r和升降舵偏转角δ_e的共同作用。与由速度倾斜角γ引起的动力学耦合相比，运动学耦合的影响较小，不会对脱靶量造成大的影响。

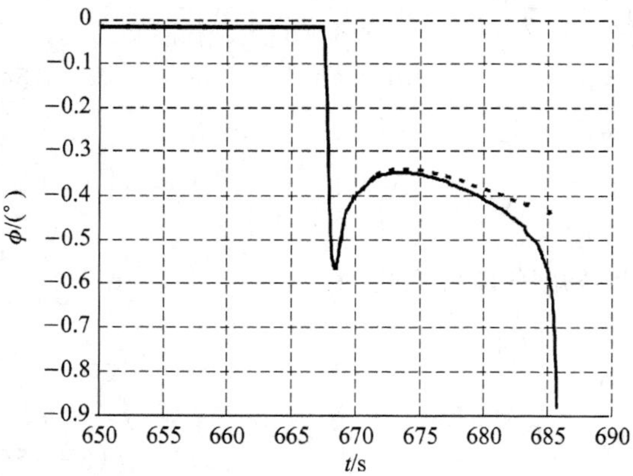

图5-70 导弹的滚转角曲线(终端落角为$-86°$)

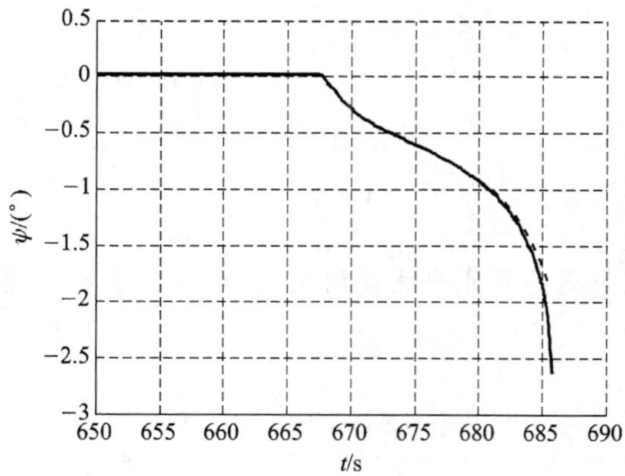

图5-71 导弹的偏航角曲线(终端落角为$-86°$)

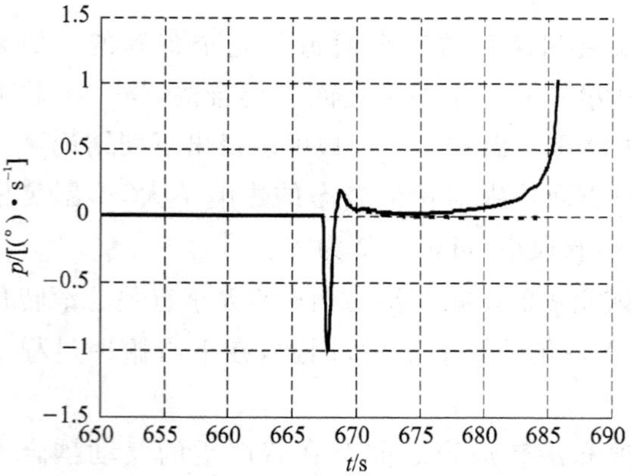

图5-72 导弹的滚转角速度曲线

(终端落角为$-86°$)

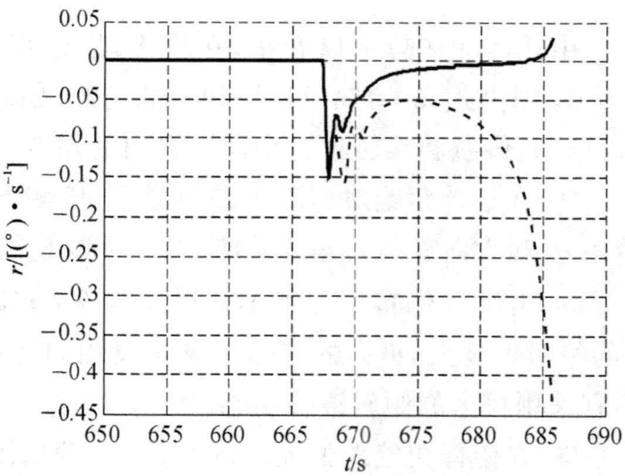

图5-73 导弹的偏航角速度曲线

(终端落角为$-86°$)

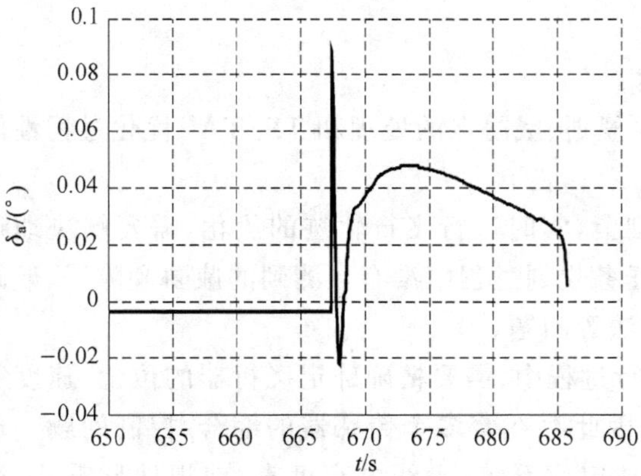

图 5-74　导弹的副翼偏转角曲线（终端落角为−86°）

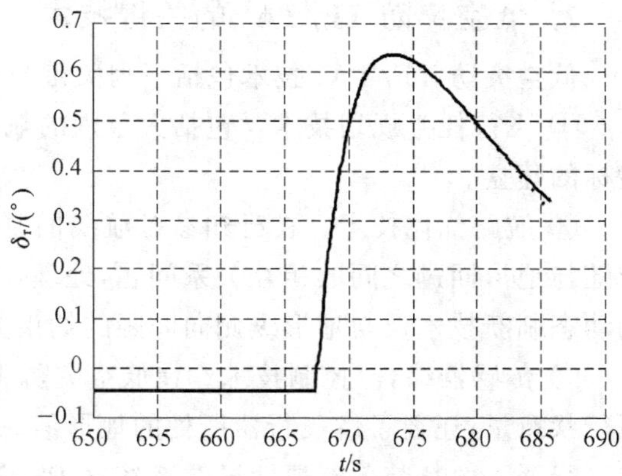

图 5-75　导弹的方向舵偏转角曲线（终端落角为−86°）

5.5.6　低空突防 TF/TA^2 技术

随着现代防空武器系统的日益完善，常规的中高空突防的成功概率越来越低，从而促使飞行器的低空突防 TF/TA^2 技术快速发展起来。所谓的 TF/TA^2 技术就是 Terrain Following（地形跟随）/Terrain Avoidance（地形回避）/Threat Avoidance（威胁回避）技术，是借助于先进的数字地图技术和多传感器信息融合技术，集地形跟随/地形回避/威胁回避为一体，迅速发展起来的新一代低空突防技术。

1. TF/TA^2 技术的特点

TF/TA^2 技术具有以下特点：

① 充分考虑了飞行器自身的性能约束，确保了规划航路的可行性；

② 考虑了敌情信息和地理信息，规划的航路能够最大限度地借助地形掩护，并避开地形障碍和敌方的防空火力，因而具有更好的隐蔽性和更高的生存能力；

③ 考虑了作战任务要求及攻击的火力配备和梯次，能为各种飞行器规划合适的攻击航路，达到协同作战的目的，从而提高了任务的成功率；

④ 可以成组地规划飞行器的航路，以进行饱和攻击，高密度飞行器的同时突防可以有效地分散防御系统的攻击能力，提高突防概率；

⑤ 考虑了燃料的限制、禁飞区的限制和操作人员的工作环境和工作负荷等因素，因而完成任务的代价小，可靠性高。

应用低空突防 TF/TA^2 技术，可使飞行器进行超低空机动飞行，有效回避山峰、障碍物以及各种威胁，能够有效提高飞行器的飞行安全和任务生存能力。

2. 低空突防 TF/TA^2 的关键技术

低空突防 TF/TA^2 技术包括下列关键技术：

① 飞行任务规划技术。包括大范围的航线规划、威胁点的处理和 TF/TA^2 优化过程性能指标的建立。

② 航路优化技术。在已知参考航线的基础上，实时进行飞行轨迹的优化，需要解决地形跟随与地形回避之间的相互关系问题，处理在任务规划过程中没有预测到的威胁和障碍、航路的动态刷新技术及与地形纵侧向间距的约束方法等问题。

③ 传感器综合/控制技术。在低空突防飞行过程中，需要精确确定飞行器的位置、速度等飞行状态量，还要了解飞行器所处的地形信息，因此存在着多个传感器的综合/控制问题。现代飞行器一般都装备有惯性导航系统、GPS全球定位系统、无线电高度表、前视地形雷达、激光测距仪以及数字地图等一系列设备，因此需要一种有效的方法来控制这些设备，并对它们的输出信息进行综合处理，同时要求这种方法对传感器的故障具有容错能力。

传感器综合/控制与综合 TF/TA^2 飞行控制系统原理图如图5-76所示。

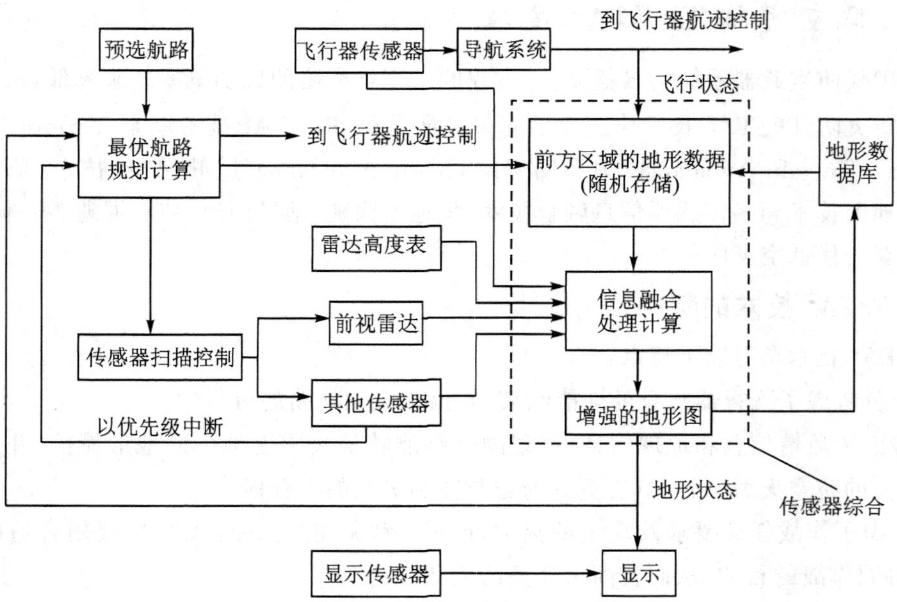

图5-76 传感器综合/控制与综合 TF/TA^2 飞行控制系统原理图

④ 制导方法。在得到优化后的飞行航路的基础上，如何得到制导指令，使飞行器沿着最优航路完成突防任务，需要从最优航路解算出飞行器的飞行控制指令。

⑤ 飞行控制系统设计。需要针对非线性的飞行器运动模型，设计出高品质的鲁棒飞行控制系统。

⑥ 驾驶员监视信息的设计。在低空突防飞行过程中，为了使驾驶员对整个飞行控制系统的工作进行有效的监督，需要结合计算机图形学、美学和心理学知识，来对系统提示信息的提供方法和形式进行设计。

⑦ 多任务综合控制技术。在低空突防飞行过程中，需要实现集成的火力/飞行/推进系统的综合控制，有效完成目标的搜索和武器发射，并在保持高精度的武器发射的同时，能够显著提高对敌防御的生存能力。

⑧ 抑制大气扰动的影响。在进行超低空突防飞行过程中，地面风场的影响会非常大，所以应对切变风和阵风进行建模，并提出抑制对策。

3. 低空突防航路规划的约束条件

(1) 几何约束条件

几何约束条件包括：

① 离地间隙。为了安全起见，飞行器离地面的垂直距离和水平距离应不小于规定的值。一般离地间隙选为 $h_g = 30 \sim 500$ m。

② 最大横向偏差。为了防止飞行器偏离参考航线太远，需要设定一个容许飞行器偏离参考航线的最大距离。一般可选最大横向偏差为 $D_g = 4.5$ km 左右。

(2) 飞行器机动性能约束条件

飞行器机动性能约束条件包括：

① 法向加速度。根据飞行器的使用条件和驾驶员的乘坐品质要求，应对最大法向加速度进行约束。乘坐品质一般分为硬、中、软三等。对于战斗机而言，相应于硬、中、软三种乘坐品质的法向加速度的取值范围分别为 $n_z = 0 \sim 3g, 0.5g \sim 3g, 0.75g \sim 3g$。

② 航迹倾斜角。根据飞行器的纵向机动能力，飞行航迹倾斜角应受到限制。对于战斗机而言，航迹倾斜角的取值范围为 $\mu = -15° \sim +30°$。

③ 滚转角和滚转角加速度。根据飞行器横侧向的机动能力，滚转角和滚转角加速度应受到限制。对于战斗机而言，滚转角和滚转角加速度的取值范围为 $\phi = -75° \sim +75°$ 和 $\ddot{\phi} = -75 \sim +75\ (°)/\mathrm{s}^2$。

④ 根据转弯曲率 ρ_1 的公式来计算转弯曲率的限制值，即

$$\rho_1 = \frac{\tan\phi(g + n_y \sin\phi) + n_y \cos\phi}{V^2} \tag{5-156}$$

⑤ 根据在垂直平面内的运动轨迹曲率 ρ_V 的公式计算其限制值，即

$$\rho_V = \frac{n_z - g}{V^2} \tag{5-157}$$

在式(5-156)和式(5-157)中，V 为空速，ϕ 为滚转角，n_y 和 n_z 分别为侧向和法向过载，g 为重力加速度。

根据曲率限制关系式(5 - 156)和式(5 - 157)，当空速 V 一定时，一旦对转弯曲率 ρ_1 和垂直轨迹的曲率 ρ_V 进行限制后，最大侧向和法向过载 n_y 和 n_z 就会得到合理的限制。

⑥ 最大航迹方位角增量公式为

$$\Delta\varphi = \varphi_1 + \varphi_2 \tag{5-158}$$

式中，$\tan\varphi_1 = \dfrac{P_1}{R}$，$\tan\varphi_2 = \dfrac{P_2}{R}$，$P_1$ 和 P_2 分别为航线两切点到地形分区边缘的距离，$R = 1/\rho_1$ 为飞行器的转弯半径，如图 5 - 77 所示。

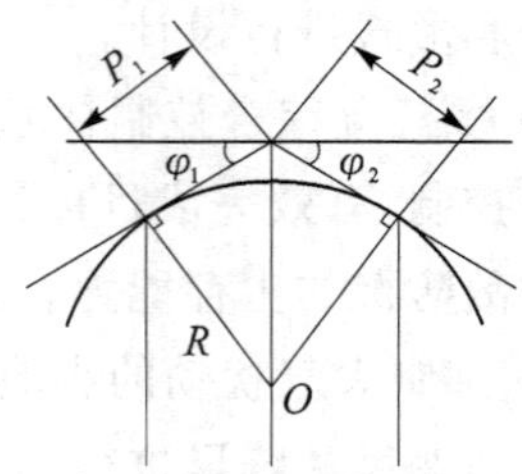

图 5 - 77　飞行器转弯俯视轨迹图

最优航路与参考航线和最小间隙轮廓线之间的关系在图 5 - 78 中示出。

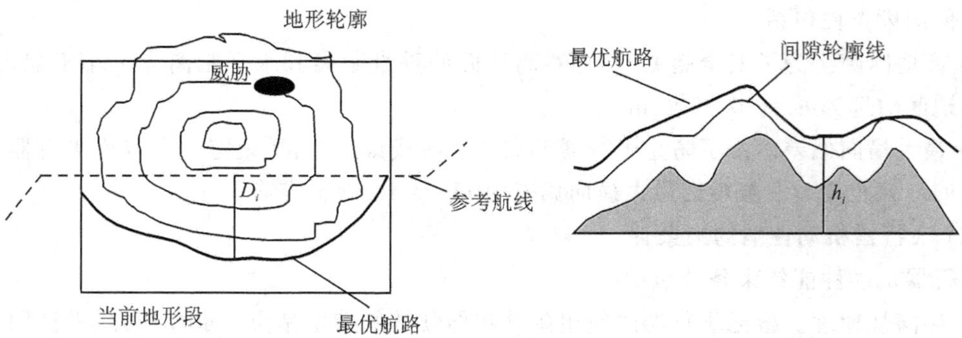

(a) 俯视图　　(b) 侧视图

图 5 - 78　最优航路与参考航线和最小间隙轮廓线之间的关系图

图 5 - 79 中示出了某型飞行器低空突防 TF/TA² 航路的一段计算机仿真结果。

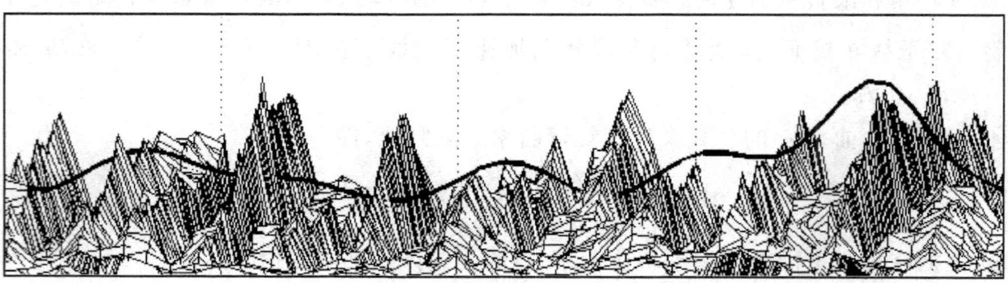

图 5 - 79　综合 TF/TA² 最优航路图示

下面给出综合 TF/TA² 飞行控制系统的原理图，如图 5 - 80 所示。

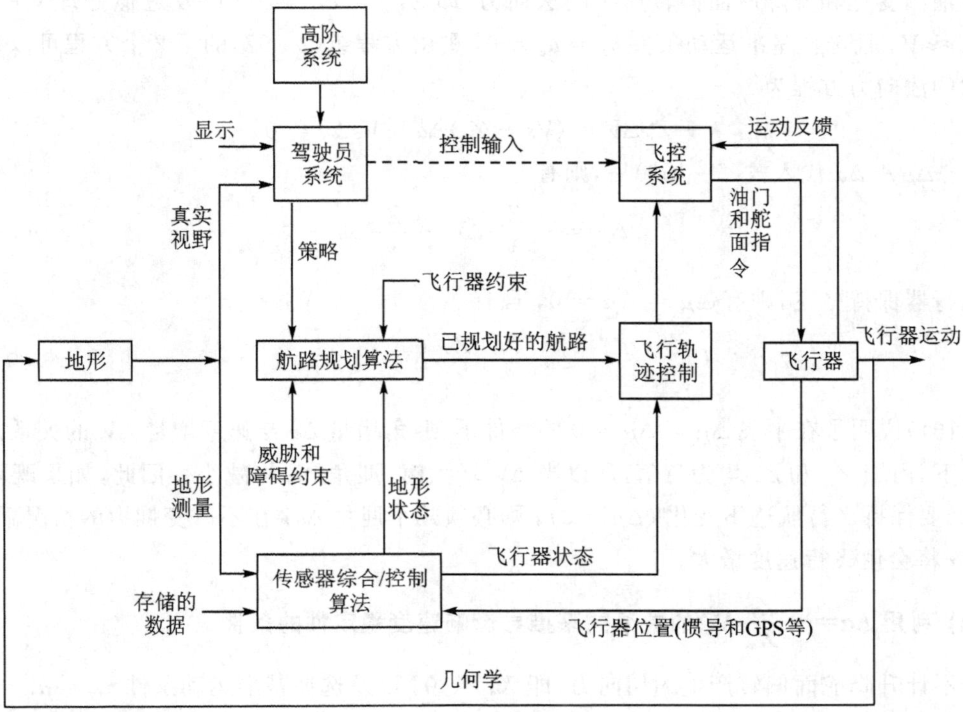

图 5-80　综合 TF/TA² 飞行控制系统原理图

5.6　空速和马赫数的保持与控制

5.6.1　飞行速度保持与控制的作用

1. 飞行速度保持与控制系统能够保证飞行器在低动压平飞时仍具有速度的稳定性

(1) 迎角增量 $\Delta\alpha$ 与速度增量 ΔV 的关系

为了讨论方便，再次给出飞行器纵向运动方程组(2-97)

$$\begin{cases} [s-(X_V+X_{T_V}\cos\alpha_e)]\Delta V(s)-X_\alpha\Delta\alpha(s)+g\cos\mu_e\Delta\theta(s)=\overline{X}_{\delta_T}\Delta\delta_T(s)+X_{\delta_e}\Delta\delta_e(s) \\ -(Z_V-X_{T_V}\sin\alpha_e)\Delta V(s)+[(V-Z_{\dot\alpha})s-Z_\alpha]\Delta\alpha(s)+g\sin\mu_e\Delta\theta(s)-(V+Z_q)\Delta q(s)= \\ \qquad -\overline{Z}_{\delta_T}\Delta\delta_T(s)+Z_{\delta_e}\Delta\delta_e(s) \\ s\Delta\theta(s)-\Delta q(s)=0 \\ -(M_V+M_{T_V})\Delta V(s)-(M_{\dot\alpha}s+M_\alpha)\Delta\alpha(s)+(s-M_q)\Delta q(s)=M_{\delta_T}\Delta\delta_T(s)+M_{\delta_e}\Delta\delta_e(s) \end{cases}$$

若不计油门变化和升降舵面偏转产生的法向力,即 $\bar{Z}_{\delta_T} = Z_{\delta_e} = 0$,以及近似处理 $V - Z_{\dot{\alpha}} \approx V + Z_q \approx V$,且选择基准运动条件 $\alpha_e = \mu_e = 0$,则由方程组(2-97)的第2个方程可以得到纵向运动的法向力方程为

$$-Z_V \Delta V + (Vs - Z_\alpha)\Delta\alpha - Vs\Delta\theta = 0 \tag{5-159}$$

将 $\Delta\theta = \Delta\mu + \Delta\alpha$ 代入式(5-159)后,则有

$$\Delta\dot{\mu} = -\frac{Z_V}{V}\Delta V - \frac{Z_\alpha}{V}\Delta\alpha \tag{5-160}$$

如果飞行器保持平飞,则有 $\Delta\mu = \Delta\dot{\mu} = 0$,且有

$$\Delta\alpha = -\frac{Z_V}{Z_\alpha}\Delta V \tag{5-161}$$

式(5-161)说明了在平飞 $\Delta\mu = \Delta\dot{\mu} = 0$ 的条件下,迎角增量 $\Delta\alpha$ 与速度增量 ΔV 的关系。在通常情况下,由于 Z_V 和 Z_α 均为负值,所以当 ΔV 增大时,迎角 $\Delta\alpha$ 将减小。因此,如果既要增加速度,又要保持飞行航迹不变化($\Delta\mu = 0$),则必须减小迎角 $\Delta\alpha$。在不改变推力的情况下,减小迎角 $\Delta\alpha$ 将会使飞行速度增大。

(2) 利用 $\Delta\alpha = -\frac{Z_V}{Z_\alpha}\Delta V$ 的关系式来推导影响速度稳定性的条件

若不计升降舵面偏转产生的切向力,即 $X_{\delta_e} = 0$,以及选择基准运动条件 $\alpha_e = \mu_e = 0$,且飞行器平飞($\Delta\theta = \Delta\alpha$),此时由方程组(2-97)的第1个方程可以得到纵向运动的切向力方程为

$$\Delta\dot{V} - (X_V + X_{T_V})\Delta V + (g - X_\alpha)\Delta\alpha = \bar{X}_{\delta_T}\Delta\delta_T \tag{5-162}$$

令 $\bar{X}_V = -(X_V + X_{T_V})$,$\bar{X}_\alpha = g - X_\alpha$,并将 $\Delta\alpha = -\frac{Z_V}{Z_\alpha}\Delta V$ 代入方程(5-162)后,则速度增量 ΔV 的一阶微分方程为

$$\Delta\dot{V} + \left(\bar{X}_V - \frac{Z_V}{Z_\alpha}\bar{X}_\alpha\right)\Delta V = \bar{X}_{\delta_T}\Delta\delta_T \tag{5-163}$$

(3) 对速度稳定性条件的分析

1) 借助于数学概念的分析

对于一阶微分方程 $\dot{x} + ax = b$,其解为

$$x(t) = \frac{b}{a} + Ce^{-at} \tag{5-164}$$

由式(5-164)可知:

① 如果 $a > 0$,则 $x(t)$ 很快衰减,稳定解为 $x(\infty) = \frac{b}{a}$;

② 如果 $a \leqslant 0$,则 $x(t)$ 发散。

所以，在速度增量 ΔV 的一阶微分方程(5-163)中，当 $\overline{X}_V-\dfrac{Z_V}{Z_\alpha}\overline{X}_\alpha\left(\right.$也可写成量纲一导数的形式，即$(C_D+C_{L_\alpha})\left(2C_D+C_{D_V}-\dfrac{mV}{QS_w}\right)+(C_L-D_{D_\alpha})(2C_L+C_{L_V})\Big)\leqslant 0$ 时，会出现速度不稳定；反之，当 $\overline{X}_V-\dfrac{Z_V}{Z_\alpha}\overline{X}_\alpha>0$ 时，飞行速度是稳定的。

2）借助于信号反馈结构的分析

根据速度增量 ΔV 的一阶微分方程 $\Delta\dot{V}=-\left(\overline{X}_V-\dfrac{Z_V}{Z_\alpha}\overline{X}_\alpha\right)\Delta V+\overline{X}_{\delta_T}\Delta\delta_T$，画出其结构原理图如图 5-81 所示。

由飞行速度的稳定性关系图 5-81 可以看出，在两个反馈通道中，一个是负反馈回路，另一个是正反馈回路。在以负反馈回路的信号为主导的情况下，满足稳定性条件 $\overline{X}_V-\dfrac{Z_V}{Z_\alpha}\overline{X}_\alpha>0$，即系统具有速度的稳定性；反之，在以正反馈回路的信号为主导的情况下，不满足稳定性条件，即 $\overline{X}_V-\dfrac{Z_V}{Z_\alpha}\overline{X}_\alpha\leqslant 0$，这样，系统将出现速度不稳定的运动。

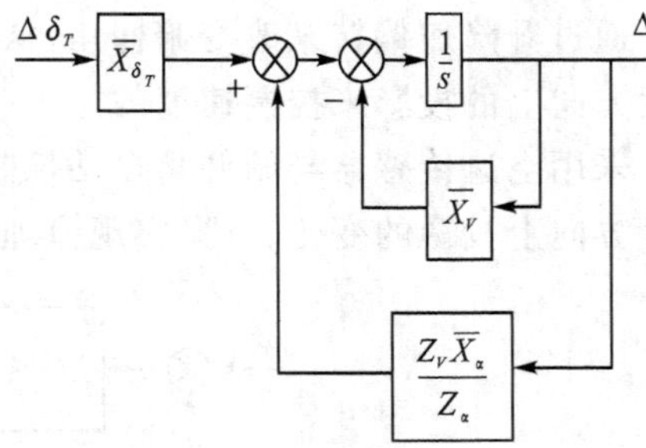

图 5-81　飞行速度的稳定性关系图

由此可见，当飞行器为低动压飞行时，由于反映机动性能的参数 $Z_\alpha=-\dfrac{QS_w}{m}(C_D+C_{L_\alpha})$ 通常比 $Z_V=-\dfrac{QS_w}{mV}(2C_L+C_{L_V})$ 减小得多，所以正反馈通道的权就增大，出现速度不稳定的可能性也就越大。

2. 飞行速度的保持与控制是航迹控制的必要前提

正如绪论中讨论的关系式 $\dot{h}=V\sin\mu\approx V\mu$ 所证实的那样，飞行速度的保持与控制跟高度的稳定与控制之间存在着耦合关系，即如果通过控制角运动来控制航迹，那么就需要保证飞行速度的稳定。这就是为什么在讨论高度稳定系统时，需要强调"速度稳定保持作用"的原因。

3. 当以跨声速飞行时能够保持速度稳定

正如第 2 章中讨论量纲一导数 C_{m_V} 时所指出的那样，如果 C_{m_V} 为正值，则随着飞行速度的增加，飞行器将趋于上仰，结果会使阻力和沿着 x 轴的重力分量增大，从而导致飞行器的速度下降，因此这是一个稳定的过程。当进入跨声速飞行时，气动焦点会随着亚声速马赫数的增加而后移，结果会产生使飞行器低头的趋势，此时的 C_{m_V} 可能成为负值，即使得 M_V 变为负值。由于当 $M_V<0$ 时，随着速度的增加会产生低头力矩，使得飞行器进行俯冲飞行，导致速度越来越大，因此这是一个不稳定的速度过程。对于飞机而言，由于跨声速阻力急剧增加，或者随

着马赫数的增加导致控制效率下降，也会引起在临界马赫数附近的自动俯冲趋势效应(tuck-under effect)。

5.6.2 速度保持与控制系统的构成和工作原理

纵向运动的控制量一般有两个，即升降舵偏转角和油门开度。升降舵的偏转可导致俯仰角和空速的显著变化。而油门的变化可使俯仰角和航迹倾斜角显著变化，而空速却变化不大。如果升降舵和油门同时变化，则可使俯仰角和空速均显著变化。

有如下两种控制速度的常用方案。

1. 通过升降舵偏转来改变俯仰角，从而实现速度控制

通过升降舵偏转来改变俯仰角，从而实现控制速度的方法，其实质是通过调整重力在飞行速度方向上的投影来控制速度的。

采用空速传感器与俯仰角自动控制系统构成内回路的连接，以实现飞行器的重力在飞行速度方向上投影的变化，方案实现原理图如图5-82所示。

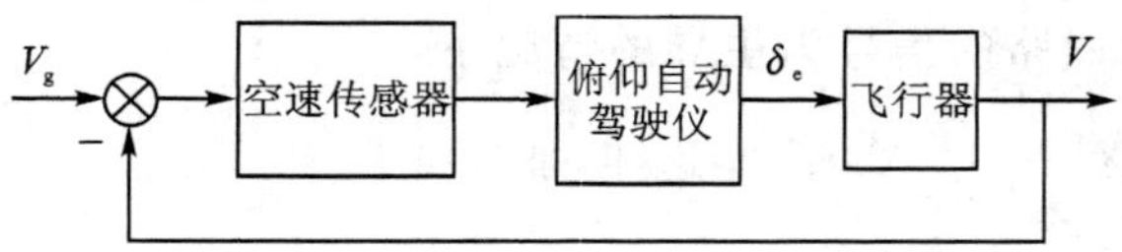

图5-82 通过升降舵改变俯仰角以控制速度的方案

如果将图5-82中的空速传感器换成马赫数传感器，就可以实现马赫数的自动控制。在这个方案中，由于油门固定不变，只通过升降舵来控制飞行速度，因此飞行速度的调节范围是有限制的。

2. 自动油门系统

自动油门系统就是通过控制油门的大小来改变发动机的推力，从而实现控制速度的目的，如图5-83所示。在图5-83中，自动驾驶仪有两种工作方式，一种方式工作于高度h稳定的状态，另一种方式工作于俯仰角θ稳定的状态。

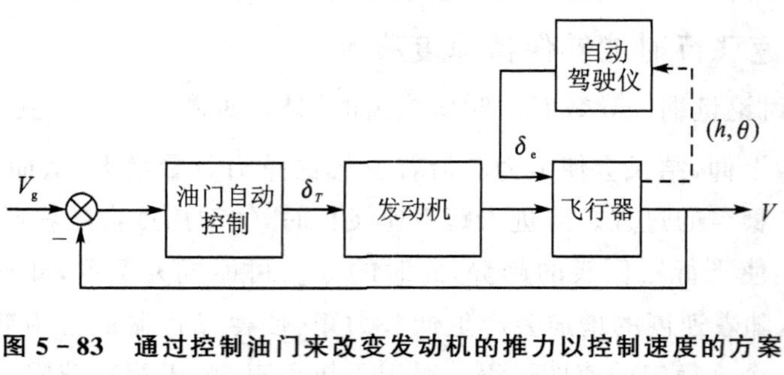

图5-83 通过控制油门来改变发动机的推力以控制速度的方案

因为自动驾驶仪有两种不同方式的工作状态，所以使得这两种控制速度的方案存在着下列差异：

① 如果自动驾驶仪工作在高度保持状态，空速向量处于水平方向，则重力在切向上的投影为零。如果增大油门，则发动机的推力增量将全部反映在增大空速上。

② 如果自动驾驶仪工作在俯仰角保持状态，则通过控制油门产生的发动机推力的变化，只有一部分反映在空速中。因为当进行无滚转角飞行时，俯仰角与迎角 $\Delta\alpha$ 和航迹倾斜角 $\Delta\mu$ 满足关系式 $\Delta\theta=\Delta\mu+\Delta\alpha$，所以除了反映在空速变化中的发动机推力之外，其余部分的发动机推力只引起了迎角 $\Delta\alpha$ 和航迹倾斜角 $\Delta\mu$ 的变化和高度的变化。

3. 适用于速度控制系统的飞行器近似方程

(1) 单独操纵升降舵或油门

在自动油门系统与俯仰角自动控制系统独立使用时，即单独操纵升降舵或油门的情况。选择基准运动条件 $\alpha_e=\mu_e=0$ 以及采用相应的近似处理后，由方程组(2-97)可以得到飞行器的纵向运动方程

$$\begin{cases}(s-X_V)\Delta V-X_\alpha\Delta\alpha+g\Delta\theta=\overline{X}_{\delta_T}\Delta\delta_T\\-Z_V\Delta V+(Vs-Z_\alpha)\Delta\alpha-Vs\Delta\theta=Z_{\delta_e}\Delta\delta_e\\-M_V\Delta V-(M_{\dot{\alpha}}s+M_\alpha)\Delta\alpha+(s-M_q)s\Delta\theta=M_{\delta_T}\Delta\delta_T+M_{\delta_e}\Delta\delta_e\end{cases}\tag{5-165}$$

从方程的数学处理来看，式(5-165)的第 3 个方程中的 $M_{\dot{\alpha}}$，M_q 和 M_{δ_T} 均为小量，二阶小量之积及二阶微分量均可不计，于是第 3 个纵向力矩方程可简化为 $-M_V\Delta V-M_\alpha\Delta\alpha=M_{\delta_e}\Delta\delta_e$。简化后的飞行器纵向运动方程为

$$\begin{cases}(s-X_V)\Delta V-X_\alpha\Delta\alpha+g\Delta\theta=\overline{X}_{\delta_T}\Delta\delta_T\\-Z_V\Delta V+(Vs-Z_\alpha)\Delta\alpha-Vs\Delta\theta=Z_{\delta_e}\Delta\delta_e\\-M_V\Delta V-M_\alpha\Delta\alpha=M_{\delta_e}\Delta\delta_e\end{cases}\tag{5-166}$$

(2) 同时操作升降舵和油门

当俯仰角自动控制系统和自动油门系统同时存在时，如果油门变化引起的俯仰角变化会很快被稳定回原值，则可认为，俯仰角的变化基本上不会影响速度的动态响应。在此情况下可假设：

① $\Delta\theta=\Delta\dot{\theta}=0$；

② 可不计俯仰角的过渡过程，忽略俯仰角 $\Delta\theta$ 这个状态变量。

这样一来，式(5-166)就成为二自由度纵向运动方程，且纵向力矩方程可忽略不予考虑，即成为

$$\begin{cases}(s-X_V)\Delta V-X_\alpha\Delta\alpha=\overline{X}_{\delta_T}\Delta\delta_T\\-Z_V\Delta V+(Vs-Z_\alpha)\Delta\alpha=Z_{\delta_e}\Delta\delta_e\end{cases}\tag{5-167}$$

但是,如果控制律是比例式硬反馈俯仰角自动驾驶仪,那么,因为有俯仰角稳态静差 $\Delta\theta_s$ 的存在,所以,简化方程(5-167)将不再适用,需要采用全量的纵向运动方程。

习 题

5-1 试分析说明阻尼器、增稳系统和控制增稳系统以及自动驾驶仪各自的工作原理和特点。

5-2 假定某飞行器的传递函数为

$$\frac{\Delta\theta(s)}{\Delta\delta_e(s)}=\frac{M_{\delta_e}(s+Z_\alpha^*)}{s(s^2+2\xi_{sp}\omega_{sp}s+\omega_{sp}^2)}$$

舵回路的传递函数为

$$\frac{\Delta\delta_e(s)}{\Delta u_e(s)}=\frac{1}{T_\delta s+1}$$

(1) 如果采用控制律

$$\Delta\delta_e=L_\theta(\Delta\theta-\Delta\theta_g)+L_{\dot\theta}\Delta\dot\theta$$

① 画出其相应的结构图,并标出干扰力矩 M_f。

② 试分析说明舵回路时间常数 T_δ 对系统阻尼特性的影响,对 T_δ 应该有怎样的限制?(分 $T_\delta=0$ 和 $T_\delta\neq0$ 两种情况讨论)。

③ 如果要求俯仰角的静差 $|\Delta\theta_s|<\varepsilon(\varepsilon>0)$ 和已知常值干扰力矩 M_f 以及 $C_{m_{\delta_e}}$,试说明应如何限制反馈增益 L_θ?

④ 如果控制信号为 $\Delta\theta_g=k_g t$,试计算 $\Delta\theta_s$ 并对计算结果分析说明。

(2) 如果采用另一种控制律

$$\Delta\delta_e=L_\theta(\Delta\theta-\Delta\theta_g)$$

① 试计算俯仰角的静差。

② 试分析比较两种控制律所产生的俯仰角静差。

5-3 试分析说明协调转弯的条件,并推导协调转弯公式。

5-4 试推导定高系统运动学环节,并画出其原理图。

5-5 利用方程组(2-97)分析说明速度稳定性的条件。

5-6 试以图 5-15 所示的俯仰控制增稳系统为例,分析控制增稳系统对飞行器稳定性和操纵品质的影响。

第6章 飞行控制系统设计

6.1 飞行控制系统的任务和设计目标

6.1.1 任务与设计目标

自从有人驾驶的动力飞机问世以来，飞行安全要求一直是飞机设计的最高目标，其他所有的设计目标都要服从于这项最高的目标。

在民用航空领域中，把乘客安全地送达目的地始终是民用客机设计的最为关注的目标。其飞行经济性、舒适性和正点运行虽然同样也是重要的目标，但相对于飞行安全而言，这些都处于次要的地位。

在军用航空领域中，除了飞行安全性的目标要求之外，还有完成任务的目标要求。在军用航空设计规范中，这两项目标是并列的。

因此，飞行控制系统为了实现上述目标所要做出的基本贡献有下列四大类：

① 改善飞行品质。包括：

ⓐ 固有运动特性，如改善俯仰、滚转和偏航通道的固有阻尼特性和固有频率特性等性能；

ⓑ 操纵（控制）特性，即改善飞行器对操纵（控制）输入信号的响应特性；

ⓒ 扰动特性，主要是改善飞行器对大气紊流的响应特性；

ⓓ 大扰动的控制问题，例如，针对一侧发动机停车或抛投载荷引起的大扰动对飞行安全和飞行品质的影响进行有效的控制。

也就是说，飞行控制系统能够减轻驾驶员长时间连续和使人疲乏的工作负担，即能够承担稳定飞行状态、减轻风切变和大气紊流的影响等工作。

② 协助航迹控制。

③ 全自动航迹控制。

④ 监控和任务规划。

当驾驶员的反应速度和能力不能胜任对多种参数进行观测和协调控制时，飞行控制系统能够支持驾驶员完成艰巨的飞行任务，成为驾驶员的得力助手，例如，在恶劣气象条件下的着陆及地形跟随和回避，或者在失速范围的机动飞行；飞行控制系统也能够完成经常性和重复性的机动飞行程序，例如，高精度地完成标准化的进场着陆飞行。这样，就使驾驶员能够保持“清醒的头脑”，用以监控飞机的安全运行，使得在发生意外情况时能够做出正确的决断。

那么,需要遵循什么样的飞行品质评价及品质规范,设计出的飞行控制系统才能实现上述目标呢? 为此,本章将利用有限的篇幅介绍飞行控制系统设计的典型方法,但只给出一些适航标准和规范,因为设计要求和准则是多种多样的。下面给出主要的三大方面的要求。

(1) 涉及飞行品质的要求

这是指有关飞机的动态特性,也就是有关稳定性、操纵性和机动性(操纵品质),以及阵风敏感性(乘坐品质)的要求。因此,这些要求优先考虑了驾驶员对良好的飞行能力和飞行舒适性的期望,但也包括对遵守安全飞行包线的一些主要要求。

(2) 涉及飞机对飞行环境的适应性要求

这是指对全部飞行活动的适应性要求。它包括从起飞、巡航、进场和着陆控制与标准飞行方式得到关于保持飞行航迹的允许偏差,以及从各航迹段到利用仪表着陆系统(ILS)进场着陆等方面的一些主要要求。

(3) 通过控制手段来改善飞行性能的要求

例如应用主动控制技术(Active Control Technique,ACT)可以扩大战斗机的飞行包线,而在民用航空领域,飞行控制系统是改善飞行品质和飞行性能的关键技术之一。例如,机动载荷控制和放宽静稳定性要求等。

综上所述,飞行控制系统的设计目标是与飞机类型和飞行包线密切相关的。随着现代飞行器所执行的飞行任务越来越复杂,对于飞行器各项性能的要求也越来越高,因此,有关飞行控制系统的设计要求的内容和标准也在不断发展和完善。

6.1.2 飞行品质的评价准则

飞行控制系统的品质通常由驾驶员来评定。驾驶员对控制品质的评价与下列因素有关:

① 飞机类型(大型的、迟钝的飞机,或者小型的、灵活的飞机);

② 飞行任务(起飞、巡航飞行、特技飞行);

③ 环境条件(大气紊流、振动、噪声);

④ 飞行任务的困难程度(例如,在恶劣能见度下的着陆和发动机停车等)。

上述影响因素都要进入设计规范。下面可用三个例子加以详细说明。

1. 编队飞行

在编队飞行时,最重要的要求是按地点(距离)和时间(会合)来精确控制飞行姿态和导引飞行航迹,发挥飞机的最大机动性和快速响应特性。编队飞行是以指令剧烈而迅速的变换以及发挥到极限的飞行性能(例如,极限过载等)为主要特征;而对于驾驶员的乘坐舒适性(例如,对过载的限制等),仅要求经过较长时间后,仍能达到保证驾驶员可靠地完成飞行任务的程度。相对而言,在这种飞行情况下,对于飞行经济性的要求已经处于次要地位。

2. 运输机的巡航飞行

因为在这种飞行状态下,首先优先考虑飞行经济性和空中交通控制引导的约束条件,所以最关键的是保持对地的飞行航线、最优飞行马赫数和飞行高度的准确性。与此相反，却容许飞行航迹和飞行姿态的偏差相对大一些（例如，飞行高度平面相隔 300～600 m，飞机相距 37 km）。其次是舒适性要求，也就是要对加速度和转动角速率进行限制。因为运输机巡航飞行是由一系列长时间定常飞行阶段组成的，而这些飞行阶段又是逐段、机动地进行转换的，所以要求在进行机动转换过程中各个操纵舵面的偏度都相当小。

3. 运输机的进场着陆飞行

进场着陆飞行阶段对航迹导引精度有特别高的要求，而且越靠近接地点要求越高。因为这一阶段几乎是以最小飞行速度进行飞行的，并且频繁地改变机体的构形状态（例如，着陆襟翼和起落架等），这额外增加了驾驶员的工作负担，所以要求驾驶员高度地注意飞行状况，尤其当存在大气紊流时更应如此。由于此阶段的飞行主要是定常飞行阶段之间的分段转换，因此对飞机机动性的要求很低，然而对舵面操纵效能的要求却很高。在通常情况下，进场着陆飞行阶段的飞行距离较短，因此，一般都把对飞行经济性和乘坐舒适性的要求放在次要地位考虑。

表 6-1 对三个例子的几项主要飞行品质的要求进行了比较。由表中可以看出，对飞行稳定性和机动性的要求是相反的，因为很高的稳定性和良好的阻尼特性不利于飞机的操纵灵敏性，有时为了具有高的机动性能而必须降低稳定性和阻尼特性。虽然在三个飞行阶段中都对阵风抑制提出了要求，但是阵风抑制对于长时间的飞行阶段则更为重要（例如，乘坐舒适性和结构载荷等）。另外，对航迹精度和乘坐舒适性的要求也是互相对立的，因为只有高的加速度和转动速度才能保证实现高的航迹精度，也就是说在降低了乘坐舒适性的情况下才能够达到高的航迹精度。表中还附加了另一项越来越重要的要求，就是用“包线保护”（envelope protection）和“无忧操纵”（care free handling）概念来描述飞行控制系统的两个相似的功能，即防止在强扰动和驾驶员操纵错误的情况下导致的飞机脱离其安全飞行范围（α_{max}，n_{zmax}，M_{max}），这样可以大大减轻驾驶员在复杂飞行任务中的工作负担。

表 6-1 各种飞行阶段的设计原则

性 能	编队飞行	巡航飞行	着 陆
稳定性，阻尼特性	—	+	+
机动性	++	—	—
阵风抑制	(+)	+	(+)
航迹精度	+	—	++
乘坐舒适性	—	+	—
经济性	—	++	—
包线保护	+	(+)	+

下面再列举一些在飞行品质、飞行性能和导引精度等方面有着显著不同要求的典型飞行

任务：

① 空战和特技飞行。要求利用极限性能，例如，极小的转弯半径和极限的过载等。

② 跟踪目标。要求最优的能量航迹和最优的截击机动等。

③ 无推力进场着陆。要求最优的能量管理和最优的下滑航迹及正点着陆等。

④ 起飞和爬升。在起飞航迹上，尤其是在抬前轮时刻的加速性能，以及爬升到升限(发动机停车)的最优性能等。

⑤ 巡航飞行。在逐段转换的长时间定常飞行阶段，要求有最低的燃料消耗。

⑥ 高交通密度情况下的进场，或者以高的下滑速度做下滑飞行。要求等待飞行或者飞行航迹经常变化等。

⑦ 终端进场和着陆。在地面边界层(大气紊流和风切变)及恶劣能见度情况下要求有高的航迹精度。

6.1.3 飞行控制系统的基本任务

在讨论飞行品质评价和品质规范之前，首先看一下飞行控制系统所要承担的主要任务。在通常情况下，可以把飞行控制系统所要承担的主要任务概括为下列四类。

1. 改善飞行品质

飞行控制系统所要承担的改善飞行品质的第一项基本任务，首先是改善飞机的固有运动特性，这里包括滚转、俯仰和偏航方向特征运动的频率特性和阻尼特性以及运动参数之间的耦合关系，例如，滚转与偏航通道之间的相互耦合关系。

改善飞行品质的第二项基本任务，是改善飞行操纵特性，即飞机对驾驶员操纵输入的响应特性。因为航迹运动的响应相对迟缓一些，所以航迹运动即使存在轻微的不稳定情况，驾驶员也能够控制，因此在这里航迹运动只起次要作用。而与此相反，飞机的转动运动对稳定性的要求却处于首要地位，因为固有频率和阻尼比必须在驾驶员满意且又与其反应能力相一致的范围内，这样，驾驶员的操纵既不会使飞机不稳定或者诱发极限振荡，又不会使飞机处于过操纵状态。此外，借助飞行控制系统来改善飞机的操纵特性，不仅对操纵指令的响应幅值的改善很重要，而且对响应时间过程的改善也很重要。因为响应时间过程能够使驾驶员尽量早地估计到飞机的运动特性，从而正确调整其操纵输入。

现代飞机大多数是通过不可逆助力操纵系统进行操纵的，因而驾驶员在驾驶杆上感受到的自然不是实际的反作用力，而必须通过机械式(或液压式)弹簧，也就是“人工杆力感觉”装置，来产生这种人工反作用力。因此驾驶员施加的操纵力和所造成的过载系数对飞行品质的评价极为重要。另外，主要由加速度和转动角速率所决定的飞机起始响应特性，对于飞行品质的评价也具有决定性的作用。正如第5章中讨论控制增稳系统(CAS)时所引入的杆力灵敏度 M_{F_y}、杆力梯度 $F_y^{n_z}$ 和操纵期望参数CAP(Control Anticipation Parameter)的概念一样。

改善飞行品质的第三项基本任务，是改善飞机的扰动特性，主要指飞机对大气紊流的响应特性。大气紊流不仅会激发飞机的刚体运动，而且会激发飞机的弹性运动。

改善飞行品质的第四项基本任务，就是大扰动的控制问题，例如，一侧发动机停车或者抛投载荷所引起的大扰动。首先，必须降低初始出现的转动加速度，使其不会形成危险的飞行姿态变化。然后，重新配平飞机，以平衡掉非对称的推力，或者平衡掉因质量和质心变化所导致的不平衡力矩。

所有上述飞行控制系统都应该支持而又不妨碍驾驶员进行飞行航迹的控制任务，并且尽可能以驾驶员察觉不到的方式进行工作。

2. 协助航迹控制

在机动飞行阶段，驾驶员更需要飞行控制系统的支持。飞行控制系统的这种支持不仅能使驾驶员进行精确的飞行航迹控制，而且允许驾驶员做剧烈而迅速变化的机动飞行。第 7 章中将要讨论的电传操纵系统为直接发挥出这种能力提供可能。

3. 全自动航迹控制

全自动航迹控制是指无驾驶员参与的全自动化的飞行航迹控制，它完全由所有六个自由度的飞行自动控制系统来完成。但是，对于三个自由度的航迹运动，要求必须有可供选择的手动/自动控制两种工作模式。

最初的自动飞行航迹控制系统（自动驾驶仪）仅承担巡航飞行阶段的稳定任务，后来加上了飞行阶段之间的曲线飞行和过渡飞行航迹段，最后，实现了由多个阶段组合而成的复杂飞行航迹，例如，自动着陆中也可能还包括复飞机动飞行等。

4. 监控和任务规划

通常在飞行过程中，驾驶员应按照飞行计划，合理地使用机载系统实现最优飞行，并对整个飞行过程进行有效的监控和决策。目前，这项工作正越来越多地由飞行管理计算机来承担，并且这些计算机系统还逐渐担负起选择电台和发射频率、变换导航系统和控制系统工作模式以及各个飞行阶段的程序控制等费时费力的工作。

飞行状态的监控可以归结为使用边界的控制，包括发动机工作状态的监控（如，最大允许推力、转数、温度等）、最大/最小飞行速度、最大/最小飞行高度以及迎角/过载限制等。在军用领域中，按照“无忧操纵”概念设计的飞行控制系统，可以使驾驶员有更多的精力专注于战术决策。随着相关科学技术的迅速发展，现代飞行控制系统正向着完全可以替代驾驶员的方向迅速发展和完善。

6.2　飞行品质评价及品质规范

有人驾驶飞机的飞行品质是指保证驾驶员方便地驾驶飞机，顺利而精确地完成飞行任务的性能指标。评价飞行品质的标准称为飞行品质规范，是国家或部门统一制定的法律性文件，其中规定了系统总的性能要求和设计准则(包括系统设计和分系统与部件设计)。

自从有人驾驶的动力飞机问世以来,飞行品质规范就开始受到关注。最早的军用飞行品质规范是美国于1907年发布的"通讯部队规范第486号"。该规范要求飞机在被接收之前至少进行1小时续航性试飞,而且应保证返回起飞点后能够立即开始另一次飞行。在试飞过程中,飞机应能沿任一方向飞行且始终处于可操纵和稳定状态。20世纪50年代中期,美军标MIL—F—8785正式颁布,规定了飞机稳定性和操纵性最低限度的要求。当时的规范仍然只是鉴定标准而不是设计标准。60年代末,美国相继颁布的MIL—F—8785A和MIL—F—8785B,不仅作为了鉴定标准,而且已经是设计标准。于1980年正式公布的美国军用规范MIL—F—8785C,至今仍是美国的正式军用规范,也是世界各国所参考的主要飞行品质规范之一。

为了适应航空工业的发展要求,我国也于1986年制定了国军标GJB 185—86《有人驾驶飞机(固定翼)飞行品质》,该标准参照MIL—F—8785C规定了人工和自动飞行控制系统都必须满足的空中和地面操纵品质。同时,相应制定了《有人驾驶飞机飞行控制系统通用规范》、《军用直升机飞行品质规范》和《飞机自动驾驶仪通用规范》等,这些规范大大推动了我国飞行控制系统的研制工作。

6.2.1 国军标GJB 185—86的基本内容

1. 飞机的种类

军用飞机分为以下三类:

① 轻小型(代号QX),指质量小于4 500 kg、最大法向过载小于4.5g的飞机。例如,轻型多用途机和初级教练机。

② 轰运型(代号HY),指质量大于4 500 kg、最大法向过载小于4.5g的飞机。例如,战术轰炸机、中型轰炸机、重型轰炸机、轻型运输机、中型运输机、大型运输机、预警机和加油机等。

③ 歼强型(代号JQ),指最大法向过载大于4.5g的飞机。例如,歼击机、强击机、歼击轰炸机、截击机、战术侦察机以及相应的各种教练机。

2. 飞行阶段的种类

不同用途和不同类型的飞机具有不同的飞行品质要求。某一类飞机在不同的飞行阶段完成不同的任务,对飞行品质的要求也相应不同。在GJB 185—86中,把飞行阶段划分为:

① 战斗阶段(A类),指做急剧机动动作、精确跟踪或精确控制飞行轨迹的飞行阶段。包括空战(CO)、对地攻击(GA)、武器投掷或发射(WD)、侦察(RC)、空中受油(RR)、地形跟随(TF)、反潜搜索(AS)和密集编队(FF)等。

② 航行阶段(B类),指精确控制飞行轨迹、做缓慢机动动作、无需精确跟踪就能完成的飞行阶段。包括上升(CL)、巡航(CR)、空中加油(RT)、下降(D)、应急下降(ED)、应急减速(DE)

和空投(AD)等。

③ 起落阶段(C 类),指做缓慢机动动作、常常需要精确控制飞行轨迹的飞行阶段。包括起飞(T0)、进场(PA)、复飞(WO)和着陆(L)等。

3. 飞行品质标准

飞行品质标准是对不同机种不同飞行阶段制定的最低条件。飞行品质标准分为三等：

· 标准 1,飞行品质能确保顺利完成各项预定的飞行任务;
· 标准 2,飞行品质适合于完成各项飞行任务,但驾驶员的工作负担有所增加,或完成任务的效果有所降低,或兼而有之;
· 标准 3,飞行品质能满足安全操纵飞机,但驾驶员的工作负担很重,或完成任务的效果不好,或兼而有之,即能够安全地结束 A 类飞行阶段,能够完成 B 和 C 类飞行阶段。

飞机的运动分为纵向运动和横侧向运动,因此,国军标中也相应规定了纵向飞行品质和横侧向飞行品质。

6.2.2 纵向飞行品质的要求

1. 速度稳定性

速度稳定性指速度在长时间内的稳定性。GJB 185—86 中考虑以下三个方面。

(1) 纵向静稳定性

若飞机受扰后有恢复原飞行状态的趋势,则飞机具有纵向静稳定性。在 GJB 185—86 中,要求当飞机在配平状态受扰,驾驶员固定操纵或松手时,标准 1 和标准 2 中的飞行速度应能保证不出现非周期发散。在特殊情况下,允许放宽最大不稳定度,但其倍幅时间不得小于 6 s。

(2) 沉浮稳定性

沉浮运动是指飞机重心做纵向长周期模态的振荡运动。飞机迎角"在此过程中变化较小,主要反应在俯仰角 θ 和飞行速度的变化上,振荡周期较长"。对于有人驾驶飞机,驾驶员的控制可以抑制长周期模态的轻微发散。但是对于要求精确轨迹控制的飞机,就必须足够重视长周期模态的性能。在 GJB 185—86 中规定,当驾驶杆固持与松浮时,飞机的长周期速度振荡应满足下列要求：

· 标准 1,阻尼比 $\xi_{np} > 0.04$;
· 标准 2,阻尼比 $\xi_{np} > 0$;
· 标准 3,倍幅时间 T_2 至少为 55 s。

(3) 飞行轨迹稳定性

飞行轨迹稳定性是当驾驶员不改变油门位置而只改变俯仰操纵来保持航迹倾斜角 μ 时,衡量飞行速度稳定性的指标,可表示为航迹倾斜角 μ 对空速 V 变化曲线的斜率。在进场着陆飞行阶段,航迹倾斜角 μ 对空速 V 的曲线在最小使用速度 $V_{0\min}$ 处的斜率 $\frac{\mathrm{d}\mu}{\mathrm{d}V}$ 应为负值或小于下列正值：

- 标准1，0.032 (°)/(km·h^{-1})；
- 标准2，0.080 (°)/(km·h^{-1})；
- 标准3，0.130 (°)/(km·h^{-1})。

推力状态应是飞机以最小使用速度 V_{0min} 做正常进场下滑轨迹时所要求的状态。航迹倾斜角对空速曲线在 $V_{0min}-10$ km/h 处的斜率与在 V_{0min} 处的斜率(按正值)之差应不大于 0.027 (°)/(km·h^{-1})，如图6-1所示。图中的负斜率区是飞行轨迹的稳定区，随着航迹倾斜角 μ 的减小，速度增加，驾驶员只需偏转升降舵即可控制速度。正斜率区是飞行轨迹的不稳定区，速度 V 随着航迹倾斜角 μ 的减小而减小，这时只控制升降舵已无法调节速度，还必须控制发动机的油门。

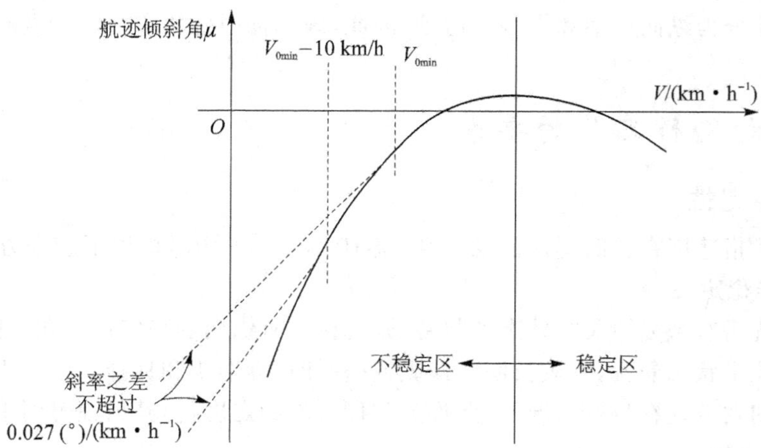

图6-1 航迹倾斜角对空速的变化曲线

一般希望最小使用速度 V_{0min} 尽可能位于负斜率区，但是飞机下滑着陆时的 V_{0min} 较小，通常都处在正斜率区，飞机不具备轨迹稳定性，因此，准确控制飞行轨迹和速度会比较困难。GJB 185—86 中规定在 V_{0min} 处的斜率应为负值或小于前述数值的正值。总之，轨迹稳定性对保证飞机下滑着陆和精确控制轨迹具有重要意义。

2. 纵向机动特性

纵向机动特性是飞机在常值速度下对驾驶员操纵输入的动态响应性能。在GJB 185—86中，主要考虑短周期响应、等速飞行中的操纵感觉和稳定性以及驾驶员诱发振荡等。

短周期响应指在速度几乎不变的情况下，由微小扰动或突然俯仰操纵所产生的迎角和俯仰角振荡的过程，它是研究纵向机动性和纵向飞行品质参数中十分重要的问题。

(1) 等评价等级参数

图6-2给出了评价短周期二阶振荡环节特性的主要参数——固有频率 ω_{sp} 和阻尼比 ξ_{sp}

的变化范围。图中的“好”、“可以”和“差”三个区域是驾驶员评价纵向短周期响应特性的等级区域。驾驶员的经验证明，若 ω_{sp} 过高，飞机对操纵力及阵风的响应将很激烈，驾驶员会感到飞机太灵敏。若 $T_{sp}=\dfrac{2\pi}{\omega_{sp}}$ 不足够大于人体肌肉系统的时间常数 (τ)，则可能导致驾驶员诱发振荡。另外，一般飞行控制系统舵回路的特性与飞机纵向短周期响应特性的固有频率 ω_{sp} 相关，当舵回路的通频带比 ω_{sp} 高 3～5 倍时，飞行控制系统才能很好地发挥作用。若 ω_{sp} 过高，则舵回路的动特性要求亦高，飞行控制系统的设计和实现均将困难；反之，若 ω_{sp} 过低，则驾驶员又会感觉飞机响应过于迟钝。固有频率 ω_{sp} 和阻尼比 ξ_{sp} 过低也会引起驾驶员的诱发振荡。

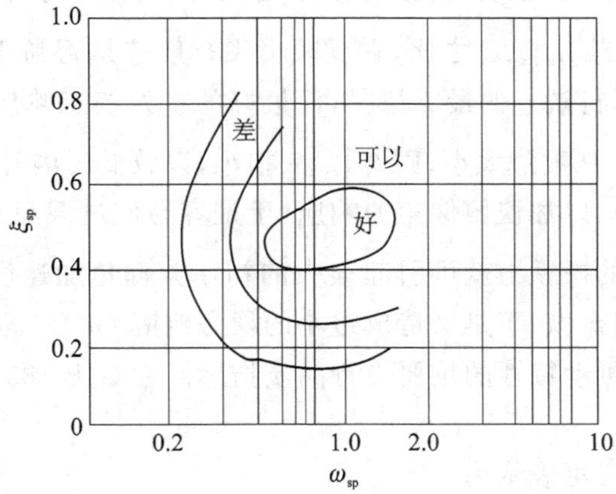

图 6-2　等评价等级参数变化范围

(2) 短周期的阻尼比 ξ_{sp}

短周期的阻尼比 ξ_{sp} 是描述飞机阻尼特性的重要参数。若 ξ_{sp} 适当，则飞机受扰后摆动次数少，收敛快；若 ξ_{sp} 过大，则飞机响应迟钝，操纵性差；若 ξ_{sp} 过小，则飞机受扰后的过程出现振荡和过调，飞机操纵困难。GJB 185—86 中对 ξ_{sp} 的要求如表 6-2 所列。

表 6-2　短周期相对阻尼比的限制

品质标准 \ 阻尼比 \ 飞行阶段	航行阶段(B)		战斗阶段(A)/起落阶段(C)	
	最　大	最　小	最　大	最　小
标准 1	2.00	0.30	1.30	0.35
标准 2	2.00	0.20	2.00	0.25
标准 3	—	0.15*	—	0.15*

* 经订货方同意，在高空飞行时，最小阻尼比可适当减小。

(3) 操纵期望参数

随着飞机性能与飞行速度的提高，飞机的气动外形也发生着改变，在纵向短周期响应特性

中仅考虑固有频率 ω_{sp} 和阻尼比 ξ_{sp} 是不够的。在驾驶员评价飞机的操纵性时,不仅关注动态响应情况,而且关心飞机航迹变化的最终结果。因此,在 GJB 185—86 中给出了当量短周期无阻尼固有频率和加速度灵敏度的要求,并在综合考虑飞机最终航迹变化的情况下,给出不同飞行阶段的飞行品质等级,以及当量短周期无阻尼固有频率 ω_{sp} 和单位迎角下的稳态法向过载 n_z/α 及过载灵敏度的限制。衡量过载灵敏度的指标是操纵期望参数 CAP,其表达式为

$$\mathrm{CAP}=\frac{(\ddot{\theta}/\delta_e)\mid_{t\to0^+}}{(n_z/\delta_e)\mid_{t\to\infty}}=\frac{\ddot{\theta}\mid_{t\to0^+}}{n_z\mid_{t\to\infty}}\approx\frac{\omega_{sp}^2}{n_z/\alpha} \tag{6-1}$$

由式(6-1)可见,CAP 是在升降舵发生阶跃变化时,飞机的初始俯仰角加速度 $\ddot{\theta}\mid_{t\to0^+}$(或者 $\dot{q}\mid_{t\to0^+}$)与稳态法向过载 $n_z\mid_{t\to\infty}$ 之比,它反映出飞行航迹是否易于控制。驾驶员根据飞机的初始姿态响应来推测飞行航迹的最终情况,而最好的初始姿态响应是驾驶员的内耳所感受的俯仰角加速度 $\ddot{\theta}$。若 CAP 数值太小,则 $\ddot{\theta}\mid_{t\to0^+}$ 很小,以致低于内耳所能觉察的程度,这时驾驶员将施加更大的操纵力,以加快俯仰角的响应,于是容易使过载超过期望值。反之,若 CAP 过大,则驾驶员施加很小的操纵力就可引起很大的初始俯仰角加速度 $\ddot{\theta}\mid_{t\to0^+}$,这时驾驶员将倾向于减小操纵力或反向操纵,于是又造成过小的稳态响应($n_z\mid_{t\to\infty}$)。上述内容表明,操纵期望参数 CAP 是衡量纵向机动特性的重要飞行品质指标。在 GJB 185—86 中,各种飞行阶段的技术要求如图 6-3 所示。

操纵期望参数 CAP 又可表示为

$$\mathrm{CAP}=\frac{\ddot{\theta}\mid_{t\to0^+}}{n_z\mid_{t\to\infty}}=\frac{\ddot{\theta}\mid_{t\to0^+}}{F_y}\cdot\frac{F_y}{n_z\mid_{t\to\infty}}=M_{F_y}F_y^{n_z} \tag{6-2}$$

式中,$M_{F_y}=\dfrac{\ddot{\theta}\mid_{t\to0^+}}{F_y}$ 为杆力灵敏度,即单位杆力所产生的飞机初始俯仰角加速度;$F_y^{n_z}=\dfrac{F_y}{n_z\mid_{t\to\infty}}$ 为单位过载杆力,又称为杆力梯度,表示在飞机做机动飞行时,每产生 1 个 g 过载所需要的杆力。

由此可见,CAP 包含与驾驶员操纵感觉直接有关的两个概念:杆力灵敏度 M_{F_y} 和单位过载杆力 $F_y^{n_z}$。当 CAP 值太小时,必须减小 M_{F_y},以保证满意的单位过载杆力 $F_y^{n_z}$;或者减小单位过载杆力 $F_y^{n_z}$,以保证满意的杆力灵敏度 M_{F_y}。当操纵期望参数 CAP 过大时,M_{F_y} 和 $F_y^{n_z}$ 之间很难配合得当。因此,操纵期望参数 CAP 的值必须控制在图 6-3 限定的范围内。

此外,在 GJB 185—86 中还规定,在平静的大气中,任何持续的剩余振荡不应妨碍驾驶员完成各项任务。在标准 1 和 2 中规定,驾驶员座位处的法向过载不得大于 $\pm0.05g$;在要求精确姿态操纵的战斗飞行阶段,俯仰姿态的振荡不得大于 $\pm0.17°$。这些要求适用于俯仰操纵固持和松浮两种情况。同时标准中又规定,飞机不应该有驾驶员诱发振荡的趋势,即驾驶员操纵飞机时不应引起持久的或不可控制的振荡。

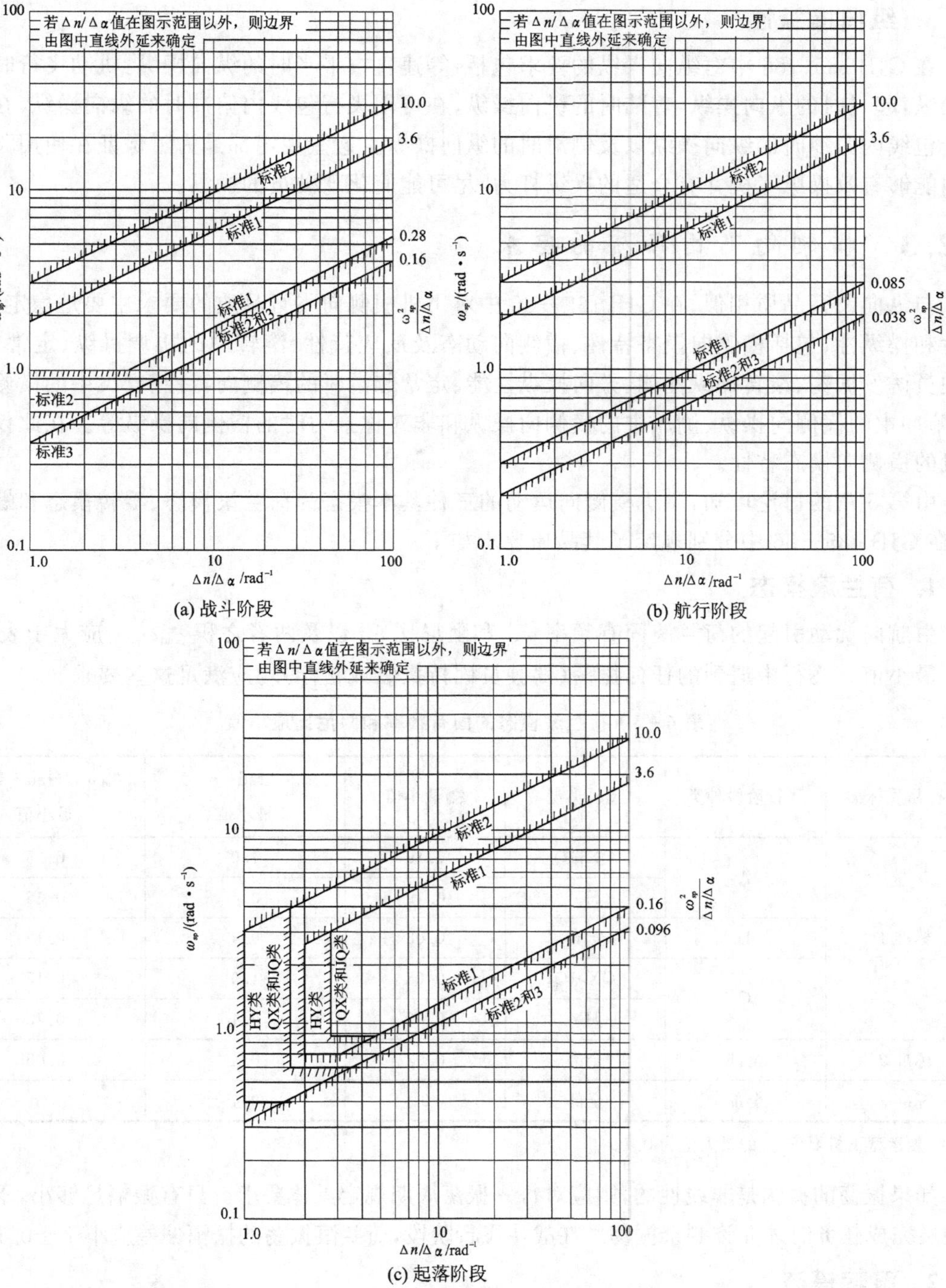

图 6-3　各种飞行阶段的短周期频率与操纵期望参数的关系

3. 纵向操纵性

在 GJB 185—86 中对纵向操纵的要求包括:等速直线平飞时的纵向操纵,机动飞行时的纵向操纵,起飞时的纵向操纵,着陆时的纵向操纵,在可用飞行包线内俯冲时的纵向操纵,在允许飞行包线内俯冲时的纵向操纵以及侧滑时的纵向操纵。这些规定都是为了保证在使用飞行包线内能够有效操纵飞机并有合适的操纵杆力,尽可能简化驾驶员的操纵。

6.2.3 横侧向飞行品质的要求

与纵向飞行品质相似,在 GJB 185—86 中对飞机横侧向飞行品质的要求主要是稳定性、机动性和操纵性,包括横侧向模态特性、横侧向动态及反应特性、滚转中的协调操纵、定常转弯、驾驶员诱发振荡、滚转操纵性能、方向操纵性能、定常侧滑时的横侧向特性、复飞中的横侧向操纵、俯冲中的横侧向操纵、侧风中的横侧向操纵和非对称推力时的横侧向操纵等。在此仅讨论飞机的横侧向模态特性。

由第 5 章的讨论可知,飞机横侧向运动的三种基本模态为荷兰滚模态、滚转模态和螺旋模态,在 GJB 185—86 中分别规定了其品质要求如下。

1. 荷兰滚模态

由航向扰动引起的荷兰滚固有频率 ω_{nd} 和阻尼比 ξ_{nd} 以及两者之积 $\xi_{nd}\omega_{nd}$,应大于表 6-3 中的最小值。飞行中遇到的任何振荡(驾驶员固持操纵或松浮)均应满足这些要求。

表 6-3 荷兰滚模态的固有频率和阻尼比最小值

飞行品质标准	飞行阶段种类	飞机类型	ξ_{nd}^*最小值	$\omega_{nd}/(\mathrm{rad\cdot s^{-1}})$ 最小值	$\xi_{nd}^*\omega_{nd}/(\mathrm{rad\cdot s^{-1}})$ 最小值
标准 1	A	QX,JQ	0.19	1.0	0.35
		HY	0.19	0.4	0.35
	B	全 部	0.08	0.4	0.15
	C	QX,JQ	0.08	1.0	0.15
		HY	0.08	0.4	0.10
标准 2	全部	全部	0.02	0.4	0.05
标准 3	全部	全部	0	0.4	—

* 轰运型飞机要求 ξ_{nd}的最大值为 0.7。

如果振荡的振幅是非线性的,则应对每一振荡周期规定具体要求。只有振幅足够小,不妨碍驾驶员完成任务时才允许剩余振荡。在战斗飞行阶段,荷兰滚振荡的振幅偏差应小于±0.17°。

2. 滚转模态

滚转模态即侧向运动中快速的滚转收敛模态,它是一个一阶环节。GJB 185—86 中给出了对滚转模态时间常数 τ_R 的要求，如表 6-4 所列。

表 6-4　滚转模态最大时间常数 τ_R

单位：s

飞行阶段	飞机类型	飞行品质标准		
		1	2	3
A,C	QX,JQ	1.0	1.4	10
	HY	1.4	3.0	
B	全部	1.4	3.0	

3. 螺旋模态

螺旋模态是时间常数很大的缓慢收敛或发散过程，它对飞行的影响较小。因此，规范中只规定了螺旋模态不稳定情况下的最小倍幅时间，如表 6-5 所列。

表 6-5　最小螺旋模态倍幅时间

单位：s

飞行阶段	标准 1	标准 2	标准 3
A,C	12	8	4
B	20	8	4

6.2.4　飞行品质的评价方法

前面介绍的是依据运动模态的基本特性（振幅频率和阻尼比）来评判飞行品质。但是，由于飞机与操纵系统及自动控制系统形成了复杂的高阶系统，仅考虑基本模态的振荡频率和阻尼比已不能精确反映飞行品质。因此，在美军标 MIL—F—8785C 的基础上又有了评价飞行品质的 C^* 准则、D^* 准则和等效系统法。

1. C^* 准则

C^* 准则用于在时域内评价飞机的纵向飞行品质，它不仅考虑飞机的法向过载 n_z，而且考虑俯仰角速率 $\dot{\theta}$ 的变化。根据驾驶员的经验，在高速飞行时，主要感受法向过载 n_z 的变化，而在低速飞行时（如下滑着陆时），主要感受俯仰角速率 $\dot{\theta}$ 的变化。由式(5-27)和式(5-31)可知，法向过载 n_z 与俯仰角速率 $\dot{\theta}$ 的关系如图 6-4 所示。由图可以看出，法向过载 n_z 的响应包含了对短周期模态固有频率 ω_{sp} 和阻尼比 ξ_{sp} 的影响，而俯仰角速率 $\dot{\theta}$ 的响应既包含了 ω_{sp} 和 ξ_{sp} 参数，又涉及传递系数和传递函数的零点。

C^* 准则的指标参数通常表示为

$$C^* = n_z + \frac{V_{co}}{g}\dot{\theta} + l_p\ddot{\theta} \tag{6-3}$$

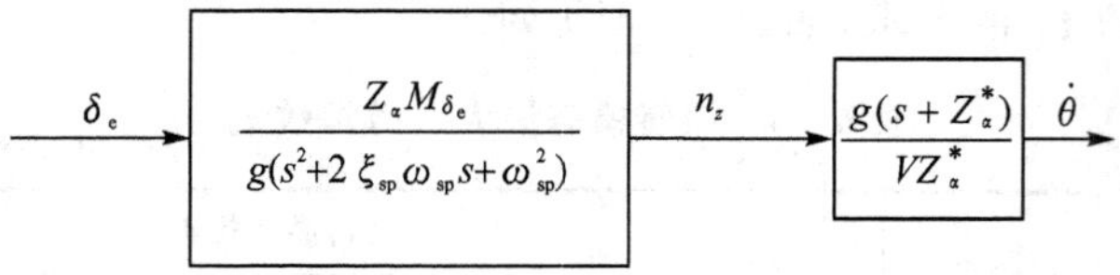

图 6-4 法向过载 n_z 与俯仰角速率 $\dot{\theta}$ 的关系图

式中，$n_z + l_p\ddot{\theta}$ 为驾驶员位置的法向过载，l_p 为驾驶员位置到重心的距离，V_{co} 为交叉速度，又称穿越速度。

在高速飞行时，n_z 起主导作用；在低速着陆时，$\dot{\theta}$ 起主导作用。显然存在一个"交叉速度"V_{co}，在此速度下，驾驶员对 n_z 和 $\dot{\theta}$ 的注意力是相同的。$V_{co} = 120 \sim 132$ m/s，通常取 $V_{co} = 122$ m/s。

根据大量地面试验和变稳飞机的试飞结果，可确定 C^* 过程的包线如图 6-5 所示。这些包线不仅考虑了固有频率 ω_{sp} 和阻尼比 ξ_{sp} 所描述的动态响应特性，而且也考虑了传递函数分子的动态特性、系统的高阶效应、一定程度的非线性影响以及执行机构的动态特性影响。图中分为Ⅰ，Ⅱ，Ⅲ，Ⅳ四个区域。Ⅰ区为最佳响应区，适用于空战等重要飞行阶段；Ⅱ区适用于非关键工作阶段，如巡航和空中加油等；Ⅳ区适用于动力进场阶段；Ⅲ区适用于上述各工作阶段以外的各飞行阶段。只要 C^* 阶跃响应过程落在包线的相应区域内，就满足纵向飞行品质的要求。

C^* 指标的缺点是，当 C^* 过程存在高频振荡时，即使在包线范围内，其飞行品质仍不能使驾驶员满意，因而又给出了 $\dot{C}^*$ 指标作为 C^* 指标的补充，其表达式为

$$\dot{C}^* = \frac{s}{\frac{1}{K_s}s + 1}C^* \tag{6-4}$$

式中，s 为拉氏算子；K_s 为常数，通常取 $K_s = 1\ 000$。

图 6-6 给出了 $\dot{C}^*$ 过程包线，用来限制 C^* 过程的高频振荡。

2. D^* 准则

D^* 准则是评价飞机侧向飞行品质的时域性能指标，其表达式为

$$D^* = n_y + K_3\beta \tag{6-5}$$

式中，n_y 为侧向加速度；$K_3 = C_3Q_{co}$ 为侧滑增益系数，其中 C_3 为因子转换系数，Q_{co} 为交叉动压。

飞行经验表明，在进行侧向机动飞行中，驾驶员在低动压时主要感受飞机侧滑，在高动压时主要感受侧向加速度。因此，也一定有一个交叉动压值 Q_{co}，使驾驶员对侧滑和侧向加速度的感受相同。该动压值因飞行状态而异，通常推荐 $Q_{co} = 1.7\ \text{kg/cm}^2$。

同样有 $\dot{D}^*$ 包线，若飞机的侧向动态响应在 D^* 和 $\dot{D}^*$ 范围内，则满足侧向飞行品质要求。

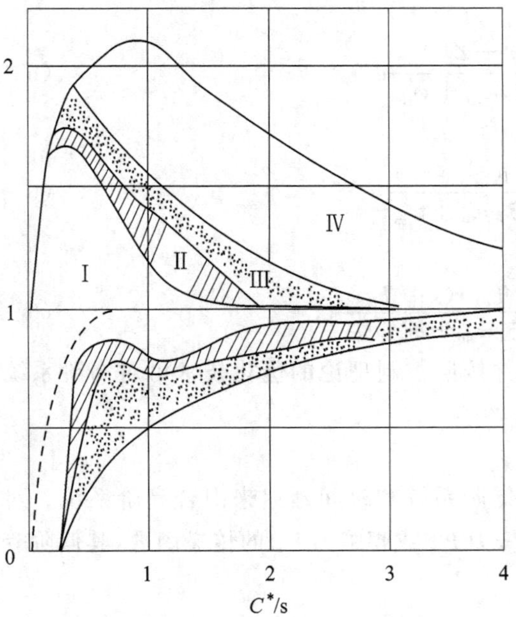

图 6-5　C^* 过程包线

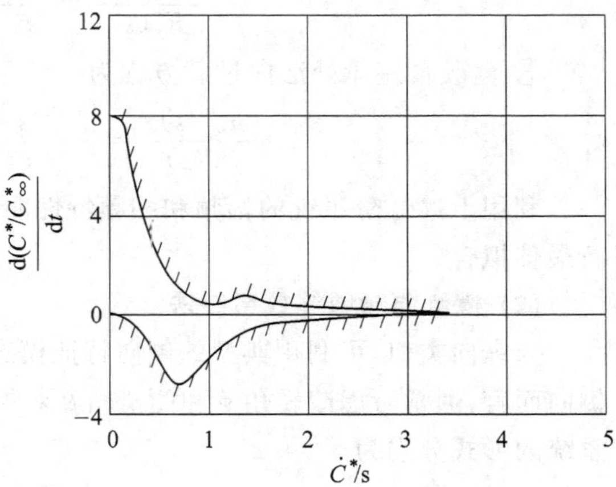

图 6-6　$\dot{C}^*$ 过程包线

3. 等效系统法

因飞机上广泛采用了控制系统，并引入了各种前馈补偿器、反馈补偿器、滤波器和飞机结构的弹性变形，所以描述飞机运动的动态方程可能高达 50～70 阶。再加上考虑响应时间的纯延迟，因此得到的复杂动力学模型不再是纵向的长、短周期模态分开，以及横侧向的滚转、螺旋和荷兰滚模态分开的形式。如果以高阶系统的主导极点来评价飞机的飞行品质，则又可能导致错误结论，因为在高阶系统中，主导极点和非主导极点很难区分，所以仅考虑主导极点的影响是不全面的，驾驶员感受的是所有运动模态的共同作用。

飞行实践证明，具有高阶动力学方程的常规布局飞机对外加杆力的动态响应往往近似于典型的飞机动力学特性。驾驶员认为，具有类似特性的“高阶飞机”具有较好的飞行品质，因此，可用低阶动态模型在一定范围内完全逼近真实高阶系统，这就是“等效系统法”。低阶与高阶飞机在相同的初始条件下输入相同的杆力，其相应量的时间响应与驾驶员的感应是相似的。

等效系统法是在时域内定义的，在等效系统的时间响应中应能体现高阶真实系统极点的共同影响。低阶等效系统必须具有飞机的典型动力学模态特性。因此，等效系统法也分别处理纵向与横侧向两种情况。

(1) 纵向频域等效系统法

纵向等效系统由典型特性飞机的纵向运动基本模态方程与时间延迟环节构成。飞机纵向短周期运动的等效系统方程如下：

① 俯仰角速率方程为

$$\frac{\dot{\theta}(s)}{F_y(s)}=\frac{K_{\dot{\theta}_e}(s+Z_\alpha^*)}{s^2+2\xi_{sp}\omega_{sp}+\omega_{sp}^2}e^{-\tau_{\dot{\theta}_e}s} \tag{6-6}$$

② 重心处法向过载方程为

$$\frac{n_{zcr}(s)}{F_y(s)}=\frac{K_{ne}}{s^2+2\xi_{sp}\omega_{sp}+\omega_{sp}^2}e^{-\tau_{ne}s} \tag{6-7}$$

③ 驾驶员座舱处法向过载方程为

$$\frac{n_{zcp}(s)}{F_y(s)}=\frac{K_{ne}(s+1/T_{\theta 1})(s+T_{\theta 2})}{s^2+2\xi_{sp}\omega_{sp}+\omega_{sp}^2}e^{-\tau_{ne}s} \tag{6-8}$$

利用上述低阶系统的幅频和相频特性曲线,并按照控制理论的优化技术可对高阶系统进行最佳拟合。

(2) 横侧向频域等效系统法

与纵向类似,可利用典型的侧向特征模态的低阶系统和时间延迟来拟合高阶系统。对横侧向而言,通常考虑滚转角 ϕ 和侧滑角 β 对控制杆力 F_x 或脚蹬力 F_z 的传递函数,其低阶等效系统的形式分别为

$$\frac{\phi(s)}{F_x(s)}=\frac{K_\phi(s^2+2\xi_\phi\omega_\phi+\omega_\phi^2)}{(s^2+2\xi_{nd}\omega_{nd}+\omega_{nd}^2)(s+1/T_R)(s+1/T_s)}e^{-\tau_\phi s} \tag{6-9}$$

$$\frac{\beta(s)}{F_z(s)}=\frac{K_\phi(s+1/T_{\beta_1})(s+1/T_{\beta_2})(s+1/T_{\beta_3})}{(s^2+2\xi_{nd}\omega_{nd}+\omega_{nd}^2)(s+1/T_R)(s+1/T_s)}e^{-\tau_\beta s} \tag{6-10}$$

式中,下标“R”“s”“nd”分别表示滚转、螺旋和荷兰滚模态。

与纵向相同,利用以上频率特性曲线,并按照最优控制理论和方法可对高阶系统进行最佳拟合。

6.2.5 有人驾驶飞机飞行控制系统通用规范

此规范是我国在 GJB 185—86《有人驾驶飞机(固定翼)飞行品质》规范的基础上,并参考美军标 MIL—F—9490D 制定的国家军用标准。该规范是军用有人驾驶飞机(包括直升机)进行飞行控制系统设计、研制和生产的技术依据。其部分内容如下。

1. 飞行控制系统不同工作状态等级的飞行品质要求

(1) Ⅰ级工作状态(正常工作状态)

在使用飞行包线内应满足 GJB 185—86 的 1 级飞行品质要求,在可用飞行包线内应满足 2 级飞行品质要求,在可用飞行包线以外应满足所规定的要求。

(2) Ⅱ级工作状态(有限制的工作状态)

设备的运行或性能低于正常状态,甚至允许整个飞行控制系统中的非关键部分降级或故

障，在使用飞行包线内至少应满足 GJB 185—86 的 2 级飞行品质要求，在可用飞行包线内应满足 3 级飞行品质要求。

(3) Ⅲ级工作状态(最低安全状态)

Ⅲ级工作状态是飞行控制系统性能、可靠性或安全性降级的状态。在该状态下，允许安全中止精确跟踪或机动任务，以及安全返航、下降并在原地或备用机场着陆。应至少满足 GJB 185—86 的 3 级飞行品质要求。

(4) Ⅳ级工作状态(从可操纵到立即应急着陆工作状态)

该状态是飞行控制系统降级到不能继续安全飞行的状态，但仍有能力重新启动发动机，并有控制地下降和进行立即应急着陆。

(5) Ⅴ级工作状态(从可操纵到应急离机的飞行状态)

这是降级的工作状态，其工作能力只保证空勤人员可以安全撤离飞机。

下面是该规范对飞行控制系统的性能要求。

2. 姿态保持(俯仰和倾斜)

内容包括：

① 在平稳大气中相对于基准静态精度的姿态保持，对于俯仰姿态(机翼水平)为±0.5°，对于滚转姿态为±1.0°。

② 在强度紊流中的姿态均方根偏差，对于俯仰角应不大于 5°，对于倾斜角应不大于 10°。

③ 受到 5°的姿态扰动后，歼强型飞机应在接通模态 3 s 内、轰运型飞机应在 5 s 内达到并保持以上要求的精度。

3. 航向保持

在平稳大气中，航向应保持在相对于基准±0.5°的精度范围内；在规定的紊流强度下，航向的均方根偏差应不大于 5°。

4. 航向选择

在接通航向选择模态后，飞机应以最小角度自动转向驾驶员设定的航向，并在所规定航向的保持精度内保持航向。航向选择器应具有 360°的控制能力。当放下襟翼时，相对于预选航向的超调应不大于 2.5°；当收起襟翼时，应不大于 1.5°。应平稳、迅速地进入和退出转弯，轻小型和轰运型飞机的滚转角速率应不大于 10 (°)/s，滚转角加速度应不大于 5 (°)/s^2，歼强型飞机可大于上述值的 2 倍。

5. 稳态倾斜转弯中的协调

在极限稳定倾斜角的情况下，侧滑角偏离配平值的增量应不大于 2°，侧向加速度应不大于 0.03g。

6. 滚转时的侧向加速度限制

对于飞机滚转角速率为 30 (°)/s 的飞行状态，质心处机体轴侧向加速度应不大于

±0.1g；对于滚转角速率为30～90 (°)/s 的飞行状态，不应大于±0.2g；对于滚转角速率超过90 (°)/s 的飞行状态，不应大于±0.5g。

7. 水平直线飞行中的协调

侧滑角偏离配平值的增量为±1°，或质心处的侧向加速度为±0.02g。

8. 高度保持

内容包括：

① 爬升或下降速度小于10 m/s 时接通高度保持，飞机应在30 s 内稳定在接通高度保持时指示的气压高度上。在此过程中，轻小型和轰运型飞机所产生的法向加速度增量应不大于0.2g，歼强型飞机的法向加速度增量应不大于0.5g。爬升或下降速度大于10 m/s 时接通高度保持，飞行控制系统不应引起任何不安全的机动。

② 在飞机推力-阻力的能力范围内和稳定滚转角的情况下，高度保持所应达到的控制精度如表6-6所列。表中所规定的数值是针对 $Ma \leqslant 1$ 的情况。当 $Ma > 1$ 时，数值应加倍；当 $Ma > 2$ 时，数值为3倍。当爬升或下降速度等于或小于10 m/s 时，在该模态接通或受扰后，高度保持应在30 s 内达到规定精度。以上精度范围内的任何剩余振荡的周期都应不小于20 s。

表6-6 最低可接受的高度控制精度

单位：m

高度 h/m	滚转角/(°)		
	0～1	1～30	30～60
17 000～24 000	17 000 m 时为±0.1%h，然后线性化，到达24 000 m 时为±0.2%h	±20 m 或±0.3%h，取其大者	±30 m 或±0.4%h，取其大者
9 000～17 000	—		
0～9 000	—		

9. *Ma* 保持

在 Ma 保持接通后，飞行控制系统应保持所指示的 Ma，其误差相对于接通时的基准数应不大于±0.01Ma，或不大于指示 Ma 的±2%。在此范围内，任何振荡的周期都应不小于20 s。

10. 空速保持

在直线稳态飞行中，包括爬升和下降，应以空速保持模态接通时的空速为基准，其偏离应保持为±9 km/h，或相对于基准空速的±2%。在此精度范围内，任何振荡的周期都应不小于20 s。

此外，该规范还规定了自动导航(包括伏尔/塔康导航)、自动进场(包括仪表着陆系统)和自动着陆等系统的性能要求。

6.3　飞行控制系统的基本设计方法

6.3.1　飞行控制系统的经典设计方法

在飞行控制系统的设计技术中，经典的设计技术占有十分重要的位置，例如，根轨迹、极点/特征值配置和波德分析等方法很适合于单输入/单输出(SISO)系统的设计。应用这样的经典设计技术，可以通过配置闭环极点来选择一个合适的单反馈增益，从而得到所期望的系统时域响应和鲁棒品质。而对于多输入/多输出(MIMO)或者多回路系统，经典设计技术通常采用按回路递次设计的方法，并通过大量的反复试验过程，来设计满足指标要求的控制系统。

下面仅介绍两种飞行控制系统经典设计技术中的典型方法。

1. 根轨迹法

所谓根轨迹就是当开环系统的某一参数由零变到无穷大时，闭环系统的特征根在 S 平面上变化的轨迹。可见，通过系统的根轨迹，可以直观地由满足飞行品质要求的闭环系统的特征根来确定所对应的控制系统增益的值。

下面通过一个例子来说明根轨迹法的详细设计过程。

因为经典设计技术是一种按回路递次设计的技术，所以一般遵循“先内后外，最后综合”的设计原则，即先设计频带宽的回路，然后再设计频带窄的回路，即按照“先宽后窄”的原则进行设计。

结合图 6－7，可以将回路递次设计的根轨迹法的步骤归纳如下：

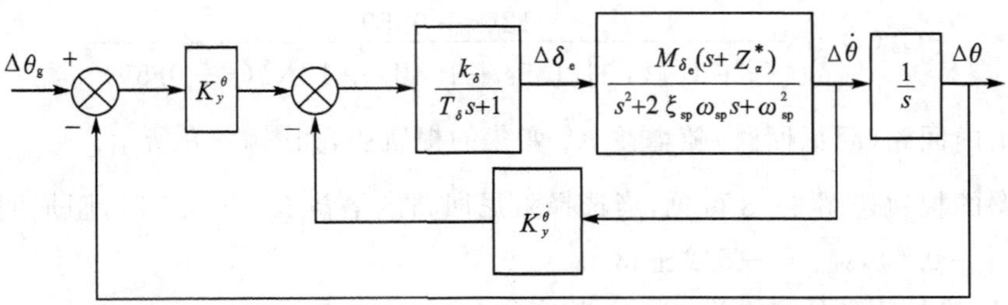

图 6－7　具有俯仰角速率反馈的俯仰姿态控制系统

① 首先从内回路(即阻尼回路)开始设计。先在舵回路时间常数 T_δ 和增益 k_δ 的取值范围内，假定舵回路的时间常数 T_δ 和增益 k_δ。

② 利用选定的舵回路时间常数 T_δ 和增益 k_δ，写出内回路的闭环传递函数

$$G_{\dot{\theta}}(s)=\frac{k_\delta M_{\delta_e}(s+Z_\alpha^*)}{(T_\delta s+1)(s^2+2\xi_{sp}\omega_{sp}s+\omega_{sp}^2)+k_\delta K_y^{\dot{\theta}}M_{\delta_e}(s+Z_\alpha^*)} \tag{6－11}$$

并作出内回路随增益 $K_y^{\dot\theta}$ 变化的根轨迹。

③ 依据对内回路的稳定性和性能指标的要求,例如,需要满足阻尼比和固有频率的设计要求等,借助于内回路随增益 $K_y^{\dot\theta}$ 变化的根轨迹来选定合适的增益 $K_y^{\dot\theta}$。随着内回路增益 $K_y^{\dot\theta}$ 的选定,内回路的闭环传递函数 $G_{\dot\theta}(s)$ 也就确定了。

④ 在内回路闭环传递函数 $G_{\dot\theta}(s)$ 的基础上,写出外回路的闭环传递函数

$$G_\theta(s) = \frac{K_y^\theta G_{\dot\theta}(s)}{s + K_y^\theta G_{\dot\theta}(s)} \tag{6-12}$$

并作出整个系统随增益 K_y^θ 变化的根轨迹。

⑤ 依据对系统(即外回路)的稳定性和性能指标的要求,借助于整个系统随增益 K_y^θ 变化的根轨迹来选择适当的增益 K_y^θ,这样也就确定了整个闭环系统的传递函数 $G_\theta(s)$。

⑥ 根据整个系统的设计要求,通过反复调整舵回路的时间常数 T_δ 和增益 k_δ,以及控制增益 $K_y^{\dot\theta}$ 和 K_y^θ 的值,最终获得满足系统设计指标要求的控制系统。

下面通过一个例子来进一步说明根轨迹法的设计过程。

某型号运输机的纵向短周期运动的传递函数为

$$\frac{\Delta\dot\theta(s)}{\Delta\delta_e(s)} = \frac{M_{\delta_e}(s+Z_\alpha^*)}{s^2+2\xi_{sp}\omega_{sp}s+\omega_{sp}^2} = \frac{-1.2(s+0.59)}{s^2+1.5s+1.47}$$

其舵回路的传递函数为

$$G_\delta(s) = \frac{k_\delta}{T_\delta s+1} = \frac{-1}{0.1s+1} = \frac{-10}{s+10}$$

这样,可以写出内回路(阻尼回路)的闭环传递函数为

$$G_{\dot\theta}(s) = \frac{12(s+0.59)}{(s+10)(s^2+1.5s+1.47)+12K_y^{\dot\theta}(s+0.59)}$$

由此可以作出内回路(阻尼回路)随增益 $K_y^{\dot\theta}$ 变化的根轨迹,如图6-8所示。

由内回路的根轨迹图6-8可见,当选择阻尼回路的增益 $K_y^{\dot\theta}=2.5$ 时,阻尼回路的三个极点分别为 $s_1=-0.91$,$s_{2,3}=-5.2\pm j3.0$。

这样,内回路的闭环传递函数 $G_{\dot\theta}(s)$ 就变为

$$G_{\dot\theta}(s) = \frac{12(s+0.59)}{(s+0.91)(s^2+10.4s+36)}$$

在内回路闭环传递函数 $G_{\dot\theta}(s)$ 的基础上,可以得到整个俯仰姿态控制系统的开环传递函数为

$$G_{\theta k}(s) = \frac{12K_y^\theta(s+0.59)}{s(s+0.91)(s^2+10.4s+36)}$$

由此传递函数可以作出整个俯仰姿态控制系统随增益 K_y^θ 变化的根轨迹,如图6-9所示。

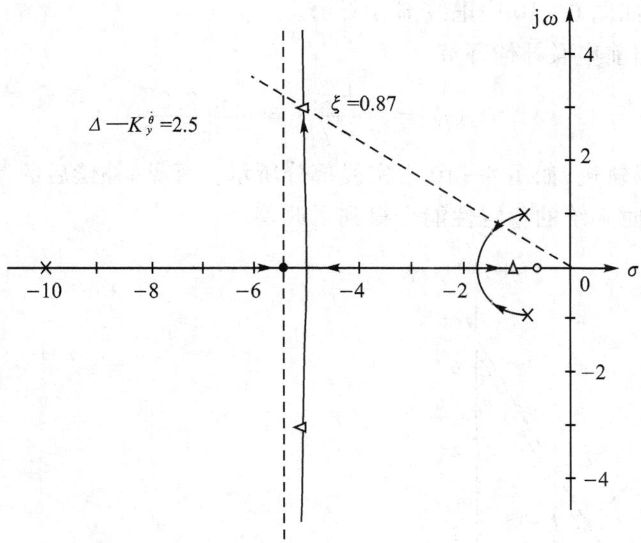

图 6-8　内回路(阻尼回路)随增益 $K_y^{\dot\theta}$ 变化的根轨迹

由系统的根轨迹图 6-9 可见，系统的主导极点是在 $0 \sim -Z_\alpha^*$ 之间的一个小的负实根，随着外回路增益 K_y^θ 的增大，此主导极点的模也增大，因此系统的动态响应过程也加快，但是终归主导极点的模还是受到 Z_α^* 值的限制而不能继续增大；系统的次主导极点是一对复根，随着增益 K_y^θ 的增大，其阻尼比逐渐减小，也就是说，系统的阻尼特性在逐渐变差，因此，系统动态响应过程的振荡因素将逐渐加剧。由图可见，当增益 K_y^θ 增大到一定程度后，系统将变为不稳定。

由此可见，在内回路增益 $K_y^{\dot\theta}$ 一定的情况下，外回路增益 K_y^θ 存在着相应的最佳值和极限值。因此，可以根据系统的性能指标设计要求来选择合适的外回路增益 K_y^θ。

假设所设计系统的期望阻尼比在 0.7～0.8 之间，则外回路增益 K_y^θ 应选择为 $K_y^\theta = 3.9$，整个俯仰姿态控制系统的闭环极点为 $s_1 = -0.502$，$s_{2,3} = -2.7 \pm \mathrm{j}2.05$，$s_4 = -5.503$。

在此值得指出，由于飞行控制系统的零、极点是随着飞行条件的变化而变化的，因此，仅靠改变系统的增益往往不可能适应所有飞行状态下的性能要求。正如前面所指出的那样，当随着飞行状态的变化，增益 K_y^θ 增大到一定程度后，系统将变为不稳定。因此，通过选择系统增益仅能在一定飞行范围内满足飞行品质要求。由经典控制理论可知，引入适当的补偿环节，即在系统的传递函数中加入适当的零、极点，可以改变闭环系统的根轨迹的布局，从而增大系统增益的适用范围。

例如，一个系统的开环传递函数为

$$G_\mathrm{k}(s) = \frac{K}{s(s+p_2)(s+p_3)} = \frac{K}{s(s+2)(s+5)}$$

作出系统的根轨迹,如图 6-10 中虚线部分所示。

加入一阶相位超前串联补偿环节

$$G_c(s)=\frac{s+z_L}{s+p_L}=\frac{s+2.5}{s+10}$$

并作出相应的系统根轨迹,如图 6-10 中实线部分所示。可见,补偿后的系统增益的可用变化范围大大增加了,同时系统的稳定性能也得到了改善。

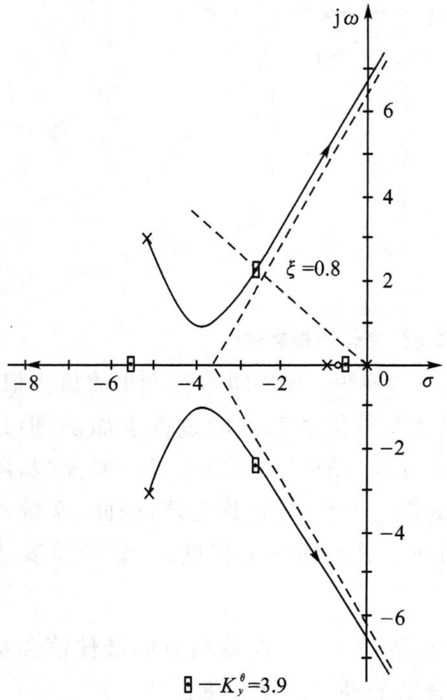

图 6-9　随增益 K_y^θ 变化的系统根轨迹

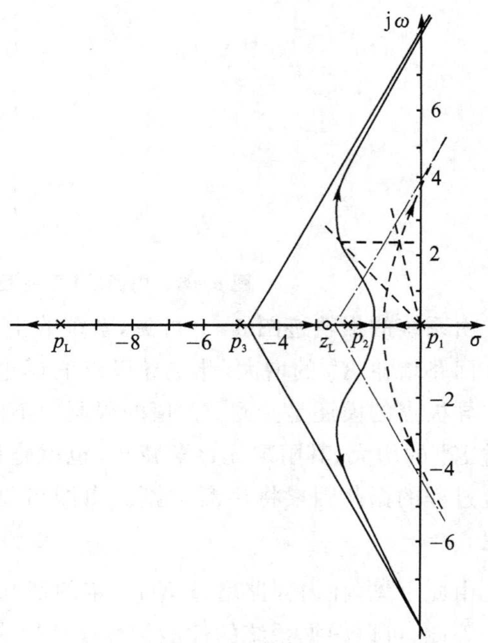

图 6-10　系统引入补偿环节的根轨迹

2. 极点配置法

对于单输入/单输出(SISO)系统,通过配置闭环极点,可以选择一个合适的单反馈增益,从而得到所期望的系统时域响应和鲁棒品质。下面先讨论简单的极点配置法。

(1) 简单的极点配置法

首先,通过一个简单的单输入/单输出系统的设计例子,来说明简单的极点配置法的设计过程。

图 6-11(a)给出了一个简单的开环 SISO 系统的原理图,其开环传递函数为 $G(s)=\frac{b}{s(s-a)}$,其中,参数 $a>0$, $b\neq 0$。

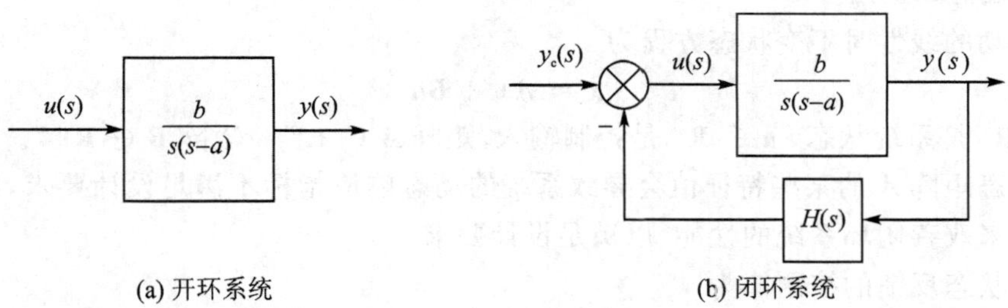

图 6-11　SISO 系统的原理图

显而易见，图 6-11(a)系统是一个不稳定的单输入/单输出系统，其极点为 $s_1=0$ 和 $s_2=a>0$。现在需要增加一个负反馈回路 $H(s)$，并通过选择合适的反馈增益，使图 6-11(b)的闭环系统的特征值配置为 $s_1=-5a, s_2=-12a$，使该闭环系统变为一个稳定的闭环系统。

采用简单的极点配置法的设计过程如下：

① 具有所期望特征值的闭环系统的特征多项式为

$$D_e(s)=(s+5a)(s+12a)=s^2+17as+60a^2 \tag{6-13}$$

② 所要设计的闭环系统的特征多项式为

$$D(s)=1+H(s)G(s)=s(s-a)+bH(s)=s^2-as+bH(s) \tag{6-14}$$

③ 若想使所设计系统的特征多项式(6-14)与具有所期望特征值的闭环系统的特征多项式(6-13)拥有相同的特征值，那么，只要求解方程 $D_e(s)=D(s)$，就可以得到反馈环节

$$H(s)=\frac{a}{b}(18s+60a) \tag{6-15}$$

经过验证，增加反馈回路 $H(s)=\frac{a}{b}(18s+60a)$ 后，确实可以将图 6-11(b)的闭环系统的特征值配置为 $s_1=-5a, s_2=-12a$，从而使其变为一个稳定的闭环系统，如图 6-12 所示。

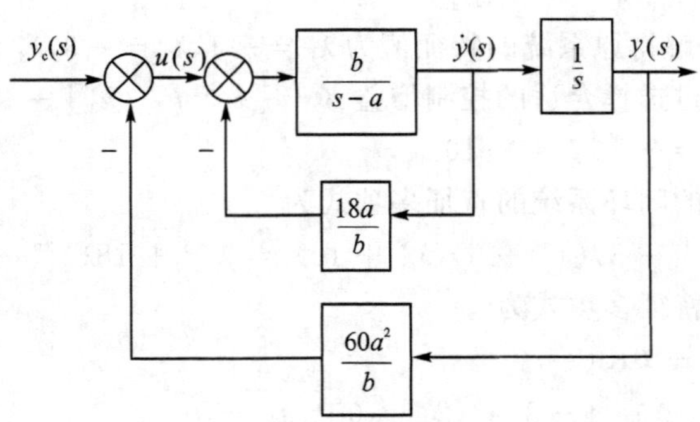

图 6-12　SISO 闭环系统的原理图

(2) 特征值配置法

飞机运动的线性时不变状态方程为

$$\dot{\boldsymbol{x}} = \boldsymbol{A}\boldsymbol{x} + \boldsymbol{B}\boldsymbol{u} \tag{6-16}$$

这里，$\boldsymbol{x} \in \mathbf{R}^n$ 是系统状态，$\boldsymbol{u} \in \mathbf{R}^m$ 是控制输入，矩阵 $\boldsymbol{A} \in \mathbf{R}^{n\times n}$，矩阵 $\boldsymbol{B} \in \mathbf{R}^{n\times m}$。

由于状态矩阵 $\boldsymbol{A}$ 的某些特征值会导致系统的动态响应指标不满足设计要求，因此需要增加反馈回路来改善闭环系统的性能，以满足设计要求。

选择全状态反馈的控制律为

$$\boldsymbol{u} = -\boldsymbol{K}\boldsymbol{x} \tag{6-17}$$

式中，$\boldsymbol{K} \in \mathbf{R}^{m\times n}$ 为控制增益矩阵。

这样，将控制律(6-17)代入系统方程(6-16)后，闭环系统的方程变成

$$\dot{\boldsymbol{x}} = (\boldsymbol{A} - \boldsymbol{B}\boldsymbol{K})\boldsymbol{x} = \boldsymbol{A}_c\boldsymbol{x} \tag{6-18}$$

由闭环系统方程(6-18)可见，调整控制增益矩阵 $\boldsymbol{K}$ 确实可以使闭环系统的状态矩阵 $\boldsymbol{A}_c$ 的特征值发生变化。也就是说，通过选择合适的控制增益矩阵 $\boldsymbol{K}$ 可以改善闭环系统的性能，以满足设计指标要求。

这样，闭环系统的状态矩阵 $\boldsymbol{A}_c$ 的特征多项式为

$$f(\lambda) = |\lambda\boldsymbol{I} - \boldsymbol{A}_c| = |\lambda\boldsymbol{I} - \boldsymbol{A} + \boldsymbol{B}\boldsymbol{K}| \tag{6-19}$$

假定满足设计指标要求的闭环系统的特征多项式为 $f(\lambda^*)$，那么若想使闭环系统的状态矩阵 $\boldsymbol{A}_c$ 也具有所期望的特征值 λ^*，则只要求解方程 $f(\lambda) = f(\lambda^*)$ 就可以选择合适的反馈增益矩阵 $\boldsymbol{K}$。

下面通过一个简单的例子来说明特征值配置法的设计过程。

飞机运动的线性时不变状态方程为

$$\dot{\boldsymbol{x}} = \boldsymbol{A}\boldsymbol{x} + \boldsymbol{B}\boldsymbol{u}$$

式中，$\boldsymbol{A} = \begin{bmatrix} -3 & 2 & 0 \\ 4 & -5 & 1 \\ 0 & 0 & -3 \end{bmatrix}$，$\boldsymbol{B} = \begin{bmatrix} 0 \\ 1 \\ 1 \end{bmatrix}$，$\boldsymbol{x} \in \mathbf{R}^3$，$\boldsymbol{u} \in \mathbf{R}^1$。

根据 $|\lambda\boldsymbol{I} - \boldsymbol{A}| = 0$ 解得原系统的特征值为 $\lambda_1 = -1, \lambda_2 = -3, \lambda_3 = -7$，现在要求采用反馈控制律 $\boldsymbol{u} = -\boldsymbol{K}\boldsymbol{x}$，通过选择合适的控制增益 $\boldsymbol{K} = [k_1 \quad k_2 \quad k_3] \in \mathbf{R}^{1\times 3}$，将闭环系统的特征值配置为 $\lambda_1^* = -3, \lambda_2^* = -5, \lambda_3^* = -10$。

具有所期望特征值的闭环系统的特征多项式为

$$f(\lambda^*) = (\lambda^* + 3)(\lambda^* + 5)(\lambda^* + 10) = \lambda^{*3} + 18\lambda^{*2} + 95\lambda^* + 150$$

所要设计的闭环系统的特征多项式为

$$f(\lambda) = |\lambda\boldsymbol{I} - \boldsymbol{A} + \boldsymbol{B}\boldsymbol{K}| =$$

$$\left| \begin{bmatrix} \lambda & 0 & 0 \\ 0 & \lambda & 0 \\ 0 & 0 & \lambda \end{bmatrix} - \begin{bmatrix} -3 & 2 & 0 \\ 4 & -5 & 1 \\ 0 & 0 & -3 \end{bmatrix} + \begin{bmatrix} -3 & 2 & 0 \\ 4+k_1 & -5+k_2 & 1+k_3 \\ k_1 & k_2 & -3+k_3 \end{bmatrix} \right| =$$

$$\begin{vmatrix} \lambda+3 & -2 & 0 \\ -4+k_1 & \lambda+5+k_2 & -1+k_3 \\ k_1 & k_2 & \lambda+3+k_3 \end{vmatrix}$$

展开后,有

$$f(\lambda)=\lambda^3+(11+k_2+k_3)\lambda^2+(2k_1+7k_2+8k_3+31)\lambda+(8k_1+12k_2+7k_3+21)$$

由方程 $f(\lambda)=f(\lambda^*)$ 可以得到代数方程组

$$\begin{cases} 18=11+k_2+k_3 \\ 95=2k_1+7k_2+8k_3+31 \\ 150=8k_1+12k_2+7k_3+21 \end{cases}$$

解上述代数方程组即可得到反馈增益矩阵 $\boldsymbol{K}=[6.667 \quad 5.333 \quad 1.667]$。

6.3.2 飞行控制系统的现代设计技术

1. 引　言

现代控制理论的迅速发展对飞行控制系统的设计技术也产生了重要影响。因此,在讨论飞行控制系统设计技术之前,有必要对现代控制理论进行讨论。对于飞行控制系统的设计而言,基于状态变量反馈的传统的现代设计技术并不适合,这是因为传统的现代设计技术需要反复选择大量的设计参数,也就是需要选择合适的性能指标加权矩阵。然而,对于飞行控制系统的任何设计方法而言,应该减少对这种反复选择的依赖,因此,需要采用改进后的具有非标准形式的性能指标来优化输出反馈或降阶技术。

因此,这里将讨论比经典的积分二次型更具一般性的性能指标的输出反馈设计方法,这也是此部分将要讨论的主要设计方法。

(1) 经典设计方法的局限性

前面讨论了怎样应用经典设计技术来设计飞行控制系统,经典设计的本质是,借助于大量直观的经验,按照闭环回路来依次选择控制系统的结构和参数。例如,已经知道,最好采用围绕被控对象的速率反馈的内回路来减小对对象参数变化的影响,以及应用标准的微分或积分形式的补偿器结构进行设计来稳定系统或者减小稳态误差。

单回路的设计方法通常需要借助于根轨迹(root locus)、波德图(Bode plot)、奈奎斯特图(Nyquist plot)和尼克尔斯图(Nichols plot)等工具,根据相应的稳定性原则和性能指标要求,采用试凑迭代的方法,设计具有一定稳定裕度和性能的飞行控制系统。这些工具使设计者可以直观地在设计过程中看到系统的动态特性是怎样被修正的。但是,具有更多回路的飞行控制系统的设计过程会变得越来越困难,并且在系统的动态特性变化剧烈的情况下,不能保证系统的设计过程是成功的(例如,多输入/多输出或多反馈回路的情况)。

(2) 现代控制的特点

现代控制系统设计有两个重要的概念:

① 直接基于状态变量模型的设计,该模型所包含的系统信息比输入/输出(黑盒子)所描述的更多。

② 描述性能特征的性能准则,该准则产生了关于控制增益的矩阵方程,借助于计算机并采用数值方法可同时求得所有闭环回路的控制增益;而经典的递次回路方法则是按照回路一个一个来选择控制增益。由于控制增益可以同时设计,所以多输入/多输出或多控制回路系统设计有更大的自由度,从而使设计者对系统有了更深的理解,进而使得应用现代控制理论比应用经典设计技术能够更快、更直接地设计控制系统。

(3) 基础设计问题

现代控制技术包括下列几个大类的基础设计问题。

1) 极点配置(pole-placement)/特征向量分配(eigenvector assignment)

在多输入/多输出(MIMO)系统中,现代控制技术可以实现通过求解反馈增益方程的方法而一步将极点配置到所期望的位置。这种设计方法统称为极点配置技术(pole-placement techniques)。

当讨论飞行品质需求时已经注意到,时域响应不仅仅依赖于极点位置,而且还依赖于单独的单输入/单输出(SISO)传递函数的零点,或者等效地依赖于特征向量。因此,对于飞行控制系统设计而言,现代控制的设计能力适合于选择闭环极点和特征向量。

2) 调节器问题

调节器问题是一个基本的控制系统设计问题。在增稳系统和自动驾驶仪的设计中,调节器问题是非常重要的。因为系统的稳定调节隐含着系统的闭环稳定,因此,在修整系统的闭环响应时,现代控制调节器设计是一种基本的时域设计技术,这一点与大部分设计技术在频域内的经典控制是相反的。

3) 跟踪器问题

另一个基本的控制系统设计问题就是跟踪器问题。对于飞行器而言,最好能精确地跟踪指令信号,该指令信号有可能是常量,也有可能是变量。跟踪器问题对控制增稳系统(CAS)的设计是很重要的,例如,以期望的俯仰角速率或法向过载为指令信号等情况。跟踪器问题也依赖于积分二次型性能指标的选择。

4) 模型跟踪问题

模型跟踪是飞行控制系统设计的重要方法之一,其实质是希望飞机能够像具有期望的飞行品质的理想模型那样飞行。

5) 鲁棒设计

众所周知,在多变量系统中,从全局鲁棒性观点来看,在不同的输入/输出对之间,各个增益裕度和相位裕度几乎是没有的。随着20世纪中叶航空航天控制工程的多变量系统(MIMO)的设计需要,以 H_∞ 控制理论为代表的鲁棒设计理论得到了快速发展,H_∞ 控制理论也从早期的频域设计逐渐向纯时域设计发展。而鲁棒设计是从经典控制理论到现代设计过渡的重要概念之一。

6）数字控制

现代飞行器的飞行控制系统依赖于数字微处理器。数字控制的优越性包括可构成复杂的多回路控制系统、可便于设计控制器的增益和进行结构重构，以及可以获得容错的冗余可靠性，并应用数字信号处理技术来对控制信号进行滤波处理。

数字控制设计也产生了许多新的问题，例如，与采样和保持过程及控制计算相关的延迟问题。另一个重要问题是开发新的数字控制设计技术，以克服由 Z 平面设计所引起的相关问题，例如，需要提高单位圆内极点配置的精确性等问题。控制信号的执行问题也是数字控制设计中需要解决的重要问题，包括舵机的饱和与计算机有限字长的影响，以及舍入误差和溢出等问题。

2. 闭环动态特性的分配(assignment of closed-loop dynamics)

经典设计技术例如根轨迹和波德分析，仅能应用于单输入/单输出系统。采用这些经典设计技术，可以通过配置闭环极点来选择一个合适的单反馈增益，从而得到所期望的系统时域响应和鲁棒品质。而对于多输入/多输出系统或者多回路系统，经典的设计技术通常需要采用依次闭合单独的回路，并通过大量反复的设计过程才可能成功。

飞行器运动的线性状态方程和输出方程分别为

$$\dot{\boldsymbol{x}} = \boldsymbol{A}\boldsymbol{x} + \boldsymbol{B}\boldsymbol{u} \tag{6-20}$$

$$\boldsymbol{y} = \boldsymbol{C}\boldsymbol{x} \tag{6-21}$$

式中，$\boldsymbol{x} \in \mathbf{R}^n$ 是系统状态，$\boldsymbol{u} \in \mathbf{R}^m$ 是控制输入，$\boldsymbol{y} \in \mathbf{R}^l$ 是测量输出。

选择反馈控制输入

$$\boldsymbol{u} = -\boldsymbol{K}\boldsymbol{x} + \boldsymbol{v} \tag{6-22}$$

式中，$\boldsymbol{v}$ 是驾驶员指令，$\boldsymbol{K}$ 是需要确定的 $m \times n$ 维的增益矩阵。

将反馈控制输入式(6-22)代入状态方程(6-20)中，可以得到闭环系统

$$\dot{\boldsymbol{x}} = (\boldsymbol{A} - \boldsymbol{B}\boldsymbol{K})\boldsymbol{x} + \boldsymbol{B}\boldsymbol{v} \tag{6-23}$$

由此可见，该闭环系统的状态矩阵 $(\boldsymbol{A} - \boldsymbol{B}\boldsymbol{K})$ 是可以通过选择反馈增益 $\boldsymbol{K}$ 来获得满意的闭环系统的性能的，这是现代控制理论的一个基本成果。

如果这个闭环系统是可控的，那么通过选择合适的反馈增益 $\boldsymbol{K}$ 就可能将所有的闭环极点都配置到所期望的位置。系统的可控性意味着控制输入 $\boldsymbol{u}$ 能够独立地影响所有的系统模态，这一点可通过检验下列可控性矩阵来验证，即

$$\boldsymbol{U} = [\boldsymbol{B} \quad \boldsymbol{A}\boldsymbol{B} \quad \boldsymbol{A}^2\boldsymbol{B} \quad \cdots \quad \boldsymbol{A}^{n-1}\boldsymbol{B}] \tag{6-24}$$

如果可控性矩阵 $\boldsymbol{U} = [\boldsymbol{B} \quad \boldsymbol{A}\boldsymbol{B} \quad \boldsymbol{A}^2\boldsymbol{B} \quad \cdots \quad \boldsymbol{A}^{n-1}\boldsymbol{B}]$ 是满秩的，则系统是可控的，也就是说，$\boldsymbol{U}$ 存在线性独立的列。

然而，在飞行器的飞行控制系统中，通常不可能精确而又经济地测量全部的系统状态。为了解决这一问题，可以通过设计动态观测器或卡尔曼滤波器(Kalman filter)来提供系统状态 $\boldsymbol{x}$

的估计值 $\hat{x}$，然后修改反馈控制输入式(6-22)为

$$u = -K\hat{x} + v \tag{6-25}$$

因为飞行器的动态特性是非线性的，所以任何线性观测器的所有参数都将体现在控制增益的时序中，因此，采用很高阶次的观测器将很不方便。正因为如此，为了设计实用的飞行控制系统，反馈的信号不再是系统的状态 x，而是测量输出 y。

这样，有输出反馈控制律

$$u = -Ky + v = -KCx + v \tag{6-26}$$

式中，输出反馈增益 K 变为 $m \times l$ 维的矩阵。该闭环系统的状态矩阵变为 $(A - BKC)$。

对于状态反馈而言，反馈增益 K 是 $m \times n$ 维的；而对于输出反馈而言，反馈增益 K 是 $m \times l$ 维的。在通常情况下，因为 l 小于 n，所以与状态反馈设计相比，输出反馈设计中需要选择的控制增益要少得多，这也使得采用输出反馈来配置极点比采用状态反馈更加难以实现。然而，采用输出反馈却具有另一个重要特点，就是允许将理想形式的补偿器综合到反馈系统中。

在 MIMO 情况下可能存在更多的增益矩阵元素，每一个元素都对应着一个反馈路径。在经典控制理论中，单独的增益必须通过应用反复的递次回路闭合设计来分别进行选择，而采用现代控制设计方法则相反，所有反馈增益矩阵 K 的元素都可以同时被确定，这意味着复杂飞行控制系统设计中的所有反馈回路都能够同时被闭合。

3. 带有输出反馈的线性二次型调节器(linear quadratic regulator with output feedback)

下面将讨论怎样应用现代控制技术来设计增稳系统(SAS)和自动驾驶仪(autopilot)。当然，这需要通过调整飞机的某些状态为零来获得期望的闭环响应特性，其中包含如何通过把闭环极点配置到期望的位置来稳定飞行器的问题。

正如前面所讨论的那样，在应用经典控制理论进行设计时，不得不采用单个回路递次闭合的方法来设计多变量的增稳系统和自动驾驶仪。这里，首先选择能够反映闭环稳定性和满意的时域响应的性能指标，然后导出能够同时确定所有控制增益的矩阵方程。通常该控制增益的矩阵方程需要借助计算机来求解，这种方法能够同时闭合所有回路，得出一个带有多反馈回路的多输入/多输出系统或者单输入/单输出系统的可以简化设计的策略。

一旦选定性能指标后，就可以通过求解矩阵方程来得到所需要的控制增益，并且通常可以保证闭环稳定性。这意味着将通过选择性能指标来体现工程设计的意义，因此不同的性能指标将导致不同的闭环时域响应和鲁棒特性。

假定采用线性时不变状态变量方程式(6-20)和式(6-21)来描述被控对象，并选择输出反馈控制律为

$$u = -Ky \tag{6-27}$$

式中，K 为需要确定的 $m \times l$ 维的常值反馈增益矩阵。

因为调节器问题仅仅包含稳定飞机和产生满意的闭环时域响应，所以 $\boldsymbol{u}$ 将是不包含驾驶员指令的纯反馈控制。在理论上，输出反馈能够设计出任何期望结构的飞行控制器，这是其比全状态反馈更令人称道之处。在调节器问题中，人们对获得满意的时域响应的兴趣，就像对闭环系统的稳定性的兴趣一样，因此，将在时域里选择性能指标。

(1) 二次型性能指标

对飞机状态进行调节的目的，是使任何的初始条件误差都为零，以保证飞行运动的稳定性。这可通过选择控制输入 $\boldsymbol{u}$ 使下列形式的二次型代价或性能指标最小来实现，即

$$J=\frac{1}{2}\int_0^{\infty}(\boldsymbol{x}^{\mathrm{T}}\boldsymbol{Q}\boldsymbol{x}+\boldsymbol{u}^{\mathrm{T}}\boldsymbol{R}\boldsymbol{u})\mathrm{d}t \tag{6-28}$$

式中，$\boldsymbol{Q}$ 和 $\boldsymbol{R}$ 分别为半正定和正定的对称加权矩阵。

众所周知，一个半正定的方阵 $\boldsymbol{M}(\boldsymbol{M}\geqslant\boldsymbol{0})$，其所有的特征值都是非负的，也相当于对于所有的向量 $\boldsymbol{x}$，其二次型 $\boldsymbol{x}^{\mathrm{T}}\boldsymbol{M}\boldsymbol{x}$ 是非负的。因此，上述关于 $\boldsymbol{Q}$ 和 $\boldsymbol{R}$ 矩阵的假设就是为了保证性能指标 $J=\frac{1}{2}\int_0^{\infty}(\boldsymbol{x}^{\mathrm{T}}\boldsymbol{Q}\boldsymbol{x}+\boldsymbol{u}^{\mathrm{T}}\boldsymbol{R}\boldsymbol{u})\mathrm{d}t$ 为非负的，这样就可将该性能指标转化为一个最小化的数学求解问题。

(2) 线性二次型调节器的解法

下面将详细讨论带有输出反馈的线性二次型调节器的解法。首先将控制律(6－27)代入线性系统关系式(6－20)和式(6－21)中，则有闭环系统方程为

$$\dot{\boldsymbol{x}}=(\boldsymbol{A}-\boldsymbol{B}\boldsymbol{K}\boldsymbol{C})\boldsymbol{x}\equiv\boldsymbol{A}_{\mathrm{c}}\boldsymbol{x} \tag{6-29}$$

利用控制律(6－27)和输出方程(6－21)，将性能指标关系式(6－28)写成控制增益 $\boldsymbol{K}$ 的形式

$$J=\frac{1}{2}\int_0^{\infty}\boldsymbol{x}^{\mathrm{T}}(\boldsymbol{Q}+\boldsymbol{C}^{\mathrm{T}}\boldsymbol{K}^{\mathrm{T}}\boldsymbol{R}\boldsymbol{K}\boldsymbol{C})\boldsymbol{x}\mathrm{d}t \tag{6-30}$$

通过性能指标关系式(6－30)就使得上述设计问题变成了如何在闭环系统方程(6－29)的动态约束下选择控制增益 $\boldsymbol{K}$ 而使性能指标 J 最小化的数学求解问题。这样，就将一个动态优化问题转化为一个静态的易于求解的问题。

已经知道，假定可以找到一个非负定的对称矩阵 $\boldsymbol{P}$，并用其构造一个李雅普诺夫函数(Lyapunov function) $V(\boldsymbol{x})=\boldsymbol{x}^{\mathrm{T}}\boldsymbol{P}\boldsymbol{x}\geqslant 0$，如果满足 $\dot{V}(\boldsymbol{x})=\frac{\mathrm{d}}{\mathrm{d}t}(\boldsymbol{x}^{\mathrm{T}}\boldsymbol{P}\boldsymbol{x})\leqslant 0$，则闭环系统方程(6－29)是渐近稳定的。这样，利用性能指标关系式(6－30)的被积函数和李雅普诺夫函数 $V(\boldsymbol{x})$ 的性质，就可以得到方程

$$\frac{\mathrm{d}}{\mathrm{d}t}(\boldsymbol{x}^{\mathrm{T}}\boldsymbol{P}\boldsymbol{x})=-\boldsymbol{x}^{\mathrm{T}}(\boldsymbol{Q}+\boldsymbol{C}^{\mathrm{T}}\boldsymbol{K}^{\mathrm{T}}\boldsymbol{R}\boldsymbol{K}\boldsymbol{C})\boldsymbol{x} \tag{6-31}$$

利用方程(6－31)，可以进一步将性能指标关系式(6－30)写成形式

$$J=\frac{1}{2}\boldsymbol{x}^{\mathrm{T}}(\boldsymbol{0})\boldsymbol{P}\boldsymbol{x}(\boldsymbol{0})-\frac{1}{2}\lim_{t\to\infty}\boldsymbol{x}^{\mathrm{T}}(t)\boldsymbol{P}\boldsymbol{x}(t) \tag{6-32}$$

因为,假如闭环系统是渐近稳定的,那么性能指标关系式(6-32)中的 $\boldsymbol{x}(t)$ 将随着时间的增长而消失,所以最优代价函数最终可以写成

$$J=\frac{1}{2}\boldsymbol{x}^{\mathrm{T}}(\mathbf{0})\boldsymbol{P}\boldsymbol{x}(\mathbf{0}) \tag{6-33}$$

由此可见,在反馈控制律(6-27)的作用下,只要给定初始条件 $\boldsymbol{x}(\mathbf{0})$ 就可计算闭环代价 $J=\frac{1}{2}\boldsymbol{x}^{\mathrm{T}}(\mathbf{0})\boldsymbol{P}\boldsymbol{x}(\mathbf{0})$。也就是说,在实际应用反馈控制 $\boldsymbol{u}=-\boldsymbol{K}\boldsymbol{y}$ 之前,就可以预先计算出 $J=\frac{1}{2}\boldsymbol{x}^{\mathrm{T}}(\mathbf{0})\boldsymbol{P}\boldsymbol{x}(\mathbf{0})$ 的值。

如果矩阵 $\boldsymbol{P}$ 满足方程(6-31),那么可以利用闭环系统方程(6-29)将方程(6-31)改写为

$$-\boldsymbol{x}^{\mathrm{T}}(\boldsymbol{Q}+\boldsymbol{C}^{\mathrm{T}}\boldsymbol{K}^{\mathrm{T}}\boldsymbol{R}\boldsymbol{K}\boldsymbol{C})\boldsymbol{x}=\frac{\mathrm{d}}{\mathrm{d}t}(\boldsymbol{x}^{\mathrm{T}}\boldsymbol{P}\boldsymbol{x})=\dot{\boldsymbol{x}}^{\mathrm{T}}\boldsymbol{P}\boldsymbol{x}+\boldsymbol{x}^{\mathrm{T}}\boldsymbol{P}\dot{\boldsymbol{x}}=\boldsymbol{x}^{\mathrm{T}}(\boldsymbol{A}_{\mathrm{c}}^{\mathrm{T}}\boldsymbol{P}+\boldsymbol{P}\boldsymbol{A}_{\mathrm{c}})\boldsymbol{x} \tag{6-34}$$

因为方程(6-34)对所有的初始条件都必须满足,所以对于所有的状态轨迹 $\boldsymbol{x}(t)$ 满足李雅普诺夫方程(Lyapunov equation)

$$\boldsymbol{g}=\boldsymbol{A}_{\mathrm{c}}^{\mathrm{T}}\boldsymbol{P}+\boldsymbol{P}\boldsymbol{A}_{\mathrm{c}}+\boldsymbol{C}^{\mathrm{T}}\boldsymbol{K}^{\mathrm{T}}\boldsymbol{R}\boldsymbol{K}\boldsymbol{C}+\boldsymbol{Q}=\mathbf{0} \tag{6-35}$$

由方程(6-35)可见,如果给定 $\boldsymbol{K}$,$\boldsymbol{Q}$ 和 $\boldsymbol{R}$ 矩阵,则 $n\times n$ 维的辅助矩阵 $\boldsymbol{P}$ 就可由李雅普诺夫方程确定,且矩阵 $\boldsymbol{P}$ 独立于系统状态,这是一个重要的结论。此外,因为李雅普诺夫方程是一个对称的线性矩阵方程,所以对方程进行转置后并不改变方程的解。

综上所述,对于任何固定的反馈矩阵 $\boldsymbol{K}$,如果存在一个满足李雅普诺夫方程(6-35)的非负定的对称常数矩阵 $\boldsymbol{P}$,且闭环系统方程(6-29)是稳定的,则闭环代价 J 可根据最优代价函数(6-33)由 $\boldsymbol{P}$ 矩阵来确定。

下面先给出一个关于矩阵迹(trace)的关系式

$$\mathrm{tr}(\boldsymbol{A}\boldsymbol{B})=\mathrm{tr}(\boldsymbol{B}\boldsymbol{A}) \tag{6-36}$$

并利用该关系式来改写最优代价函数(6-33),以便于反馈增益 $\boldsymbol{K}$ 的求解。

利用关系式(6-36),将最优代价函数(6-33)改写成

$$J=\frac{1}{2}\mathrm{tr}(\boldsymbol{P}\boldsymbol{X}) \tag{6-37}$$

式中,$\boldsymbol{X}$ 为 $n\times n$ 维的对称矩阵,其定义为

$$\boldsymbol{X}\equiv\boldsymbol{x}(\mathbf{0})\boldsymbol{x}^{\mathrm{T}}(\mathbf{0}) \tag{6-38}$$

可见,在系统状态的动态约束条件式(6-29)下,通过最小化性能指标关系式(6-30)来选择反馈矩阵 $\boldsymbol{K}$ 的问题,与在辅助矩阵 $\boldsymbol{P}$ 的约束条件式(6-35)下,通过最小化最优代价函数(6-37)来选择反馈矩阵 $\boldsymbol{K}$ 的问题是等价的。

下面应用拉格朗日乘子法(Lagrange multiplier approach)来求解上述问题。

首先,定义哈密顿函数(Hamiltonian function)

$$H=\mathrm{tr}(\boldsymbol{P}\boldsymbol{X})+\mathrm{tr}(\boldsymbol{g}\boldsymbol{S}) \tag{6-39}$$

式中，$\boldsymbol{S}$ 为待定的 $n\times n$ 维对称的拉格朗日乘子矩阵(matrix of Lagrange multipliers)。

这样，利用哈密顿函数就将带约束的最优化问题转化为无约束的、简单的、最小化哈密顿函数(6-39)的问题。为了求解这个最小化问题，只需将方程(6-39)分别对所有的独立变量 $\boldsymbol{P}$,$\boldsymbol{S}$ 和 $\boldsymbol{K}$ 求偏导数，并分别令其为零来组成方程组求解即可。

为了推导之便，下面先给出两个有用的关于矩阵迹微分的关系式

$$\frac{\partial}{\partial \boldsymbol{B}}\mathrm{tr}(\boldsymbol{ABC})=\boldsymbol{A}^{\mathrm{T}}\boldsymbol{C}^{\mathrm{T}} \tag{6-40}$$

以及

$$\frac{\partial \boldsymbol{y}}{\partial \boldsymbol{B}^{\mathrm{T}}}=\left[\frac{\partial \boldsymbol{y}}{\partial \boldsymbol{B}}\right]^{\mathrm{T}} \tag{6-41}$$

利用关系式(6-40)和式(6-41)，通过方程(6-39)便可得到带有输出反馈的线性二次型调节器问题的解的必要条件为

$$\boldsymbol{0}=\frac{\partial H}{\partial \boldsymbol{S}}=\boldsymbol{g}=\boldsymbol{A}_{\mathrm{c}}^{\mathrm{T}}\boldsymbol{P}+\boldsymbol{PA}_{\mathrm{c}}+\boldsymbol{C}^{\mathrm{T}}\boldsymbol{K}^{\mathrm{T}}\boldsymbol{RKC}+\boldsymbol{Q} \tag{6-42}$$

$$\boldsymbol{0}=\frac{\partial H}{\partial \boldsymbol{P}}=\boldsymbol{A}_{\mathrm{c}}\boldsymbol{S}+\boldsymbol{SA}_{\mathrm{c}}^{\mathrm{T}}+\boldsymbol{X} \tag{6-43}$$

$$\boldsymbol{0}=\frac{1}{2}\frac{\partial H}{\partial \boldsymbol{K}}=\boldsymbol{RKCSC}^{\mathrm{T}}-\boldsymbol{B}^{\mathrm{T}}\boldsymbol{PSC}^{\mathrm{T}} \tag{6-44}$$

方程(6-42)和方程(6-43)是李雅普诺夫方程，方程(6-44)是关于控制增益 $\boldsymbol{K}$ 的方程，因为 $\boldsymbol{R}$ 是正定的，且 $\boldsymbol{CSC}^{\mathrm{T}}$ 是非奇异的，所以可由方程(6-44)得到控制增益 $\boldsymbol{K}$ 的表达式

$$\boldsymbol{K}=\boldsymbol{R}^{-1}\boldsymbol{B}^{\mathrm{T}}\boldsymbol{PSC}^{\mathrm{T}}(\boldsymbol{CSC}^{\mathrm{T}})^{-1} \tag{6-45}$$

由控制增益 $\boldsymbol{K}$ 的表达式(6-45)可见，若想通过最小化二次型性能指标关系式(6-28)来获得输出反馈控制增益 $\boldsymbol{K}$，就需要求解方程式(6-42)、式(6-43)和式(6-44)。

(3) 初始条件问题

在哈密顿函数式(6-39)中，$n\times n$ 维的对称矩阵 $\boldsymbol{X}\equiv\boldsymbol{x}(\boldsymbol{0})\boldsymbol{x}^{\mathrm{T}}(\boldsymbol{0})$ 依赖于初始条件，这是一个不希望看到的结果，因为这会导致最优增益 $\boldsymbol{K}$ 通过方程(6-43)依赖于初始条件 $\boldsymbol{x}(\boldsymbol{0})$，然而在许多实际应用的问题中，初始条件 $\boldsymbol{x}(\boldsymbol{0})$ 可能是未知的。

最优增益 $\boldsymbol{K}$ 对初始条件 $\boldsymbol{x}(\boldsymbol{0})$ 的依赖关系是输出反馈设计的典型特点。回避该依赖关系的方法之一，就是通过最小化数学期望值 $\mathrm{E}[J]$，而不是通过原来的性能指标函数 $J=\frac{1}{2}\int_0^{\infty}(\boldsymbol{x}^{\mathrm{T}}\boldsymbol{Qx}+\boldsymbol{u}^{\mathrm{T}}\boldsymbol{Ru})\mathrm{d}t$，那么关系式(6-33)和关系式(6-38)将由下面的两式替代，即相应的最优代价函数变为

$$\mathrm{E}[J]=\frac{1}{2}\mathrm{E}[\boldsymbol{x}^{\mathrm{T}}(\boldsymbol{0})\boldsymbol{Px}(\boldsymbol{0})]=\frac{1}{2}\mathrm{tr}(\boldsymbol{PX}) \tag{6-46}$$

初始状态的自相关矩阵变为 $n\times n$ 维的对称矩阵

$$\boldsymbol{X}\equiv\mathrm{E}[\boldsymbol{x}(\boldsymbol{0})\boldsymbol{x}^{\mathrm{T}}(\boldsymbol{0})] \tag{6-47}$$

为了查阅之便,将带有输出反馈的线性二次型调节器整理在表 6-7 中。

表 6-7 带有输出反馈的线性二次型调节器

组成部分	表达式
系统模型 (system model)	$\begin{cases}\dot{\boldsymbol{x}} = \boldsymbol{A}\boldsymbol{x} + \boldsymbol{B}\boldsymbol{u} \\ \boldsymbol{y} = \boldsymbol{C}\boldsymbol{x}\end{cases}$ 式中,$\boldsymbol{x} \in \mathbf{R}^n$ 是系统状态,$\boldsymbol{u} \in \mathbf{R}^m$ 是控制输入,$\boldsymbol{y} \in \mathbf{R}^l$ 是测量输出
控制 (control)	$\boldsymbol{u} = -\boldsymbol{K}\boldsymbol{y}$ 式中,$\boldsymbol{K}$ 为需要确定的 $m \times l$ 维的常值反馈增益矩阵
性能指标 (performance index)	$J = \frac{1}{2}\mathrm{E}\left[\int_0^\infty (\boldsymbol{x}^\mathrm{T}\boldsymbol{Q}\boldsymbol{x} + \boldsymbol{u}^\mathrm{T}\boldsymbol{R}\boldsymbol{u})\mathrm{d}t\right]$ 式中,$\boldsymbol{Q}$ 和 $\boldsymbol{R}$ 分别为半正定和正定的对称加权矩阵
最优增益的设计方程组 (optimal gain design equations)	$\begin{cases}\mathbf{0} = \boldsymbol{A}_\mathrm{c}^\mathrm{T}\boldsymbol{P} + \boldsymbol{P}\boldsymbol{A}_\mathrm{c} + \boldsymbol{C}^\mathrm{T}\boldsymbol{K}^\mathrm{T}\boldsymbol{R}\boldsymbol{K}\boldsymbol{C} + \boldsymbol{Q} \\ \mathbf{0} = \boldsymbol{A}_\mathrm{c}\boldsymbol{S} + \boldsymbol{S}\boldsymbol{A}_\mathrm{c}^\mathrm{T} + \boldsymbol{X} \\ \boldsymbol{K} = \boldsymbol{R}^{-1}\boldsymbol{B}^\mathrm{T}\boldsymbol{P}\boldsymbol{S}\boldsymbol{C}^\mathrm{T}(\boldsymbol{C}\boldsymbol{S}\boldsymbol{C}^\mathrm{T})^{-1}\end{cases}$ 式中,$\boldsymbol{A}_\mathrm{c} = \boldsymbol{A} - \boldsymbol{B}\boldsymbol{K}\boldsymbol{C}$,$\boldsymbol{X} = \mathrm{E}[\boldsymbol{x}(\mathbf{0})\boldsymbol{x}^\mathrm{T}(\mathbf{0})]$
最优代价函数 (optimal cost)	$J = \frac{1}{2}\mathrm{tr}(\boldsymbol{P}\boldsymbol{X})$

正如前面所讨论的那样,对于输出反馈调节器增益 $\boldsymbol{K}$ 的计算,需要选择合适的初始状态的自相关矩阵 $\boldsymbol{X} = \mathrm{E}[\boldsymbol{x}(\mathbf{0})\boldsymbol{x}^\mathrm{T}(\mathbf{0})]$ 和初始的稳态增益 $\boldsymbol{K}_0$。关于最优增益 $\boldsymbol{K}$ 的数值求解算法是多种多样的,下面在表 6-8 中给出一种具有代表性的数值解法。

如果满足下面给出的条件,则表 6-8 中的数值算法可以使 $J = \frac{1}{2}\mathrm{E}\left[\int_0^\infty (\boldsymbol{x}^\mathrm{T}\boldsymbol{Q}\boldsymbol{x} + \boldsymbol{u}^\mathrm{T}\boldsymbol{R}\boldsymbol{u})\mathrm{d}t\right]$ 收敛到局部最小:

① 存在增益 $\boldsymbol{K}$ 使得矩阵 $\boldsymbol{A}_\mathrm{c} = \boldsymbol{A} - \boldsymbol{B}\boldsymbol{K}\boldsymbol{C}$ 稳定,或称系统方程(6-20)和方程(6-21)为输出稳定的;

② 输出矩阵 $\boldsymbol{C}$ 为行满秩,秩为 l;

③ 控制加权矩阵 $\boldsymbol{R}$ 为正定的,这意味着所有的控制输入在性能指标中得到加权;

④ 矩阵 $\boldsymbol{Q}$ 为半正定且 $(\sqrt{\boldsymbol{Q}}, \boldsymbol{A})$ 为可检测的,也就是说可检测性矩阵多项式

$$\boldsymbol{O}(s) \equiv \begin{bmatrix} s\boldsymbol{I} - \boldsymbol{A} \\ -\sqrt{\boldsymbol{Q}} \end{bmatrix}$$

对于不包含在左半平面的所有 s 的值都为满秩 n。

表 6-8 最优增益的求解算法

(Solution algorithm of optimal gain)

步 骤	内 容
① 初始化	令 $i=0$； 确定一个使矩阵 $\boldsymbol{A}-\boldsymbol{B}\boldsymbol{K}_0\boldsymbol{C}$ 渐近稳定的初始增益 $\boldsymbol{K}_0$
② 第 i 次迭代	令 $\boldsymbol{A}_i=\boldsymbol{A}-\boldsymbol{B}\boldsymbol{K}_i\boldsymbol{C}$； 利用李雅普诺夫方程来求解 $\boldsymbol{P}_i$ 和 $\boldsymbol{S}_i$，即 $\boldsymbol{0}=\boldsymbol{A}_i^{\mathrm{T}}\boldsymbol{P}_i+\boldsymbol{P}_i\boldsymbol{A}_i+\boldsymbol{C}^{\mathrm{T}}\boldsymbol{K}_i^{\mathrm{T}}\boldsymbol{R}\boldsymbol{K}_i\boldsymbol{C}+\boldsymbol{Q}$ $\boldsymbol{0}=\boldsymbol{A}_i\boldsymbol{S}_i+\boldsymbol{S}_i\boldsymbol{A}_i^{\mathrm{T}}+\boldsymbol{X}$ 令 $J_i=\dfrac{1}{2}\mathrm{tr}(\boldsymbol{P}_i\boldsymbol{X})$； 计算增益的修正值 $\Delta\boldsymbol{K}=\boldsymbol{R}^{-1}\boldsymbol{B}^{\mathrm{T}}\boldsymbol{P}_i\boldsymbol{S}_i\boldsymbol{C}^{\mathrm{T}}(\boldsymbol{C}\boldsymbol{S}_i\boldsymbol{C}^{\mathrm{T}})^{-1}-\boldsymbol{K}_i$； 修正增益 $\boldsymbol{K}_{i+1}=\boldsymbol{K}_i+\varepsilon\Delta\boldsymbol{K}$ 式中，选择 ε 使得矩阵 $\boldsymbol{A}-\boldsymbol{B}\boldsymbol{K}_{i+1}\boldsymbol{C}$ 渐近稳定，并满足关系式 $J_{i+1}\equiv\dfrac{1}{2}\mathrm{tr}(\boldsymbol{P}_{i+1}\boldsymbol{X})\leqslant J_i$ 当 J_{i+1} 和 J_i 足够接近后，转到③； 否则，令 $i=i+1$，并转到②
③ 终止	令 $\boldsymbol{K}=\boldsymbol{K}_{i+1}$ 和 $J=J_{i+1}$； 结束

如果满足上述条件，就可以找到使被控对象稳定和性能指标最小的输出反馈增益。

为了加深对线性二次型输出反馈调节器设计方法的理解，下面应用带有输出反馈的线性二次型调节器的设计方法来设计 F—16 战斗机的横侧向飞行控制系统。

(4) F—16 横侧向输出调节器的 LQR(Linear Quadratic Regulator)设计

1）飞机状态方程

首先，应用雅可比矩阵(2-89)建立 F—16 的线性横侧向动态方程。

假定副翼和方向舵的舵回路模型为

$$\delta_{\mathrm{a}}=\frac{20.2}{s+20.2}u_{\mathrm{a}},\quad \delta_{\mathrm{r}}=\frac{20.2}{s+20.2}u_{\mathrm{r}} \tag{6-48}$$

这样，将在雅可比矩阵(2-89)中增加附加的状态 δ_{a} 和 δ_{r} 以扩展原模型的状态变量。

假定引入清洗网络(高通滤波器)的模型为

$$r_{\mathrm{w}}=\frac{s}{s+1}r \tag{6-49}$$

为了区别起见，将清洗网络的状态定义为 x_{w}。

这样，系统的状态变量就扩展为 $\boldsymbol{x}=[\beta\quad\phi\quad p\quad r\quad\delta_{\mathrm{a}}\quad\delta_{\mathrm{r}}\quad x_{\mathrm{w}}]^{\mathrm{T}}$，因此，带有舵回路和清洗网络的全状态变量模型为

$$\dot{\boldsymbol{x}} = \boldsymbol{A}\boldsymbol{x} + \boldsymbol{B}\boldsymbol{u} \tag{6-50}$$

式中

$$\boldsymbol{A} = \begin{bmatrix} -0.3220 & 0.0640 & 0.0364 & -0.9917 & 0.0003 & 0.0008 & 0 \\ 0 & 0 & 1 & 0.0037 & 0 & 0 & 0 \\ -30.6492 & 0 & -3.6784 & 0.6646 & -0.7333 & 0.1315 & 0 \\ 8.5396 & 0 & -0.0254 & -0.4764 & -0.0319 & -0.0620 & 0 \\ 0 & 0 & 0 & 0 & -20.2 & 0 & 0 \\ 0 & 0 & 0 & 0 & 0 & -20.2 & 0 \\ 0 & 0 & 0 & 57.2958 & 0 & 0 & -1 \end{bmatrix}$$

$$\boldsymbol{B} = \begin{bmatrix} 0 & 0 \\ 0 & 0 \\ 0 & 0 \\ 0 & 0 \\ 20.2 & 0 \\ 0 & 20.2 \\ 0 & 0 \end{bmatrix}$$

控制输入是方向舵和副翼的伺服输入信号

$$\boldsymbol{u} = \begin{bmatrix} u_a \\ u_r \end{bmatrix}$$

系统的输出向量为

$$\boldsymbol{y} = \begin{bmatrix} r_w \\ p \\ \beta \\ \phi \end{bmatrix}$$

相应的系统输出方程为

$$\boldsymbol{y} = \boldsymbol{C}\boldsymbol{x}$$

式中,输出矩阵 $\boldsymbol{C} = \begin{bmatrix} 0 & 0 & 0 & 57.2958 & 0 & 0 & -1 \\ 0 & 0 & 57.2958 & 0 & 0 & 0 & 0 \\ 57.2958 & 0 & 0 & 0 & 0 & 0 & 0 \\ 0 & 57.2958 & 0 & 0 & 0 & 0 & 0 \end{bmatrix}$,其中,输出矩阵 $\boldsymbol{C}$ 中的值 57.295 8 是角度与弧度的转换值。

采用输出反馈控制形式 $\boldsymbol{u} = -\boldsymbol{K}\boldsymbol{y}$,这样反馈增益 $\boldsymbol{K}$ 为 2×4 维的矩阵,也就是说,需要选择 8 个反馈增益值。

根据系统的状态矩阵 $\boldsymbol{A}$，解出系统的开环荷兰滚模态的极点为 $-0.4425\pm j3.063$，由此可见，开环荷兰滚的阻尼不足，而开环螺旋模态的极点为 -0.01631。

2）LQR 的输出反馈设计

在对上述 F—16 的线性横侧向动态系统应用 LQR 输出反馈设计之前，首先，有必要讨论加权矩阵 $\boldsymbol{Q}$ 和 $\boldsymbol{R}$ 的选择原则，并依据该原则选择合适的加权矩阵 $\boldsymbol{Q}$ 和 $\boldsymbol{R}$。

首先，讨论加权矩阵 $\boldsymbol{Q}$ 的选择依据。由前面的分析可知，由于系统的开环荷兰滚模态的阻尼不足，因此希望获得具有满意稳定性的荷兰滚模态，这样，就应该在性能指标函数中将与荷兰滚模态紧密相关的状态量 β^2 和 r^2，通过加权矩阵 $\boldsymbol{Q}$ 的元素 q_{dr} 被加权。

其次，为了使主要由 p 和 ϕ 构成的闭环滚转模态获得满意的稳定性，在性能指标函数中应将与滚转模态紧密相关的系统状态量 p^2 和 ϕ^2，通过加权矩阵 $\boldsymbol{Q}$ 的元素 q_{r} 来加权。

由于在此并不关心作为系统扩展状态的变量 δ_{a} 和 δ_{r}，因此没有必要在性能指标函数中对它们进行加权。

这样，根据上述加权矩阵的选择原则，就可以构造出加权矩阵 $\boldsymbol{Q}$ 为

$$\boldsymbol{Q}=\mathrm{diag}[q_{\mathrm{dr}}\quad q_{\mathrm{r}}\quad q_{\mathrm{r}}\quad q_{\mathrm{dr}}\quad 0\quad 0\quad 0]$$

尽管并不直接关心清洗网络的状态 x_{w}，但还是有必要在性能指标函数中对它进行加权。这是因为，如果省略它将会引起可观测性条件的问题。为了避免此种情况的出现，将加权矩阵 $\boldsymbol{Q}$ 修改为

$$\boldsymbol{Q}=\mathrm{diag}[q_{\mathrm{dr}}\quad q_{\mathrm{r}}\quad q_{\mathrm{r}}\quad q_{\mathrm{dr}}\quad 0\quad 0\quad 1]$$

由于控制加权矩阵 $\boldsymbol{R}$ 是为了预防不容许的过大的控制输入，因此，通常选择下列形式的 $\boldsymbol{R}$ 能够满足设计的要求，即

$$\boldsymbol{R}=\rho\boldsymbol{I}$$

式中，ρ 为标量的设计参数。

经过反复的选择和检验后证实，当采用 $\rho=0.1$，$q_{\mathrm{dr}}=50$ 和 $q_{\mathrm{r}}=100$ 时，可以得到比较满意的结果，此种情况下的最优反馈增益为

$$\boldsymbol{K}=\begin{bmatrix}-0.56 & -0.44 & 0.11 & -0.35\\ -1.19 & -0.21 & -0.44 & 0.26\end{bmatrix}\tag{6-51}$$

相应的闭环系统极点为

荷兰滚模态(r,β)　　$s_{1,2}=-3.13\pm j0.83$

滚转模态(p,ϕ)　　$s_{3,4}=-0.82\pm j0.11$

$$s_{5,6}=-11.47\pm j17.18,\quad s_7=-15.02$$

假定选择初始状态为 $\boldsymbol{x}(0)=[1\quad 0\quad 0\quad 0\quad 0\quad 0\quad 0]^{\mathrm{T}}$，也就是说，初始侧滑角 $\beta(0)=1°$。图 6-13 给出了仿真分析的结果，其中，图 6-13(a)给出了荷兰滚模态的动态响应曲线，图 6-13(b)给出了滚转模态的仿真结果。由图 6-13(a)可见，对应于前面计算出的闭环系统的极点，荷兰滚模态的动态响应还是具有比较好的动态品质的。

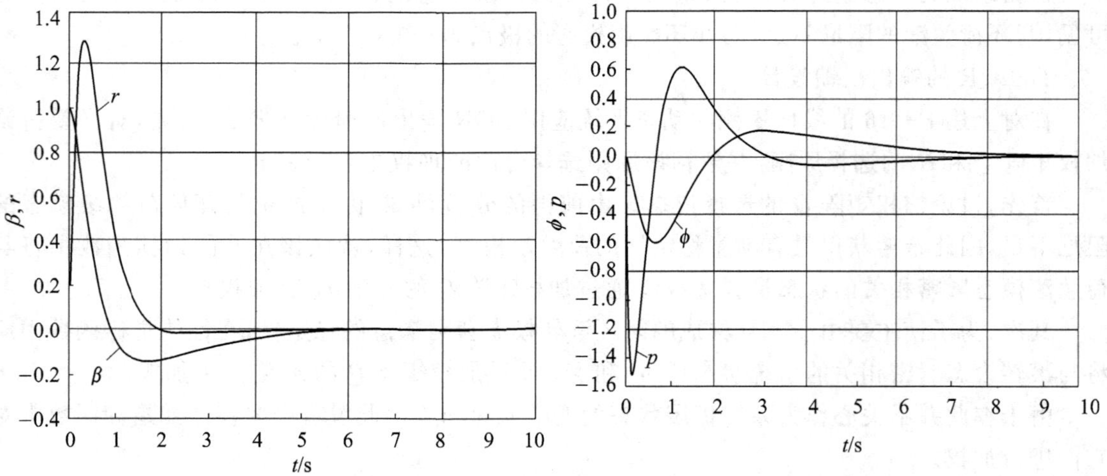

(a) 荷兰滚的状态 β 和 r　　(b) 滚转模态的状态 ϕ 和 p

图 6-13　横侧向闭环系统的动态响应

然而,上述的设计结果存在着两个缺陷:

其一,设计中采用了具有 8 个反馈增益的控制矩阵(6-51)。之所以认为这个设计结果不十分理想,是因为存在着下面 2 个原因:

① 控制矩阵(6-51)中的全部 8 个增益都需要设计成增益序列,换句话说,也就是当进行全包线飞行时,控制矩阵(6-51)中的全部 8 个增益都需要按设计平衡点进行调参;

② 系统的 2 个控制输入都用到了全部的系统输出,也就是说,2 个控制输入之间存在着紧密的耦合关系。

其二,必须经过反复多次的选择来确定恰当的加权矩阵 $\boldsymbol{Q}$ 才能获得满意的设计结果。

涉及克服上述缺陷的方法,可以通过在性能指标函数(6-28)中引入约束输出反馈和采用像 t^k 形式的时间加权来解决。关于这方面的内容可以参考相关文献。

3) 性能指标加权参数的影响

在进一步分析性能指标加权参数对设计结果的影响后,会得到一些很有趣的结论。换句话说,性能指标的加权矩阵 $\boldsymbol{Q}$ 和 $\boldsymbol{R}$ 的选择,对设计结果会产生一些值得注意的影响。

当采用上述的加权矩阵 $\boldsymbol{Q}$ 并取定值,而对于控制加权分别采用 $\rho=0.1$,$\rho=0.5$ 和 $\rho=1$ 时,侧滑角的动态响应如图 6-14(a)所示。

如果增大性能指标的控制加权 ρ,通常会抑制闭环系统中的控制信号。也就是说,仅容许使用较小的控制能量来对闭环系统施加控制。显而易见,如果只容许使用较小的控制能量,那么控制输入对于系统的影响也较小。这从图 6-14(a)可以明显看到,增大控制加权 ρ,则侧滑角的失调也显著增大。而对于系统状态的加权却有着相反的结果,由图 6-14(b)可见,随着

加权 q_{dr} 的增大，侧滑角的失调却有所减小。

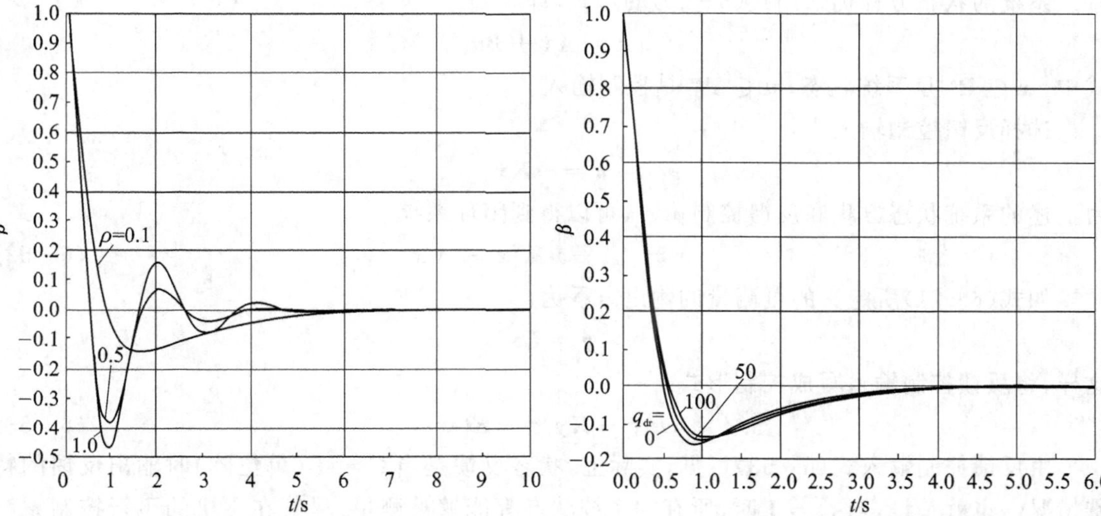

(a) ρ 分别为0.1,0.5和1.0时的 β 响应　　(b) q_{dr}分别为0,50和100时的 β 响应

图 6-14　性能指标加权参数的影响

4）增益序列

当飞行控制系统在整个飞行包线上工作时，控制增益矩阵(6-51)应该设计成一种控制序列，也就是说，需要一个增益调参的序列。为了实现这种控制序列，首先需要将非线性的飞机方程线性化，并在所期望飞行包线内的一些基准运动条件下，得到像式(6-50)那样的具有不同矩阵 $\boldsymbol{A}$ 和 $\boldsymbol{B}$ 的状态变量模型。

对于这些不同的状态变量模型，重复应用 LQR 来设计出一系列类似矩阵(6-51)形式的控制增益，并按照某种调参规律，构成全飞行包线上的控制序列。

在此需要指出的是，每一个增益序列点上的最优增益都应该保证系统的鲁棒稳定性和鲁棒性能，也就是说在设计平衡点附近，应该保证系统的稳定性和好的性能。在完成 LQR 设计之后，可以应用多变量频域技术来检验所设计的闭环系统的鲁棒稳定性。关于多变量频域技术的内容可参阅相关参考文献。

4. 带有全状态反馈的线性二次型设计(linear quadratic design with full state feedback)

上文已经讨论了怎样使用仅依赖于输出测量的输出反馈方法来设计飞行控制系统的现代控制技术。对于飞行控制系统设计而言，输出反馈设计方法是很适用的，因为该方法允许使用所期望的动态结构来设计一个补偿器，这对于全状态反馈设计方法来说是不可能实现的。

为了进一步深入理解全状态反馈设计的机理，在此有必要对线性二次型调节器 LQR 中的全状态变量反馈问题进行专门的讨论分析。

系统的状态方程仍采用式(6-20)的形式,即

$$\dot{\boldsymbol{x}} = \boldsymbol{A}\boldsymbol{x} + \boldsymbol{B}\boldsymbol{u}$$

式中,$\boldsymbol{x} \in \mathbf{R}^n$ 是系统状态,$\boldsymbol{u} \in \mathbf{R}^m$ 是控制输入。

选择反馈控制输入为

$$\boldsymbol{u} = -\boldsymbol{K}\boldsymbol{x}$$

由上述的系统状态方程和反馈控制输入,可以得到闭环系统

$$\dot{\boldsymbol{x}} = (\boldsymbol{A} - \boldsymbol{B}\boldsymbol{K})\boldsymbol{x} \equiv \boldsymbol{A}_c\boldsymbol{x} \tag{6-52}$$

如式(6-21)所定义的可测量的输出方程为

$$\boldsymbol{y} = \boldsymbol{C}\boldsymbol{x}$$

这样,将反馈控制输入写成控制形式

$$\boldsymbol{u} = -\boldsymbol{K}\boldsymbol{y} = -\boldsymbol{K}\boldsymbol{C}\boldsymbol{x} \tag{6-53}$$

由反馈控制输入式(6-53)可见,实际上,状态反馈是当 $\boldsymbol{C} = \boldsymbol{I}$(单位阵)时输出反馈的特殊情况。也就是说,当 $\boldsymbol{C} = \boldsymbol{I}$ 时,所有的系统状态都能够被测量,尽管在飞机的飞行控制系统中,通常情况下不能测量所有的系统状态。

为了方便起见,将性能指标函数(6-28)重写为

$$J = \frac{1}{2}\int_0^{\infty} (\boldsymbol{x}^{\mathrm{T}}\boldsymbol{Q}\boldsymbol{x} + \boldsymbol{u}^{\mathrm{T}}\boldsymbol{R}\boldsymbol{u})\mathrm{d}t$$

式中,加权矩阵 $\boldsymbol{Q}$ 为半正定的对称矩阵,$\boldsymbol{R}$ 为正定的对称矩阵。

反馈增益 $\boldsymbol{K}$ 可通过最小化指标函数(6-28)来获得。同样,可以得到与输出反馈调节器解的必要条件式(6-42)~式(6-45)类似的结果,即

$$\boldsymbol{0} = \boldsymbol{A}_c^{\mathrm{T}}\boldsymbol{P} + \boldsymbol{P}\boldsymbol{A}_c + \boldsymbol{Q} + \boldsymbol{K}^{\mathrm{T}}\boldsymbol{R}\boldsymbol{K} \tag{6-54}$$

$$\boldsymbol{0} = \boldsymbol{A}_c\boldsymbol{S} + \boldsymbol{S}\boldsymbol{A}_c^{\mathrm{T}} + \boldsymbol{X} \tag{6-55}$$

$$\boldsymbol{0} = \boldsymbol{R}\boldsymbol{K}\boldsymbol{S} - \boldsymbol{B}^{\mathrm{T}}\boldsymbol{P}\boldsymbol{S} \tag{6-56}$$

式中,初始状态的自相关矩阵为

$$\boldsymbol{X} = \mathrm{E}[\boldsymbol{x}(\boldsymbol{0})\boldsymbol{x}^{\mathrm{T}}(\boldsymbol{0})] \tag{6-57}$$

在前面讨论带有输出反馈的线性二次型调节器时,已经分析了输出反馈增益的计算问题。因为对于输出反馈调节器的增益计算,需要选择具有依赖于合适初始状态的自相关矩阵 $\boldsymbol{X} = \mathrm{E}[\boldsymbol{x}(\boldsymbol{0})\boldsymbol{x}^{\mathrm{T}}(\boldsymbol{0})]$ 和初始的稳态增益 $\boldsymbol{K}_0$,所示尽管借助于具体的数值迭代解法可以给出数值算法的局部最小收敛条件,但是,能够满足设计方程和稳定被控对象的输出反馈增益存在的充分必要条件几乎是未知的。然而,这一问题在带有全状态反馈的线性二次型设计情况下是不存在的。

根据方程(6-56),有

$$\boldsymbol{K} = \boldsymbol{R}^{-1}\boldsymbol{B}^{\mathrm{T}}\boldsymbol{P}\boldsymbol{S}\boldsymbol{S}^{-1} = \boldsymbol{R}^{-1}\boldsymbol{B}^{\mathrm{T}}\boldsymbol{P} \tag{6-58}$$

由此可见，对于最优状态反馈增益而言，方程(6－55)中的 $\boldsymbol{S}$ 矩阵是不需要求解的。通常将控制增益 $\boldsymbol{K}$ 的矩阵(6－58)称为卡尔曼增益(Kalman gain)。

将卡尔曼增益(6－58)代入李雅普诺夫方程(6－54)后，有

$$\boldsymbol{0} = \boldsymbol{A}_c^{\mathrm{T}}\boldsymbol{P} + \boldsymbol{P}\boldsymbol{A}_c + \boldsymbol{Q} + \boldsymbol{P}\boldsymbol{B}\boldsymbol{R}^{-1}\boldsymbol{B}^{\mathrm{T}}\boldsymbol{P} \tag{6-59}$$

利用闭环系统关系式(6－52)，可将式(6－59)进一步写成

$$\boldsymbol{0} = (\boldsymbol{A} - \boldsymbol{B}\boldsymbol{R}^{-1}\boldsymbol{B}^{\mathrm{T}}\boldsymbol{P})^{\mathrm{T}}\boldsymbol{P} + \boldsymbol{P}(\boldsymbol{A} - \boldsymbol{B}\boldsymbol{R}^{-1}\boldsymbol{B}^{\mathrm{T}}\boldsymbol{P}) + \boldsymbol{Q} + \boldsymbol{P}\boldsymbol{B}\boldsymbol{R}^{-1}\boldsymbol{B}^{\mathrm{T}}\boldsymbol{P} \tag{6-60}$$

简化后，有

$$\boldsymbol{0} = \boldsymbol{A}^{\mathrm{T}}\boldsymbol{P} + \boldsymbol{P}\boldsymbol{A} + \boldsymbol{Q} - \boldsymbol{P}\boldsymbol{B}\boldsymbol{R}^{-1}\boldsymbol{B}^{\mathrm{T}}\boldsymbol{P} \tag{6-61}$$

方程(6－61)被称为代数黎卡提方程(Algebraic Riccati Equation，ARE)。代数黎卡提方程 ARE 的解 $\boldsymbol{P}$ 是一个对称矩阵，即 $\boldsymbol{P} = \boldsymbol{P}^{\mathrm{T}}$。

因为在求解最优状态反馈增益 $\boldsymbol{K}$ 时并不需要 $\boldsymbol{S}$ 矩阵，所以这个增益 $\boldsymbol{K}$ 在方程(6－55)中是不依赖于初始状态的自相关矩阵 $\boldsymbol{X} = \mathrm{E}[\boldsymbol{x}(\boldsymbol{0})\boldsymbol{x}^{\mathrm{T}}(\boldsymbol{0})]$。也就是说，最优状态反馈增益 $\boldsymbol{K}$ 的计算并不需要初始状态 $\boldsymbol{x}(\boldsymbol{0})$ 的信息。这一点与在输出反馈调节器设计中的情况恰好相反。

因此，其最优代价函数为

$$J = \frac{1}{2}\boldsymbol{x}^{\mathrm{T}}(\boldsymbol{0})\boldsymbol{P}\boldsymbol{x}(\boldsymbol{0}) \tag{6-62}$$

同样，为了查阅之便，下面将带有全状态反馈的线性二次型设计(linear quadratic design with full state feedback)整理在表 6－9 中。

表 6－9　带有全状态反馈的线性二次型设计

组成部分	表达式
系统模型 (system model)	$\dot{\boldsymbol{x}} = \boldsymbol{A}\boldsymbol{x} + \boldsymbol{B}\boldsymbol{u}$ 式中，$\boldsymbol{x} \in \mathbf{R}^n$ 是系统状态，$\boldsymbol{u} \in \mathbf{R}^m$ 是控制输入
控制 (control)	$\boldsymbol{u} = -\boldsymbol{K}\boldsymbol{x}$ 式中，$\boldsymbol{K}$ 是需要确定的 $m \times n$ 维的常值反馈增益矩阵
性能指标 (performance index)	$J = \frac{1}{2}\int_0^{\infty}(\boldsymbol{x}^{\mathrm{T}}\boldsymbol{Q}\boldsymbol{x} + \boldsymbol{u}^{\mathrm{T}}\boldsymbol{R}\boldsymbol{u})\mathrm{d}t$ 式中，$\boldsymbol{Q}$ 和 $\boldsymbol{R}$ 分别为半正定和正定的对称加权矩阵
最优增益的设计方程组 (optimal gain design equations)	代数黎卡提方程为 $\boldsymbol{0} = \boldsymbol{A}^{\mathrm{T}}\boldsymbol{P} + \boldsymbol{P}\boldsymbol{A} + \boldsymbol{Q} - \boldsymbol{P}\boldsymbol{B}\boldsymbol{R}^{-1}\boldsymbol{B}^{\mathrm{T}}\boldsymbol{P}$ 卡尔曼增益为 $\boldsymbol{K} = \boldsymbol{R}^{-1}\boldsymbol{B}^{\mathrm{T}}\boldsymbol{P}$
最优代价函数 (optimal cost)	$J = \frac{1}{2}\boldsymbol{x}^{\mathrm{T}}(\boldsymbol{0})\boldsymbol{P}\boldsymbol{x}(\boldsymbol{0})$

5. 具有预定稳定度的最优状态调节器设计

系统的状态方程仍采用式(6-20)的形式,即

$$\dot{\boldsymbol{x}} = \boldsymbol{A}\boldsymbol{x} + \boldsymbol{B}\boldsymbol{u}$$

在性能指标函数(6-28)中引入标量的指数函数 e^{2at} 因子后,有

$$J = \frac{1}{2}\int_0^\infty e^{2at}(\boldsymbol{x}^T\boldsymbol{Q}\boldsymbol{x} + \boldsymbol{u}^T\boldsymbol{R}\boldsymbol{u})dt \tag{6-63}$$

式中,$a \geqslant 0$,性能指标函数中的其他变量与前面的定义相同。

首先,将性能指标函数(6-63)变换为类似于式(6-28)的最优状态调节器指标的标准形式,即

$$J = \frac{1}{2}\int_0^\infty [(e^{at}\boldsymbol{x})^T\boldsymbol{Q}(e^{at}\boldsymbol{x}) + (e^{at}\boldsymbol{u})^T\boldsymbol{R}(e^{at}\boldsymbol{u})]dt \tag{6-64}$$

定义

$$\bar{\boldsymbol{x}} = e^{at}\boldsymbol{x}, \quad \bar{\boldsymbol{u}} = e^{at}\boldsymbol{u} \tag{6-65}$$

根据定义式(6-65)将性能指标函数(6-64)变为

$$J = \frac{1}{2}\int_0^\infty (\bar{\boldsymbol{x}}^T\boldsymbol{Q}\bar{\boldsymbol{x}} + \bar{\boldsymbol{u}}^T\boldsymbol{R}\bar{\boldsymbol{u}})dt \tag{6-66}$$

由定义式(6-65)有

$$\dot{\bar{\boldsymbol{x}}} = \frac{d}{dt}(e^{at}\boldsymbol{x}) = ae^{at}\boldsymbol{x} + e^{at}\dot{\boldsymbol{x}} \tag{6-67}$$

将飞机运动的状态方程(6-20)代入关系式(6-67)中,则有

$$\begin{aligned}\dot{\bar{\boldsymbol{x}}} &= ae^{at}\boldsymbol{x} + e^{at}\dot{\boldsymbol{x}} = ae^{at}\boldsymbol{x} + e^{at}(\boldsymbol{A}\boldsymbol{x} + \boldsymbol{B}\boldsymbol{u}) = \\ &(\boldsymbol{A} + a\boldsymbol{I})(e^{at}\boldsymbol{x}) + \boldsymbol{B}(e^{at}\boldsymbol{u}) = \bar{\boldsymbol{A}}\bar{\boldsymbol{x}} + \boldsymbol{B}\bar{\boldsymbol{u}}\end{aligned} \tag{6-68}$$

如果选择反馈控制输入为

$$\bar{\boldsymbol{u}} = -\boldsymbol{K}\bar{\boldsymbol{x}} \tag{6-69}$$

则由定义式(6-65)可以得到

$$\boldsymbol{x}(t) = e^{-at}\bar{\boldsymbol{x}}(t)$$

由此可见,如果新的系统状态 $\bar{\boldsymbol{x}}(t)$ 是稳定的,那么原系统的状态 $\boldsymbol{x}(t)$ 将以状态 $\bar{\boldsymbol{x}}(t)$ 的 e^{-at} 倍更快地衰减,因此使闭环系统具有预定的稳定度。

如果比较系统方程(6-68)的特征值与原系统的特征值,就可以得到对预定稳定度的概念更加直观的解释。令系统方程(6-68)的特征值为$\bar{\lambda}$,原系统的特征值为λ,则系统方程(6-68)的特征方程为

$$|\bar{\lambda}\boldsymbol{I} - \bar{\boldsymbol{A}}| = |\bar{\lambda}\boldsymbol{I} - \boldsymbol{A} - a\boldsymbol{I}| = |(\bar{\lambda} - a)\boldsymbol{I} - \boldsymbol{A}| = 0$$

将上式与原系统的特征方程比较可得

$$\bar{\lambda} - a = \lambda$$

这样，求得特征值 $\bar{\lambda}$ 与 λ 的关系为

$$\lambda = \bar{\lambda} - a$$

由于参数 $a \geqslant 0$，所以按照系统方程(6-68)所设计的反馈控制增益，原系统闭环的每一个特征值都位于 S 平面的 $-a$ 线的左侧，如图 6-15 所示。

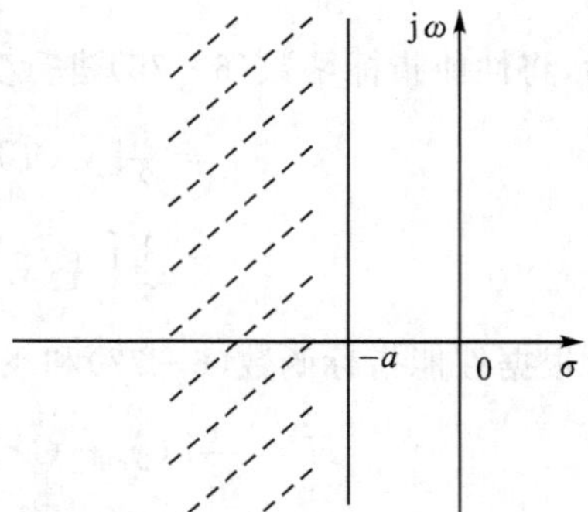

图 6-15　闭环系统特征值实部均位于 $-a$ 线左侧

这样，就由性能指标函数(6-66)和飞机状态方程(6-68)以及反馈控制输入式(6-69)构成了前面讨论过的典型的带有全状态反馈的线性二次型调节器问题。因此，不难得到具有预定稳定度的最优状态调节器的结果是：

① 代数黎卡提方程为

$$\mathbf{0} = \bar{\boldsymbol{A}}^{\mathrm{T}}\boldsymbol{P} + \boldsymbol{P}\bar{\boldsymbol{A}} + \boldsymbol{Q} - \boldsymbol{P}\boldsymbol{B}\boldsymbol{R}^{-1}\boldsymbol{B}^{\mathrm{T}}\boldsymbol{P} \tag{6-70}$$

② 最优状态反馈增益为

$$\boldsymbol{K} = \boldsymbol{R}^{-1}\boldsymbol{B}^{\mathrm{T}}\boldsymbol{P} \tag{6-71}$$

根据式(6-69)和定义式(6-65)得到关系式

$$\bar{\boldsymbol{u}} = \mathrm{e}^{at}\boldsymbol{u} = -\boldsymbol{K}\bar{\boldsymbol{x}} = -\boldsymbol{K}\mathrm{e}^{at}\boldsymbol{x} \tag{6-72}$$

因为参数 $a \geqslant 0$，所以关系式(6-72)中的指数函数 e^{at} 在 $t \in (0,\infty)$ 的条件下不为零，因此有

$$\boldsymbol{u} = -\boldsymbol{K}\boldsymbol{x} \tag{6-73}$$

这里值得指出的是，具有预定稳定度的最优状态调节器的增益式(6-71)，与全状态反馈调节器的增益式(6-58)在形式上完全相同。但是，两个增益关系式中的 ARE 的解 $\boldsymbol{P}$ 矩阵是有差别的。

6. 最优指令控制系统设计

所谓的最优指令控制，就是假定系统的指令输入为 $\boldsymbol{y}_c$，那么，期望系统的输出 $\boldsymbol{y}$ 是在一定时间段 $[0,T]$ 内的最优指令响应，并且能够精确地跟踪指令输入 $\boldsymbol{y}_c$。实际上，最优指令控制系统是一个最优伺服机构问题。

飞机运动的线性状态方程和输出方程仍然采用式(6-20)和式(6-21)。

定义指令的跟踪误差为

$$\boldsymbol{e} = \boldsymbol{y}_c - \boldsymbol{y} \tag{6-74}$$

选择性能指标函数为

$$J = \frac{1}{2}\boldsymbol{e}^{\mathrm{T}}(T)\boldsymbol{E}\boldsymbol{e}(T) + \frac{1}{2}\int_0^T (\boldsymbol{e}^{\mathrm{T}}\boldsymbol{Q}\boldsymbol{e} + \boldsymbol{u}^{\mathrm{T}}\boldsymbol{R}\boldsymbol{u})\mathrm{d}t \tag{6-75}$$

性能指标函数(6-75)可以评价指令控制系统在一定时间段 $[0,T]$ 内的最优指令响应，但同时要考虑经过 T 时间后系统的终端跟踪精度。

首先，利用输出方程(6-21)对式(6-74)变换，得

$$\boldsymbol{e} = \boldsymbol{y}_c - \boldsymbol{y} = \boldsymbol{y}_c - \boldsymbol{Cx} \tag{6-76}$$

然后,将性能指标函数(6-75)进行变换,即将式(6-76)代入到性能指标函数(6-75)中,有

$$J = \frac{1}{2}[\boldsymbol{y}_c(T) - \boldsymbol{Cx}(T)]^{\mathrm{T}}\boldsymbol{E}[\boldsymbol{y}_c(T) - \boldsymbol{Cx}(T)] + \frac{1}{2}\int_0^T [(\boldsymbol{y}_c - \boldsymbol{Cx})^{\mathrm{T}}\boldsymbol{Q}(\boldsymbol{y}_c - \boldsymbol{Cx}) + \boldsymbol{u}^{\mathrm{T}}\boldsymbol{Ru}]\mathrm{d}t \tag{6-77}$$

根据性能指标函数(6-77)和飞机运动的线性状态方程(6-20)得到哈密顿函数

$$H = \frac{1}{2}[(\boldsymbol{y}_c - \boldsymbol{Cx})^{\mathrm{T}}\boldsymbol{Q}(\boldsymbol{y}_c - \boldsymbol{Cx}) + \boldsymbol{u}^{\mathrm{T}}\boldsymbol{Ru}] + \boldsymbol{\eta}^{\mathrm{T}}(\boldsymbol{Ax} + \boldsymbol{Bu}) \tag{6-78}$$

式中,$\boldsymbol{\eta} \in \mathbf{R}^{n\times l}$ 为待定的协态向量。

由哈密顿函数(6-78)得到协态向量方程和驻点方程分别为

$$\dot{\boldsymbol{\eta}} = -\frac{\partial H}{\partial \boldsymbol{x}} = \boldsymbol{C}^{\mathrm{T}}\boldsymbol{Q}(\boldsymbol{y}_c - \boldsymbol{Cx}) - \boldsymbol{A}^{\mathrm{T}}\boldsymbol{\eta} \tag{6-79}$$

$$\boldsymbol{0} = \frac{\partial H}{\partial \boldsymbol{u}} = \boldsymbol{Ru} + \boldsymbol{B}^{\mathrm{T}}\boldsymbol{\eta} \tag{6-80}$$

根据驻点方程(6-80)可以得到最优控制输入为

$$\boldsymbol{u} = -\boldsymbol{R}^{-1}\boldsymbol{B}^{\mathrm{T}}\boldsymbol{\eta} \tag{6-81}$$

将最优控制输入式(6-81)代入飞机运动的线性状态方程(6-20)后,与协态向量方程(6-79)联立,写成标准方程形式

$$\begin{bmatrix} \dot{\boldsymbol{x}} \\ \dot{\boldsymbol{\eta}} \end{bmatrix} = \begin{bmatrix} \boldsymbol{A} & -\boldsymbol{BR}^{-1}\boldsymbol{B}^{\mathrm{T}} \\ -\boldsymbol{C}^{\mathrm{T}}\boldsymbol{QC} & -\boldsymbol{A}^{\mathrm{T}} \end{bmatrix}\begin{bmatrix} \boldsymbol{x} \\ \boldsymbol{\eta} \end{bmatrix} + \begin{bmatrix} \boldsymbol{0} \\ \boldsymbol{C}^{\mathrm{T}}\boldsymbol{Q} \end{bmatrix}\boldsymbol{y}_c \tag{6-82}$$

由此可见,由于控制指令 $\boldsymbol{y}_c$ 的引入,使得标准方程(6-82)变为一个非齐次的线性微分方程组,且协态向量 $\boldsymbol{\eta}$ 与状态向量 $\boldsymbol{x}$ 不再是简单的比例关系。

由于含有多个未知函数的非齐次的线性微分方程组的通解,可以表示成它的一个特解与其对应的齐次的线性微分方程组的通解之和,因此假定协态向量 $\boldsymbol{\eta}$ 为

$$\boldsymbol{\eta} = \boldsymbol{Px} - \boldsymbol{g}(t) \tag{6-83}$$

式中,$\boldsymbol{g}(t)$ 反映了指令输入的情况。

用式(6-83)将标准方程(6-82)的第一个方程改写为

$$\dot{\boldsymbol{x}} = (\boldsymbol{A} - \boldsymbol{BR}^{-1}\boldsymbol{B}^{\mathrm{T}}\boldsymbol{P})\boldsymbol{x} + \boldsymbol{BR}^{-1}\boldsymbol{B}^{\mathrm{T}}\boldsymbol{g}(t) \tag{6-84}$$

将式(6-83)两边微分后,有

$$\dot{\boldsymbol{\eta}} = \dot{\boldsymbol{P}}\boldsymbol{x} + \boldsymbol{P}\dot{\boldsymbol{x}} - \dot{\boldsymbol{g}}(t) \tag{6-85}$$

将方程(6-84)代入方程(6-85)后,有

$$\dot{\boldsymbol{\eta}} = \dot{\boldsymbol{P}}\boldsymbol{x} + (\boldsymbol{PA} - \boldsymbol{PBR}^{-1}\boldsymbol{B}^{\mathrm{T}}\boldsymbol{P})\boldsymbol{x} + \boldsymbol{PBR}^{-1}\boldsymbol{B}^{\mathrm{T}}\boldsymbol{g}(t) - \dot{\boldsymbol{g}}(t) = (\dot{\boldsymbol{P}} + \boldsymbol{PA} - \boldsymbol{PBR}^{-1}\boldsymbol{B}^{\mathrm{T}}\boldsymbol{P})\boldsymbol{x} + \boldsymbol{PBR}^{-1}\boldsymbol{B}^{\mathrm{T}}\boldsymbol{g}(t) - \dot{\boldsymbol{g}}(t) \tag{6-86}$$

另外，将式(6－83)代入标准方程(6－82)的第二个方程后，有

$$\begin{aligned}\dot{\boldsymbol{\eta}} =& -\boldsymbol{C}^{\mathrm{T}}\boldsymbol{Q}\boldsymbol{C}\boldsymbol{x} - \boldsymbol{A}^{\mathrm{T}}\boldsymbol{\eta} + \boldsymbol{C}^{\mathrm{T}}\boldsymbol{Q}\boldsymbol{y}_{\mathrm{c}} = \\ & -\boldsymbol{C}^{\mathrm{T}}\boldsymbol{Q}\boldsymbol{C}\boldsymbol{x} - \boldsymbol{A}^{\mathrm{T}}\boldsymbol{P}\boldsymbol{x} + \boldsymbol{A}^{\mathrm{T}}\boldsymbol{g}(t) + \boldsymbol{C}^{\mathrm{T}}\boldsymbol{Q}\boldsymbol{y}_{\mathrm{c}} = \\ & (-\boldsymbol{C}^{\mathrm{T}}\boldsymbol{Q}\boldsymbol{C} - \boldsymbol{A}^{\mathrm{T}}\boldsymbol{P})\boldsymbol{x} + \boldsymbol{A}^{\mathrm{T}}\boldsymbol{g}(t) + \boldsymbol{C}^{\mathrm{T}}\boldsymbol{Q}\boldsymbol{y}_{\mathrm{c}}\end{aligned} \tag{6-87}$$

因为，方程(6－86)与方程(6－87)应该相等，所以，令两个方程的右端相等后，有

$$\begin{aligned}&(\dot{\boldsymbol{P}} + \boldsymbol{P}\boldsymbol{A} - \boldsymbol{P}\boldsymbol{B}\boldsymbol{R}^{-1}\boldsymbol{B}^{\mathrm{T}}\boldsymbol{P})\boldsymbol{x} + \boldsymbol{P}\boldsymbol{B}\boldsymbol{R}^{-1}\boldsymbol{B}^{\mathrm{T}}\boldsymbol{g}(t) - \dot{\boldsymbol{g}}(t) = \\ &(-\boldsymbol{C}^{\mathrm{T}}\boldsymbol{Q}\boldsymbol{C} - \boldsymbol{A}^{\mathrm{T}}\boldsymbol{P})\boldsymbol{x} + \boldsymbol{A}^{\mathrm{T}}\boldsymbol{g}(t) + \boldsymbol{C}^{\mathrm{T}}\boldsymbol{Q}\boldsymbol{y}_{\mathrm{c}}\end{aligned} \tag{6-88}$$

这样，可以推导出重要结果

$$\left.\begin{aligned}&\dot{\boldsymbol{P}} + \boldsymbol{P}\boldsymbol{A} + \boldsymbol{A}^{\mathrm{T}}\boldsymbol{P} - \boldsymbol{P}\boldsymbol{B}\boldsymbol{R}^{-1}\boldsymbol{B}^{\mathrm{T}}\boldsymbol{P} + \bar{\boldsymbol{Q}} = \boldsymbol{0} \\ &\dot{\boldsymbol{g}}(t) = (\boldsymbol{P}\boldsymbol{B}\boldsymbol{R}^{-1}\boldsymbol{B}^{\mathrm{T}} - \boldsymbol{A}^{\mathrm{T}})\boldsymbol{g}(t) - \boldsymbol{C}^{\mathrm{T}}\boldsymbol{Q}\boldsymbol{y}_{\mathrm{c}}\end{aligned}\right\} \tag{6-89}$$

式中，$\bar{\boldsymbol{Q}}=\boldsymbol{C}^{\mathrm{T}}\boldsymbol{Q}\boldsymbol{C}$。

显而易见，方程组(6－89)的第一个方程为微分黎卡提方程(Differential Riccati Equation，DRE)。

求协态向量的截断边界条件为

$$\begin{aligned}\boldsymbol{\eta}(T) =& \frac{\partial}{\partial \boldsymbol{x}(T)}\left[\frac{1}{2}\boldsymbol{e}^{\mathrm{T}}(T)\boldsymbol{E}\boldsymbol{e}(T)\right] = \\ & \frac{\partial}{\partial \boldsymbol{x}(T)}\left\{\frac{1}{2}[\boldsymbol{y}_{\mathrm{c}}(T) - \boldsymbol{C}\boldsymbol{x}(T)]^{\mathrm{T}}\boldsymbol{E}[\boldsymbol{y}_{\mathrm{c}}(T) - \boldsymbol{C}\boldsymbol{x}(T)]\right\} = \\ & \boldsymbol{C}^{\mathrm{T}}\boldsymbol{E}\boldsymbol{C}\boldsymbol{x}(T) - \boldsymbol{C}^{\mathrm{T}}\boldsymbol{E}\boldsymbol{y}_{\mathrm{c}}(T) = \\ & \boldsymbol{P}(T)\boldsymbol{x}(T) - \boldsymbol{g}(T)\end{aligned} \tag{6-90}$$

由式(6－90)可以得到方程组(6－89)的终端边界条件为

$$\left.\begin{aligned}\boldsymbol{P}(T) &= \boldsymbol{C}^{\mathrm{T}}\boldsymbol{E}\boldsymbol{C} \\ \boldsymbol{g}(T) &= \boldsymbol{C}^{\mathrm{T}}\boldsymbol{E}\boldsymbol{y}_{\mathrm{c}}(T)\end{aligned}\right\} \tag{6-91}$$

利用终端边界条件式(6－91)，从方程组(6－89)中求出微分黎卡提方程的解 $\boldsymbol{P}$ 矩阵和函数 $\boldsymbol{g}(t)$。这样，求出协态向量 $\boldsymbol{\eta}$ 后，代入最优控制输入式(6－81)中，有

$$\boldsymbol{u} = -\boldsymbol{R}^{-1}\boldsymbol{B}^{\mathrm{T}}\boldsymbol{P}\boldsymbol{x} + \boldsymbol{R}^{-1}\boldsymbol{B}^{\mathrm{T}}\boldsymbol{g}(t) \tag{6-92}$$

由此可见，对于最优指令控制系统，在控制输入中增加了一项由控制指令 $\boldsymbol{y}_{\mathrm{c}}$ 所引起的反馈信号，该信号完全由方程组(6－89)的第二个一阶微分方程确定。

除了上述典型飞行控制系统的设计方法之外，还有一些非常重要的设计方法，例如，有关模型跟踪设计问题和飞行控制系统的鲁棒设计技术等的方法。值得一提的是，对于单变量系统(SISO)和弱耦合的多变量系统(MIMO)而言，经典设计方法仍然是目前普遍采用的飞行控制系统设计方法；而对于具有模型不确定性的强耦合多变量系统(MIMO)而言，现代设计技术已经成为飞行控制系统设计的主要方法。例如，应用 H_∞ 控制理论进行反馈控制系统设计的

三种主要方法是:回路成形设计方法、混合灵敏度设计方法和 μ 综合设计方法。此外还有基于现代优化算法构成的随机鲁棒分析与设计(Stochastic Robustness Analysis and Design, SRAD)方法等。

下面较全面地介绍一种面向工程应用的飞行控制系统分析与设计方法——随机鲁棒分析与设计方法。

7. 随机鲁棒分析与设计方法(SRAD)

(1) 随机鲁棒性的概念

定义 6.1: F 是紧集 Q 上全部有界且为可测概率密度函数 $f(\cdot)$ 的集合,对于任意的 γ,$\boldsymbol{g}(\nu)$ 的分布函数有明确的定义式

$$P[\boldsymbol{g}(\nu) \leqslant \gamma] = \int_{\nu \in Q, \boldsymbol{g}(\nu) \leqslant \gamma} f(x)\mathrm{d}x \tag{6-93}$$

对于具有不确定性参数 $\nu \in Q$ 的线性时不变系统(LTI),定义其闭环系统的不稳定性概率为

$$\bar{P} \equiv P(\text{instability}) = 1 - \int_{\nu \in Q, \boldsymbol{g}(\nu) < 0} f(x)\mathrm{d}x \tag{6-94}$$

式中,$\boldsymbol{g}(\nu) = [\sigma_1(\nu) \quad \sigma_2(\nu) \quad \cdots \quad \sigma_n(\nu)]^{\mathrm{T}}$ 是 n 维的系统特征值实部的向量,$f[\boldsymbol{g}(\nu)]$ 是关于 $\boldsymbol{g}(\nu)$ 的联合概率密度函数。这样,可以通过计算样本频率的方法来计算系统稳定性的概率为

$$\int_{\nu \in Q, \boldsymbol{g}(\nu) < 0} f(x)\mathrm{d}x = \lim_{N \to \infty} \frac{M[g_{\max}(\nu) < 0]}{N}\Bigg|_{\nu \in Q} \tag{6-95}$$

式中,$g_{\max}(\nu) = \max\{\sigma_1(\nu), \sigma_2(\nu), \cdots, \sigma_n(\nu)\}$ 是所有特征值实部的最大值,$M(\cdot)$ 是在 N 次估计中当所有特征值实部的最大值小于零时的特征值的数目。因此,系统不稳定性概率为

$$\bar{P} = 1 - \lim_{N \to \infty} \frac{M[g_{\max}(\nu) < 0]}{N}\Bigg|_{\nu \in Q} = \lim_{N \to \infty} \frac{K[g_{\max}(\nu) \geqslant 0]}{N}\Bigg|_{\nu \in Q} = \lim_{N \to \infty} \hat{P}\,\Big|_{\nu \in Q} \tag{6-96}$$

式中,$K(\cdot)$ 是在 N 次估计中当所有特征值实部的最大值不小于零时的特征值的数目。因此,对于式(6-96)换句话说,系统不稳定性概率 $\bar{P}$ 是当蒙特卡罗估计次数 N 趋于无穷大时出现任意的特征值实部不小于零的频率,也就是概率估计值 $\hat{P}$ 的极限值。

系统的随机鲁棒性概念包括随机鲁棒稳定性和随机鲁棒性能两个方面。

定义 6.2: 随机鲁棒稳定性,是指当系统的不确定性参数在其定义域内随机变化时,闭环控制系统仍是稳定的。

定义 6.3: 随机鲁棒性能,是指当系统的不确定性参数在其定义域内随机变化时,系统的性能仍能满足设计要求。

如果已给定系统的时域单位阶跃响应曲线族所应满足的设计性能要求的范围如图 6-16 所

示,那么,图示的设定范围就明确给定了当系统的不确定性参数在其定义域内随机变化时,系统的时域单位阶跃响应所应满足的设计要求。

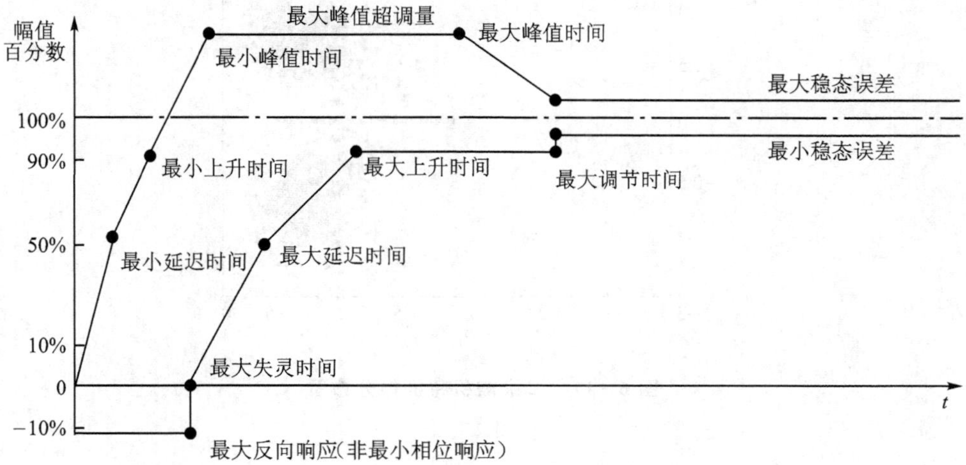

图 6-16 单位阶跃响应曲线族的设定范围

按照定义 6.3,在图 6-16 中,阶跃响应的设定范围实质上就是给出了一种随机鲁棒性能的非常实用的量化描述。

正如式(6-96)和图 6-16 所采用的量化方法一样,定义 6.2 和定义 6.3 给出的随机鲁棒稳定性和随机鲁棒性能是可以利用统计概率来进行定量描述的。随机鲁棒稳定性和随机鲁棒性能这两个概念是随机鲁棒分析与设计 SRAD 方法的重要基础,而下面将要讨论的随机特征根分布和随机响应曲线,是基于定义 6.2 和定义 6.3 对控制系统进行随机鲁棒分析与设计的两个常用工具。

定义 6.4:随机特征根分布,是指在系统参数随机变化的情况下,闭环系统特征根在 S 平面上的分布。

利用闭环系统的二维随机特征根分布图,可以直观地定性分析系统的随机鲁棒稳定性,利用闭环系统的三维随机特征根分布图,不仅能够直观地定性分析系统的随机鲁棒稳定性,而且结合式(6-96)还可以给出系统的随机鲁棒稳定性的定量分析,并能够据此对控制系统进行随机鲁棒设计。图 6-17 和图 6-18 给出了一个二阶闭环系统的二维和三维随机特征根分布图。

定义 6.5:随机响应曲线,是指在系统参数随机变化的情况下,闭环系统的时域单位阶跃响应曲线族。

根据设定的时域单位阶跃响应范围(图 6-16),既可以定性也可以定量地分析系统的随机鲁棒性能。图 6-16 给出的时域单位阶跃响应曲线族的设定范围,实质上就是明确地给定了当系统的不确定性参数在其定义域内随机变化时,系统的随机响应曲线的设定范围。随机特

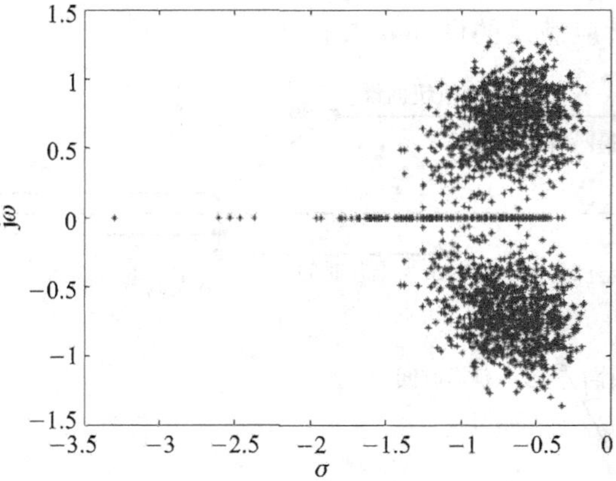

图 6-17　二维随机特征根分布图

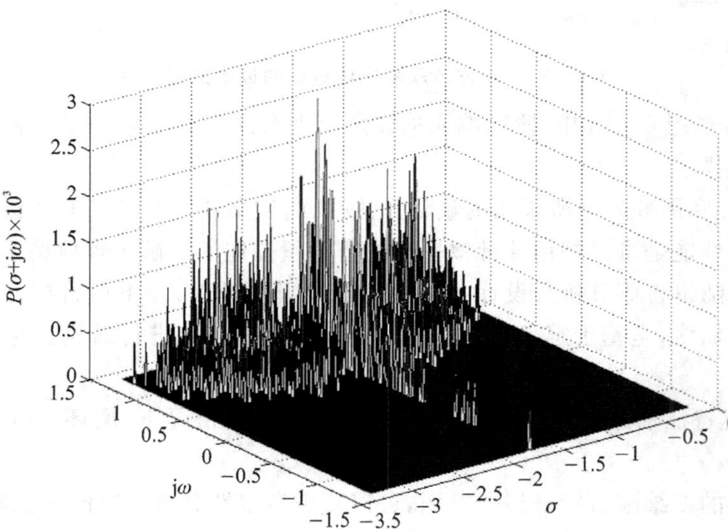

图 6-18　三维随机特征根分布图

征根分布和随机响应曲线是对控制系统进行随机鲁棒分析与设计时的两个非常实用的工具。

图 6-19 和图 6-20 给出了一个闭环系统的随机响应曲线及其设定范围。

(2) 随机鲁棒代价函数

如果将上述闭环系统的不稳定性概率的概念再进一步扩展到系统的不可接受的性能指标方面,则可以获得关于闭环系统的更加丰富的有用信息。例如,除了表示闭环系统的不稳定性概率以外,还可以表示控制作用过度的概率,或者表示超出响应包线的概率(如图 6-16 所示的随机响应曲线的设定范围)等,对于闭环系统的这类行为均可表示为 0-1 分布。因此,可以

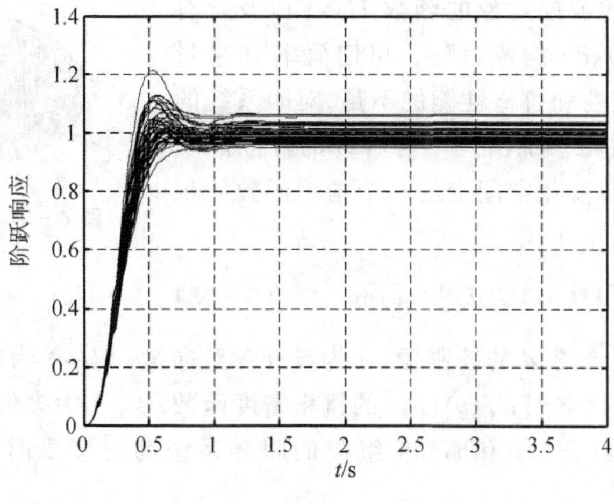

图 6-19　随机响应曲线

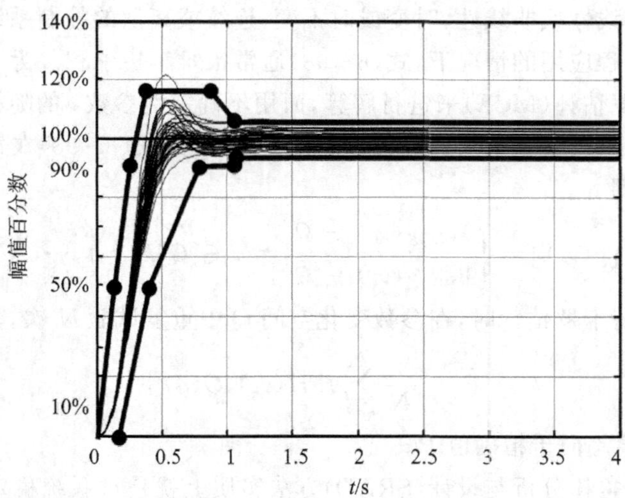

图 6-20　随机响应曲线的设定范围

定义下列的二值指示函数 $I(\cdot)$，当闭环系统的行为是可接受时，$I(\cdot)$ 等于 0，否则等于 1，其表达式为

$$I[\boldsymbol{g}(\nu)] = \begin{cases} 0, & \boldsymbol{g}(\nu) \in \Omega \\ 1, & \boldsymbol{g}(\nu) \notin \Omega \end{cases}, \quad \nu \in Q \tag{6-97}$$

系统的不确定性函数 $\boldsymbol{g}(\nu)$ 的参数空间的划分如图 6-21 所示。

系统的不确定性参数空间被划分为可接受与不可接受两个区域，其不可接受区域可由设计者自行定义。例如，不可接受区域的行为可定义为系统不稳定，并超出如图 6-16 所示的随机响应曲线的设定范围或过度的控制作用等。

如果 $\boldsymbol{g}(\nu)$ 是由描述被控对象的函数 $H(\nu)$ 以及含有设计参数 $\boldsymbol{d}$ 的控制器 $G(\boldsymbol{d})$ 构成，那么，可用概率 $\bar{P}$ 来量化闭环系统的鲁棒稳定性和鲁棒性能的不足，对因系统的性能参数变化而导致闭环系统出现不可容许的性能品质的描述，可用期望的参数变化空间上的一个指示函数的积分来定义，即

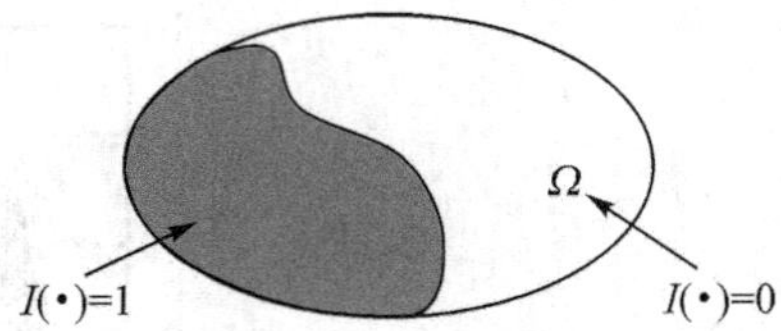

图 6-21　不确定性参数空间 $\boldsymbol{g}(\boldsymbol{\nu})$ 的划分

$$\bar{P}=\int_V I[H(v),G(\boldsymbol{d})]f(\nu)\mathrm{d}\nu \tag{6-98}$$

式中，$G(\cdot)$ 为含有设计参数 $\boldsymbol{d}$ 的控制器，$\boldsymbol{d}$ 为设计参数向量；$H(\cdot)$ 为用来描述被控对象的函数；$\nu\in Q$，Q 为参数变化空间；$f(\nu)$ 为 ν 的概率密度函数；$I(\cdot)$ 为多值指示函数，其最简单的形式为二值指示函数，当 $H(\nu)$ 和 $G(\boldsymbol{d})$ 组成的闭环系统为可接受时，$I(\cdot)$ 等于 0，否则等于 1。

由上述可见，控制系统的随机鲁棒分析与设计(SRAD)方法是一种基于数理统计的方法，因此能够广泛适用于线性或非线性、时变或时不变、连续或离散的控制系统的分析与设计。

在大多数实际工程应用的情况下，式(6-98)通常很难解析求积。为了适合于实际工程应用，通常采用蒙特卡罗估计(MCE)来进行解算，而用不确定性参数 ν 的随机抽样试验来逼近概率密度函数 $f(\nu)$，即用 ν_k 表示每次独立抽样的试验，并按照式(6-98)在每个 ν_k 处检验系统闭环特征的可接受性，即

$$I[\boldsymbol{g}(\nu_k)]=\begin{cases}0, & \boldsymbol{g}(\nu_k)\in\Omega\\ 1, & \boldsymbol{g}(\nu_k)\notin\Omega\end{cases},\quad \nu_k\in Q(k=1,\cdots,N)$$

也就是说，在采用蒙特卡罗估计时，在参数变化空间 Q 中重复试验 N 次，其概率估计可表述为

$$\hat{P}=\frac{1}{N}\sum_{k=1}^{N}I[H(\nu_k),G(\boldsymbol{d})] \tag{6-99}$$

当 $N\to\infty$ 时，估计值趋向于精确值 $\bar{P}$。

控制系统的随机鲁棒分析与设计(SRAD)方法实质上就是对系统稳定性概率和系统性能的估计进行协调综合，这样不但可以描述控制系统的随机鲁棒性，而且还可以对控制器进行随机鲁棒设计。在对最优控制器进行随机鲁棒设计时，可依据实际问题中对系统稳定性和系统性能的要求程度，通过为每一个要求程度所对应的概率度量值指定一个权值，来构成随机鲁棒代价函数 $J(\cdot)$，以体现对系统的鲁棒稳定性和鲁棒性能的协调关系。控制器 G 是以设计向量 $\boldsymbol{d}$ 为参数的，$\bar{P}(\cdot)$ 和 $J(\cdot)$ 均是设计向量 $\boldsymbol{d}$ 的函数，因此，鲁棒控制系统可用下列随机鲁棒代价函数来设计评价，即

$$\hat{J}(\boldsymbol{d})=\sum_{i=1}^{M}[w_i\hat{P}_i^2(\boldsymbol{d})] \tag{6-100}$$

式中，M 是系统稳定性和性能指标度量值的数量；$\hat{P}_i(\boldsymbol{d})$ 是第 i 个度量值的概率；w_i 是第 i 个

度量值的权值。

针对随机鲁棒代价函数(6-100),可以应用现代优化算法(例如,遗传算法(GA)、模拟退火算法(SA)或遗传模拟退火算法(GSA)等)来求解,以获得 $\hat{J}(\boldsymbol{d})$ 的最小值,进而得到随机鲁棒最优控制器 $G(\boldsymbol{d}^*)$,因此,所获得的控制器具有高品质的鲁棒性,而控制系统不符合要求的概率则明显少于采用其他保守设计方法所得到的控制器。

综上所述,随机鲁棒分析与设计(SRAD)方法是由随机鲁棒分析(Stochastic Robustness Analysis,SRA)和随机鲁棒设计(Stochastic Robustness Design,SRD)两部分构成的,其原理图如图 6-22 所示。

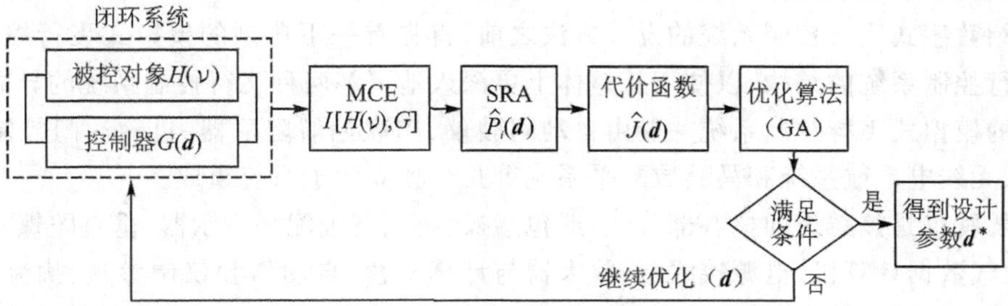

图 6-22　随机鲁棒分析与设计(SRAD)原理图

随机鲁棒分析(SRA)是基于蒙特卡罗估计(Monte Carlo Evaluation,MCE),并应用统计概率来对因系统参数变化所引起的闭环系统不可接受的行为(包括系统的不稳定特性和对性能指标要求的不满足等)进行描述。

随机鲁棒设计(SRD)由控制器结构设计和现代优化算法两部分组成,其设计分为以下几个步骤:

① 针对被控对象的物理特性,选择和设计含有设计参数 $\boldsymbol{d}$ 的控制器结构 $G(\boldsymbol{d})$;

② 合理选择并定义随机鲁棒性的度量值 I_i;

③ 对闭环系统进行蒙特卡罗仿真,以得到稳定性和各项性能不满足的概率 $\hat{P}_i(\boldsymbol{d})$;

④ 协调鲁棒稳定性和鲁棒性能,以构成随机鲁棒代价函数 $\hat{J}(\boldsymbol{d})$;

⑤ 应用现代优化算法进行寻优搜索,以获得 $\hat{J}(\boldsymbol{d})$ 的最小值,进而得到随机鲁棒最优控制器 $G(\boldsymbol{d}^*)$。

由随机鲁棒分析与设计原理图 6-22 可见,现代优化算法是用来优化随机鲁棒代价函数(6-100)的重要计算工具。常用的现代优化算法有遗传算法(GA)、模拟退火算法(SA)、遗传模拟退火算法(GSA)或蚁群算法等。

6.5 节将采用随机鲁棒分析与设计(SRAD)方法,分别对吸气式高超声速飞行器和超声速反舰导弹的飞行控制系统进行设计,并通过设计实例来说明该方法的特点。

6.4 数字式飞行控制系统的设计

6.4.1 概 述

自 20 世纪 70 年代初大规模集成电路出现以后，数字式飞行控制系统得到了迅速发展。随着控制计算机不断地沿着微型化、标准化和通用化方向的发展，数字式飞行控制系统的设计重点已倾向于输入/输出接口的组成和控制、余度配置可靠性以及系统软件的设计，包括系统管理、监控与测试、控制规律、工作模态转换以及显示等。

在介绍数字式飞行控制系统的设计方法之前，首先看一下典型的模拟式飞行控制系统和数字式飞行控制系统的结构，以便于从整体上更深入地了解两种飞行控制系统的异同之处。

全套的模拟式飞行控制系统一般由自动驾驶仪、串联偏航阻尼器、自动油门控制系统、拉平耦合器、无线电导航系统和马赫数配平系统等几个独立的子系统组成。

自动驾驶仪是该系统的核心部分，一般包括操纵台、三轴配平指示器、垂直陀螺、三轴角速率陀螺、大气数据计算机、电源接线盒、放大器与计算机盒、自动驾驶仪调参盒、扰流板位置传感器、电动舵机、配平舵机、升降舵力矩转换器、进场操纵板和进场显示器等部件。自动驾驶仪与其他装置共同构成系统的三个通道：升降舵通道、方向舵通道和副翼通道。自动驾驶仪与其他装置的相互关系如图 6 - 23 所示。

升降舵通道、方向舵通道和副翼通道用来稳定飞机绕三个轴的运动(稳定飞机的姿态)，操纵飞机做俯仰和转弯的机动飞行，完成预选航向和保持高度，并能实现近程导航、引导飞机进场和拉平到接地。

在整个飞行过程中，系统可根据驾驶员的不同需要提供人工状态、预选航向、导航、自动下滑和自动进场等五种工作状态。

下面以美国柯林斯公司生产并用于波音 757/767 飞机上的自动驾驶仪/飞行指引系统为例，来说明典型的数字式飞行控制系统的结构和功能。

美国柯林斯公司生产的数字式飞行控制系统是由自动驾驶仪和飞行指引系统组成的数字式、三余度、故障-工作式的一体化控制系统。在飞机爬高、下降、巡航和着陆等飞行阶段，提供稳定、控制和制导等功能，并可实现复飞操作。在爬高、巡航和下降等飞行阶段，三个通道中的一个用做纵向和侧向控制。在着陆和复飞阶段，接入航向控制，与平行工作的三通道一起提供故障-工作方式，并实现$Ⅲ_b$级自动着陆。

全套自动驾驶仪/飞行指引系统由三套相同的飞行控制计算机(FCC—701)、单套模态控制操纵台(MCP)、单套维修控制和显示操纵台、电液压的三余度副翼、方向舵和升降舵的舵回路、二余度的平尾配平舵机及一些传感器等组成。飞行控制计算机是全套自动驾驶仪/飞行指引系统的核心装置，其与外部其他装置的连接关系如图 6 - 24 所示。

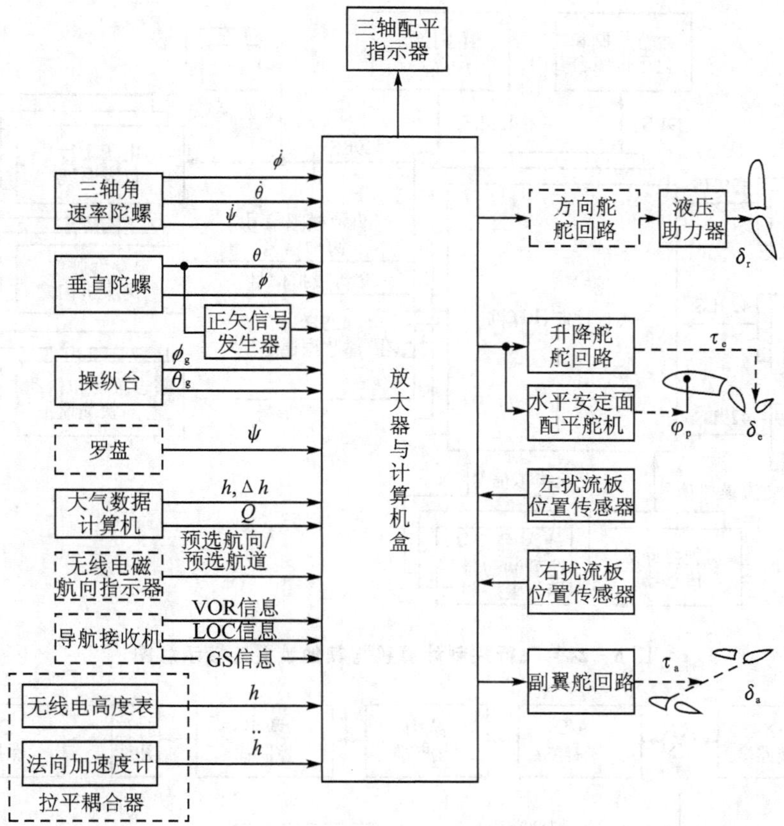

图 6-23　自动驾驶仪与其他装置连接示意图

综上所述，数字式飞行控制系统与模拟式飞行控制系统相比具有下列优点：

① 有较高的控制精度；

② 修改控制律和控制逻辑及参数一般只需改变软件，因此系统的修改和综合十分方便，更有利于系统的改型和改进；

③ 易于实现飞行前/后的全面自检与维护；

④ 易于实现应用现代控制理论所设计的复杂控制律，并获得飞行控制系统的最优性能。

由于现阶段的传感器及伺服作动器都是连续模拟部件，并且被控对象为连续运动的飞机，因此数字式飞行控制系统与目前绝大多数的计算机控制系统一样，是由数字部件与模拟部件组合而成的“混合系统”。图 6-25 为单通道纵向数字式飞行控制系统的典型原理图。

鉴于数字式飞行控制系统的“混合系统”特点，以及与大多数数字计算机控制系统有着许多共性的特性，数字式飞行控制系统的设计方法与一般数字计算机控制系统的设计方法并无本质上的差别，因此 6.4.2 小节仅就数字式飞行控制系统的几个特殊问题进行详细的分析。

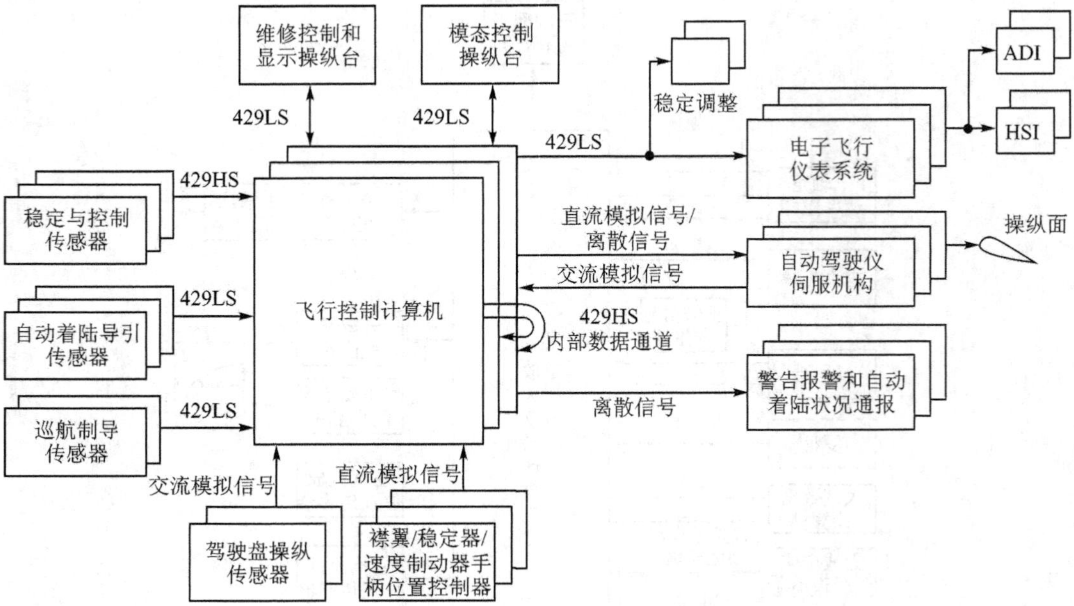

图 6-24　飞行控制计算机与其他装置连接示意图

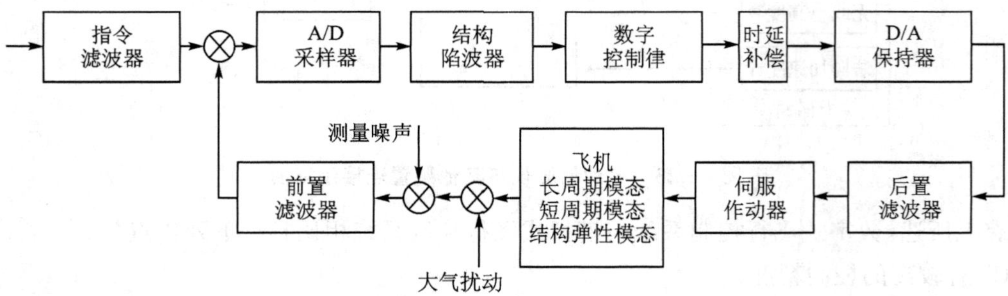

图 6-25　单通道纵向数字式飞行控制系统典型原理图

6.4.2　数字化设计方法

数字式飞行控制系统通常有两种设计方法,即连续域-离散化设计法及离散域直接设计法。

所谓连续域-离散化设计法,就是先在连续域的 S 平面内完成系统的分析与综合,然后离散化在连续域内完成的控制。这对已经熟悉在 S 域内进行设计的工程人员来说无疑是一种既习惯又方便的方法。当已经有现成的 S 域内的控制律时,可进行直接离散化。但是,这种方法还需要适当补偿原模拟控制律,这主要是考虑以下三方面因素的影响:

① 由于需要对传感器的测量信号进行噪声滤波，以防止在采样后发生低频混迭，因此设置了前置低通滤波器。若该滤波器的频带接近飞行控制系统的带宽，则在控制系统中必须补偿相位超前。

② 对由零阶保持器、分时采样以及控制律运算等因素产生的时延，需在控制器中适当补偿相位超前。

③ 对由零阶保持器产生的阶梯信号，必须进行后置平滑滤波，并需补偿其相位滞后。

连续域-离散化方法的缺点是：尽管目前已有近十种离散化的方法，但是都存在着一定的近似性。为了保证离散化的精度，对于不同的环节，往往需选用不同的离散化方法，并要求有较高的采样频率，从而使各个环节的离散化都有各自的采样速率要求。通常认为突斯汀变换的离散化方法对采样周期有较好的适应能力。

检验系统设计是否合理的最有效的手段是进行数/模混合仿真，并与原模拟系统的数字仿真进行比较。因此，往往需要反复进行仿真检验与控制律程序的调整、修改。

所谓的离散域直接设计法，是指将构成混合系统的非数字部分，包括传感器、伺服器以及含有弹性结构模态的高阶飞机动力学方程进行数字化，然后在离散域内进行整个系统的设计。主要方法有 Z 域根轨迹设计，W 或 W' 域的频率域设计。由于是在事先选定的采样频率条件下进行离散域设计，因此在同样的系统性能下可选取较低的采样频率，这是该方法的优越之处。但是从实际应用出发，采样频率的低限也是有限制的。直接设计法的缺点是：它必须对高阶的模拟部分动力学进行离散化，这本身也是复杂且带有近似性的工作。

为了比较当采样周期变化时上述两种设计方法对系统性能的影响，现以短距起落飞机多变量飞行控制系统的设计为例进行评定，如图 6-26 所示。

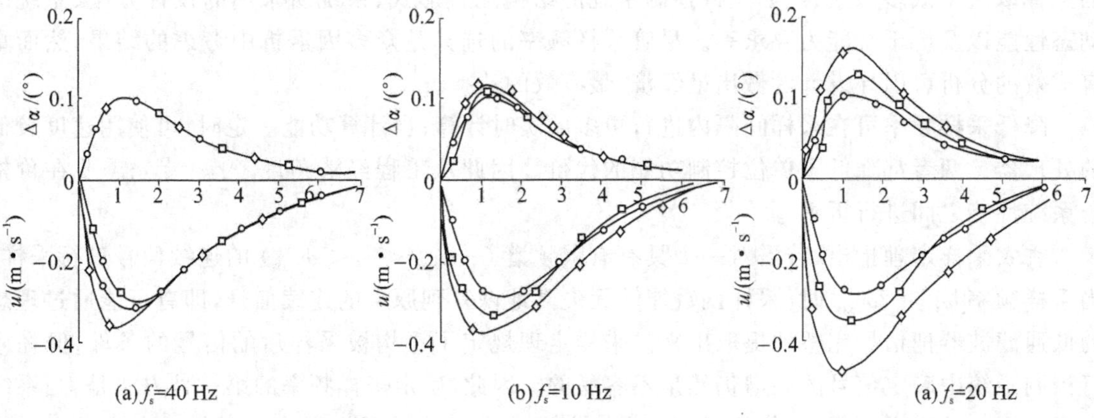

○—ANALOG 法；□—WPM 法；◇—CLT 法

图 6-26 采样频率对系统动态特性的影响

首先在 S 域内模拟设计该系统（简称 ANALOG 法），然后用三种不同的采样频率 $f_s=$

10 Hz,20 Hz,40 Hz,并应用突斯汀变换

$$s=\frac{2}{T}\cdot\frac{z-1}{z+1}$$

对系统进行离散化(称为控制律转换法 CLT),最后用同样的三种采样频率,在 W' 平面中直接进行设计(简称 WPM 法),即将模拟部分采用 Z 变换映射到 Z 平面,再用双线性关系 $z=(1+T/2W')(1-T/2W')$ 变换到 W' 平面进行设计。

设计结果表明,当 $f_s=40$ Hz 时,与模拟系统相比,两种数字化设计方法的结果有几乎一致的阶跃动态响应,如图 6-26 所示;当 $f_s=10$ Hz,20 Hz 时,采用 WPM 法,其动态响应比 CLT 法更接近原模拟系统。由图可知,当采样速率下降时,CLT 法的系统动态响应品质下降,这是由于当采样频率下降时,在低于 Nyquist 频率处出现了频率响应峰值,而此峰值是由 S 平面的控制器中存在的高频模态分量经突斯汀变换产生的,该峰值在 Z 平面中接近 Nyquist 频率处形成了弱阻尼的极点。减弱峰值影响的方法是:在进行突斯汀变换之前,采用降阶技术,去掉 S 平面中的较高频率模态分量。

相反,在 W' 平面中进行设计时,不会出现弱阻尼模态。因为在进行 W' 变换时,W' 本身包含了采样频率的信号,所以最终得到的控制器在转到 Z 平面后不存在弱阻尼的根。

两种数字化设计方法对系统稳定裕量的影响差别不大,但是提高了采样速率,因此可使数字式系统的稳定裕量与模拟系统的更接近。

6.4.3 系统采样频率的选择

与一般计算机控制系统一样,采样频率也是数字式飞行控制系统的核心参数。采样频率的选择取决于众多因素,例如飞行控制系统的结构配置形式、系统所采用的设计方法、系统的动态性能以及抗干扰能力要求等。尽管采样频率的选择是众多因素折中考虑的结果,然而卓有成效的分析可引导设计者做出最经济、最有效的选择。

降低采样频率可在采样间隔内进行更多的实时计算;当计算功能一定时,可使用速度较低的处理器。两者都降低了单位控制功能的代价。因此从工程经济角度考虑,首先需要在价格与系统性能之间进行折中 。

香农采样定理指出,若需对一个具有有限频谱 $(-\omega_{max}<\omega<\omega_{max})$ 的连续信号进行采样,当采样频率 $\omega_s\geqslant 2\omega_{max}$ 时,采样函数能够无失真地恢复到原来的连续信号,即有可能通过理想的低通滤波器把信号完整地提取出来。采样定理规定了重构被采样后的信号的条件,但在飞行控制系统中确定信号的频谱仍然是不容易的。因此,确定采样频率的第一种方法是,当系统中只采用一种采样频率时,往往只找出系统中运动模态的最高频率分量,例如,现代歼击机的一阶结构弹性模态的频率为 60~80 Hz,可选采样频率为 20 Hz。但为了减少频率混叠现象,常常要求采样频率高于运动模态的最高频率 4~10 倍,因而可取采样频率为 80 Hz。

另一种方法是按照系统闭环频带宽度确定采样频率。因为飞行控制系统也是闭环系统,

它本身具有低通滤波效应，所以闭环频带可决定整个飞行控制系统所含运动模态的频率，即高于系统频带的运动模态幅值被衰减抑制。按照采样定理，采样频率应大于系统带宽的 2 倍，但实际选择时则为系统闭环频带的 4～10 倍，这是出于减少由采样引起的对系统动态特性响应的时延，以及减少由零阶保持器引起的信号粗糙度的考虑。

6.4.4 信号频谱分析及多速率采样

数字式飞行控制系统往往呈现为多回路系统。按其功能有舵回路、控制增稳、姿态保持与控制、高度保持和速度控制等多种回路。各控制回路有其对应的不同频带宽度，因此常使用不同的采样速率，这样可以有效地减小数字处理器的运算量及运算速度。在同一控制回路中，由于不同补偿器的功能存在差异，所以也可采用不同的采样速率，以减小由数字化造成的动态误差、量化误差和不灵敏区等。

为了有效配置各种不同的采样速率，需对飞行控制系统中的信号按照不同频谱成分进行分类，并进行具体分析。

第一类信号为来自驾驶员的输入指令，即俯仰操纵、横滚操纵、航向脚蹬以及与它们有关的配平信号，它们属于飞行控制系统中变化较慢的信号，其频谱低于 2 Hz。因此对俯仰杆力、横滚杆力、脚蹬信号的采样速率取 40 Hz。

第二类信号来自各种传感器，例如陀螺、加速度计、速度传感器和高度传感器等。它们可感受飞行器的刚体运动及结构挠性运动（结构弹性模态运动），并按控制回路组成的需要反馈至处理器。典型的飞机刚体运动有飞机运动模态中最慢速的长周期运动（纵向），其典型频率为 0.02～0.06 Hz，所以允许反映长周期运动的速度控制回路的采样频率为最低，可取 2.5 Hz。油门位移采样频率也可取 2.5 Hz。飞行高度控制回路的采样频率为 5 Hz。飞机刚体运动的短周期运动频率一般小于 2 Hz，因此，取俯仰姿态及俯仰角速率回路的采样频率为 40 Hz。侧向的滚转模态与偏航模态的运动频率与纵向短周期运动的大致相同，采样频率亦可取 40 Hz。典型的飞机结构挠性运动频率约为 12～20 Hz。数字式飞行控制系统通常采用数字结构陷波器进行抑制，故建议采用较高的采样频率，例如 80～120 Hz。

第三类信号是带数字处理器的作动器伺服回路中的信号，它包含了约 37 Hz 的频率成分，必须采用很高的采样频率。

实践证明，采样频率与伺服回路带宽之比为 14 较为合适，因此建议数字伺服回路的采样频率取 512 Hz。

6.4.5 数字式飞行控制系统设计中的其他重要问题

1. 前置滤波器

为了滤去传感器中的高频测量噪声，在信号进入采样前应进行模拟滤波。通常采用的前置滤波器有一阶与二阶滤波器两种形式。在数控系统中，称该滤波器为抗混迭滤波器，它可以在减少信号失真的同时降低采样频率。

2. 数字结构陷波器

在设计数字结构陷波器时,必须考虑采样频率对数字结构陷波器特性的影响。

3. 后置滤波器

因为数字式飞行控制系统控制的是连续飞行运动的飞机,所以采用零阶保持器作为信号复现的保持装置。当采样频率足够高时,零阶保持器的输出阶跃信号会得到伺服机构低通特性的滤波与平滑。当采样周期较大,而执行机构的时间常数较小时(这是系统设计所期望的),零阶保持器的输出信号将会增加系统输出信号的粗糙度,此时应该加上后置滤波器。

4. 系统时延的补偿

由于采样保持和计算时延对飞行控制系统的动态特性会产生不良影响,所以需要采用补偿的方法来减小这种不良影响。

5. 非线性环节及变增益的实现

正如在第 5 章中讨论控制增稳系统时,对非线性指令模型的设计所要求的那样,需要实现驾驶员的在大机动飞行时有较高灵敏度、在小机动飞行时有较低灵敏度的要求。为了满足这种设计要求,通常会通过非线性增益环节来实现不同驾驶员的输入指令,以产生不同的操纵灵敏度。

典型俯仰与横滚通道的非线性特性如图 6－27 所示。方向舵脚蹬有非线性死区,可视图中的斜率 $M_1 = 0$ 为特殊情况,其算法流程如图 6－28 所示。

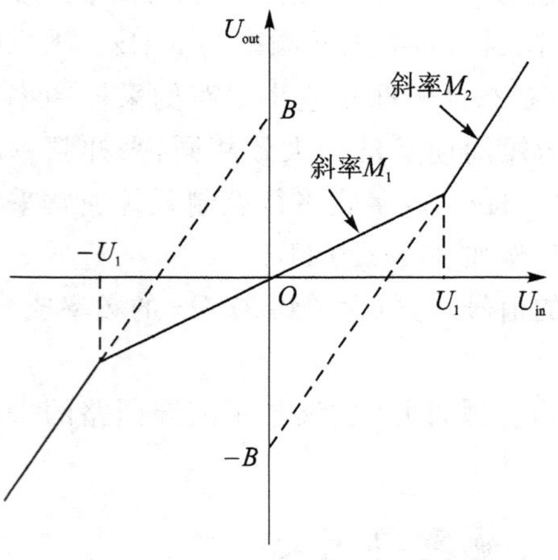

图 6－27　非线性增益特性

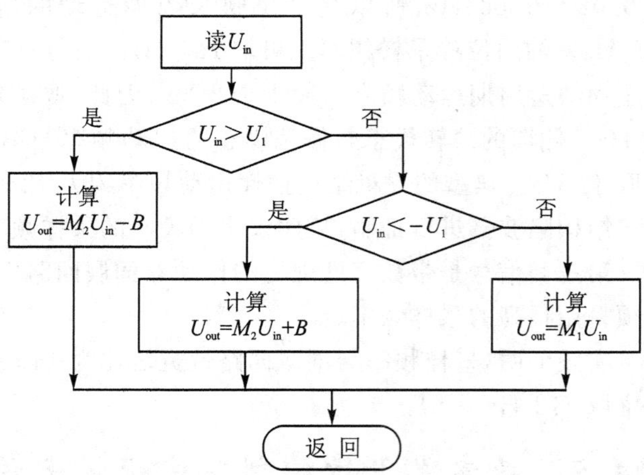

图 6－28　非线性增益的算法实现

飞行控制系统是典型的时变系统,为了保证系统的动特性要求,其开环增益或反馈增益需随动压 Q 的变化而调整。典型的可变增益的方案如图 6－29 所示,其相应的算法流程如

图 6－30 所示。

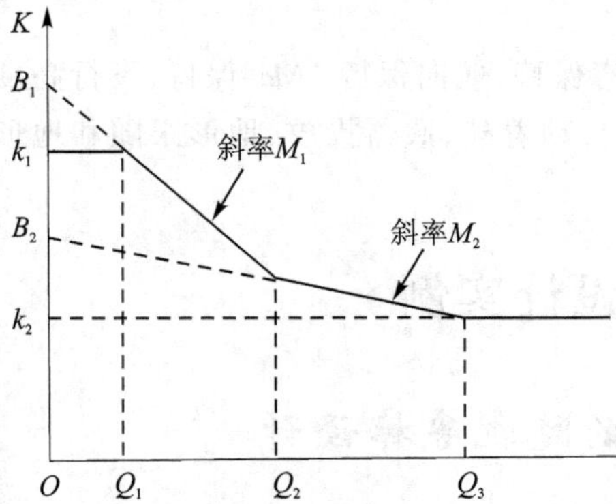

图 6－29 典型的可变增益的方案

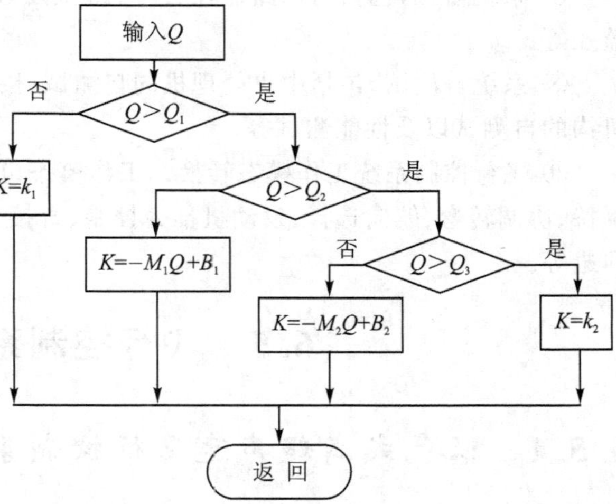

图 6－30 可变增益的算法流程图

6. 多模态控制律的实现

现代飞行控制系统具有多模态控制的特点，并可由驾驶员根据需要任意切换工作模态。

7. 数字式飞行控制系统的软件开发

软件开发是现代数字式飞行控制系统设计的重要组成部分。软件可完成控制律的计算、工作模态的转换、系统自动测试、故障监控、性能指标判别和参数调整等功能。据此可将飞行控制系统的运行程序大致分为四个部分，各部分在总运行软件中所占字节数的比例分别为：控制律(20％)、机内检测(45％)、执行(15％)和余度管理(20％)。这些软件的研制一般包括四个阶段，各部分在总研制工作量中所占的比例分别为：设计(25％)、编码(20％)、测试(45％)及维护(10％)。

数字式飞行控制系统的软件一般应按照软件开发规范(例如，GJB 437—88《军用软件开发规范》、GJB 439—88《军用软件质量保证规范》、GJB 438A—97《武器系统软件开发规范》等)，按照功能块分别进行开发。软件功能块的划分是：

① 俯仰内回路控制，包括俯仰增稳系统和阵风减缓等。

② 横滚内回路控制，包括横滚增稳系统。

③ 航向内回路控制，包括偏航阻尼器和协调转弯等。

④ 纵向外回路控制，包括俯仰姿态保持、飞行高度保持、空速保持、*Ma* 保持和等速爬高等。

⑤ 侧向外回路控制，包括横滚姿态保持、航向保持和航向选择。

⑥ 发动机推力控制。

⑦ 系统监控,包括内回路监控、外回路监控,以及对传感器信号、反馈信号和指令信号的监控等。

⑧ 系统自测试,包括中央处理机的自测试、接口设备及逻辑电路的自测试、传感器和伺服机构的自测试以及性能测试等。

⑨ 飞行控制系统工作模态转换。工作模态包括姿态保持、航向保持、*Ma* 保持、飞行高度保持、协调转弯、航向选择、发动机推力控制、直接升力、自动着陆、武器投放、地形跟随和地形回避等。

6.5 飞行控制系统设计实例

6.5.1 吸气式高超声速飞行控制系统的随机鲁棒设计

1. 基本概念与研究现状

所谓高超声速(hypersonic)飞行,是指飞行器的飞行马赫数不小于5的飞行,包括火箭高超声速系统和吸气式高超声速系统两种工程实现方式。以火箭发动机为动力的高超声速飞行技术目前相对较成熟;而以吸气式超燃冲压发动机为动力的高超声速飞行技术,由于其重要的军事价值,正在成为各国极为关注的领域。

吸气式高超声速飞行技术,既可产生低成本的可重复使用的临近空间高超声速飞行器,又可产生新型级别的具有高突防能力和高毁伤效能的武器装备。吸气式高超声速巡航导弹具有快速的反应能力、相当高的突防概率和较强的穿透力。凭借其很高的飞行马赫数,在不超过10分钟的时间内能够打击近千公里以外的目标。美国发展高超声速巡航导弹的重要目的就是增强快速反应与打击能力,尤其是打击如战略导弹发射系统、航空母舰战斗群等高军事价值的时敏目标。高超声速导弹能够有效遏制地基、机载、舰载预警及武器系统整体功能的发挥。在满足命中精度要求的条件下,高超声速导弹的巨大动能可以有效提高对包括深埋地下目标等加固目标的毁伤效能,如图6-31所示。

图6-31 NASA X—43A 高超声速飞行器

高超声速飞机在实时侦察、远程快速部署和精确打击等方面具有很高的军事价值,尤其在执行实时侦察任务时具有独特的优越性。目前,各国主要依靠卫星和常规侦察飞机执行侦察任务，然而这两种侦察手段均具有局限性，特别在对一些重大突发事件的实时侦察方面存在明显的不足。高超声速飞机具有突防能力强、被拦截概率小、可实现高速进入和高速退出目标区的优势，或者通过配挂高超声速防区外的攻击武器，利用武器的高超声速来实施突防和攻击，都将大大提高航空武器系统的突防概率、作战生存力和作战效能。

美国空军、海军和国防高级研究计划局以及航空航天局对高超声速技术制定了一系列研究计划，其中包括列入美国国防高级研究计划局的快速响应导弹开发计划(AARMD)的美国空军的 HyTech 计划和美国海军的 HyStrike 计划，以及美国国家航天飞机(NASP)计划。

俄罗斯的中央航空发动机研究所、中央航空流体动力研究所和彩虹设计局也相继进行了超燃冲压发动机和冷(Холрд)飞行试验台以及高超声速飞行试验器的研究。

此外，还有法国航空航天公司的先进高超声速推进技术研究计划(Prepha)和与俄罗斯合作进行的高超声速技术综合演示飞行器(Edith)以及德国的 SANGER 计划等。

作为高超声速飞行器研究的关键技术，制导控制技术也是世界各国高超声速研究计划中的关键技术之一。近年来，美国 NASA Langley Research Center 和 Edwards Flight Research Center 与 Princeton University 和 Maryland University 合作进行了高超声速飞行器鲁棒非线性控制(robust nonlinear control of a hypersonic aircraft)以及高超声速飞行器动态稳定和控制的综合推进力作用(integrated propulsion effects on dynamic stability and control of hypersonic vehicles)的研究，波音公司也进行了吸气式高超声速飞行器的空气动力学、推进力和控制的多学科优化方法(multidisciplinary optimization of airbreathing hypersonic vehicles considering aerodynamics, propulsion and control)的研究，Idaho State University 对高超声速飞行器 H_2 和 H_∞ 最优控制的统一化方法(unified approach to H2 and H-infinity optimal control of a hypersonic vehicle)进行了研究，Georgia Institute of Technology 应用模糊树方法对穿越大气层的飞行器的高超声速机动进行了分析与优化研究(analysis and optimization of hypersonic maneuvering of a transatmospheric vehicle using fuzzy trees)。

此外，德国 Muenchen Technische University 进行了高超声速飞行器鲁棒横侧向控制(robust lateral control of hypersonic vehicles)和最优高超声速飞行弹道(optimal hypersonic flight trajectories)的研究，俄罗斯 Moscow Institute of High Temperatures 进行了大气中高超声速飞行控制(flight control for hypersonic flights in atmosphere)的研究。

虽然我国在高超声速技术研究方面起步较晚，但近几年也已获得许多具有重要价值的研究成果。毫无疑问，制导与控制系统会因为这种新型飞行器的发展而出现突破性的进展，并且对这类飞行器的迫切需求也会进一步增大此任务的挑战性。从现有的技术储备和技术发展前景来看，对高超声速飞行器制导控制系统一体化设计技术进行的深入研究，具有非常重要的意义和发展前景。

下面重点探讨在高超声速巡航弹的高品质控制系统设计中遇到的一些特有的关键性问题。首先根据大空域高超声速机动飞行的特点，建立发动机工作状态与巡航弹飞行状态之间存在相互耦合关系的超燃冲压发动机数学模型,然后基于 NASA 的 Winged-cone 导弹的风洞试验模型数据,应用随机鲁棒分析与设计(SRAD)方法,设计出实用且有效的高超声速巡航弹鲁棒飞行控制器,最后通过全弹道六自由度非线性系统仿真试验进行验证。

2. 高超声速巡航弹的数学模型

无论采用超燃冲压发动机,还是亚燃冲压发动机作为高超声速巡航弹的动力装置,当其飞行马赫数 $Ma=5\sim6$ 时,其适用的飞行高度为 $h<45$ km。高度在 $h=25\sim35$ km 范围内的大气密度比高度为 $h=500$ m 的大气密度下降两个数量级,导弹在此高度巡航,有利于减小飞行阻力和气动加热效应。此外,为了保证高超声速巡航弹的生存能力,并考虑到当今世界上地-空导弹的射高,飞行高度几乎均不超过 25 km。如美国爱国者地-空导弹的作战使用高度为 $h\leqslant 24$ km,俄罗斯的地-空导弹射高也在 22 km 左右。因此,高超声速巡航弹的巡航高度在 35 km 左右较为适宜。

为了满足以上飞行包线的任务需求,巡航弹将采用吸气式超燃冲压发动机系统。此类巡航弹的最大技术挑战是进入高超声速飞行状态和使用未经测试的吸气式超燃冲压发动机时所面临的问题。为了获得高效的推力,超燃冲压发动机必须在高动压条件下工作。但是,由于气动加热和气动阻力亦随着动压的升高而增加,所以,要想获得高效的推进效果,必须同时均衡温度和结构方面的限制。最后值得注意的是,为了控制气动加热和气动阻力,必须对巡航弹的攻角进行精确控制,这也是此类高超声速巡航弹控制系统设计所要面临的一个重要问题。

但是,对装有超燃冲压发动机的巡航弹的气动特性的地面测试是非常有限的。因为缺乏便利的地面测试条件,所以许多气动和推进方面的不确定性因素必须在飞行中解决。除了飞行包线以外,高超声速巡航弹的动态特性与常规飞行器的也有很大不同,巡航弹最关键的气动特性应是具有非常好的稳定裕度。因此,对于制导、控制律和系统结构而言,必须具有一个极强的鲁棒反馈系统。此外,相当程度的制导与控制系统综合是极为重要和必需的,这是由于飞行弹道与姿态动力学之间的动态耦合因素在高超声速飞行中更为普遍,并且弹体、推进系统和结构动力学特性之间存在着很强的相互耦合关系,并且此作用在很宽的频域内存在。

(1) 导弹的气动布局与模型数据

选用 NASA 风洞试验所采用的 Winged-cone 巡航弹模型,利用插值方法获得巡航弹建模所需的各项气动参数。Winged-cone 是 NASP 计划中用于研究的高超声速概念飞行器,其几何和惯性参数、气动数据库以及发动机模型已经公开,是研究高超声速巡航弹的一个典型模型。导弹的初始质量 $m_0=133\ 812$ kg,助推器的质量 $m_b=453.6$ kg,超燃冲压发动机的燃油质量 $m_{sc}=65\ 772$ kg,弹翼展长 $b=18.288$ m,弹翼参考面积 $S_w=334.729\ 5\ m^2$,平均几何弦长 $c_A=24.384$ m。Winged-cone 导弹的气动布局如图 6-32 所示。

Winged-cone 导弹的气动布局属于无水平尾翼的布局形式,例如,协和式客机、航天飞机和 NASP X—30 等均有此类气动布局特点。具有此类布局形式的飞行器为了进行俯仰控制,

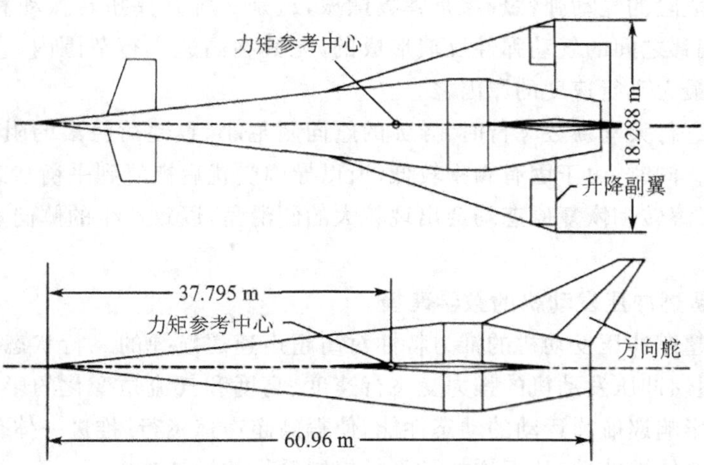

图 6-32　Winged-cone 导弹的气动布局

需要偏转弹翼后缘处的襟翼。这样，就改变了整个弹翼上的升力分布，从而产生了附加升力，而附加升力的作用点又比有水平尾翼正常布局的升力点相对靠近重心，即其到重心的力臂比正常布局的飞行器要短，结果造成附加升降舵升力导数 $C_{L_{\delta_e}}$ 与俯仰操纵力矩导数 $C_{m_{\delta_e}}$ 的比例不当(较大)，这不但会引起较大的升致阻力，而且还会导致“伴随低头俯冲运动控制的初始弹道上冲”的现象发生。因为当在进行低头俯冲运动控制时，升降舵将正向偏转，产生低头操纵力矩 $C_{m_{\delta_e}} \cdot \Delta\delta_e < 0$，使飞行器低头而导致攻角和总升力变小，从而使飞行弹道向下偏转。然而，在弹道向下偏转之前，由于 $C_{L_{\delta_e}}$ 产生的附加升力 $C_{L_{\delta_e}} \cdot \Delta\delta_e > 0$，却会使弹道先明显地向上冲。这种效应相当于一种全通网络特性，使得对弹道倾斜角 μ 的控制变得困难。当然，具有鸭式布局的飞行器是不存在此效应的。

无水平尾翼布局飞行器的弹翼后缘襟翼必须兼顾俯仰和滚转两个通道的控制。为此，应把相应的控制信号综合起来，同时，其襟翼既可以同向偏转，也可以差动偏转。这种快速可操纵的襟翼又称为襟翼副翼(flaperon)。

Winged-cone 导弹具有较大的长细比，此类飞行器的上反效应很大(即 C_{l_β} 大)，而航向稳定性较小(即 C_{n_β} 小)，因而此类飞行器的滚摆比 $K = \left|\dfrac{p_{\max}}{r_{\max}}\right|$ 很大。具有较大长细比气动布局的弹身弹性变形(弯曲和扭转)会使升降舵和方向舵的效能下降，因为弹性特性的动态作用涉及弹性振动模态，这种作用既可由大气紊流激发，也可由控制舵面的偏转激发。用于刚体自由度控制的反馈，同样也会影响这些弹性自由度，并且大多是不稳定的，因此应限制它的增益。只要刚体运动与弹性运动的特征频率的间隔足够大，在高频范围内就可使控制器的作用受到低通滤波器的抑制。弹性自由度的特征频率越低，其频率越接近于刚体运动的特征频率，使得采用大间隔特征频率的方法越困难，尤其对于大型飞行器，这时需要在所有频率范围内谨慎设

计控制器。特别危险的气动弹性现象是弹翼颤振,这是一种弹翼扭转振动和弯曲振动的组合运动,是由力与偏移之间的气动弹性反馈形成的,尤其在高速飞行范围内,它是不稳定的。防止颤振也是限制最大飞行速度的原因之一。

此外在高空进行大马赫数飞行时,导弹的航向阻尼小,致使荷兰滚的阻尼比变小,导致荷兰滚的振荡加剧。同时,由于固有频率较低,所以导弹受扰后恢复到平衡状态较慢。尤其在大攻角情况下,进入滚转和恢复原态均会出现较大的侧滑角,以致产生的侧向过载可能超过立尾强度的容许极限。

(2) 吸气式超燃冲压发动机的数学建模

由于吸气式超燃冲压发动机的推力特性对高超声速巡航弹的飞行状态变化非常敏感,也就是说,吸气式超燃冲压发动机的推力受飞行速度、高度和气流角变化的影响很大,而发动机的推力特性又会影响巡航弹运动的动态性能,使得高超声速飞行/推进一体化系统在飞行包线内表现出复杂的非线性特性,从而增加了飞行控制系统的设计难度。

所谓的超燃冲压发动机技术,是指满足高超声速飞行的、以超声速燃烧为核心技术的冲压发动机技术。超燃冲压发动机是高超声速巡航弹的主要动力装置,并且在总体设计中占有最为重要和关键的地位。吸气式超燃冲压发动机由进气道、分离段、燃烧室和尾喷管组成。发动机的迎面来流(空气流)首先进入进气道,进气道将来流的部分速度能转变为压力能,完成压缩过程,滞止到一定速度的气流进入燃烧室,与喷入的燃料迅速混合,并在等压条件下燃烧。燃烧后的高压、高温燃气,经收敛-扩张喷管加速后喷出产生推力。超燃冲压发动机结构示意图如图 6-33 所示。

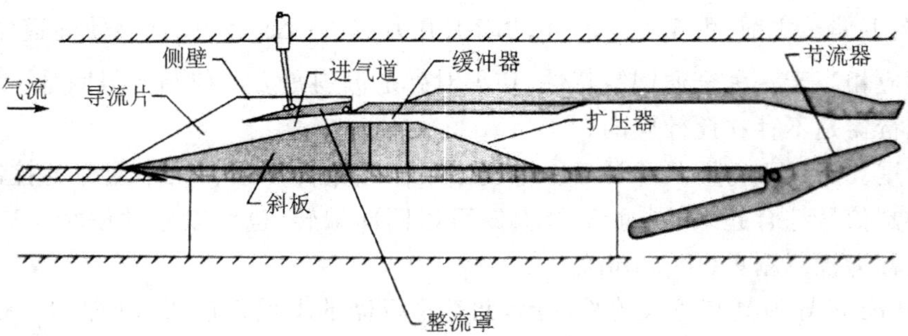

图 6-33 吸气式超燃冲压发动机结构示意图

冲压发动机可以利用大气中的氧气作为氧化剂,所以在高超声速飞行时,冲压发动机的经济性能显著优于涡喷发动机和火箭发动机。此外,冲压发动机内部没有转动部件,因此具有结构简单、质量小、成本低和推重比高等优点。然而,冲压发动机不能自身启动,需要借助于助推器加速到一定马赫数后才能工作,同时冲压发动机的推力特性对于巡航弹的飞行状态变化较为敏感,当在较宽的马赫数范围内飞行时,需要对其进气道进行调节,这样使得进气道的结构较为复杂。

由于在高超声速飞行条件下，巡航弹的阻力会显著增大，因此合理安排吸气式超燃冲压发动机在巡航弹中的布局，努力减小气动阻力并获得较大的升阻比（一般要求大于 3），是高超声速导弹/推进系统一体化设计的重要内容之一。同时，吸气式超燃冲压发动机在导弹中的布局安排，不仅会影响巡航弹的气动外形，对进入发动机的气流流量大小和流场品质也有重要影响，而且还会影响飞行控制制导设备以及导引头的布局安排。

由于具有明显的气动/推进强耦合特征，因此在进行高超声速巡航弹的构型设计过程中，必须同时考虑推进系统对巡航弹气动特性的影响，为了得到较为准确的气动特性数据，必须对巡航弹的内、外流场做一体化数值模拟。流场的一体化数值模拟是指求解包括燃烧室流场在内的全部内、外流场，以分析导弹弹体与推进系统相互影响的规律，评估并改善巡航弹的气动构型与推进系统设计方案。

这里仅给出一组吸气式超燃冲压发动机的推力特性与巡航弹的飞行状态相互作用的典型关系。当飞行高度 $h=30\ 000$ m，燃油等价比 $\phi_p=3$ 和动压 $Q=95\ 696.586\ \mathrm{N/m^2}$ 时，推力系数 C_T、比冲 I_{ST} 与迎角 α 和马赫数 Ma 的关系曲线，如图 6－34 和图 6－35 所示。

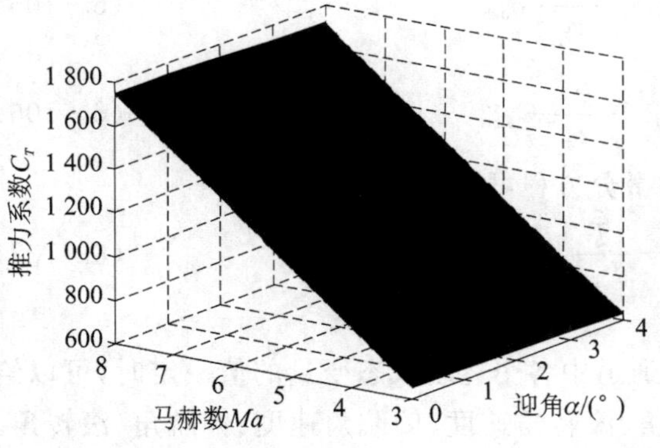

图 6－34　推力系数与迎角和马赫数的关系图

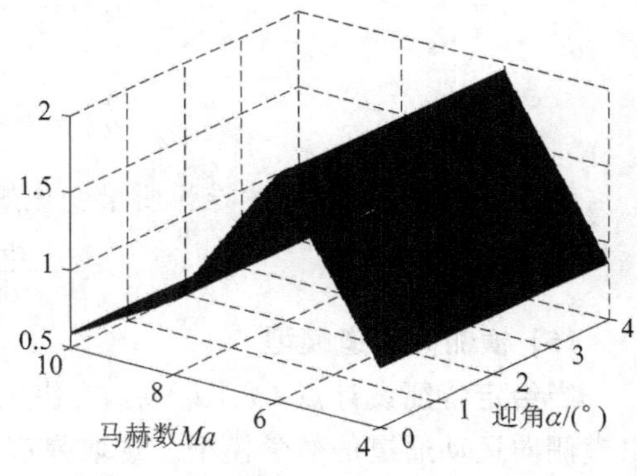

图 6－35　比冲与迎角和马赫数的关系图

假设发动机推力的方向与弹体纵轴重合。由燃油引起的质量消耗满足关系式

$$m_c(t)=\frac{T}{I_{ST}} \tag{6-101}$$

(3) 舵机模型

采用具有死区的限幅环节的一阶惯性环节模型

$$\dot{\delta}_i=-\frac{1}{\tau_{\delta_i}}\delta_i+\frac{k_{\delta_i}}{\tau_{\delta_i}}\delta_{ic},\quad (i=\mathrm{a,r,e}) \tag{6-102}$$

假定舵面的安装间隙为 $\Delta_{\delta_i}\leqslant\Delta_{\max}=0.1°$，舵机的偏角限制为 $|\delta_i|\leqslant\delta_{\max}=20°$，舵偏角的最大变化速率 $\dot{\delta}_i\leqslant\dot{\delta}_{i\max}$。

依据 Winged-cone 高超声速巡航弹的气动布局特点，下面分别给出解耦为纵向运动通道和横侧向运动通道的非线性运动方程组，以便采用随机鲁棒分析与设计方法，对 Winged-cone 数学模型进行高超声速飞行控制器随机鲁棒分析与设计。

(4) 纵向运动通道的运动模型

选择水平无侧滑飞行为基准运动状态，并选取空速 V、弹道倾斜角 μ、俯仰角速度 q、俯仰角 θ、飞行高度 h、飞行高度的积分 η、右升降副翼偏转角 δ_{da}、左升降副翼偏转角 δ_{de}（当作为升降舵使用时，$\delta_{da}=\delta_{de}$）和油门开度量 δ_T 组成纵向运动状态向量 $[V \quad \mu \quad q \quad \theta \quad h \quad \eta \quad \delta_{da} \quad \delta_{de} \quad \delta_T]^{T}$，分别用右升降副翼和左升降副翼偏转角以及油门开度的指令 δ_{dac}，δ_{dec} 和 δ_{Tc} 组成控制向量 $[\delta_{dac} \quad \delta_{dec} \quad \delta_{Tc}]^{T}$，则 Winged-cone 导弹的纵向运动模型可由方程组(2-54)和方程组(2-31e)的第三个方程及下列关系式构成，即

$$\frac{d\eta}{dt}=h \tag{6-103}$$

$$\dot{\delta}_{da}=-\frac{1}{\tau_{\delta_{da}}}\delta_{da}+\frac{K_{\delta_{da}}}{\tau_{\delta_{da}}}\delta_{dac} \tag{6-104}$$

$$\dot{\delta}_{de}=-\frac{1}{\tau_{\delta_{de}}}\delta_{de}+\frac{K_{\delta_{de}}}{\tau_{\delta_{de}}}\delta_{dec} \tag{6-105}$$

$$\dot{\delta}_{T}=-\frac{1}{\tau_{\delta_{T}}}\delta_{T}+\frac{K_{\delta_{T}}}{\tau_{\delta_{T}}}\delta_{Tc} \tag{6-106}$$

利用式(6-101)，描述导弹质量变化规律的微分方程可写成

$$\frac{dm}{dt}=-\frac{T}{I_{ST}} \tag{6-107}$$

(5) 横侧向通道模型

当给定特征设计点 (x_e, u_e) 后，在纵向运动通道中各个运动状态变量的值一定时，可以给出横侧向运动通道的数学模型。选取弹道方位角、滚转角速度、偏航角速度、偏航角、滚转角、弹道方位角的积分、右升降副翼偏转角、左升降副翼偏转角和方向舵偏转角组成横侧向运动状态向量 $[\varphi \quad p \quad r \quad \psi \quad \phi \quad \xi \quad \delta_{da} \quad \delta_{de} \quad \delta_{dr}]^{T}$，用右升降副翼偏转角指令和左升降副翼偏转角指令 δ_{dac} 和 δ_{dec} 以及方向舵偏转角指令 δ_{drc} 组成控制向量 $[\delta_{dac} \quad \delta_{dec} \quad \delta_{drc}]^{T}$，则导弹的横侧向运动模型可由方程组(2-55)及下列关系式构成，即

$$\frac{d\xi}{dt}=\varphi \tag{6-108}$$

$$\dot{\delta}_{da}=-\frac{1}{\tau_{\delta_{da}}}\delta_{da}+\frac{K_{\delta_{da}}}{\tau_{\delta_{da}}}\delta_{dac} \tag{6-109}$$

$$\dot{\delta}_{de}=-\frac{1}{\tau_{\delta_{de}}}\delta_{de}+\frac{K_{\delta_{de}}}{\tau_{\delta_{de}}}\delta_{dec} \tag{6-110}$$

$$\dot{\delta}_{dr}=-\frac{1}{\tau_{\delta_{dr}}}\delta_{dr}+\frac{K_{\delta_{dr}}}{\tau_{\delta_{dr}}}\delta_{drc} \tag{6-111}$$

由于上述用来描述导弹空间运动的方程组通常是非线性时变的微分方程组，而在数学上尚无求解这种方程组的一般性解析方法，因此，在应用线性控制系统的设计方法之前，常常依据小扰动原理，在基准运动的基础上对解耦为纵向运动通道和横侧向运动通道的非线性运动方程组进行线性化，将非线性方程组写成标准的线性状态方程的形式

$$\dot{x} = \bar{A}x + \bar{B}u$$

式中，$\bar{A}$ 和 $\bar{B}$ 分别为线性化后的线性状态方程的系统矩阵和控制矩阵。

3. 高超声速巡航弹控制系统的随机鲁棒设计

(1) 飞行控制系统的设计要求

内容包括：

① 在不确定性模型参数进行随机、有界变化的情况下，基于给定特征设计点 (x_e, u_e) 设计的控制系统应能保证巡航弹在指定的大空域（$h = 10\ 000 \sim 30\ 000$ m）内，以马赫数 $Ma = 3 \sim 8$ 的速度沿全弹道稳定地准确飞行。

② 三通道的时域响应指标应满足设计要求。

③ 气流角应满足 $-2° < \alpha < 6°$ 和 $|\beta| < 6°$ 的限制要求。

④ 所有控制舵面偏转角指令的绝对值都应满足 $|\delta_{dac}|$，$|\delta_{dec}|$ 和 $|\delta_{drc}|$ 小于 20° 的要求。

(2) 系统不确定性参数的向量定义

根据高超声速巡航弹的数学模型，可定义巡航弹的质量、惯量以及空气动力学参数等的不确定性参数向量为 $\boldsymbol{\nu} = [\nu_1 \quad \cdots \quad \nu_{24}]^T$，具体各分量的定义如表 6-10 所列。

表 6-10　系统不确定性参数向量 $\boldsymbol{\nu}$ 的各元素的关系式

关系式	关系式
$m = \nu_1 m_0$	$C_{xdc} = \nu_{13} C_{xdc0}$
$I_x = \nu_2 I_{x0}$	$C_{z_\beta} = \nu_{14} C_{z_\beta 0}$
$I_z = \nu_3 I_{z0}$	$C_{zde} = \nu_{15} C_{zde0}$
$I_y = \nu_4 I_{y0}$	$C_{zda} = \nu_{16} C_{zda0}$
$C_{xa} = \nu_5 C_{xa0}$	$C_{zdr} = \nu_{17} C_{zdr0}$
$C_{xde} = \nu_6 C_{xde0}$	$m_z = \nu_{18} m_{z0}$
$C_{xda} = \nu_7 C_{xda0}$	$m_y = \nu_{19} m_{y0}$
$C_{xdr} = \nu_8 C_{xdr0}$	$m_x = \nu_{20} m_{x0}$
$C_{xdc} = \nu_9 C_{xdc0}$	$S_w = \nu_{21} S_0$
$C_{ya} = \nu_{10} C_{ya0}$	$c_A = \nu_{22} c_{A0}$
$C_{yde} = \nu_{11} C_{yde0}$	$b = \nu_{23} b_0$
$C_{yda} = \nu_{12} C_{yda0}$	$\rho = \nu_{24} \rho_0$

(3) 特征设计点选择

考虑到飞行控制系统与惯导和制导系统的工程实现，选用 PID 控制器的结构进行随机鲁

棒设计。根据导弹的飞行弹道剖面,选择点($V_e=1\ 770$ m/s,$h_e=20\ 000$ m,$\alpha_e=1.02°$,$\beta_e=0°$)为特征设计点。

(4) 纵向运动通道随机鲁棒 PID 控制律的设计

选择二次型目标函数为

$$\boldsymbol{L}_{\mathrm{p}} = \boldsymbol{x}_{\mathrm{p}}^{\mathrm{T}}\boldsymbol{Q}_{\mathrm{p}}\boldsymbol{x}_{\mathrm{p}} + \boldsymbol{u}_{\mathrm{pn}}^{\mathrm{T}}\boldsymbol{R}_{\mathrm{p}}\boldsymbol{u}_{\mathrm{pn}} \tag{6-112}$$

则传统的 PID 控制器结构为

$$\boldsymbol{u}_{\mathrm{pn}} = \boldsymbol{K}_{\mathrm{p}}\boldsymbol{x}_{\mathrm{p}} \tag{6-113}$$

选择随机鲁棒 PID 控制器的结构为

$$\boldsymbol{u}_{\mathrm{p}} = k_{\mathrm{pc}}\boldsymbol{K}_{\mathrm{p}}\boldsymbol{x}_{\mathrm{p}} \tag{6-114}$$

则设计向量为

$$\boldsymbol{d}_{\mathrm{p}} = [Q_{\mathrm{p1}}\quad Q_{\mathrm{p2}}\quad Q_{\mathrm{p3}}\quad Q_{\mathrm{p4}}\quad Q_{\mathrm{p5}}\quad Q_{\mathrm{p6}}\quad Q_{\mathrm{p7}}\quad Q_{\mathrm{p8}}\quad Q_{\mathrm{p9}}\quad R_{\mathrm{p1}}\quad R_{\mathrm{p2}}\quad R_{\mathrm{p3}}\quad k_{\mathrm{pc}}]^{\mathrm{T}} \tag{6-115}$$

根据高超声速飞行控制系统的数学模型,以及所选取的不确定性向量 $\boldsymbol{\nu}=[\nu_1\quad\cdots\quad\nu_{24}]^{\mathrm{T}}$,来定义高超声速巡航弹纵向运动的稳定性与性能指标量,如表 6-11 所列,选择包含 12 个不满足设计要求概率的加权平方为随机鲁棒代价函数

$$J(\boldsymbol{d}_{\mathrm{p}}) = \sum_{j=1}^{12} w_{\mathrm{j}}\hat{P}_{\mathrm{j}}^{2} \tag{6-116}$$

表 6-11 纵向运动的稳定性与性能指标量

编号 j	权值 w_j	设计要求
1	10	系统稳定
2(3)	0.1(1.0)	10%调节时间小于 1 s(2 s)
4(5)	0.1(1.0)	90%上升时间小于 1 s(2 s)
6	0.1	在 h 达到峰值之前没有逆反
7(8)	0.1(1.0)	10%延迟时间小于 0.25 s(0.5 s)
9(10)	0.1(1.0)	超调量小于 1%(2%)
11(12)	0.1(1.0)	舵面的最大变化小于 18°(20°)

应用蒙特卡罗估计和遗传算法对随机鲁棒代价函数 $J(\boldsymbol{d}_{\mathrm{p}})$ 进行优化计算,经过仿真次数为 100、种群个体数为 20 和遗传代数为 20 的优化后,设计结果如下:

① 设计向量为

$$\begin{aligned}\boldsymbol{d}_{\mathrm{p}} = [&6.574\ 4\quad 7.837\ 1\quad 6.554\ 8\quad 6.421\ 6\quad 5.382\ 1\quad 1.026\ 6\quad 8.863\ 9\\ &8.863\ 9\quad 1.342\ 2\quad 7.753\ 4\quad 5.710\ 8\quad 5.710\ 8\quad 0.584\ 73]^{\mathrm{T}}\end{aligned} \tag{6-117}$$

② 纵向运动通道的随机鲁棒 PID 控制律为

$$\delta_{dac}=k_{daV}\cdot V+k_{da\mu}\cdot\mu+k_{daq}\cdot q+k_{da\theta}\cdot\theta+k_{da\eta}\cdot\int_0^t[h(\tau)-h^*]d\tau \quad (6-118)$$

$$\delta_{dec}=k_{deV}\cdot V+k_{de\mu}\cdot\mu+k_{deq}\cdot q+k_{de\theta}\cdot\theta+k_{de\eta}\cdot\int_0^t[h(\tau)-h^*]d\tau \quad (6-119)$$

$$\delta_{Tc}=k_{TV}\cdot V+k_{T\mu}\cdot\mu+k_{Tq}\cdot q+k_{T\theta}\cdot\theta+k_{T\eta}\cdot\int_0^t[h(\tau)-h^*]d\tau \quad (6-120)$$

(5) 纵向运动通道随机鲁棒 PID 控制性能的分析

1) 高度指令 $h^*=30$ m 的阶跃时域响应

对高度指令 $h^*=30$ m 的阶跃时域响应的仿真结果如图 6-36～图 6-42 所示。

由仿真结果可见，系统对高度指令 $h^*=30$ m 的阶跃响应在 5 s 之前即可稳定，且升降舵偏转角对控制指令的实际响应（$|\delta_e|\leqslant\delta_{e\max}=20°$）是满足设计要求的。

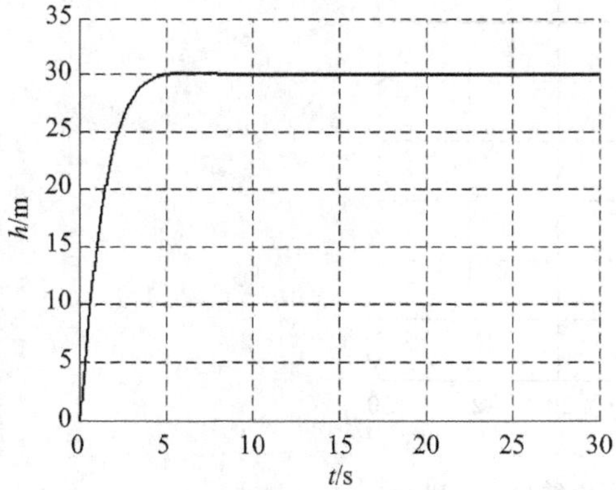

图 6-36　高度响应曲线($h^*=30$ m)

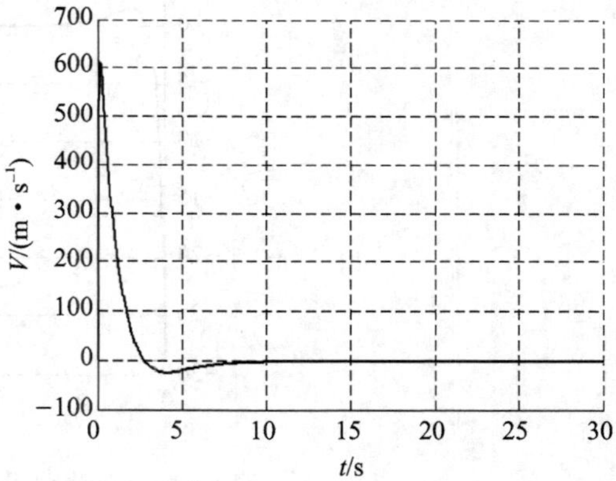

图 6-37　速度响应曲线 ($h^*=30$ m)

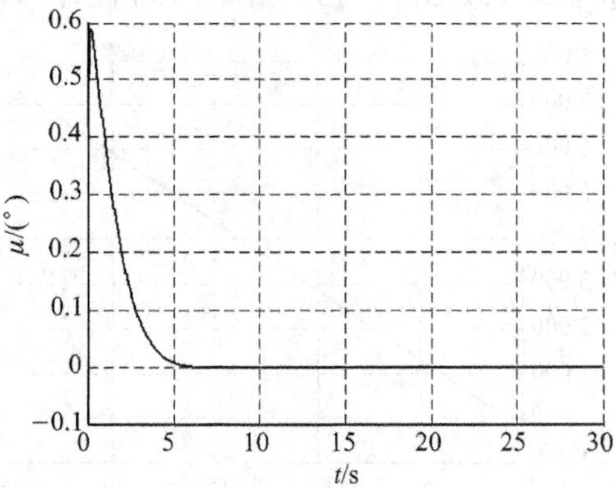

图 6-38　弹道倾斜角响应曲线($h^*=30$ m)

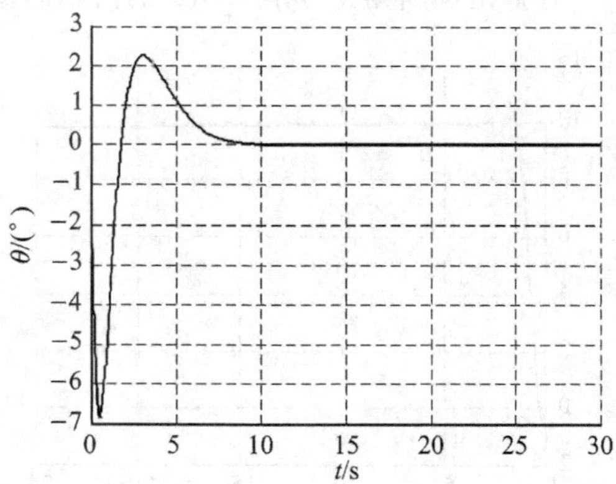

图 6-39　俯仰角响应曲线($h^*=30$ m)

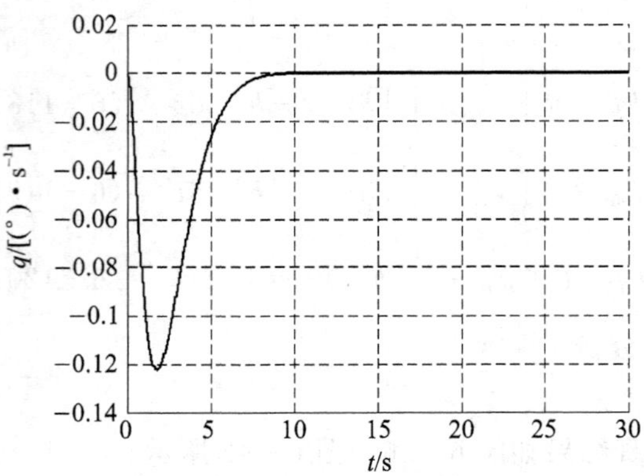

图 6-40　俯仰角速度响应曲线($h^*=30$ m)

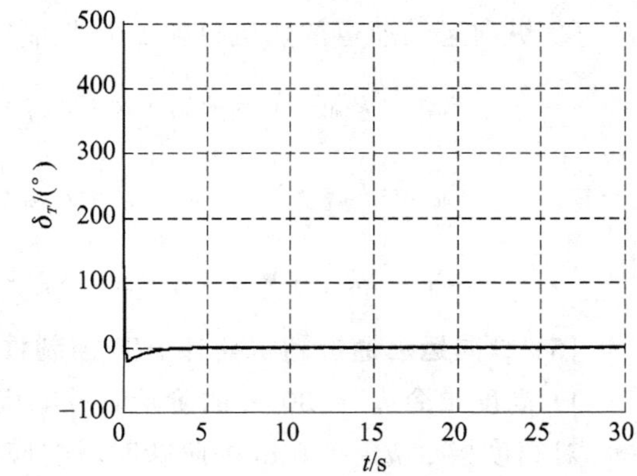

图 6-41　油门开度量响应曲线($h^*=30$ m)

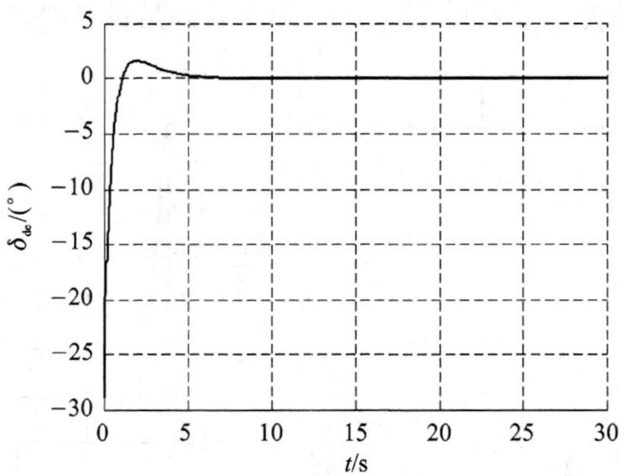

图 6-42　升降副翼偏转角响应曲线($h^*=30$ m)

2) 弹道倾斜角指令 $\mu^*=10°$的阶跃时域响应

对弹道倾斜角指令 $\mu^*=10°$的阶跃时域响应的仿真结果如图 6-43～图 6-49 所示。

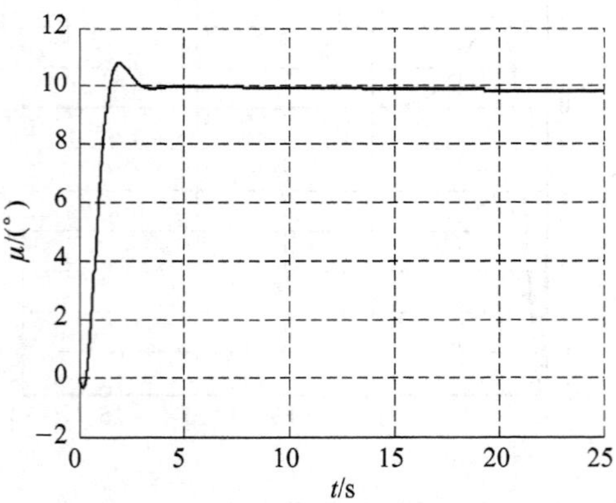

图 6-43　弹道倾斜角响应曲线($\mu^*=10°$)

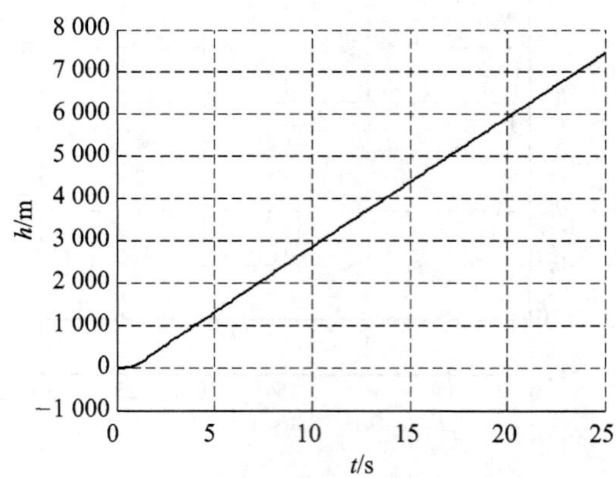

图 6-44　高度响应曲线($\mu^*=10°$)

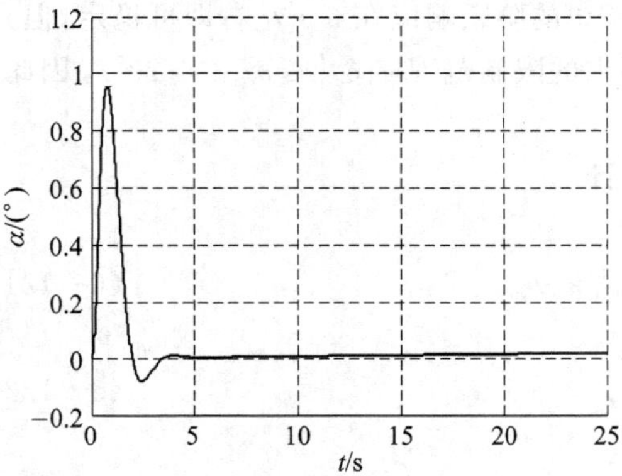

图 6-45　迎角响应曲线($\mu^*=10°$)

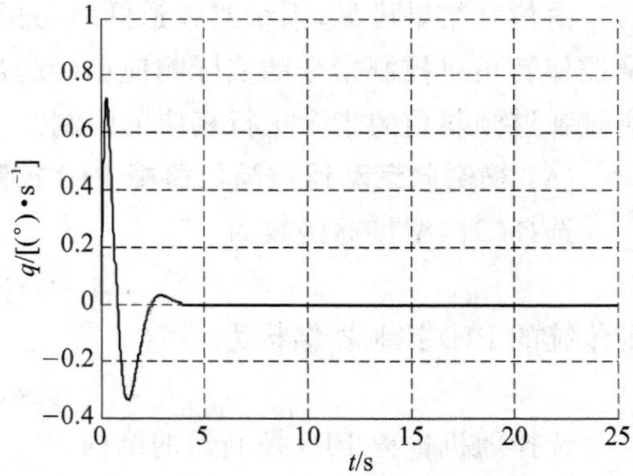

图 6-46　俯仰角速度响应曲线($\mu^*=10°$)

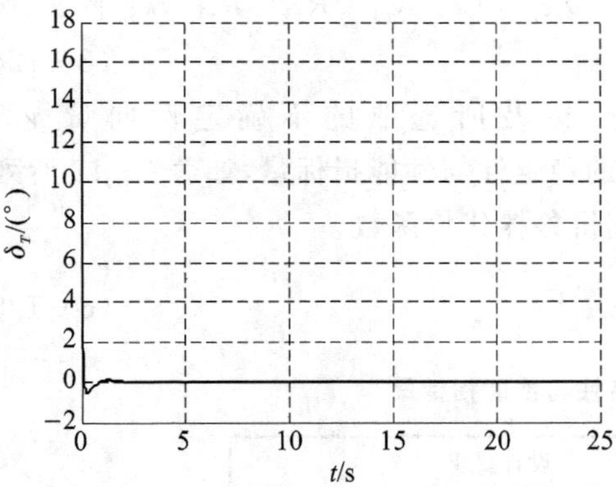

图 6-47　油门开度量响应曲线($\mu^*=10°$)

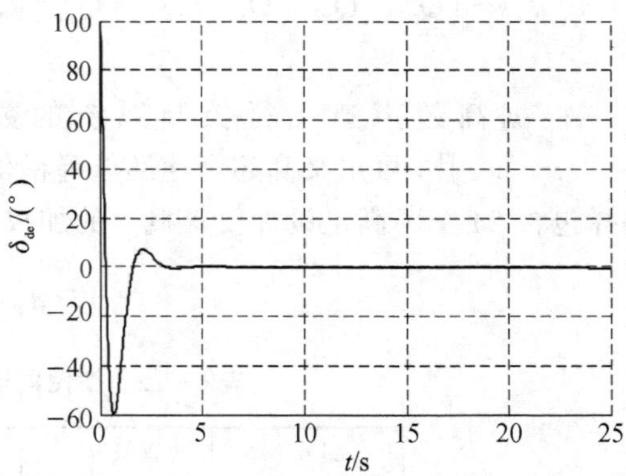

图 6-48　左升降副翼偏转角响应曲线($\mu^*=10°$)

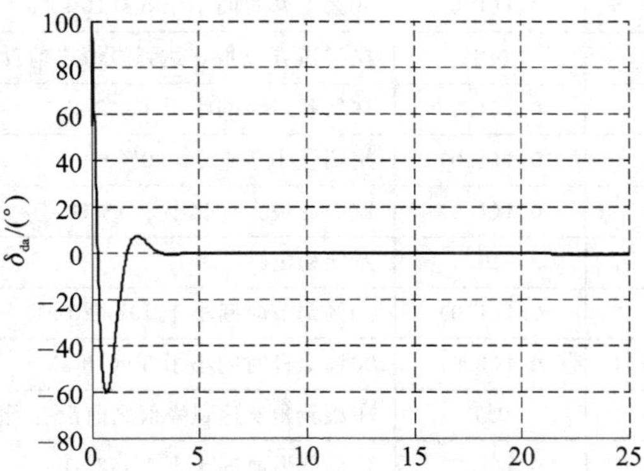

图 6-49　右升降副翼偏转角响应曲线($\mu^*=10°$)

由仿真结果可见,系统对弹道倾斜角指令 $\mu^* = 10°$ 的阶跃响应在 3 s 左右即可稳定,但升降舵偏转角对控制指令的实际响应已经超出设计要求的限制范围($|\delta_e| \leqslant \delta_{e\max} = 20°$),因此,应对弹道倾斜角的指令进行相应的限制。

(6) 横侧向运动通道随机鲁棒 PID 控制律的设计

选择二次型目标函数为

$$L_y = \boldsymbol{x}_y^{\mathrm{T}} \boldsymbol{Q}_y \boldsymbol{x}_y + \boldsymbol{u}_{yn}^{\mathrm{T}} \boldsymbol{R}_y \boldsymbol{u}_{yn} \tag{6-121}$$

则传统的 PID 控制器结构为

$$\boldsymbol{u}_{yn} = \boldsymbol{K}_y \boldsymbol{x}_y \tag{6-122}$$

选择随机鲁棒 PID 控制器的结构为

$$\boldsymbol{u}_y = k_{yc} \boldsymbol{K}_y \boldsymbol{x}_y \tag{6-123}$$

则设计向量为

$$\boldsymbol{d}_y = [Q_{y1} \quad Q_{y2} \quad Q_{y3} \quad Q_{y4} \quad Q_{y5} \quad Q_{y6} \quad Q_{y7} \quad Q_{y8} \quad Q_{y9} \quad R_{y1} \quad R_{y2} \quad R_{y3} \quad k_{yc}]^{\mathrm{T}} \tag{6-124}$$

根据高超声速飞行控制系统的数学模型,以及所选取的不确定性向量 $\boldsymbol{\nu} = [\nu_1 \quad \cdots \quad \nu_{24}]^{\mathrm{T}}$,可定义高超声速巡航弹横侧向运动的稳定性与性能指标量,如表 6-12 所列,选择包含 24 个不满足设计要求概率的加权平方为随机鲁棒代价函数

$$J(\boldsymbol{d}_y) = \sum_{j=1}^{24} w_j \hat{P}_j^2 \tag{6-125}$$

表 6-12 横侧向运动的稳定性与性能指标量

编号 j	权值 w_j	设计要求
1	10	系统稳定
2(3)	0.1(1.0)	10%调节时间小于 10 s(20 s)
4(5)	0.1(1.0)	90%上升时间小于 5 s(10 s)
6	0.1	在弹道方位角 φ 达到峰值之前没有逆反
7(8)	0.1(1.0)	10%延迟时间小于 1 s(2 s)
9(10)	0.1(1.0)	超调量小于 10%(20%)
11(12)	0.1(1.0)	舵面的最大变化小于 18°(20°)
13	10	系统稳定
14(15)	0.1(1.0)	10%调节时间小于 10 s(20 s)
16(17)	0.1(1.0)	90%上升时间小于 5 s(10 s)
18	0.1	在滚转角 ϕ 达到峰值之前没有逆反
19(20)	0.1(1.0)	10%延迟时间小于 1 s(2 s)
21(22)	0.1(1.0)	超调量小于 10%(20%)
23(24)	0.1(1.0)	舵面的最大变化小于 18°(20°)

应用蒙特卡罗估计和遗传算法对随机鲁棒代价函数 $J(\boldsymbol{d}_y)$ 进行优化计算，经过仿真次数为 100、种群个体数为 20 和遗传代数为 20 的优化后，设计向量为

$$\boldsymbol{d}_y = [6.2907\quad 6.9048\quad 4.7436\quad 6.582\quad 8.464\quad 5.4009\quad 8.3381\quad 8.3015\quad 6.3704\quad 5.9609\quad 2.4099\quad 2.9203\quad 0.71518]^{\mathrm{T}}$$

设计得到的横侧向运动通道的随机鲁棒 PID 控制律为

$$\delta_{\mathrm{dac}} = k_{\mathrm{da}\varphi}\cdot\varphi + k_{\mathrm{da}p}\cdot p + k_{\mathrm{da}r}\cdot r + k_{\mathrm{da}\psi}\cdot\psi + k_{\mathrm{da}\phi}\cdot\phi + k_{\mathrm{da}\xi}\cdot\int_0^t[\varphi(\tau) - \varphi^*]\mathrm{d}\tau \tag{6-126}$$

$$\delta_{\mathrm{dec}} = k_{\mathrm{de}\varphi}\cdot\varphi + k_{\mathrm{de}p}\cdot p + k_{\mathrm{de}r}\cdot r + k_{\mathrm{de}\psi}\cdot\psi + k_{\mathrm{de}\phi}\cdot\phi + k_{\mathrm{de}\xi}\cdot\int_0^t[\varphi(\tau) - \varphi^*]\mathrm{d}\tau \tag{6-127}$$

$$\delta_{\mathrm{drc}} = k_{\mathrm{dr}\varphi}\cdot\varphi + k_{rp}\cdot p + k_{\mathrm{dr}r}\cdot r + k_{\mathrm{dr}\psi}\cdot\psi + k_{\mathrm{dr}\phi}\cdot\phi + k_{\mathrm{dr}\xi}\cdot\int_0^t[\varphi(\tau) - \varphi^*]\mathrm{d}\tau \tag{6-128}$$

(7) 横侧向运动通道随机鲁棒 PID 控制性能的分析

下面给出横侧向运动通道对弹道方位角指令 $\varphi^* = 10°$ 的阶跃响应的部分仿真结果，如图 6-50～图 6-57 所示。

由仿真结果可见，在系统对弹道方位角指令 $\varphi^* = 10°$ 的阶跃响应过程中，副翼偏转角和方向舵偏转角对控制指令的实际响应（$|\delta_e| \leqslant \delta_{e\max} = 20°$）满足设计要求的限制范围。但是，弹道方位角、偏航角和滚转角的调节时间大概都在 100 s 左右才能稳定，而且存在较大的超调现象，这反映了 Winged-cone 巡航弹在 20 km 以上高度进行高超声速飞行时，其横侧向运动的阻尼和固有频率特性较差，需要设计较强鲁棒的阻尼器和增稳系统。

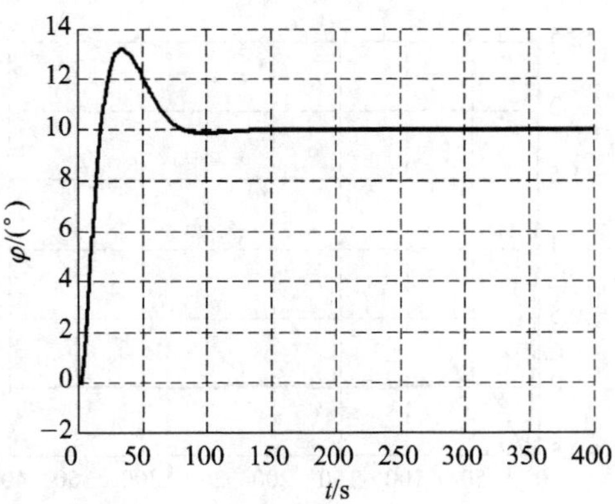

图 6-50　弹道方位角响应曲线（$\boldsymbol{\varphi}^* = 10°$）

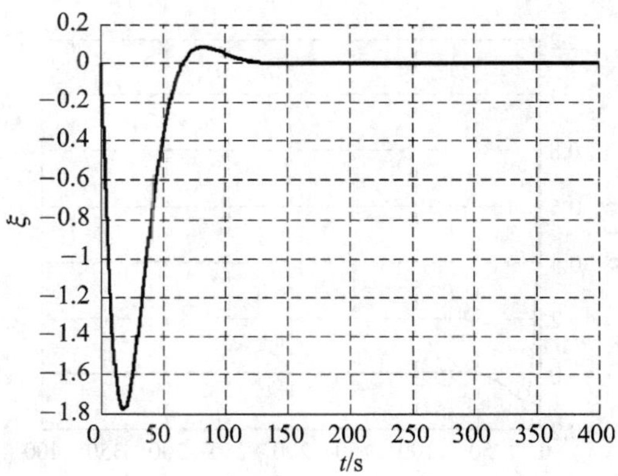

图 6-51　弹道方位角积分响应曲线（$\boldsymbol{\varphi}^* = 10°$）

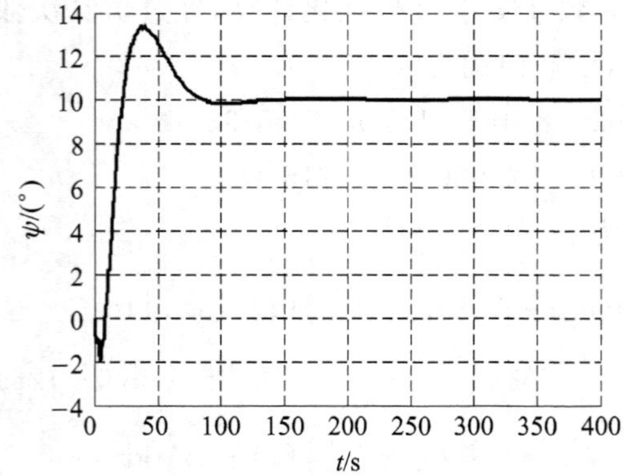

图 6-52　偏航角响应曲线($\varphi^* = 10°$)

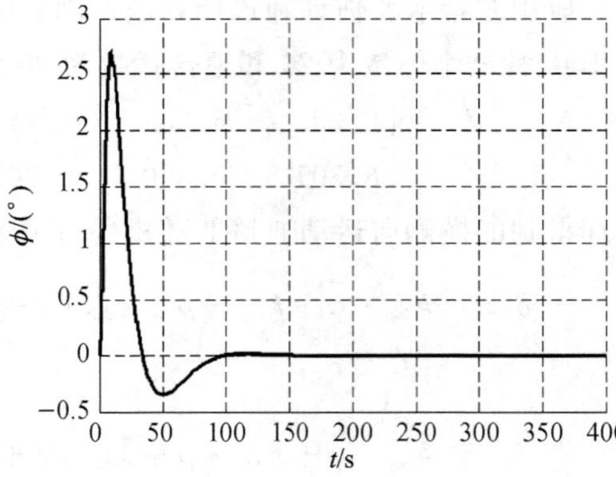

图 6-53　滚转角响应曲线($\varphi^* = 10°$)

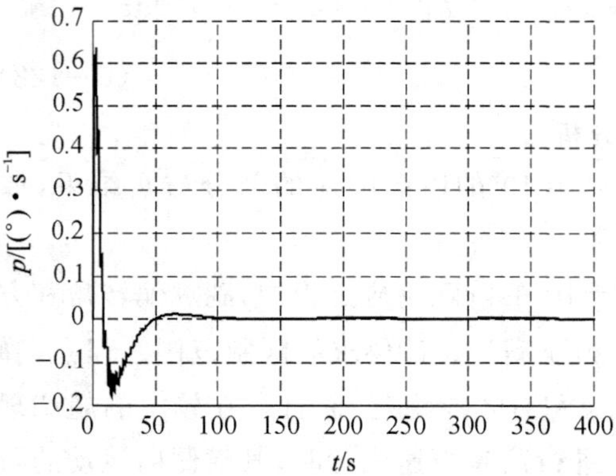

图 6-54　滚转角速度响应曲线($\varphi^* = 10°$)

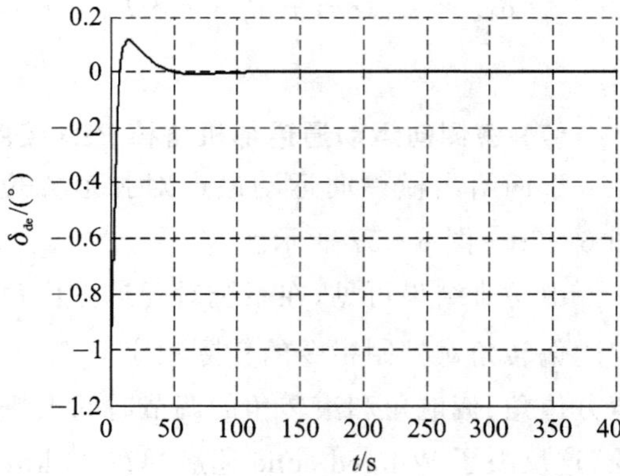

图 6-55　左升降副翼偏转角响应曲线($\varphi^* = 10°$)

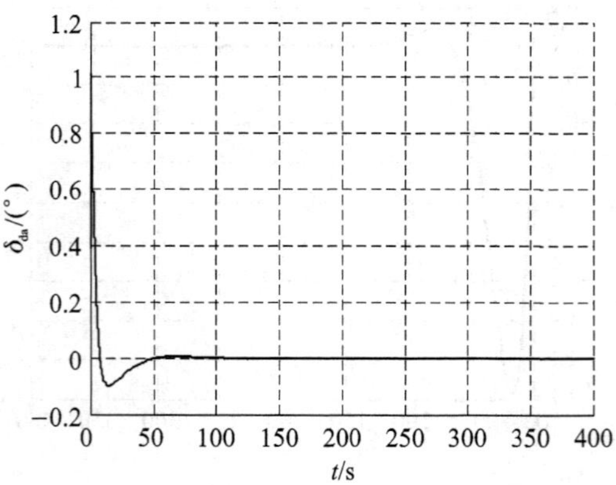

图 6-56　右升降副翼偏转角响应曲线($\varphi^* = 10°$)

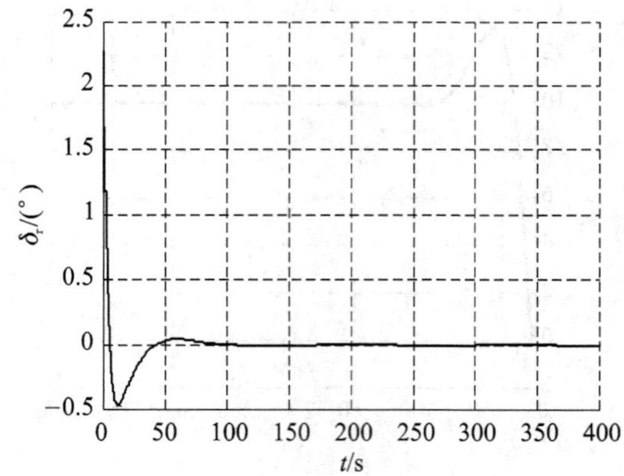

图 6-57　方向舵偏转角响应曲线($\varphi^* = 10°$)

4. 高超声速巡航弹控制系统的随机鲁棒分析

假定表 6-10 中定义的不确定性参数向量 $\boldsymbol{\nu}=[\nu_1 \quad \cdots \quad \nu_{24}]^{\mathrm{T}}$ 的每个分量按照均值为 1.0、标准方差为 0.2 的正态分布 $N(1.0, 0.2^2)$ 进行随机摄动，则对设计前、后的鲁棒稳定性和鲁棒性能分别用随机特征根分布和随机响应曲线进行分析。

(1) 随机鲁棒稳定性分析

1) 纵向运动通道的随机特征根分布图

设计前、后纵向运动通道的随机特征根分布如图 6-58 和图 6-59 所示。

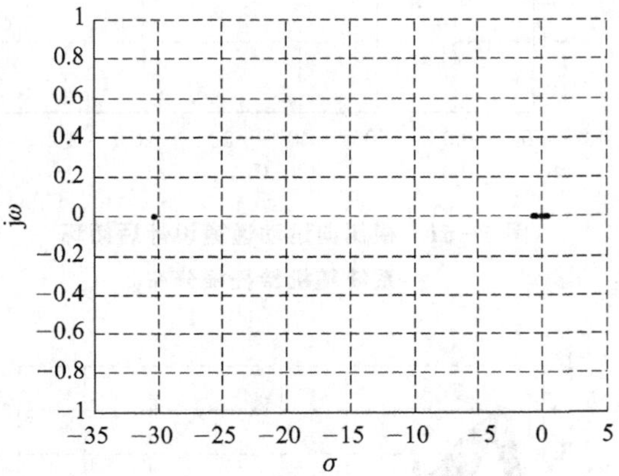

图 6-58　纵向运动通道原开环系统随机特征根分布

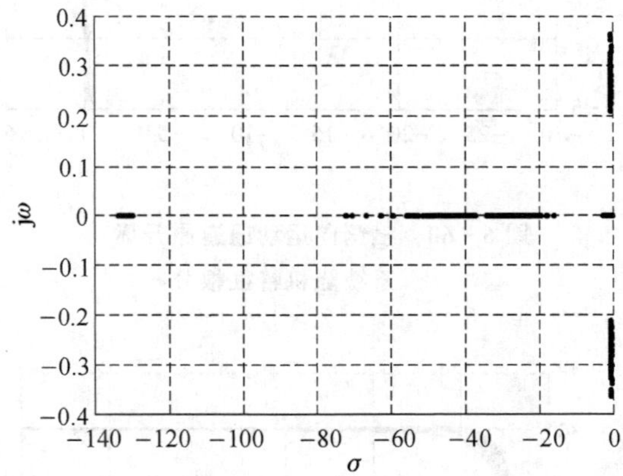

图 6-59　纵向运动通道设计后闭环系统随机特征根分布

对比设计前、后的系统随机特征根分布图 6-58 和图 6-59 可见，原纵向运动通道的随机特征根分布中存在着较多原点附近的点，甚至在 S 的右半平面内也分布着较多的点，显然开环系统依概率存在着不稳定性。经过 SRAD 随机鲁棒设计后，闭环系统的随机特征根分布明显地向 S 的左半平面移动。

2) 横侧向运动通道的随机特征根分布图

设计前、后横侧向运动通道的随机特征根分布如图 6-60 和图 6-61 所示。

对比设计前、后的系统随机特征根分布图 6-60 和图 6-61 可见，经过 SRAD 随机鲁棒设计后，闭环系统的随机特征根分布明显地向 S 的左半平面移动。此外，设计后的随机特征根分布明显地向实轴集中分布，这使得设计后的横侧向通道的鲁棒控制系统在阻尼特性和固有频率等方面，均比设计前的系统有较大的改善。

(2) 随机鲁棒性能分析

假定表 6-10 中定义的不确定性参数向量 $\boldsymbol{\nu}=[\nu_1 \quad \cdots \quad \nu_{24}]^{\mathrm{T}}$ 的每个分量按照均值为 1.0、标准方差为 0.2 的正态分布 $N(1.0, 0.2^2)$ 进行随机摄动，则纵向运动通道的高度指令和横侧向通道的弹道方位角指令的随机响应曲线如图 6－62 和图 6－63 所示。

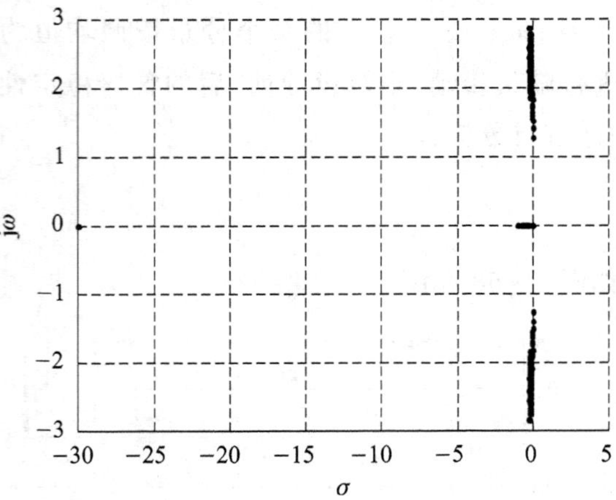

图 6－60　横侧向运动通道原开环系统随机特征根分布

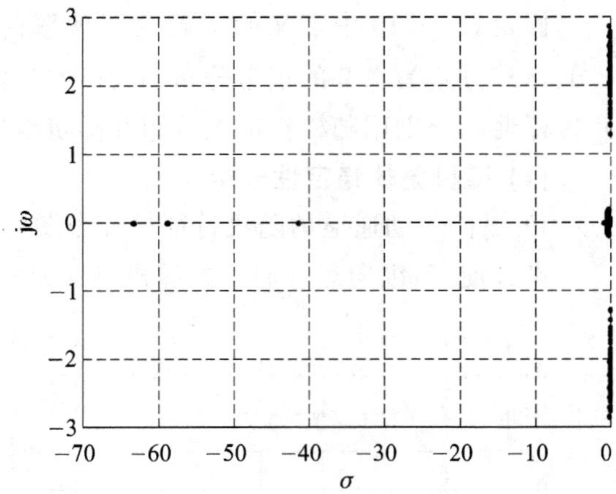

图 6－61　横侧向运动通道设计后闭环系统随机特征根分布

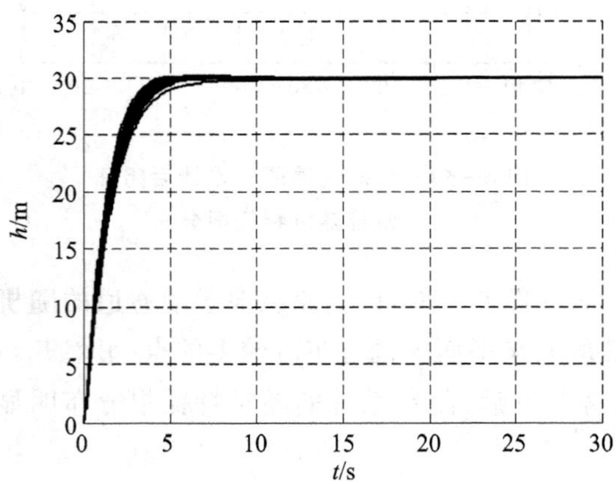

图 6－62　纵向运动通道高度指令的随机响应曲线

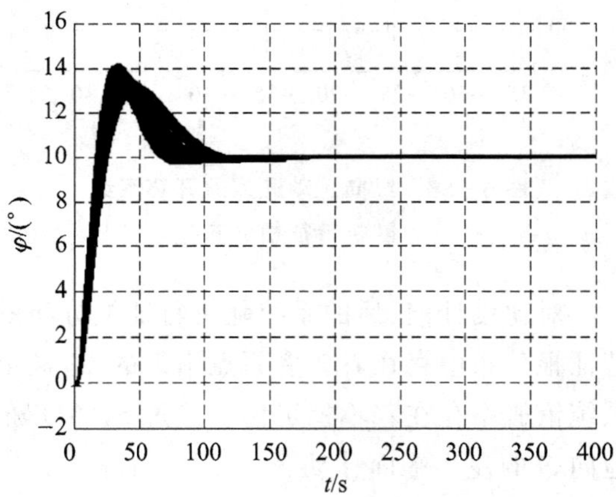

图 6－63　横侧向运动通道弹道方位角指令的随机响应曲线

由图 6－62 和图 6－63 给出的系统对主要控制指令的随机响应曲线可见,尽管系统的模型参数存在较大的随机摄动,但是,所设计的飞行控制系统对飞行高度和弹道方位角指令的时域响应,仍然能够很好地满足所设定的设计指标要求,并保持良好的鲁棒性能。

由于通过阶跃指令时域响应给出的结论,以及利用随机特征根分布和随机响应曲线做出的仿真比较分析,都是基于 Winged-cone 巡航弹线性化控制系统数学模型,并针对在特征设计点上所设计的随机鲁棒 PID 飞行控制器的特性进行的仿真测试,因此,控制器能否有效地控制作为非线性时变系统的实际 Winged-cone 巡航弹，以实现方案弹道机动飞行并满足设计指标要求，还需通过下列全弹道六自由度(6DOF)的非线性数学仿真来进行验证。

5. 全弹道 6DOF 非线性系统仿真分析

根据 Winged-cone 高超声速巡航弹飞行控制系统的设计要求，所设计的测试高超声速巡航弹的方案弹道如下。

导弹的初始飞行状态是：高度 $h_0 = 10\ 000$ m，马赫数 $Ma_0 = 3$；经过 5 s 的定高稳定平飞后，定高反馈回路断开，同时给出弹道倾斜角指令 $\mu^* = 12°$ 和弹道方位角指令 $\varphi^* = 0°$，此时加大发动机推力进入爬升状态，且飞行速度逐渐增大；当爬升至高度 $h = 20\ 000$ m、飞行马赫数 $Ma = 6$ 时，高度反馈回路仍然继续断开，弹道方位角指令仍然为零，弹道倾斜角指令 μ^* 开始逐渐减小，当爬升至高度 $h = 29\ 000$ m、飞行马赫数 $Ma = 8$ 时，弹道倾斜角指令减小到 $\mu^* < 2°$ 开始拉平，定高反馈回路闭合，并给定高度指令 $h^* = 30\ 000$ m 和弹道方位角指令 $\varphi^* = 10°$ 进行定高侧向转弯飞行；当飞行 150 s 后，修改弹道方位角指令为 $\varphi^* = 0°$，继续进行 $h^* = 30\ 000$ m 的定高直线飞行；当飞行 250 s 后，断开定高反馈回路，开始俯冲下降，给定弹道倾斜角指令 $\mu^* = -6°$，弹道方位角指令 $\varphi^* = 0°$；当高度下降到 $h^* = 25\ 000$ m 时，弹道倾斜角指令逐渐减小，当下降到 $h^* = 20\ 500$ m 时，弹道倾斜角减小到 $\mu^* = -1°$ 开始拉平，给定高度指令为 $h^* = 20\ 000$ m，弹道方位角指令为 $\varphi^* = 0°$ 进行定高直线飞行。按照高超声速巡航弹进行测试的方案弹道的仿真结果如图 6-64～图 6-73 所示。

由全弹道 6DOF 非线性系统的仿真结果可以证实，本章所建立的推力特性与巡航弹飞行状态相互耦合的吸气式超燃冲压发动机数学模型和适合于高超声速巡航弹的全状态可测量控制模型，以及以所选择的起控点($V_e = 1\ 770$ m/s，$h_e = 20\ 000$ m，$\alpha_e = 1.02°$，$\beta_e = 0°$)为特征设计点，并基于随机鲁棒分析与设计(SRAD)方法设计的随机鲁棒 PID 控制器，能够保证 Winged-cone

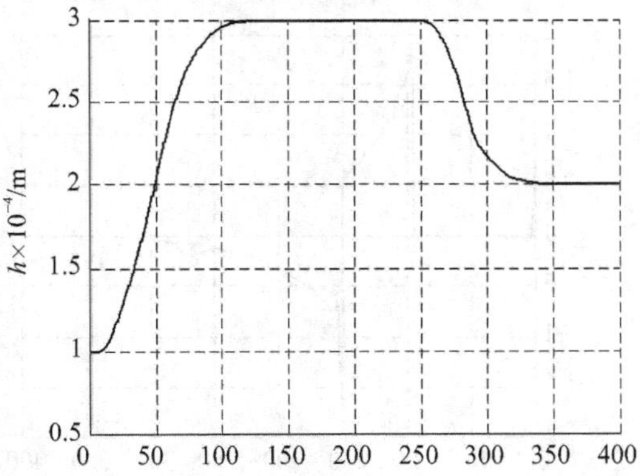

图 6-64 飞行高度曲线(高超声速巡航弹)

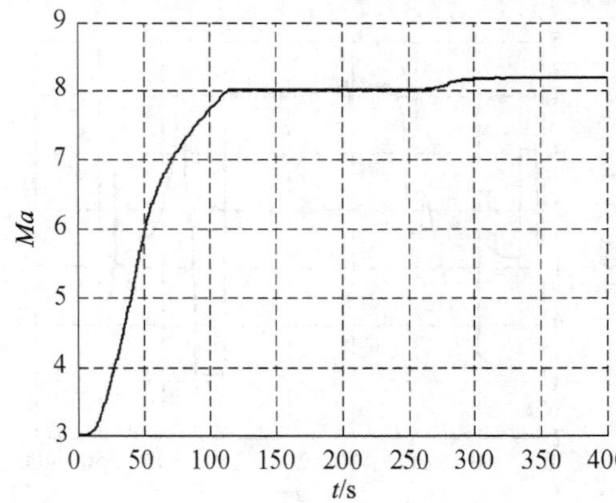

图 6-65 马赫数曲线(高超声速巡航弹)

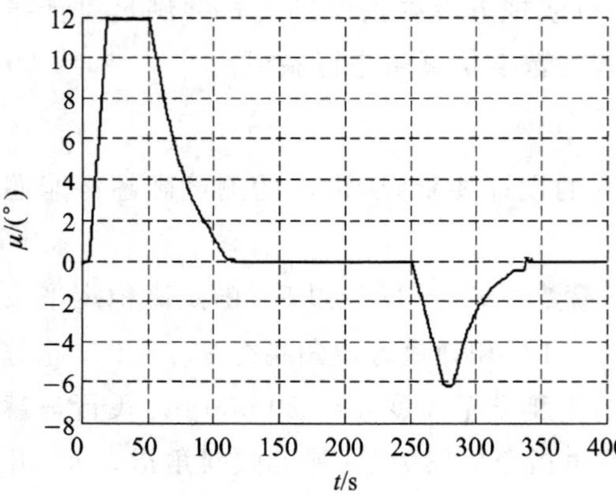

图 6-66　弹道倾斜角曲线(高超声速巡航弹)

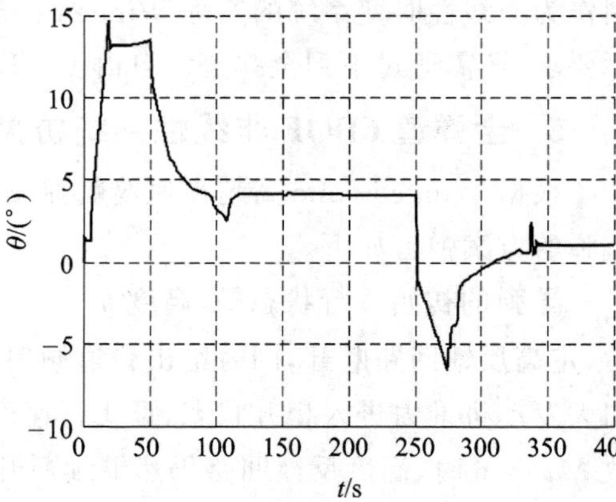

图 6-67　俯仰角曲线(高超声速巡航弹)

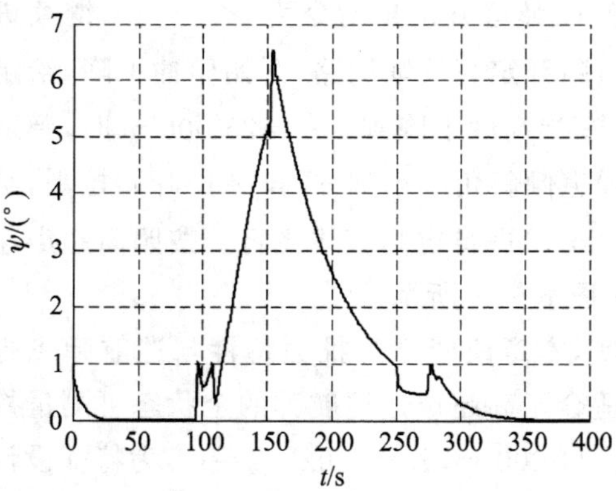

图 6-68　偏航角曲线(高超声速巡航弹)

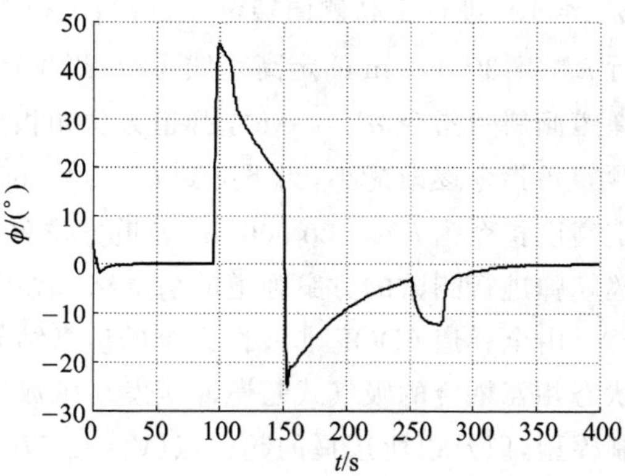

图 6-69　滚转角曲线(高超声速巡航弹)

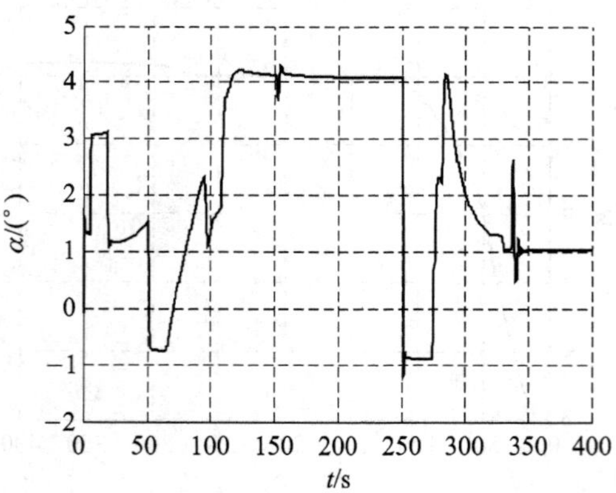

图 6-70　迎角曲线(高超声速巡航弹)

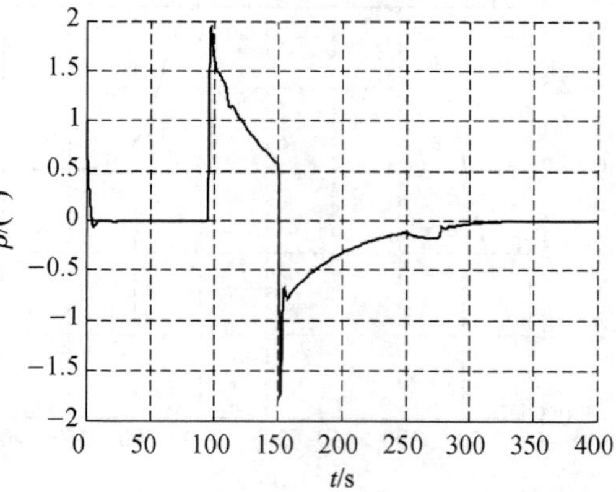

图 6-71　侧滑角曲线(高超声速巡航弹)

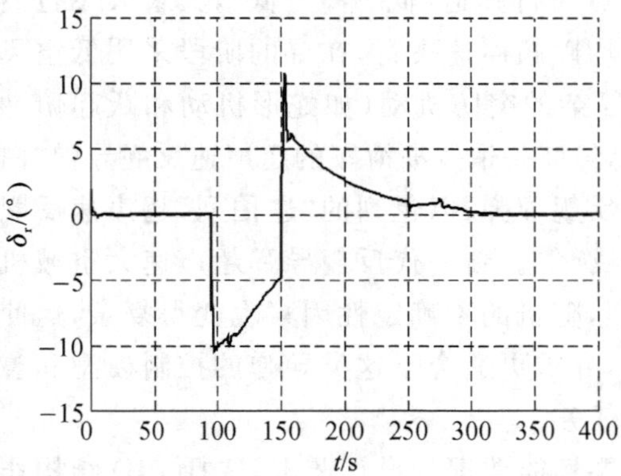

图 6-72　方向舵偏转角曲线(高超声速巡航弹)

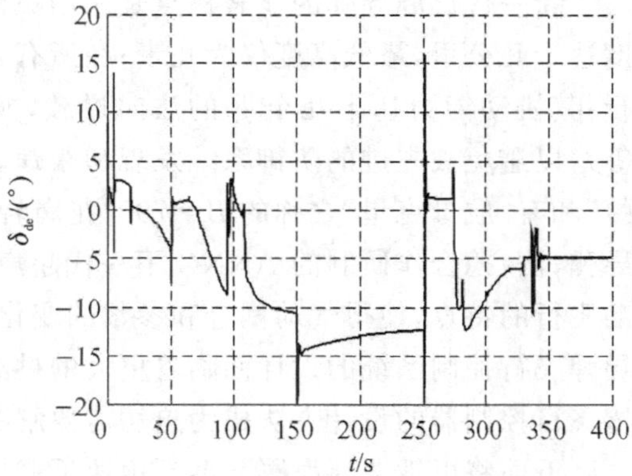

图 6-73　升降副翼偏转角曲线(高超声速巡航弹)

巡航弹沿着测试方案弹道实现稳定的高超声速机动飞行。可见,应用 SRAD 方法设计的高超声速巡航弹鲁棒飞行控制系统能够很好地满足设计要求,是一种实用、有效的高超声速鲁棒飞行控制器综合设计方法。

6.5.2　超声速反舰导弹控制系统的随机鲁棒设计

1. 超声速反舰导弹概述

作为飞航导弹中的一个大类,反舰导弹发展至今已有五十多年的历史,并在历次海战中都有出色的表现。但是,随着现代舰载反导拦截器系统的发展,区域防空和近程点防御等系统组成了对空多层防御体系,使得反舰导弹的突防能力和攻击效果大大下降,这促使各国竞相研发新一代具有突防能力的反舰导弹。图 6-74 是舰载对空点防御系统的作战情况示意图。

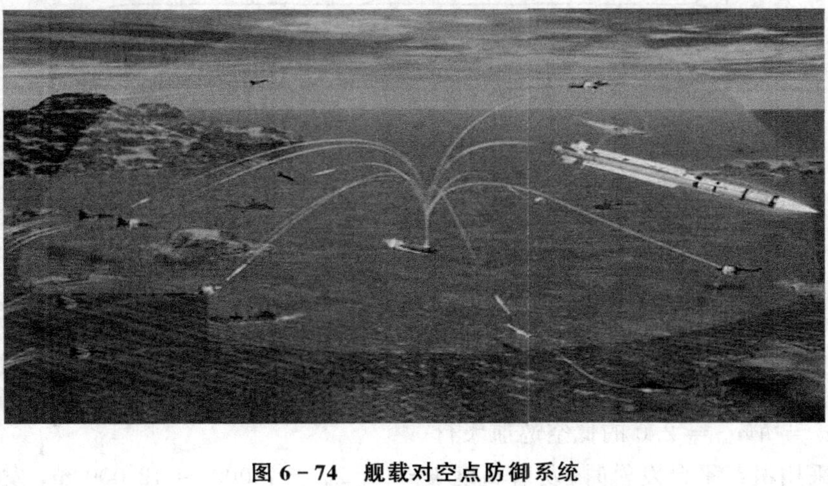

图 6-74　舰载对空点防御系统

新一代反舰导弹的显著特点是采用灵活的大空域飞行弹道(低—高—低),其最大飞行高度达十几公里,最低高度仅为几米;在所有飞行阶段均以超声速飞行,在寻的阶段采用低空飞行;其机动能力达十几个 g 的法向过载,能够进行复杂的突防机动(如蛇形机动和跃起俯冲等),以避免被先进的防御系统发现和跟踪。例如,已经装备俄罗斯海军的超声速反舰导弹"白蛉"和有"航母克星"之称的П—700"花岗岩"超声速反舰导弹,以色列的"迦伯列"超声速反舰导弹,法、德合作研制的ANNG下一代超声速反舰导弹等。新一代反舰导弹超声速大空域机动飞行的特点,使得气动耦合和参数的变化更加剧烈,随机的不确定性因素也变得复杂,这使导弹飞行控制系统的设计面临着更大的挑战。因此,寻求更适合于这类导弹的控制模型和鲁棒飞行控制器的设计方法成为迫切需要解决的关键任务。

下面将以俄罗斯海军某型超声速反舰导弹的主要性能数据为设计蓝本,选择PID结构作为SRAD控制器的设计结构,进行全包线飞行控制系统的随机鲁棒分析与设计,并对鲁棒飞行控制器进行全弹道六自由度的非线性数学仿真分析。

2. 导弹数学建模

(1) 气动布局和方案弹道

俄罗斯最新一代超声速反舰导弹的气动布局如图6-75所示。它的发射装置为发射筒或发射器,助推器为固体火箭发动机,主发动机为使用煤油燃料的冲压喷气发动机,煤油在发射筒中可储存3年。弹体为轴对称结构,航向通道与纵向通道的气动特性一致。导弹的主要性能数据为长8.9 m、直径0.67 m、发射筒长9 m、发射筒直径0.71 m。导弹的初始质量为 $m_0=$ 1 500 kg(不含助推器),冲压发动机的燃油质量 $m_{cy}=460$ kg,射程为120～300 km,最大飞行马赫数 $Ma_{max}=3.0$。

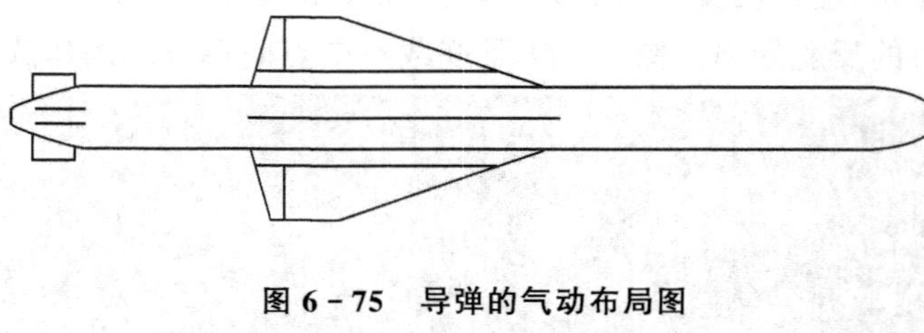

图6-75 导弹的气动布局图

导弹具备舰载平台和机载平台两种发射能力。当导弹由舰载平台发射时,发射仰角 $\eta_{launch}=15°$,在助推段,导弹由助推器从静止状态加速到接力马赫数后分离,工作时间为 $T_{booster}=4.5$ s;在加速段,冲压发动机将导弹从接力马赫数加速到巡航马赫数 $Ma=Ma_{ha}=3.0$,此后导弹在巡航高度 $h=h_{ha}=15\ 000$ m处进行高空巡航段飞行;当导弹质量降到 $m=m_{glide}=1\ 000$ kg后,转入降高下滑段,大约经过 $T_{glide}=50\sim60$ s,进入巡航高度 $h=h_{la}=15$ m和马赫数 $Ma=Ma_{la}=2.0$ 的低空巡航飞行。

当导弹采用机载平台发射时,发射高度 $h=h_{launch}=7\ 000\sim12\ 000$ m,发射后导弹以

$Ma = Ma_{\text{buster}} = 2.2$ 进行等速等高飞行，飞行时间为 $T_{\text{booster}} = 4.0\ \text{s}$，随后主发动机工作，导弹开始爬高后转入以马赫数 $Ma = Ma_{\text{ha}} = 3.0$、高度 $h = h_{\text{ha}} = 15\ 000\ \text{m}$ 进行高空巡航段飞行；当导弹质量降到 $m = m_{\text{glide}} = 1\ 000\ \text{kg}$ 后，转入降高下滑段，经过 $T_{\text{glide}} = 50 \sim 60\ \text{s}$ 进入巡航高度 $h = h_{\text{la}} = 15\ \text{m}$ 和马赫数 $Ma = Ma_{\text{la}} = 2.0$ 的低空巡航飞行。

导弹的舰载平台和机载平台两种发射方式的理论弹道剖面如图 6－76 所示。

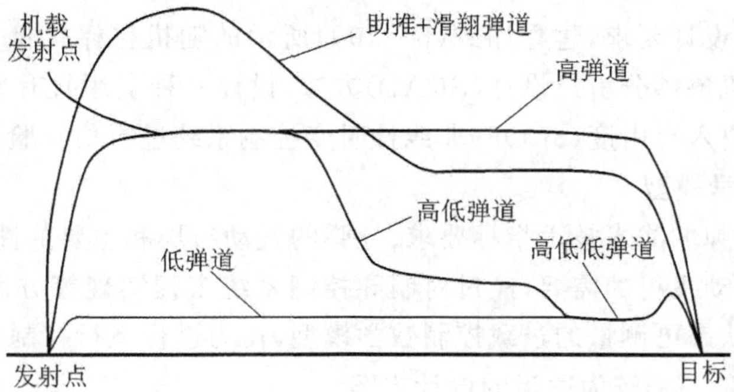

图 6－76　舰载平台和机载平台两种发射方式的理论弹道剖面图

(2) 发动机模型

发动机的推力为

$$T = C_T Q S_w \tag{6-129}$$

$$m_c(t) = T / I_{ST}$$

式中，C_T 为推力系数，I_{ST} 为比冲，两者分别根据导弹飞行马赫数 Ma 和余气系数 a 插值得到。$m_c(t)$ 为燃料的质量秒消耗量，并满足导弹质量变化规律的微分方程。

在加速段和下滑段，发动机按照下列等余气系数 a 的调节规律供油，即

加速段　　$a = a_1$

下滑段　　$a = a_2$

在高空或低空巡航段，燃油调节器采用等马赫数的调节规律供油，则余气系数 a 的调节规律为

$$a = a_0 + k_a \cdot (Ma - Ma_{\text{zd}}) \tag{6-130}$$

式中，a_0 为平衡余气系数，在高空巡航段 $a_0 = a_{\text{h}}$，在低空巡航段 $a_0 = a_{\text{l}}$；k_a 为比例系数；Ma 为当前的飞行马赫数；Ma_{zd} 为装订的巡航马赫数。

3. 超声速反舰导弹过载控制系统的随机鲁棒设计

为了提高导弹的纵向和横侧向短周期运动的快速性，需要提高闭环控制系统的固有频率，但是随着固有频率的提高，必然会使系统的阻尼比下降，从而导致系统的振荡加剧，使得运动的平稳性变差；反之，如果增大系统的阻尼比，又会使固有频率下降，导致运动的快速性下降。

为了解决固有频率与阻尼比不能兼顾的矛盾,通常在反馈导弹的姿态角速率信号的基础上,并通过在控制律中引入气流角或者过载信号的反馈,来兼顾增大固有频率和阻尼比,以达到改善导弹的纵向和横侧向短周期运动性能的目的。一般情况下,由于对过载的测量比对气流角的测量更方便,且测量的信号精度更高,因此多数采用过载信号的反馈方式。

下面从导弹的气动布局特点出发,根据导弹的战技指标和方案弹道的要求,首先建立适合于大空域机动飞行的全状态可测量超声速反舰导弹过载控制模型;随后,依据对控制系统鲁棒稳定性和鲁棒性能的设计要求,建立如式(6-100)所示的随机鲁棒代价函数,并选择 PID 控制器的结构,应用随机鲁棒分析与设计(SRAD)方法,设计一种实用且有效的随机鲁棒过载控制方法,并采用全弹道六自由度(6DOF)非线性时变控制系统进行仿真验证。

(1) 过载控制数学模型

根据所期望的导弹的战术技术指标要求、导弹的气动布局和主要的性能特点,考虑到导弹进行大空域超声速机动飞行的需要,经过对制导控制系统工程实现等方面主要因素综合分析结果的证实,建立全状态可测量的过载控制数学模型,作为进行飞行控制规律随机鲁棒分析与设计(SRAD)的模型是一个较为适当的设计方案。

首先,依据过载向量 $\boldsymbol{n}$ 在弹体坐标系 S_b—$Oxyz$ 上的投影关系,采用积分补偿消除指令响应的稳态误差方法,定义弹体轴上的法向过载和横侧向过载 n_z 和 n_y 与其过载指令 n_z^* 和 n_y^* 之间的关系变量分别为

$$\varepsilon = g\int_0^t [n_y(\tau) - n_y^*]\mathrm{d}\tau \tag{6-131}$$

$$\xi = \int_0^t [n_z(\tau) - n_z^*]\mathrm{d}\tau \tag{6-132}$$

同理,飞行高度 h 和滚转角 ϕ 与其指令 h^* 和 ϕ^* 之间的关系变量分别为

$$\eta = \int_0^t [h(\tau) - h^*]\mathrm{d}\tau \tag{6-133}$$

$$\lambda = \int_0^t [\phi(\tau) - \phi^*]\mathrm{d}\tau \tag{6-134}$$

通过过载向量 $\boldsymbol{n}$ 在弹体坐标系 S_b—$Oxyz$ 上的投影与操纵舵之间的关系,建立以下导弹过载控制数学模型。

1) 俯仰通道

根据导弹的纵向运动特点,选取法向过载 n_z、俯仰角速度 q、法向过载的误差积分 ε、飞行高度 h、飞行高度的误差积分 η 和升降舵偏转角 δ_e 为俯仰通道的运动状态向量,即 $[n_z \quad q \quad \varepsilon \quad h \quad \eta \quad \delta_e]^{\mathrm{T}}$,选取升降舵偏转角指令 δ_{ec} 为控制输入量,由此构成以绕质心旋转为内回路,以质心的升降运动为外回路的俯仰控制通道。导弹俯仰通道的数学模型为

$$\dot{n}_z = a_{14}q - a_1 n_z + \left(a_1 a_{15} - a_2 a_{14} - \frac{a_{15}}{T_\delta}\right)\delta_e + \frac{k_\delta}{T_\delta}a_{15}\delta_{ec} \tag{6-135}$$

$$\dot{q}=\frac{a_{11}}{a_{14}}n_z+a_{12}q+\left(a_{13}-\frac{a_{11}a_{15}}{a_{14}}\right)\delta_e \tag{6-136}$$

$$\dot{\varepsilon}=g(n_z-n_z^*) \tag{6-137}$$

$$\dot{h}=\varepsilon \tag{6-138}$$

$$\dot{\eta}=h-h^* \tag{6-139}$$

$$\dot{\delta}_e=-\frac{1}{T_\delta}\delta_e+\frac{k_\delta}{T_\delta}\delta_{ec} \tag{6-140}$$

当导弹进行定高、定速巡航飞行时，方程(6-138)和方程(6-139)接入系统计算。

2）偏航通道

选取导弹的横侧向过载 n_y、偏航角速度 r、横侧向过载的误差积分 ξ 和方向舵偏转角 δ_r 为运动状态向量，即 $[n_y\quad r\quad \xi\quad \delta_r]^T$，以方向舵偏转角指令 δ_{rc} 为控制输入量。偏航通道的数学模型为

$$\dot{n}_y=a_3n_y+a_{16}r+\left(a_4a_{16}-a_3a_{17}-\frac{a_{17}}{T_\delta}\right)\delta_r+\frac{k_\delta}{T_\delta}a_{17}\delta_{rc} \tag{6-141}$$

$$\dot{r}=\frac{a_8}{a_{16}}n_y+a_9r+\left(a_{10}-\frac{a_8a_{17}}{a_{16}}\right)\delta_r \tag{6-142}$$

$$\dot{\xi}=n_y-n_y^* \tag{6-143}$$

$$\dot{\delta}_r=-\frac{1}{T_\delta}\delta_r+\frac{k_\delta}{T_\delta}\delta_{rc} \tag{6-144}$$

3）滚转通道

选取导弹的滚转角速度 p、滚转角 ϕ、滚转角的误差积分 λ 和副翼偏转角 δ_a 为运动状态向量，即 $[p\quad \phi\quad \lambda\quad \delta_a]^T$，以副翼偏转角指令 δ_{ac} 为控制输入量。滚转通道的数学模型为

$$\dot{p}=a_6p+a_7\delta_a \tag{6-145}$$

$$\dot{\phi}=p \tag{6-146}$$

$$\dot{\lambda}=\phi-\phi^* \tag{6-147}$$

$$\dot{\delta}_a=-\frac{1}{T_\delta}\delta_a+\frac{k_\delta}{T_\delta}\delta_{ac} \tag{6-148}$$

式(6-135)～式(6-148)中

$$a_1=\frac{1}{mV}(QS_wC_{L_\alpha}+T),\quad a_2=\frac{1}{mV}QS_wC_{L_{\delta_e}},\quad a_3=\frac{1}{mV}(QS_wC_{Y_\beta}-T)$$

$$a_4=\frac{1}{mV}QS_wC_{Y_{\delta_r}},\quad a_5=\frac{QS_wL}{I_x}C_{l_\beta},\quad a_6=\frac{QS_wL^2}{I_xV}C_{l_{\bar{p}}}$$

$$a_7=\frac{QS_{\mathrm{w}}L}{I_x}C_{l_{\delta_a}},\quad a_8=\frac{QS_{\mathrm{w}}L}{I_z}C_{n_\beta},\quad a_9=\frac{QS_{\mathrm{w}}L^2}{I_zV}C_{n_{\bar{r}}}$$

$$a_{10}=\frac{QS_{\mathrm{w}}L}{I_z}C_{n_{\delta_r}},\quad a_{11}=\frac{QS_{\mathrm{w}}L}{I_y}C_{m_\alpha},\quad a_{12}=\frac{QS_{\mathrm{w}}L^2}{I_yV}C_{m_{\bar{q}}}$$

$$a_{13}=\frac{QS_{\mathrm{w}}L}{I_y}C_{m_{\delta_e}},\quad a_{14}=\frac{QS_{\mathrm{w}}}{mg}(C_{D_0}+C_{D_i}+C_{L_\alpha}),\quad a_{15}=\frac{QS_{\mathrm{w}}}{mg}C_{L_{\delta_e}}$$

$$a_{16}=\frac{QS_{\mathrm{w}}}{mg}(C_{Y_\beta}-C_{D_0}-C_{D_i}),\quad a_{17}=\frac{QS_{\mathrm{w}}}{mg}C_{Y_{\delta_r}},\quad a_{18}=T_\delta,\quad a_{19}=k_\delta$$

式中,L 为弹体的参考长度,与平均几何弦长 c_A 同义。其中的 a_5,a_{18} 和 a_{19} 在模型简化过程中被简化掉。

(2) 过载控制律随机鲁棒设计

1) 导弹过载控制系统的设计要求

内容包括:

① 保证基于某特征设计点的飞行控制系统在指定空域(h =0~15 000 m)内,当所有模型参数发生20%的随机变化时,能够控制导弹沿全弹道稳定且准确地飞行。

② 保证导弹的俯仰、偏航和滚转三个通道稳定且其时域指标满足设计要求。

③ 为了保证导弹冲压发动机的正常工作以及满足导弹结构强度的限制要求,对气流角和过载均有相应的限制要求,即 $|\alpha|\leqslant\alpha_{\max}=6°$,$|\beta|\leqslant\beta_{\max}=6°$,$|n_y|\leqslant n_{y\max}=10g$,$|n_z|\leqslant n_{z\max}=10g$。

④ 满足对升降舵、方向舵和副翼三个通道的最大舵偏角的限制要求,即 $|\delta_e|$,$|\delta_r|$ 或 $|\delta_a|\leqslant\delta_{\max}=20°$。

2) 系统不确定性参数的选择

影响超声速反舰导弹飞行性能的因素是多方面的,既有风速和海浪等飞行环境因素的影响,又有推力脉动和推力线偏斜造成推力不确定因素的影响,还有弹体不同轴度和翼/舵面安装误差等结构误差造成的影响,更有导弹的质量、惯量和空气动力学参数等的不确定性带来的影响。为了更好地反映上述不确定因素的影响,根据前面给出的超声速反舰导弹的过载控制数学模型,定义导弹的质量、惯量和推力以及空气动力学参数等的不确定性参数向量为 $\boldsymbol{\nu}=[\nu_1\quad\nu_2\quad\cdots\quad\nu_{27}]^{\mathrm{T}}$。这里,假定 ν 的每个分量服从均值为1.0、标准方差为0.2的正态分布。各分量的具体定义如表6-13所列。

3) 特征设计点的选择

理想弹道的特征设计点的合理选择,对于提高鲁棒飞行控制器在全飞行包线内的控制品质具有重要的影响。考虑到飞行控制系统与中制导及末制导系统的信号输入/输出关系的工程实现,选用PID控制器的结构进行飞行控制器的随机鲁棒设计。遵循特征设计点的选取原则,选择导弹的理想飞行弹道剖面上的起控点(V_e=876 m/s,h_e=450 m,α_e=0.015 8°,β_e=0°)为特征设计点。

表 6-13　系统不确定性参数向量 $\boldsymbol{\nu}$ 的各元素关系式

关系式	关系式
$m=\nu_1 m_0$	$C_{l_\beta}=\nu_{15}C_{l_\beta 0}$
$I_x=\nu_2 I_{x0}$	$C_{l_p}=\nu_{16}C_{l_p 0}$
$I_y=\nu_3 I_{y0}$	$C_{l_{\delta_a}}=\nu_{17}C_{l_{\delta_a}0}$
$I_z=\nu_4 I_{z0}$	$C_{n_\beta}=\nu_{18}C_{n_\beta 0}$
$S_w=\nu_5 S_{w0}$	$C_{n_r}=\nu_{19}C_{n_r 0}$
$L=\nu_6 L_0$	$C_{n_{\delta_r}}=\nu_{20}C_{n_{\delta_r}0}$
$a=\nu_7 a_0$	$C_{m_\alpha}=\nu_{21}C_{m_\alpha 0}$
$C_T=\nu_8 C_{T0}$	$C_{m_q}=\nu_{22}C_{m_q 0}$
$I_{ST}=\nu_9 I_{ST0}$	$C_{m_{\delta_e}}=\nu_{23}C_{m_{\delta_e}0}$
$\rho=\nu_{10}\rho_0$	$C_{D_0}=\nu_{24}C_{D_0 0}$
$C_{L_\alpha}=\nu_{11}C_{L_\alpha 0}$	$C_{D_i}=\nu_{25}C_{D_i 0}$
$C_{L_{\delta_e}}=\nu_{12}C_{L_{\delta_e}0}$	$T_\delta=\nu_{26}T_{\delta 0}$
$C_{Y_\beta}=\nu_{13}C_{Y_\beta 0}$	$k_\delta=\nu_{27}k_{\delta 0}$
$C_{Y_{\delta_r}}=\nu_{14}C_{Y_{\delta_r}0}$	

4）俯仰通道随机鲁棒 PID 控制律的设计

选择二次型目标函数为

$$I_p=\frac{1}{2}\int_0^\infty(\boldsymbol{x}_p^T\boldsymbol{Q}_p\boldsymbol{x}_p+\boldsymbol{u}_{pn}^T\boldsymbol{R}_p\boldsymbol{u}_{pn})\mathrm{d}t$$

则传统的 PID 控制器结构为

$$\boldsymbol{u}_{pn}=-\boldsymbol{K}_p\boldsymbol{x}_p \tag{6-149}$$

选择随机鲁棒 PID 控制器的结构为 $\boldsymbol{u}_p=-k_{pc}\boldsymbol{K}_p\boldsymbol{x}_p$，设计向量为

$$\boldsymbol{d}_p=[Q_{p1}\quad Q_{p2}\quad Q_{p3}\quad Q_{p4}\quad Q_{p5}\quad Q_{p6}\quad R_{p1}\quad k_{pc}]^T \tag{6-150}$$

根据反舰导弹的过载控制数学模型，定义导弹的质量、惯量和推力以及空气动力学参数等的不确定性参数向量为 $\boldsymbol{\nu}=[\nu_1\quad\nu_2\quad\cdots\quad\nu_{27}]^T$，选择包含 26 个不满足设计要求概率的加权平方的随机鲁棒代价函数

$$J(\boldsymbol{d}_p)=\sum_{j=1}^{26}w_j\hat{P}_j^2 \tag{6-151}$$

根据所期望的导弹的战术技术指标要求，综合给出相关的俯仰通道稳定性和性能指标量，如表 6-14 所列。

表 6-14 俯仰通道稳定性和性能指标量

编号 i	权值 w_i	指示函数	设计要求
1	10	I_{i1}	系统稳定
2(3)	0.1(1.0)	$I_{h,T_S1}(I_{h,T_S2})$	10%调节时间小于 1 s(2 s)
4(5)	0.1(1.0)	$I_{h,R1}(I_{h,R2})$	90%上升时间小于 1 s(2 s)
6	0.1	$I_{h,Rev}$	在 h 达到峰值之前没有逆反
7(8)	0.1(1.0)	$I_{h,D0.25}(I_{h,D0.5})$	10%延迟时间小于 0.25 s(0.5 s)
9(10)	0.1(1.0)	$I_{h,OS1}(I_{h,OS2})$	超调量小于 1%(2%)
11(12)	0.1(1.0)	$I_{h,\delta_e18}(I_{h,\delta_e20})$	δ_e 的最大变化小于 18°(20°)
13(14)	0.1(1.0)	$I_{h,n_z8}(I_{h,n_z10})$	过载小于 8(10)
15	10	I_{i2}	系统稳定
16(17)	0.1(1.0)	$I_{n_z,T_S0.5}(I_{n_z,T_S1})$	10%调节时间小于 0.5 s(1 s)
18(19)	0.1(1.0)	$I_{n_z,R0.5}(I_{n_z,R1})$	90%上升时间小于 0.5 s(1 s)
20	0.1	$I_{n_z,Rev}$	在 n_z 达到峰值之前没有逆反
21(22)	0.1(1.0)	$I_{n_z,D0.1}(I_{n_z,D0.2})$	10%延迟时间小于 0.1 s(0.2 s)
23(24)	0.1(1.0)	$I_{n_z,OS1}(I_{n_z,OS2})$	超调量小于 1%(2%)
25(26)	0.1(1.0)	$I_{n_z,\delta_e18}(I_{n_z,\delta_e20})$	δ_e 的最大变化小于 18°(20°)

根据随机鲁棒分析与设计(SRAD)原理(图 6-22),应用蒙特卡罗估计与遗传算法对随机鲁棒代价函数 $J(\boldsymbol{d}_p)$ 进行优化计算。

经过仿真次数为 100、种群个体数为 30、遗传代数为 20 和响应时间为 120 s 的优化后,设计向量为

$$\boldsymbol{d}_p = [869\ 996 \quad 134\ 211 \quad 213\ 510 \quad 129\ 529 \quad 49\ 767 \quad 762\ 429 \quad 193\ 685 \quad 0.64]^T \tag{6-152}$$

相应的随机鲁棒增益为

$$k_{pc}\boldsymbol{K}_p = [k_{n_z} \quad k_q \quad k_\varepsilon \quad k_h \quad k_\eta \quad k_{\delta_e}] = [-1.212\ 4 \quad -8.596\ 5 \quad -0.895\ 2 \quad -0.926\ 9 \quad -0.325\ 7 \quad 39.308\ 9] \tag{6-153}$$

经优化设计得到的俯仰通道的随机鲁棒 PID 控制律为

$$\delta_{ec} = k_{n_z} n_z + k_q q + k_\varepsilon g\int_0^t [n_z(\tau) - n_z^*]d\tau + k_h h + k_\eta \int_0^t [h(\tau) - h^*]d\tau \tag{6-154}$$

其俯仰通道的随机鲁棒控制器的结构如图 6－77 所示。

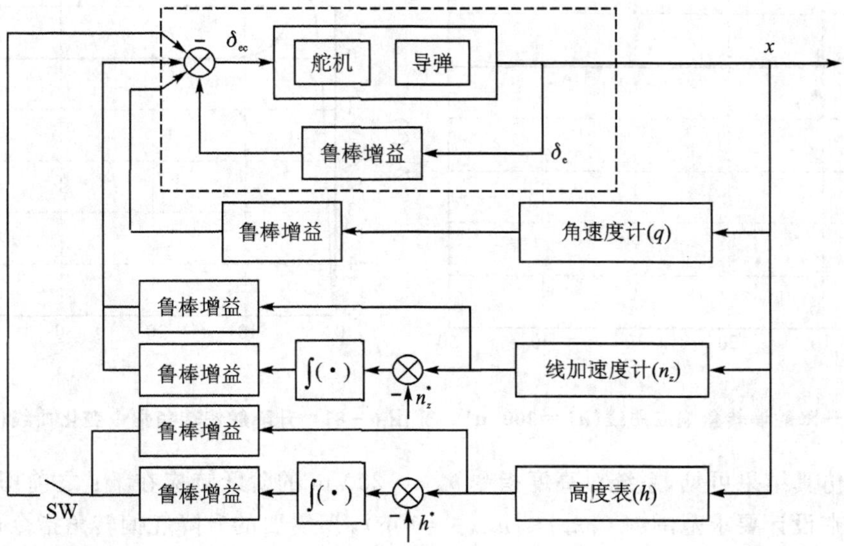

图 6－77　俯仰通道的随机鲁棒控制器结构图

5）俯仰通道随机鲁棒 PID 控制系统的性能分析

(a) 对高度指令的阶跃响应（$h^* = 200$ m）

俯仰通道对高度指令阶跃响应的仿真结果如图 6－78～图 6－81 所示。

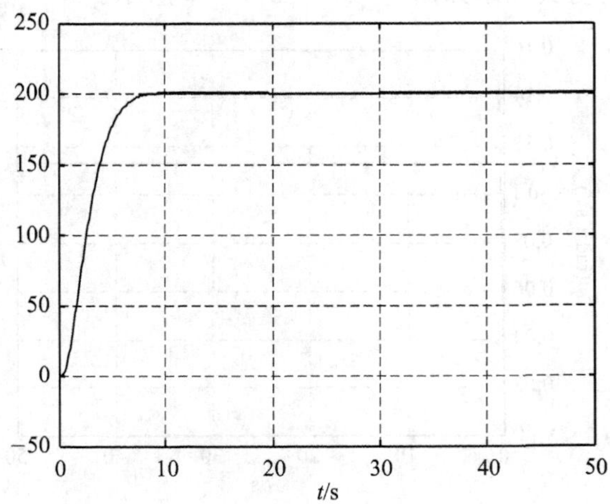

图 6－78　高度响应曲线(h^* ＝200 m)

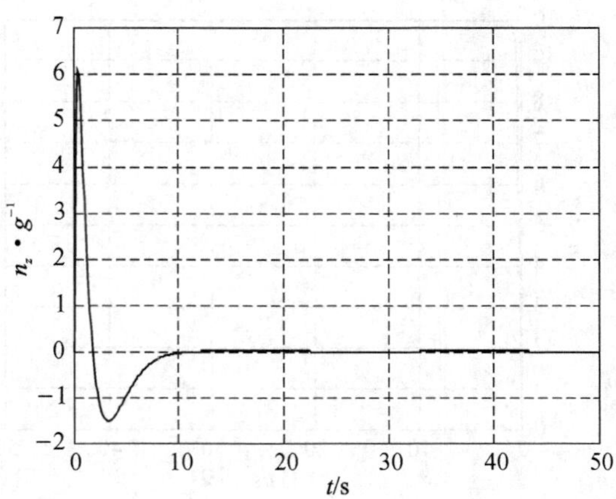

图 6－79　法向过载响应曲线(h^* ＝200 m)

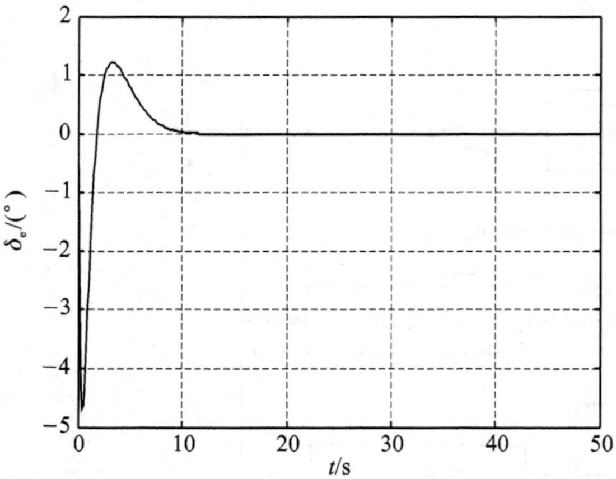

图 6-80　升降舵偏转角响应曲线($h^*=200$ m)

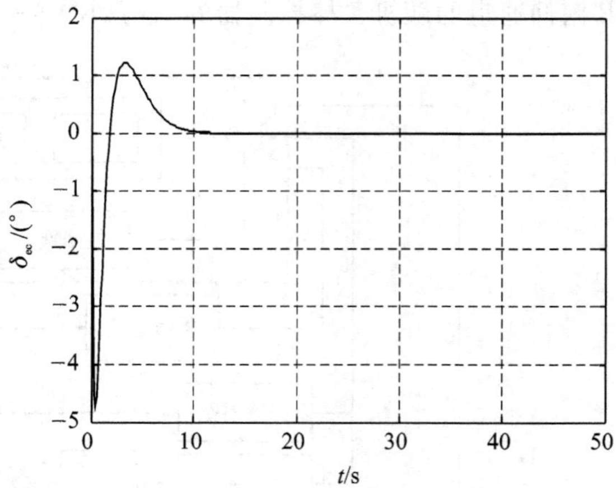

图 6-81　升降舵偏转角指令变化曲线($h^*=200$ m)

由上述仿真结果可见,系统对高度指令 $h^*=200$ m 的阶跃响应在 7 s 之前即可稳定,且法向过载均在设计要求范围内($|n_z|\leqslant n_{z\max}=10g$),所需要的升降舵偏转角指令也在限制范围之内($|\delta_{ec}|\leqslant\delta_{ec\max}=20°$),且升降舵偏转角对控制指令的实际响应($|\delta_e|\leqslant\delta_{e\max}=20°$)满足设计的要求。

(b) 对最大法向过载指令的阶跃响应($n_z^*=10g$)

俯仰通道对最大法向过载指令阶跃响应的仿真结果如图 6-82～图 6-85 所示。

(c) 对最大正弦法向过载指令的响应($n_z^*=10\sin(1.0t)g$)

俯仰通道对最大正弦法向过载指令响应的仿真结果如图 6-86～图 6-89 所示。

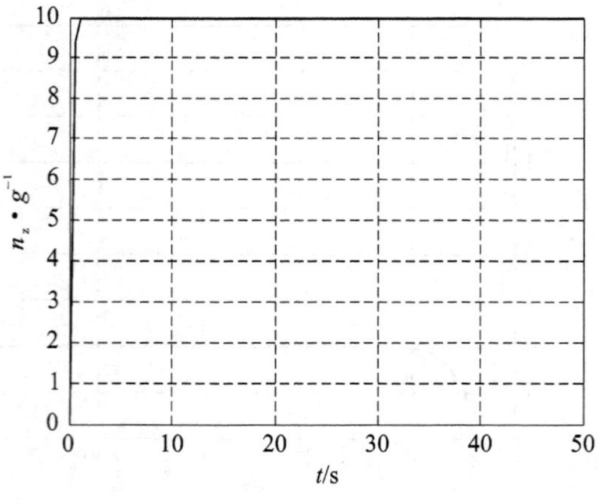

图 6-82　法向过载响应曲线($n_z^*=10g$)

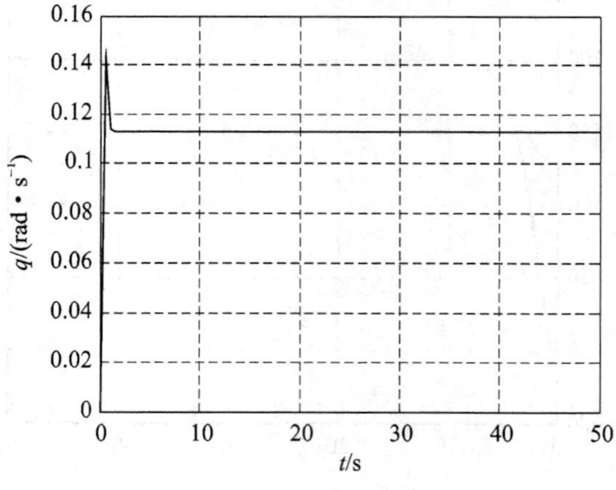

图 6-83　俯仰角速度响应曲线($n_z^*=10g$)

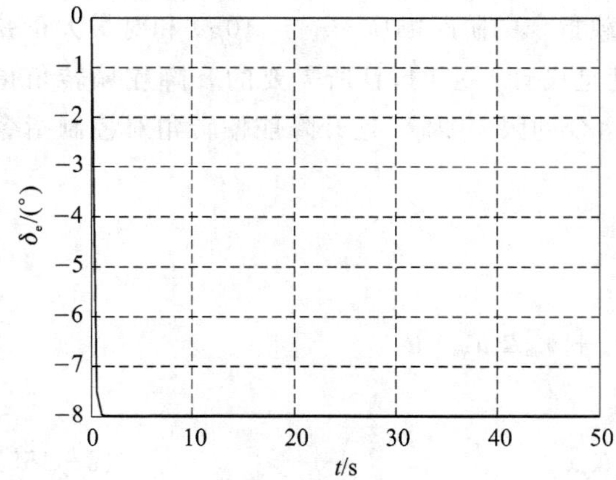

图 6-84　升降舵偏转角响应曲线($n_z^* = 10g$)

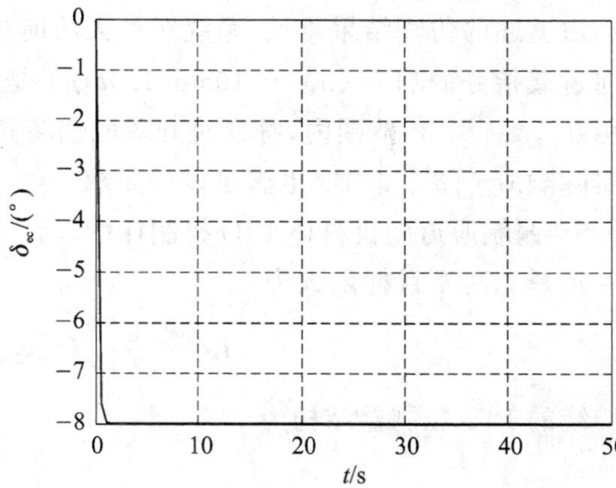

图 6-85　升降舵偏转角指令变化曲线($n_z^* = 10g$)

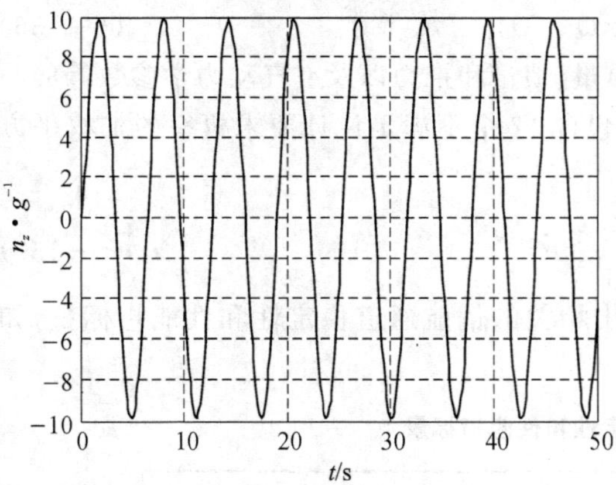

图 6-86　法向过载响应曲线($n_z^* = 10\sin(1.0t)g$)

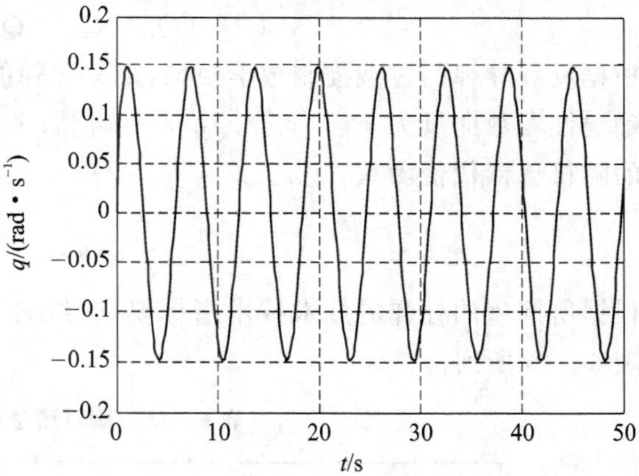

图 6-87　俯仰角速度响应曲线($n_z^* = 10\sin(1.0t)g$)

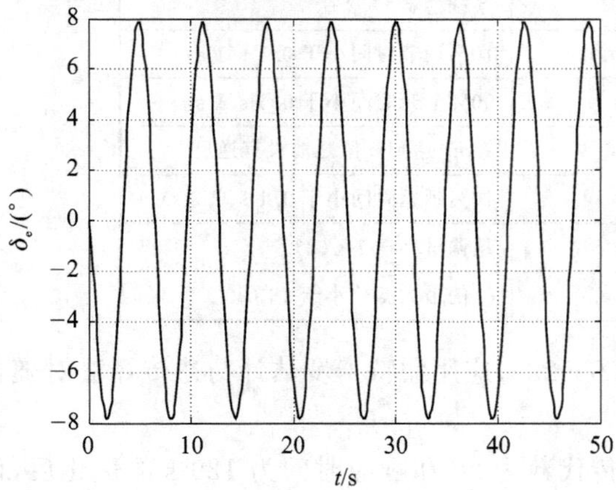

图 6-88　升降舵偏转角响应曲线
($n_z^* = 10\sin(1.0t)g$)

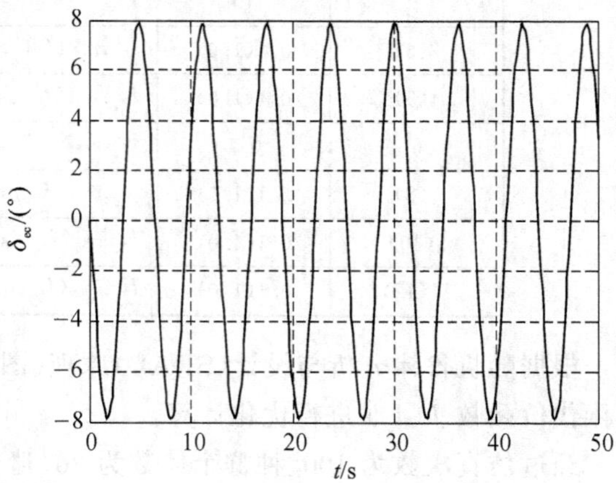

图 6-89　升降舵偏转角指令变化曲线
($n_z^* = 10\sin(1.0t)g$)

由上述的仿真结果可见,系统对最大法向过载指令的阶跃响应($n_z^* = 10g$)和对最大正弦法向过载指令的响应($n_z^* = 10\sin(1.0t)g$)是满足设计要求的,且所需要的升降舵偏转角指令均在 $|\delta_{ec}| \leqslant 8°$ 范围内,符合对升降舵偏转角指令的限制要求,且升降舵偏转角对控制指令的实际响应($|\delta_e| \leqslant 8°$)也满足设计要求。

6)偏航通道随机鲁棒 PID 控制律的设计

选择二次型目标函数为

$$I_y = \frac{1}{2}\int_0^{\infty} (\boldsymbol{x}_y^{\mathrm{T}}\boldsymbol{Q}_y\boldsymbol{x}_y + \boldsymbol{u}_{yn}^{\mathrm{T}}\boldsymbol{R}_y\boldsymbol{u}_{yn})\mathrm{d}t$$

则传统的 PID 控制器结构为

$$\boldsymbol{u}_{yn} = -\boldsymbol{K}_y\boldsymbol{x}_y \tag{6-155}$$

选择随机鲁棒 PID 控制器的结构为 $\boldsymbol{u}_y = -k_{yc}\boldsymbol{K}_y\boldsymbol{x}_y$,设计向量为

$$\boldsymbol{d}_y = [Q_{y1} \quad Q_{y2} \quad Q_{y3} \quad Q_{y4} \quad R_{y1} \quad k_{yc}]^{\mathrm{T}} \tag{6-156}$$

根据反舰导弹的过载控制数学模型,定义导弹的质量、惯量和推力以及空气动力学参数等的不确定性参数向量为 $\boldsymbol{\nu} = [\nu_1 \quad \nu_2 \quad \cdots \quad \nu_{27}]^{\mathrm{T}}$,选择包含 12 个不满足设计要求概率的加权平方的随机鲁棒代价函数

$$J(\boldsymbol{d}_y) = \sum_{j=1}^{12} w_j \hat{P}_j^2 \tag{6-157}$$

根据所期望的导弹的战术技术指标要求,综合给出相关的偏航通道稳定性和性能指标量,如表 6-15 所列。

表 6-15 偏航通道稳定性和性能指标量

编号 i	权值 w_i	指示函数	设计要求
1	10	I_{i2}	系统稳定
2(3)	0.1(1.0)	$I_{n_y,T_S0.5}(I_{n_y,T_S1})$	10%调节时间小于 0.5 s(1 s)
4(5)	0.1(1.0)	$I_{n_y,R0.5}(I_{n_y,R1})$	90%上升时间小于 0.5 s(1 s)
6	0.1	$I_{n_y,Rev}$	在 n_y 达到峰值之前没有逆反
7(8)	0.1(1.0)	$I_{n_y,D0.1}(I_{n_y,D0.2})$	10%延迟时间小于 0.1 s(0.2 s)
9(10)	0.1(1.0)	$I_{n_y,OS1}(I_{n_y,OS2})$	超调量小于 1%(2%)
11(12)	0.1(1.0)	$I_{n_y,\delta_r18}(I_{n_y,\delta_r20})$	δ_r 的最大变化小于 18°(20°)

根据随机鲁棒分析与设计(SRAD)原理(图 6-22),应用蒙特卡罗估计与遗传算法对随机鲁棒代价函数 $J(\boldsymbol{d}_y)$ 进行优化计算。

经过仿真次数为 100、种群个体数为 30、遗传代数为 20 和响应时间为 120 s 的优化后,设计向量为

$$\boldsymbol{d}_y = [30\,410 \quad 251\,561 \quad 848\,289 \quad 559\,355 \quad 942\,992 \quad 1.99]^{\mathrm{T}} \tag{6-158}$$

相应的随机鲁棒增益为

$$k_{yc}\boldsymbol{K}_y = [k_{n_y} \quad k_r \quad k_\zeta \quad k_y \quad k_\xi \quad k_{\delta_r}] = [0.2772 \quad -2.7241 \quad 1.8868 \quad 12.1412] \tag{6-159}$$

设计得到偏航通道的随机鲁棒 PID 控制律为

$$\delta_{rc} = k_{n_y} n_y + k_r r + k_\xi \int_0^t [n_z(\tau) - n_z^*] \mathrm{d}\tau \tag{6-160}$$

下面给出偏航通道的随机鲁棒控制器的结构图，如图 6－90 所示。

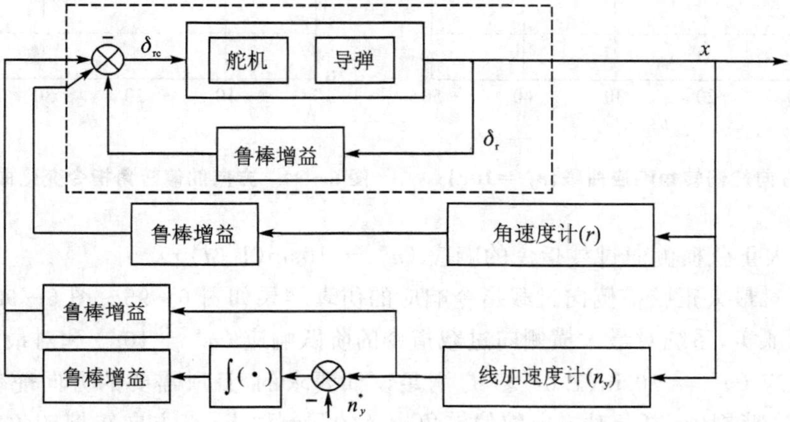

图 6－90　偏航通道的随机鲁棒控制器的结构图

7）偏航通道随机鲁棒 PID 控制系统的性能分析

(a) 对最大横侧向过载指令的阶跃响应（$n_y^* = 10g$）

偏航通道对最大横侧向过载指令阶跃响应的仿真结果如图 6－91～图 6－94 所示。

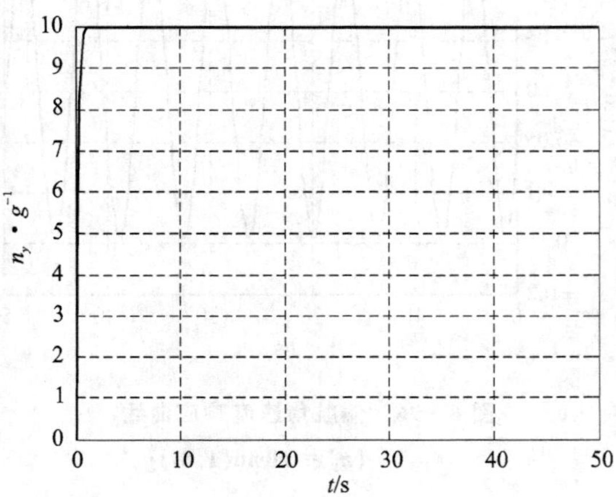

图 6－91　横侧向过载响应曲线（$n_y^* = 10g$）

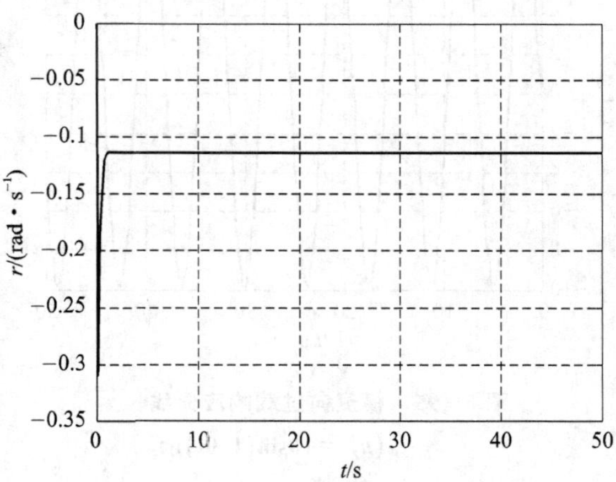

图 6－92　偏航角速度响应曲线（$n_y^* = 10g$）

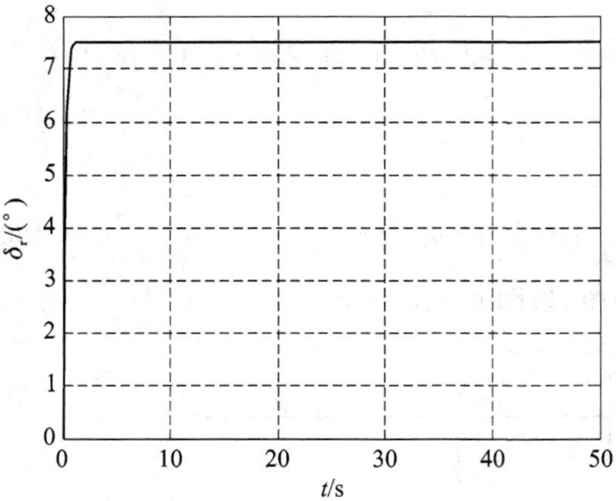

图 6-93 方向舵偏转角响应曲线($n_y^* = 10g$)

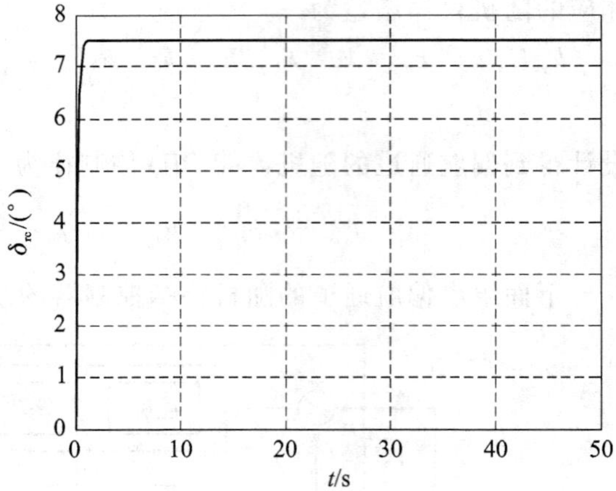

图 6-94 方向舵偏转角指令变化曲线($n_y^* = 10g$)

(b) 对最大正弦横侧向过载指令的响应($n_y^* = 10\sin(1.0t)g$)

偏航通道对最大正弦横侧向过载指令响应的仿真结果如图 6-95～图 6-98 所示。

仿真结果证实,系统对最大横侧向过载指令的阶跃响应($n_y^* = 10g$)和对最大正弦横侧向过载指令的响应($n_y^* = 10\sin(1.0t)g$)是满足设计要求的,且所需要的方向舵偏转角指令均在 $|\delta_{rc}| \leqslant 7.5°$ 范围内,符合对方向舵偏转角指令的限制要求,且方向舵偏转角对控制指令的实际响应($|\delta_r| \leqslant 7.5°$)也满足设计要求。

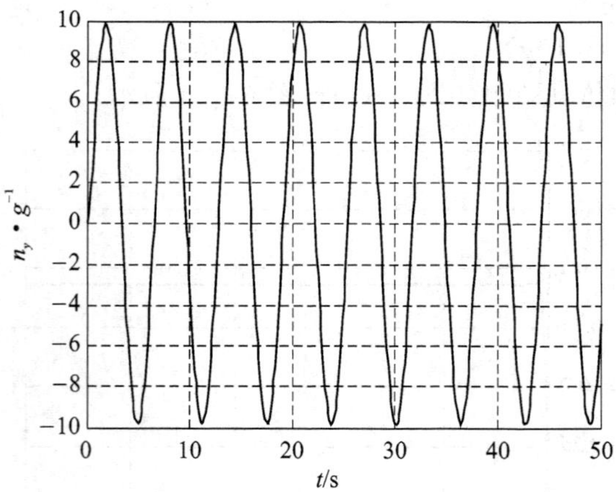

图 6-95 横侧向过载响应曲线($n_y^* = 10\sin(1.0t)g$)

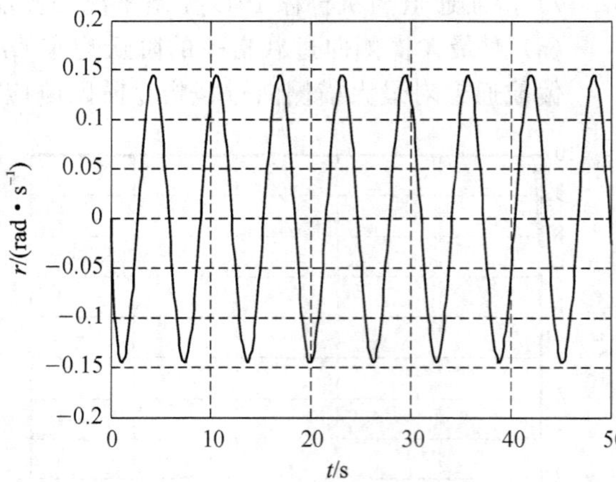

图 6-96 偏航角速度响应曲线($n_y^* = 10\sin(1.0t)g$)

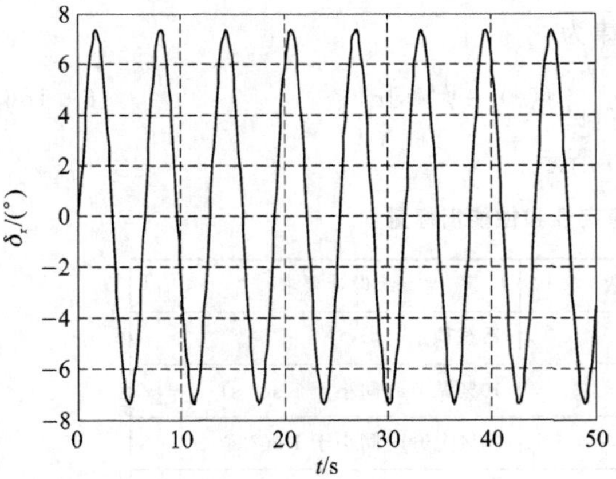

图 6-97　方向舵偏转角响应曲线
($n_y^* = 10\sin(1.0t)g$)

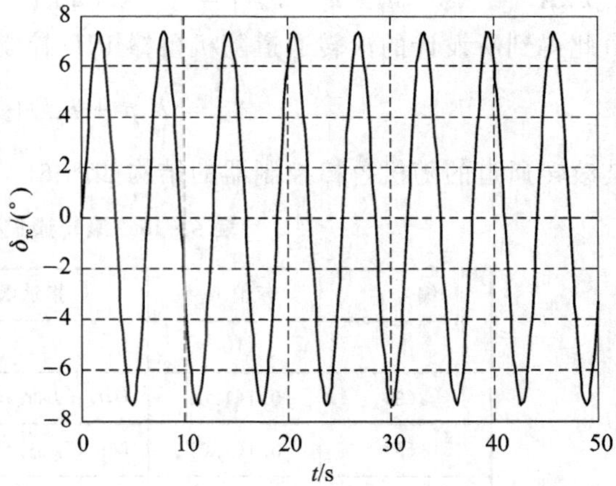

图 6-98　方向舵偏转角指令变化曲线
($n_y^* = 10\sin(1.0t)g$)

8）滚转通道随机鲁棒 PID 控制律的设计

选择二次型目标函数为

$$I_r = \frac{1}{2}\int_0^{\infty}(\boldsymbol{x}_r^T\boldsymbol{Q}_r\boldsymbol{x}_r + \boldsymbol{u}_{rn}^T\boldsymbol{R}_r\boldsymbol{u}_{rn})\mathrm{d}t$$

则传统的 PID 控制器结构为

$$\boldsymbol{u}_{rn} = -\boldsymbol{K}_r\boldsymbol{x}_r \tag{6-161}$$

选择随机鲁棒 PID 控制器的结构为 $\boldsymbol{u}_r = -k_{rc}\boldsymbol{K}_r\boldsymbol{x}_r$，设计向量为

$$\boldsymbol{d}_r = [Q_{r1}\quad Q_{r2}\quad Q_{r3}\quad Q_{r4}\quad R_{r1}\quad k_{rc}]^T \tag{6-162}$$

根据反舰导弹的过载控制数学模型，定义导弹的质量、惯量和推力以及空气动力学参数等的不确定性参数向量为 $\boldsymbol{\nu} = [\nu_1\quad \nu_2\quad \cdots\quad \nu_{27}]^T$，选择包含 12 个不满足设计要求概率的加权平方的随机鲁棒代价函数

$$J(\boldsymbol{d}_r) = \sum_{j=1}^{12} w_j\hat{P}_j^2 \tag{6-163}$$

根据所期望的导弹的战术技术指标要求，综合给出相关的滚转通道稳定性和性能指标量，如表 6-16 所列。

根据随机鲁棒分析与设计（SRAD）原理（图 6-22），应用蒙特卡罗估计与遗传算法对随机鲁棒代价函数 $J(\boldsymbol{d}_r)$ 进行优化计算。

经过仿真次数为 100、种群个体数为 30、遗传代数为 20 和响应时间为 120 s 的优化后，设计向量为

$$\boldsymbol{d}_r = [439\,480\quad 804\,484\quad 520\,602\quad 226\,347\quad 637\,884\quad 1.32]^T \tag{6-164}$$

相应的随机鲁棒增益为

$$k_{rc}\boldsymbol{K}_r = [k_p \quad k_\phi \quad k_\lambda \quad k_{\delta_a}] = [-1.0287 \quad -2.2005 \quad -1.1916 \quad 10.4872] \tag{6-165}$$

由此得到所设计的滚转通道随机鲁棒 PID 控制律为

$$\delta_{ac} = k_p p + k_\phi \phi + k_\lambda \int_0^t [\phi(\tau) - \phi^*] d\tau \tag{6-166}$$

其滚转通道的随机鲁棒控制器的结构如图 6-99 所示。

表 6-16 滚转通道稳定性和性能指标量

编号 i	权值 w_i	指示函数	设计要求
1	10	I_{i1}	系统稳定
2(3)	0.1(1.0)	$I_{\phi,T_S1}(I_{\phi,T_S2})$	10%调节时间小于1 s(2 s)
4(5)	0.1(1.0)	$I_{\phi,R1}(I_{\phi,R2})$	90%上升时间小于1 s(2 s)
6	0.1	$I_{\phi,Rev}$	在 ϕ 达到峰值之前没有逆反
7(8)	0.1(1.0)	$I_{\phi,D0.25}(I_{\phi,D0.5})$	10%延迟时间小于0.25 s(0.5 s)
9(10)	0.1(1.0)	$I_{\phi,OS1}(I_{\phi,OS2})$	超调量小于1%(2%)
11(12)	0.1(1.0)	$I_{\phi,\delta_a18}(I_{\phi,\delta_a20})$	δ_a 的最大变化小于18°(20°)

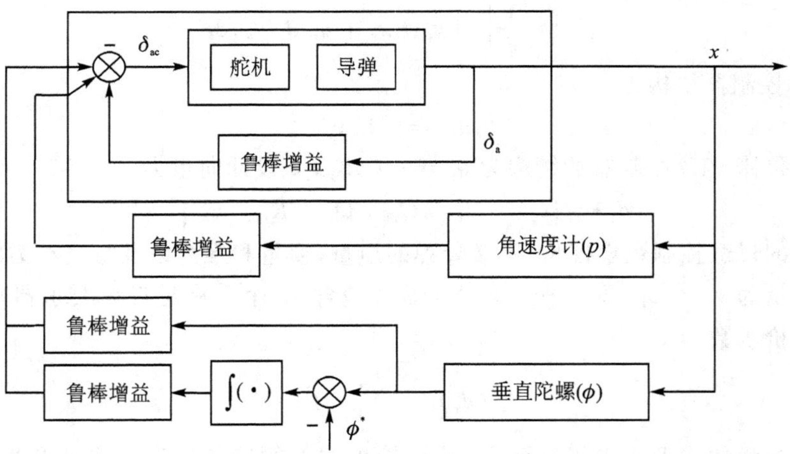

图 6-99 滚转通道的随机鲁棒控制器结构图

9) 滚转通道随机鲁棒 PID 控制系统的性能分析

(a) 对滚转角指令的阶跃响应($\phi^* = 10°$)

滚转通道对滚转角指令阶跃响应的仿真结果如图 6-100~图 6-103 所示。

(b) 对正弦滚转角指令的响应($\phi^* = 10\sin(0.2t)$)

滚转通道对正弦滚转角指令响应的仿真结果如图 6-104~图 6-107 所示。

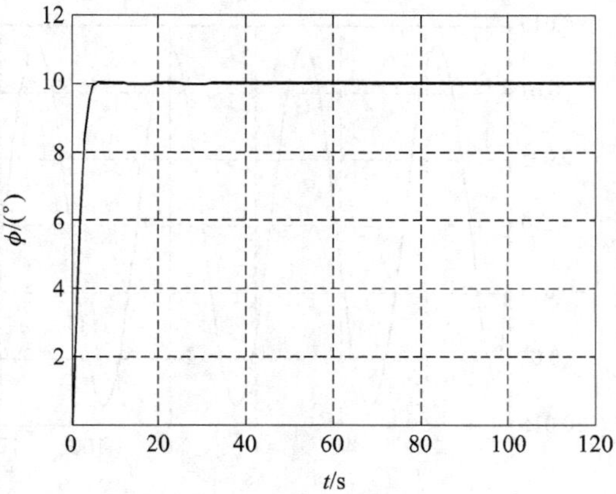

图 6－100　滚转角变化曲线(ϕ^* ＝10°)

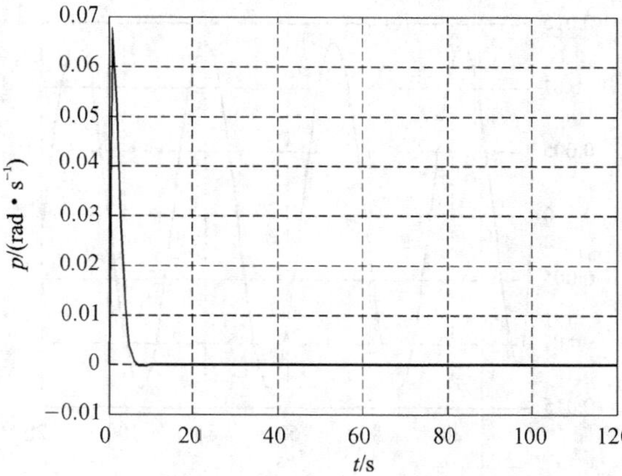

图 6－101　滚转角速度响应曲线(ϕ^* ＝10°)

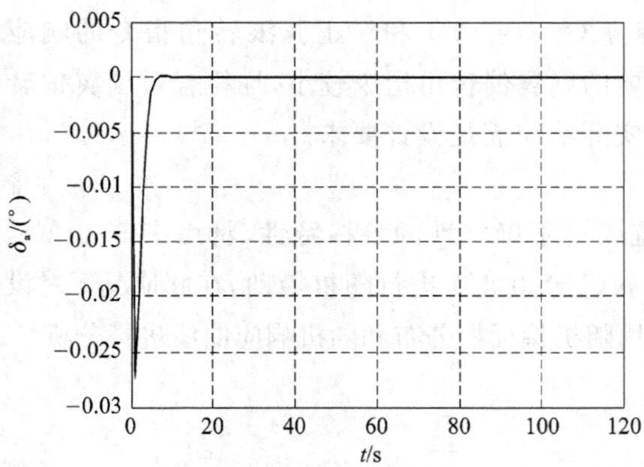

图 6－102　副翼偏转角响应曲线(ϕ^* ＝10°)

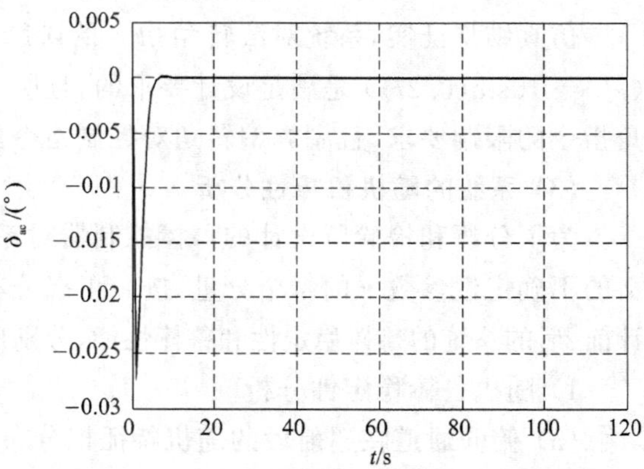

图 6－103　副翼偏转角指令变化曲线(ϕ^* ＝10°)

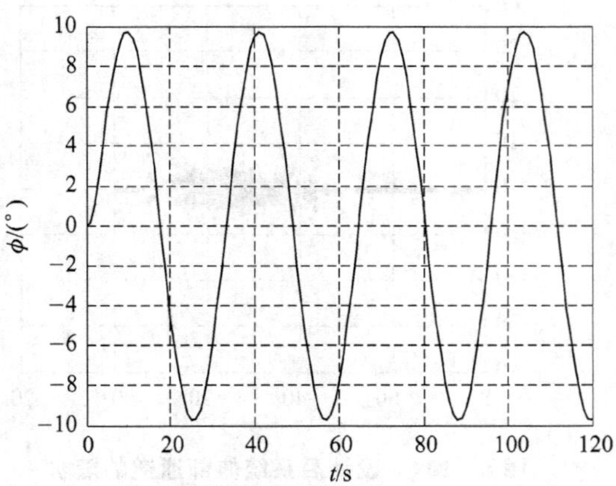

图 6－104　滚转角变化曲线(ϕ^* ＝10sin(0.2t))

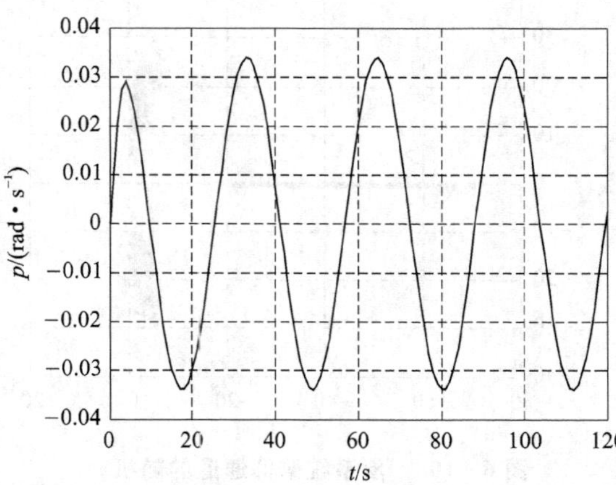

图 6－105　滚转角速度响应曲线(ϕ^* ＝10sin(0.2t))

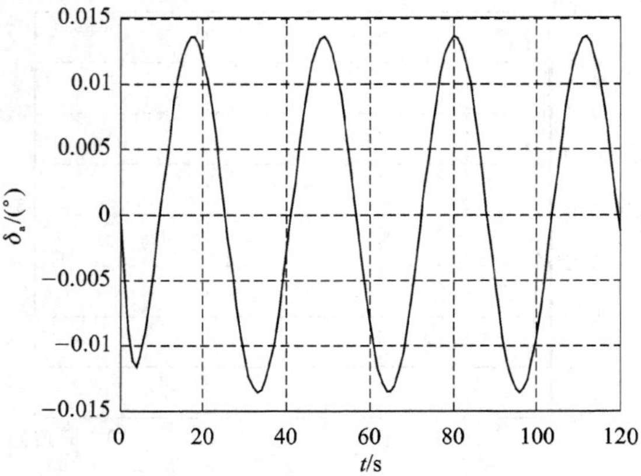

图 6-106　副翼偏转角响应曲线
($\phi^* = 10\sin(0.2t)$)

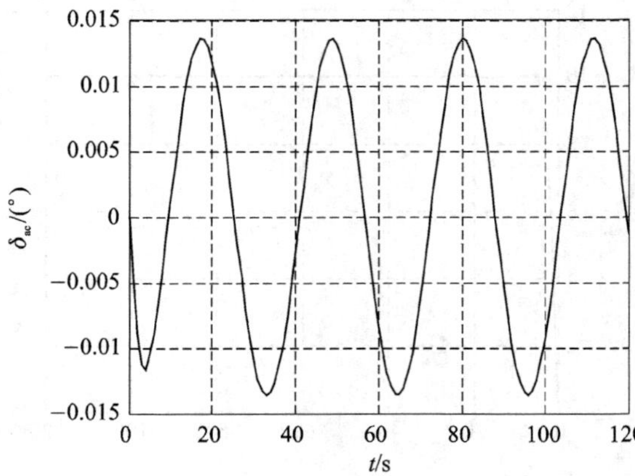

图 6-107　副翼偏转角指令变化曲线
($\phi^* = 10\sin(0.2t)$)

仿真结果证实,系统对滚转角指令的阶跃响应($\phi^* = 10°$)和对正弦滚转角指令的响应($\phi^* = 10\sin(0.2t)$)是满足设计要求的,且所需要的副翼偏转角指令较小,均符合对副翼偏转角指令的限制要求,且副翼偏转角对控制指令的实际响应满足设计要求。

(3) 系统的随机鲁棒性分析

为了分析和检验所设计的鲁棒控制器对系统模型不确定性的鲁棒特性,将由表 6-13 定义的不确定性参数 $\boldsymbol{v}$ 的每个分量,按照正态分布 $N(1.0, 0.1^2)$ 进行随机摄动,在此情况下对设计前、后的系统的鲁棒稳定性和鲁棒性能,分别应用随机特征根分布和随机响应曲线进行分析。

1) 随机鲁棒稳定性分析

(a) 俯仰通道在巡航段的随机特征根分布

设计前、后俯仰通道在巡航段的随机特征根分布如图 6-108 和图 6-109 所示。

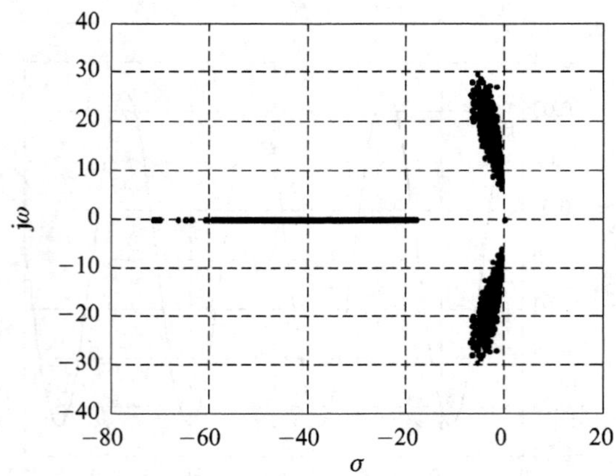

图 6-108　原系统俯仰通道的随机特征根分布图(巡航段)

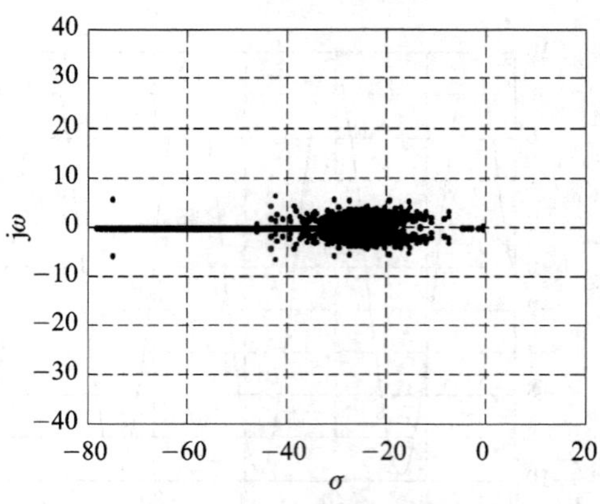

图 6-109　设计后系统俯仰通道的随机特征根分布图(巡航段)

对比设计前、后的系统随机特征根分布图 6-108 和图 6-109 可见，设计前的系统存在较多靠近虚轴的点，并且这些点都远离实轴分布；经过 SRAD 随机鲁棒设计后，闭环系统的随机特征根分布明显地向 S 的左半平面移动。此外，设计后系统的随机特征根分布明显地靠近实轴分布，这使得设计后的俯仰通道鲁棒控制系统在巡航段的阻尼特性和固有频率等方面，均比设计前的系统有着显著的改善。

(b) 俯仰通道在爬升段的随机特征根分布

设计前、后俯仰通道在爬升段的随机特征根分布如图 6-110 和图 6-111 所示。

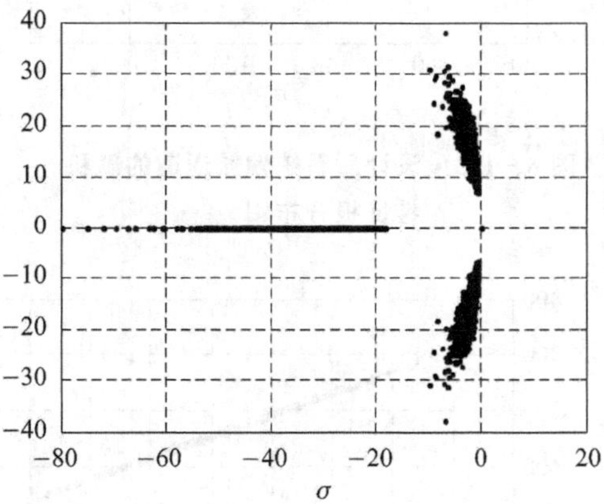

图 6-110 原系统俯仰通道的随机特征根分布图(爬升段)

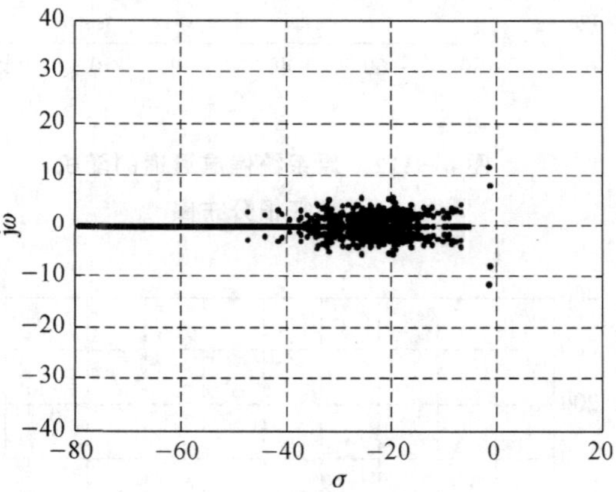

图 6-111 设计后系统俯仰通道的随机特征根分布图(爬升段)

对比设计前、后的系统随机特征根分布图 6-110 和图 6-111 可见，在爬升段，原俯仰通道的随机特征根分布存在较多靠近虚轴且远离实轴的点；经过 SRAD 随机鲁棒设计后，闭环系统的随机特征根分布明显地向 S 的左半平面移动。此外，设计后系统的随机特征根分布明显地靠近实轴分布，这使得设计后的俯仰通道鲁棒控制系统在爬升段的阻尼特性和固有频率等方面，均比设计前的系统有着显著的改善。

(c) 偏航通道的随机特征根分布

设计前、后偏航通道的随机特征根分布如图 6-112 和图 6-113 所示。

对比设计前、后两个系统的随机特征根分布图 6-112 和图 6-113 可见，原偏航通道的随机特征根分布存在较多靠近虚轴且远离实轴的点；经过 SRAD 随机鲁棒设计后，闭环系统的随机特征根分布明显地向 S 的左半平面移动。此外，设计后系统的随机特征根分布明显地靠近实轴分布，这使得设计后的偏航通道鲁棒控制系统在阻尼特性和固有频率等方面，均比设计前的系统有着显著的改善。

(d) 滚转通道的随机特征根分布

设计前、后滚转通道的随机特征根分布如图 6-114 和图 6-115 所示。

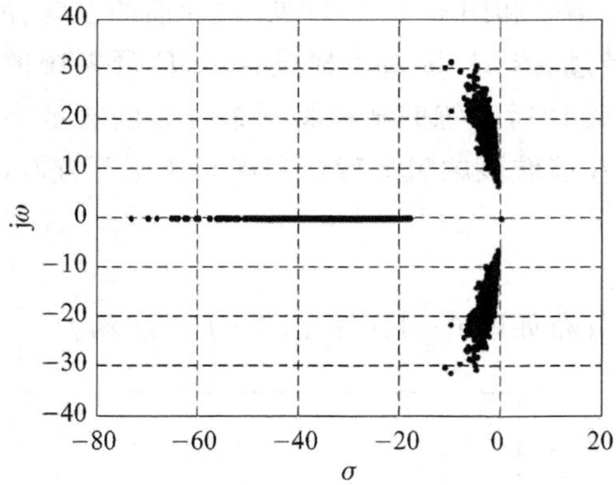

图 6-112 原系统偏航通道的随机特征根分布图

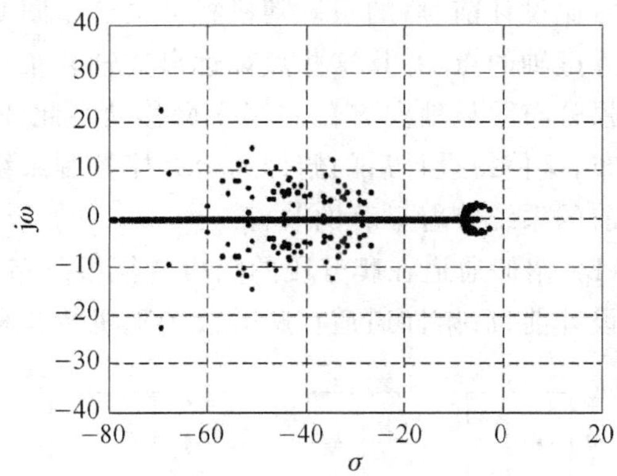

图 6-113 设计后系统偏航通道的随机特征根分布图

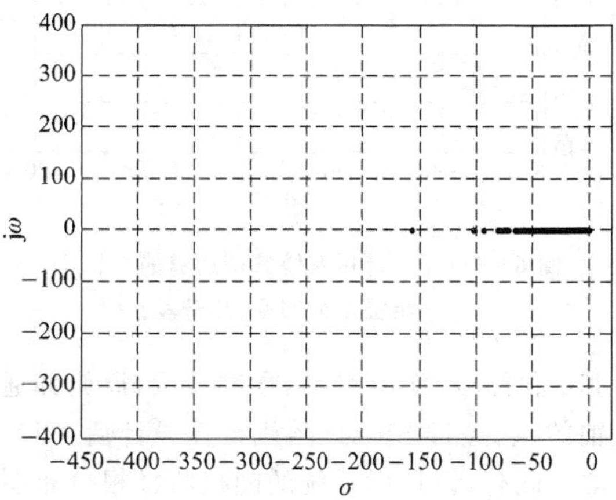

图 6-114 原系统滚转通道的随机特征根分布图

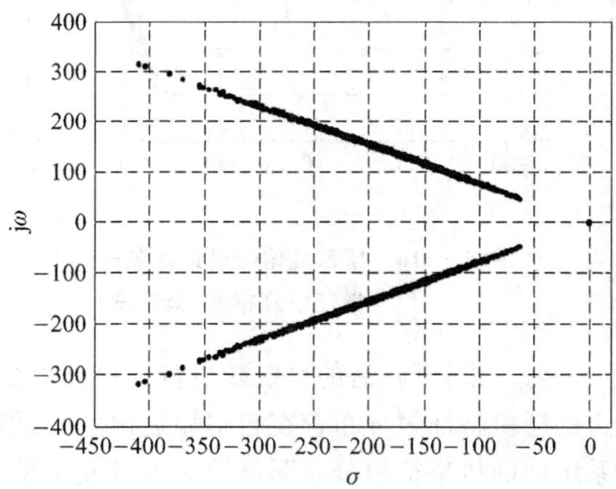

图 6-115 设计后系统滚转通道的随机特征根分布图

对比图 6-114 和图 6-115 的仿真结果可见,原滚转通道的随机特征根分布较为集中地分布在实轴上,但却存在较多靠近虚轴的点;经过 SRAD 随机鲁棒设计后,闭环系统的随机特征根分布明显地向 S 的左半平面移动。但是,与俯仰和偏航通道的不同之处在于,设计后的滚转通道由指数衰减模式变为振荡衰减模式,因此需要进一步考察、分析荷兰滚模态的特性,并结合偏航通道的设计要求进行两个通道的综合设计。

2) 随机鲁棒性能分析

(a) 俯仰通道的随机响应曲线

俯仰通道的随机响应曲线如图 6-116 和图 6-117 所示。

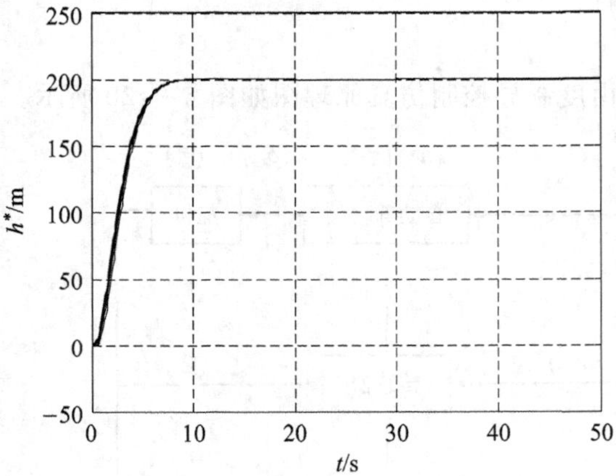

图 6-116　高度指令 $h^*=200$ m 响应曲线

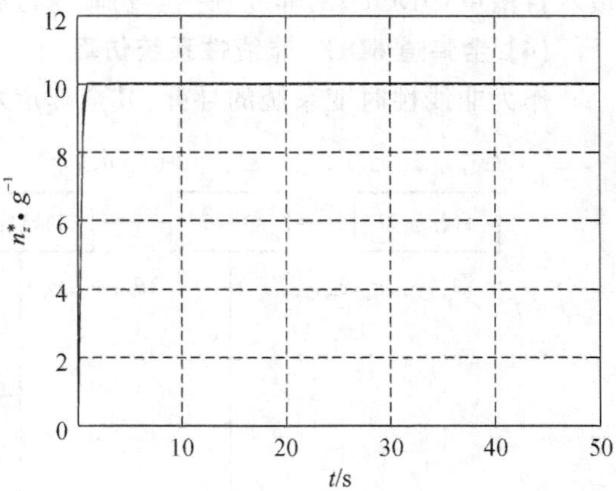

图 6-117　法向过载指令 $n_z^*=10g$ 响应曲线

(b) 偏航通道和滚转通道的随机响应曲线

偏航通道和滚转通道的随机响应曲线如图 6-118 和图 6-119 所示。

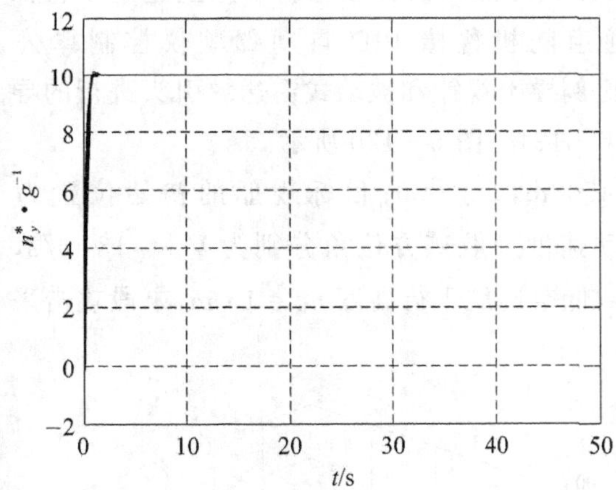

图 6-118　横侧向过载指令 $n_y^*=10g$ 响应曲线

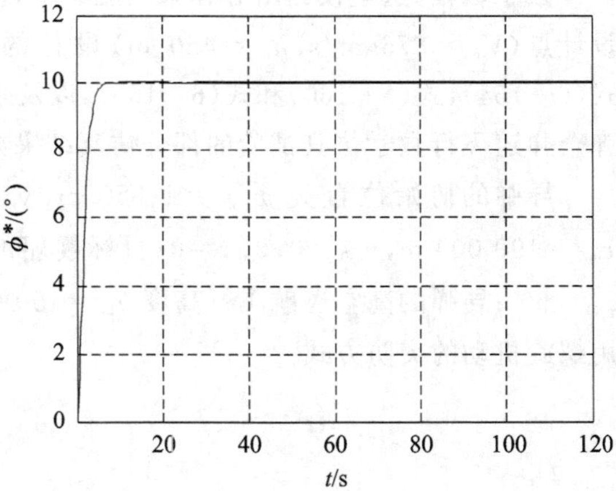

图 6-119　滚转角指令 $\phi^*=10°$响应曲线

由系统对主要控制指令的随机响应曲线可见，尽管系统的模型参数存在较大的随机摄动，但是，所设计的飞行控制系统对飞行高度、法向过载和横侧向过载以及滚转角指令的时域响应，仍能很好地满足所设定的设计指标要求，并保持着良好的鲁棒性能。

由于以上通过阶跃和正弦时域响应给出的结论，以及利用随机特征根分布和随机响应曲线做出的仿真比较分析，都是基于导弹过载控制数学模型，及针对在特征设计点上所设计的随机鲁棒 PID 飞行控制器的特性进行的仿真测试，因此，这一自动驾驶仪能否控制作为非线性时变系统的实际导弹，以实现大空域变弹道机动飞行并满足设计指标要求，还需通过下列全弹道六自由度(6DOF)的非线性数学仿真来进行验证。

(4) 全弹道 6DOF 非线性系统仿真

作为非线性时变系统的导弹，其全弹道六自由度制导控制仿真原理图如图 6－120 所示。

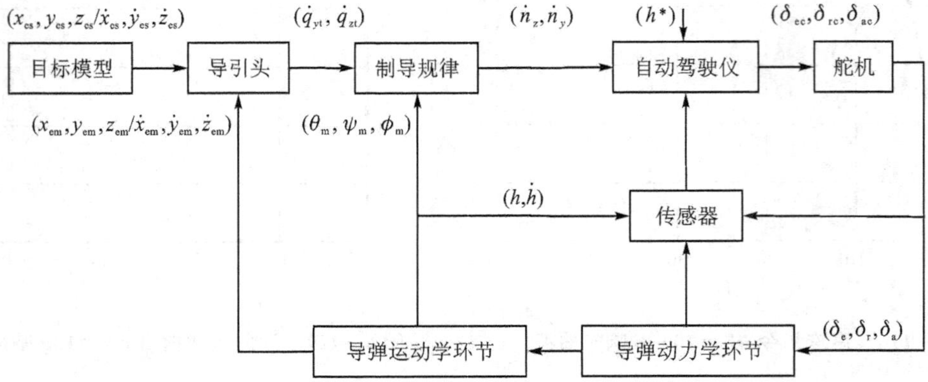

图 6－120　全弹道 6DOF 数学仿真原理图

限于篇幅，这里仅给出导弹采用舰载平台发射方式的部分仿真结果。采用上述基于特征设计点($V_e=876$ m/s, $h_e=450$ m)设计的三通道随机鲁棒 PID 自动驾驶仪控制律公式(6－154)、式(6－160)和式(6－166)，以及采用比例导引规律和被动式雷达导引头进行的导弹全弹道飞行数学仿真试验的部分仿真结果如图 6－121～图 6－130 所示。

导弹的初始位置为 $x_{em0}=1\ 850$ m, $y_{em0}=450$ m, $z_{em0}=0$；目标舰船的初始位置为 $x_{es0}=190\ 000$ m, $y_{es0}=0$, $z_{em0}=0$；目标舰船的运动速度及航迹方位角分别为 $V_{s0}=18$ m/s, $\varphi_{s0}=90°$；导弹的高空巡航飞行高度 $h_{ha}=15\ 000$ m，低空巡航飞行高度 $h_{la}=15$ m，末段攻击采用螺旋机动的突防方式。

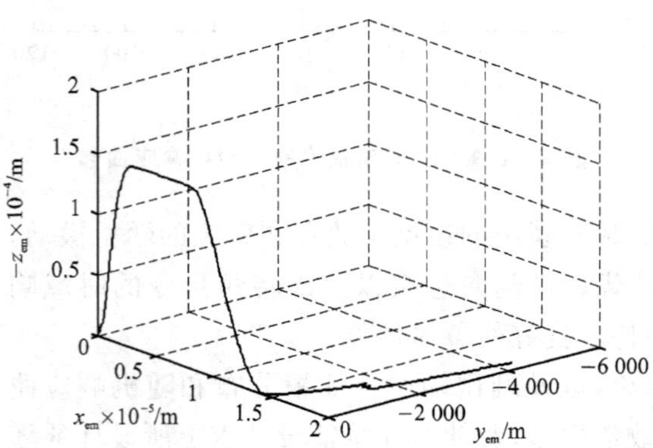

图 6－121　三维飞行弹道

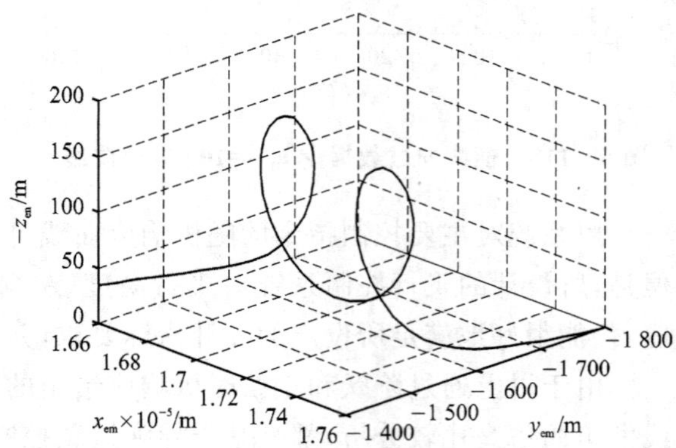

图 6－122　螺旋机动段弹道局部放大图

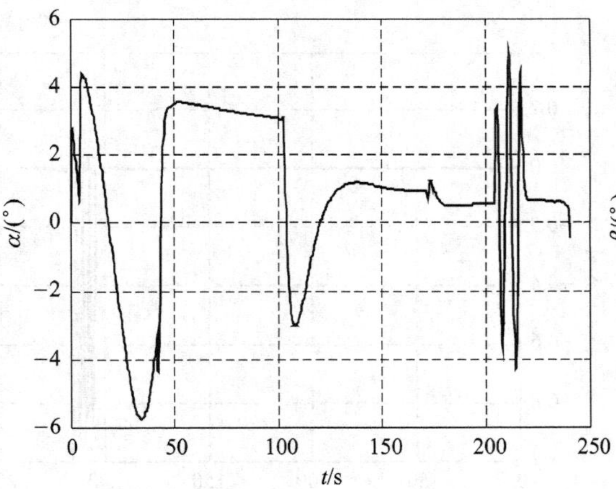

图 6-123　迎角变化曲线

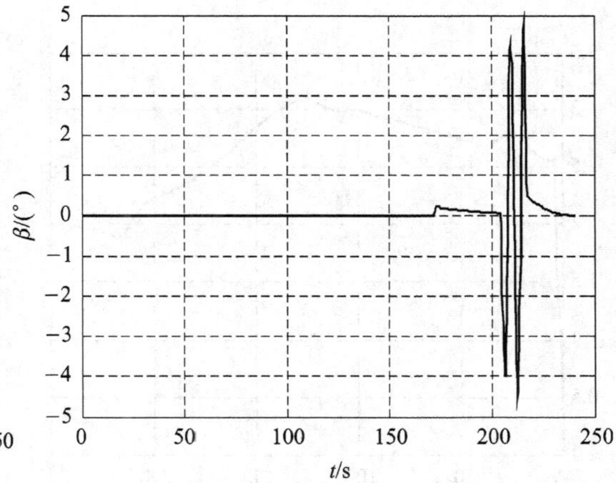

图 6-124　侧滑角变化曲线

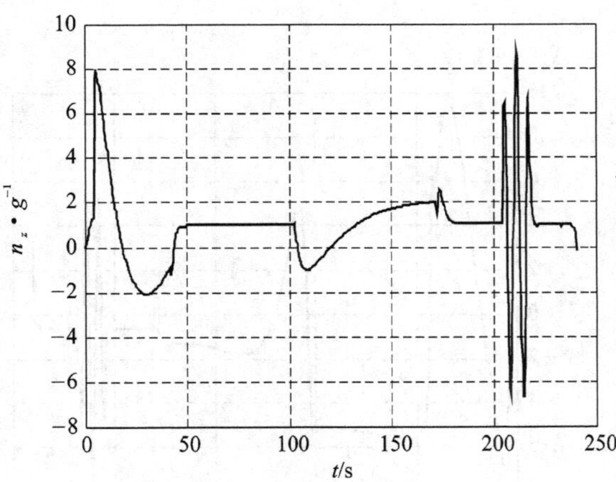

图 6-125　法向过载曲线

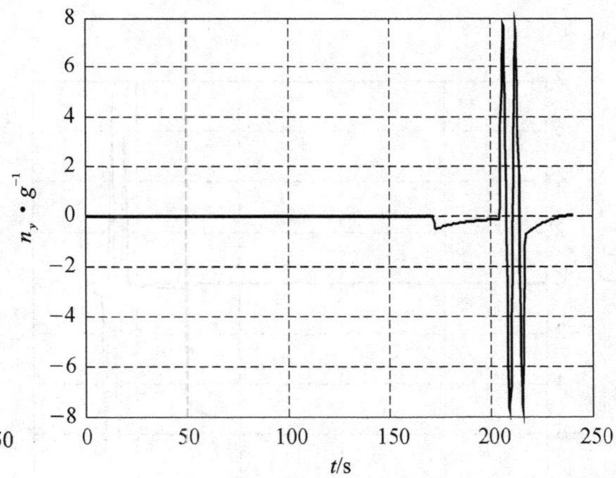

图 6-126　横侧向过载曲线

导弹采用机载平台发射方式时，与舰载平台发射方式的仿真结果基本相同，这里不再一一列出。

基于全状态可测量过载控制模型，在特征设计点（V_e＝876 m/s，h_e＝450 m）采用 SRAD 设计的三通道随机鲁棒 PID 自动驾驶仪所进行的全弹道六自由度非线性时变系统的仿真结果表明，在大部分弹道上，导弹的马赫数变化范围大约在 Ma＝2.0～3.0 之间（图 6-127），飞行高度的变化约为 h＝15 000 m（图 6-121），并且同时在所有模型参数随机变化 20％的情况下，随机鲁棒 PID 自动驾驶仪仍能很好地控制导弹在指定大空域内沿全弹道稳定而准确地飞行，完全满足超声速反舰导弹过载控制系统的设计要求。

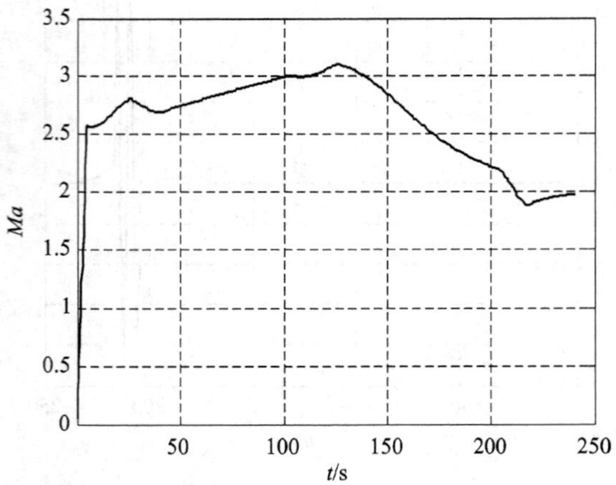

图 6-127　马赫数变化曲线

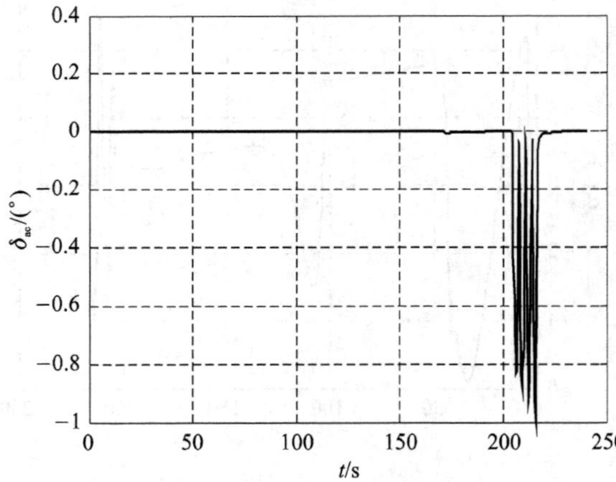

图 6-128　副翼偏转角控制指令曲线

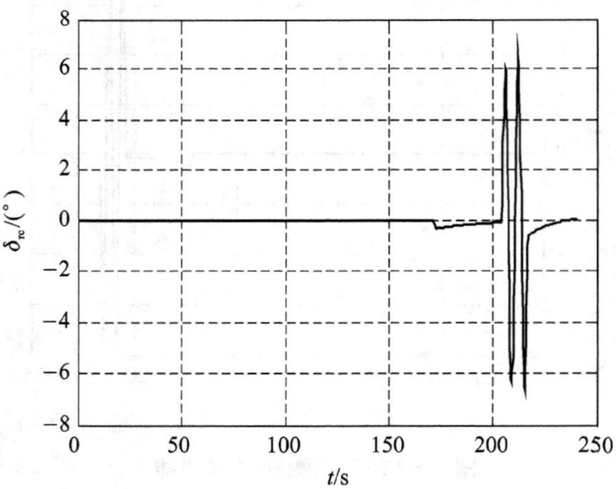

图 6-129　方向舵偏转角控制指令曲线

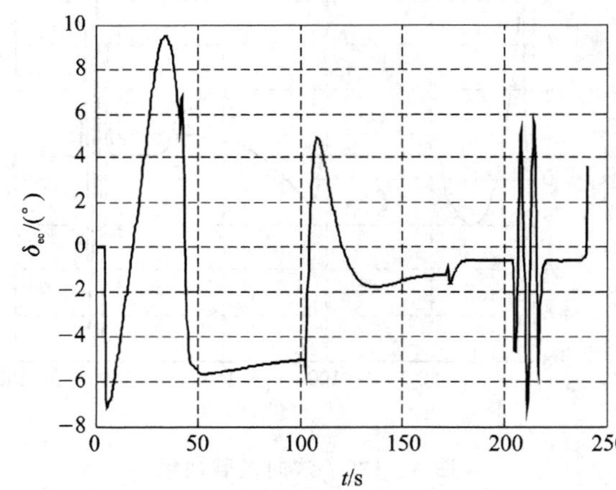

图 6-130　升降舵偏转角控制指令曲线

本小节基于随机鲁棒分析与设计(SRAD)方法和适合于新一代超声速反舰导弹大空域机动飞行的全状态可测量过载控制模型,设计了一种实用有效的反舰导弹随机鲁棒过载控制器,并通过全弹道六自由度非线性时变系统的仿真计算,证实了应用SRAD方法设计的反舰导弹过载控制系统能够很好地满足设计要求。这一结果对于提高适合于工程应用的现代超声速反舰导弹过载控制系统的设计水平,无疑具有十分重要的实际意义。

习　题

6-1　飞行控制系统的基本任务和设计目标是什么？

6-2　分析说明国军标 GJB 185—86《有人驾驶飞机(固定翼)飞行品质》的基本内容。

6-3　分析说明飞行品质的评价方法 C^* 准则、D^* 准则和等效系统法。

6-4　分析比较两种数字式飞行控制系统设计方法的特点。

6-5　如何选择数字式飞行控制系统的采样频率？

6-6　试推导线性二次型输出反馈调节器和线性二次型全状态反馈调节器。

6-7　已知某型飞机的重心位置为 $x_{cg}=0.3c_A$，其以速度 $V_0=153$ m/s 做直线平飞运动条件下的纵向动力学雅可比矩阵为

$$\boldsymbol{A}=\begin{bmatrix} -1.9311\times10^{-2} & 8.8157 & -3.2170\times10^{1} & -5.7499\times10^{-1} \\ -2.5389\times10^{-4} & -1.0189 & 0.0 & 9.0506\times10^{-1} \\ 0.0 & 0.0 & 0.0 & -1.0 \\ 2.9465\times10^{-12} & 8.2225\times10^{-1} & 0.0 & -1.0774 \end{bmatrix}$$

$$\boldsymbol{B}=\begin{bmatrix} 1.7370\times10^{-1} \\ -2.1499\times10^{-3} \\ 0.0 \\ -1.7555\times10^{-1} \end{bmatrix},\quad \boldsymbol{C}=\begin{bmatrix} 0.0 & 5.729578\times10^{1} & 0.0 & 0.0 \\ 0.0 & 0.0 & 0.0 & 5.729578\times10^{1} \end{bmatrix}$$

式中，系统的状态向量为 $\boldsymbol{x}=[\Delta V \quad \Delta\alpha \quad \Delta\theta \quad \Delta q]^{\mathrm{T}}$，$\boldsymbol{u}=[\Delta\delta_e]$。

(1) 试按回路递次设计的根轨迹方法，设计阻尼器和增稳系统回路的反馈增益。

(2) 假定升降舵的舵回路模型为 $\delta_e=\dfrac{20.2}{s+20.2}u_e$，试设计纵向运动的 LQR 输出调节器。

第 7 章 现代飞行控制技术

7.1 电传操纵系统

7.1.1 概 述

1. 电传操纵系统

电传操纵系统是将从驾驶员的操纵装置发出的信号转换成电信号，通过电缆直接传输到自主式舵机的一种系统。简单地说，电传操纵系统也是一个全时、全权限的“电信号系统＋控制增稳”的飞行操纵系统。电传操纵系统使人工操纵和自动控制在功能上和操纵方式上较好地融为一体。电传操纵系统具有以下特征：

① 电传操纵系统主要依靠电信号传递驾驶员的操纵指令，所以这种系统中不再含有机械操纵系统。对于考虑到电传系统完全失效后的安全性而带有机械备份系统的某些系统，称为准电传操纵系统(Pseudo-Fly-By-Wire system，PFBW)。这种系统主要出现在电传操纵系统的研制和试飞初期，在现代民用机(如 A320、波音 777 飞机)的电传操纵系统中仍保留应急机械备份操纵系统(采用应急机械配平系统实现)。

② 控制增稳系统是电传操纵系统不可分割的组成部分，只有具备控制增稳功能的电信号系统才能称为电传操纵系统。

电传操纵系统的基本方案有模拟式和数字式两大类，后者实际上是混合系统，即系统中除了数字计算机之外，其余部件仍是模拟式的。由于数字式电传操纵系统易于实现多种逻辑功能，便于实施复杂的控制律和修改控制律，并具有极强的综合显示能力，尤其易与自动驾驶仪系统、火力控制系统和导航控制系统等交联，因此成为今后的发展方向。

2. 电传操纵系统的发展

控制增稳系统是电传操纵系统重要的组成部分。控制增稳系统虽然能够兼顾驾驶员对飞机稳定性和操纵性的要求，但是基于如下一些原因，在某种程度上限制了飞机机动性的提高：

① 控制增稳系统的舵面操纵权限是有限的。

② 存在力反传问题。

③ 战场生存能力低。由于控制增稳系统中仍保留了机械杆系，所以使系统的战场生存能力较低。

④ 由于控制增稳系统是在不可逆助力操纵系统的基础上，通过复合摇臂叠加电气通道构成的，所以在结构复杂程度和质量方面，均大于不可逆助力操纵系统。此外，由于机械系统的间隙、摩擦等非线性及弹性变形等因素的影响，致使微小信号难以精确传递。

由上述分析可知，出现这些缺点的根本原因在于控制增稳系统中存在机械杆系。针对该问题，飞机设计师在 20 世纪 50 年代末期便提出了一种全新方案的电传操纵系统(Fly-By-Wire system，FBW)。

第一架采用电传操纵系统的作战飞机是 F—111，该机于 1964 年开始飞行，当时采用了三余度带机械备份的模拟式系统。之后在其他型号的飞机(如"狂风"战斗机，F—8C 飞机，前西德的 F—104G 飞机和波音 YC—14 短距起落运输机等)上也进行了电传操纵系统的验证，并且开始采用数字式系统。最初电传操纵系统的共同特点是：为了保障安全可靠，都带有机械备份系统，以提供非相似的余度。

20 世纪 60 年代中期出现的集成电路，对航空技术的发展产生了巨大影响，它为制造小型、可靠的余度电传操纵系统提供了物质条件。在 1972 年美国空军发起的轻型战斗机验证计划的竞标中，第一架采用无机械备份的电传操纵系统飞机 YF—16 被美国空军选为新的轻型战斗机，这也标志着人类的飞行开始进入无任何机械备份的电传操纵系统发展时期。为了强调无机械备份电传操纵系统的巨大潜力，有时还将其称为全电传操纵系统(Full Fly-By-Wire system，FFBW)。对 YF—16 经过试飞验证及大量技术改造之后定型的 F—16 很快成为世界上第一架无机械备份的模拟式电传操纵系统的飞机。

数字技术的发展以及更小、更密集和更有效的大规模集成电路的发展，促进了数字式电传操纵系统的应用。1978 年，美国已开始将数字式电传操纵系统用于 F—18 战斗机，但该机仍保留了机械备份系统。在此期间，英国采用一架"美洲虎"战斗机作为研究电传操纵系统的验证机，该机上装有四余度数字式电传操纵系统，于 1981 年首次试飞，这是第一架无任何机械备份的数字式电传操纵系统的飞机。20 世纪 80 年代中期，美国利用 AFTI/F—16 验证机所用的数字式电传系统改型重新装备了 F—16C/D 型飞机。该电传操纵系统是采用四余度数字备份和双故障工作的系统。系统的体积比模拟式系统的减小了 2/3。

由于电传操纵系统比机械操纵系统具有许多优点，并且随着科学技术的发展，电传操纵系统所急待解决的某些问题已逐步得到了解决。所以自 20 世纪 80 年代以来，电传操纵系统获得了极大的发展，许多新研制的军用及民用飞机均采用了电传操纵系统。从 20 世纪 80 年代开始研制的瑞典的 JAS39"鹰狮"战斗机即采用了数字式全电传操纵系统，该系统没有机械备份系统，而采用"非相似余度"的三个模拟通道作为最后的备份系统。在 1986 年投入商业运营的空中客车 A320 飞机上采用了机械备份的数字式电传操纵系统。20 世纪 90 年代中期投入运营的波音 777 飞机也采用了数字式电传操纵系统，并利用人工应急机械配平系统作为系统最后的备份系统。俄罗斯生产的 SU—27 战斗机是一种四余度模拟式电传操纵系统，可实现双故障工作，该系统无任何备份系统，最终使得在飞机上应用全电传操纵系统成为了现实。

7.1.2 余度技术

1. 余度技术与余度系统

现代飞机的电传操纵系统,一方面必须能够可靠地实现原机械操纵系统对飞机不同操纵面的操纵,另一方面更为重要的是,电传操纵系统还采用杆指令的前馈信号以及各种不同形式的反馈信号,使飞机具有不同的响应特性和优秀的飞行品质。为了实现对飞机的可靠操纵和在整个飞行包线范围内具有所要求的响应特性和优秀的飞行品质,系统的安全可靠性对于研制和开发电传操纵系统来说是十分重要的。而解决系统安全可靠性的最有效的方法就是采用余度技术。

所谓采用余度技术,即引入多重(套)系统执行同一项工作任务。多重系统也称余度系统,该系统应满足下列三个条件:

① 对组成系统的各个部分具有故障监控和信号表决的能力。

② 一旦系统或组成系统的某部分出现故障,则应有故障隔离能力,即应有二次故障工作的能力。

③ 当出现故障后,系统能够重新组织余下的完好部分,即具有故障安全的能力,并在少量降低性能指标的情况下承担任务。

同时满足上述三个条件的多重系统称为余度系统。可见,采用余度技术的实质是通过消耗和应用更多的资源来换取可靠性的提高。

余度技术按余度结构来分可有三种形式:

① 无表决无转换的余度结构。当部件出现故障时,这种系统不需要外部部件来完成故障的检测、判断和转换功能,如并联开关系统。

② 有表决无转换的余度结构。这种系统需要一个外部元件来完成故障的检测和做出判断(即表决),但不需要完成转换功能,如多数的表决逻辑系统。

③ 有表决有转换的余度结构。这种系统需要一个外部元件来完成故障的检测和判断,并转换到另一个通道或系统,以代替故障通道或系统,如备份式余度等。

余度技术按余度系统的运行方式可划分为下列两种形式:

① 主动并列运行。这种系统有多重系统同时并列工作,并由表决器信号选择器输出经过选择的正确信号。表决器具有信号选择功能,如取中值、均值、次大和次小等,可用软件实现。这种系统又称为表决系统。该系统又分整机余度与分机余度两种,如图 7-1 所示。

② 备用转换运行。在这种系统中只有一个或部分分系统工作,其余分系统处于备用状态。当工作的分系统有故障时,可通过监控装置检测出故障并转换至备用的完好的分系统,使系统继续正常工作。这种系统又分为热储备系统与冷储备系统两种。热储备系统与工作系统处于同步随动状态,但输出不起作用。冷储备系统处于中立位置,仅在转换时才启动工作。

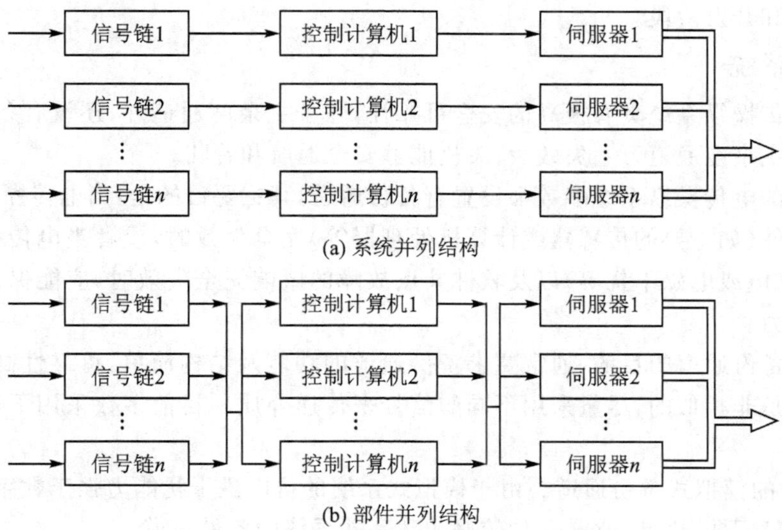

图 7-1　主动并列运行余度形式

2. 非相似余度(dissimilar redundancy)技术

在采用多通道方法构成余度系统时，如果各通道均采用相同的硬件和软件，则容易发生共点故障。非相似余度技术是采用完全不同的硬件和软件来组成余度通道，以产生和监控飞行控制信号，从而可以避免多通道余度系统的共点故障，以便达到高的可靠性。例如，现代先进的民用飞机，要求电传操纵系统的失效故障概率达到 10^{-10}/飞行小时，故均采用非相似余度技术。

波音 777 飞机的主飞行控制计算机是三余度的，由三个完全相同的数字主飞行操纵计算机构成。每个主飞行计算机从三余度的 ARINC629 总线上接收信息，并完成控制律及余度管理的计算。每套主飞行计算机通道包含三个采用了非相似余度技术的数字处理器。

A320 飞机的飞行控制系统也是非相似余度结构。该系统的计算机由两个独立系统组成：两台副翼/升降舵计算机、三台扰流片/升降舵计算机。两种计算机系统的硬件是不同的，前者是 Motorola 公司的 68000 微机，后者是 Intel 公司的 8000 微机，这两套系统相互独立，且相互间无信号传输。每台计算机又分为两个通道，一个通道产生控制指令并传递给舵机，另一个通道则监控其结果。当两者的计算结果不一致时，则该台计算机被切除。每个通道采用不同的软件结构，并且每个通道均由不同的技术人员独立开发。

3. 解析余度

与硬件余度相对照，解析余度不是通过“相似”硬件的多重设计，而是用数学(软件)的方法来构成余度。它通常采用与测量变量相关的物理过程的解析模型来形成余度。由于解析余度在用计算机实现时，在理论及技术方面还有大量的问题需要解决，所以目前的解析余度技术还处于初步研究和开发阶段。

4. 备份系统

为了使电传操纵系统具有极高的安全可靠性,除了主余度通道外,还设有备份系统(或通道),以保证在主余度通道万一失效后,飞机能够安全返航和着陆。

现代飞机的电传操纵系统多数都设置有备份通道,其主要目的是:当电传操纵系统因系统的主要余度部件(如重要的传感器或计算机处理器等)完全失效时,或者当电传操纵系统受到环境因素(如雷电或电磁干扰等)以及软件共点故障的影响完全失效时,应能保证飞机具有所要求的生存能力。

为了实现备份通道的目的,通常要求备份通道的功能及结构简单,可靠性高。同时,它应与主余度通道是非相似的,尽量采用不同的信号来传递介质。目前多数采用下述几种类型的备份通道:

① 多余度的模拟式备份通道。由于模拟式系统的抗电磁干扰能力强于数字式通道,并且它没有软件故障问题,因此,它是一种较好的数字式系统的备份通道。

② 多余度的数字式备份通道。尽管备份通道仍然是数字式的,但它与主余度通道是非相似的。

③ 机械备份通道。由于在采用机械备份通道进行备份工作时,无法实现飞机的控制增稳,因此这种飞机本身必须是静稳定的,并且在无增稳及控制增稳的条件下,飞机应具有可接受的飞行品质,例如 F/A—18 飞机的纵向备份通道就是机械式的。因为该飞机本身是静稳定的,所以在机械操纵系统的控制下也具有可接受的飞行品质。

为了增强飞行控制系统的可靠性和飞机的安全性,在现代采用电传操纵系统的先进民用飞机上,往往还采用双重备份系统,如在波音 777 的主飞行操纵系统中除了具有模拟式备份系统(当系统处于直接操纵模态时)外,还采用机械式的配平操纵系统作为主飞行操纵系统的应急备份系统。

如前所述,采用独立的备份系统具有很多优点,特别是可使驾驶员和用户在使用一种新的数字式飞行控制系统方面增强了信心,使系统防失控的可靠性增加,保证飞机在遇到某些危险故障时能够安全飞行。但采用备份系统也存在某些缺点,例如采用备份系统将使系统的复杂性增加,提高了设计和研制的成本。此外,它还将可能成为飞行控制系统额外的故障源。当数字式主操纵系统没有问题时,独立备份系统可能造成一些问题,例如意外的自动接通或驾驶员有意或无意的接通。此外,独立备份系统还要求进行额外的飞行试验,要求驾驶员进行额外的训练以熟悉和掌握这种操纵状态。在进行电传操纵系统设计时,还必须进行精心设计,以保证两种系统可以实现良好的转换。所以,当可以保证主余度操纵系统能够实现对外界环境干扰的抑制以及不会产生通用软件的设计误差时,不设置备份系统也是一种可选择的方案。实际上,在某些研究型甚至生产型飞机的电传操纵系统中就不采用备份系统,如在 F—16A/B(模拟式)、“美洲虎”(数学式)以及“幻影”2000(模拟和数学式)等飞机上就没有采用备份系统。

7.1.3　典型电传操纵系统的构成与工作原理

电传操纵系统实际上是在控制增稳系统的基础上，取消不可逆助力机械通道，只保留由驾驶员经杆力传感器输出电气指令信号的通道。由于不同飞机要求的控制增稳的功能不同，所以系统的硬件组成亦有所不同。下面将以波音 777 飞机的电传操纵系统为例来说明典型电传操纵系统的构成与工作原理。

1. 波音 777 飞机的电传操纵系统

波音 777 飞机是美国波音飞机公司制造的一种中远程宽体运输机。飞机采用了传统外形布局，下单翼外挂 2 个发动机吊舱，水平安定面/升降舵以及垂直安定面/方向舵位于机尾。为了增加低速飞行的升力，以便进行起飞和着陆，机翼上除了外侧副翼和襟副翼外，还安装了增升装置：每侧有外侧后缘襟翼、内侧后缘襟翼和克鲁格襟翼各 1 块以及 7 块前缘缝翼。每侧大翼上还有 7 块扰流片，以帮助空中操纵和着陆减速。波音 777 飞机的飞行操纵面如图 7－2 所示。其中，2 个升降舵和 1 个活动的水平安定面实现俯仰控制；2 个襟副翼和 2 个副翼、14 块扰流板用来完成横滚控制，在正常方式下，襟副翼都是用来控制横滚的；偏航由唯一的一个几乎与垂直尾翼一样高的方向舵控制。方向舵的下段有一活动部分，提供附加的偏航控制能力。

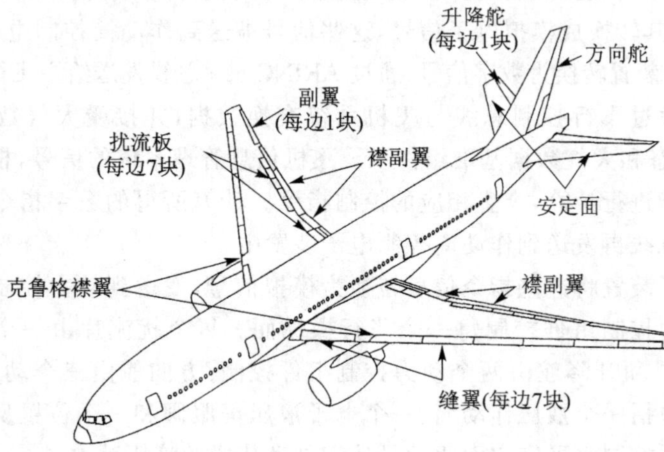

图 7－2　波音 777 飞机气动操纵面布局

波音 777 的飞行控制系统主要由三大部分构成：电传操纵系统（主飞行操纵系统）、自动飞行控制系统和自动油门系统。

(1) 波音 777 飞机的主飞行操纵系统

波音 777 飞机的主飞行操纵系统（Primary Flight Control Systems，PFCS）是电传操纵系统，主要由以下部件组成：

① 主飞行计算机（Primary Flight Computer，PFC）；

② 作动筒控制电子装置(Actuator Control Electronic,ACE);

③ 动力控制组件(Power Control Unit,PCU);

④ 杆位置传感器(position transducers);

⑤ 人感系统(feel units);

⑥ 配平作动筒(trim actuators);

⑦ A/P 反驱动伺服器(A/P backdrive);

⑧ 速度制动作动筒(speed brake actuator);

⑨ PFC 断开开关(PFC disconnect switch);

⑩ 飞行控制 ARINC 629 总线。

主要交联的分系统有:

① 三个自动驾驶/飞行指引计算机(AFDC);

② 两个飞机信息管理系统(AIMS);

③ 大气数据惯性基准组件(ADIRU);

④ 辅助姿态和大气数据基准组件(SAARU)。

此外,与飞行控制 ARINC 629 总线直接相连的还有电源组件。

在人工操纵时,由驾驶员控制的操纵盘和脚蹬以及减速板手柄的移动,被多套相应的位移传感器所感应,并将其转换成模拟电子信号,这些信号被送到作动筒控制电子装置(ACE)中,并被作动筒控制电子装置转换为数字信号,通过 ARINC 629 总线发送给主飞行计算机(PFC)。

主飞行计算机通过飞行控制总线与飞机系统交换数据,并接受大气数据惯性基准组件(ADIRU)或辅助姿态和大气数据基准组件以及飞机信息管理系统的信号,根据设计好的控制律以及飞行保护功能进行计算,产生相应的控制指令。计算所得的数字指令信号从主飞行计算机通过飞行控制总线再发送到作动筒控制电子装置中。

作动筒控制电子装置将这些指令信号转换为模拟信号,发送到动力控制组件和安定面配平控制模块中。动力控制组件控制每一个飞行操纵面。每个扰流片由一个动力控制组件控制;每个副翼、襟副翼和升降舵由两个动力控制组件控制;方向舵由三个动力控制组件控制。每个动力控制组件包括一个液压作动筒、一个电子液压伺服阀和一个位置反馈传感器。两套安定面配平控制模块控制水平安定面驱动马达和制动装置的液压动力。

在自动驾驶仪工作时,主飞行计算机从所有三个自动驾驶/飞行指引计算机(AFDC)中接受自动驾驶指令,并依控制律产生相应的控制指令,然后通过作动筒控制电子装置及动力控制组件来控制相应的舵面。与此同时,主飞行计算机还通过主飞行操纵系统来移动操纵盘、操纵杆和脚踏板,以使其同步于自动驾驶指令。由此,驾驶舱操纵装置的相应移动给机组人员提供了一个能见的信号。

主飞行操纵系统内部的各部件或与外部的有关系统通过数字交联和模拟交联来交换信息。数字交联分为两种,一种是由飞行控制 ARINC 629 总线提供的通过信息管理系统转换的信息;另一种是由飞行控制 ARINC 629 总线提供的飞机系统之间的信息交流。与主飞行操纵系统相交联的全部模拟信号都集中到作动筒控制电子装置中,主要的输入/输出信号有:驾驶员操纵的各位置及力传感器信号,方向及俯仰配平电信号,与襟翼电子组件、动力控制组件及信息管理系统设备柜交换的信号,主飞行计算机的脱开/自动电开关信号等。

(2) 主要分系统的介绍

1) 主飞行计算机(PFC)

主飞行计算机的主要功用是完成操纵面的指令计算,以使飞机达到所要求的稳定性和操纵性。

主飞行计算机是现代飞机飞行控制系统的核心部件,其主要功能是:

① 采集驾驶员输入指令及飞机运动的反馈信息,并对其进行必要的变换和处理;

② 飞行控制系统工作模式的管理与控制;

③ 计算不同工作模式中的控制律,并生成必要的控制指令;

④ 对多种控制指令输出的控制与管理;

⑤ 对飞行控制系统中各种传感器及伺服传感器实现余度管理;

⑥ 对主飞行计算机本身的硬件及软件实现余度管理;

⑦ 完成飞行前地面及飞行中机内对各子系统及部件的自动检测;

⑧ 完成与其他任务计算机及电子设备进行信息变换的管理等。

电传操纵系统有三个完全相同的主飞行计算机,每套称为一个通道。每个主飞行计算机又包括三个数字计算机支路,分别为支路 1、支路 2 和支路 3。每个支路包括一个输入信号监视器、一套控制法则和一个通道交叉监视器以及一个主飞行计算机输出选择器。主飞行计算机有两种工作方式:正常方式和辅助方式。主飞行计算机自动选择自己的工作方式。在正常方式下,主飞行计算机的全部功能均能正常工作。当主飞行计算机监测到大气数据/惯性基准组件或辅助姿态/大气数据基准组件中的数据丢失了重要的大气和姿态传感器的数据时,则自动选择辅助方式。辅助方式是一种降级工作方式,仅能实现特定的功能。

如图 7-3 所示,主飞行计算机的每个支路分别由处理器模块和输入/输出模块以及电源模块组成。该集成电路所提供的功能有通信接口、处理器控制以及监控和表决逻辑。

处理器模块的功能都是相同的,但每个支路的处理器是非相似的,包括相关的控制及任意逻辑、定时器、在线监控器、存储器和支路内部的通信接口。

输入/输出模块控制 ARINC 629 总线与处理器之间的数据流,包括 3 个总线终端,其中 2 个只用于接收,1 个作为发送/接收器,这些终端借助串行接口模块与 ARINC 629 总线通信。该模块还提供几个闭锁装置,以保证在该支路发生故障时,隔断发送/接收终端。

电源模块是一种开关电源,由飞机的 28 V 直流电源供电,提供+5 V,+15 V 及-15 V 直流电,并且具有在外部电源中断时保持供电的能力。电源本身有自监控和保护功能。

从功能上来看,每个支路都包含 1 个输入信号监视器、1 套控制算法和 1 个交叉通道监视

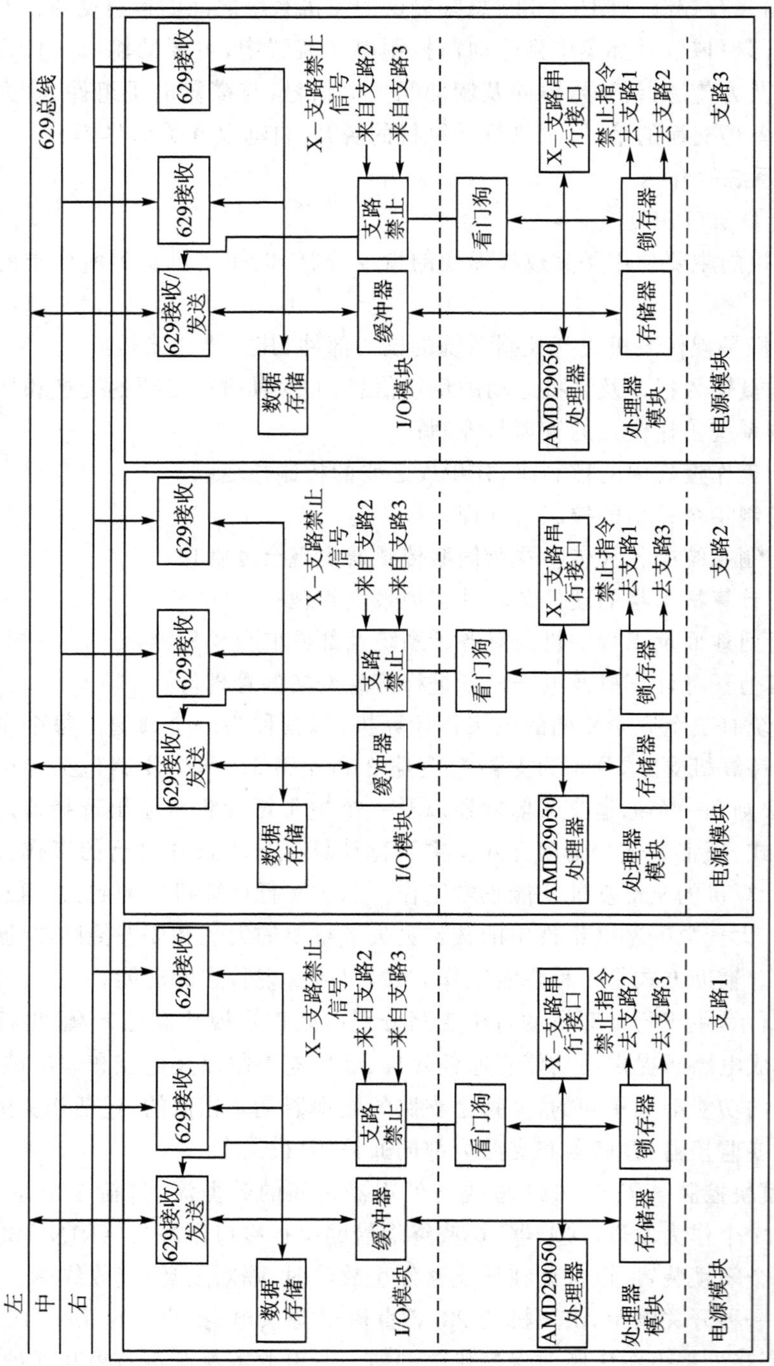

图 7−3 波音777主飞行计算机的组成

器以及 1 个主飞行计算机输出选择器，如图 7－4 所示。

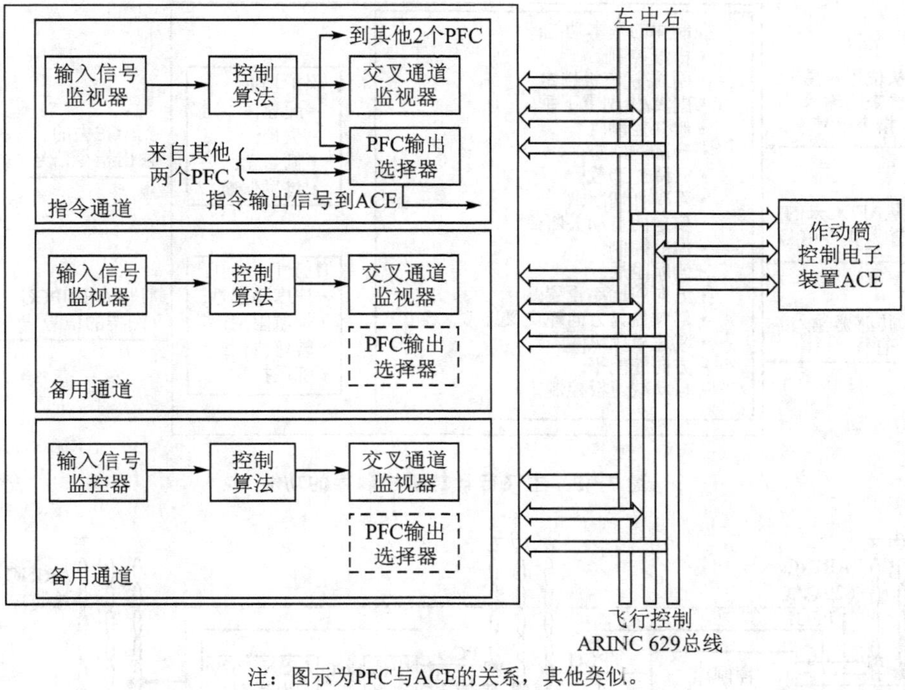

图 7－4　波音 777 主飞行计算机的工作流程

每个通道从位于驾驶舱中的机长和副驾驶员的杆位移传感器中获得输入信号。每个通道的输入信号监控功能，可以利用中值表决方法，从三余度信号（如俯仰指令和滚转指令）中选用中值信号作为输入信号；利用平均值的方法，从两余度信号中求取输出信号（如脚蹬、减速板信号）。输入信号监控功能利用平均的方法将机长一侧的信号与副驾驶员一侧的信号进行平均，并将此信号输入到每个独立执行的软件中（即在每个支路中使用相同的输入数据）。

主飞行计算机控制律的主要功能如图 7－5 所示。

每个通道都有 1 套相同的控制律来计算关键的输出参数，并将它们传送到指定的 ARINC 629 总线上。每个指令支路使用自己的数据，并接收来自其他 2 个主飞行计算机对应的数据，然后通过中值表决方法选择最后的输出信号，并将其传送到相应的 ARINC 629 总线上，供作动筒控制电子装置使用，如图 7－6 所示。

通道交叉监视器对 3 个通道产生的推荐指令输出信号的有效性进行检查。如果某个通道交叉监视器发现了一个通道故障，则它将暂时中止该通道的数据在飞行控制 ARINC 629 总线上传输，并使该失效通道重新工作 4 次，如果此时该通道仍不能无故障运行，则监视器就会锁定这个失效通道，使它不再工作。

如果指令支路失效，则通道交叉监视器将之切断，并令备用支路执行指令支路的功能。如

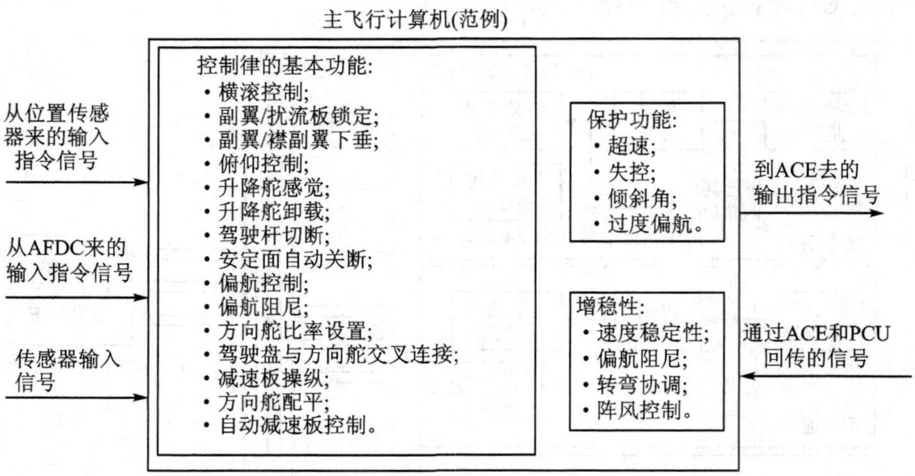

图 7-5　主飞行计算机控制律的功能

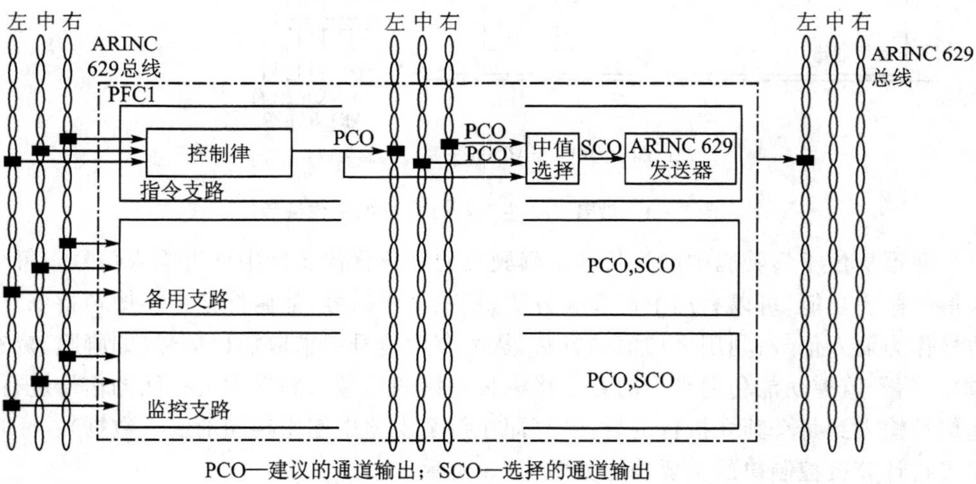

图 7-6　主飞行计算机输出关键指令的生成

果备用支路也有问题,则这台主飞行计算机将被中断。

在每个主飞行计算机中,各支路都是同步工作的,并使用相同的输入数据进行飞行控制律的计算。支路工作均采用简单的监控表决算法。为了增强系统对外部共态干扰的抵抗能力,3个通道以异步方式工作。

在通道级别上采用多级表决方式。第一级,每个支路依靠自监控和在线监控来确认硬件的正确性。当硬件故障被识别时,便直接断开其 ARINC 629 发送终端。第二级,执行支路余度管理功能。备用支路和监控支路计算关键输出参数,并将其与指令支路的输出相比较。倘若结果不一致，则对指令支路产生一个禁止信号，断开其 ARINC 629 发送器。

3 套主飞行计算机提供了飞机上的总共 9 个支路，当没有故障时，通道的有效性表示为 3－3－3的通道构型；当 1 部主飞行计算机有 1 个支路失效时，该通道的有效性为 2；如果存在第 2 支路故障或全部 3 个支路都故障时，主飞行计算机关闭。

2) 作动筒控制电子装置(ACE)

作动筒控制电子装置是一个信号变换器，并且实现电传操纵系统的直接操纵方式，如图 7－7所示，其主要功能包括：

① 模拟/数字转换器；

② 数字/模拟转换器；

③ 直接操纵方式选择逻辑；

④ 直接操纵方式的指令计算；

⑤ 对动力控制组件(PCU)实现闭环控制。

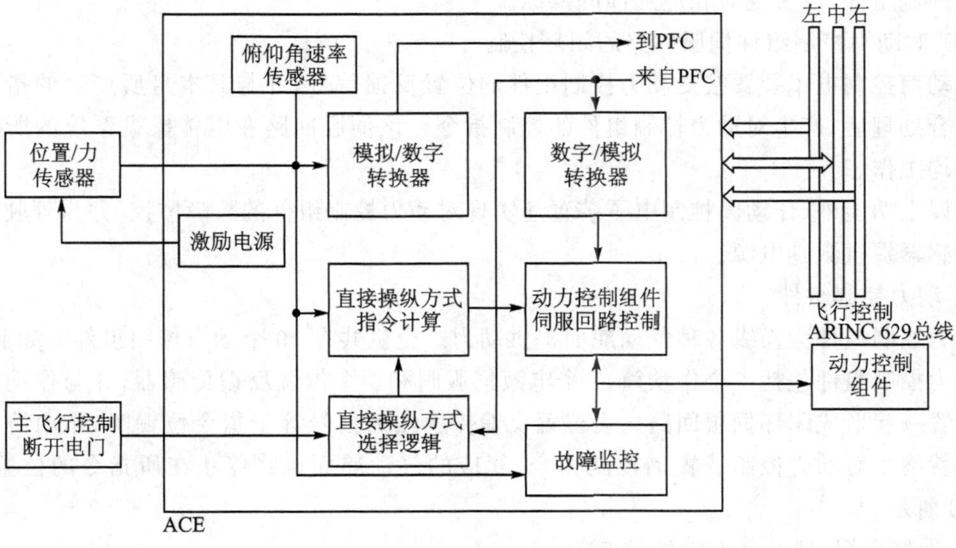

图 7－7 作动筒控制电子装置(ACE)

(a) 模拟/数字转换器

来自座舱中杆位移传感器的模拟信号输入到作动筒控制电子装置中，并将其转换为数字量。发送模拟信号的传感器主要有操纵盘、操纵杆、方向舵脚蹬板和减速板手柄。此外，用于直接操纵方式控制律计算的俯仰角速率传感器所产生的模拟输入信号也送入模拟/数字转换器，转换为数字信号，并传给主飞行计算机，为电传操纵系统次要工作模式提供信号。

(b) 数字/模拟转换器

来自 ARINC 629 总线的数字信号被送到数字/模拟转换器中，将其转换成模拟信号，并被发送到动力控制组件的不同伺服控制回路来操纵不同的气动舵面。

(c) 直接操纵方式选择逻辑

直接操纵方式是驾驶员不通过主飞行计算机,而直接通过作动筒控制电子装置来控制动力控制组件,以操纵气动舵面的一种操纵方式。驾驶员可以通过手动断开主飞行计算机的开关来将作动筒控制电子装置的操作方式转换为直接操纵方式。此外,当不能得到3个飞行控制总线上的数据或者当内部监控器发现故障时,主飞行计算机将自动转换为直接方式的指令,而作动筒控制电子装置内部的控制逻辑将执行这些指令,实现直接控制。

(d) 直接操纵方式的指令计算

在直接操纵方式下,为了使俯仰通道具有一定的操纵品质,利用俯仰角速率传感器测量的飞机俯仰角速率作为反馈信号构成增稳系统,依据驾驶盘的输入信号,按照给定的控制律产生相应的指令信号,直接控制动力控制组件实现对升降舵的操纵。

对于偏航和滚转通道,则依据驾驶员的操纵信号,通过一定的处理,直接产生控制指令送往动力控制组件,以实现对相应舵面的操纵。

(e) 对动力控制组件伺服回路的闭环控制

作动筒控制电子装置接受动力控制组件的位置反馈信号,并与其本身所产生的指令信号进行综合处理后,产生对动力控制组件的控制指令。该伺服回路在电传操纵系统的所有工作方式下均工作。

除以上功能外,作动筒控制电子装置还实现对动力控制组件的故障监控,并为驾驶舱中的杆力传感器提供激励电源。

3) 动力控制组件

动力控制组件为操纵各种气动舵面提供动力。全机共有29个动力控制组件。如前所述,每个动力控制组件包括1个作动筒、1个电液伺服阀和1个位置反馈传感器,并与作动筒控制电子装置一起形成闭环伺服回路。当位置反馈传感器的信号等于指令位置时,作动筒控制电子装置就终止对动力控制装置的控制指令,相应的气动舵面也将停止在所指令的位置上,如图7-8所示。

4) 大气数据/惯性基准组件(ADIRU)

电传操纵系统的主要信号源是大气数据/惯性基准组件。它由余度的静压、全压模块、环形激光陀螺、加速计和处理器组成,具有容错能力。备用的辅助姿态/大气数据基准组件(SAARU)为电传操纵系统提供信息备份。

5) 飞机信息管理系统(AIMS)

飞机信息管理系统综合实现某些功能。对飞机主飞行操纵系统来说,它提供了座舱显示接口,同时也可实现与未连接到飞行关键总线上的其他飞机系统交换信息。

6) 电源及能源

电源及能源是带有备份的三余度设备。供给电传操纵系统的电源与飞机的主电源是隔离

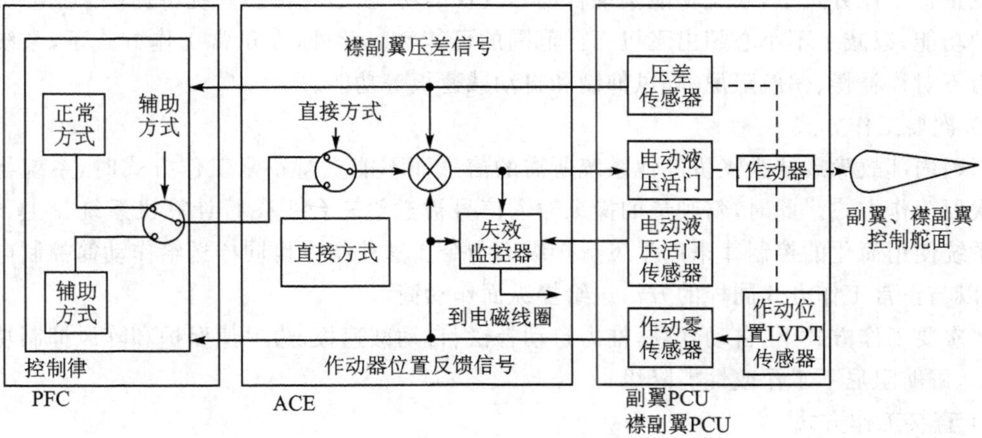

图 7-8　ACE 伺服回路功能简图

的，并由飞行操纵系统组件管理。

(3) 电传操纵系统的工作方式

电传操纵系统有四种工作方式：正常工作方式、次要工作方式、直接工作方式和备用工作方式，如图 7-9 所示。

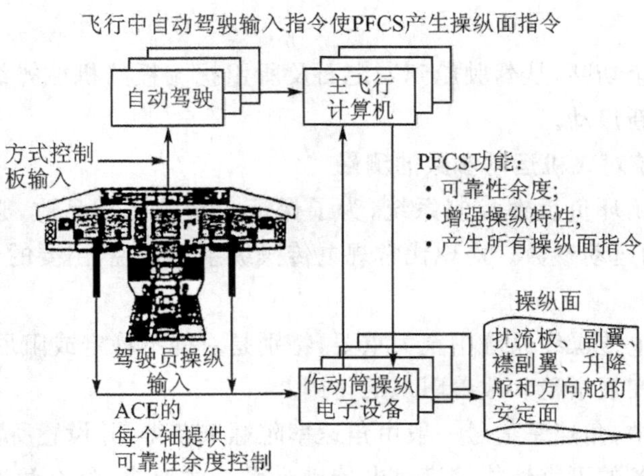

图 7-9　电传操纵系统的工作方式

1）正常工作方式

在进行人工飞行时，正常工作方式的作动筒控制电子装置接收驾驶员的操纵输入信号，并把这些信号送给三台主飞行计算机系统，利用这些信号和来自其他飞机系统的有关信息，按照设计的控制律计算出操纵面指令。这些指令又被送到作动筒控制电子装置，之后又被传送给相应的操纵面作动筒。

在正常工作方式下，系统将能实现自动驾驶仪的功能，边界保护系统将提供某些参数的自动保护功能，以减小不小心超出飞机飞行范围的可能性。此外，在正常工作方式下，系统还具有推力不对称补偿、偏航阻尼、阵风抑制和自动减速板等功能。

2) 次要工作方式

当因内部故障或缺少飞机其他系统所需的信息而不能支持正常工作方式时，系统将自动转到次要工作方式。此时，驾驶员的操纵输入信号被送给三台主飞行计算机系统。主飞行计算机系统使用简化的控制律来产生飞行操纵面指令。这些指令也同样送给作动筒控制电子装置，并以与正常工作方式同样的方法送给操纵面作动筒。

在次要工作方式下，自动驾驶，推力自动补偿、自动减速板、边界值保护和阵风抑制功能不能工作，偏航阻尼不工作或性能降级。

3) 直接工作方式

当作动筒控制电子装置发现三台主飞行计算机的信号联系中断后，便自动转到直接工作方式。也可以人工选择(即把主飞行计算机电门断开)直接工作方式。在该种工作方式下，主飞行计算机不再产生操纵面指令。作动筒控制电子装置接收驾驶员的输入信号后直接送给操纵面作动筒。但直接工作方式仍可提供飞机继续安全飞行和着陆的所有操纵，但飞机的飞行品质降低。在俯仰回路中，由于在作动筒控制电子装置中含有俯仰角速率陀螺，因此，仍然可以形成俯仰闭环增稳回路。

4) 备用工作方式

万一电气系统完全切断，从驾驶舱到安定面及所用扰流板的机械操纵仍可使驾驶员操纵飞机直至电气系统重新启动。

(4) 电传操纵系统对飞机运动参数的测量

电传操纵系统是闭环负反馈控制系统，为了保证一定的飞行品质，必须根据控制律的需要，采集与飞机相关的运动参数。对现代常规电传操纵系统来说，主要的传感器有：

1) 角速率传感器

角速率传感器在电传操纵系统中至关重要，特别是对静不稳定或阻尼特性差的飞机，通常采用角速率反馈信号实现增稳和改善阻尼的作用。

在电传操纵系统中，角速率信号一般由角速率陀螺来获得，并设置所需要的余度等级。如果机载的惯性导航设备的可靠性能够满足电传操纵系统的要求，那么角速率信号可直接从机载惯性导航系统中采集。但是，如果机载惯性导航系统的可靠性不能满足电传操纵系统的可靠性要求，为了保证电传操纵系统较高的可靠性，常常需要单独选用角速率陀螺来采集飞机三轴角速率的信号，并按照可靠性要求设置相应的余度等级。

在配置沿三个轴的角速率陀螺时，必须合理选择角速率陀螺的下述主要技术指标：

① 测量范围。测量范围是重要的性能指标。测量范围应根据各个轴的特性分别选取，但不要将测量范围选得过大。测量范围越大，灵敏度就越低，过大的量程常会使系统的稳定性变

差。通常，俯仰角速率陀螺的测量范围为±60～100 (°)/s，航向角速率陀螺的测量范围为 30～60 (°)/s，滚转角速率的测量范围要大些，通常可达 300～400 (°)/s。

② 灵敏度。灵敏度的大小反映了系统最小角速率的死区范围，过大的死区(或过低的灵敏度)会影响系统的稳定性。通常，电传操纵系统使用的角速率陀螺的非灵敏度应小于 0.01～0.005 (°)/s。

③ 动态响应特性。角速率陀螺的特性通常可用典型的二阶传递函数描述，因此它的动态特性通常以陀螺的固有频率及阻尼比表示。角速率陀螺固有频率的典型值为 $\omega_n = 40 \sim 50$ Hz，阻尼比 $\xi = 0.5 \sim 1.0$。

④ 有关输入/输出信号线性度和对称性以及相移等方面的要求。

角速率陀螺的种类较多，如框架式角速率陀螺、半液浮及全液浮式角速率陀螺、新型的挠性角速率陀螺等，在应用时可根据所需性能加以选用。

由于角速率陀螺在电传操纵系统中是关键的测量部件，因此，通常其余度等级与飞行控制计算机及电子部件的等级相同。其余度系统的连接方式有三种，如图 7-10 所示，其中第二种方式在余度传感器之后设置了监控器，其可靠性较高。

对于静不稳定飞机或稳定裕度较低的飞机，当在备份系统中必须要实现增稳或改善增阻时，也需要角速率信号。如果电传操纵系统单独安装了角速率陀螺，并设置了相应的余度等级，那么一般在备份系统中可以不安装备份的角速率陀螺。实际上，角速率陀螺的可靠性比飞行控制系统中的计算机及其他电子部件的可靠性高。当电传操纵系统失效不能工作而进入备份系统时，通常角速度陀螺不会全部失效，因此，继续采用正常系统中的角速度陀螺为备份系统提供角速率信号是可靠的。

2) 迎角及侧滑角(α 和 β)传感器

迎角及侧滑角传感器用来测量飞机的速度矢量与飞机机体轴之间的夹角。在电传操纵系统中，迎角及侧滑角传感器也是极为重要的、不可缺少的传感器。

迎角传感器有两大类：风标式和压差式。

风标式迎角传感器的模型比较复杂，参数与飞行状态的关系极大，并且风标轴也有摩擦非线性，使用时局部容易损坏。风标式迎角传感器可近似使用二阶传递函数 $\dfrac{\omega_n^2(\alpha,h)}{s^2+2\xi\omega_n s+\omega_n^2}$ 来描述，其中固有频率 ω_n 与动压 Q 成正比，在低速范围 300～500 km/h 内，ω_n 近似为 5～10 Hz，$\xi>1.5$，在高空高速时可不考虑 ω_n 的滞后。当使用尖劈形截面的风标时，由于后面有涡流，所以要用一阶滤波器 $\dfrac{1}{Ts+1}$ 滤除高频气动力，通常 $T=0.1 \sim 0.3$ s。

现代飞机上多采用新型的压差式迎角传感器。压差式迎角传感器的精度较高，局部迎角的测量精度可达 0.2°～0.5°。使用时需用带机头的模型在风洞中进行实验，得到迎角与局部迎角的关系(即修正系数，其值为局部迎角与真实迎角之比)，这种关系是高度和 Ma 的函数。

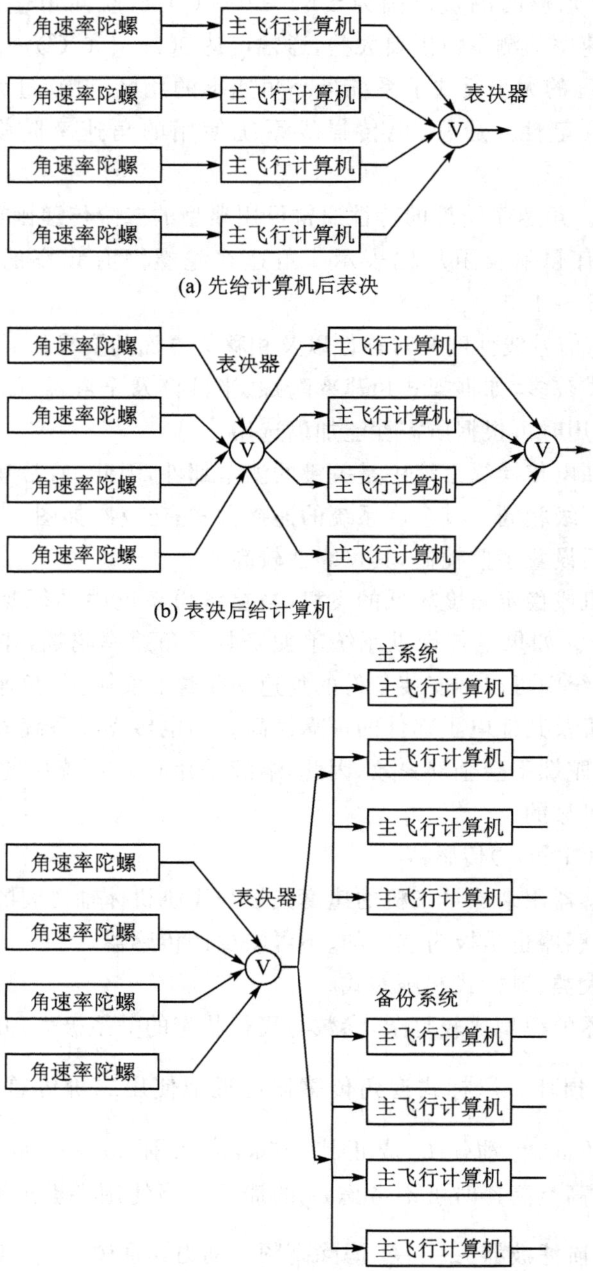

(c) 表决后给主、备份系统

图 7-10 角速率陀螺余度系统的三种接法

压差式迎角传感器的动态特性近似可用传递函数 $\dfrac{T_1 s+1}{(T_2 s+1)(T_3 s+1)}$ 表示。

由于压差式迎角传感器的气流是通过空速管引入的，因此在使用时应注意考虑空速管所产生的时间延迟 τ，通常 τ 的最大值为 0.2～ 0.4 s。τ 将随飞行状态而变化，同时也受空速管道的长度和体积的影响。而风标式传感器则没有这种传输延迟。

迎角传感器具有以下主要技术指标：

① 迎角的测量范围。通常为－10°～50°（局部迎角）。

② 灵敏度。通常要求小于 0.1°～0.2°。

③ 非线性度。通常要求小于全量程的 2%。

④ 动态响应。其频带要求不低于 6～10 Hz。

此外，还应对余度配置、多余度信号输出不一致性以及安装提出一定的要求。

迎角（侧滑角）传感器也是电传操纵系统中的重要传感器，通常其余度等级与主飞行计算机及电子部件的余度配置一致。但考虑到迎角传感器的具体安装问题，对 4 余度主飞行计算机，常采用迎角传感器探头 3 余度、电气 4 余度的方案，如图 7－11 所示，即探头采取左、中、右配置，每个探头内部均配置电气 4 余度的信号转换，上述 3 余度探头及其所对应的 12 个电气信号，依次向 4 余度主飞行计算机传送信号，从而形成每台主飞行计算机接收 3 个电气余度的迎角输入信号。

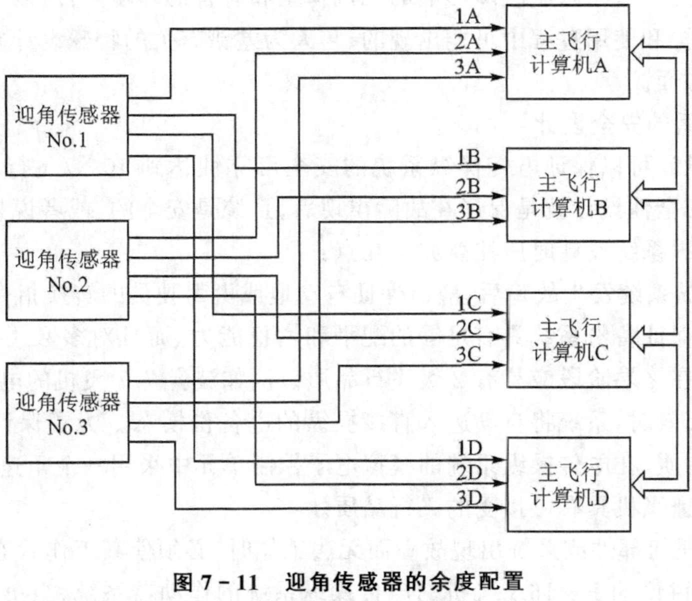

图 7－11　迎角传感器的余度配置

3）过载传感器

电传操纵系统广泛采用法向和侧向加速度计作为反馈传感器，在某些系统（如综合飞行/

推力控制系统等)中,还会使用轴向加速度计。

加速度计的动态特性通常可用二阶振荡环节表示,其阻尼比可取 $\xi=0.5\sim0.6$,固有频率 ω_n 较高,可达 100 Hz。由于 ω_n 较高,所以通常在分析系统稳定性时可以不考虑其动态特性,但在研究气动弹性时则应考虑它的影响。在使用加速度计时应采用滤波器滤除高频波,通常选取惯性环节,其时间常数通常取为 0.1~ 0.5 s,该环节不仅滤除高频振荡,同时也会影响系统的动态性能。

加速度计的主要技术指标要求如下:

① 测量范围。通常要求三轴加速度计的测量范围分别为 $n_x=-2g\sim2g$,$n_y=-3g\sim3g$,$n_z=-5g\sim10g$。

② 灵敏度。在用于飞行控制系统时,其灵敏度应小于 $0.001g$。

③ 非线性度。应小于全量程的1%。

④ 零位输出。应小于 $0.01g$。

⑤ 动态特性。通常要求阻尼比在 $\xi=0.5\sim0.8$ 之间,固有频率应大于 50 Hz。

此外,也应对余度配置、多余度输出的一致性以及安装等提出一定的要求。

(5) 电传操纵系统的安全性

电传操纵系统的安全性是指所研制的系统具有最低的固有危险性。系统的安全性规划必须从一个电传操纵系统的方案酝酿阶段开始。规划开始时就应确定与操纵要求相一致的总体设计准则,然后确定一些与限制故障影响的飞机构型和有害的环境条件,以及在生产、试验、安装、运输、检查、维护和使用过程中可能出现的、与人为差错有关的特殊设计要求。设计准则包括下列四个主要方面。

1) 故障出现后的安全设计

尽管可靠性设计可以保证电传操纵系统的安全可靠性达到 10^{-7}/飞行小时,但是绝对可靠是不可能的。安全性设计就是保证在故障出现后,系统是安全的,或者说是故障安全的。为此,在进行电传操纵系统设计时应注意如下几点:

① 在电传操纵系统发生故障后,应能保证自动地或由驾驶员的转换指令接通任何所要求的备份系统,并应保证备份系统具有足够的配平和增稳能力,而且对多数飞行状态来说,飞行品质是可接受的,在终端阶段应具有2级飞行品质。例如波音777飞机的电传操纵系统,当主飞行计算机完全失效时,系统将自动进入直接操纵的电备份模态。为了保证该模态的飞机具有可接受的飞行品质,在电传操纵系统的模拟电子控制单元中采用一个角速率陀螺,形成小闭环控制系统,以保证飞机具有可接受的飞行品质。

② 当系统的任何部件或系统出现故障而无法工作时,必须使其工作状态自动转换为安全状态。例如,前述讨论的F—16A飞机的电传操纵系统的作动器系统,当第二个故障出现后,为了安全起见,把舵面自动回中,这种状态对飞机是最安全的。

③ 必须保证在进行故障通道切换时不引起超过规范规定的转换瞬态。因此,在进行系统

设计时，对转换瞬态应采取必要的抑制措施。

④ 在进行系统设计时应注意，一个部件的故障不应对其他部件，特别是关键部件产生有害的影响。

⑤ 在出现故障时，应保证任何不能被切断的故障不会严重影响飞机的安全返航和着陆。

2）对意外损伤的系统安全性设计

军用飞机的战斗损伤是常见的，为了提高在战斗损伤后飞行操纵系统的安全性，通常应注意如下几点：

① 把故障隔离在单个控制回路内，以保证万一出现故障时，通道能够按轴生存。

② 对飞行安全来讲是关键部件的，如角速率传感器、加速度计以及其他传感器，应分开和隔离。

③ 在进行系统设计时要避免形成单点故障。在余度系统里，电子装置应按通道分组。

3）提高驾驶员操纵及维修的安全性设计

内容包括：

① 驾驶员在各种飞行状态下，对影响飞行安全的各种操纵机构的设计都应注意它的安全性，以防止人为的操纵错误影响到飞机的安全性。

② 通过各通道的不同编码以及采用非相似的电气连接器或带不同开关的连接器布局，而使影响系统工作的人为误差减到最小。

总之，采用各种不同的重构方案可提高系统安全性。在进行电传操纵系统设计时，除了考虑系统可靠性设计之外，还必须进行仔细的成本核算，以保证系统具有一定的安全性，即保证系统具有最低的固有危险性。

(6) 电传操纵系统的特点

电传操纵系统是在控制增稳系统基础上发展而来的，它除了具有控制增稳系统的功能外，还可以克服机械操纵系统存在的一系列缺点，并充分展示其如下优越性：

① 由于指令回路和增稳回路都是电子式的，因此电传操纵系统中能够选择的参数比控制增稳系统的要多，且操纵功能可以设计得比较完善。在杆力特性、非线性传动比、随大气参数的调参和自动配平等多种控制功能方面都比机械操纵系统易于实现。电传操纵系统能提供全时、全权限操纵，在整个飞行阶段内提供满意的稳定性和操纵性，尤其为实现随控布局(Control Configured Vehicle，CCV)多舵面协调控制提供了较好的灵活性。

② 易于改善飞机的操纵品质，对飞机结构变化的影响不敏感。

③ 使用电传操纵系统可显著减轻操纵系统的质量和体积。

④ 提高战场生存能力。由于采用余度技术，其总线(导线)可在机翼和机身内部分散安排，所以在战场生存可能性和安全可靠性方面，电传操纵系统胜过机械操纵系统。

⑤ 消除机械操纵系统中非线性因素的影响。使用电传操纵系统消除了诸如摩擦、间隙和迟滞等机械系统的非线性因素，因此容易调整飞机的响应与杆力的函数关系，使其在所有飞行

状态下满足要求,也可改善精确微小信号的操纵。

⑥ 简化控制增稳系统,容易与自动飞行控制系统相耦合。因为电气组合简单,所以电传操纵系统与自动着陆系统、武器投放系统等自动控制系统的综合比较方便,易于实现。

⑦ 节约设计安装时间,便于调试。

除此以外,更为重要是,采用电传操纵系统将为实现其他一些控制功能奠定基础,并为解决现代高性能飞机操纵与稳定中的许多问题提供有效的手段。

2. 电传操纵系统存在的问题

尽管电传操纵系统具有许多优点,但也存在一些急需解决的问题。

(1) 成本较高

全时、全权限的电传操纵系统必须具有相当于机械操纵系统的可靠性,而要达到这种要求需要付出极高的代价。如若采用余度系统提高系统的可靠性,则因技术复杂,所以成本较高。

(2) 系统易受雷击和电磁脉冲的干扰

由于电传操纵系统的主要核心部件是电子部件,特别是数字部件,而且随着复合材料在飞机结构中所占的比重越来越大,这些材料与金属材料相比,电磁屏蔽能力相当小,导致电传操纵系统对电磁干扰和雷击的防护性能降低,因此,电传操纵系统易受雷电和周围环境电磁干扰的影响。所以,解决防雷电和电磁相容性问题成为了电传操纵系统设计中的重要问题。

正是由于电传操纵系统极易受电磁干扰和雷电冲击的影响,因此在发展电传操纵系统的同时,又进一步开展了光传操纵(Fly-By-Light,FBL)系统的研究。光传操纵系统即为采用光纤传输信号的系统。

目前,世界各国已将电传操纵系统作为一个基本的主操纵系统,在此基础上只要再增加一些其他功能,就可(常常)在随控布局飞机上实现主动控制的各项功能。

7.2 主动控制技术

7.2.1 概　述

1. 主动控制技术的概念

从飞机设计的角度出发,所谓主动控制技术(Active Control Technology,ACT)就是在飞机设计的初始阶段就考虑到电传操纵系统对总体设计的要求,从而充分发挥飞行控制系统功能的一种飞机设计技术。

传统的飞机设计过程如图 7-12 所示,在进行总体布局设计时,主要考虑气动力、结构和发动机三大因素,并在它们之间进行折中以满足飞机的技术要求。

应用这种方法设计飞机,为了获得某一方面的性能优势,常常在其他方面做出让步和牺

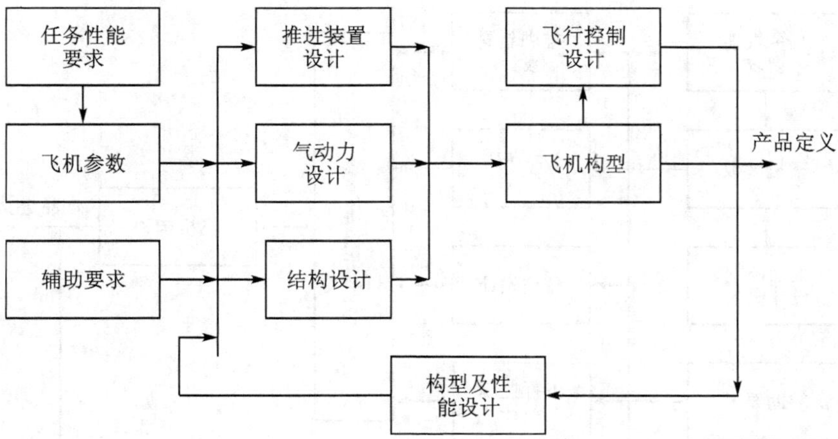

图 7-12　传统的飞机设计过程

性。一般来说，这种飞机本身必须是稳定可飞的。在采用常规方法设计的飞机上加入的飞行控制系统，充其量只能用飞机提供的操纵面来提供必要的控制，它仅能对驾驶员的操纵或飞机的性能提供部分的改善，而无根本性的提高。而在采用这种方法设计的飞机上，飞行控制系统只处于被动地位，其基本功能是辅助驾驶员对飞机进行姿态和航迹控制，而对飞机的构型设计无直接影响。

按照传统的方法设计飞机，常常在飞机的上述三大要素的设计中产生矛盾且难以克服，从而限制了飞机性能的提高。例如，为了提供足够的升力以提高飞机的机动性，要求采用较大面积的机翼和平尾，结果使得飞机的质量和阻力增加，为此又要求采用更大推重比的发动机。增加推力，发动机的质量必然增加，这样飞机的质量又进一步增加，反过来又会影响飞机的升限和机动性，从而限制飞机性能的进一步提高。

主动控制技术则改变了这一传统的设计方法，把飞行控制系统（电传操纵系统）提高到与上述三大因素并驾齐驱的地位，成为选型必须考虑的四大因素之一。按照这种思想进行飞机设计的过程如图 7-13 所示，即在飞机设计的初始阶段根据对飞机的性能要求，就综合考虑飞行控制、气动力、结构及发动机的设计和选型，并通过充分发挥飞行控制的主动性和潜力，协调和解决所产生的矛盾，使飞机具有所希望的最佳性能。由此可见，飞行控制在飞机的总体设计中，由原来的被动地位转变为主动地位，因而人们将其称为主动控制技术。

过去还把这种飞机设计技术称为随控布局。但目前广泛采用的说法是主动控制技术，而随控布局仅是主动控制技术在飞机设计中的具体应用。

从飞行控制角度来说，主动控制技术也是在各种飞行状态下，通过飞行控制系统使作用在飞机上的气动力按照需要变化，从而使飞机性能达到最佳，并使成本和使用费用降低的一种飞行控制技术。

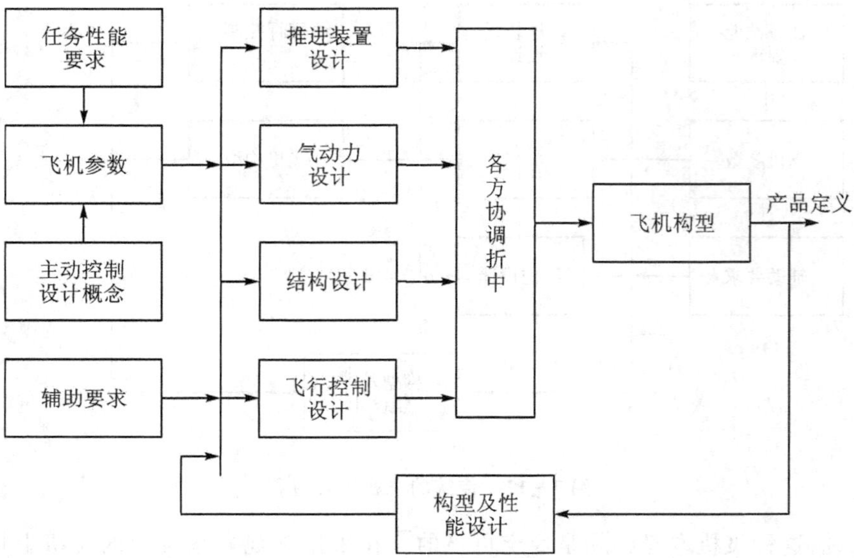

图7-13 采用主动控制技术的飞机设计过程

2. 主动控制技术的发展

主动控制技术是20世纪60年代中期首先在美国发展起来的一种飞机设计技术。60年代中期,美国空军的战略思想发生了重要变化,从原来的"要导弹不要飞机",变为要发展机动性好的"空中优势"战斗机,并且认为要使战斗机的机动性有更大的改善,当前最有希望的突破口就是主动控制技术。此外,从20世纪50年代后期开始,现代自动控制理论和计算机技术的迅速发展也为主动控制技术的发展奠定了基础。近几十年中,空气动力学发展得也很快,出现了许多新的飞机气动布局方案,经过试验,对这些新布局飞机的特性也有了深入的了解,这些都为主动控制技术在飞机设计中的应用创造了条件。

在上述需求和技术条件的基础上,从20世纪70年代开始,世界许多航空工业发达国家都相继开展了主动控制技术的验证工作。美国在发展主动控制技术方面一直处于领先地位,相继利用B—52,C—5A,F4,F—8c,YF—16和A—7等飞机作为电传操纵系统和主动控制技术的试验机,从1978到1987年进一步开展了先进战斗机技术综合验证的AFTI/F—16计划,与此同时还开展了X—29前掠翼的验证计划,研究主动控制技术在未来先进战斗机上综合应用的前景。此外,英国的"美洲虎"和德国的F—104G等飞机也进行了ACT技术验证。英国、德国、意大利三国还联合开展了"试验机计划EAP"飞机的ACT技术验证。日本在20世纪80年代初也利用T—2先进教练机开展了主动控制技术的论证。法国在"幻影"2000及4000战斗机上,也采用电传操纵系统试验主动控制功能。

在广泛试验和验证的基础上,从20世纪70年代末开始,主动控制技术已广泛用于某些飞机上。美国在 F—16A/B 及 F—18 等飞机上均应用了主动控制技术，瑞典研究的 JAS—39 飞机也直接实现了某些主动控制功能。而 20 世纪 80 年代之后研制的军用飞机，几乎都实现了不同程度的主动控制功能。不仅如此，从 1986 年 A320 客机投入运营开始，民用客机也开始采用电传操纵系统和主动控制技术。1995 年开始投入航线运营的波音 777 飞机也是采用电传操纵系统和主动控制技术的先进的民用客机。

我国从 1978 年开始，不仅对 ACT 技术进行了理论方法方面的研究，而且完成了验证机的试飞验证，取得了可喜的成果。

3. 主动控制技术的主要功能

目前，在飞机上可实现的主动控制功能主要包括如下各项：

① 放宽静稳定性(Relaxed Static Stability，RSS)；

② 直接力控制(Direct Force Control，DFC)；

③ 机动载荷控制(Maneuvering Load Control，MLC)；

④ 阵风减缓(Gust Load Alleviation，GLA)；

⑤ 乘坐品质控制(Ride Quality Control，RQC 或 RC)；

⑥ 主动颤振抑制(Flutter Mode Control，FMC)。

按照主动控制技术设计的飞机，通常都具有下述特点：

① 这种飞机是放宽静稳定的或本身就是静不稳定的，需要通过控制增稳来实现人工稳定和保证飞机具有所期望的飞行品质。

② 为了实现上述各种机动，飞机都要采用电传操纵系统，电传操纵系统是实现各种主动控制功能的基础。

③ 从气动布局来讲，主动控制飞机均采用多个操纵面，除了三个常规的主操纵面外，通常还采用一些辅助操纵面，如鸭翼、襟翼、扰流片以及推力矢量，并且任何一个操纵面都不是单独使用，而是组合应用的，这种工作方式使得飞行控制律变得更为复杂。

④ 主动控制飞机的驾驶舱布局和仪表显示也与普通飞机的不同，为了便于驾驶员实现非常规机动，常为驾驶员提供新型操纵，例如侧杆控制器。由于飞机可实现姿态解耦及力和力矩的控制能力，而驾驶员难以通过对外部的简单观察来判断航迹，因此，需要采用新型的综合仪表进行显示。为了达到三轴的高过载能力，要求座舱是抗高过载座舱。

7.2.2 放宽静稳定性

1. 飞机的稳定性、操纵性和机动性

(1) 稳定性

飞机的稳定性是指在飞机受到外界干扰(如阵风)作用的情况下，当干扰作用消除后驾驶员不进行任何操纵，自动恢复到原始平衡状态的能力。按照飞机受扰后初始反应的趋势和扰

动运动的全过程以及最终是否恢复原始飞行状态，又把稳定性分为静稳定性和动稳定性两种概念。

静稳定性是指在扰动停止后的最初瞬间，飞机具有回到原始状态的趋势。具体又分为三种情况：

① 静稳定(或具有静稳定性)。具有恢复原始状态的趋势。

② 静不稳定。不但不回到原始状态，而且还有发散的趋势。

③ 静中性稳定。停留在受扰动后的状态。

动稳定性是指在扰动停止后，飞机自动恢复到原始平衡状态的能力。具体也可分为以下三种情况：

① 动稳定。飞机受扰后的运动为减幅振荡(阻尼振荡)，或为单调(非周期)衰减运动。

② 动不稳定。飞机受扰后的运动为增幅振荡(发散振荡)，或为单调(非周期)发散运动。

③ 动中性稳定。飞机受扰后的运动为等幅振荡(简谐振荡)，或保持受扰状态。

飞机的静、动稳定性是在一定条件下产生的，对于具体的飞机来讲，稳定性是唯一的。

(2) 操纵性

飞机的操纵性是指飞机按照驾驶员的意愿，通过一定机构改变飞机飞行状态的能力。在飞行力学中，将飞机的操纵性分为静操纵性和动操纵性。从控制理论的角度出发，当把飞机作为一个动态环节时，静操纵性即为该环节的稳态值，动操纵性则为该环节的频带宽度及谐振峰值的大小。

综上所述，静操纵性反映了飞机在稳态时的操纵效能，而动操纵性则反映了飞机在调节过程方面的品质。

(3) 机动性

机动性是飞机的一种品质，它体现驾驶员为了改变飞机的飞行状态(速度、高度等)而给出的操纵量(驾驶力和驾驶位移)及相应的飞机的反应特性。

2. 放宽静稳定性的原理

所谓放宽静稳定性(RSS)就是对飞机静稳定度的要求放宽了，特意把飞机的静稳定性设计得小于常规的要求值，甚至设计成静不稳定，即焦点靠近重心，或与重心重合，甚至移到重心之前。通常可采用减小平尾面积或采用鸭式布局而使飞机焦点前移的方法来实现放宽静稳定性的要求。这样的飞机在受扰动或做机动飞行时会出现稳定性不足或不稳定的现象。因此，必须用自动控制的方法加以补偿。

放宽静稳定性包括纵向和航向两种类型，两者的基本原理相同，下面重点介绍放宽纵向静稳定性。

如前所述，飞机的纵向静稳定性用纵向静稳定度 S_m 来度量。这一概念可以理解为在给定的马赫数 Ma 条件下，飞机的气动焦点与重心在平均气动弦上的相对位置之差，即

$$S_m = \bar{x}_{ac} - \bar{x}_{cg} \tag{7-1}$$

当 $S_m > 0$ 时，飞机是静稳定的；当 $S_m = 0$ 时，飞机是中立稳定的；当 $S_m < 0$ 时，飞机是静不稳定的。在常规飞机设计中，要求飞机具有一定的自然稳定性和操纵性，所以对纵向静稳定度也相应有一定的要求。若纵向静稳定度太大，则操纵费力，飞机的机动性差；若纵向静稳定度太小，则飞机又过于灵敏。根据经验，在亚声速飞行时，轻型战斗机的最佳静稳定度 S_m 一般在 3%～5%(0.03～0.05)之间；重型轰炸机和运输机的静稳定度的绝对值应为 $|S_m| \geqslant 10\%$。

图 7-14(a)表示常规飞机，其重心始终位于气动焦点之前。为了保证飞机所必需的静稳定性，重心位置与气动焦点之间的最小距离应满足一定要求，即在 $S_m = \bar{x}_{ac} - \bar{x}_{cg}$ 所允许的范围内，机翼升力所产生的负俯仰力矩 M_L，必须由因平尾上偏而产生的向下的升力 L_p 所形成的正俯仰力矩 M_{pm} 来平衡。

当飞机做超声速飞行时，由于气动焦点将大幅度地后移，因此，纵向静稳定度 S_m 的数值可能将增大 3～4 倍，因而产生很大的稳定裕度，即形成很大的负俯仰力矩，这样就要求平尾提供更大的正俯仰力矩来配平，因而导致平尾面积需要增加，且平尾的配平偏度要随着高度的增加而增大。通常情况下，当战斗机在升限上飞行时，平尾的配平偏度几乎偏转到极限位置，使得可用于机动的平尾偏度大大减小。同时，一方面，由于平尾偏度大，使尾翼的承载加大，尾翼的结构质量也相应增加；另一方面，机翼的升力除了要与飞机质量相平衡外，还要平衡尾翼的负向升力，因而使得总升力减少，操纵性变差。为了保持飞机的机动性，要求机翼产生更大的升力，相应的迎角也要加大，由此产生的诱导阻力也会大大增加，导致飞机的升阻比显著减小，这种现象对于小展弦比的高性能飞机而言更为突出。因此，有些超声速客机在飞行时，为了减小飞行阻力而采用移动重心的办法来减小配平阻力。飞机的前、后机身各有一个平衡油箱，在做超声速飞行时，向后油箱输油，使飞机重心后移以减小稳定度；在做亚声速飞行时，向前油箱输油，使飞机重心前移以保持稳定，这就要求输油系统必须十分可靠。这些问题的存在不仅给飞机设计带来困难，同时也使飞机的性能降低，因此，提出了采用放宽静稳定性技术来解决上述问题。

图 7-14(b)所示为放宽静稳定性的飞机，从图上可以看到：放宽静稳定性的飞机对静稳定度的要求放宽了，焦点可以很靠近重心，也可以重合，甚至移到飞机重心的前面，使得平尾下

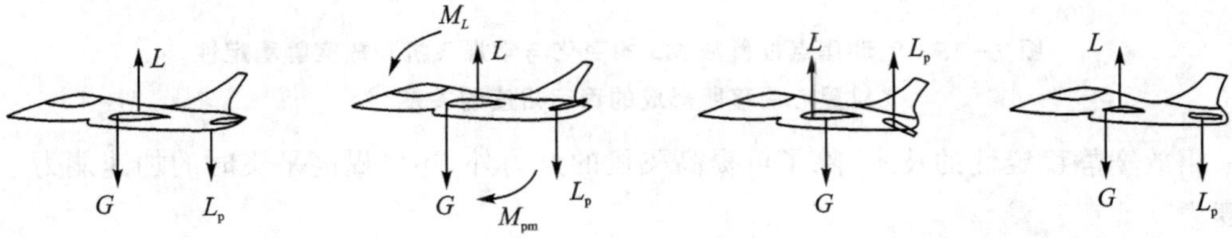

(a) 常规飞机　　(b) 非常规飞机

图 7-14　放宽静稳定性的主动控制飞机与普通飞机的比较

偏产生了向上的附加升力 L_p，从而提高了升阻比。当然，此时飞机的稳定度变得很小或不稳定，在飞行中主要靠主动控制系统(即增稳和控制增稳系统)来自动控制相应舵面，以保证飞机的稳定性。

3. 放宽静稳定性的效益

放宽静稳定性的飞机，在亚声速飞行状态，将飞机设计成静不稳定(例如 $S_m=-0.1$)，焦点移到重心之前；在超声速飞行状态，又设计成静稳定的(例如 $S_m=0.05$)。这样，在做亚声速平飞时，机翼升力造成抬头力矩，要求平尾下偏保持配平状态，总升力为机翼升力与平尾升力之和，机翼升力不再消耗在平衡尾翼升力上，尾翼升力与机翼升力的方向一致，使得全机的升力增加。由此可得到两点益处：一是总升力系数的最大值增加了，升力线斜率也增加了；二是在同一总升力系数静不稳定情况下的迎角小，所以升致阻力小。在超声速飞行状态，因放宽静稳定性的飞机的重心比普通飞机的更靠后，所以具有比普通飞机更小的正稳定裕度；而且，为配平所需的尾翼的向下载荷比普通飞机的要小，这样大大减小了尾翼的尺寸和质量，降低了飞机的质量和阻力，所以超声速状态的飞机也具有较高的升力。

图 7-15 表示了气动焦点位置随 Ma 的变化与常规飞机和放宽静稳定性飞机重心后移所形成的稳定裕度的关系。常规飞机在亚声速状态下具有最小的正稳定裕度，当飞机进入超声速飞行状态时，由于焦点有相当大的后移，因此产生很大的正稳定裕度，即稳定裕度总为正，由前面的分析可知，其结果将增加飞机的设计质量和机体阻力。而主动控制飞机在亚声速时具有负的稳定裕度，在超声速时又比普通飞机具有更小(绝对值)的正稳定裕度，这样就可以大大降低飞机的质量和阻力。

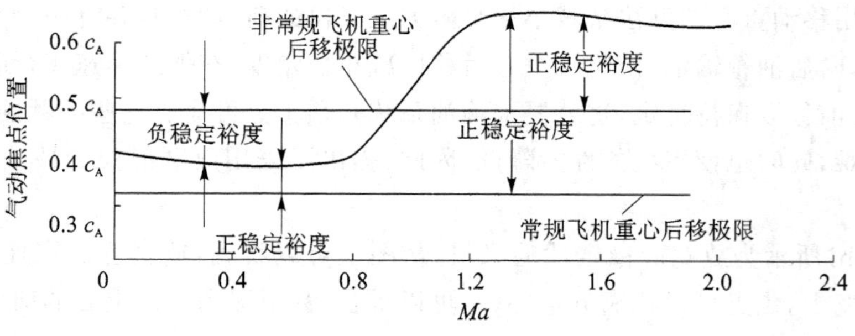

图 7-15　气动焦点位置随 Ma 的变化与常规飞机和放宽静稳定性飞机重心后移所形成的稳定裕度的关系

采用放宽静稳定性的技术，除了可提高飞机的升力外，还可提高平飞时的加速能力。平飞加速度为

$$\frac{\mathrm{d}u}{\mathrm{d}t}=(T-D)g/G \tag{7-2}$$

式中，T 为推力，D 为阻力，G 为飞机的重力。

在平衡状态下，由于阻力减小，使得在相同推力下的加速度增大，即增大了飞机的水平加速性能。

放宽静稳定性技术还可减小飞机的盘旋半径。

飞机做水平盘旋时的盘旋半径 R 为

$$R=\frac{u}{g\sqrt{n_z^2-1}} \tag{7-3}$$

式中，u 为盘旋飞行速度，n_z 为法向过载。

如前所述，由于静不稳定飞机可使全机的升力增加，这样法向过载也必然增大，并使飞机的盘旋半径 R 减小，从而提高了飞机的机动性。

综上所述，放宽静稳定性对提高军用和民用飞机的性能具有很大潜力，它可以提高飞机的升阻比，减小飞机的质量和降低燃油消耗，大大提高战斗机的机动性。如 F—16 飞机采用放宽静稳定性技术后，当重心位于 $38\%c_A$ 时，与重心位于 $25\%c_A$ 处的普通飞机相比，在 9 000 m 高度和最大推力条件下，转弯速度增加了 0.75(°)/s(Ma=0.9)～1.1(°)/s(Ma=1.2)，Ma 从 0.9 增加到 1.6 的加速时间缩短了 1.8 s，Ma 为 0.8，0.9 和 1.2 时的法向过载 n_z 分别提高了 0.2g，0.4g 和 0.6g。升阻比在亚声速时可提高 8%，在超声速时可提高 15%。

放宽静稳定性技术对轰炸机的效果也很明显。例如，CCV/B—52 实验机的平尾面积从常规的 B—52 飞机的 84 m^2 降到 46 m^2，减小了 45%左右。

放宽静稳定性对运输机的影响也很大。例如，波音公司的超声速运输机在采用这种技术后，使重心后移了 5%，原来配平所需要的 3.8 m 的前机身也不需要了，这样可使设计质量减小 2.7 t，有效载荷增大 30%，巡航阻力减小 2.5%左右，这些改进的综合效果使得这种运输机的航程增大了 417 km，如图 7-16 所示。

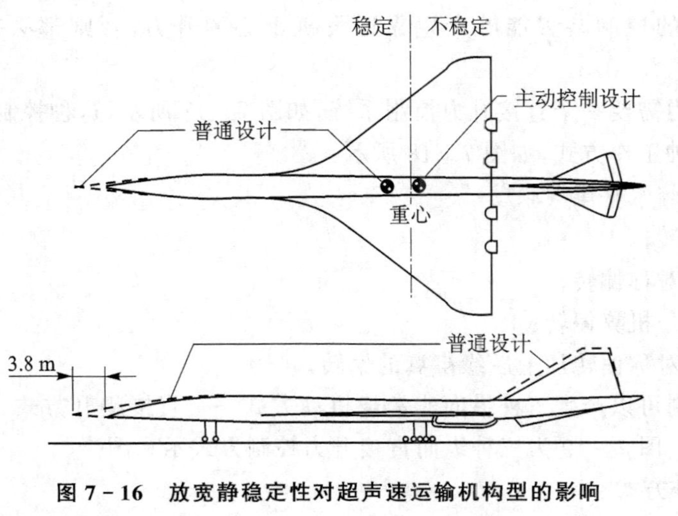

图 7-16　放宽静稳定性对超声速运输机构型的影响

7.2.3 直接力控制

直接力控制(Derict Force Control,DFC)可保证飞机在某些自由度不产生运动的条件下,通过一些控制面直接产生升力或侧力来操纵飞机机动飞行,也称为"非常规机动"。

在通常情况下,造成飞机各种模态运动之间相互耦合的一个重要原因是,升力或侧力的改变必须通过机体的转动运动才能得到。而直接力控制则设法去除这一耦合因素,直接产生改变轨迹的力,即只对飞机力的平衡产生影响。因这与通过改变姿态来改变力的常规的控制方式有着根本的不同,所以,通常也称为解耦控制。

直接力控制包括直接升力控制和直接侧力控制。直接力控制是指在不改变飞机飞行姿态的条件下,通过适当控制操纵面来直接提供附加的升力或侧力,使飞机做垂直方向或侧向的平移运动来改变飞机的航迹。这种功能对于战斗机来说,可以提高飞机的机动性,或者提高航向跟踪精度和投放空-地武器的命中精度。对于轰炸机和运输机来说,可以保持正确的着陆航迹,或者提高抗侧风着陆的能力。

1. 直接升力控制

所谓直接升力控制就是通过一些复杂的操纵面,在不改变飞机机翼迎角的情况下,使飞机的总升力发生变化。因为它不需要普通飞机升力变化的那种复杂的"力矩控制"过程而直接产生升力,所以称为直接升力控制。

直接升力控制装置必须满足下述要求:

① 对操纵信号快速反应;

② 能提供与操纵指令相一致的矢量升力变化;

③ 升力系数必须在整个操纵范围内线性变化;

④ 除非安装的控制装置能够产生靠近飞机重心的升力,否则都必须对俯仰力矩进行补偿。

产生直接升力需要一个直接升力控制系统,如图 7-17 所示,这种控制系统所控制的气动操纵面有下述几种工作方式,如图 7-18 所示:

① 水平鸭翼与水平尾翼联动;

② 扰流器偏转;

③ 前缘襟翼对称偏转;

④ 可变安装角机翼偏转;

⑤ 水平鸭翼对称偏转加上后缘襟翼的偏转。

直接升力控制可以产生三种纵向非常规机动方式——直接爬升方式、机身俯仰指向方式和垂直平移方式。图 7-19 为三种纵向直接升力控制方式示意图。

(1) 直接爬升方式

所谓直接爬升方式就是在保持迎角不变的情况下,使空速向量与机体轴做等速转动,从而

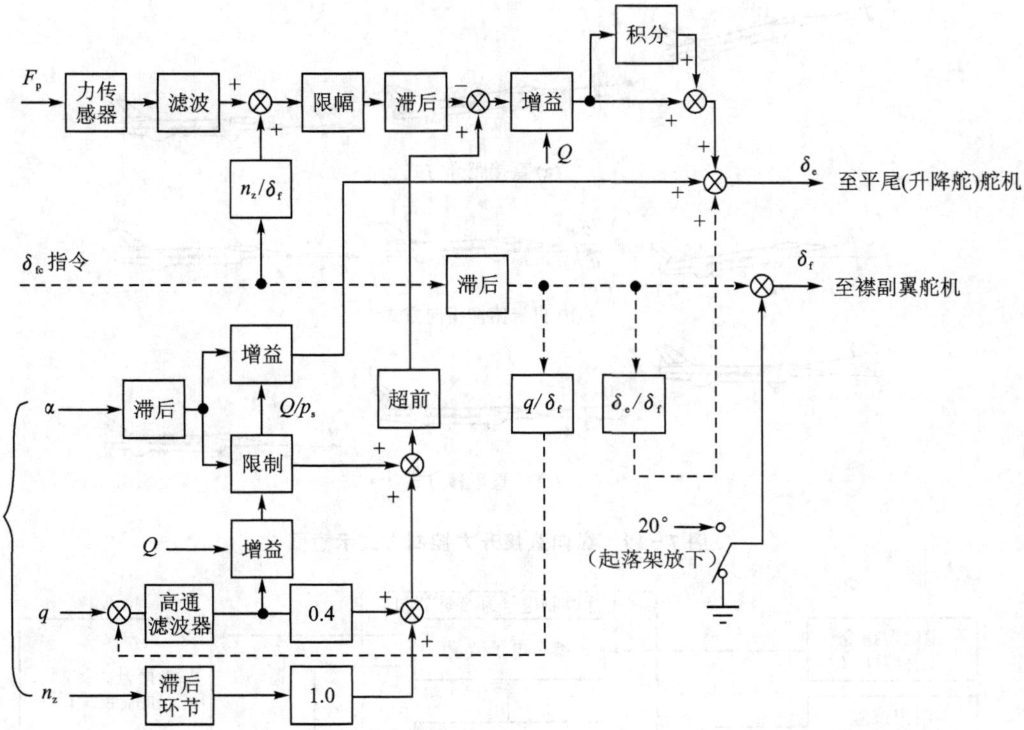

图 7-17　直接升力控制系统原理图

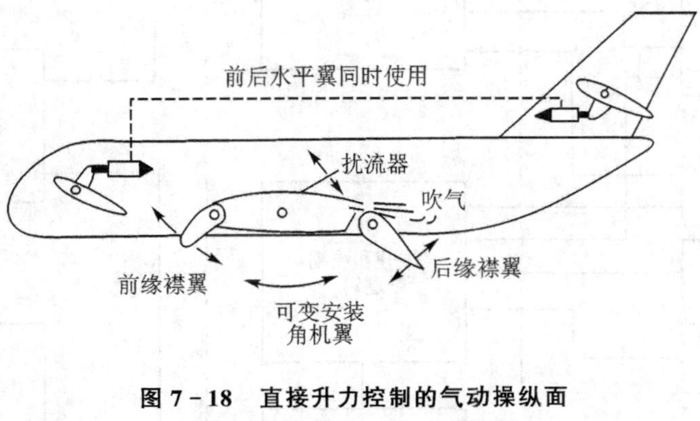

图 7-18　直接升力控制的气动操纵面

加快垂直平面内飞行航线的改变，提高航迹的机动性，如图 7-19(a)所示。产生直接升力控制需要一个直接升力控制系统，如图 7-20 所示。

下面以 YF—16 飞机的直接升力控制系统为例，来介绍直接升力控制的原理。YF—16 飞机采用对称偏转的副翼(襟副翼)作为辅助控制面。如图 7-21 所示，直接升力指令信号经过

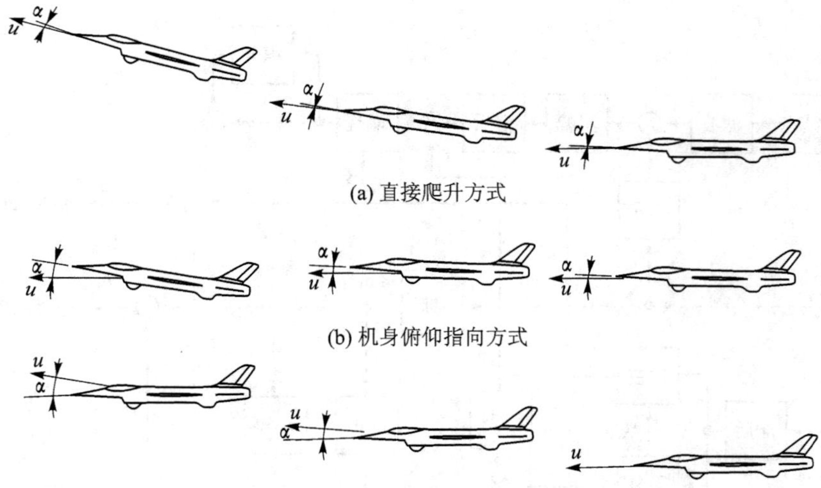

(a) 直接爬升方式

(b) 机身俯仰指向方式

(c) 垂直平移方式

图 7-19 纵向直接升力控制方式示意图

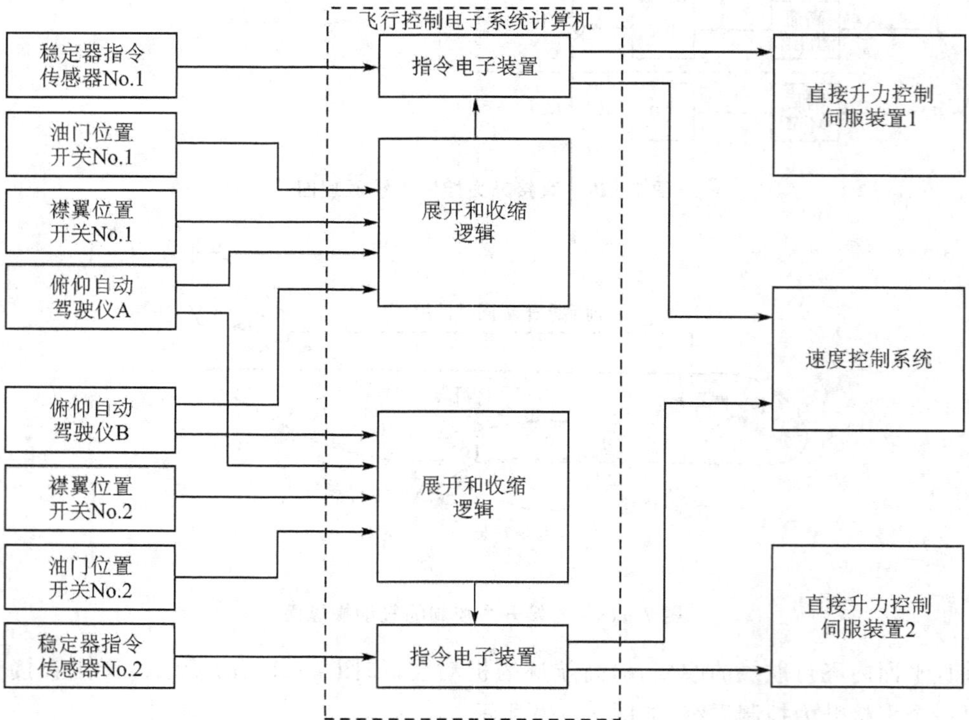

图 7-20 直接升力控制系统原理图

滞后环节来驱动左、右襟副翼对称向下偏转（$\delta_f > 0$），产生直接升力系数 $C_{L_{\delta_f}}\delta_f$ 和俯仰力矩系数 $C_{m_{\delta_f}}\delta_f$，同时产生三个辅助信号，其中一个信号使平尾（升降舵）自动协调向上偏转 $\Delta\delta_e < 0$，产生附加升力系数 $C_{L_{\delta_e}}\Delta\delta_e < 0$ 和俯仰力矩系数 $C_{m_{\delta_e}}\Delta\delta_e > 0$。

当处于稳定状态时，两种舵面产生的升力合为一个净余升力增量，即产生直接升力。同时 δ_e/δ_f 的直接爬升交联增益使得平尾（升降舵）协调偏转 δ_e（后缘向下偏转为正），产生配平力矩，可保持稳态迎角不变。

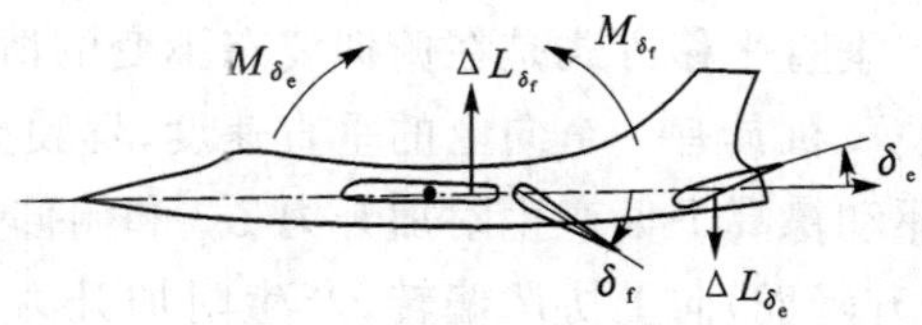

图 7-21　直接升力控制的基本原理

由于直接升力状态响应不要求稳态迎角有所改变，因此不需要设置迎角偏置，但在直接力操纵通道中通常要引入滞后网络，以建立过载控制的时间常数，防止飞机的动作过于剧烈。

这种机动方式适用于俯仰姿态的修正。由于俯仰拉起时的高度损失最小，因而适用于射投空-地武器后的快速拉起，或在空战中，在不增大迎角的情况下拉起时达到较大的加速度，使飞机容易获得制空优势。此外，还能改善在爬升和下滑过程中航迹控制的精度。

(2) 机身俯仰指向方式

机身俯仰指向方式（图 7-19(b)）是在法向过载增量（法向加速度）为零的条件下，改变飞机的迎角，控制飞机的俯仰姿态（机头能上仰或下俯 3°～4°），而航迹保持不变。

驾驶员给出指令信号 δ_f，驱动襟副翼向上偏转，产生附加升力 $L_{\delta_f} < 0$ 以及俯仰力矩 $M_{\delta_f} > 0$，如图 7-22 所示，同时产生辅助信号 $\Delta\delta_e/\delta_f$ 使平尾（升降舵）向下协调转动 $\Delta\delta_e > 0$，产生相应附加升力 $L_{\delta_e} > 0$ 与俯仰力矩 $M_{\delta_e} < 0$。如果此时两个升力 $L_{\delta_f} < 0$ 和 $L_{\delta_e} > 0$ 之和为零，且两个俯仰力矩 $M_{\delta_f} > 0$ 和 $M_{\delta_e} < 0$ 综合构成总俯仰力矩，则只会改变飞机的俯仰姿态（迎角），而不改变法向加速度和航迹倾斜角。但在此过程中，迎角的改变有时会产生附加升力 L_α 和俯仰力矩 M_α，这可通过偏转平尾（升降舵）$\Delta\delta_e$ 来平衡。

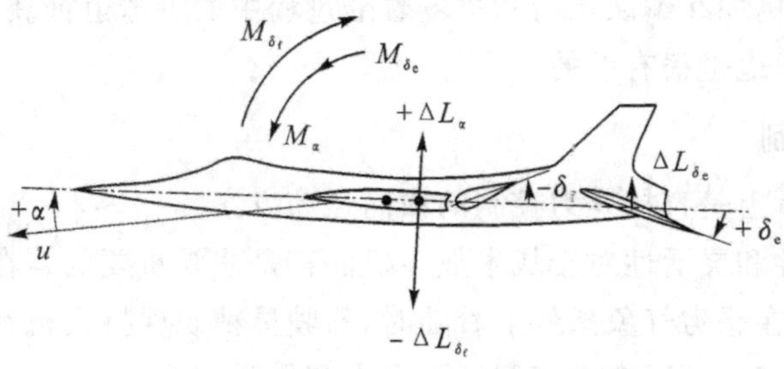

图 7-22　俯仰指向控制的动力学关系

由于俯仰姿态（迎角）的改变，在基本电传操纵系统中会出现相应的俯仰角速度 q 和迎角 α 的反馈信号，其作用是抑制俯仰运动和迎角 α 的变化，因此必须引入辅助信号 q/δ_f 和 α/δ_f 以抵

消这些反馈信号对 α 改变的阻止作用。

机身俯仰指向方式主要用于保证攻击任务中的武器瞄准,但往往受舵面权限的限制,所以用途并不大。

(3) 垂直平移方式

垂直平移方式是在俯仰姿态不变的情况下控制飞机的垂直速度 w,如图 7-19(c)所示。欲使飞机具有一个向上的垂直速度,驾驶员就要通过侧杆上的相应力按钮来输出指令信号 δ_f,以驱动襟翼下偏产生附加升力 L_{δ_f} 和俯仰力矩 M_{δ_f},如图 7-23 所示,同时产生辅助信号使平尾(升降舵)向上协调偏转,产生附加升力 L_{δ_e} 与俯仰力矩 M_{δ_e},两升力合成净余的正升力增量,使飞机出现一个逐渐增大的向上的垂直速度。两升力形成的俯仰力矩由相互平衡状态达到随着垂直速度的增大,使得迎角出现负方向增量,从而形成向下的升力增量和抬头力矩,引起俯仰角的变化。这种情况可通过接通自动驾驶仪来消除,从而保证在俯仰姿态不变的情况下,使飞机实现稳定的垂直上升运动。

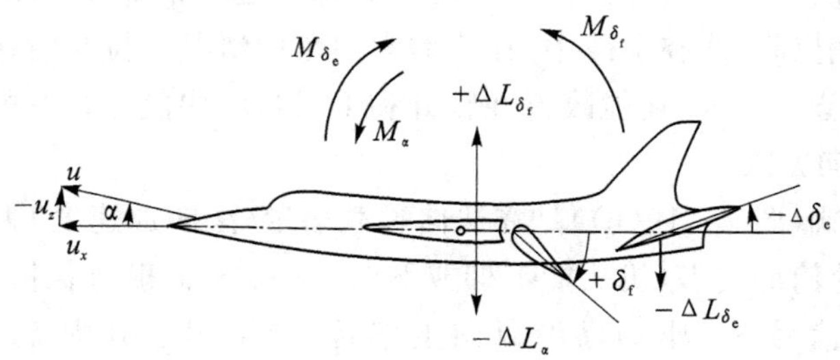

图 7-23 垂直平移控制的作用原理

垂直平移方式的原理与直接爬升方式的相似,主要区别在于其在垂直平移过程中必须接通自动驾驶仪以保持姿态不变。

由于垂直平移是通过同时偏转襟副翼和全动平尾来实现的,所以这种机动方式适用于对垂直位置的微小修正,例如在编队飞行和进场着陆过程中的下滑道捕获。当然,空战中在快速机动夺取制空优势方面也是很有效的。

2. 直接侧力控制

直接侧力控制实际上是直接升力控制的横向运动方案。

飞机优越的机动性和灵活性对于战术战斗机而言是非常重要的。在进行空-地武器投放、空中格斗、空中加油和在恶劣气象条件下着陆时,驾驶员精确保持飞机在空间位置的能力十分关键,同时机动性的提高还可以有效避开地面火力和导弹的攻击。

为了使驾驶员快而准地改变飞机的航向,即在航向改变的过程中不需要使飞机横滚或使飞机的既定航迹发生其他扰动,可采用直接侧力控制的方法。

直接侧力控制通过一套手控或自动控制系统来控制相应的气动操纵面(通常是垂直鸭翼

和方向舵的对称偏转)产生直接侧力,使飞机在保持机翼水平的姿态下,无须侧滑就可以实现转弯飞行。

直接侧力控制也包括三种非常规机动方式——直接侧力方式(A_y)、偏航指向方式(β_1)和侧向平移方式(β_2),如图 7-24 所示。下面以 YF—16CCV 飞机为例,介绍直接侧力控制的基本原理和控制方式。

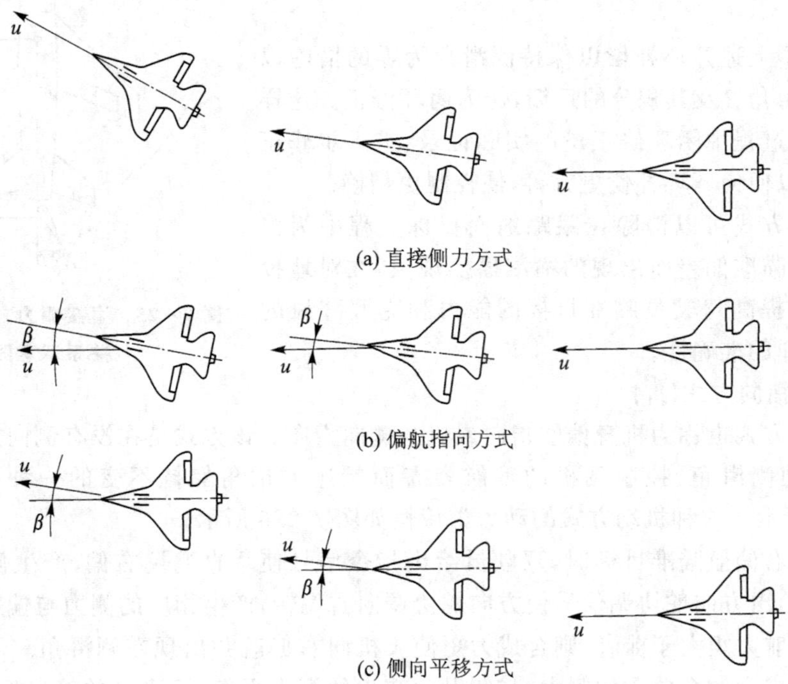

图 7-24　直接侧力控制的三种控制方式

(1) 直接侧力方式(A_y)

机翼水平转弯是在侧滑角为零的情况下控制飞机的侧力或侧向加速度,使飞机无坡度地改变侧向航迹,实现飞机的"平转弯",如图 7-24(a)所示。

产生直接侧力的气动操纵面有几种选择方案,如采用垂直鸭翼、水平鸭翼差动偏转和翼尖加装阻力板等,通常采用垂直鸭翼的方案,如图 7-25 所示。

要想获得向右的直接侧力,驾驶员通过状态按钮开关给出垂直鸭翼偏转角 δ_{ya} 的指令信号,使垂直鸭翼向左偏转,同时控制系统按垂直鸭翼偏转的方向和大小给出方向舵协调信号,使方向舵也向同一方向偏转,这时作用在垂直鸭翼和方向舵上的侧力矢量相同,所以它们相对于飞机重心的偏转力矩 M_{δ_r} 与飞机的阻尼力矩平衡,而两种舵面所产生的侧力合成为一个作用在重心上的向右的总侧力 Y。在这一总侧力的作用下,飞机的航迹向右弯曲而不出现侧滑。由于在飞机转弯过程中左右机翼的速度不同,因而形成滚转力矩,所以还必须给出副翼协调信

号 δ_a/δ_{ya}，以通过副翼协调偏转产生力矩来与滚转力矩平衡，继而使飞机姿态保持水平，于是飞机就能在单纯侧力的作用下既无侧滑又无倾斜地进行水平轨迹机动。

为了抵消基本电传操纵系统中出现的侧向过载和偏航角速度反馈的抑制作用，系统中还设置了辅助信号 n_y/δ_{ya} 和 r/δ_{ya}。

此外，除了上述开环补偿以保持侧滑角为零的措施以外，还引入侧滑角 β 及其积分的反馈，作为闭环修正。这样就可根据试飞过程中闭环修正量的实际记录，进一步修正开环补偿量，以便使开环补偿更完善，使控制更精确。

直接侧力方式可以消除在跟踪地面目标过程中为修正航向偏差和瞄准偏差而出现的横滚摇摆现象，在对地投弹时能够显著提高驾驶员瞄准目标的能力和克服阵风的影响，提高投弹的准确性。

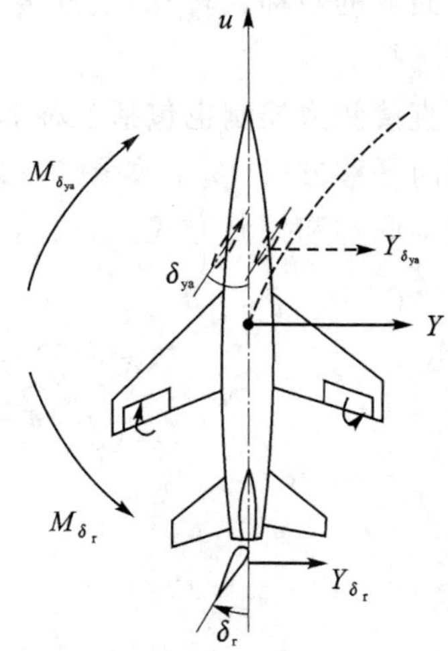

图 7-25 直接侧力方式的动力学关系示意图

(2) 偏航指向方式(β_1)

偏航指向方式也称为机身偏航指向或机身侧向指向。该方式是在没有侧向加速度的条件下改变飞机的侧滑角，控制飞机的偏航姿态而航迹方位角保持不变的一种机动方式，如图 7-24(b)所示。这种机动方式的动力学特性如图 7-26 所示。

当需要向右偏航瞄准目标时，驾驶员给出指令信号使垂直鸭翼右偏，产生侧力与偏航力矩，同时系统给出方向舵协调信号使方向舵协调向右偏转，产生相应的侧力与偏航力矩。由于后者产生的偏航力矩大于前者，则合成力矩使飞机向右偏航并出现左侧滑角。同时两者产生的直接侧力合成为一个向左的侧力，与侧滑角产生的侧力平衡，即飞机的航迹保持不变，而侧滑角产生的偏航力矩则与合成力矩平衡。系统还引入副翼协调信号 δ_a/δ_{ya} 以协调副翼偏转形成控制力矩，并与侧滑角引起的滚转力矩平衡，使飞机姿态保持水平。用辅助信号 r/δ_{ya} 抵消基本电传操纵系统中出现的偏航角速度反馈。

一般，偏航指向方式可使机头左右侧滑 5°左右，这样，在空-空、空-地的攻击中可相应扩大攻击范围。

(3) 侧向平移方式(β_2)

侧向平移方式是在不改变飞机航向的条件下控制飞机的侧向速度 v，如图 7-24(c)所示。该控制方式的动力学特性如图 7-27 所示。当要建立向右的平移速度 v 时，驾驶员发出指令信号使垂直鸭翼左偏，同时给出方向舵协调信号 δ_r/δ_{ya} 使方向舵也向左偏转，二者分别产生侧力与偏航力矩。两个偏航力矩相互平衡，两个侧力则合成为总侧力使飞机产生向右的侧向加速度，并随之产生侧滑角 β。由于会产生航向静稳定力矩使飞机向右偏航，因此在该运动状态下必须同时接入自动驾驶仪以保持航向稳定。此外，对于由 β 引起的左滚转力矩，也应通过自动接通自动驾驶仪来控制副翼，保持飞机水平向右平移运动。当侧向速度和侧滑角达到某数值时，由侧滑角引起的侧力与直接侧力平衡，此时，飞机就以恒定的侧向速度 v 做稳态平移。

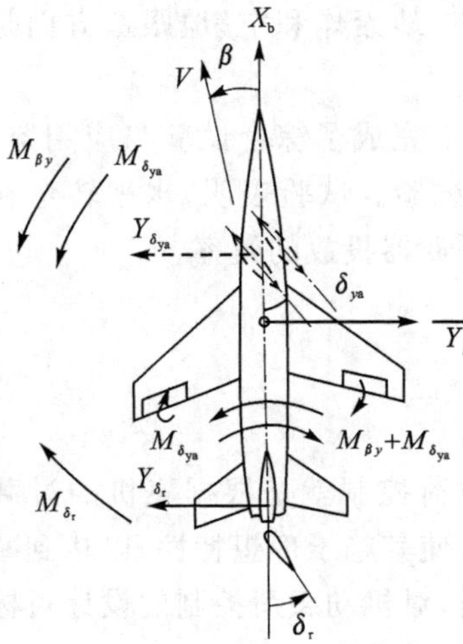

图 7－26　偏航指向方式的动力学关系示意图

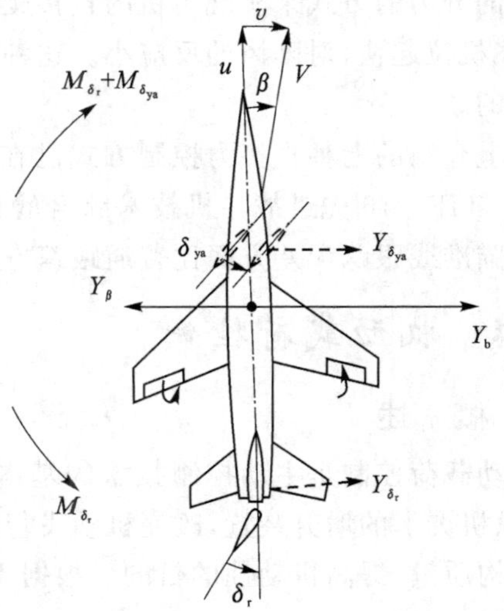

图 7－27　侧向平移方式的动力学关系示意图

侧向平移的运动过程很慢，通常需要 10 s 左右才能建立稳态侧向速度，所以这种状态与垂直平移一样，主要用于小幅值和慢响应的侧向修正。例如，空中加油和编队飞行时的小位移修正以及侧风着陆；此外，跟踪地面上的沿弯曲道路或与本机航迹垂直方向运动的目标也很有效。

由上述可见，在操纵侧力控制面偏转的同时，必须与副翼和方向舵协调配合才能得到侧力，这必须通过飞行控制系统的解耦控制来解决。

3. 机动增强方式

机动增强方式是一种把直接爬升和常规俯仰控制结合起来的非常规机动方式，是继上述六种非常规机动方式后的另一种机动方式，这种方式的控制过程如图 7－28 所示。

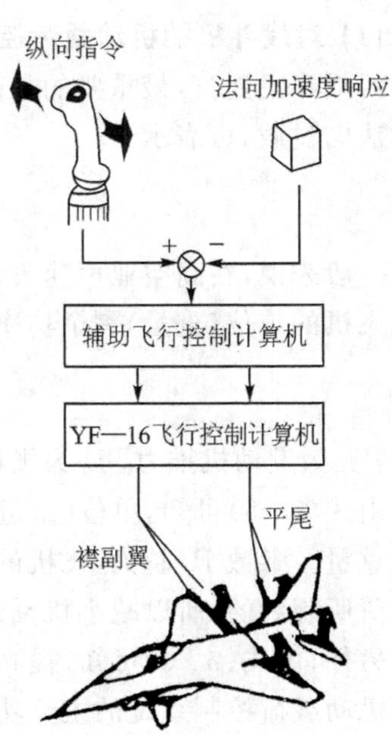

图 7－28　机动增强方式的实现

要想实现这种方式，驾驶员应按直接爬升方式操纵侧杆上的力按钮，同时将法向加速度响应信号送入加法器，将所合成的信号送入辅助飞行控制计算机，然后再送入飞行控制计算机,由输出指令去控制平尾的协调偏转,襟副翼也同时被控制。

在常规控制中,飞机的爬升必将伴随着一个“力矩”变化的过程,因此必然会造成飞机响应相对于操纵指令的滞后。机动增强控制是通过偏转襟副翼、加大机翼弯度、使飞机得到一个垂直向上的分力的方式来实现飞机的直接爬升的,从而改善了大角度目标的捕获机动和跟踪机动,使飞机拉起快,对阵风的反应小。这种控制方式在空战、空-地轰炸和空-地跟踪方面是十分有效的。

以上介绍的七种直接力控制方式已在 YF—16CCV 飞机上完成了综合试验与应用鉴定,并在 AFTIF—16 先进战斗机技术综合验证机上进行了飞行试验。试验表明,水平转弯在减小武器瞄准线跟踪误差方面比普通跟踪方法有效,可用来改进武器投放的效率。

7.2.4 机动载荷控制

1. 概 述

机动载荷控制是主动控制技术的基本功能之一。机动载荷控制就是根据飞机的过载情况,操纵机翼上的增升装置,改变机动飞行时机翼的载荷分布,使其趋于理想特性,以达到减小机翼结构质量、提高机动性的目的。根据飞机的使用要求不同,对机动载荷控制的设计目标也有所不同。

2. 机动载荷控制的原理与基本实现方案

(1) 对战斗机的机动载荷控制

对战斗机而言,最重要的是改善机动性。决定飞机机动性能的指标有两个,一个是飞机的最大法向过载,可表示为

$$n_{z\max} = \frac{C_{L\max} Q S_w}{G} \tag{7-4}$$

一般来说,在高空亚声速飞行时,$n_{z\max}$ 取决于有抖振迎角时的抖振升力系数。另一个指标是飞机的单位(重量)剩余功率 P_s,P_s 表示飞机的加速性能,可表示为

$$P_s = \frac{(T-D)u}{G} \tag{7-5}$$

式中,T 为发动机推力,D 为飞机阻力,u 为飞行速度,G 为飞机重量。

由式(7-5)可知,单位(重量)剩余功率 P_s 就是飞机在一定速度条件下的剩余功率除以飞机的重量。参数 P_s 越大,飞机的机动性就越好。因为战斗机的结构是由机动载荷而不是由阵风载荷所制约的,所以减小机动载荷就可以最大限度地减小结构重量,从而提高飞机的机动性。另外,由式(7-5)可知,提高单位剩余功率 P_s 的另一个有效办法就是减小飞机阻力。

机动载荷控制系统的主要功能应是减小机翼的诱导阻力和提高抖振升力系数。控制战斗机的机动载荷的目的,就是要在机动飞行时使机翼的升力呈椭圆形分布(图 7-29),从而减小机翼的诱导阻力,同时,在亚声速飞行时延缓机翼上的气流分离,提高抖振升力系数,即提高升

力。阻力降低导致 P_s 提高，而升力增加又导致 $n_{z\max}$ 提高。

目前，战斗机上实现的机动载荷控制主要采用前缘控制和后缘控制两类。前缘控制面一般为前缘机动襟翼和前缘缝翼，后缘控制面通常有机动襟翼和对称偏转的副翼。

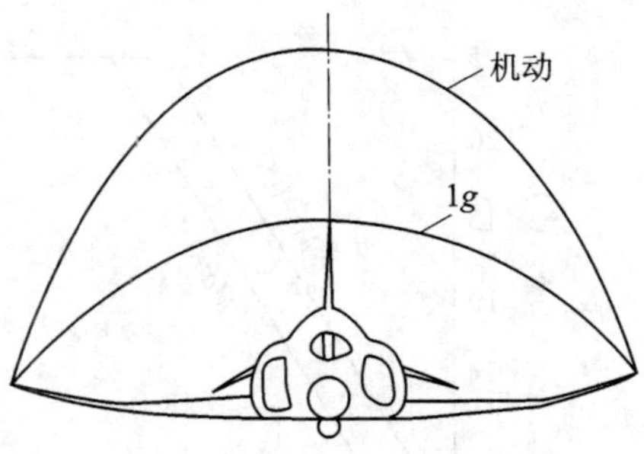

图 7-29　采用机动载荷控制的战斗机的升力分布

采用前缘机动襟翼后，通过襟翼自动随 α 增加而向下偏转来改变机翼弯度，这样就可以减小气流分离，改变压力分布，提高升阻比，如图 7-30 所示。一般，前缘襟翼的最有利偏转规律是由风洞实验得出的，前缘襟翼的偏转角通常为飞机迎角和飞行 Ma 的函数，即 $\delta_{qj}=f(\alpha,Ma)$。

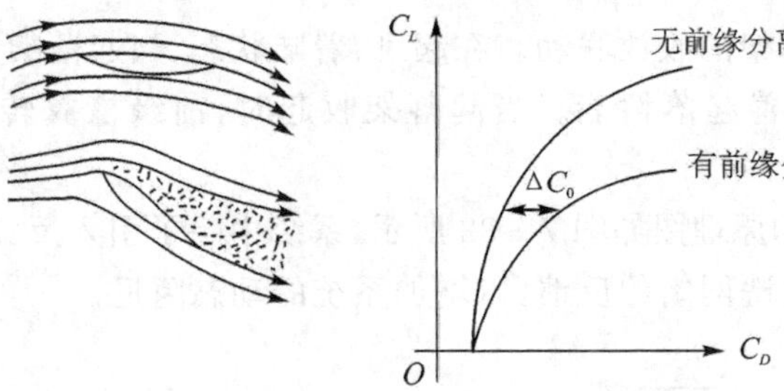

(a) 分离前、后的绕流　　(b) 气流分离所增加的阻力

图 7-30　大迎角气流分离所增加的阻力

作为这种控制方案的典型例子是 YF—16 飞机的机动载荷控制系统，其襟翼偏转控制律为

$$\delta_{qj}=K_{qj}(\alpha-\alpha_0 Ma) \tag{7-6}$$

$$K_{qj}=1.6$$

$$\alpha_0 Ma=\begin{cases}2^\circ, & Ma<0.6\\ 2^\circ+k_1(Ma-0.6), & 0.6\leqslant Ma<0.9\\ 6^\circ+k_2(Ma-0.9), & 0.6\leqslant Ma\leqslant 1.0\\ 11.6^\circ, & Ma>1.0\end{cases} \tag{7-7}$$

式中，α 是配平迎角，是 Ma 的函数。由图 7-31(a)可见，前缘襟翼偏转角 δ_{qj} 与 α 成线性关系，当 $\alpha<\alpha_0$ 时，$\delta_{qj}=0$，即前缘襟翼保持不动。在 $Ma=0.6\sim0.9$ 之间，α_0 与 Ma 成线性关系，其斜率为 k_1；当 $Ma>0.9$ 时，斜率由 k_1 增至 k_2；当 $Ma<0.6$ 时，$\alpha_0=2^\circ$ 保持不变，如图 7-31(b)所示；当 $Ma\geqslant1$ 以后，前缘襟翼偏转会引起波阻剧增，所以自动操纵应该不起作用，前缘襟翼收起不动。

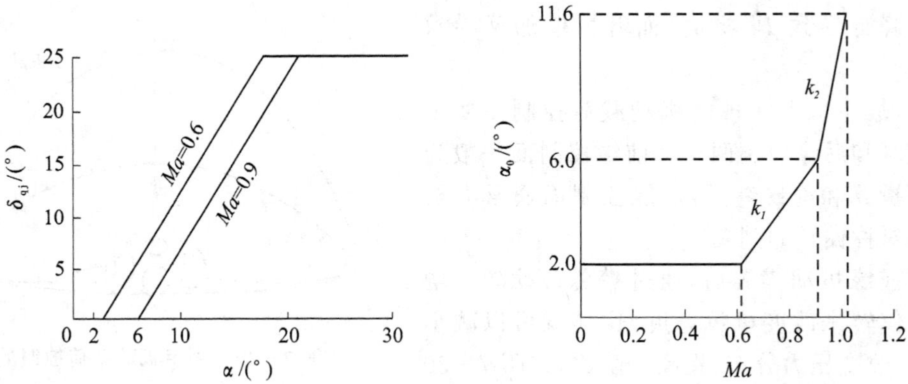

(a) δ_{qj}–α曲线　　(b) α_0–Ma曲线

图 7-31　前缘襟翼偏转角随 α 和 Ma 的变化规律

此外,前缘襟翼还与起落架的收放联动。在起飞、着陆状态,当起落架放下时,前缘襟翼固定偏转 25°成为增升襟翼,改善起落性能。当起落架收起时,前缘襟翼转为随 α 和 Ma 自动调节。

前缘机动襟翼控制系统的原理图如图 7-32 所示,系统中除了引入反馈以便实现式(7-7)的静态要求外,还引入了经清洗网络的反馈,以增加系统的动态阻尼。

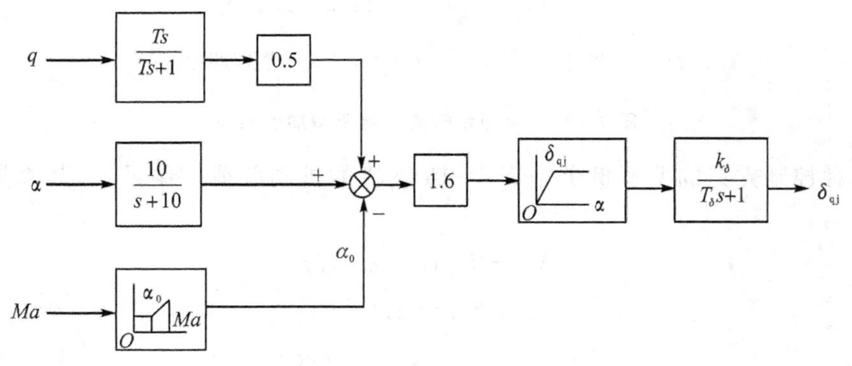

图 7-32　前缘机动襟翼控制系统的原理图

YF—16 飞机的机动载荷控制使全翼展的前缘襟翼按上述最有利的规律自动偏转,改变翼型弯度以减小机翼大迎角气流的分离,减小机翼阻力,提高飞机的机动性。例如,当飞行高度为 9 000 m、以最大推力做盘旋时,前缘襟翼按上述规律偏转与不偏转相比,稳定盘旋过载可提高 18%。

(2) 对运输机、轰炸机的机动载荷控制

对运输机和轰炸机来说,设计的主要出发点是改善巡航性能,故对机动载荷控制系统提出的要求是减小翼根弯矩,从而减小机翼的结构质量和改善疲劳特性。

在做飞机设计时，飞机的翼梁凸缘面积根据机翼受到的弯矩大小而定，而机翼的弯矩大小又取决于机动载荷的分布，由图 7－33(a)可见，越靠近机翼根部，弯曲力矩越大，从而翼梁凸缘面积也越大。另外，机翼上的载荷分布与机动飞行情况有关，图 7－33(a)示出以 1g 进行巡航飞行和机动飞行时机翼的载荷分布。

由图 7－33(a)可见，在做巡航飞行时，机翼上的载荷一般成椭圆形分布，如图中实线所示，在此情况下机翼的诱导阻力最小。在做机动飞行时，如图 7－33(a)中虚线所示，机翼上的载荷同时加大，机翼的剪力和弯矩(图 7－33(b)和(c))也从翼尖到翼根迅速增大。因此，若能使载荷按照图 7－33(a)中的点画线分布，则翼根的剪力和弯矩分布就如图 7－33(c)中点画线所示，弯矩得到大大降低。若能根据这种弯矩分布来设计机翼，则可减小机翼的剪力和结构质量，即减轻飞机的质量，从而提高了飞机巡航的经济性。

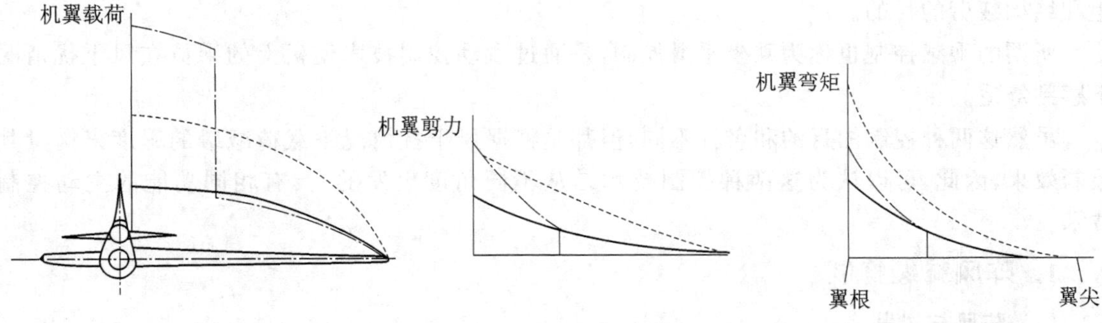

(a) 机翼载荷　　(b) 机翼剪力　　(c) 机翼弯矩

图 7－33　机翼载荷、剪力和弯矩分布示意图

机动载荷控制正是要在机动飞行时自动改变机翼的载荷分布，以减小翼根处的弯矩。机动载荷控制系统要求在机翼后缘配置舵面。当舵面向上偏转时，可提高机身附近翼段(内翼段)的升力，当舵面向下偏转时，可降低外翼段的升力。舵面由计算机根据过载系数控制，机动载荷控制系统将机翼上的更多载荷分配到翼根上，使气动中心被迫向内翼段移动，这样在做机动飞行时就会自动改变机翼的载荷分布，减小翼根的弯曲力矩，其结果是使机翼的结构质量降低。

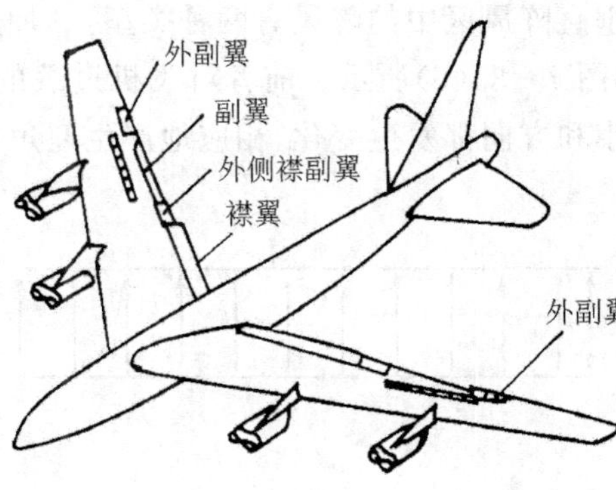

图 7－34　机动载荷控制面

例如，NB—52 轰炸机的机动载荷控制系统如图 7－34 所示，要求把内襟翼换成快速动作的机动襟翼，并在原有的副翼外侧增加一对可同时对称偏转的外侧副翼。在做机动飞行时,左、右内侧的机动襟翼向下偏转,提高机身附近翼段(内翼段)的升力;左、右外侧的襟副翼同时上偏,降低外翼段的升力,并保持增加的升力,以满足机动飞行的要求。机动载荷控制系统将机翼上的更多载荷分配到翼根区,使气动中心被迫向内翼段移动,减小了翼根的弯曲力矩。根据计算,翼根的弯曲力矩可减小10%~15%,机翼的结构质量可减小5%,航程可增加约30%。

上述这种升力分布有可能增大飞机机动飞行的阻力,但对运输机和轰炸机而言,机动飞行只占很少时间,为了达到降低结构载荷的目的,在做机动飞行时降低一些升阻比是允许的。

7.2.5 阵风减缓与乘感控制

阵风减缓是利用主动控制技术来减小阵风干扰可能引起的过载,以达到减小机翼弯曲力矩和结构疲劳的目的。

所谓的乘感控制也称为乘坐平滑控制,是通过主动控制技术使机上的乘员在风干扰情况下感到舒适。

虽然这两种控制的目的和名称不同,但都是根据风干扰情况下载荷减缓的程度来衡量其控制效果,因此,可以认为这两种控制技术是从不同角度出发的、具有相同功能的主动控制技术。

1. 阵风减缓抑制

(1) 阵风与过载

在大气中经常遇到各方向的气流,气流强度大的叫阵风。阵风又称突风,表现为确定性的风速度化。典型的是水平阵风及垂直阵风。这种阵风的气流是由空气受热不均匀、地形起伏与云层等原因引起。飞机在这种不平静大气中飞行会产生过载。水平阵风及其引起的过载增量很小,而垂直阵风对过载的影响较大。

垂直阵风区中的阵风有两种类型:一种是常值阵风,如图7-35(a)所示;另一种是交变阵风,如图7-35(b)所示。前者对飞机过载的增量有重要影响,由于垂直阵风使飞机相对速度的大小和方向都发生变化,相应地产生迎角增量 $\Delta\alpha$ 和升力增量 ΔL,如图7-36所示,从而使

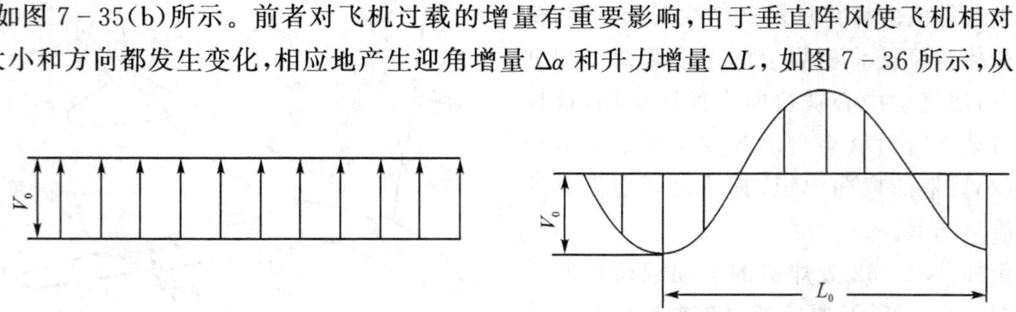

(a) 常值阵风　　(b) 交变阵风

图7-35　垂直阵风类型

过载 n_z 增大。交变阵风是周期性的，其频率可表示为

$$f = 2\pi \frac{u_0}{L_0} \tag{7-8}$$

式中，L_0 为一个周期的距离，$\frac{u_0}{L_0}$ 为每秒遇到阵风的次数。

在交变阵风情况下，飞机受到颠簸扰动，相当于强迫振动，同时也会产生过载，因而降低了驾驶员和乘客的舒适度。在机体上出现的动态载荷还会缩短飞机结构的耐疲劳寿命，从而使机体容易疲劳损坏。

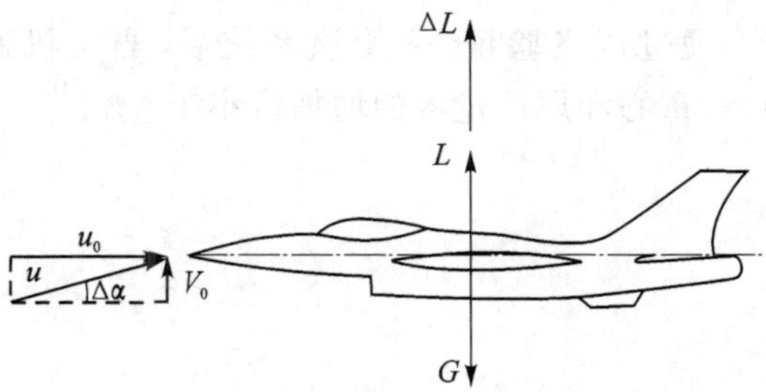

图 7-36　常值垂直阵风作用示意图

(2) 阵风减缓

当飞机遇到周期性阵风时，会产生两种运动，一种是将飞机作为刚体的扰动运动，另一种是因机体弹性而引起的结构弹性振动。两者均属于阵风减缓问题，但后者还要抑制结构的弹性振动。无论从减小机翼感受的最大弯曲力矩的观点，还是从整架飞机的疲劳寿命的观点来考虑，减小阵风载荷都是重要的。

阵风减缓实际上是直接力控制在扰动运动中的应用，即通过偏转相应的操纵面，产生一个大小相等、方向相反的升力变化来抵消阵风的影响。

在增稳系统或自动驾驶仪中具有在一定程度上衰减阵风效应、改善飞机在扰动中飞行稳定性的功能，但它是利用线加速度反馈，通过基本控制面(平尾、副翼、方向舵)产生间接升力或侧力，来抵消阵风引起的加速度过载，或利用角速率和角位移反馈来抑制姿态的变化。这种方式，由于依靠间接力控制，不可能解决运动耦合问题，所以这种常规的阵风减缓方法不能获得满意的效果。

实现阵风减缓控制，在抵消由阵风引起的过载方面可收到较好的效果。由于采用的是直接力控制方式，所以飞机上必须具有相应的操纵面，机翼上快速可调节的襟翼或副翼可作为这种用途的操纵面。这些操纵面必须有中立点，以便既能产生正的升力变化，也能产生负的升力变化。原则上，也可使用机翼上的扰流片来操纵，但它的缺点是，当其处于中立工作点(即不产生升力变化的工作位置)时，将增大阻力，对巡航飞行的经济性不利。为了保证抑制阵风的效果，还要求上述操纵面有较好的动态响应特性。此外，为了减缓飞机上局部位置的阵风法向过载，还可以在指定位置上安装特殊的操纵面。

改进阵风减缓系统可通过附加传感器，对传感器信号进行处理来扩展测量信息，设置附加的扰流板和快速后缘襟翼或者对称偏转的副翼等直接力操纵面，并采用足够频带宽度的直接控制操纵元件和液压操纵驱动装置，由过载反馈信号驱动上述相关的操纵面及其与舵面之间的协调控制方法来实现。

阵风减缓控制系统基本有两种控制方式,即开环控制方式与闭环控制方式。

1) 开环控制方式

如图 7 - 37 所示,开环控制方式采用法向加速度计来测量法向过载,并通过清洗网络和低通滤波器分别驱动左、右水平鸭翼偏转产生一定的直接升力和克服垂直阵风的影响。其中清洗网络的作用是消除定常的过载信号,从而保证不至于影响正常的机动。

通过试飞验证,采用该系统后,当飞机通过大气扰动区时,法向过载的均方值减小了 34%,重心和尾部过载的增加值小于 5%。

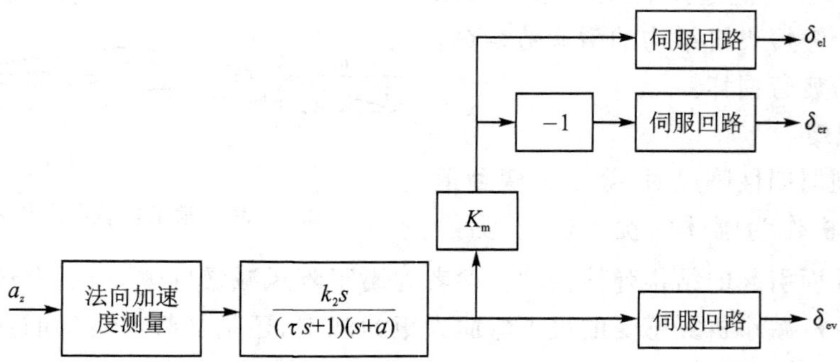

图 7 - 37　阵风减缓开环控制方式

应当指出,上面讨论的阵风减缓方法只考虑了垂直阵风对飞机纵向运动的影响,并没有考虑垂直阵风对侧向运动的交联影响。实际上,垂直阵风对飞机侧向运动的稳定性及飞行品质均会产生影响。

2) 闭环控制方式

图 7 - 38 给出了一种减小由阵风引起的机翼上气动载荷的闭环控制系统示意图。在图 7 - 38中,1 是机翼处的加速度计,2 为质心处的加速度计,3,4,5 分别为不同通道上的滤波器,6(7)和 8 分别为副翼及升降舵舵机。该系统测量由阵风引起的机翼上的法向过载差 Δn_z,以便控制副翼对称偏转,以减缓由阵风引起的气动载荷,同时控制升降舵来减小由副翼偏转引起的飞机的角运动。

图 7 - 39 为 A320 飞机的阵风载荷减缓系统功能原理图。A320 飞机的阵风减缓系统利用副翼和外侧扰流片的对称偏转实现载荷减缓的功能。当传感器测量到机身的法向过载 n_z 比驾驶员操纵给定的 n_{zc} 值大 0.3 时,副翼和外侧扰流片将以很高的调节速度 200 (°)/s 做卸载调节偏转(向上),该偏转至少保持 0.5 s,然后减速收回。操纵面偏转角度与法向过载 n_z 成正比,副翼调节偏转角最大为 10°,扰流片上的调节偏转角最大为 25°,副翼和扰流片偏转造成的俯仰力矩由升降舵偏转来平衡。

目前,阵风减缓技术在很多飞机上已经得到了成功的应用。在 C—5A 运输机和 L—1011 客机上都装有这种系统。L—1011 客机的控制阵风载荷系统使该飞机的尾翼载荷减小 20%

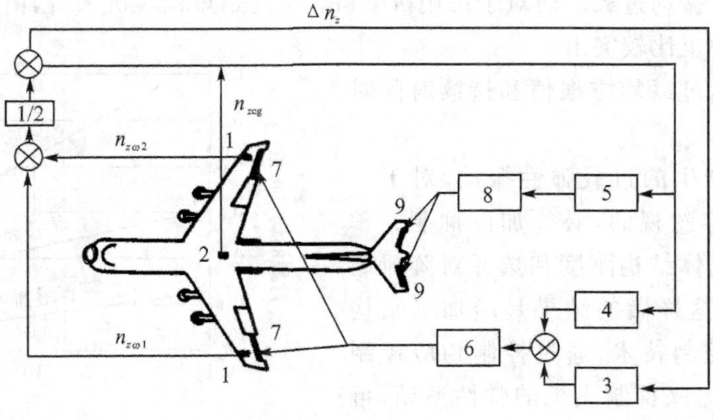

图 7-38　阵风载荷减缓闭环控制系统示意图

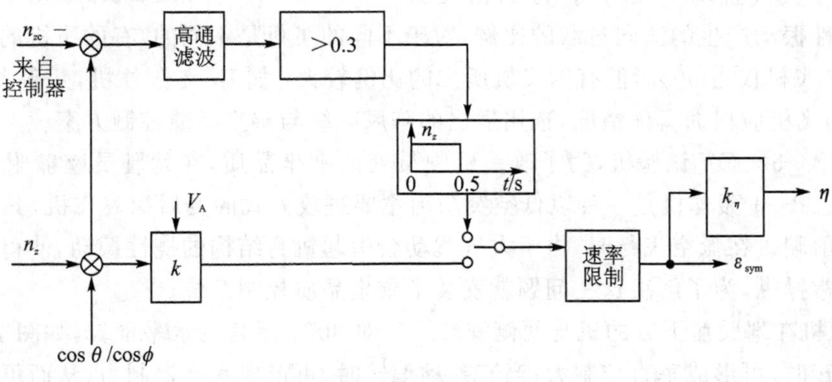

图 7-39　A320 飞机的阵风载荷减缓系统功能原理图

左右。

阵风减缓技术在民用机的设计中也大量使用，并取得了很好的效果。例如 A320 上的阵风减缓系统很好地调整了机翼上由阵风造成的附加载荷，并使这种载荷减小了 15%，而机翼的结构质量却减小了大约 200 kg，大大提高了系统所承受的净重储备。

2. 乘感控制

乘感控制也称为乘坐品质控制。对于机身细长而挠性大的高速飞机，若遇到周期性的阵风，当机身发生弹性振动时，乘员会感到不舒服，甚至影响驾驶员完成任务，使飞机难以操纵，机体也容易疲劳损坏，即出现所谓乘坐品质问题。

试验表明，通常在垂直振动过载超过 0.1g 时，乘客会感到不适；当超过 0.2g 时，判读仪表困难；当超过 0.5g 并持续几分钟后，驾驶员就会担心飞机出事故而改变飞行高度和速度。横向振动过载的允许值约为垂直过载的一半。

这些因素对低空突防的战斗机来说尤为严重。因为低空飞行时的突风较强，机体因颤振和颠簸厉害而造成振动过载。而对于民用机来讲，尤其是短程客机来讲，由于巡航高度降低，因此乘坐品质问题也比较突出。

图 7-40 给出过载均方根值和持续时间对乘员的影响。

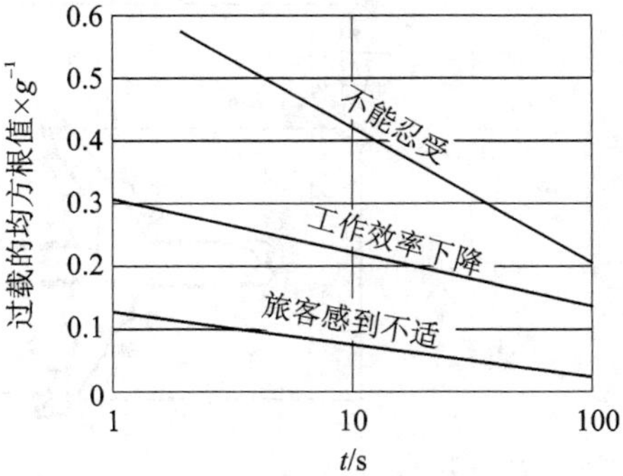

图 7-40　振动过载及持续时间对乘坐品质的影响

由大气扰动产生的过载弹性振动，对于一些飞机来讲是不容忽视的，必须加以抑制。常规的方法是增加机体结构刚度和选择对阵风敏感性小的机翼，但这样做的结果是增加了结构质量。采用主动控制技术，通过控制相应控制面，产生气动阻尼力来抑制飞机的弹性振动，可以较好地解决这一问题。

当飞机在大气扰动中飞行时，因为由飞机的刚性和弹性振动产生的法向过载的比例，对于不同的飞机是不同的，有的飞机的弹性振动较小，如 B—52 飞机仅占 50%，但有的飞机所占的比例较大，如 B—1 轰炸机，几乎占 90%以上。因此，不同的飞机应根据具体情况，选用适当的阵风减缓与乘坐品质控制方案。

例如，NB—52CCV 试验机，为了改善驾驶员处的乘坐品质，在驾驶员座舱附近安装了两片水平鸭翼。B—1 轰炸机是一种以低空突防为主要进攻方式的变后掠翼飞机，其驾驶舱位于细长机身的前端。在低空飞行时，由于大气扰动会引起机身结构的挠性振动，使得乘员感觉不适而影响正常操纵，为了解决这一问题就安装了乘坐品质控制系统。

B—1 飞机在驾驶舱下方的机身两侧安装了一对 30°下反角的水平前翼，如图 7-41 所示。当其对称偏转时，可形成垂直控制力；当其差动偏转时，可形成水平控制力，从而可用来实现乘坐品质控制。

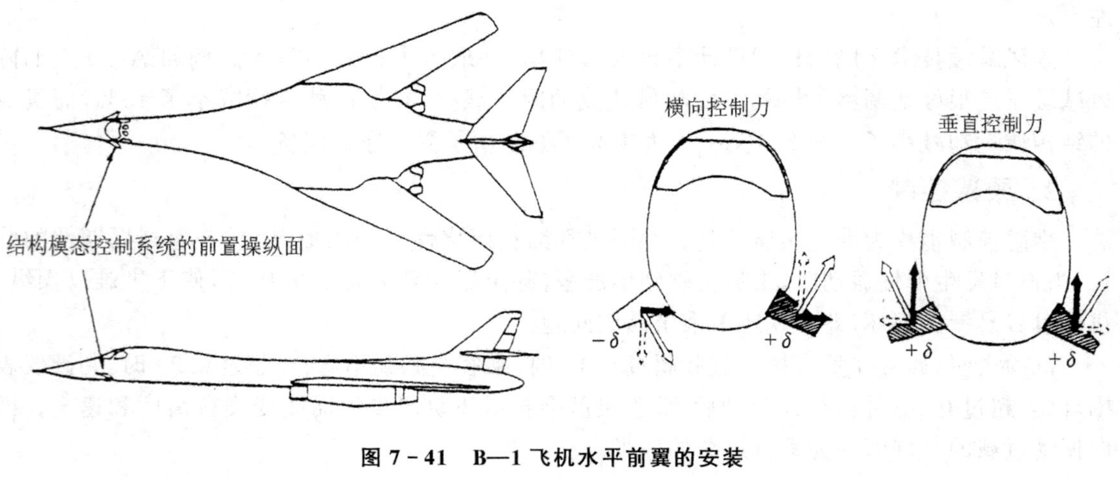

图 7-41　B—1 飞机水平前翼的安装

美国波音公司曾在小型民用客机 DHC—6 上进行了乘坐品质控制系统的研究。为了使乘坐品质控制系统与人工操纵兼容使用各操纵面，将飞机的原有操纵面进行分割，提供部分但足够的权限用于阵风减缓系统。其中副翼分割出 40%的翼面用于阵风减缓控制，升降舵提供了 20%的翼面。扰流片仅用于进场着陆，扰流片从基本位置开始动作，以增强副翼产生直接升力，实现着陆过程中的乘坐品质控制。

垂直方向的乘坐品质控制系统结构如图 7-42 所示。重心处的法向加速度信号通过清洗网络反馈给副翼和扰流片以改善飞机的乘坐品质。但分析表明，加速度反馈会减小飞机的短周期固有频率并增大阻尼，使飞机对驾驶员输入的响应变得迟缓。为此，乘坐品质控制必须与飞机的增稳控制系统结合起来进行设计。在该系统中，俯仰角速度信号通过低通滤波器和清洗网络对升降舵实现控制，以改善飞机的操纵品质。各反馈通道均采用了清洗网络，这样处理是为了消除转弯时对稳态加速度和俯仰角速度的影响。

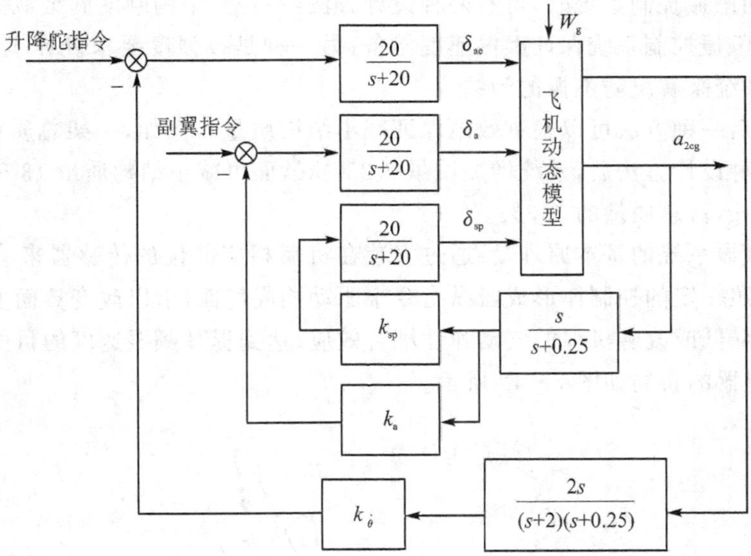

图 7-42　DCH—6 飞机垂直方向的乘坐品质控制系统结构

7.2.6　主动颤振抑制

飞行中的飞行器是一个复杂的结构体——气动弹性系统。当存在弹性振动时，将产生附加气动力，不同振型的振动可能产生相互耦合作用，有时会产生阻尼作用，有时则会产生激振作用。当由气动弹性振动引起的耦合，使变形振动的振幅增大到危险程度时，这种气动弹性振动即称为颤振。

机体颤振是由结构变形和结构振型变形产生的非定常气动耦合引起的振动与某些振型共振而造成的。这种变形发散后会导致结构损坏，严重时会在几秒钟内引起灾难性毁坏，这是在飞行器飞行中发生较多并常常造成严重事故的一种气动弹性现象。

分析表明,各种振型的固有频率都随动压 $Q=\frac{1}{2}\rho V^2$ 变化,受动压制约的定常气动力能够改变结构的刚度。当动压变化时,两种不同振型的振动频率有可能接近。其中一种振型引起的非定常气动力改变了原振型的相位,可以与另一种振型同相,并将它激励而形成颤振。颤振抑制与控制突风载荷的不同之处是,除了要控制随机干扰外,同时还要对定常扰动进行控制。

为了防止颤振,常规的办法是将结构加粗、加重,或者改变材料以增大刚度,提高抗颤振的能力,结果使机体质量加大,从而影响了飞机性能。现代的方法是采用人工阻尼来实现颤振的主动抑制,主要的思路是在机翼上安装适当的操纵面,并协调偏转这些操纵面产生气动力,以抵消因振动变形而产生的气动力。为了控制这些操纵面协调动作,必须要感受颤振的信息,并产生协调控制指令,以操纵相应的操纵面来抑制颤振。

当采用主动颤振控制系统时,可有两种设计方法:一种是结构刚度满足最大俯冲速度下的防颤振要求,靠颤振控制系统保证颤振速度储备;另一种是按强度要求设计飞机结构,完全靠机体颤振控制系统来解决防颤振的问题。

试验表明,后一种方法可以很有效地保证减小结构质量。例如,一架总质量 377.5 t 的运输机,采用后一种设计方法后,系统增加质量 2 250 kg,而可减小结构质量 13 500 kg,这样,净收益为 11 250 kg,占总质量的 3.3%。

构成主动颤振系统的基本原理是:通过安装在机翼相应部位的传感器来感受机翼产生的弹性振动,并按照一定的控制律形成操纵指令来驱动相应舵面,借以改变翼面上的非定常气动力的分布,从而降低或改善机翼的气动弹性耦合效应,达到提高颤振速度的目的。颤振控制系统操纵面和传感器的布局如图 7-43 所示。

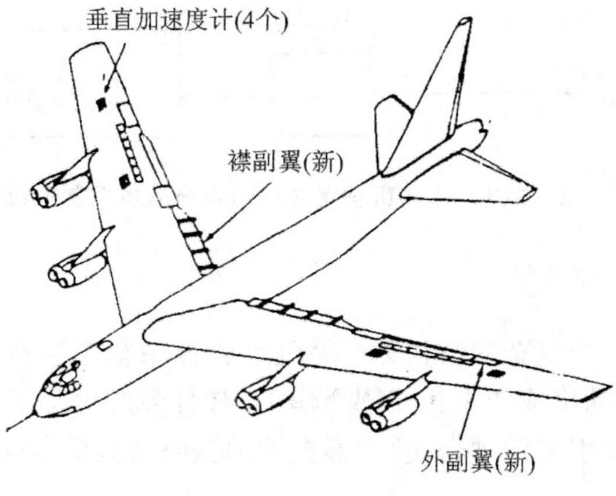

图 7-43 B—52 飞机颤振控制系统操纵面和传感器的布局

被控对象的动力学模型不是飞机的运动方程,而是机翼的气动弹性模型。为了实现该系统，主要的要求如下：

① 由于振动频率极高，故对操纵面及伺服机构的调节速度及频带要求很高。

② 要求传感器的测量精度高、频带宽以及能够精确反映机翼的弹性振动模态。为了感受不同模态的运动，传感器要有一个合适的安装位置。

③ 要设计一个好的控制律，能够兼顾飞机在不同构型下的颤振抑制。

通常颤振抑制的操纵面可使用机翼的前、后缘襟翼或副翼。传感器可采用迎角传感器或加速度传感器。

图 7-44 是 B—52 飞机主动颤振控制系统的简化原理图。B—52 飞机的主动颤振系统，从传感器到操纵面，由两个彼此独立的控制回路组成。其中一个回路是外侧副翼回路，另一个是外侧的襟副翼回路。

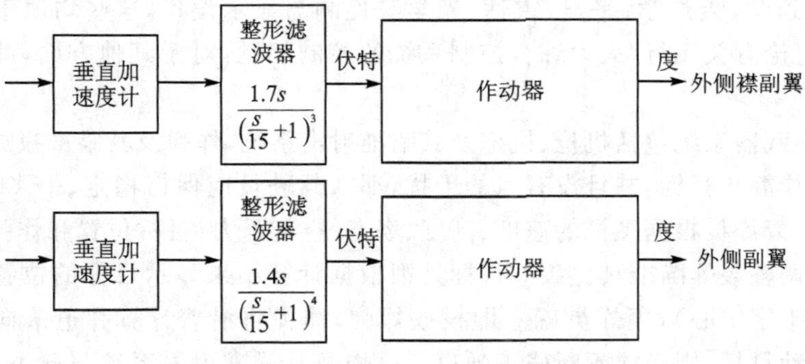

图 7-44　B—52 飞机主动颤振控制系统简化原理图

一个回路由垂直加速度计感受到机翼质心处的垂直加速度，经过整形滤波器处理后，驱动外侧副翼；另一个回路由垂直加速度计感受到机翼质心处的垂直加速度，经过整形滤波器后，驱动外侧的襟副翼。每个回路均大大地提高了阻尼，以满足系统性能指标的要求。实验表明，颤振控制系统使飞机防颤振性能得到了很好的改善。

7.3　其他现代飞行控制系统简介

7.3.1　综合控制系统

目前和未来的主动控制飞机的设计将遇到与推力管理、燃油效率、提高机动性和减轻驾驶员工作负担相关的问题。主动控制飞机所采用的变几何形状进气道以及具有推力矢量控制和反推特性的发动机等诸方案，使在推力和气动力之间达到一定程度的相互作用，这些方案要求通过飞行控制与导航、火控、武器投放以及结构控制系统的进一步综合使飞机性能获得更大的提高。

飞行控制和推力、武器投放、导航系统以及航空电子系统的综合为系统性能优化提供了有效途径。特别是多变量控制算法,可靠的、高性能微处理机,容错软件和硬件,并行处理和综合数学模型的发展,使得综合控制的潜力得到了更加充分的发挥。

1. 飞行/火力综合控制(IFFC)系统

飞行/火力综合控制是美国在20世纪70年代中期提出的一种新的航空技术。它以飞机主动控制技术为基础,通过飞行/火力耦合器将能够解耦操纵的飞行控制系统与攻击瞄准系统综合成一个闭环武器自动投放系统。

火力控制系统涉及范围很广,按武器特征可分为:空-空和空-地导弹的发射与跟踪追击,机枪和机炮的火力控制。按攻击目标可分为:空中高速机动目标、地面的运动目标和静止目标。控制任务包括:突防、接敌、跟踪、瞄准、武器投放(或攻击)和退出等。这不仅是一个控制问题,还涉及弹道学、轰炸学、平显、雷达、光学等检测与显示设备,这些均属于专著讨论的问题。本书主要讨论有关飞行/火力综合控制系统的控制问题,对于其他方面,此处只引用一些概念和结论。

早期飞机的武器系统包括机枪、机炮及其瞄准射击系统,炸弹及其瞄准投放系统。对于后者来说,如果轰炸静止目标,并且没有风的干扰,那么驾驶员应保持稳定、平飞,即生成一个符合要求的轨迹。轰炸员根据飞机的速度、高度、姿态、空气阻力、目标位置和炸弹的重力等参数进行弹道计算,调整轰炸瞄准具。轰炸目标具则根据计算结果显示目标的位置。一旦目标落入投放点(光环十字中心),轰炸员就立即投放炸弹,炸弹将沿着计算弹道落向目标。如果有风,或是轰炸运动目标,则必须不断修正弹道。机炮及其瞄准射击系统与此类似,只是目标的运动速度很大,机动性强,驾驶员捕捉目标的难度更大。

即使连接自动驾驶仪,也只是用来稳定瞄准具和保持航迹稳定,飞行控制与火力控制基本上是独立的,即驾驶员保持所要求的航迹,轰炸员投放炸弹。

飞行/火力综合控制系统则是采用主动控制技术的战斗机,加上具有解耦能力的飞行控制和火力控制系统所产生的自动控制信号,提供快速目标跟踪解算并改善射击目标和投放武器的精度的系统。图7-45所示为飞行/火力综合控制系统简化结构图。主要由目标及其位置与运动信号、火力控制系统、飞行控制系统、火力控制系统与飞行控制系统之间的耦合器、控制对象(飞机)和目标状态估计器等组成,其核心是具有飞行控制和火力控制规律的数字计算机。

图7-45所示的飞行/火力综合控制系统的原理是:通过机载光电跟踪器得到目标的运动信息(距离、速度、加速度和方位),攻击机传感器测出状态(马赫数、高度和姿态)信息,火力控制系统精确预测目标未来的位置,自动生成投放(或发射)点及到达投放(或发射)点前的飞行轨迹信号,并通过平显向驾驶员提供操纵和状态的显示,同时送入飞行/火力控制耦合器形成控制指令,输入飞行控制系统,操纵飞机跟踪目标进行自动攻击。这里,驾驶员只起监控作用,也可依据平显提供的飞行轨迹数据,自动完成操纵飞机飞向投放(发射)点及投放炸弹或发射机炮等任务。

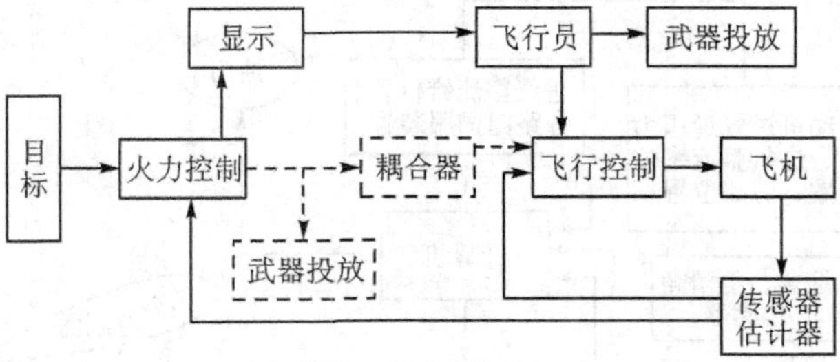

图 7-45　飞行/火力综合控制系统简化结构图

2. 飞行/推进综合控制(IFPC)系统

飞行/推进综合控制技术是把飞机与推进(包括进气道、发动机和尾喷管)系统综合考虑，在整个飞行包线内最大限度地满足推力管理，提高燃油效率和飞机的机动性，有效地处理飞机与推进系统之间的耦合影响及减轻驾驶员的负担等问题，使系统达到整体性能优化。

飞行/推力综合控制技术的发展是在探索提高飞机性能的道路上，采用主动控制技术的必然结果。

早在 20 世纪 40 年代研制的喷气式飞机采用的是简单的机械飞行操纵系统和机械液压控制的简单的涡轮喷气发动机。20 世纪 50 年代的飞机采用加力燃烧涡轮喷气发动机以提供更大的推力，同时具有为跨声速飞行而提供的可接受的操纵品质的模拟式电子增稳系统。20 世纪 60 年代的飞机采用可变几何形状进气道、自动驾驶仪、大气数据计算机和涡轮风扇发动机。这一时期的推力与飞行控制仍然是分开进行的。20 世纪 70 年代，某些飞机上采用自动油门控制和发动机电子控制，开始走向了综合化的第一步。电传操纵系统的采用使得飞行控制与发动机控制的相互综合变得更容易实现，飞行/推力综合控制系统终于走出实验室开始在某些飞机上试飞。但是，随之而来的是在现代高性能作战飞机上表现出来的飞机机体/进气道/发动机之间存在的严重耦合作用，这为研究 IFPC 提出了一个新的问题，即目前和未来的主动控制飞机需要特定的操纵面来实现直接力控制等功能，这增加了有利的控制因素。但同时，随着变几何进气道、推力矢量喷管和变循环发动机等先进装置的使用，所带来的推进系统受控参数的大量增加，这些方案也附加了强烈的耦合效应，影响了飞机及推进系统的性能、稳定性和控制。只有对这些先进的飞行控制和推进控制进行综合设计，消除不利的耦合作用，才能更好地改善和提高飞机的生存性和任务的有效性。

图 7-46 示出了飞行/推进综合控制系统的原理图。系统的工作过程是：计算机接收驾驶员根据飞行任务发出的指令以及飞机迎角、侧滑角、速度、加速度、发动机进气道压力比和进气整流锥位置等信号，经过计算，向飞机控制系统发出操纵信号，操纵飞机的相应控制面，使飞机按预期姿态和航向飞行；同时向发动机系统发出控制信号，改变进气整流锥位置和油门大小，控制飞机的推力，从而使飞行控制与推进控制融为一体，达到综合控制的目的。

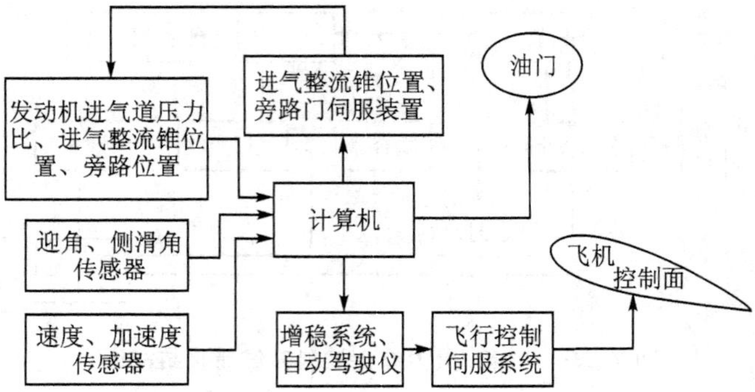

图 7-46　飞行/推进综合控制系统的原理图

图 7-47 示出了飞行/推进综合控制系统原理图。基于递阶和分散概念把综合系统划分成若干子系统,按照模块来设计各飞行模态的控制律。操纵指令发生器的功能是把驾驶员的指令或飞行管理轨迹优化命令生成器给出的信号转换成飞机的飞行变量组合,产生所希望的飞机响应。控制器计算出跟踪期望轨迹所需要的控制量。这一过程先采用全状态反馈设计(转换为输出反馈),再断开不重要的反馈通道进行简化,然后对给定的反馈结构进行优化。控制选择器输出按照一定的控制逻辑所构成的执行指令,使各气动面、进气道、发动机和尾喷管协调动作达到最佳性能。

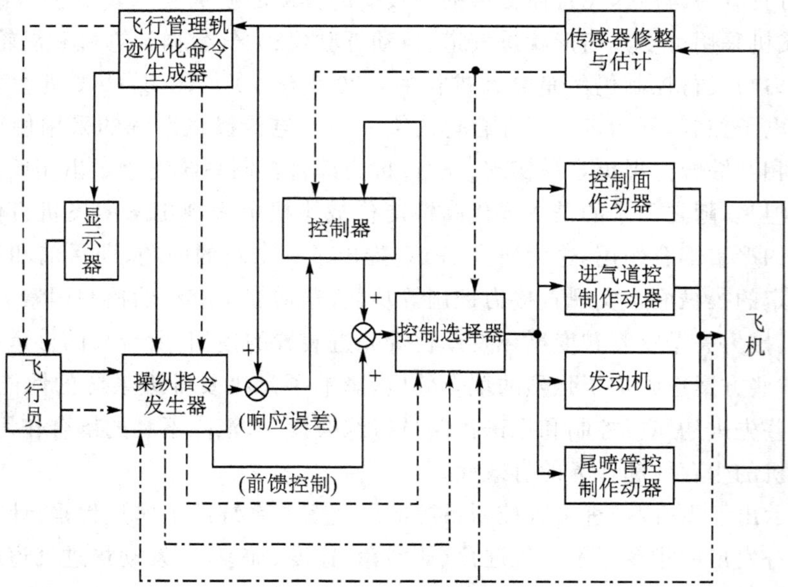

图 7-47　飞行/推进综合控制系统原理图

随着主动控制技术的发展,现代飞机具有更多的操纵面来实现诸如直接升力、直接侧力、主动颤振抑制、阵风缓和、结构疲劳控制和乘坐品质等功能；发动机可能具有10个受控参数，喷管可能兼管推力矢量、换向和噪声控制。飞行控制和推力控制的复杂性不断增加，控制装置的数目也越来越多。

前面介绍了飞行/火力综合控制系统和飞行/推进综合控制系统，因此，自然联想到应该有飞行/火力/推进综合控制系统。实际上，美国从20世纪80年代初就开始了飞行/火力/推进(IFFPC)综合控制系统的研究。IFFPC一体化设计基于各项先进的主动控制技术，更完善地综合了飞行、火力、推进、导航及航空电子等子系统，使飞机的总体性能大大提高。

7.3.2 飞行管理系统

飞行管理系统(FMS)是一个协助驾驶员完成从起飞到着陆各项任务的系统。它可管理、监控和自动操纵飞机，实现全航程的自动飞行，是当代民航先进飞机上所采用的一种集导航、制导、控制及座舱显示于一体的新型机载设备。

1. 飞行管理系统的功能与组成

飞行管理系统的主要功能一般可归结为4个：自动飞行控制、性能管理制导导航、咨询报警显示和乘员操纵。

飞行管理系统的核心是飞行管理计算机系统(FMCS)。飞行管理计算机系统的基本功能是：

① 性能管理；

② 侧向导航与制导；

③ 垂直导航与制导；

④ 推力轴控制；

⑤ 四维制导(可选择为发展型)；

⑥ 电子飞行仪表系统管理(EFISM)；

⑦ 数据更新接口；

⑧ 惯性参考系统(IRS)初始化和航向设定。

飞行管理系统的构成如图7-48所示，一般应由下列4个子系统构成：

① 处理子系统——飞行管理计算机系统(FMCS)。主要包括飞行管理计算机和控制显示单元，是飞行管理系统的核心。

② 执行子系统——飞行控制计算机系统(FCCS)和推力控制系统(TCS)，是飞行管理系统的执行机构。

③ 显示子系统——电子飞行仪表系统(EFIS)。

④ 传感器子系统——惯性参考系统(IRS)。主要包括数字大气数据计算机(DADC)、无线电导航设备和发动机参数传感器。

因此，飞行管理系统的作用又可归结为：获取信息(传感器子系统)、管理决策(处理子系

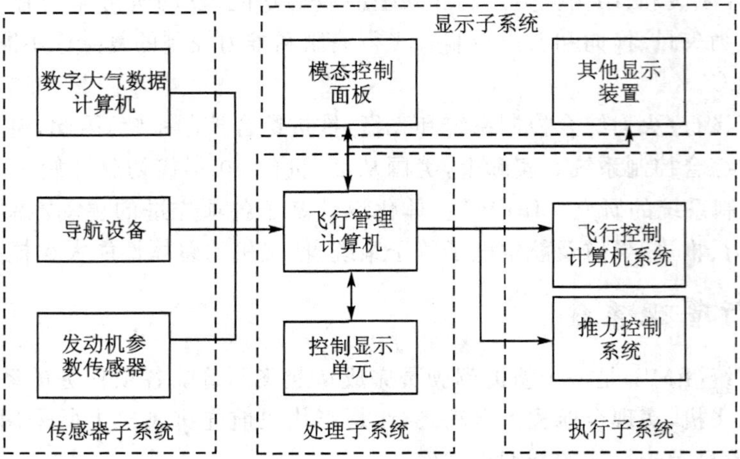

图7-48　典型飞行管理系统结构图

统)、执行(执行子系统)和监视(显示子系统)。

2. 飞行管理系统的子系统介绍

(1) 飞行管理计算机系统

飞行管理计算机是飞行管理系统的关键部件,它除了包含本身工作的操纵程序和数据库外,还含有用于自动飞行控制和自动油门系统的指令逻辑以及其他软件,飞机上的多种传感器设备向计算机提供大气数据、导航数据和性能数据等。飞行计算机接收到这些数据后,首先进行检查,然后用来进行连续的导航信息更新和性能信息更新,最后用于控制自动飞行控制系统、自动油门系统和对无线电导航系统进行自动调谐。此外,接收的数据还用于飞行计划管理。

图7-49所示为飞行管理计算机的外形,它由三台微处理机、电源组件和电池组件组成。三台微处理机分别是导航处理机、性能处理机和输入/输出处理机,它们在工作中是互相独立的。

导航处理机由导航微处理器及其存储器组成,它执行与导航计算、横向和垂直方向的相关操纵以及控制显示组件管理等有关的功能。

性能处理机也由性能处理器和存储器构成。

输入/输出处理机除了有处理器和各种存储器外,还有混合输入/输出装置、ARINC控制器、ARINC接口和离散信号接口等组件。

飞行管理计算机内的处理器除了执行各自的微程序指令和各自的操作程序外,还包含许多必不可少的数据。这些数据按照种类可存放于性能数据库和导航数据库中。性能数据库存储的是与飞机性能有关的参数,这些数据是固定不变的;导航数据库则存储与飞机导航有关的数据,隔数日更换一次。

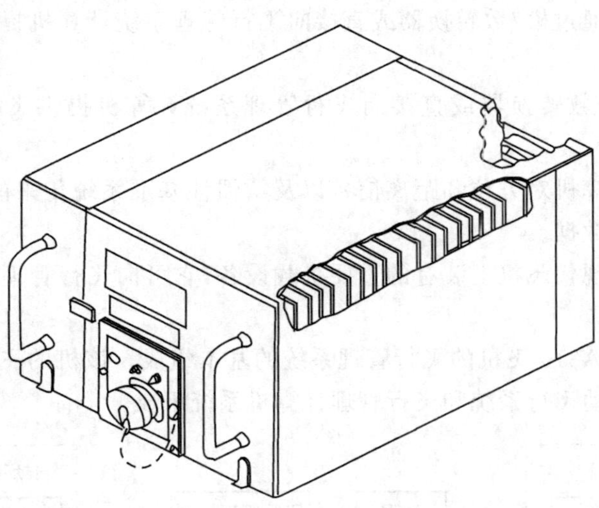

图 7-49　飞行管理计算机外形

(2) 飞行管理系统的执行机构

飞行管理系统的执行机构包括飞行控制系统、推力控制系统和惯性参考系统三部分。

飞行控制系统是飞行管理系统的四大组成系统之一。飞行控制系统的核心部件——飞行控制计算机接收来自飞行管理计算机发出的诸如目标高度、目标计算空速、目标马赫数、目标升降速度和倾斜指令等输入数据并进行运算，产生飞机爬升、下降、倾斜转弯等操纵指令，控制飞机按所要求的航向和高度飞行。

飞行管理系统的计算机向推力控制系统的计算机输送飞机爬高、巡航和复飞的发动机推力或转速限制值信号，以及飞机全重、要求高度和假设空气温度等信号。推力控制系统的计算机根据这些数据产生油门位置指令，使油门置于正确位置，以产生所要求的飞行动力。

惯性参考系统作为飞行管理系统计算机的传感设备，在初始校准时，接收控制显示组件输入的飞机当时的经纬度值；在“姿态”方式时，接收飞机的航向值作为初始数据。

(3) 电子飞行仪表系统

电子飞行仪表系统主要用来显示飞行管理计算机输出的有关飞行计划的飞行航路、飞行航向、航路点、导航台、机场、跑道、风速和风向等飞行信息。

(4) 传感器子系统

与飞行管理计算机相关的传感器子系统有惯性基准系统、大气数据计算机、全向信标接收机(VOR)、测距器(DME)和仪表着陆系统(ILS)等无线电导航设备。

惯性基准系统用来向飞行管理系统的计算机输送飞机的经纬度位置、真航向、磁航向、俯仰角、高度、升降速度和地速等信息。

大气数据计算机向飞行管理系统计算机提供飞机高度、空速、马赫数和温度等信息。

全向信标接收机通过模/数转换器或直接向飞行管理系统计算机提供飞机的方位和航道偏离信号。

测距器也通过模/数转换器或直接向飞行管理系统计算机提供飞机至某一地面的距离信号。

飞行管理系统计算机对方位和距离信号以及从惯性基准系统传来的导航数据进行综合,得出飞机的精确导航数据。

仪表着陆系统是现代飞机上装有的重要机载设备,它可向飞行管理系统提供偏离航道和下滑道的信号。

图 7-50 给出了 A310 飞机的飞行管理系统的基本组成。该机的飞行管理系统主要由导航系统、仪表系统、自动飞行系统和飞行管理计算机系统组成。

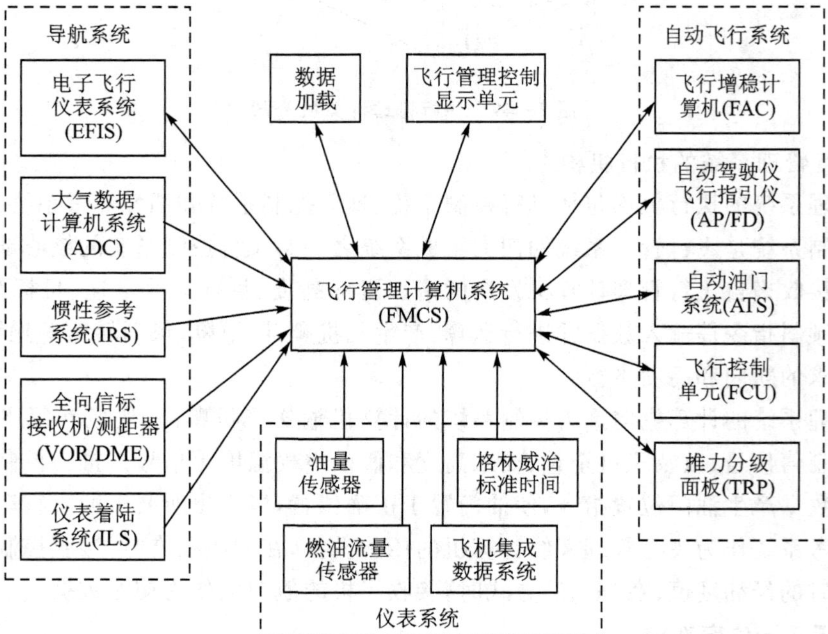

图 7-50 A310 飞机的飞行管理系统的基本组成

飞行管理系统具有三种功能:导航功能、性能管理与轨迹优化功能和制导功能。

1) 导航功能

导航就是指将飞机从某地引导到目的地的过程。飞行管理计算机的导航功能主要用来对导航设备进行导航管理,以确定飞机当时所在的位置、飞行的前进方向,以及确定离地面某一点的距离或速度、时间等。也就是说在导航状态时,飞行管理计算机要完成飞机横向剖面的飞行管理,以引导飞机按照预定航线飞达目的地。

飞行管理系统常用的导航设备有：惯性基准系统、无线电导航系统（包括甚高频全向信标（VOR）、塔康（TACAN）、欧米茄（Omega）导航系统、仪表着陆系统（ILS）和微波着陆系统）、全球定位系统（GPS）和多普勒导航系统等。

导航功能的数据管理和计算由飞行计算机内的软件来操作，主要包含下列几方面的功能：

① 导航数据库管理。导航数据库由用户数据库装载入计算机的存储器中供数据管理程序处理。数据管理程序包含接受计算机各电路的运行要求及检索寻地和承兑数据要求等。

② 位置计算。计算机把飞机上无线导航接收机接收到的地面无线电信号和惯性基准系统的信号进行综合计算，来获得高精度的飞机的即时位置。

③ 速度计算。计算机使用惯性基准系统的南北和东西速度分量进行地速和风速计算；合成速度再与大气数据计算机的空速合起来计算风速和风向。

④ 高度计算。对惯性基准系统垂向加速度计的输出进行积分以获得高度，该数据与大气计算机传来的气压高度数据进行组合。未经组合修正的高度为原始高度，经气压修正后的高度称气压修正高度。

⑤ 航台的选择和调谐。从导航数据库内存储的导航台的位置信息中，或从电子飞行仪表系统（EFIS）所提供的飞机当时位置附近的 20 个导航台的清单中，选择 2 个最佳导航台，并对这 2 个选定的导航台进行自动调谐，以获得这 2 个导航台的无线电导航位置数据。把飞机上的无线电接收机的接收频率调到所选定的地面导航台的使用频率上。

2）性能管理与轨迹优化功能

飞行管理计算机系统在性能管理方面，应该能够计算、显示和控制所需要的参数，预测飞机飞行过程中的性能和飞行数据，并在飞行的各个阶段，根据具体要求，计算出飞行剖面，提供制导输出。

飞机沿着预定的航线飞行，纵向剖面参数（如飞行速度和高度等）是决定飞行经济成本的参数。飞机起飞后，爬高速率、以多长的时间爬到预定的高度、巡航高度、飞行的速度、能否分段爬到更高的巡航高度、什么时候开始下降、下降速率用多少，等等，都是关系到预定航线所需的时间和耗用多少燃油的问题。飞行管理计算机可根据选择的参数计算出满足数据要求的纵向剖面。驾驶员若没有选择特定参数的要求，则飞行管理计算机就根据驾驶员在控制显示组件中输入的飞行成本指数，计算最佳的纵向剖面参数，并将这些参数分别在控制显示组件和电子飞行仪表系统上显示出来。

3）制导功能

制导是飞机在沿基准轨迹飞行时受到外界扰动和导航的不确定性而引起轨迹偏离时的一种决策。制导一般分为纵向制导和横侧向制导。飞行管理计算机的制导功能部分包含三个主要功能模块，分别是飞行计划管理模块、横侧向制导指令模块和纵向制导指令模块，其关系如图 7-51 所示。

飞行计划管理是制导功能部分的软件之一，包括路径计算和剖面预告，并管理飞行计划，

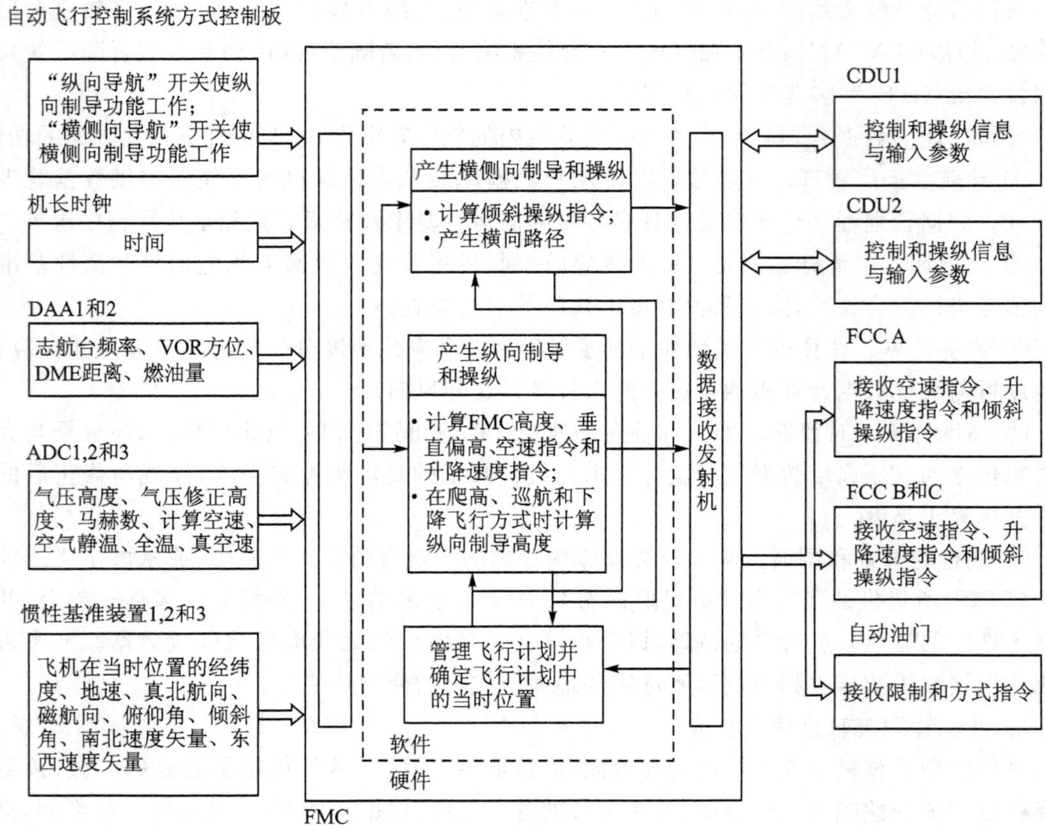

图 7-51 飞行管理计算机的制导功能原理图

确定飞机在飞行计划中已到达的位置。

驾驶员在制订飞行计划时,侧向路径由一串按顺序排列的航路点确定。这些航路点可由驾驶员通过控制显示组件从导航数据库内检索得到,也可由驾驶员通过控制显示组件键入。飞行计划根据这些航路点的飞行高度和剩余燃油量,来预计到达该航路点的距离和两个航路点之间的航迹。

侧向路径由两个航路点之间一段段的航段组成,侧向制导指令的功能就是把这些大圆弧路径连接起来,并计算转弯路径,将所有这些数据结合起来即构成侧向剖面。一旦驾驶员按下在控制显示组件上发亮的执行键以后,就开始执行侧向制导功能。

纵向路径是使飞机按照预定的路径进行爬高、平飞或下降。纵向制导指令提供空速和升降速度目标给自动驾驶控制系统,以实现纵向剖面导引。

飞行管理系统的目的在于优化管理飞机上的各种系统。前面介绍的是民航飞行管理系统,对于战斗机来说,也可通过飞行管理系统来综合管理火力和推进系统,以提高战斗机的性能。

飞机的飞行综合管理系统和综合控制已经成为航空技术发展的潮流。以先进飞行管理系统为代表的包括综合电子系统等在内的一类综合系统已经在多种先进飞机上得到了广泛应用，并推动航空技术迈入综合化、数字化和智能化的时代。

当前，随着无人作战飞机、飞航式导弹技术向着智能化、网络化和体系化方向迅速发展，飞机与导弹的自动飞行控制技术也越来越趋于具有融合化发展的特点。例如，随控布局（Control Configured Vehicle，CCV）设计、主动控制技术（Active Control Technology，ACT）等都已在飞航式导弹的研发中获得了应用。近年来，美国和以色列等国家已成功应用的侦察/打击一体化无人机和“战术战斧”巡航导弹以及美国的 X—47B 无人战斗机的舰载试飞试验、欧洲无人战斗机的原型验证机“神经元（Neuron）”的试飞成功以及临近空间飞行器的研制计划等，都在气动总体、动力推进、结构强度和制导控制等各个关键技术领域印证了既拓展又融合的发展方向，如图 7－52～图 7－54 所示。

图 7－52　X—47B 无人战斗机

图 7－53　“神经元（Neuron）”无人战斗机

图 7－54　吸气式高超声速飞行器

习 题

7-1 什么是电传操纵系统？说明数字式电传操纵系统的组成与工作原理。

7-2 分析说明电传操纵系统目前还存在哪些问题？

7-3 什么是余度系统？余度系统应满足哪些条件？

7-4 什么是主动控制技术？

7-5 放宽静稳定性要求是如何提出的？它对飞机的飞行性能有何影响？

7-6 分析说明直接力控制的特点，并指出有哪几种直接力控制方式？

7-7 说明飞行/火力综合控制系统的结构特点。

7-8 说明飞行管理系统的功能和基本组成。

7-9 飞行管理系统的核心是什么？

参考文献

[1] Anderson J D Jr. Fundamentals of Aerodynamics. New York: McGraw-Hill, 1984.

[2] Brian L S, Frank L L. Aircraft Control and Simulation. New York: JOHN WILEY & SONS, INC., 1992.

[3] Brogan W L. Modern Control Theory. 3rd ed. Englewood Cliffs, N J: Prentice Hall, 1991.

[4] D'Azzo J J, Houpis C H. Linear Control System Analysis and Design. New York: McGraw-Hill, 1988.

[5] Stevens B L, Lewis F L, Al-Sunni F. Aircraft Flight Controls Design Using Output Feedback. J. Guid. Control Dynam., 1991.

[6] Phillips C L, Nagle H T Jr. Digital Control System Analysis and Design. Englewood Cliffs, N J: Prentice Hall, 1984.

[7] BOEING 777 Aircraft Maintenance Manual, Jan 05, 2005.

[8] Asseo S J. Terrain Following/Terrain Avoidance Path Optimization Using the Method of Steepest Descent. IEEE NAECON Conference Proceedings, 1988.

[9] Касьянов В А, Ударцев Е П. Определение характеристик воздушных судов методами идентификации. МОСКВА: МАШИНОСТРОЕНИЕ, 1988.

[10] Касьянов В А, Ударцев Е П, Боярский Г Н. Динамика полёта, управляемость и идентификация характеристик воздушных судов. КИЕВ: ЗНАНИЕ, 1978.

[11] Касьянов В А, Ударцев Е П, Войцеховская К Ф. Методы идентификации в динамике полёта воздушных судов. КИЕВ: ЗНАНИЕ, 1981.

[12] Касьянов В А, Ударцев Е П. Моделирование полёта в задачах эксплуатации воздушных судов гражданской авиации. КИЕВ: Изд-во КИИГА, 1985.

[13] Летов А М. Динамика полёта и управление. МОСКВА: НАУКА, 1969.

[14] Синяков А Н, Шаймарданов Ф А. Систеы автоматического управления ЛА и их силовыми установками. МОСКВА: МАШИНОСТРОЕНИЕ, 1991.

[15] Михалев И А, Окоев Б Н, Чикулаев М С. Системы автоматического управления самолётом. МОСКВА: МАШИНОСТРОЕНИЕ, 1987.

[16] 吴森堂，费玉华. 飞行控制系统. 北京：北京航空航天大学出版社，2005.

[17] 张明廉主编. 飞行控制系统. 北京：航空工业出版社，1994.

[18] 鲁道夫·布罗克豪斯. 飞行控制. 金长江，译. 北京：国防工业出版社，1999.

[19] 文传源主编. 现代飞行控制系统. 北京：北京航空航天大学出版社，1992.

[20] 比施根斯 Г С 主编. 干线飞机空气动力学和飞行力学. 孙荣科，等译. 北京：航空工业出版社，1996.

[21] 何庆芝主编. 航空航天概论. 北京：北京航空航天大学出版社，1997.

[22] 郭锁凤，申功璋，吴成富，等. 先进飞行控制系统. 北京：国防工业出版社，2003.

[23] 以光衢. 航空机载电子系统与设备. 北京:北京航空航天大学出版社,1997.

[24] 过崇伟,等. 航空航天概论. 北京:北京航空航天大学出版社,1992.

[25] 吴森堂,许仁牛. 反舰导弹过载控制的随机鲁棒设计方法. 航天控制,2003,21(83).

[26] 吴森堂,许仁牛,张森. 随机系统变结构控制的综合设计方法及其应用. 控制与决策,2002,17(S2).

[27] 张有济. 战术导弹飞行力学设计. 北京:宇航出版社,1996.

[28] 吴森堂. 飞航导弹制导控制系统随机鲁棒分析与设计. 北京:国防工业出版社,2010.